新型能源材料与器件

（第二版）

云斯宁　主编

中国建材工业出版社
北　京

图书在版编目（CIP）数据

新型能源材料与器件 / 云斯宁主编. — 2 版. — 北京：中国建材工业出版社，2024.4
ISBN 978-7-5160-4061-4

Ⅰ. ①新… Ⅱ. ①云… Ⅲ. ①新能源—材料技术—研究 Ⅳ. ①TK01

中国国家版本馆 CIP 数据核字（2024）第 020858 号

内容简介

本书共分 19 章，主要介绍了太阳能电池（包括单晶硅太阳能电池、多晶硅太阳能电池、薄膜太阳能电池、有机太阳能电池、染料敏化太阳能电池、钙钛矿太阳能电池、量子点太阳能电池、叠层太阳能电池等）、燃料电池（包括质子交换膜燃料电池、固体氧化物燃料电池、熔融碳酸盐燃料电池、碱性燃料电池、磷酸燃料电池、直接甲醇燃料电池、半导体-离子导体燃料电池等）、新型二次电池（包括镍/金属氢化物电池、锂离子电池、锂硫二次电池、金属空气电池等）、超级电容器（包括碳基超级电容器、金属氧化物超级电容器、导电聚合物超级电容器等）等内容。本书汇聚了新型能源材料领域最新的理论、方法和技术，以及最新的器件化应用，使其能够适用于教学需要。

本书可作为高等院校新能源材料与器件、材料科学与工程、功能材料等相关专业的研究生和本科生教材，也可供材料、能源、化工等领域的科研人员、管理人员参考阅读。

新型能源材料与器件（第二版）
XINXING NENGYUAN CAILIAO YU QIJIAN（DI-ER BAN）
云斯宁　主编

出版发行：中国建材工业出版社
地　　址：北京市海淀区三里河路 11 号
邮　　编：100831
经　　销：全国各地新华书店
印　　刷：北京雁林吉兆印刷有限公司
开　　本：787mm×1092mm　1/16
印　　张：24.75
字　　数：580 千字
版　　次：2024 年 4 月第 2 版
印　　次：2024 年 4 月第 1 次
定　　价：79.80 元

本社网址：www.jccbs.com，微信公众号：zgjcgycbs

再版说明

《新型能源材料与器件》第一版于2019年5月正式出版，发行至今已过去4年多时间。初步统计，目前有30余所院校将其选作高年级本科生和研究生的教材和参考教材，教材受欢迎程度超出了我们和出版社的预期。

由于新能源材料与器件发展日新月异，成果倍出，新理论、新技术、新方法不断涌现，电池效率不断取得新突破，本书内容亟待更新和补充。此外，本书作为教材，在教学过程中，我们也发现了少量印刷错误，需要进一步校正；书中的部分网站链接失效，也需要更新；新的实验室测试效率和认证效率不断提升，亟待更新。承蒙中国建材工业出版社抬爱，支持为本书进行再版，我们推出了第二版。

再版书主要对教学过程中发现的问题进行修订；更新了一些新能源器件的实验室测试效率和认证效率；更新了一些网站的链接；删除了一些年份过早和不太重要的内容和文献。为了丰富本书内容，增加了新的章节"叠层太阳能电池"。叠层太阳能电池具有高达45%的理论极限效率，远大于单结太阳能电池33.7%的极限效率，是可以获得更高光电转换效率的光伏新技术。目前，晶硅和钙钛矿单结太阳能电池的最高效率已分别达到26.8%和26.1%（两者理论极限效率分别为29.4%和33.7%），单结太阳能电池的最高效率已十分接近其理论极限。相比之下，钙钛矿/晶硅叠层太阳能电池的最高效率已经达到了33.9%，超过了单结太阳能电池的极限效率，展现了巨大的发展潜力。

第二版教材共19章，主要介绍了太阳能电池（包括单晶硅太阳能电池、多晶硅太阳能电池、薄膜太阳能电池、有机太阳能电池、染料敏化太阳能电池、钙钛矿太阳能电池、量子点太阳能电池、叠层太阳能电池等）、燃料电池（包括质子交换膜燃料电池、固体氧化物燃料电池、熔融碳酸盐燃料电池、碱性燃料电池、磷酸燃料电池、直接甲醇燃料电池、半导体-离子导体燃料电池等）、新型二次电池（包括镍/金属氢化物电池、锂离子电池、锂硫二次电池、金属空气电池等）、超级电容器（包括碳基超级电容器、金属氧化物超级电容器、导电聚合物超级电容器等）等内容。中国建材工业出版社的编辑对本书的修订给予了大力支持，在此表示衷心的感谢。

由于编者水平有限，书中难免还存在缺点和错误，敬请读者批评指正。

编　者

2024年2月于西安

第一版前言

为了满足新能源材料与器件、功能材料等相关专业本科生和研究生的教学要求，根据2016年西安建筑科技大学对本科生和研究生课程建设的总体指导思想，由该校云斯宁教授主编，国内新能源材料领域最具影响力的专家和教授参编，《新型能源材料与器件》教材建设项目获准立项。

新能源材料日新月异，成果倍出，新理论、新技术、新方法不断涌现。本教材汇聚该领域最新的基础知识、最新的理论、最新的方法和技术及最新的器件化应用，能够适用于相关专业研究生专业基础课的课堂教学。同时，本教材依托太阳能电池、燃料电池、新型二次电池、超级电容器等，按照器件的基本原理、基本结构、构建组装、关键材料制备、生产工艺、应用领域、发展现状及展望等关键内容进行系统介绍，以满足相关专业高年级本科生专业基础课的课堂教学。

全教材共18章，主要介绍了太阳能电池（包括单晶硅太阳能电池、多晶硅太阳能电池、薄膜太阳能电池、有机太阳能电池、染料敏化太阳能电池、钙钛矿太阳能电池、量子点太阳能电池等）、燃料电池（包括质子交换膜燃料电池、固体氧化物燃料电池、熔融碳酸盐燃料电池、碱性燃料电池、磷酸燃料电池、直接甲醇燃料电池、半导体-离子导体燃料电池等）、新型二次电池（包括镍/金属氢化物电池、锂离子电池、锂硫二次电池、金属空气电池等）、超级电容器（包括碳基超级电容器、金属氧化物超级电容器、导电聚合物超级电容器等）等。第1章由河北英利集团宋登元和李锋编写；第2章由石家庄铁道大学王育华和晶龙实业集团有限公司闫广宁编写；第3章由西安建筑科技大学张强和管婧编写；第4章由太原理工大学郝玉英和刘成元编写；第5章由西安建筑科技大学云斯宁编写；第6章由西安交通大学杨冠军和西安石油大学李燕、周勇编写；第7章由新疆大学谢亚红编写；第8章由西安电子科技大学贾斐编写；第9章由中国地质大学（武汉）吴艳编写；第10章由湖北大学王浚英和朱斌编写；第11章由西安建筑科技大学杨春利编写；第12章由四川大学周万海、陈云贵编写；第13章由深圳大学米宏伟和张培新编写；第14章由西安理工大学李喜飞、熊东彬、郝猷琛、范林林、田自然编写；第15章由深圳大学李永亮和张培新编写；第16章由陕西师范大学雷志斌编写；第17章由陕西师范大学刘宗怀、何学侠、李琪编写；第18章由西安交通大学孙孝飞编写。

本教材力求切合专业培养目标，满足培养体系对课程教学的要求，最大限度地反映新理论、新技术和新方法，体现学科特色或学科交叉，除作为相关专业高年级本科生和研究生的教材使用外，还可作为参考书供从事新能源材料与器件研究及开发的科研院所、企事业单位和工程技术人员使用。

本教材在编写过程中，力求内容全面、图表清晰、叙述简洁、数据准确、注重基础、适用为度。主编对全书内容进行了合理安排，各位参编人员对章节进行了仔细检查、反复修改和认真校对。

本教材得到了西安建筑科技大学“学科特色课程教材”项目的出版资助，在此深表感谢！

本教材的编写与出版是15所高等院校及行业领头企业共30余位作者的智慧结晶，对他们高度的责任感和一丝不苟的专业精神表示感谢！

承蒙西安建筑科技大学教务处督导组王齐铭教授、王福川教授、武维善教授（以姓氏笔画为序）对本教材全部章节进行了评阅，并提出了许多宝贵的意见，在此深表感谢！对教材所引用专著和文献的作者表示感谢！

限于编者经验不足，加之时间紧、任务重，书中不妥之处在所难免，恳请广大读者和同行批评指正，我们将在第二版中予以更正。

编　者

2019年4月于西安

编写人员名单

主　编　云斯宁

编　者　（按章节排序）

1　宋登元　一道新能源科技股份有限公司

李　锋　泰州中来光电科技有限公司

2　王育华　石家庄铁道大学

闫广宁　晶澳太阳能科技股份有限公司

3　张　强　西安建筑科技大学

管　婧　西安建筑科技大学

4　郝玉英　太原理工大学

刘成元　太原理工大学

5　云斯宁　西安建筑科技大学

6　杨冠军　西安交通大学

李　燕　西安石油大学

周　勇　西安石油大学

7　谢亚红　新疆大学

8　应智琴　中国科学院宁波材料技术与工程研究所

杨　熹　中国科学院宁波材料技术与工程研究所

叶继春　中国科学院宁波材料技术与工程研究所

9　贾　斐　西安电子科技大学

10　吴　艳　中国地质大学（武汉）

11　王浚英　湖北大学

朱　斌　东南大学

12　杨春利　西安建筑科技大学

13　陈云贵　四川大学

14　米宏伟　深圳大学

　　张培新　深圳大学

15　李喜飞　西安理工大学

16　李永亮　深圳大学

　　张培新　深圳大学

17　雷志斌　陕西师范大学

18　刘宗怀　陕西师范大学

　　何学侠　陕西师范大学

　　李　琪　陕西师范大学

19　孙孝飞　西安交通大学

目录

1 单晶硅太阳能电池

1.1 概 述

能源是人类生存与经济发展的物质基础。随着世界经济持续、高速地发展，能源短缺、环境污染、生态恶化等问题逐渐加深，大力发展可再生能源成为全球能源革命和应对气候变化的主导方向和一致行动。全球能源转型进程明显加快，以太阳能、风能为代表的新能源呈现出性能快速提高、经济性持续提升、应用规模加速扩张的态势，形成了加快替代传统化石能源的世界潮流。图 1-1 为《世界能源统计年鉴》统计数据，可以看出，近十年来，全球可再生能源占比迅速增长，新增发电装机中可再生能源约占 70%，新增发电量中可再生能源约占 60%。各主要国家和地区纷纷提高应对气候变化自主贡献力度，进一步催生可再生能源大规模阶跃式发展新动能，推动可再生能源成为全球能源低碳转型的主导方向。

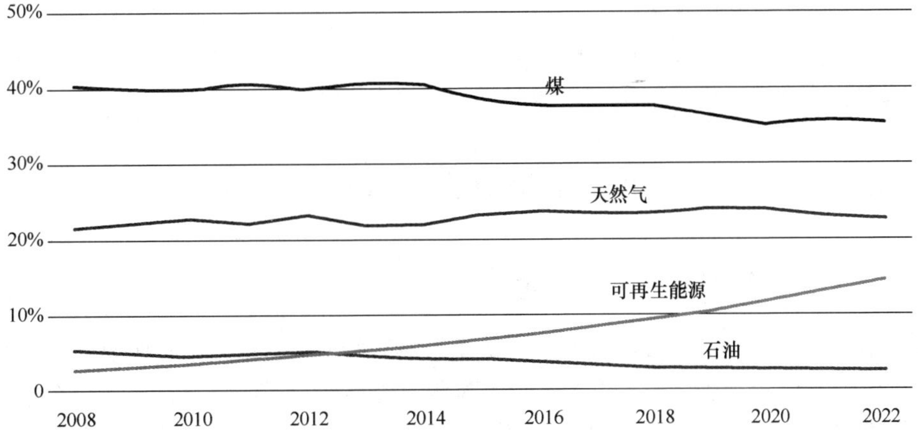

图 1-1 全球能源发电占比

资料来源：《世界能源统计年鉴》

相对于风能、地热能、生物能和海洋能等可再生能源，太阳能因其独特的优势成为人们关注的焦点。相比其他能源，太阳能有以下三大优势：

(1) 它是人类可以利用的最丰富的能源。据估计，在过去漫长的 11 亿年中，太阳消耗了它本身能量的 2%，今后其能量足以供给地球人类使用几十亿年，是取之不尽、用之不竭的能源。

(2) 地球上，无论何处都有太阳能，可以就地开发利用，不存在运输问题，尤其对交通不发达的农村、海岛和边远地区更具有利用的价值。

(3) 太阳能是一种洁净的能源。在开发利用时，不会产生废渣、废水、废气，也没有噪声，更不会影响生态平衡。

太阳能的开发与利用主要分为热能利用以及光能利用。一方面人们通过利用阳光加热水产生蒸汽等方式利用其内能，另一方面人们利用太阳能电池将太阳能转化为电能。综合比较，因电能更容易储存和传输，将太阳能转化为电能更加有利于人们对太阳能的综合利用，因此太阳能电池在近几十年得到了迅速发展。

自从 1954 年制备出第一个 6%效率的硅电池以来，经过半个多世纪的发展，太阳能电池种类繁多，且结构日趋多样，转换效率也明显提高。目前市场上的太阳能电池按照材料不同，可分为 3 个系列：晶硅太阳能电池（包括单晶硅和多晶硅）、薄膜太阳能电池和光电化学太阳能电池（如染料敏化太阳能电池）。尽管薄膜太阳能电池和染料敏化太阳能电池均已取得许多重大技术突破，但大多数这类太阳能电池仍处于实验室研制阶段，其技术水平、效率水平和市场接受程度仍无法与晶硅太阳能电池相比。

晶硅太阳能电池经历了三个发展阶段：1954 年到 1960 年为第一个发展阶段，其间电池效率从 6%提升至 15%，导致效率提升的主要原因是硅材料制备工艺的日趋完善、硅材料质量的不断提高；1972 年到 1985 年是第二个发展阶段，背电场电池（BSF）技术、浅结结构、绒面技术、密栅金属化是这一阶段的代表技术，电池效率提高到 17%，电池成本大幅度下降；1985 年至今是电池发展的第三个阶段，表面与体钝化技术、铝/磷吸杂技术、选择性发射极技术、双层减反射膜技术等，以及背接触电池、异质结电池等新型结构电池在此阶段相继出现，电池效率快速提升，晶硅单结电池最高效率已经达到 26.81%。

在硅太阳能电池中，单晶硅太阳能电池的转化效率最高。本章重点介绍单晶硅太阳能电池的结构、原理以及生产加工工艺等。

1.2　单晶硅太阳能电池的工作原理

1.2.1　单晶硅太阳能电池的工作过程

太阳能电池是一种可以直接将太阳能转变为电能的电子器件。阳光照射到太阳能电池上会产生电流和电压，进而输出电能。这个过程首先需要合适的材料，光被材料吸收以后电子跃迁到高能级，其次高能级的电子能够从太阳能电池运动到外部电路，电子在外部电路中消耗其能量最终返回到太阳能电池。很多材料和过程都可以满足光伏能量转换的要求，但是在实际应用中几乎所有的光伏能量转换器件都使用了具有 pn 结结构的半导体材料。图 1-2 为太阳能电池工作过程示意图，该过程分为以下几个基本步骤：

（1）光生载流子的产生。

（2）光生载流子的收集，由此产生电流。

（3）贯穿电池的电压的形成。

（4）在负载或者寄生电阻中能量的损耗。

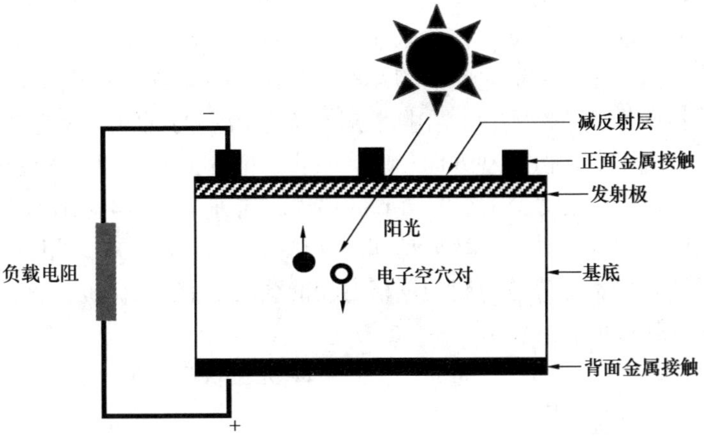

图 1-2　太阳能电池工作过程示意图

1.2.2　单晶硅太阳能电池的工作原理

1. pn 结

p 型半导体中，自由电子为少数载流子（少子），空穴为多数载流子（多子）；n 型半导体中，自由电子为多数载流子（多子），空穴为少数载流子（少子）。将 p 型半导体和 n 型半导体紧密地结合在一起，在两者接触面的位置就形成了一个 pn 结。pn 结是电子技术中许多元件的物理基础，如图 1-3 所示。

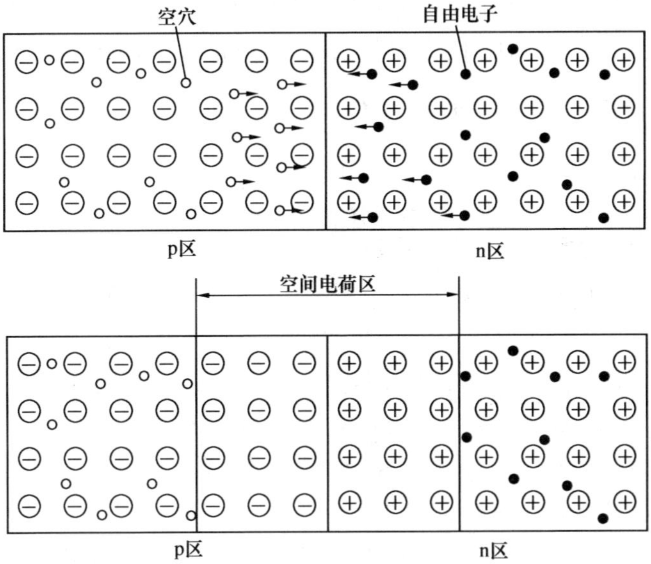

图 1-3　pn 结结构示意图

p 型半导体和 n 型半导体接触时，接触面处同一种载流子由于浓度差而发生移动。p 区的多子空穴向 n 区扩散，同时 n 区的多子电子向 p 区扩散，这种由于浓度差引起的运动叫作载流子的扩散运动。在扩散运动的同时，空穴和自由电子也会发生复合，这就造成 p

区一侧失去空穴，留下带负电的杂质离子，n 区一侧失去电子，留下带正电的杂质离子。这些带电杂质离子不能任意移动，在 p 区和 n 区交界面附近形成了一个空间电荷区。空间电荷区形成以后，由于正负电荷之间的相互作用，在空间电荷区形成内建电场，其方向是从带正电的 n 区指向带负电的 p 区。在扩散运动逐渐增强的同时，内建电场也逐渐增强，这个电场方向与载流子的扩散运动方向相反，阻止扩散。另一方面，内建电场促使 p 区的少子电子向 n 区移动，n 区的少子空穴向 p 区移动。这种在内建电场作用下发生的少数载流子移动的运动叫作漂移运动。扩散运动和漂移运动方向相反，彼此相互影响。由于浓度差引起的扩散运动和由于电势差引起的漂移运动的载流子数量相等时，就形成了动态平衡的空间电荷区，也就形成了 pn 结。

2. 光生伏特效应

光生载流子的收集本身不会发电，为了产生电能，必须生成电压和电流。在太阳能电池中产生电压的过程被称为“光生伏特效应”(图 1-4)。当光照射到 pn 结上时，产生电子-空穴对，在半导体内部 pn 结附近生成的载流子没有被复合而到达空间电荷区，受内建电场的作用，电子流入 n 区，空穴流入 p 区，结果使 n 区储存了过剩的电子，p 区有过剩的空穴。它们在 pn 结附近形成与势垒方向相反的光生电场。光生电场除了部分抵消势垒电场的作用外，还使 p 区带正电，n 区带负电，从而在 n 区和 p 区之间的区域产生电动势，这就是光生伏特效应。在外接电路导通的条件下，光生载流子会以光生电流的形式流经负载，实现光能到电能的转化。

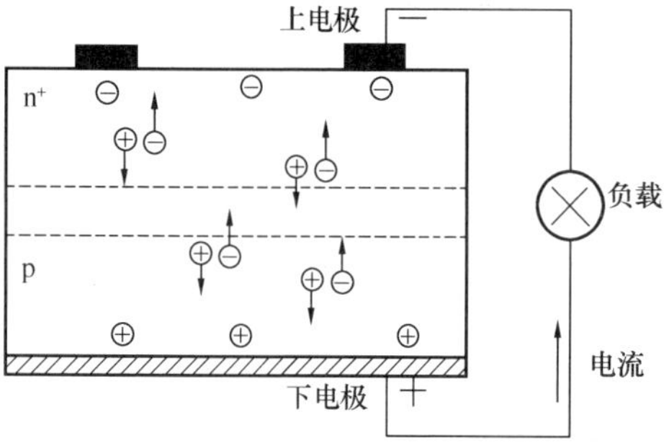

图 1-4　光生伏特效应示意图

1.2.3　单晶硅太阳能电池等效电路分析

图 1-5 所示为太阳能电池等效电路图。图中实线部分为理想状态下的太阳能电池等效电路，实际状态下的太阳能电池等效电路还包含虚线部分。

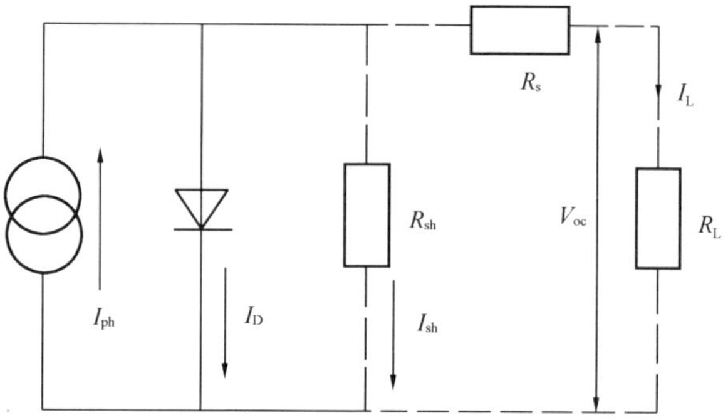

图 1-5　太阳能电池等效电路图

图中，I_{ph} 为光生电流，正比于太阳能电池的受光面积和入射光的辐照强度。

I_D 为暗电流，指当太阳能电池在无光照的情况下，有外电压作用时 pn 结内流过的单向电流。

I_L 为太阳能电池输出的负载电流。

I_{sh} 为太阳能电池的旁路电流。

V_{oc} 为太阳能电池的开路电压。所谓开路电压，就是太阳能电池电路将负载断开测出的端电压。

R_L 为电池的外接负载电阻。

R_s 为串联电阻。它主要由太阳能电池的体电阻、表面电阻、电极电阻、电极与硅片表面的接触电阻以及金属导体电阻等部分组成。

R_{sh}为并联电阻。它主要是与太阳能电池表面沾污、半导体晶体缺陷引起的 pn 结缺陷以及电池边缘缺陷相关。

R_s和R_{sh}均为太阳能电池的内部电阻。一个理想的太阳能电池，因为串联电阻R_s很小，且并联电阻R_{sh}很大，因此对其理想状态进行运算时可以将它们忽略不计。

理想状态下，太阳能电池的伏安特性可以用肖克莱（Shockley）太阳能电池方程来描述：

$$I = I_{ph} - I_0\left[\exp\left(\frac{qV}{\kappa_B T}\right) - 1\right] \tag{1-1}$$

式中，q 为电子电荷；V 为电池两端的电压；κ_B为玻尔兹曼常数；T 为热力学温度；I_0为太阳能电池内部等效二极管的 pn 结反向饱和电流。

1.2.4 单晶硅太阳能电池的性能参数

图 1-6 为太阳能电池的 I-V 特性曲线。我们通过测试的方法得到太阳能电池在该测试条件下的最大功率 P_m，最大功率点 P_m对应的电流、电压分别是I_m和V_m，$P_m = I_m V_m$，也就是说，在这条 I-V 曲线上，I 和 V 的乘积 P 总会出现一个最大的值，那么这个值即为最大功率 P_m，对应的 I、V 分别称为最佳工作电流I_m和最佳工作电压V_m。

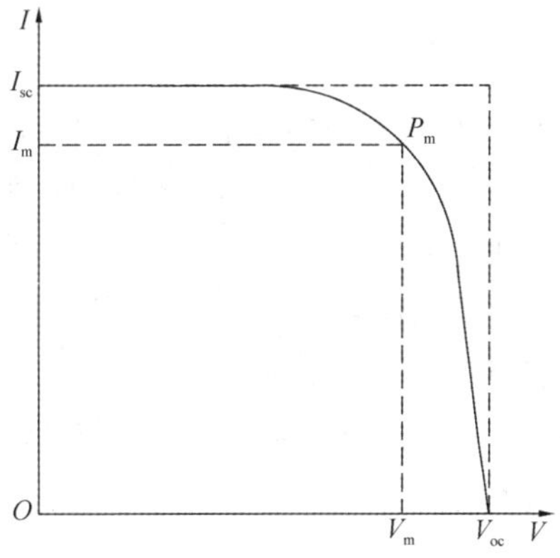

图 1-6 太阳能电池 I-V 特性曲线

1. 短路电流

当太阳能电池的输出电压为零时，也就是说外接电路短路时，流经太阳能电池的电流为短路电流I_{sc}，对于理想太阳能电池，短路电流就等于光生电流 I_{ph}。短路电流的大小与以下几个因素相关：

（1）太阳能电池的面积。在通常分析短路电流时，常利用短路电流密度的概念，即 J_{sc}，是指单位面积上流过的电流，单位为 A/cm^2或者 mA/cm^2。

（2）光照强度以及光谱分布。

（3）太阳能电池的减反射、陷光效果和前表面栅线的遮挡面积。

（4）电子收集效率。其主要取决于表面钝化效果以及少子寿命的高低。在非常好的表面钝化和一定的电子-空穴对产生率的条件下，短路电流密度为：

$$J_{sc} = qG(L_n + L_p) \tag{1-2}$$

式中，G 为电子-空穴对产生率；L_n、L_p为电子和空穴的扩散长度。

2. 开路电压

当太阳能电池外接电路开路时，即可得到太阳能电池的有效最大电压（开路电压V_{oc}）。在开路状态下，流经太阳能电池的净电流为零，开路电压为：

$$V_{oc} = \left(\frac{nkT}{q}\right)\ln\left(\frac{I_{ph}}{I_0} + 1\right) \tag{1-3}$$

开路电压的大小与以下因素相关：

(1) 光生电流 I_{ph}，由于其变化不大，所以对 V_{oc} 的大小影响不明显。

(2) 反向饱和电流 I_0，由于在太阳能电池中 I_0 的变化通常可达几个数量级，因此其对 V_{oc} 的大小影响非常明显。而 I_0 取决于太阳能电池的各种复合机制，因此可以用 V_{oc} 的大小判断太阳能电池的复合大小。

3. 填充因子

不同的电池，其 *I-V* 曲线是不同的，为了区分不同 *I-V* 曲线的太阳能电池，引入了填充因子（*FF*）的概念。填充因子即太阳能电池的最大功率与开路电压和短路电流乘积之比：

$$FF=\frac{P_m}{I_{sc}V_{oc}}=\frac{I_mV_m}{I_{sc}V_{oc}} \tag{1-4}$$

4. 电池效率

太阳能电池的转化效率，定义为电池输出功率与入射光功率之比：

$$E_{ff}=\frac{P_m}{P_{in}}=\frac{V_{oc}\,I_{sc}FF}{P_{in}} \tag{1-5}$$

式中，P_m 为太阳能电池的最大输出功率；P_{in} 为入射光功率。

太阳能电池效率即受光照射的太阳能电池的最大功率与入射到该电池上的全部功率的百分比。太阳能电池的转换效率越高，表示其在单位面积上单位辐照强度下能产生更多的电能，其大小与开路电压、短路电流和填充因子密切相关。为了便于比较太阳能电池的转换效率，特定义了标准测试条件：AM1.5，辐照强度为 1000W/m^2，太阳能电池温度为 25℃。AM 是 Air-Mass（大气质量）的缩写，定义为光线通过大气的实际距离与大气的垂直厚度比。AM1.5 就是光线通过大气的实际距离为大气垂直厚度的 1.5 倍。

1.3 单晶硅太阳能电池的制备工艺

1.3.1 单晶硅棒的生长

制备单晶硅的方法主要包括直拉法、区熔法、片状单晶生长法、中子辐射法等。在晶体硅光伏产业中，直拉法是生产单晶硅的主要方法。本书重点介绍直拉法单晶硅生长工艺。

1. 直拉法（CZ 法）简介

直拉法，也叫切克劳斯基（Czochralsik）方法，是 1917 年波兰科学家切克劳斯基建立的一种晶体生长方法，后来经过不断的改进完善，目前成为制备单晶硅的主要方法。采用直拉法制备单晶硅时，把高纯多晶硅放入高纯石英坩埚，在硅单晶炉（图 1-7）内熔化，之后用一根固定在籽晶轴上的籽晶插入熔体表面，待籽晶与熔体熔合后，慢慢向上提拉籽晶，晶体便在籽晶下端按照籽晶的晶向生长，如图 1-8 所示。

直拉法的设备和工艺相对简单，具有容易实现自动控制、生产效率高、易制备大直径单晶、易控制单晶中杂质浓度等优点，是一种适用于工业化生产的低成本晶体生长技术。

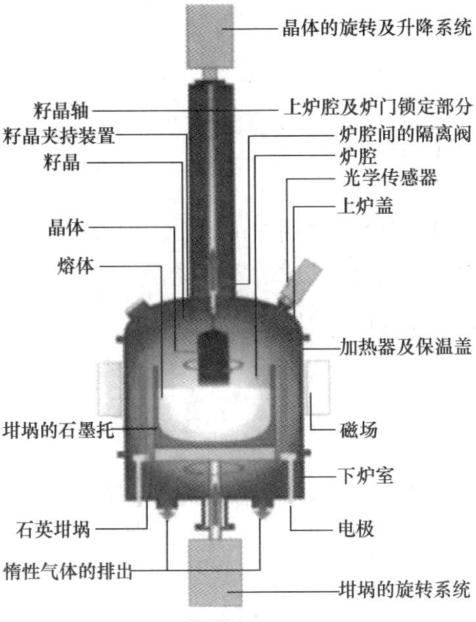

图 1-7　硅单晶炉

图 1-8　单晶硅棒

2. 直拉单晶硅的工艺流程

直拉法生产单晶硅的主要工艺流程如图 1-9 所示。

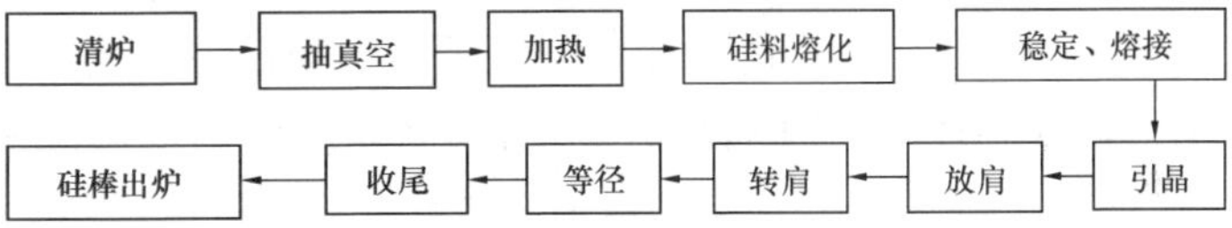

图 1-9　直拉法生产单晶硅的主要工艺流程

直拉法生长单晶硅的关键工艺步骤如图 1-10 所示。

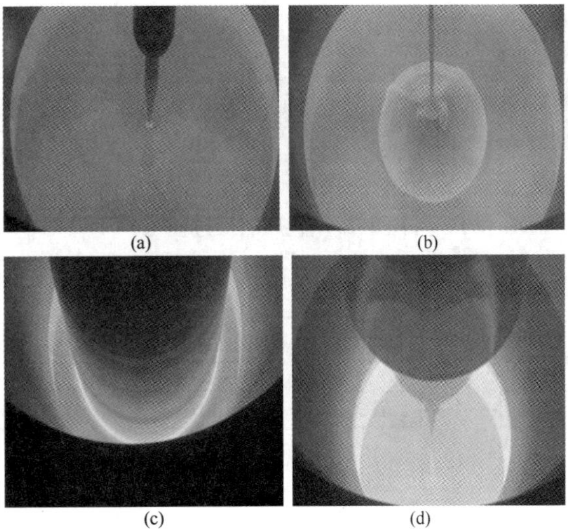

图 1-10　单晶硅生长关键工艺步骤

(a) 引晶；(b) 放肩；(c) 等径；(d) 收尾

(1) 引晶：利用引晶的无位错生长技术，引出细颈。
(2) 放肩：使晶体直径生长到所需要的直径。
(3) 等径：生长出所需直径的单晶。
(4) 收尾：降低晶体在等径生长末期时产生的位错。
单晶硅棒的表征参数如下：
(1) 电阻率：通过控制微量杂质元素的掺杂，改变单晶硅的导电性能。
(2) 氧含量：单晶硅中的间隙氧的含量，是表征单晶硅品质的重要参数。
(3) 晶棒体寿命：单晶硅的少子寿命，是表征单晶硅品质的重要参数。

1.3.2 硅片加工

1. 加工原理

硅片是制作光伏电池的基板。硅片加工方法有很多：内圆切割、外圆切割、多线切割、电火花线切割等。目前行业内主要使用多线切割法，包括游离模式和固结模式切割。使用碳化硅和聚乙二醇混合后的砂浆切割方式属于游离模式切割，但此种方式高耗能、高污染、低产能，所以逐渐被固结模式（金刚线）切割所替代。硅片多线切割原理如图 1-11 所示。在两个导轮间布一层线网，钢线以 20～30m/s 的速度高速往复旋转，同时载有硅块的工作台逐步下降，由于钢线上携带锋利的金刚石颗粒，钢线高速运转的同时颗粒对硅块进行摩擦切割，最终将硅块切割成特定厚度的薄片。

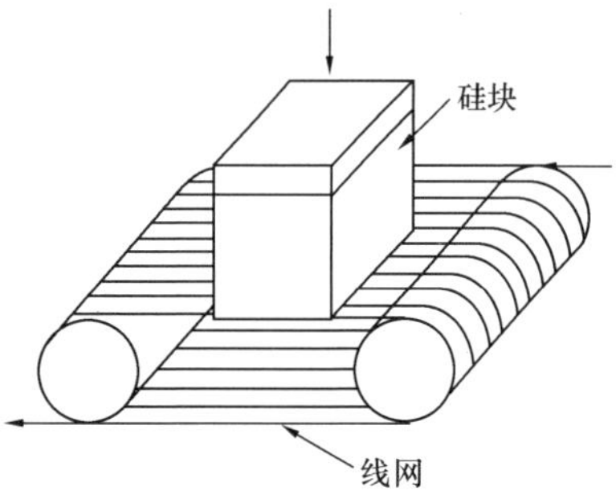

图 1-11 硅片多线切割原理

2. 工艺流程

硅片加工环节是将硅棒加工成硅块，再将硅块加工成硅片的过程，如图 1-12 所示。

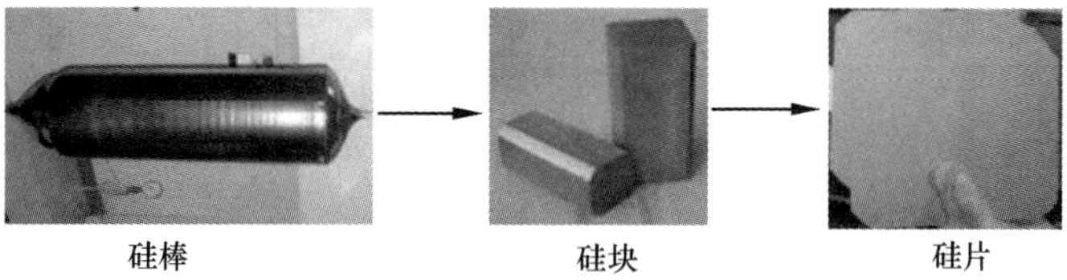

图 1-12 硅片加工过程

总体生产工艺流程如图 1-13 所示。

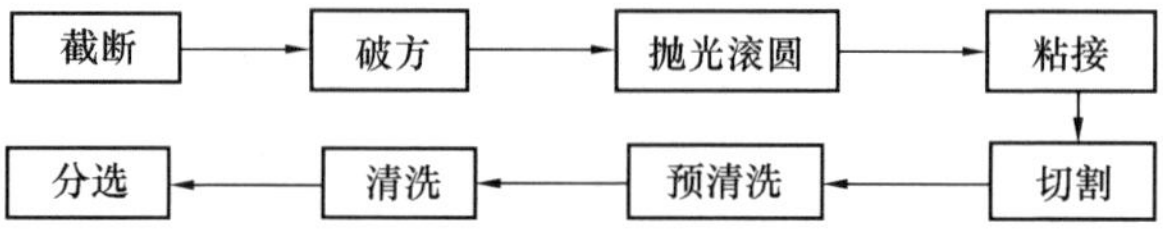

图 1-13 硅片加工工艺流程

(1) 截断：将硅棒切割成特定长度的硅块。
(2) 破方：将截断后的单晶圆棒去除四边，形成特定尺寸的准方棒。

（3）抛光滚圆：去除硅块四面表面损伤层，并将硅块四个圆角磨成同心圆弧。

（4）粘接：将玻璃或树脂板、硅块粘接到特定托盘上，用于硅片切割。

（5）切割：对硅块进行加工，得到特定厚度的硅片。

（6）预清洗：将硅片与玻璃板（树脂板）剥离并将残留硅粉、冷却液等杂物去除。

（7）清洗：去除硅片表面的杂物、金属离子等，得到洁净硅片。

（8）分选：将清洗后的硅片进行检测分类，并按类别进行包装。

1.3.3 单晶硅太阳能电池的制备

1. 表面制绒

制绒是太阳能电池片生产工序的开端，从上级原材料工厂获得的电池片原硅片将从这里开始新的生产加工过程。制绒过程也是整个电池生产过程中最难控制的工序之一。表面制绒的目的是去除硅片表面的机械损伤层，该损伤层主要来自原硅片切割过程中的表面损伤；同时可以增加电池片表面面积，为增加扩散制结面积做准备；制绒有利于降低电池片表面反射率；制绒的后清洗过程如 HF 清洗、HCl 清洗还可以去除金属杂质等。

图 1-14 单晶硅制绒后表面 SEM 图

单晶硅片制绒常常采用碱制绒，通常是利用一些化学腐蚀剂如 KOH、NaOH 等对其表面进行腐蚀来形成，它们对硅的不同晶面有不同腐蚀速度，这种腐蚀方法也称为各向异性腐蚀。如果将（100）晶面作为电池的表面，经过腐蚀在表面会出现四个（111）晶面形成的角锥体，如图 1-14 所示。这些角锥体密布于电池表面，就是人们常说的“绒面”，其反应方程式如下：

$$Si+2KOH+H_2O = K_2SiO_3+2H_2\uparrow$$

2. pn 结的制备

在生产过程中，通常采用扩散制结的方法形成 pn 结。扩散过程在扩散炉内完成。扩散炉由炉体、气路、加热系统、控制系统、装载台等几部分构成。炉体内有高性能、高纯度石英管；石英管外绕加热丝，以使扩散环境能维持一个恒定的高温；扩散有三路工艺气体：氮气、氧气、携源氮气。氮气流量较大，为的是在石英管内造成乱流以使扩散均匀，携源氮气携带扩散源进入石英炉管内，并与进入炉管的氧气发生化学反应。携源氮气的流量一般是氮气的 1/10。

对硅材料而言，可以根据掺杂类型选择不同的掺杂源。硼是最常用的 p 型掺杂源，磷是最常见的 n 型掺杂源，高温条件下这两种元素在硅中都有极高的溶解度。这些杂质可以通过不同的方式掺入，BCl_3 和 $POCl_3$ 是目前硼、磷扩散采用较多的掺杂源。此扩散方法具有生产效率高、pn 结均匀平整等优点，这对于制作大面积太阳能电池意义重大。

3. 去磷硅玻璃

在扩散过程中，$POCl_3$ 分解产生的 P_2O_5 沉积在硅片表面上，与硅反应生成二氧化硅和磷原子，其反应方程式如下：

$$2P_2O_5+5Si \longrightarrow 5SiO_2+4P\downarrow$$

这样硅片表面就形成了一层含有磷元素的二氧化硅层，常被称为磷硅玻璃。由于太阳能电池片生产制造过程中的扩散过程采用背靠背扩散，硅片的表面（包括边缘）都将不可避免地扩散上磷。pn 结的正面所收集到的光生电子会沿着边缘扩散有磷的区域流到 pn 结的背面，从而造成短路，所以需要去除边缘的磷硅玻璃。

氢氟酸是无色透明的液体，具有较弱的酸性、易挥发性和很强的腐蚀性。氢氟酸的一个重要特性就是可以腐蚀玻璃，因此在半导体生产的清洗和腐蚀工艺中，通常采用氢氟酸来去除硅片表面的二氧化硅层。其反应方程式如下：

$$SiO_2+4HF \longrightarrow SiF_4\uparrow+2H_2O$$

氢氟酸清洗后的硅片表面是否疏水是检查其工艺质量的常用方法。如果硅片表面疏水，则表明磷硅玻璃已经去除干净；如果表面亲水，则说明磷硅玻璃未去除干净。

4. 减反射层/钝化层的制备

太阳能电池制备过程中通常采用等离子体增强化学气相沉积（PECVD）的方法在硅片表面形成减反射层，该薄膜同时起到钝化作用。PECVD 镀膜的特点就是通过射频使反应气体电离为等离子体，使反应物在等离子态下发生化学反应而将固体生成物沉积于硅片表面，气体生成物排出。PECVD 的工艺气体为硅烷（SiH_4）和氨气（NH_3）。在等离子状态下的有硅离子、氮离子、氢离子及其离子团，生成的固体一般称为氮化硅（Si_3N_4），但实际上生成物含有一定量的氢，所以也可写为 SiNH 或者 $Si_xN_yH_z$。

PECVD 方法形成的氮化硅薄膜通常有三个作用：

(1) 氢的钝化作用。PECVD 的氮化硅中含有一定量的氢，而且还有少量的氧。PECVD 氮化硅膜的含氢量较高，对膜的结构、密度、折射率、应力及腐蚀速率等均有不利影响。采用相对高的衬底温度和射频功率、较低的射频频率、较低的反应气体浓度等，可增强表面反应，减少膜中的含氢量。但同时在 PECVD 过程中，氢会对存在有大量悬挂键的硅片起到良好的钝化作用，使这些键饱和，从而提高硅片的电性能，对太阳能电池质量的提高起到很大的作用。

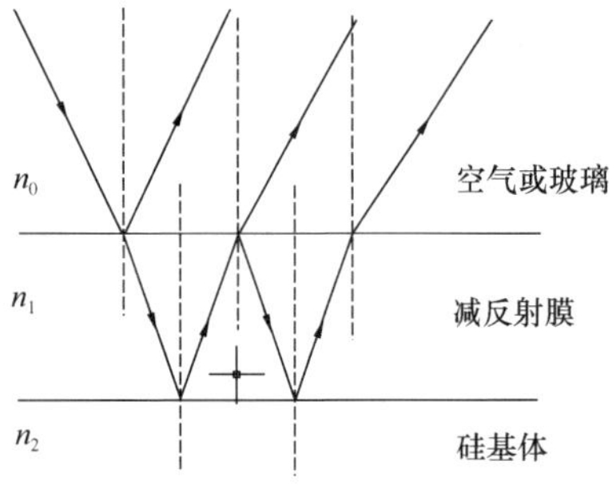

图 1-15　减反射膜原理示意图

(2) 膜的减反射作用。SiNH 的折射率一般在 1.8～2.4。它直接依赖于膜密度，特别是随 Si∶N 比值增加而增加，或者说膜的折射率取决于膜的成分。膜的厚度在 80nm、折射率在 2.1 左右时，此时的 SiNH 将起到很好的减反射作用。图 1-15 示出了四分之一波长减反射膜原理，从第二个界面返回到第一个界面的反射光与第一个界面的反射光相位差 180°，因此前者在一定程度上抵消了后者。

$$R_{\min}=\left(\frac{n_1^2-n_0n_2}{n_1^2+n_0n_2}\right)^2 \tag{1-6}$$

式中，$R_{\min}$ 为最小反射率，n_0 为空气或玻璃的折射率，n_1 为减反射膜的折射率，n_2 为硅基体的折射率。

(3) 膜的保护作用。SiNH 的密度取决于膜的组分及结构的致密性。一般提高射频功率及衬底温度会增加膜的致密性；增加 SiH_4 浓度及 SiH_4 ∶ NH_3 比值会增大 Si ∶ N 比值，趋向于富硅膜，两种方法都会增加膜密度。致密的 SiNH 能阻挡钠离子扩散，也能阻挡潮气，具有极低的氧化速率，并可防止划伤。

5. 表面金属化

太阳能电池表面金属化技术是为了将电池中的光电子导出，在半导体与金属之间形成良好的欧姆接触，是晶体硅电池制造中极为重要的环节，直接影响太阳能电池的转换效率和生产成本。欧姆接触不会产生明显的附加阻抗，且不会使半导体内部的平衡载流子浓度发生显著变化。在太阳能电池中主要利用隧道效应原理来制造欧姆接触。重掺杂的 pn 结可以产生显著的隧道效应。金属和半导体接触时，如果半导体掺杂浓度很高，则势垒区宽度变得很薄，电子可以通过隧道效应贯穿势垒产生相当大的隧道电流。当隧道电流占主导时，它的接触电阻可以很小。

常见的金属化技术包括传统丝网印刷技术、电镀技术及激光转印技术等，配合烧结技术在半导体和金属之间形成良好的欧姆接触。烧结工艺要实现良好的金属半导体接触，烧结温度、烧结时间和升降温速率是影响其质量的几个重要参数，而不同的硅片、浆料以及掺杂条件也会有非常重要的影响，因此要通过更改烧结最高温区温度和网带速率等来对烧结工艺本身进行优化，实现最佳的太阳能电池性能。

1.4 高效单晶硅太阳能电池的类型

1.4.1 PERC 电池

太阳能电池的光电转换效率是衡量其质量的一个重要标准，而降成本增效率是光伏行业的首要任务。PERC（Passivated Emitter and Rear Contact）电池，即发射极及背面钝化电池，作为新一代的高效电池之一，对电池的背面进行了改善，通过引入背钝化以及激光开槽技术，在保证电池制造低成本的基础上实现了电池效率的显著提高。

传统的 PERC 电池结构如图 1-16 所示，由常规背场电池演变而来，由于常规 p 型背场材料金属铝薄膜仅能反射 60%～70%到达背表面的红外光，降低了器件对光的利用率。PERC 电池通过在电池背部生长一层介质钝化层（通常情况下选用氧化铝材料），然后通过激光刻蚀开口形成接触。在 PERC 电池中，钝化层作用有两方面：一方面，钝化层的

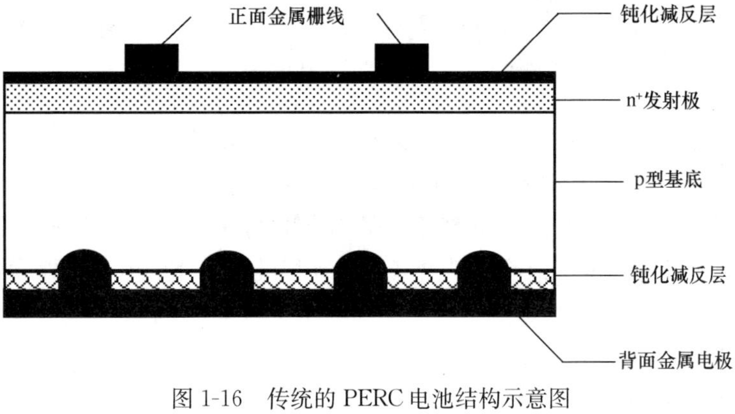

图 1-16 传统的 PERC 电池结构示意图

引入可有效降低电池背表面复合；另一方面，其提高了内表面反射率，大大减少了光学损失，有效提升了器件性能。PERC 电池最早起源于 20 世纪 80 年代，由新南威尔士大学的马丁·格林教授所在的课题组首次提出，实验室效率达 22.8%，主要采用了光刻、蒸镀、热氧钝化、电镀等技术。PERC 电池与常规电池最大的区别是背表面介质膜钝化，采用局域金属接触，降低了背表面复合速度，同时提升了背表面的光反射。此外，在基本保证成本的前提下，双面 PERC 电池可双面发电、双玻封装（可靠性高）、铝浆耗量少、弯折率低，与传统 PERC 产线兼容。缺点是工艺要求特殊、背面印刷精度较单面 PERC 电池的要求略高、对铝浆有更高的要求。

PERC 技术仅仅需要增加背表面钝化和激光开槽两道工序，就能有效提升太阳能电池转换效率，使 p 型晶硅太阳能电池的效率提升到以前无法想象的地步，PERC 电池效率达到 24.03%。另外，PERC 电池由于是对背面进行了改善，其可与多种先进技术进行叠加，如多主栅技术、选择性发射极技术、黑硅、TOPCon 技术等。

1.4.2 PERT 电池

PERT（Passivated Emitter，Rear Totally-diffused Cell）即钝化发射极背表面全扩散电池，由于它的正背面都可以接受太阳光的照射，故是一种双面发电的电池。PERT 电池分为 n 型和 p 型两种，由于 n 型硅在少数载流子寿命和抗金属杂质污染方面较 p 型硅片有明显的优势，所以 n-PERT 电池成为光伏行业的关注点。

n-PERT 电池的结构：以 n 型硅为衬底，正背面陷光结构，上表面掺杂硼形成 p^+n 结构，下表面以扩散、注入、涂源等方式掺磷形成 n^+n 结构。n-PERT 电池结构示意图如图 1-17 所示。

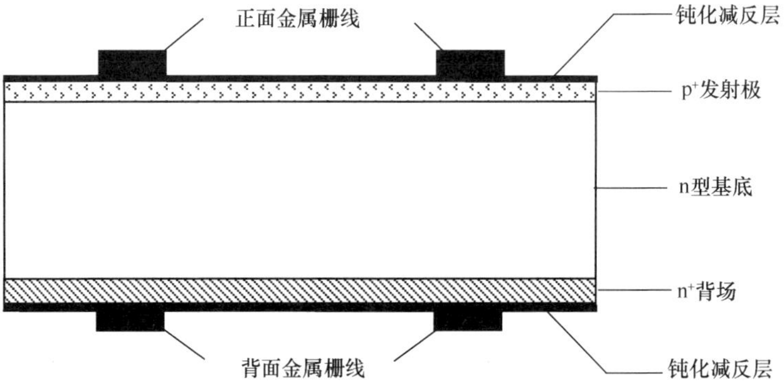

图 1-17　n-PERT 电池结构示意图

n-PERT 双面电池的特点：①在弱光条件下，光谱响应好。这是由于 n 型硅片少子寿命远高于 p 型硅。相同电阻率情况下，n 型硅片的少子寿命通常比 p 型硅片高 1～2 个数量级，一般为毫秒级。②无光致衰减现象。硼掺杂的衬底在光照条件下，形成 B-O 复合对，捕获少数载流子，使电池效率出现衰减。以 n 型硅为基体的电池，硼含量极低，基本消除了 B-O 复合对对载流子的影响。③具有抗金属杂质污染特性，对过渡金属 Fe、Cr、Co、W、Cu、Ni 等的容忍度高。以 Fe 的沾污为例，Fe 的浓度为 10^3 atoms/cm^3 时，n 型硅的寿命从 1100μs 降低到 100μs，而 p 型硅的寿命从 1300μs 降低到 0.8μs。

2014 年，德国 Fraunhofer 研究所研发的 PERT 电池效率达到了 22.7%，2017 年比利时 IMEC 研究所通过引入氧化铝钝化、选择性背场结构和电镀技术将 PERT 电池效率提升至 22.9%。n 型 PERT 电池有两大优势：其一是其双面率较高，普遍可以达到 85% 左右；其二是其光衰较 p 型 PERC 电池低。中国英利于 2010 年成功开发出低成本高效率 n 型 PERT 双面太阳能电池整套生产工艺，并实现量产，填补了国内 n 型硅太阳能电池产品空白，成为国际三大高效 n 型电池之一。

1.4.3 HJT 电池

HJT（Heterojunction with Intrinsic Thinlayer）即带有本征薄层的异质结太阳能电池。A. I. Gubanov 于 1951 年最早提出了异质结的概念，并进行理论分析，但由于当时的工艺技术条件差，直到 1960 年，才由 Anderson 成功制备出异质结样品，世界上首个带有异质结结构的太阳能电池则是由日本三洋公司的 Hamakawa 等完成的。

图 1-18 展示了常见的双面异质结太阳能电池结构，中间为 n 型晶体 Si，受光面为 p 型非晶硅和本征非晶硅薄膜，非受光面则为 n 型非晶硅和本征非晶硅薄膜，电池两侧分别溅射生成 TCO 层，电极采用低温浆料制备在 TCO 层上，整个电池各个环节工艺温度不超过 250℃，从而避免了传统太阳能电池高温扩散（800～900℃）工艺及高温烧结工艺，消除了硅片本身在高温过程中的性能退化，同时节约了能源，相对简单的电池制备工艺，可以采用更薄的硅片基底，降低电池的成本。

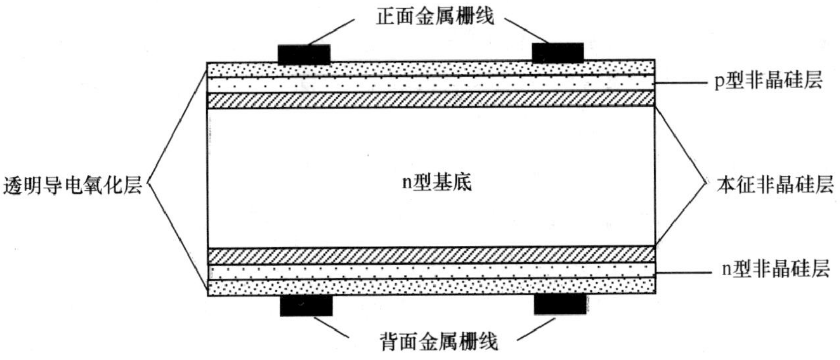

图 1-18　n 型 HJT 太阳能电池截面图

HJT 电池本身带本征薄层的异质结结构，在 pn 结形成的同时，也同步地进行了单晶硅表面的钝化工艺，大大降低了电池漏电流，提高了电池效率。

HJT 电池光照稳定性好，不易出现光照衰减现象。此外，HJT 电池温度稳定性好，比传统晶体硅太阳能电池的温度系数低，使得 HJT 电池在工作升温的情况下仍然有很好的输出。

1.4.4 BC 电池

为了进一步提高电池的转换效率，一个思路是最大限度地减小电池正面栅线的遮挡，从而使得太阳能电池正面接受辐射的面积尽可能大，这种所有电极均在背面的电池称为 BC（背接触）电池。在 1975 年 Schwartz 等人最早提出了 n 型叉指状背接触 IBC（Interdigitated Back Contact）电池的构想，最初主要应用于聚光系统中，它将 pn 结、基底与发射区的接触电极以叉指状全部做在电池背面，电池正面没有任何栅线结构，从而完全消除了前表面栅线的遮光，同时电池背面电极设计也有了更多的优化空间，可以采用更大的有效电池接触面积，提升电池的填充因子，达到提升转换效率的目的。

典型的 BC 电池结构如图 1-19 所示，一般采用 n 型硅片作为基底，电池正面制绒，增加光吸收，其上制备钝化、减反层；电池背面制备叉指状交叉的 p 区和 n 区，电池内产生的光生载流子经由背面的金属栅线收集。相较于传统电池片，少数载流子被收集前在硅片内运动的距离更长，所以 BC 电池对于硅片质量的要求也更高，同时对硅片表面的钝化质量也提出了更高的要求。

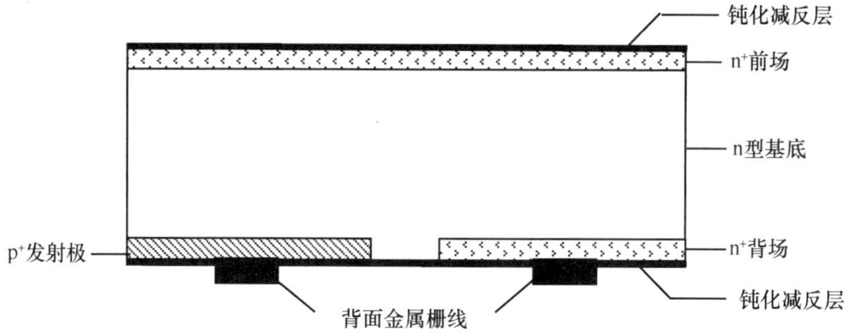

图 1-19　n 型 BC 太阳能电池结构示意图

BC 电池转换效率高，但制作流程复杂，工艺成本高，因此目前的研究方向主要集中在如何经济地制备叉指状交叉的 pn 结，优化前后表面掺杂、钝化和金属电极制备工艺，以及简化生产工艺步骤等方面。

BC 电池 pn 结的制备，早期一般是采用光刻胶掩膜的方法来形成叉指状的掺杂掩膜，需要专用的设备及曝光、清洗设施，随后发展出丝网印刷耐酸掩膜浆料，通过 HNO_3/HF 体系溶液进行反刻制备叉指状 pn 掺杂区域掩膜，此外还有通过激光消融的方式来一次成型 pn 结区掩膜。采用掩膜两次离子注入形成叉指状交叉 pn 结，以及掺杂浆料结合丝网印刷直接制备叉指状交叉 pn 结的工艺也在逐步发展中。

1.4.5　TOPCon 电池

隧穿氧化层钝化接触（TOPCon）太阳能电池，是 2013 年由德国 Fraunhofer 太阳能研究所首次提出的一种新型钝化接触太阳能电池。这种太阳能电池首先在电池背面制备一层超薄氧化硅（1～2nm），然后再沉积一层 20nm 厚的磷掺杂非晶硅层，经过 800℃ 高温退火后形成掺杂多晶硅，二者共同形成了钝化接触结构，为电池的背面提供了良好的表面钝化。由于氧化层很薄，多晶硅薄层具有重掺杂，多数载流子可以穿透氧化层，而少数载流子则被阻挡。图 1-20 给出了 TOPCon 电池的基本结构。

与 PERC 电池相比，TOPCon 电池能对电池表面实现完美钝化。前面提到的 PERC/PERT 电池是通过把金属接触范围限制在局部区域，增加背面钝化面积，降低表面复合。但金属接触的开孔区域仍然能产生载流子的复合，使电池效率提升受到限制。TOPCon 结构是一种既能降低表面复合，又无须开孔的钝化接触（Passivated Contact）电池技术。另外，

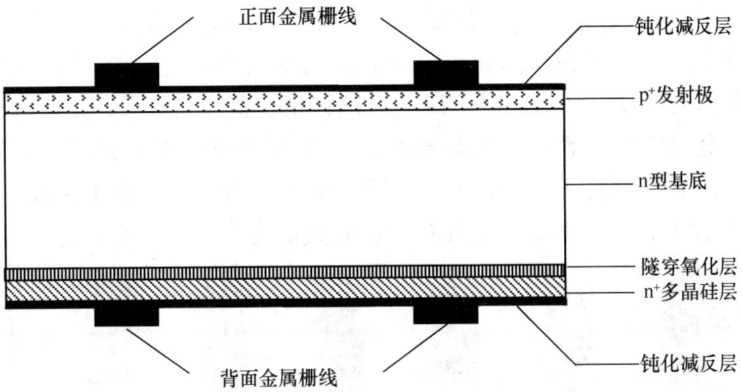

图 1-20　TOPCon 电池结构示意图

TOPCon 全接触钝化结合全金属电极的结构，实现了最短的电流传输路径，极大降低了传输电阻，根本上消除了电流横向传输引起的损失，提升了电池的电流和填充因子。

德国 Fraunhofer 太阳能研究所采用 n 型 FZ 硅片，正面采用金字塔制绒，硼扩散，氧化铝加氮化硅叠层膜起钝化和减反作用，背面采用 TOPCon 钝化技术，正反面金属化均采用蒸镀 Ti/Pd/Ag 叠层结构，电池效率达到了 23.7%，V_{oc}超过了 700mV。随后 TOPCon 电池效率得到了快速提高，TOPCon 的钝化结构也从背面扩展到正面，衬底材料也从单晶扩展到多晶。2015 年，Fraunhofer 将 TOPCon 单晶电池效率提升至 25.1%，2020 年 TOPCon 单晶电池效率达到了 25.8%。

1.5　单晶硅太阳能电池的发展现状及展望

2015 年以后是高效太阳能电池效率快速突破的几年。国际上效率超过 25%的高效单晶硅太阳能电池由四种类型增加为六种类型。25%以上效率的高效率电池结构分别是钝化发射极和背部局域扩散（PERL）电池、异质结（HJT）电池、背接触（BC）电池、异质结（HJT）电池和交指式背接触（IBC）电池结合在一起的异质结背接触（HJBC）太阳能电池、钝化接触（TOPCon）太阳能电池、背结背接触-多晶硅氧化钝化（BJBC-POLO）太阳能电池。表 1-1 给出了国际上高效晶体硅电池结构的实验室效率参数。

表 1-1　晶体硅太阳能电池的国际发展水平

序号	单位	电池结构	衬底材料	电池面积 A（cm^2）	开路电压 V_{oc}（mV）	短路电流 J_{sc}（mA/cm^2）	填充因子 FF（%）	效率 Eff（%）
1	LONGi	HJT	n-Si	274	751.4	41.45	86.07	26.81
2	Kaneka	HJBC	n-Si	79	738	42.65	84.9	26.7
3	ISFH	BJBC-POLO	p-Si	4	726.6	42.62	84.28	26.1
4	FhG-ISE	TOPCon	n-Si	4.008	724.1	42.8	83.1	25.8
5	SunPower	IBC	n-Si	153.49	737	41.33	82.71	25.2
6	UNSW	PERL	p-Si	4	706	42.7	82.8	25

在2023年国际光伏技术线路（International Technology Roadmap for Photovoltaic，ITRPV）中给出了其对于各种晶体硅太阳能电池的发展趋势的预测，图1-21为不同类型晶体硅太阳能电池的市场份额预测图。BSF电池将很快退出市场，PERC电池是当前的主流技术产品，但电池效率很难再有大幅提升，其市场份额将逐年递减。TOPCon电池具有优异的性能，且生产工艺已基本成熟，市场份额正迅速攀升，将很快成为市场的主流。HJT电池工艺步骤少、双面率高，也具有一定的竞争优势，市场份额也将逐步提升。

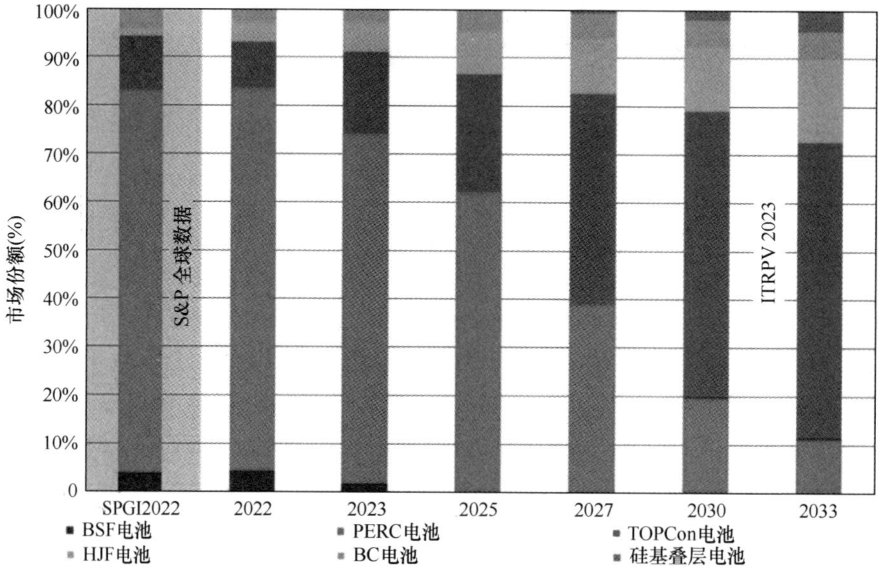

图1-21　ITRPV预测不同结构太阳能电池市场份额

ITRPV同时给出了各种晶体硅太阳能电池的效率预测（图1-22）。TOPCon、HJT、BC（背接触电池）等n型太阳能电池相对于p型PERC电池，具有明显的效率优势以及更高的效率提升空间，这也是PERC电池市场份额逐年递减的主要原因。具有更高效率潜能的硅基叠层电池，已经成为当前的研究热点。

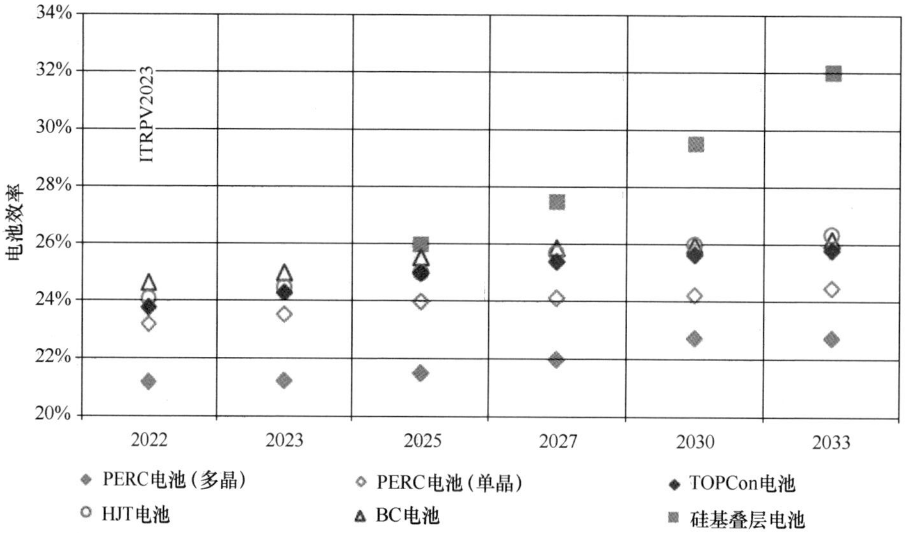

图1-22　IRTPV预测各种晶体硅太阳能电池效率

思考题

1. 简述太阳能电池的工作原理。
2. 太阳能电池短路电流与哪些因素有关?
3. 太阳能电池开路电压与哪些因素有关?
4. 简述直拉法单晶硅的生长工艺。
5. 简述太阳能电池的制备过程。
6. 氮化硅膜在太阳能电池中的作用有哪些?
7. 给出一种高效单晶硅太阳能电池的电池结构图。

参考文献

[1] BP Statistical Review of World Energy[J/OL]. 72nd Edition, 2023. https://www.bp.com/.

[2] 罗春明,何伟,周柯. 晶硅太阳能电池薄膜材料现状及发展趋势[J]. 绝缘材料,2012,45:29-33.

[3] YAMAMOTO K, ADACHI D, YOSHIKAWA K. Record-breaking efficiency back contact heterojunction crystalline Si solar cell and module[C]. 33rd European Photovoltaic Solar Energy Conference and Exhibition, 2017: 201-204.

[4] BENICK J, STEINHAUSER B, MÜLLER R. High efficiency n-type PERT and PERL solar cells[C]. IEEE: Photovoltaic Specialist Conference, 2014: 3637-3640.

[5] RECAMAN M, KUZMA I, LI Y, et al. Selective epitaxy as contact passivation approach in bifacial n-type PERT solar cells[C]. IEEE: 33rd European Photovoltaic Solar Energy Conference and Exhibition, 2017: 604-609.

[6] FELDMANN F, BIVOUR M, REICHEL C, et al. Passivated rear contacts for high-efficiency n-type Si solar cells providing high interface passivation quality and excellent transport characteristics[J]. Solar Energy Materials and Solar Cells, 2014, 120: 270-274.

[7] YOSHIKAWA K, KAWASAKI H, YOSHIDA W, et al. Silicon heterojunction solar cell with interdigitated back contacts for a photoconversion efficiency over 26% [J]. Nature Energy, 2017, 2: 17032.

[8] RIENÄCKER M, MERKLE A, RÖMER U, et al. Recombination behavior of photolithography-free back junction back contact solar cells with carrier-selective polysilicon on oxide junctions for both polarities[J]. Energy Procedia, 2016, 92: 412-418.

[9] International Technology Roadmap for Photovoltaic (ITRPV)[J/OL]. 14th edition, 2023. https://itrpv.vdma.org/.

[10] LIN H, YANG M, RU X, et al. Silicon heterojunction solar cells with up to 26.81% efficiency achieved by electrically optimized nanocrystalline-silicon hole contact layers[J]. Nature Energy, 2023, 8: 789-799.

2 多晶硅太阳能电池

2.1 概　　述

依据硅原子的排列方式，可以把其分成单晶硅、多晶硅及非晶硅三类。单晶硅原子排列是具有周期性且朝向同一方向的；多晶硅的结构是由许多不同排列方向的单晶粒组成的；非晶硅原子排列非常松散且没有规则。单晶硅是指硅原子排列的周期性延续了一定的大小，以一根用提拉法制造出的单晶棒为例，其原子排列是全部朝向同一方向的，因此这种单晶结构具有比较少的晶格缺陷，用在太阳能电池上，转换效率高。多晶硅结构是由许多不同排列方向的单晶粒所组成的，在晶粒与晶粒之间便会存在着原子排列不规则的界面，称为晶界。由于原子排列的不连续性会导致晶界处形成一些缺陷，故多晶硅的转换效率比单晶硅低。然而商业化的多晶硅的制造成本比单晶硅低，所以更被广泛使用在太阳能电池上。而非晶硅的原子排列则是非常松散、没规则的，是一种类似玻璃的非平衡态结构。

在制造单晶硅片或多晶硅片时，必须使用到硅原料，虽然这些硅原料也具有一定的结构，但由于内部晶粒过于杂乱没有规则，所以无法直接使用在太阳能电池上，必须经过特殊的铸造（或用定向性凝固方式把它转换为晶粒数较少的多晶硅，或用提拉法将它转换为单晶硅）后，才可作为制造太阳能电池的材料。一般业界是用“Polysilicon”作为硅原料的代称，而用“Multicrystalline Silicon”来称呼可用在太阳能电池上的多晶硅。

本章主要介绍多晶硅原料生产、多晶硅铸锭、多晶硅片及薄板多晶硅片的制备方法，并对多晶硅太阳能电池的发展前景进行了展望。由于多晶硅太阳能电池片、电池组件的生产工艺与第 1 章单晶硅太阳能电池片、组件生产工艺相同，本章不再赘述。

2.2 多晶硅原料的生产方法

根据制造多晶硅原料所使用的原材料不同，科研工作者相应研究出了几种不同的生产方法。其中常用的方法有 Siemens 方法和 ASiMi 方法。

2.2.1 Siemens 方法

制造多晶硅原料所使用的起始原料来自二氧化硅（SiO_2）。图 2-1 所示为生产多晶硅的整体流程，首先是将高纯度的二氧化硅置于电弧炉内还原成冶金级的多晶硅原料，由于冶金级的多晶硅原料无法满足半导体业对纯度的需求，所以必须再经由一系列的纯化步骤将其转换为太阳能电池等级或 IC 等级的多晶硅。

在纯化过程中，首先利用 HCl 将冶金级多晶硅原料转换为液态的三氯硅烷（$SiHCl_3$）；然后通过多重的分馏法处理，以提高三氯硅烷的纯度，再利用 Siemens 的化学沉积方法（CVD）将高纯度的 $SiHCl_3$ 及 H_2 通入约 900℃的反应炉内，$SiHCl_3$ 与 H_2 反应产生

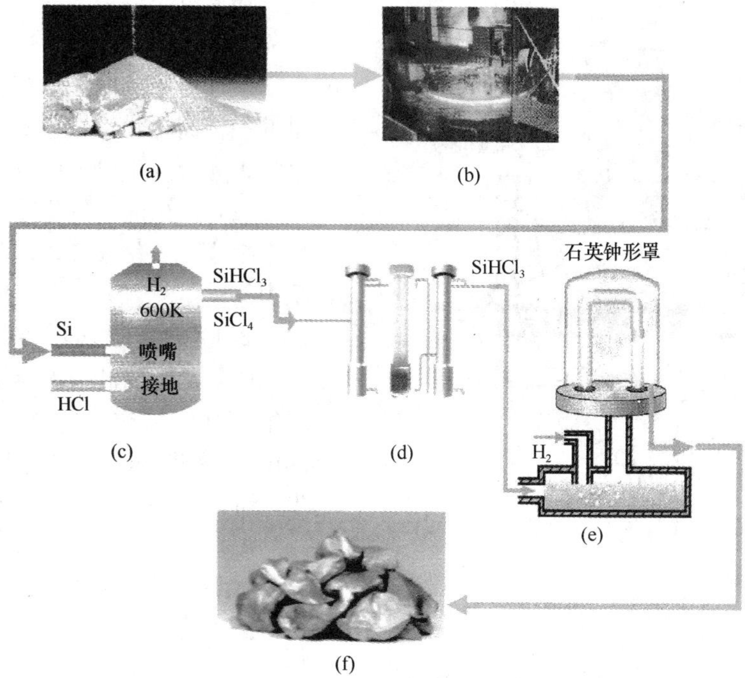

图 2-1　块状多晶硅原料的制造流程（本图由 Siltrpnic AG 提供）

（a）硅砂为最原始的原料来源；（b）将硅砂还原制成冶金级硅原料；

（c）用冶金级硅原料来制造三氯硅甲烷；（d）用分馏法纯化三氯硅甲烷；

（e）制造半导体等级多晶硅原料；（f）半导体等级的硅原料成品

的 Si 原子会慢慢沉积在一个“∏”形的晶种上，从而得到多晶硅原料棒；再将多晶硅原料棒敲成块状后，经过酸洗、干燥及包装等程序后，即可依据其纯度等级用在太阳能电池或 IC 产业上。下面将分别深入介绍这几个步骤。

1. 冶金级多晶硅原料的制备

全球工业界每年生产出数百万吨的金属级多晶硅原料及冶金级硅原料，其一般纯度约为 98.5%。这种等级的硅原料大部分被用在钢铁与铝工业上，例如，在钢铁里添加少量的硅，可增加钢铁的硬度与抗蚀能力，而在铝工业上也常需要利用硅来生产铝硅合金。在每年数百万吨的硅原料中，只有约 1%的冶金级硅原料被用于生产高纯度的半导体级多晶硅原料。

工业上的冶金级硅原料，是在直径 10m、高度 10m 以上的大型电弧炉中生产出来的，这种规模的电弧炉每年可生产数万吨的硅原料。生产 1t 冶金级多晶硅原料需要 10～11MW・h 电力。我国生产工业硅的电弧炉主要有 12500kV・A、25000kV・A 和 33000kV・A 三个型号。随着生产技术的进步以及淘汰落后产能政策的实施，我国电弧炉逐渐向大型化方向发展。2022 年，我国 116 个工业硅冶炼新增项目中，至少 71 个项目的炉型为 33000kV・A。图 2-2 为电弧炉的结构，商业化的电弧炉是使用 10～30MW 的电能，来加热直径约 1m 的石墨电极，使之产生高于 2000℃的电弧。焦炭、煤炭、木屑及其他含碳的物质被用作还原剂，这些炭连同二氧化硅或块状石英一起自电弧炉上方加入一大型坩埚内。在高温下，二氧化硅（SiO_2）被碳还原生成液态硅，并释放出一氧化碳气体。

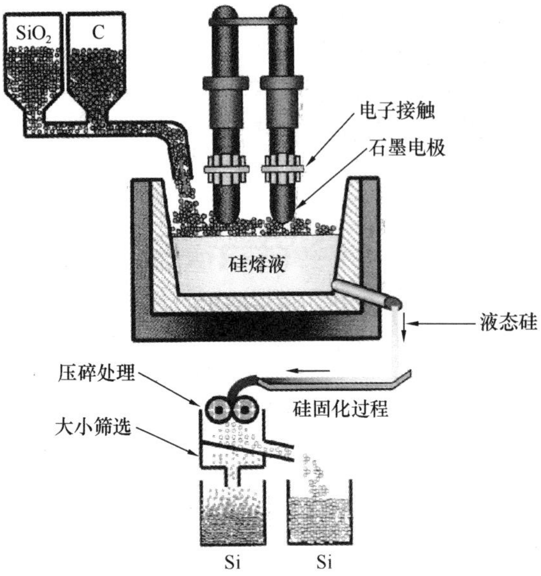

图 2-2　生产冶金级多晶硅原料的电弧炉示意图

这个还原反应可表示为：

$$SiO_2(s)+2C(s)=\!=\!=Si(l)+2CO(g)$$

上述还原反应式只是整个复杂系统里的一个简单化学方程式，在实际生产过程中还会发生以下反应：

（1）产生的一氧化碳气体会与氧气反应生成二氧化碳气体，并排到大气环境中。

$$2CO(g)+O_2(g)=\!=\!=2CO_2(g)$$

（2）部分的硅熔液会被氧化，重新产生 SiO 气体或 SiO_2 粉尘微粒（小于 1μm），这些 SiO 气体中夹杂着 SiO_2 粉尘，可被另外收集，用作混凝土或耐火砖的添加物。

$$2Si(l)+O_2(g)=\!=\!=2SiO(g)$$

$$2SiO(g)+O_2(g)=\!=\!=2SiO_2(s)$$

（3）其他的次反应还包括：

$$SiO_2(s)+C(s)=\!=\!=SiO(g)+CO(g)$$

$$SiO(g)+2C(s)=\!=\!=SiC(s)+CO(g)$$

$$2SiC(s)+SiO_2(s)=\!=\!=3Si(l)+2CO(g)$$

$$2SiO(g)=\!=\!=Si(l)+SiO_2(g)$$

在这样一个大的生产设备与制作工艺中，最重要的考虑在于如何达到最佳的炉体效果，这包括如何降低电能的消耗，如何达到高良率与高质量等。例如，所使用的碳质材料都必须先清洗，以去除一些含有杂质的灰烬。早期的石墨电极都是使用一些昂贵的高质量石墨，目前为降低成本则开始使用比较便宜的石墨。

产生的液态硅内含有 1%～3%的不纯物，这些不纯物包括 0.2%～1%的 Fe、0.4%～0.7%的 Al、0.2%～0.6%的 Ca、0.1%～2%的 Ti、0.1%～0.15%的 C 等。要想进一步减少这些不纯物的含量，一般做法是在液态硅还没凝固之前，加入一些氧化性的气体，这样极易产生炉渣的添加物（如 SiO_2、$CaO/CaCO_3$、CaO-MgO、CaF_2 等），可使得一些活性比硅强的元素（Al、Ca、Mg 等）被氧化移除。

被纯化后的液态硅进入铸模内凝固后，然后进入滚轮式压碎机内被压成小细块（一般大小不超过 10cm），而用来生产半导体等级的冶金级多晶硅原料，还得进一步压碎成仅数十微米的小粉粒。图 2-3 所示为生产冶金级多晶硅原料过程的实际照片。

生产 1t 的冶金级多晶硅原料需要 10～11MW·h 的电力，而目前生产冶金级多晶硅原料的工厂都已有 20 年以上的历史，因为盖一座这样的工厂，设备、资本过于庞大，所以不易扩充产能。据估算，建设一部产能 1000t 的电弧炉，约要 100 万美元的投资。

2. 三氯硅烷的制造与纯化

三氯硅烷($SiHCl_3$）是生产块状多晶硅原料的主要中间原料，它在常温下为无色易燃

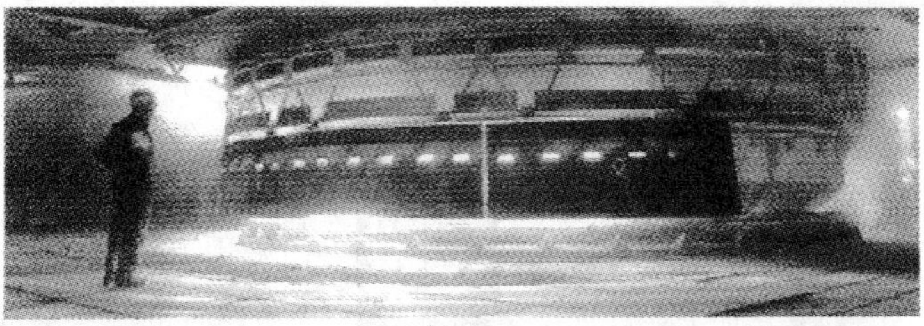

(a)

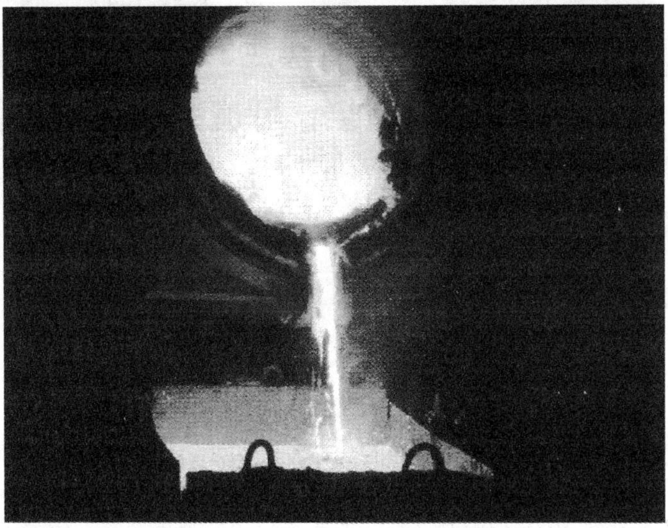

(b)

图 2-3 生产冶金级多晶硅原料过程的实际照片

(a) 电弧炉的外观；(b) 液态硅被倒入铸模内

的液体，其沸点为 31.8℃。图 2-4 所示为三氯硅烷的制造与纯化流程。在制造过程中，我们需将粉状（小于 4μm）的冶金级多晶硅原料（MG-Si）与 HCl 气体一起加入流化床反应器内，在约 600℃的温度下 Si 与 HCl 会发生以下反应：

$$Si(s)+3HCl(g)==SiHCl_3(g)+H_2(g)$$

$$Si(s)+4HCl(g)==SiCl_4(g)+2H_2(g)$$

以上的化学反应可以产生约 90% 的 $SiHCl_3$ 及 10% 的 $SiCl_4$。实际上，两者的生成比与反应温度有关，反应温度越高，$SiHCl_3$ 的产出比率越低。而原来存在于 MG-Si 中的大部分不纯物，会形成氯化物（如 $FeCl_3$、$AlCl_3$、BCl_3 等），这些氯化物为颗粒状，可以被过滤掉。

也可以利用以下两个方法将副产品 $SiCl_4$ 转化为 $SiHCl_3$：

(1) 在流化床反应器内添加 Cu 作为催化剂，使得 $SiCl_4$ 可以进一步转化成 $SiHCl_3$。这种方式可以把约 37%的 $SiCl_4$ 转化成 $SiHCl_3$。

$$Si(s)+3SiCl_4(g)+2H_2(g)==4SiHCl_3(g)$$

(2) 在 1000～1200℃下，将 $SiCl_4$ 直接与 H_2 反应，生成 $SiHCl_3$。这种方式也同样可以把约 37%的 $SiCl_4$ 转换成 $SiHCl_3$。

$$SiCl_4(g)+H_2(g)==SiHCl_3(g)+HCl(g)$$

通过上述方式生产出的三氯硅烷的纯度尚未达到半导体等级的要求，因此还需通过分

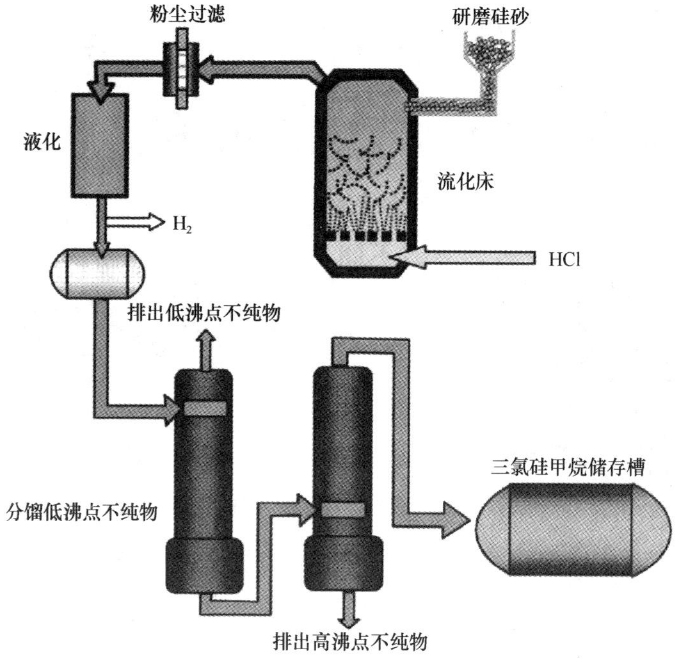

图 2-4　三氯硅烷的制造与纯化流程

馏法将其与氯化物、磷化物、氯甲烷等杂质分离。在纯化步骤中，必须使三氯硅烷经过多重的分馏处理，才可将杂质含量降到十亿分之一以下的等级。考虑其安全性，盛装 $SiHCl_3$ 的容器要低温保存，并避免直接日照，以防止 $SiHCl_3$ 急速汽化而发生爆炸。

氯硅烷的制造与分馏纯化也需要很庞大的化工设备，技术门槛较高。

3. 块状多晶硅原料的制备（Siemens 方法）

在所有生产多晶硅原料的技术中，使用 $SiHCl_3$ 为原料是最普遍的。图 2-5 是利用 Siemens 方法来生产多晶硅原料的示意图。多晶硅反应炉的设计，因各制造厂工艺的不同而有所区别，但大多是采用单端开口的钟形罩方式，钟形罩反应炉的底盘是水冷式的，盘上有气体原料的入口及废气的出口，以及连接晶种的电极。石英钟形罩是利用 O 形圈密封在底盘上。如果钟形罩本身的材质为石英，在石英外侧还需包围隔热及安全保护层，如果钟形罩本身的材质为金属，炉壁通常为水冷式的设计。

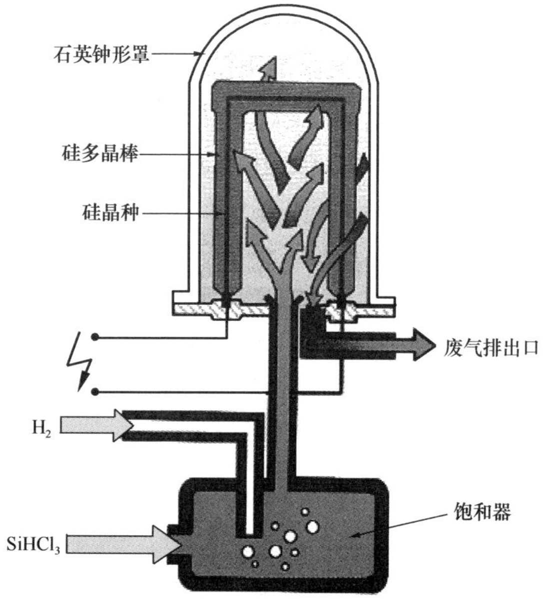

图 2-5　利用 Siemens 方法来生产多晶硅原料的示意图

钟形罩反应炉的运行温度在 1100℃左右，它每小时可以消耗数千立方英尺（1ft＝0.3048m）的 $SiHCl_3$ 和 H_2 气体及数百万瓦时的能量，每次可产生数吨的多晶硅原料，再加上操作过程中会产生腐蚀性的 HCl 气体，制造工艺相当复杂。因为超过 90%以上的电力会被水冷式的炉壁消耗掉，故 Siemens 法需要消耗相当大的电力。

在每次生产前，必须将细小的硅晶种［如图 2-6（a）中“П”形部分］垂直固定在电极上，然后将钟形罩反应炉慢慢降到底盘上，在测试完反应炉的真空度后，开始加热并通入原料气体 $SiHCl_3$ 及 H_2。因为 H_2 还需充当 $SiHCl_3$ 的运输气体，所以 H_2 的使用量为实际反应量的 10～20 倍。在 1100℃时，H_2 会将 $SiHCl_3$ 还原成 Si，产生的 Si 会沉积在晶种上，慢慢长大成为一个“П”形多晶棒。以下的化学方程式可以描述该反应过程：

$$SiHCl_3(g)+H_2(g)=\!=\!=Si(s)+3HCl(g)$$

硅晶种的表面温度被加热到 1100℃，且反应炉内有着相当大的温度梯度，因此同时会发生其他的反应。四氯化硅（$SiCl_4$）是硅的制造过程中主要的副产品，它可能来自以下的反应：

$$SiHCl_3(g)+HCl(g)=\!=\!=SiCl_4(g)+H_2(g)$$

事实上，在整个 Siemens 方法中约有 2/3 的 $SiHCl_3$ 会转化为 $SiCl_4$。$SiCl_4$ 可以很容易被纯化，可作为硅晶生长时的气体原料或作为生产石英的原料，甚至可被回收来生产 $SiHCl_3$。在每次生产结束后，必须关闭电源，再利用 N_2 气体将反应炉冲净。在取出多晶棒后，将反应炉清洗干净即可重新开始另一次生产。将多晶硅棒敲成块状，接着通过酸洗、干燥、包装等程序后，即成为 CZ 单晶硅生长或铸造多晶硅使用的块状多晶硅原料。图2-6所示为利用 Siemens 方法生产的多晶硅棒及敲成小块的块状多晶硅原料。表 2-1 为利用 Siemens 方法生产出来的太阳能电池等级与 IC 等级多晶硅原料纯度的比较。

(a) (b)

图 2-6 利用 Siemens 方法产生的多晶硅棒及敲成小块的块状多晶硅原料

（a）“П”形多晶硅棒；（b）块状多晶硅原料

表 2-1 利用 Siemens 方法生产出来的太阳能电池等级与 IC 等级多晶硅原料纯度的比较

质量规格	元素种类	单位	太阳能电池等级多晶硅原料	IC 等级多晶硅原料
内部元素浓度	施体元素（P、As、Sb）	ppta	<300	<150
	受体元素（B、Al）	ppta	<100	<50
	碳（C）	ppba	<100	<80
	金属总浓度（Fe、Cu、Ni、Cr、Zn、Na）	ppbw	<2	<0.5

续表

质量规格	元素种类	单位	太阳能电池等级多晶硅原料	IC 等级多晶硅原料
表面金属浓度	Fe	ppbw	<10	<0.75
	Cu	ppbw	<1	<0.15
	Ni	ppbw	<1	<0.15
	Cr	ppbw	<1	<0.25
	Zn	ppbw	<2	<0.25
	Na	ppbw	<6	<1

注：a 是以原子数计；w 是以质量计；ppb 为 10^{-9}；ppt 为 10^{-12}。

Siemens 方法最普遍的制作工艺条件为：

（1）石英反应炉的炉壁温度要在 575℃以下，晶种温度约 1100℃。

（2）$SiHCl_3$ 与 H_2 的摩尔比率为 5%～15%。

（3）反应炉的压力要小于 5psi（34.475kPa）。

（4）气体流量要比计算值大，以增加沉积速率及带走 HCl 气体。

需要注意的是，增加沉积速率不一定能够降低生产成本，因为增加沉积速率可能需要更多的气体原料、电力等才能达成。再者，沉积速率的快慢也会影响到多晶硅棒的质量，过快的沉积速率可能使得多晶硅中含有气泡。不过，太阳能电池等级的多晶硅棒的质量要求没那么严格。

2.2.2 ASiMi 方法

多晶硅的制造技术除了使用 $SiHCl_3$ 作为原料外，在理论上也可使用 SiH_4、SiH_2Cl_2、$SiCl_4$ 等作为原料。然而在工业上，考虑的不单是化学理论，还有生产时的成本、安全性、质量与可靠性等。出于这些因素考虑，SiH_2Cl_2 及 $SiCl_4$ 并不适合用于生产多晶硅原料。使用 SiH_4（硅烷）作为原料的技术起源于 20 世纪 60 年代末期的 ASiMi（Advanced Silicon Materials）公司。使用 SiH_4 作为原料可以节省电力，因为它可以在较低的温度下沉积产生纯度更高的多晶硅原料。ASiMi 方法是将 SiH_4 加热到高温，使其分解产生 Si 与 H_2，产生的 Si 同样沉积在晶种上形成高纯度的多晶硅棒，下面将介绍 ASiMi 方法以及生产 SiH_4 的相关技术。

1. SiH_4 原料的制备

SiH_4 的沸点为－111.8℃，在常温下为无色的气体，它很容易遇氧燃烧，所以在操作上必须格外的注意。制造 SiH_4 常用以下三种方法：

（1）Union Carbide 方法。Union Carbide 方法是目前世界上规模最大的 SiH_4 制造法，图 2-7 所示为 Union Carbide 方法的流程，首先是将 Si、H_2 及 $SiCl_4$ 等起始原料置于高温高压（约 550℃，30 个大气压）下的流化床反应炉内，使之反应产生 $SiHCl_3$。接着利用蒸馏分离法，使 $SiHCl_3$ 在具有特殊离子交换树脂的不均化反应炉内发生不均化反应，从而产生 SiH_2Cl_2 和 $SiCl_4$。生成的 SiH_2Cl_2 必须经过同样的离子交换树脂层，蒸馏分离成 SiH_4 和 $SiHCl_3$。整个制作工艺可以用以下方程式表示：

$$Si(s)+2H_2(g)+3SiCl_4(g)═══4SiHCl_3(g)$$

$$2SiHCl_3(g) \longrightarrow SiH_2Cl_2(g) + SiCl_4(g)$$
$$3SiH_2Cl_2(g) \longrightarrow SiH_4(g) + 2SiHCl_3(g)$$

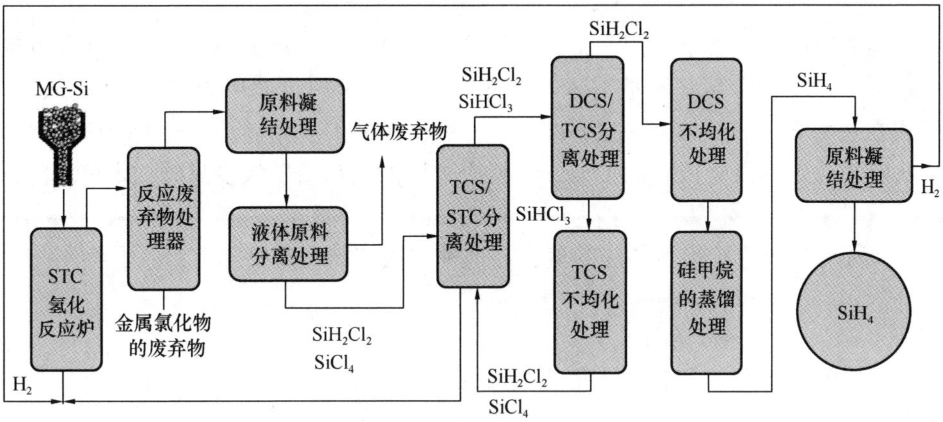

图 2-7 Union Carbide 方法制造硅甲烷的流程

TCS—三氯硅烷（$SiHCl_3$）；DCS—二氯硅烷（SiH_2Cl_2）；STC—四氯化硅（$SiCl_4$）

（2）Ethyl 方法。Ethyl 公司开发出可以大量生产 SiH_4 的技术，以其作为粒状多晶硅的原料。他们所使用的起始原料为磷酸盐肥料工业的副产品 H_2SiF_6（氢氟硅酸），利用其与浓硫酸反应生成 SiF_4，反应式如下：

$$H_2SiF_6 + H_2SO_4 \longrightarrow SiF_4 + 2HF + H_2SO_4$$

然后在 250℃下利用 LiH 可将 SiF_4 还原生成 SiH_4，反应式如下：

$$4LiH + SiF_4 \longrightarrow SiH_4 + 4LiF$$

（3）Johnson's 方法。目前工业界生产的 SiH_4，有一部分是 Johnson 在 1935 年所提出的方法改良后而生成的。这种方法首先是在 500℃的氢气中，使硅粉与镁反应生成硅化镁（Mg_2Si），然后使硅化镁在 0℃以下的氨水中与氯化铵（NH_4Cl）反应生成 SiH_4。

$$Mg_2Si + 4NH_4Cl \longrightarrow SiH_4 + 2MgCl_2 + 4NH_3$$

在 Johnson's 方法中，大部分的硼杂质可借由与 NH_3 发生化学反应，而与 SiH_4 分离。因此利用这种 SiH_4 原料制造出的多晶硅原料，含有的硼杂质为 0.01～0.02ppba，比 Siemens 方法小。

2. 多晶硅原料的制造方法

利用 SiH_4 原料来制造多晶硅棒，一般是使用金属钟形罩炉。在高温时 SiH_4 会分解产生 Si 与 H_2。分解产生的 Si 会渐渐沉积在硅晶种上，而形成“∏”形多晶棒原料。

$$SiH_4 \longrightarrow Si + 2H_2$$

这种方法考虑的主要因素之一是沉积速率，由于这种方法的沉积速率很慢（3～8μm/min），为了加快沉积速率，必须使得欲发生沉积反应的地方温度高，而不发生沉积反应的地方温度低。所以除了硅晶种的位置外，其他地方需保持在 100℃左右。增加沉积速率的另一个因素是要让 SiH_4 气体的温度足够低，以避免气体自出口抵达硅晶种前即已分解，到处产生硅粉尘。一般 SiH_4 在 300℃时即已分解，而硅晶种处的温度为 800℃。

虽然使用 SiH_4 沉积速率较慢，但其转换效率较 $SiHCl_3$ 则高得多，约 95%以上的 SiH_4 可以转换成多晶硅。再者，由于 SiH_4 可以在较低的温度下沉积产生高纯度多晶硅，所以需要的电力也较低。

2.2.3 流化床法制备粒状多晶硅原料

粒状多晶硅的制造技术起源于 Ethyl 公司的 SiH_4 制造方法，1987 年商业化的粒状多晶硅开始生产。粒状多晶硅制造技术是利用流化床反应炉将硅甲烷分解，而分解形成的 Si 则沉积在一些自由流动的微细晶种粉粒上，形成粒状多晶硅。由于晶种表面积较大，流化床反应炉的效率高于传统的 Siemens 反应炉，因此利用粒状多晶硅技术可以降低生产成本。

图 2-8 所示为制造粒状多晶硅的流程，这种方法的制造概要如下：

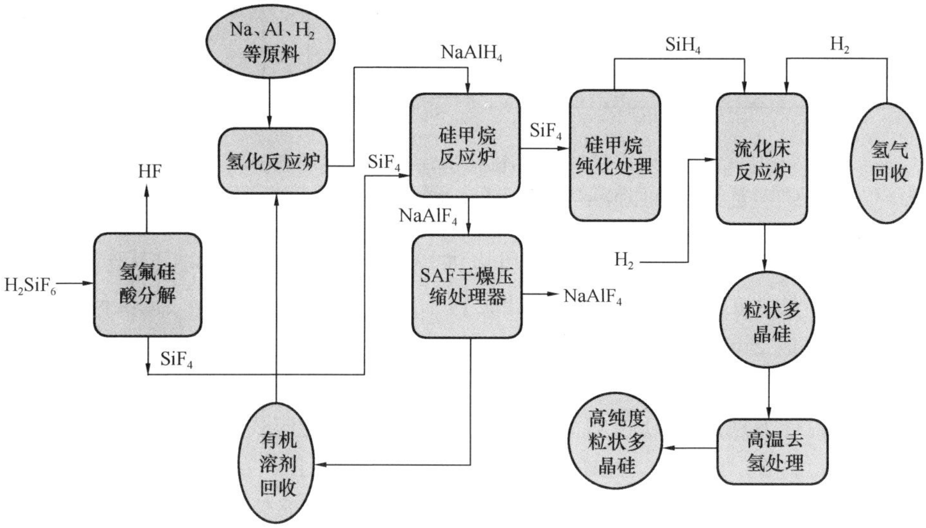

图 2-8 制造粒状多晶硅的流程

(1) 利用钠、铝及氢制造 $NaAlH_4$。

$$Na+Al+2H_2 = NaAlH_4$$

(2) 分解磷酸盐肥料工业的副产品 H_2SiF_6（氢氟硅酸），使之产生 SiF_4。

$$H_2SiF_6 = SiF_4+2HF$$

(3) SiF_4 被 $NaAlH_4$ 还原产生 SiH_4。

$$NaAlH_4+SiF_4 = SiH_4+NaAlF_4$$

(4) 利用蒸馏法纯化 SiH_4。

(5) 在流化床反应炉中分解，并利用 CVD 原理在硅晶种颗粒上析出。

$$SiH_4 = Si+2H_2$$

(6) 大小适当的多晶硅会自反应炉的底部落下，成为粒状多晶硅原料。

(7) 粒状多晶硅必须经过去氢处理，才能包装出货。

图 2-9 所示为典型流化床反应炉示意图。流化床反应炉的外观像是两端封闭的直筒，原料气体（SiH_4）由底部注入炉内，而细小的硅晶种颗粒则从反应炉的右上方注入。由于注入气体的速率足够大，这些微小的颗粒可以随着气流在炉中四处流动，当原料气体上升到热区时，会开始分解而沉积在硅晶种颗粒上，因此硅颗粒越长越大，直到气体的速率

无法支撑其质量时，便自反应炉的底部落下，成为粒状多晶硅。反应产生的氢自反应炉上方排出。

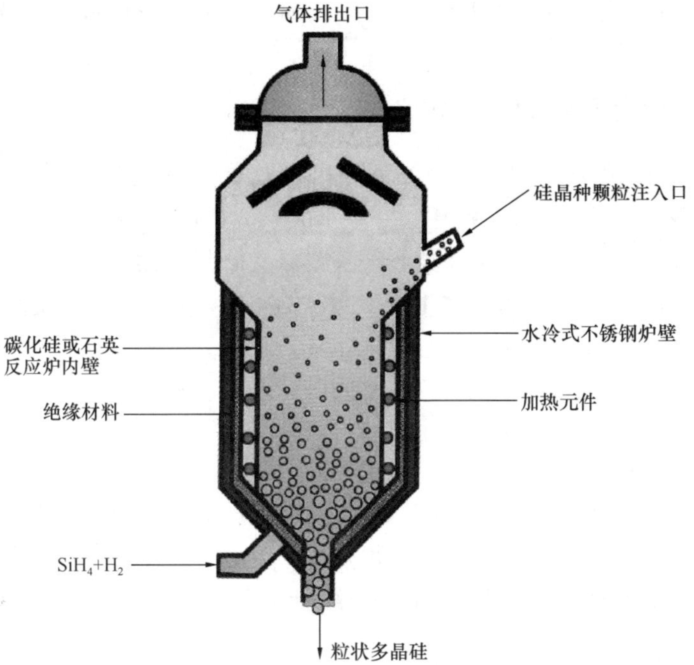

图 2-9 典型流化床反应炉示意图

流化床反应炉的操作温度为 575～685℃，原料转换成粒状多晶硅的效率约 99.7%。产生的粒状多晶硅的平均大小约为 700μm，如图 2-10 所示。硅晶种的制造是将 SG-Si 磨成微粒，然后在酸、过氧化氢及水中过滤。这种制造晶种的方法非常费时、昂贵，而且容易在研磨过程中引入不纯物。新的方法是使 SG-Si 在高速的气流中互相撞击，成为微粒状，这样就不会引入金属不纯物了。粒状多晶硅的沉积速率会因温度增加、硅甲烷摩尔比增加、气体流速增加等因素而提高。理论上，反应炉尺寸越大，多晶硅的产生率越高。

图 2-10 利用流化床反应炉制造的粒状多晶硅

流化床反应炉与传统的钟形罩反应炉相比，其优点为可以连续性地生产、较大的反应炉尺寸、较安全的操作、较低的电能消耗等，但是生产出的多晶硅质量则有待进一步改善。为了防止粒状多晶硅受到污染，流化床反应炉的炉壁必须选用高纯度的石英，或者在炉壁镀上一层硅。

使用粒状多晶硅在 CZ 硅单晶生长时，常会发现在熔化过程中，粒状多晶硅出现喷溅的现象。这些喷溅物可能附着在石英坩埚或其他热场组件上，甚至可能在长晶过程中重新掉入硅熔液内，造成长晶的困难。造成喷溅的原因是粒状多晶硅中含有氢气，这些存在于粒状多晶硅中的氢气，在硅熔液中的溶解度很低（小于 0.1ppma），因此会快速地自硅熔液表面释放出来，从而引起喷溅。

为了减少以上问题，必须对粒状多晶硅进行去氢处理。去氢处理的条件是将粒状多晶硅在1020～1200℃的热处理炉中加热2～4h，这样可将粒状多晶硅的氢含量降到10ppma以下。

2.2.4 太阳能级多晶硅的制造技术

自2008年4月第5届世界硅材会议后，很多人认为采用冶金或物理法生产出来的冶金级多晶硅（UMG）可望被大量使用，并在Elkem、JFE、Dow Corning、Nippon Steel、Timminco等国际工厂大规模投入研发下，一度深受瞩目。然而2007—2008年是多晶硅原料严重缺料的时期，许多用冶金法生产多晶硅的厂家，虽然技术与质量未臻成熟，但仍在全球多晶硅缺货的市场情况下，强行进入市场，尚未站稳市场，即在2008年第四季度后的全球金融风暴下遭遇重大的市场与技术问题，因而热潮暂退。目前，多晶硅原料并无缺料问题，使得冶金级多晶硅暂时退出市场，回到研发领域。

冶金级多晶硅的纯化技术，大多是采用物理冶金的方法，来进一步纯化金属级的多晶硅，从而达到6～7N等级的纯度。这是利用硅与杂质元素之间的物理与化学性质差异，联合各种方法（如酸浸，真空精炼、离子加热、湿法冶金结合水喷粉体技术、火法精炼即定向凝固法等），将过渡金属与Ⅲ～Ⅴ族的杂质元素分批去除。以下仅简单地介绍三种相关的技术。

1996年，日本的川崎制铁公司（JFE）最早开发了制备太阳能级多晶硅（冶金级硅）的纯化法，他们是采用电子束及离子冶金技术，并结合定向凝固法，来生产太阳能级多晶硅原料，这种方法是以冶金级硅为原料分两个步骤来处理。首先，在真空环境下，利用电子束加热并且去除磷（P），接着进行第一次的定向凝固来去除金属杂质，然后通入氩气（Ar），使用等离子焊枪把含在硅中的杂质B和C去除，最后再进行第二次的定向凝固来精炼纯化。图2-11所示为JFE冶金精炼纯化法的制作工艺示意图，此方法可将金属杂质的浓度降至0.1ppmw以下，从而达到太阳能级的纯度。

挪威的Elkem公司原本就是全球冶金级硅材的主要供货商。为了满足市场对太阳能级多晶硅的需要，特别在传统的生产过程中，直接引入了纯化技术，同时运用火法精炼与酸浸渍法来去除杂质。首先是将从电炉中输出的冶金级硅材直接进行定向凝固，然后再将多晶硅锭压碎后进行湿法酸浸来去除约90%的磷。虽然利用这种方法生产UMG硅材的成本很低，但其纯度尚未达到太阳能电池等级的要求，无法在单晶硅或多晶硅锭的铸造过程中使用，仅小部分能与更高纯度的多晶硅棒混掺在一起使用。

而Solsilc方法则是运用了碳热还原法，有别于传统的冶金级硅的制备，它着重于使用高纯度的起始原料。首先在等离子反应炉内，使高纯度粉末状的石英原料（SiO_2）与高纯度的黑碳粉末反应产生SiC，然后在电弧炉内将SiC再度还原为硅及碳，随后再利用H_2O/Ar气体环境将碳氧化成CO气体挥发去除，最后再采用定向凝固技术得到太阳能级多晶硅。国外有许多公司及研究机构（如Elkem Solar、Dow Corning、Ferro Atlantica、Becancour Silicon、Sintef等）积极从事Solsilc方法的研发，图2-12所示为Solsilc设备的外观。

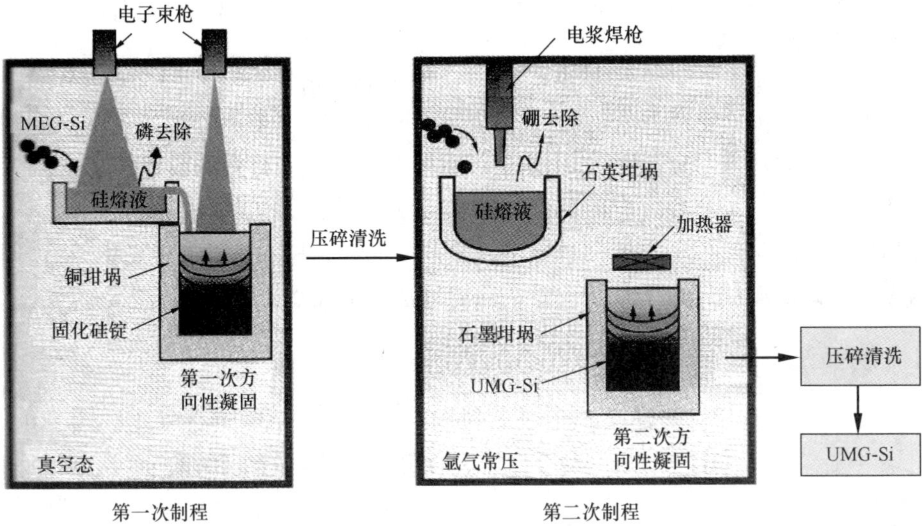

图 2-11　JFE 冶金精炼纯化法的制程示意图

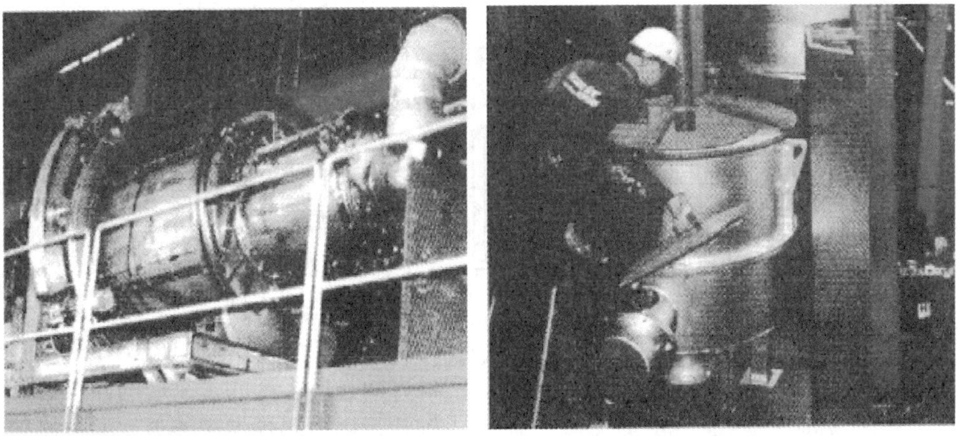
(a)　(b)

图 2-12　Sobsilc 方法中用来生产太阳能级多晶硅材料的设备外观

（a）旋转式的 SiC 电浆反应炉；（b）用来生产硅的电弧炉

2.3　多晶硅锭的铸造方法

多晶硅片一般是将熔融的硅铸造固化而成，因为其制作工艺简单、产出率高，且成本较低，所以多晶硅片曾一度盛行。但随着 CZ 单晶硅片技术提升及成本下降，当前单晶硅电池已经成为全球太阳能电池市场的主流。

影响多晶硅太阳能电池效率的因素，除了多晶硅片中会引起载流子再结合的杂质外，还有多晶硅片内部的晶界及位错。因此在铸造多晶硅锭的过程中，除了铸造速率的提升外，微缺陷控制也是最重要的考虑因素。目前，借着对凝固现象的了解，以及利用计算机对整个生产过程的模拟设计，设计出温度场分布最佳化的铸造炉子，可使得多晶硅锭里的微缺陷及铸造速率均达到最佳。因此，目前商业化的铸造炉子，已经可以生产出高质量的100kg的多晶硅锭。

利用铸造技术来制造多晶硅锭起源于1975年的德国瓦克（Wacker）公司，其采用浇铸法来制备太阳能电池用的多晶硅锭（SILSO）。后来也有研究者采用了其他的铸造技术。例如，美国晶体系统公司采用了热交换法（HEM），Solarex公司采用了结晶法等。

铸造多晶硅锭一般是采用定向凝固的方式，这样才不会长出杂乱无序的晶粒，经过定向凝固的控制，则可以长出宽度约数毫米到数厘米的柱状排列晶粒。铸造多晶硅锭有三种主要的方法，即浇铸法、布里基曼法及电磁铸造法。下面将分别说明这三种方法。

2.3.1 浇铸法

图2-13所示为利用浇铸法来制备多晶硅锭示意图，这个方法必须用到两个坩埚，硅原料的熔化发生在第一个石英坩埚内，之后再将熔化的硅液浇入另一个石英坩埚内。这个石英坩埚置于升降平台上，让它慢慢地下降离开加热区，那么硅就可以从坩埚底部慢慢往上固化（其凝固过程也是一种类似布里基曼法的定向凝固方式），从而得到多晶硅锭。

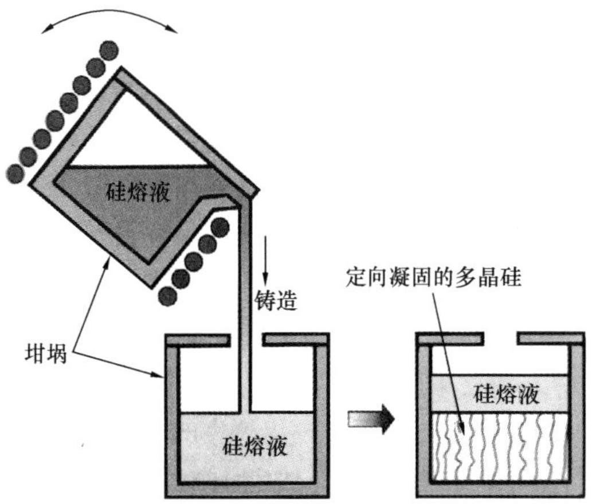

图2-13 用来制造多晶硅锭的浇铸法技术示意图（当多晶硅原料在一个石英坩埚中融化后，将硅液倒入另一个镀有氮化硅的方形石英坩埚中，接着自坩埚底部往上发生定向凝固）

浇铸法的优点是设备简单，易于操作控制，而且由于生产过程中的熔化与固化是发生在两个不同的坩埚内，所以它可以达到半连续化生产。但它的缺点是使用两个坩埚容易造成硅液的二次污染，同时受到熔炼坩埚及翻转机械的限制，产量较低；而且所生产的多晶硅的晶粒通常为等轴状，用来制备太阳能电池的转换效率比较低。目前这种方法已较少用在商业规模的生产。

2.3.2 布里基曼法

布里基曼法是应用最早的一种定向凝固铸造技术（图2-14），也可称为热交换法（HEM）。但严格来讲，布里基曼法与热交换法还是有一些差别的，如图2-14所示在布里基曼法中，坩埚会慢慢往下降而离开加热器。而在热交换法中，坩埚与加热器不会发生相对移动，一般是在坩埚底部安装一个散热开关，在熔化时散热开关呈关闭状态，在凝固开始时才打开散热开关，以控制凝固的方向与速度，从而达到定向凝固的效果。如果散热装置是使用水冷式的话，凝固速度则受到水流量的控制。当底部开始发生结晶固化后，固液界面会垂直往上移，产生柱状的晶粒。

目前商业上多晶硅锭的生产，都是以布里基曼法或热交换法的定向凝固为主。而广泛使用的铸造机台的制造商包括美国的GT Solar及德国的ALD。北京的京运通、绍兴的精

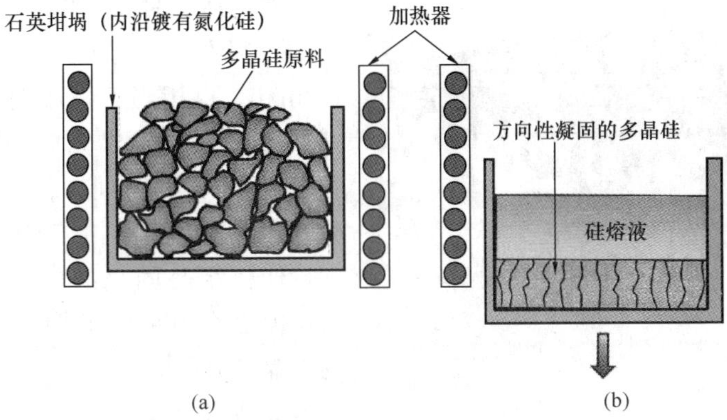

图 2-14 用来制造多晶硅锭的传统布里基曼法技术示意图

（a）多晶硅原料置于镀有氮化硅的方形石英坩埚内，等待熔化；（b）熔化后，将石英坩埚向下降，自坩埚底部向上发生方向性凝固

功机电、上虞的晶盛等公司也都可以生产这类定向凝固炉。目前，常见的多晶硅铸锭炉主要有 450kg、800kg、1000kg 等多种产量设计。图 2-15（a）所示为定向凝固铸造多晶硅锭机台的外观，这样一部铸造机可容纳 69cm×69cm 的石英坩埚，一年可生产 160 块重达 800kg 的多晶硅，相当于每年可产出约 10MW 的 182mm×182mm 的多晶硅太阳能电池。图2-15（b）为常见铸造炉内部配置示意图。

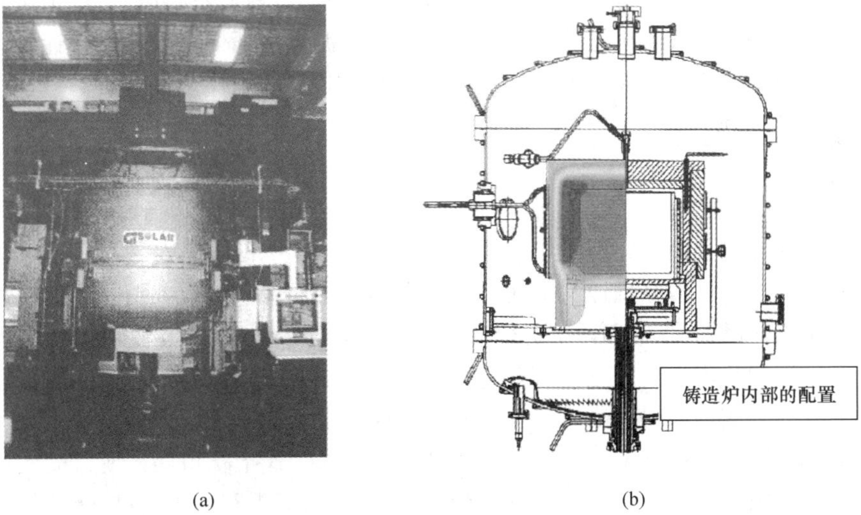

图 2-15 商业化铸造多晶硅锭炉

（a）商业化铸造多晶硅锭炉子的外观；（b）铸造炉内部配置示意图

在铸造多晶硅锭时所使用的石英坩埚为方形，如图 2-16 所示。以最先进的 450kg 多晶硅锭铸造炉为例，石英坩埚的大小约为 87cm×87cm。硅在结晶固化的过程中体积会膨胀，从而导致多晶硅锭与坩埚间发生黏连，甚至造成多晶硅锭的破裂损伤，为了降低这种黏性，一般的做法是在石英坩埚的内缘涂上一层氮化硅（Si_3N_4）。

布里基曼法虽然较为简单，但因为硅熔液与石英坩埚在高温时反应时间较长，所以完

图 2-16　自石英坩埚内取出的方形多晶硅锭

成一次铸造的时间较长，产出率也比浇铸法低，通常布里基曼法的凝固速率约为15cm/h，这相当于每小时大约可以凝固25kg的硅锭，通常完成一次铸造过程要花上2～3天的时间。若想要进一步增加凝固速率及产出率，必须设法增加温度梯度，使得结晶固化的多晶硅可以快速冷却，但是冷却速率过快可能会使得已凝固的多晶硅破裂。

铸造多晶硅锭的操作流程包括：清洗硅原料、填料、熔化、晶体生长、退火、硅锭出炉及破锭等。在操作时，先将装有氮化硅涂层的石英坩埚放置在炉内的热交换台上，然后填入适量的硅原料，再安装好炉内的加热及隔热等装置，关上炉体开始抽真空，达到一定的真空度后，通入氩气作为保护气体，并使炉体内的压力维持在500mbar（$1bar=10^5Pa$）左右，接着打开石墨加热器的电源，将硅原料熔化，整个熔化过程至少需要10h以上。全部熔化之后，将熔液的温度下调到适合晶体生长的温度，然后将石英坩埚慢慢下移脱离加热区，与周围形成热交换。同时启动底部的冷却系统，让晶体从底部开始析出固化，于是晶体以柱状向上生长，整个晶体生长过程需要20多个小时。在完成全部的晶体生长之后，还需把铸锭维持在熔点附近数个小时，以进行退火处理，这个步骤是为了消除铸锭内热应力。退火结束之后，即可关闭加热电源，并通入大量氩气，让锭慢慢冷却到常温，这个冷却过程也需要10h左右。最后将炉体打开，取出多晶硅锭。

2.3.3　电磁铸造法

图2-17所示为另外一种铸造多晶硅锭的方法，叫作电磁铸造法（EMC）。这种技术类似于前面提到的定向凝固法，但做法比较特别，它是采用RF加热方式，通过一个水冷式指状坩埚将电流传导到多晶硅原料上使其因本身的电阻而受热熔化，熔化后的硅熔液因受到来自指状坩埚的所谓Biot-Savart定律的排斥作用，本身并不会接触到指状坩埚，这是因为设计上使得指状坩埚上的电流方向与硅熔液电流方向相反，从而产生了电磁排斥力。同样利用下降的方式，使得多晶硅自支撑底座开始向上结晶固化。目前商业上，可生产出35cm×35cm以上的多晶硅锭。由于这种技术是采用水冷式指状坩埚，使得凝固速率远高于其他方法，可以达到9～12cm/h，这相当于每小时制造出30kg的多晶硅锭。除了高产出率的优点外，因为硅熔液不与坩埚壁接触，所以多晶硅锭受到杂质污染的程度会比较小。

此外，电磁铸造法结合连续加料的方式（EMCP），可以产生较长的多晶硅锭。EMC或EMCP法的缺点是，所长出的多晶硅锭的内部晶粒比较小（平均约为1.5mm），这是因为凝固速率较快，不过对太阳能电池效率的这点不利因素，可以因其本身的高纯度而予以补偿。利用EMC法制造出的多晶硅太阳能电池的效率可达17％～19％。

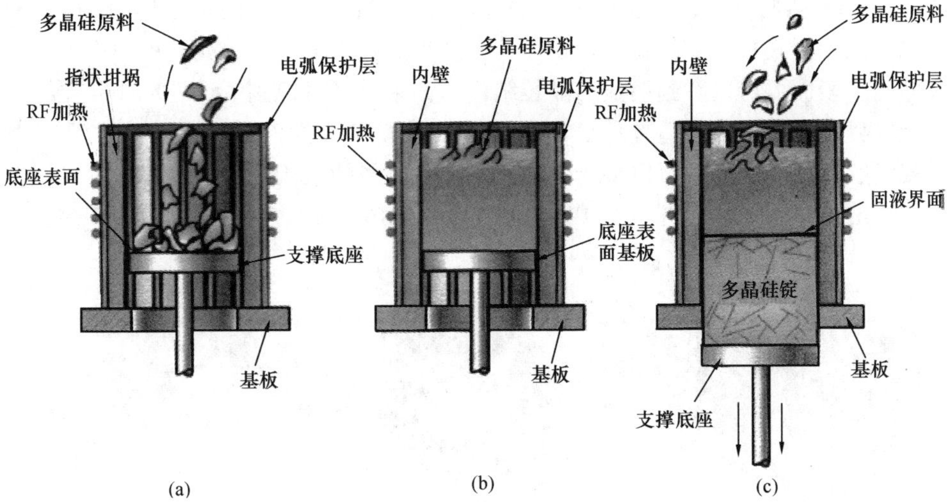

图 2-17　电磁铸造法（EMC）

（a）将多晶硅原料加到石墨支撑底座上，开始受热熔化；（b）熔化后的硅熔液不会与坩埚接触；

（c）支撑底座慢慢下降（U. S. Patent 4572812，1986）

2.4　多晶硅片的制备

2.4.1　多晶硅片的加工成型

铸造出来的多晶硅锭是四面体状的，在切片之前，必须依据规格将其切成不同大小的四方块，以一个 690mm×690mm 的多晶硅锭为例，可切出 36 块 100mm×100mm 的四方块，或 25 块 125mm×125mm 的四方块，或 16 块 150mm×150mm 的四方块，或 9 块 210mm×210m 的四方块等，如图 2-18 所示。

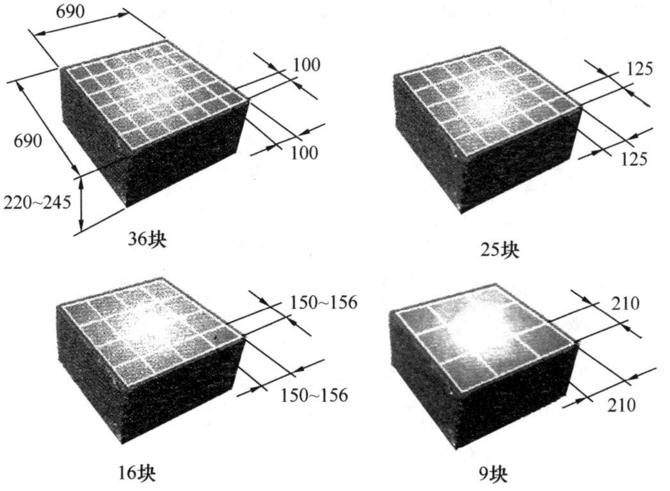

图 2-18　多晶硅锭切块

图 2-19 所示为将四方体形多晶硅块切成多晶硅片，如同切单晶硅棒，都是采用线切割的方式，但由于其具有多晶特性，在切片和加工的技术上，比单晶硅更困难。切片完成后的多晶硅片表面上可以看到明显的晶粒结构，如果再经过蚀刻清洗处理，晶粒结构会更清楚。所以目视上，可以很清楚地分辨单晶及多晶硅片。图 2-20 所示为一多晶硅太阳能电池的截面照片，从照片中可以很清楚地看到柱状晶粒的结构。目前的技术可以把多晶硅片切到 178μm 的厚度，未来有望可以切到 100～150μm 的厚度。

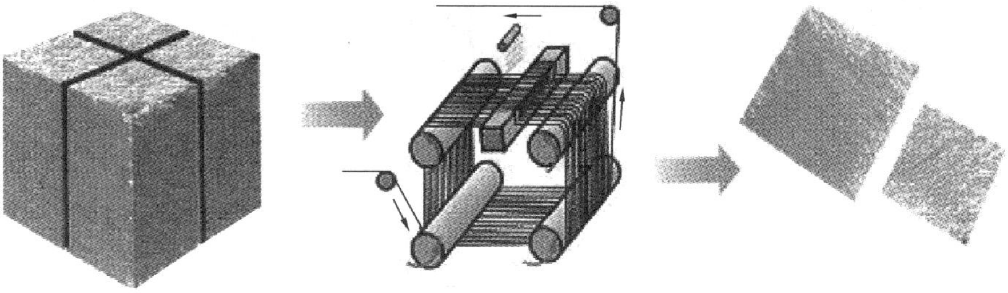

图 2-19　将四方体形多晶硅块切成多晶硅片

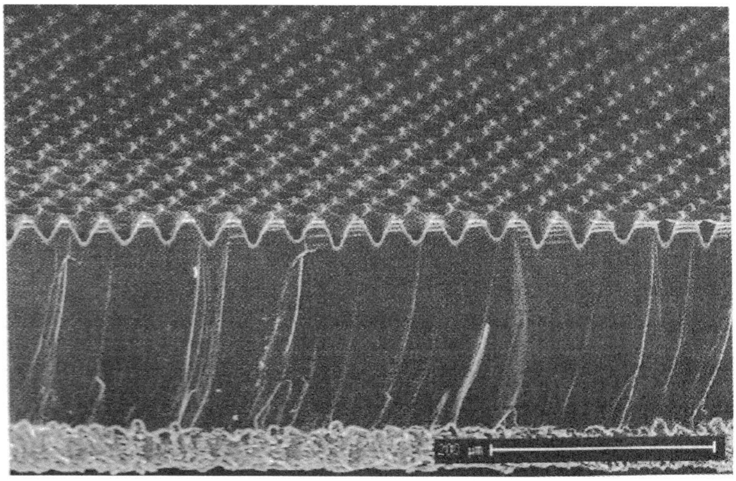

图 2-20　多晶硅太阳能电池的截面照片

2.4.2　多晶硅片的质量控制

1. 结晶缺陷

多晶硅片的结晶缺陷主要是晶界及位错线，这些缺陷都可能造成少数载流子的再结合，进而影响到太阳能电池的效率。因此晶界数目（即增加晶粒大小）及位错线是考察多晶硅片质量好坏的重要因素。

（1）晶粒大小的控制与影响。通常在一块多晶硅锭中，在底部最早凝固的部分晶粒会比较小，随着硅锭高度的增加，我们可以发现晶粒的平均大小会随之增加，这是因为个别的晶粒可能会结合邻近的晶粒而变大。晶粒的增大程度与结晶固化的速率有关，结晶固化速率越快表示温度梯度越高，这意味着在硅熔液内出现细小晶粒成核的概率增大，从而限制了晶粒成长的最终大小。这也说明了为何铸锭法的晶粒大小会比布里基曼法的小。

然而，现代铸锭法所产生的晶粒大小，似乎不会对太阳能电池效率造成太大的影响。这与晶界在电性上的活性度有关。由于硅原子在晶界处出现不连续性，造成所谓的悬键，从而出现活性很高的自由电子。当硅锭内的过渡金属含量较高时，这些过渡金属会倾向于沉积在晶界处，增加晶界电性的活性度，进而促进少数载流子的再结合，导致太阳能电池效率下降。如果晶界的活性度较小，则晶粒大小对太阳能电池效率的影响会比较小。此外，研究发现，结晶固化的成长界面的形状也会影响到晶界的活性度，维持水平的成长界面将有助于降低晶界的活性度。

降低晶界活性度的方式，主要是设法消除悬键的电子活性。最常见的方式是采用氢化热处理，将氢离子植入多晶硅片中，其与晶界上的电子相结合，这样就可降低晶界在电性上的活性度。

(2) 位错密度的控制与影响。位错是影响多晶硅太阳能电池效率最主要的结晶缺陷，位错在多晶硅锭中的产生，与硅锭在冷却过程中的热应力有关。其开始影响到太阳能电池效率的密度为 $10^5 \sim 10^6/cm^2$。因此设计适当的热场，以降低温度差异所造成的热应力，是铸造多晶硅锭必须持续改善的方向。

2. 不纯物的控制

存在于多晶硅锭中的主要不纯物有氧、碳、氮及金属。图 2-21 (a) 表示一些金属杂质对太阳能电池效率的影响，图 2-21 (b) 则表示杂质对太阳能电池效率开始造成影响的临界浓度。例如，以钛 (Ti) 来说，即使其浓度仅为 6×10^{12} atom/cm^3，也会对太阳能电池效率有明显的影响，但太阳能电池对铜 (Cu) 的容忍度则比较高，可以容忍到 10^{17} atom/cm^3 以上的浓度范围。而金属杂质对多晶硅太阳能电池的影响远比对单晶硅太阳能电池复杂，这是因为金属杂质可能会在晶界或位错处析出，所以金属杂质在晶界或位错处的电性与在晶粒内有很大的差异。由于偏析的作用，金属杂质在多晶硅锭内的分布，以底部最少，顶端最多。

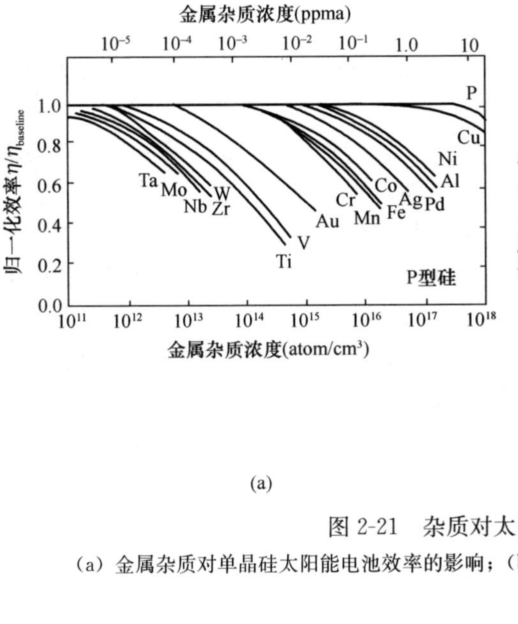

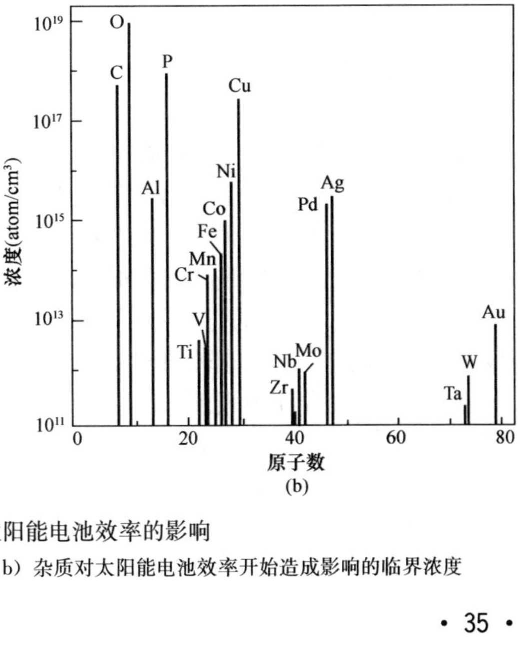

图 2-21 杂质对太阳能电池效率的影响

(a) 金属杂质对单晶硅太阳能电池效率的影响；(b) 杂质对太阳能电池效率开始造成影响的临界浓度

在 CZ 单晶硅中，存在着过饱和的氧，这些过饱和的氧会析出形成氧析出物。而铸造多晶硅的坩埚因镀有一层氮化硅，所以稍微抑制了氧的产生。通过观察发现多晶硅锭中的氧含量以底部最高，为 10～13ppma，而中间及顶端的氧含量为 1～7ppma。

2.5 薄板多晶硅片的制备方法

在降低成本的驱动下，我们可以在多晶硅原料的选用及制造单晶硅棒或多晶硅锭的过程中，找到节省生产成本的空间。同时切片制作工艺的成本也有很大程度的可降低空间，这是因为切片过程的切损造成过大的材料损失的缘故。因此如何降低切损是切片制作工艺努力的方向，有许多研究机构致力于研发生产薄板多晶硅片的技术，以大幅度减少因切片所造成的材料损耗。

最早的薄板多晶硅片的研发可追溯到 1967 年，经过 30 多年的研发，已衍生出许多不同的技术，其中包括 EFG（Edge Defined Film Feed）法、WEB（Dendritic Web）法、STR（String Ribbon）法、SF 法及 RGS（Ribbon Growth on Substrate）法等。表 2-2 所示为这些薄板技术比较。下面将分别对这几种生产薄板多晶硅片的技术做更详细的介绍。

表 2-2 各种薄板技术比较

	WEB 法	EFG 法	STR 法	RGS 法	SF 法
拉速（cm/min）	1～3	1.7～2	1～2	400～900	NA
薄板宽度（cm）	5～8	8～12.5	5～8	12.5	15～30
薄板厚度（μm）	75～150	100～300	100～300	300～400	50～100
位错密度（$1/cm^2$）	10^4～10^5	10^5～10^6	5×10^5	10^5～10^7	10^4～10^5
产出率（cm^2/min）	5～16	170～200	5～16	7500～12500	NA
最佳太阳能电池效率（%）	17.3	16	16	12	16.6

2.5.1 EFG 法

EFG 技术起源于 1971 年的 Tyco 实验室，在过去这几十年间已出现 5 种以上不同的 EFG 制作工艺，包括早期的单晶硅薄板，以及如今常见的八面形管或九面形管等。

图 2-22 所示是 EFG 技术的原理示意图，将一个挖有薄细开口的石墨模板浸入硅熔液内，硅熔液便会借由虹吸管作用力爬升到石墨模板顶端，再将晶种沾到石墨模板上端后，开始向上提拉，于是在晶种下开始不断凝结出多晶硅来，而硅熔液也持续借由虹吸管作用力向上补充，由此拉出一整块的薄板状多晶硅。长出的薄板厚度主要是由模板顶部的厚度所决定，而不是由开口的宽度所决定。但拉速、温度和液面高度可能都会稍微影响到长出薄板的厚度。例如，当拉速较快或温度较高时，整个固液界面会比模板表面高得多，使得长出的薄板厚度略小于模板顶部的厚度；反之放慢拉速或降低温度，会使得薄板厚度较接近模板顶部的厚度。随着液面高度的下降，如果虹吸管作用力无法提供足够的硅熔液到模板顶部时，所长出的薄板厚度也会减少。

虽然增加拉速，有助于提升产出率，然而拉速能达到多快，取决于凝固时所释放出来的潜热是否能有效被带离固液界面。因为模板的材质为石墨，所以碳是硅薄板的主要污染杂质。通常模板要维持在比硅熔点还要高几度的温度，这样长出的硅薄板才不会粘在石墨模板上。

利用 EFG 法长出的硅薄板厚度可达到 100μm 左右，这比现在线切割机所切出的硅晶片还要薄。而更先进的技术是长出多边形的中空硅薄管，这样可以大幅度增加产出率。其中八边形中空硅薄管在商业化生产中最常见，而一般的宽度为 10～12.5cm。一般 EFG 法的生长速率为 1.7～2cm/min。图 2-23 所示为利用 EFG 技术生产八边形硅多晶薄板的实际照片。

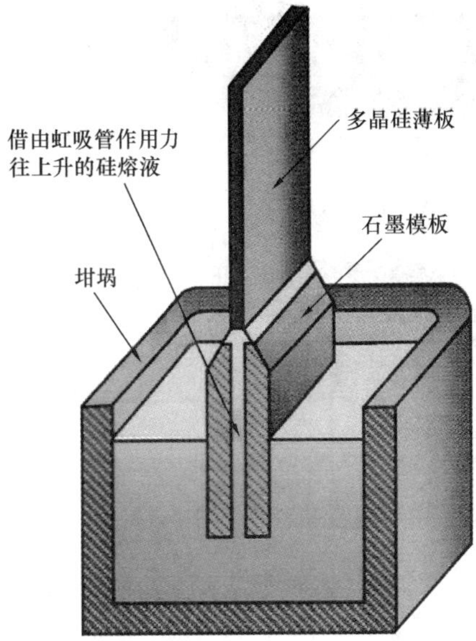

图 2-22 EFG 技术的原理示意图

图 2-23 利用 EFG 技术生产八边形硅多晶薄板的实际照片
（本照片由 RWE Solar 提供）

拉出来的八边形硅薄管，可利用激光刀沿着每一边的相交处切开，这样可切出 8 块长条形硅薄板，接着可把长条形硅薄板切成一片一片的硅薄板，如图 2-24 所示。这样的长条形硅薄板的结构与由方向性凝固方式所生产出的多晶硅片很相似，其晶粒形状也是呈现长条状。现在全世界每年利用 EFG 法制造的多晶硅太阳能电池已超过 100MW。

图 2-24 八边形硅薄管切成多晶硅片的示意图

2.5.2 WEB 法

WEB 法是 20 世纪 60 年代研发出来生产硅薄板的技术，图 2-25 表示 WEB 法的生产原理。在 WEB 法中，不需要使用石墨模板，而是直接将硅晶种浸入硅熔液之中，如图 2-25（a）所示；接着降温使硅熔液呈现过冷状态，于是硅晶种会向侧面及下面凝固，形成一团类似牛粪状的固体，如图 2-25（b）所示；当把硅晶种向上提拉时，在这团类似牛粪状固体的两端会向下长出两根树枝状的晶体，如图 2-25（c）所示；接着多晶硅薄板会以这两个树枝状晶体为支撑，在此处长成，如图 2-25（d）所示。

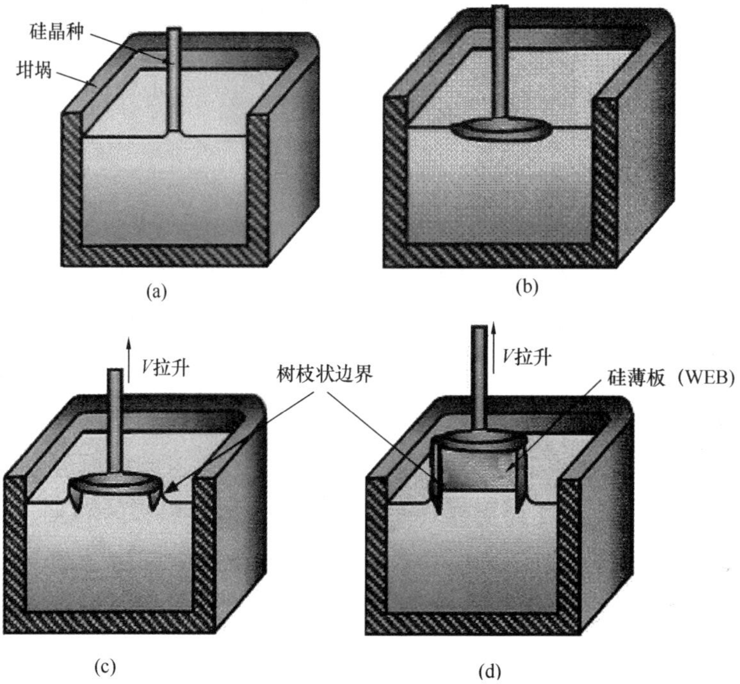

图 2-25 WEB 法的生产原理

（a）将硅晶种浸入硅熔液内；（b）降温使硅熔液呈现过冷状态，形成一团类似牛粪状固体；（c）把硅晶种向上提拉时，向下长出两根树枝状的晶体；（d）多晶硅薄板会以这两个树枝状晶体为支撑，在此处长成

在这个过程中，需要依靠精确的温度控制，才可以维持硅熔液表面的过冷状态，并且防止多晶硅薄板因温度太高而直接与硅熔液表面分开。也需要通过精确的温度控制，才能得到均匀的薄板厚度与宽度。多晶硅薄板的宽度，是由两个树枝状晶体之间的距离所决定的。常见的硅薄板厚度为 100～150μm，而宽度则可达到 8cm 左右。至于拉晶的最高拉速，则与潜热的移除效率有关，一般商业化的生产速率可达 1～3cm/min。

2.5.3 STR 法

图 2-26（a）为 STR 法的示意图，不像 WEB 法需先长出树枝状晶体，STR 法是直接利用两条穿过坩埚底部的石墨纤维线来支撑长出的多晶硅板。将石墨纤维线向上拉，将会带动硅熔液向上凝固形成薄板，它的上升速率决定了薄板的生长速率。薄板的厚度控制是由表面张力、拉速、散热速率所决定的。因为 STR 法不需要先把液面过冷及长出树枝状晶体，所以在温度的控制上比较有弹性。

STR 法的生长速率与 EFG 法及 WEB 法类似，如果谨慎控制生长条件，STR 法甚至可以长出厚度为 5μm 的薄板，不过商业生产中应用的厚度为 100～300μm，如图 2-26（b）所示。

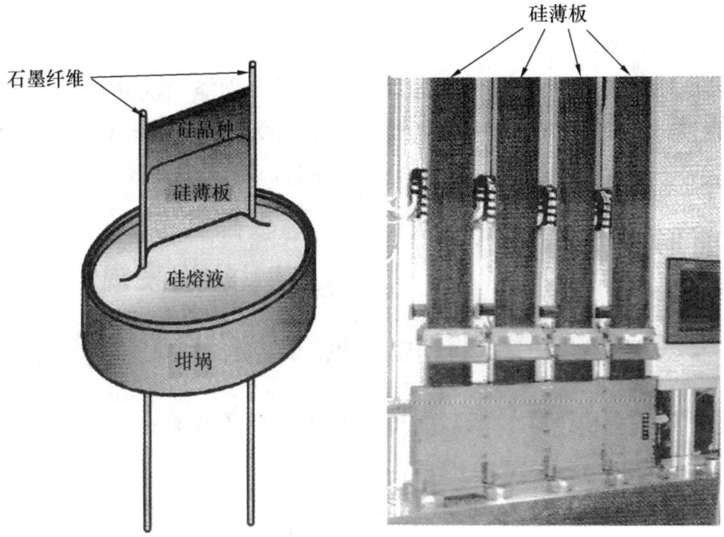

(a) (b)

图 2-26 STR 法的示意图与硅薄板的实际照片
(a) STR 法的示意图；(b) 硅薄板的实际长成情况

2.5.4 RGS 法

图 2-27 所示为 RGS 法示意图，将硅熔液及成型模板置于石墨或陶瓷基板上方。成型模板是用来盛装硅熔液及固定硅薄板的成长宽度，至于硅薄板的厚度也是由表面张力、拉速、散热速率所决定的。在这种方法中，结晶固化的方向（由上向下）与硅薄板成长方向（由左向右）几乎是垂直的。由于整个生长表面的面积相对于厚度来说是非常大的，所以潜热主要是借由热传导的作用由基板带走。RGS 法的生长速率相当快，可以达到 4～9m/min。商业上应用的厚度为 300～400μm。

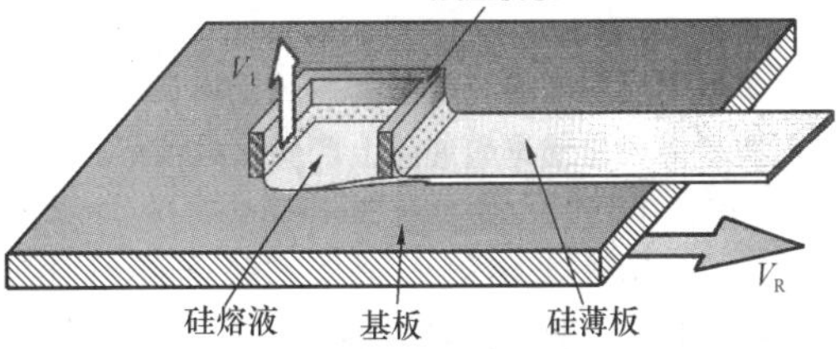

图 2-27 RGS 法示意图

2.5.5 硅薄板的质量特性

与铸造多晶硅一样，晶界是影响薄板质量的主要因素之一。除了 WEB 技术外，其他几种技术生产出来的硅薄板都具有多晶的结构。由于在（111）面形成孪晶界，所以在硅薄板内往往容易发现大量的（111）面孪晶。孪晶出现在 STR 薄板的比率是最高的，有时高达 80%的表面可以被孪晶所覆盖。

由 EFG 和 STR 这两种向上提拉技术所拉出的薄板，它们具有多晶的结构，而且晶粒为平行于生长方向的柱状形，其晶粒大小约数厘米宽。但在薄板的边角附近会长出额外的小晶粒出来，所以 STR 的薄板边缘的晶粒会比中心部分小。而其他两种借由基板拉出硅板的技术（SF 及 RGS），其晶粒形状也都是柱状形的，但却是沿着厚度方向生长的，这点与 EFG 及 STR 有些不同。

位错是硅薄板常见的缺陷之一。由于生产硅薄板的冷却速率很高，晶体所承受的热应力也比较高，因此导致较高的位错密度。这些位错对太阳能电池转换效率的影响，比晶界对太阳能电池转换效率的影响还来得重要。如表 2-2 所示，硅薄板内部的位错密度为 $10^4 \sim 10^7/cm^2$，其中以 WEB 硅薄板的位错密度最低，因此生产出来的太阳能电池的转换效率是最高的。而由于 RGS 的生长速率最快，温度梯度也最大，因此具有最多的位错密度，生产出来的太阳能电池的效率也是最低的。

2.6 多晶硅太阳能电池的发展现状及展望

由于世界范围内的环境问题，清洁能源的普及已经越来越成为一种共识。太阳能是一种能大规模应用的清洁能源，但其普及面临与其他能源的价格竞争问题。因此，降低成本成为其健康发展的必然选择。当前几乎所有市场都是技术和成本的竞争，多晶硅的生产过程中，它所需要的原料成本费用占有多晶硅制造总成本的 30%～40%，因此，光伏制造企业的发展就必须要在多晶硅的制造成本上做出努力。从多晶硅原料的制备到多晶硅的铸锭、切片等多个环节，各生产厂商进行了不懈的探索。2017 年上半年，多晶硅光伏产业的平均还原电耗由 2009 年的 120(kW・h)/kg 降至 45(kW・h)/kg 以下，下降幅度达到了 62.5%；平均综合电耗由 180(kW・h)/kg 降至目前的 60(kW・h)/kg 以下，下降幅度达到了 66.7%。

2.6.1 多晶硅原料生产工艺的发展及展望

改良西门子法依然是生产多晶硅原料依然是主流，其成本的降低方向主要表现为热量的充分利用。

1. 改良西门子法

(1) 多晶硅还原炉大型化。将多晶硅还原炉大型化后能够充分利用热量，从而可以减少热量的流失。增大还原炉的尺寸，可以增加还原炉中硅棒的数量，有效减少由热量流失而造成的浪费。例如，Centrotherm Photovoltaics AG 的 18 对棒型号的还原炉，单炉的产能大于 175t/a，能耗在 70 (kW・h)/kg 左右；Poly Plant Project Inc 的 27 对棒型号的还原炉，单炉的产能大于 500t/a，能耗小于 50 (kW・h)/kg。我国多晶硅生产企业主要用的大型还原炉是 40 对棒，少量是 72 对棒。

(2) 新型高反射涂层技术。在还原炉的炉筒内壁，它的辐射指数会对在多晶硅的制备过程中的电耗造成很大程度上的影响。还原炉内壁覆盖金、银等低辐射指数的金属，在相同的状态下，可使还原炉筒内壁的辐射指数从 0.7 降至 0.2。但金、银制作的涂层价格昂贵且易脱落。研发新型廉价的红外光波段涂层，就显得较为迫切。

2. 冶金法

冶金法利用硅与其中杂质物理或化学性质差异性使两者分离，从而达到提纯的目的。冶金法安全性高，理论成本有可能做到更低。技术路线主要围绕去除硅中的金属、硼及磷杂质展开。金属杂质，尤其是复合金属杂质对硅太阳能电池的少子寿命、电子迁移率等都有很大影响，硼 (B)、磷 (P) 是太阳能电池的 pn 结的构成元素，含量高会严重影响硅太阳能电池的性能。

因硅中不同杂质的特点差异，其所去除的机理不同。硅中的杂质如磷、铝、钙等，其饱和蒸汽压很高，可以利用饱和蒸汽压机理将其去除；而对金属杂质来说，由于其在硅凝固过程中具有分凝现象，可利用偏析机理来去除；硼在硅中的化学、物理性质稳定，但其氧化物能体现出很大的差异性，因此可以通过间接的氧化法去除硅中的硼。根据以上的原理可以衍生出很多不同的方法，有些杂质可用多种方法叠加去除。

（1）真空熔炼。根据硅中P、Al、Ca等杂质饱和蒸汽压远大于硅饱和蒸汽压的情况，可采用真空熔炼来提纯多晶硅。在真空状态下（1×10^{-1}Pa），将冶金级硅进行高温熔炼，在熔融状态下保持一定时间，硅中的挥发性杂质将从液态硅中挥发出来，在真空下去除。高真空度对杂质去除起到促进作用，维持液态与气态中杂质元素的不平衡性，使硅液中的杂质元素持续地挥发、去除，最终达到提纯多晶硅的目的。

在0.1～0.035Pa的真空度下，通过在1773 ～ 1873K的温度范围内真空感应熔炼2h，能将硅中的P杂质含量从15×10^{-6}减少到0.08×10^{-6}，满足了太阳能级硅对P杂质的含量要求（$<0.35\times10^{-6}$）。

（2）电子束熔炼。电子束熔炼（EBM）是利用能量密度很高的电子束作为熔炼的热源，在高真空状态（10^{-3}Pa）下，使高速电子束轰击材料表面，电子束在与材料的碰撞过程中将动能转化为热能，从而实现材料的熔化。

通过电子束熔炼技术，能够将硅中的P杂质含量去除到0.35×10^{-6}以下，同时Al、Ca的去除率也达到了98%，满足太阳能级多晶硅的纯度及使用要求。

（3）定向凝固。定向凝固就是利用元素的分凝效应，将硅中杂质有效地去除。硅中大部分杂质元素的分凝系数k_0均小于1，尤其是金属元素，$k_0\ll1$。利用分凝效应，结合相应的技术手段，可有效地将硅中分凝系数远小于1的杂质去除。定向凝固可以使冶金级硅中的金属杂质含量降低两个数量级以上。

通过两次定向凝固将多晶硅中的金属杂质含量降低到10^{-6}。

（4）酸洗。酸洗的依据是合金在凝固过程中，杂质元素聚集或偏聚于晶界、空隙处，将多晶硅粉碎并研磨，多晶硅晶粒破裂，杂质将富集在硅粉的表面。由于硅具有强的抗酸性（除氢氟酸外），利用强酸将杂质溶解，从而达到将杂质与硅分离、去除的目的。

（5）合金化。合金化除杂是基于分离结晶原理，将Al、Cu等金属与Si混合，在熔融状态下互熔形成低熔点的共熔物，凝固后的铸锭由Si和Si-M（M表示加入的金属元素）合金组成，在外场力作用下，硅和合金很好地分离，而原来硅中的杂质元素将偏聚于晶界处或者熔于合金之中，达到硅提纯的目的。

目前采用的合金体系主要有Si-Al、Si-Cu等，而Si-Al合金为目前研究最广、提纯效果最好的合金体系。通过控制合适的温度梯度与冷却速度，可以从Si-Al 55.3%的合金中分离出Si，其中Fe、Ti的去除率均达到了99.5%以上，P、B的去除效果也分别达到了92.2%与88.4%。

（6）等离子体精炼。等离子精炼是利用辉光放电产生的等离子体中的活性粒子与高温下Si熔体中的B发生气-固反应，生成易于挥发的B的氧化物或者氢氧化物，从而有效去除B杂质的一种方法。在等离子状态下，向真空炉内通入氧化性气体（H_2、O_2混合气体

或者 H_2O)，氧化性气氛将提供活性极强的 O 原子，可将 B 氧化成强挥发性的气体而被去除。温度高于大约 1623K 时，B 易被氧化为 B_2O_2、B_2O、BO 和 BO_2 气体，利用等离子体氧化精炼，硼浓度可减少到 0.1×10^{-6}。

(7) 造渣。在熔融硅中加入造渣剂，与硅中的某些不易挥发的杂质元素发生化学反应，形成不挥发的第二相上浮或者下沉到硅熔体的底部，凝固后第二相与硅晶体分开，而杂质元素富集于渣相中，达到多晶硅除杂的效果。利用造渣精炼，可有效去除多晶硅中难以利用真空熔炼和定向凝固去除的 B 杂质。利用造渣方式提纯多晶硅的过程中，熔渣的熔化温度、黏度、表面张力等物理性质及酸碱度等化学性质将直接影响提纯能否顺利进行，因此，在选择渣系时，必须仔细考虑所选物质是否得当。

在 1500℃温度条件下，利用 Al_2O_3-CaO-MgO-SiO_2 与 Al_2O_3-BaO-SiO_2 两种渣系，B、P 的去除效率最高分别达到了 80%及 90%。

冶金法作为一种集成的材料制备方法，其各个环节存在独立性，在今后的发展过程中，将逐渐走向连续化、规模化，实现大冶金即从原料到成品材料的全液态传输，并在液态中完成提纯过程。大冶金技术将大大降低生产过程中的总能量消耗，成倍提高生产效率，同时总体生产成本也会在此基础上实现大幅度降低，真正实现硅材料的大规模、低成本化制造。

2.6.2 铸锭技术的发展现状及方向

多晶铸锭工艺过程中由于铸锭工艺的局限性，使得硅晶体存在位错、晶界、氧化物等缺陷，这些缺陷成为少数载流子的负荷中心，降低了光生载流子的寿命，从而影响电池的转换效率。如何为电池生产提供转换效率更高、质量更稳定的硅片一直是行业研究的热点。

1. 铸锭技术的发展现状

(1) 高效多晶用籽晶。高效多晶硅半熔铸锭过程中如何保留住籽晶是关键。目前普遍使用的籽晶类型有异质形核和同质形核两种类型。异质形核有 SiC、SiO_2、Si_3N_4、C 颗粒等。同质形核的硅质材料主要有硅碎片、硅颗粒和硅粉等，如图 2-28 所示。硅粉、硅颗粒和硅碎片 3 种籽晶中，硅粉籽晶生长硅晶体晶粒均匀性最好，并能提高整锭电池效率。0.154mm 粒径范围的多晶硅颗粒籽晶的引晶效果好，并能提高电池的光电转换效率。单晶籽晶为成核剂时，粒径范围在 1～4mm 时引晶效果最好，粒径大于 4mm 或小于 1mm 时，晶体中位错密度都偏高，导致少子寿命降低。晶澳太阳能用 Si_3N_4 包覆 SiC-SiO_2 复合颗粒铺设在坩埚底部作籽晶，能显著降低硅锭中下部的氧含量。常州天合用两面均涂有硅

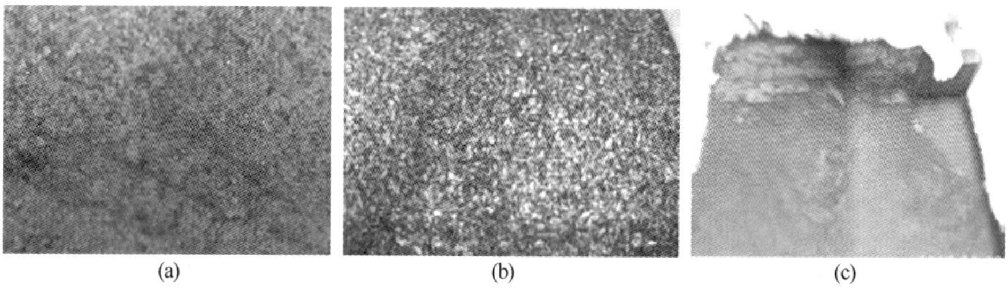

图 2-28 籽晶料的种类

(a) 硅碎片；(b) 颗粒料；(c) 硅粉

氧层-硅氮层的单晶硅片，诱导形核来抑制位错，降低多晶硅材料体内缺陷。

（2）高效坩埚。采用高效坩埚也是提升硅片质量的有效途径。采用 Si_3N_4 涂层改性石英颗粒辅助生长柱状多晶硅晶粒，使多晶硅晶粒变得均匀细小，能有效降低多晶硅缺陷密度，提高电池的光电转换效率。在坩埚底部第一层加入硅粉、无机陶瓷胶的混合物涂层，第二层加入氮化硅粉、无机硅溶胶、去离子水的混合物涂层，制成的太阳能电池转换效率也能得到提升。采用掺钡高纯隔离层能有效阻挡杂质污染硅锭，改善铸锭中的边部红区，提高硅锭整体质量。

（3）铸造准单晶技术。铸造准单晶硅由于其生产成本低于直拉单晶，其太阳电池的转换效率高于传统铸造多晶硅，一直是光伏行业研究的热点。铸造单晶是在坩埚底部铺设特定晶向的籽晶，加热使部分籽晶熔化，从而生长出特定晶向的大晶粒、小晶界缺陷少的硅锭，切片后得到类似于单晶的大晶粒硅片，在不明显增加硅片成本的前提下，电池效率能提升 0.5%以上。2006 年，BP Solar 公司推出 MOMO2TM，近几年该方法成为铸锭技术的研究热点。在国内，研究的主要公司有晶澳、昱辉阳光、常州天合、保利协鑫、安阳凤凰光伏、江西赛维等。晶澳太阳能公司率先推出该技术，制备了超大晶粒准单晶铸锭，研究的准单晶铸锭技术制成的“晶枫”电池最高转换效率达 19%以上。江西赛维在坩埚底部铺设籽晶，提供了一种准单晶硅片的制备方法及准单晶硅片，并申请了专利。中国电子科技集团公司第二研究所通过改进铸锭炉的结构和对工艺优化形成的准单晶技术，促进了铸锭工艺的进步。常州天合在单晶硅中掺杂有 Ga、B、Ge 三种元素，降低硼氧复合体的产生，从而降低了电池的光致衰减，同时提高了电池片的机械强度。江苏协鑫通过在多晶硅铸锭炉的坩埚和石墨护板之间设置在铸锭过程中抑制坩埚外表面的 SiO_2 和石墨护板中的 C 发生反应的隔离层，使用所述多晶硅铸锭炉通过定向凝固法铸造多晶硅或准单晶硅。

（4）热场优化与数值模拟。数值模拟为更好地理解熔体凝固过程中的传热传质及温场、流场的分布提供了有力的工具，已成为光伏学术界和产业界的重要研究和开发手段。通过模拟软件研究固液界面形状、等温线、轴向温度分布及冷却量对生长环境的影响，可以得出冷却速率的最佳值范围，晶体轴向温度梯度对大晶粒的生长影响；通过模拟优化铸锭炉内部坩埚形状，如将坩埚底面由平底结构改进为凸底结构，可有效解决中心区域结晶过早、边角区域结晶过慢产生的问题；模拟改进热场，增大温度梯度，在利于柱状晶生长的同时硅熔体对流强度增大，抑制结晶界面细晶的产生。

2. 铸锭技术的发展方向

铸锭工艺发展的主要趋势是提升最终电池的转换效率和降低生产制造成本，在未来的发展中主要是以下几个方向：

（1）在高效半熔工艺基础上加大对籽晶的保护，努力做到籽晶保留面积达到 100%，提高整锭电池效率 0.1%左右。

（2）通过共掺杂技术，解决多晶电池的光衰问题，为提升电池效率的 PERC 工艺奠定基础。

（3）铸造更大尺寸的多晶硅锭也是未来发展的方向，G8 铸锭炉的单炉投料量可达 1500 ～ 1600kg，单位产能可达 20kg/h，其更高的性价比为多晶产品在光伏行业中占主导地位提供可靠保证。

（4）铸锭单晶以其成本低于直拉单晶、电池效率高于普通多晶一直备受关注，依然是铸锭工艺研究的重要方向。

2.6.3 切片技术

随着技术的不断成熟以及制作成本的压力，金刚线切片的比例将越来越大，并将超越砂浆切片。黑硅技术的价值在于使金刚线切片在多晶上的应用成为可能。目前湿法黑硅技术已经通过 GW 级量产验证，而黑硅技术＋金刚线切片可以使硅片的厚度由 200μm、180μm 降低到 160μm；单位多晶硅方棒上硅片的产出率提高 20%以上，是多晶光伏解决方案降成本的“金钥匙”。

思考题

1. 根据硅原子排列方式，可以将硅晶体分为哪几种类型？
2. Siemens 法制备块状多晶硅的原理是什么？简述其工艺流程。
3. ASiMi 法制备块状多晶硅的原理是什么？
4. 流化床法制备粒状多晶硅的优点有哪些？简述其工艺流程。
5. 多晶硅锭的铸造方法有哪些？不同方法的铸锭原理是什么，各有哪些优缺点？
6. 薄板多晶硅片的制备方法有哪些？

参考文献

[1] 林明献. 太阳能电池新技术[M]. 北京：科学技术出版社，2012.

[2] 李万存，刘兴平. 多晶硅生产过程中的节能降耗技术分析[J]. 海峡科技与产业，2017(3)：142-143.

[3] 谭毅，郭校亮，石爽，等. 冶金法制备太阳能级多晶硅研究现状及发展趋势[J]. 材料工程，2013(3)：90-96.

[4] 高明霞，郭鹏，董建明，等. 太阳能级多晶硅铸锭技术研究现状及发展趋势[J]. 能源与节能，2017(1)：61-62，72.

[5] HONGJUN WU，WENHUI MA，XIUHUA CHEN，et al. Effect of thermal annealing on defects of upgraded metallurgical grade silicon[J]. Transactions of Nonferrous Metals Society of China，2011，21(6)：1340-1347.

[6] 康海涛，叶宏亮，熊震，等. 一种制备高效铸锭多晶硅的方法及专用单晶硅片[P]. 中国专利，CN105112996A，2015-12-02.

[7] 沈维根，陈先荣，朱华英，等. 一种太阳能高效多晶硅铸锭用坩埚底部引晶涂层的制备方法[J]. 金属功能材料，2014，21(5)：27-30.

[8] 王梓旭，尹长浩，董慧，等. 石英坩埚内高纯隔离层在高效多晶硅铸锭中的应用[J]. 硅酸盐通报，2015，34(9)：2525-2528.

[9] 刘依依，葛文星，付少永，等. 一种镓锗硼共掺准单晶硅及其制备方法：中国，CN105019022A[P]. 2015-11-04.

[10] 陆晓东，张鹏，吴元庆，等. 定向凝固多晶硅铸锭炉石英坩埚的改进与热场优化[J]. 人工晶体学报，2015，44(11)：3179-3183.

3 薄膜太阳能电池

3.1 概　　述

薄膜太阳能电池，是指在塑胶、玻璃或是金属基板上形成一层产生光电效应的薄膜。这种薄膜厚度仅需几微米，在同一受光面积之下比单晶硅太阳能电池的原料使用量大幅减少，从而节约了成本。薄膜太阳能电池很早就应用在人造卫星系统中，由于其制造成本相对高昂，市场局限性较大。但薄膜太阳能电池因具有轻薄、低成本、可挠曲、多种外观设计等优点，被认为是当前最具发展潜力的光伏技术之一。薄膜太阳能电池按照电池材料不同可以分为无机化合物薄膜太阳能电池和硅基薄膜太阳能电池。

无机化合物半导体材料是由化学元素周期表中的两种或两种以上不同主族元素所组成的二元或者多元无机化合物半导体材料。无机化合物薄膜太阳能电池按照组成元素的不同可分为Ⅱ-Ⅵ族化合物太阳能电池（如 CdTe、CdS 等）、Ⅲ-Ⅴ族化合物太阳能电池（如 GaAs 和 InP 等）及多元化合物太阳能电池（如 CuInGaSe 与 CuZnTeSe 等）。化合物半导体材料多具有耐放射性好的优点，更适合航空航天系统的应用。CdTe 与 CIGS 属于直接带隙半导体材料。通过调节 Ga 元素含量能够使 CIGS 的禁带宽度像 CdTe 一样都处于理想太阳能电池的能隙范围之间，并具有很高的光吸收系数，可利用多种快速成膜技术制作，生产相对容易，且高效、稳定、成本较低。GaAs 和 InP 亦为直接带隙的材料，能隙较宽（GaAs 为 1.43eV，InP 为 1.35eV），接近最佳的太阳能电池测量的能隙范围（1.4～1.5eV），更适合用在高效太阳能电池上，且对光的吸收较大，很薄的电池厚度就能获得较高的光电转换效率。另外，此类电池的效率随着温度升高而下降的程度远比硅电池要慢，因此常用于聚光太阳能电池系统。CuZnTeSe 薄膜太阳能电池的结构与制备工艺和 CIGS 薄膜太阳能电池类似，技术简单，且成本较低。

硅基薄膜太阳能电池主要分为多晶硅薄膜太阳能电池和非晶硅薄膜太阳能电池。多晶硅（Poly-Si）薄膜太阳能电池材料可通过真空蒸发、溅射、电化学沉积、化学气相沉积、液相外延和分子束外延等常用技术制备，因此生产多晶硅薄膜太阳能电池的成本较低，工艺简单。非晶硅薄膜太阳能电池常采用的是 p-i-n 结构，具有成本低、高温性好、弱光性好、可大面积自动化生产等优点，但同时存在光电转化效率低和稳定性差等问题。本章将分类介绍当前几种主要的薄膜太阳能电池材料的物理特性、电池结构、制备技术和发展现状。

3.2 CdTe 薄膜太阳能电池

碲化镉（CdTe）薄膜太阳能电池的研究始于 1969 年，第一个碲化镉薄膜太阳能电池是由 RCA 实验室于 1976 年在 CdTe 单晶上镀上 In 的合金制得的，为反向结构（Superstrate)，其光电转换效率仅为 2.1%。1982 年，Kodak 实验室用化学沉积法在 p 型的 CdTe 上制备一层超薄的 CdS，获得了效率超过 10%的异质结 p-CdTe/n-CdS 薄膜太阳能电池。这是现阶段碲化镉薄膜太阳能电池的原型。1985 年，Birkmire 首次提出正向结构(Substrate) 的 CdTe 薄膜太阳能电池。1999 年，Singh 在钼箔片上制备出正向结构的柔性碲化镉太阳能电池，其光电转换效率为 5.3%。直到 20 世纪 90 年代初，碲化镉薄膜太阳能电池才实现了规模化生产。截至 2022 年，全球碲化镉薄膜电池实验室效率纪录达到 22.1%，组件实验室效率达 19.5%左右。

3.2.1 CdTe 薄膜的基本物理特性

CdTe 属于Ⅱ-Ⅵ族化合物，属于直接带隙半导体，禁带宽度为 1.45eV，CdTe 的光谱响应和太阳光谱非常匹配。其晶体结构如图 3-1 所示，属于立方晶体，晶格常数为 6.841Å。CdTe 也具有较高的吸收系数，仅 2μm 厚的 CdTe 薄膜就可以吸收 99%能量大于碲化镉带隙的光子。碲化镉导带电子的有效质量为 $0.096m_e$，电子亲和势为 4.28eV，迁移率 500～1000cm^2/(V·s)。价带空穴的有效质量为 0.35，迁移率 50～80cm^2/(V·s)。CdTe 的熔点为 1365K，所以一般采用升华的方法来制备 CdTe 薄膜。CdTe 薄膜太阳能电池的理论转换效率可以达到 28%。CdTe 薄膜具有较好的热稳定性和化学稳定性，因此使用寿命较长。由于其能带宽度处于中间位置，因此适合与其他带宽的半导体结合制备多结太阳能电池。CdTe 太阳能电池可以沉积在柔性衬底上，制备柔性电池。CdTe 抗辐射能力强，也可用于空间领域。

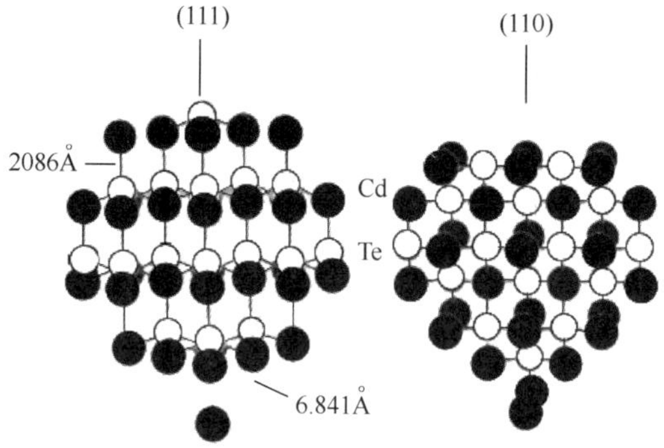

图 3-1 碲化镉晶体结构示意图

3.2.2 CdTe 薄膜太阳能电池的结构

CdTe 薄膜太阳能电池的结构一般分为正向结构和反向结构。反向结构的 CdTe 薄膜太阳能电池如图 3-2 (a) 所示。基板为高透过率的低钠玻璃，玻璃上镀有透明导电薄膜，厚度为 200～500nm，其作用是，让光从本层薄膜透过进入电池，同时作为电池的负极，将光生电流导出。目前，主流的透明导电薄膜为 SnO_2：F，厚度为几百纳米，这种结构光透过率高 (80%～85%)、电阻低 (方阻小于 10Ω)、稳定性好，在电池制备和组件运行过程中，其电学和光学性能几乎不衰退。

透明导电层上方是 n 型硫化镉 (CdS) 层，厚度为 50～100nm，其作用是，允许光透过并进入主吸收层 (CdTe 层)；同时，作为 n 型层与 p 型层的碲化镉构成异质结来分离光生电荷。硫化镉的上方是 p 型的碲化镉层，一般厚度为 2～5μm，带宽约为 1.45eV，可吸收波长小于 900nm 的紫外、可见和近红外光，并激发产生光生载流子。碲化镉与硫化镉构成异质结，将激发的光生载流子进行分离，从而实现光能向电能的转化。碲化镉层上方为背电极层，一般厚度在 100～200nm 之间，主要由高 p 掺杂的半导体和金属构成，作为电池的正极，负责将光生电流导出。实验室常采用 Au 作为背电极，但工业上一般采用更为廉价的 Mo、Al 等金属或合金作为背电极。如果是电池组件，背电极表面还会涂上

EVA 胶，与背板玻璃相黏结。

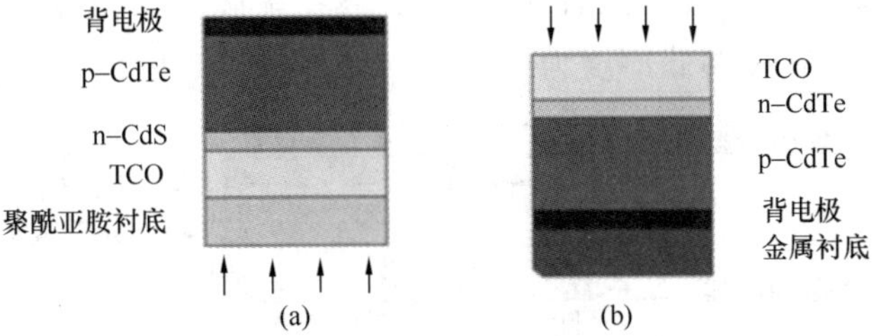

图 3-2 碲化镉薄膜太阳能电池结构示意图

(a) 反向结构示意图；(b) 正向结构示意图

图 3-2（b）为 CdTe 薄膜太阳能电池正向结构，其结构是将反向结构中的沉积顺序反转，结构类似铜铟镓硒薄膜太阳能电池。正向结构电池的性能一般比较差，主要原因为，这种结构下不能对包含氧化镉的碲化镉进行有效的热退火处理，导致碲化镉晶粒内部缺陷不能有效地减少，从而 CdTe/CdS 异质结界面扩散不能被有效地控制，界面缺陷较多。另外，这种结构不能很好地获得碲化镉的背接触电极。所以，目前主流的 CdTe 薄膜太阳能电池和组件还是采用反向结构。

CdTe 薄膜太阳能电池的工作原理是：首先，光通过玻璃衬底进入电池，光子横穿 TCO 层和 CdS 层。CdTe 薄膜是这种电池的活性吸收层。电子-空穴对在接近结的区域产生。电子在内建场的驱动下进入 n 型 CdS 层。空穴仍然在 CdTe 内，空穴的聚集会增强材料的 p 型电导，最终不得不经由背接触电极离开电池。电流由与 TCO 薄膜和背接触连接的金属电极来引出。由于 CdTe 对波长低于 800nm 的光有很强的吸收（10^5/cm），因此几微米厚度的薄膜将足以完全吸收可见光。常选用的薄膜厚度为 3～7μm。

3.2.3 CdTe 薄膜太阳能电池的制备技术

CdTe 薄膜的制备方法主要有闭空间升华法、磁控溅射法、气相输运沉积法、金属氧化物化学气相沉积法、电沉积法、印刷法等。

1. 闭空间升华法

闭空间升华法属于真空镀膜，源的温度高于衬底的温度，因此源表面的碲化镉蒸气压高于衬底表面的，碲化镉气相成分从源扩散至衬底表面，生长成膜。闭空间升华法制备碲化镉薄膜的实验装置如图 3-3 所示，源为石墨盒，固定在一个可以移动的钼金属支架上，四周和底部有作为加热装置的卤素灯，外围包有用于保温的防辐射屏，热电偶插入石墨壁中以检测源的温度；由石墨制作的衬底支架固定在钼金属杆上，可以移动，样品安放在石墨支架上。支架背面为卤素灯加热系统，采用红外测温装置检测衬底温度，另有热电偶插入石墨支架中，辅助监测衬底温度。测温装置与加热装置均连入电脑，分别控制源和衬底的温度。整套装置放于真空室中，衬底位置不动，源可以沿水平方向移动，通过移动源的位置，来控制镀膜时间。源与衬底之间有 5mm 的间隙，一方面源和衬底不会发生接触传热，保证源和衬底的温度不同，以实现薄膜沉积；另一方面也保证源可以自由移动而不会碰触到衬底。镀膜过程中，先将源和衬底移开，分别预热，达到设定温度后，移动源至衬底下方，开始镀膜并计时，达到设定时间后，将源移开，镀膜结束，关闭加热系统。标准的参数为：源的温度为600℃，衬底温度为520℃，镀膜时间为2min，源移动时间约10s。整个镀膜过程在真空环境中完成，腔室真空为5×10^{-6}Pa，CdTe薄膜厚度为5μm。

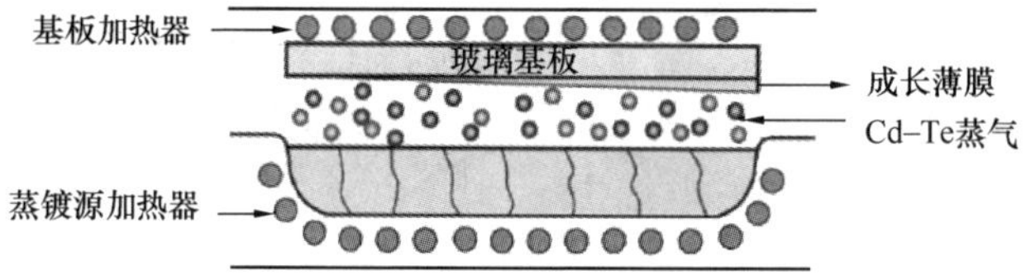

图3-3　闭空间升华法制备碲化镉薄膜的实验装置示意图

2. 磁控溅射法

磁控溅射法是常见的真空镀膜方法之一，用于制备各种光学薄膜和金属薄膜。磁控溅射的样品，其衬底温度要求不高，一般在200℃，因此制得的晶粒也较小，但杂质含量较高。一般需要溅射30min才能达到微米级厚度。溅射的CdTe薄膜内部应力也较大，缺陷较多，因此一般需要对其做后退火处理。它的优点是：镀膜比较均匀，不受制于复杂的热场设计；薄膜本身也比较致密平整，容易获得较薄的CdTe薄膜，一般可以做到厚1～2μm。具体的实验条件一般为：背底真空达到10^{-3}Pa以下，衬底温度一般是25～200℃，通入高纯氩气，气体流速设为10～40mL/min（标准毫升/分钟），腔室压强1～2Pa，靶距为10cm，功率100W。实验装置示意图如图3-4所示。

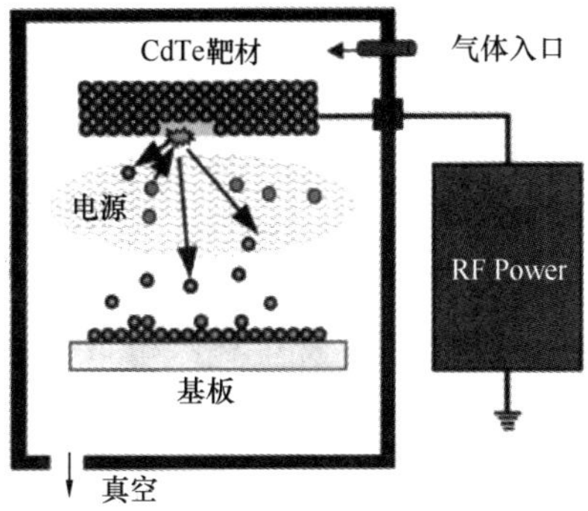

图3-4　磁控溅射法制备碲化镉薄膜的实验装置示意图

3. 气相输运沉积法

气相输运沉积属于真空镀膜的方法，气相输运沉积采用载气将气相的碲化镉材料输送到基片上，成膜速度非常快，约数分钟，如图3-5所示。这种方法优点是：可以在不影响镀膜的情况下，自动填充原材料；衬底可以采用流水线行走的方式完成镀膜；镀膜更加均匀，其均匀程度主要受制于气路的设计和热场的设计。这种方法制备的CdTe薄膜可以做到2～2.5μm，从而节约了用料，降低了成本，也减少了工艺时间。另外，电池的串联电阻也明显减少，因此有利于提高电池性能。

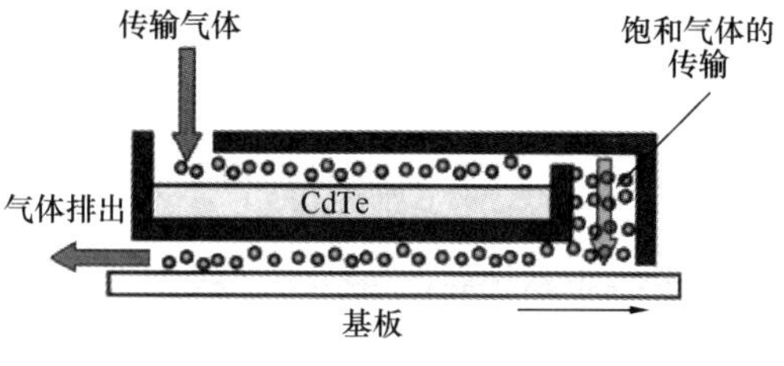

图3-5　气相输运沉积法制备碲化镉薄膜示意图

4. 金属氧化物化学气相沉积法

金属氧化物化学气相沉积的是半导体工业里常用的一个方法。其基本原理是通过精确控制气体流量，大面积精确控制半导体薄膜厚度，一般用来生长量子阱结构等。但是这种方法运行成本较高。

3.2.4 CdTe 薄膜太阳能电池的发展及应用现状

CdTe 薄膜太阳能电池是近几年发展最快的一类薄膜化合物太阳能电池，已经成功被商业化生产。由美国 First Solar 公司研发实验室制得 CdTe 薄膜太阳能电池的实验室最高转换效率可达到 22.1%；大面积电池组件的转换效率可达到 18.6%。CdTe 薄膜太阳能电池组件成本已经降低到 0.67 美元/峰瓦，且发电性能稳定、使用寿命超过 20 年，是最有发展前途的薄膜电池组件产品之一。目前，CdTe 薄膜太阳能电池的产量在光伏电池领域的占比约为 5%，相关组件主要由 First Solar 公司提供。2015 年根据数据显示，First Solar公司提供总计 2.5GW 的碲化镉光伏组件。应用单位主要包括美国可再生能源实验室、美国特拉华大学、美同托莱多大学、美国科罗拉多矿业大学、瑞士苏黎世理工、英国利物浦大学、中国四川大学、中国科技大学、中国科学院电工研究所和北京理工大学等大学和研究所。

3.3 GaAs 薄膜太阳能电池

砷化镓（GaAs）是一种典型的Ⅲ-Ⅴ族化合物半导体材料。1952 年，Welker 首先提出了 GaAs 的半导体性质，随后人们在 GaAs 材料制备、电子器件、太阳能电池等领域开展了深入研究。1962 年，GaAs 半导体激光器研制成功，1963 年人们又发现了耿氏效应，促使 GaAs 的研究和应用日益广泛，成为目前生产工艺最成熟、应用最广泛的化合物半导体材料。它是仅次于硅材料的重要光电子材料之一，在光伏领域有一定应用。本节主要介绍 GaAs 薄膜太阳能电池的性质、结构及制备。

3.3.1 GaAs 薄膜的基本物理特性

GaAs 的原子结构属于闪锌矿结构，由 Ga 原子组成的面心立方结构和由 As 原子组成的面心立方结构沿对角线方向移动 1/4 间距套构而成，其原子结构示意图如图 3-6（a）所

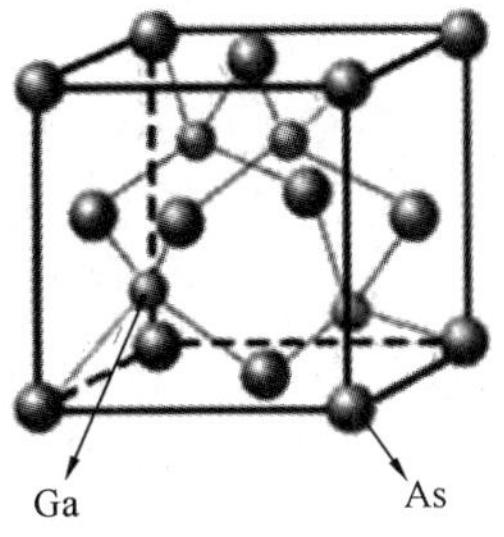

(a)

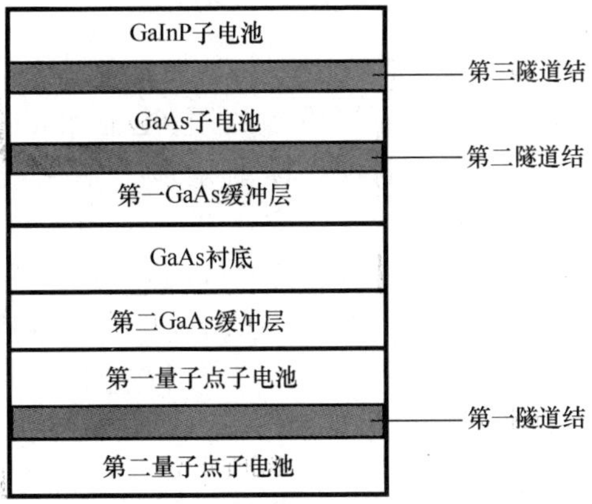

(b)

图 3-6 GaAs 原子结构与 GaAs 太阳能电池结构示意图

（a）GaAs 原子结构示意图；（b）典型多结 GaAs 薄膜太阳能电池结构示意图

示。Ga 原子和 As 原子之间主要是共价键，也有部分离子键。在（111）方向形成极化轴，(111) 面是 Ga 面，（$\bar{1}\ \bar{1}\ \bar{1}$）面是 As 面，两个面的物理化学性质大不相同，如沿 (111) 面生长容易，腐蚀速度快，但是位错密度高，容易成多晶；而（$\bar{1}\ \bar{1}\ \bar{1}$）面则相反。

作为太阳能电池材料，GaAs 具有良好的光吸收系数，可达到 10^4/cm 以上，比硅材料要高 1 个数量级，而这正是太阳光谱中最强的部分。GaAs 材料的物理性质见表 3-1。

表 3-1 GaAs 材料的物理性质 (300K)

密度(g/cm³)	5.32	电子有效质量	0.065
晶格常数(Å)	5.653	空穴有效质量	0.082(*L*)；0.45(*h*)
原子数(1022/cm³)	4.41	电子饱和速度 (10^7cm/s)	2.5
热膨胀系数(10^{-6}/K)	6.6±0.1	击穿电场强度，(10^5V/cm)	3.5
热导率[W/(cm·K)]	0.46	器件最高工作温度(℃)	470
比热容[J/(kg·K)]	0.318	折射系数(长边)	3.3
熔点(℃)	1238	光学介电常数	13.9
禁带宽度(eV)	1.43	静电介电常数	13.18
本征载流子浓度(cm³)	1.3×10^6	临界剪切应力(MPa)	0.40
电子迁移率[cm²/(V·s)]	8800	硬度(kgf/mm²)	1238
空穴迁移率[cm²/(V·s)]	450	断裂应力(MPa)	100

注：1kgf/mm² = 9.8N/mm²。

此外，由于 GaAs 材料的禁带宽度为 1.43eV，光谱响应特性好，因此，太阳能光电转换理论效率相对较高，且 GaAs 太阳能电池比硅太阳能电池具有更高的工作温度范围。另外，GaAs 太阳能电池的抗辐射能力强，所以应用在空间飞行器上有明显的优势。

3.3.2 GaAs 薄膜太阳能电池的结构

GaAs 薄膜太阳能电池的结构主要分为单结太阳能电池和多结叠层太阳能电池。其中，单结太阳能电池又包括同质结太阳能电池和异质结太阳能电池。GaAs 太阳能电池的结构从简单的 pn 结单电池，逐渐发展到叠层电池（AlGaAs/GaAs、GaInP/GaAs、GaInP/GaAs/Ge、GaInP/GaAs/GaInAs/Ge、GaAs/GaSb 等），以及廉价 Si 和 Ge 衬底上的 GaAs 电池、聚光电池等，其中 GaAs 衬底上外延 GaAs 薄膜的太阳能电池是主要的类型。图 3-6 (b) 为典型多结 GaAs 薄膜太阳能电池结构示意图。GaAs 的单结和多结太阳能电池具有光谱响应特性好、空间应用寿命长、可靠性高的优势，尽管成本很高，但在空间电源方面有较多的应用。

3.3.3 GaAs 薄膜太阳能电池的制备技术

GaAs 材料和电池的制备包括体单晶生长和扩散、液相外延、有机金属化学气相沉积、分子束外延等技术。

GaAs 薄膜电池的主流技术是在 GaAs 衬底上利用有机金属化学气相沉积外延技术，首先沉积缓冲层、牺牲层、GaAs 薄膜材料及电池，然后再制备背金属层，粘接柔性支撑材料；其后在化学溶液中，通过选择刻蚀牺牲层的剥离技术，最终得到制备在柔性衬底上的太阳能电池，其特点是 GaAs 衬底可以得到重复利用。另外一种技术是在廉价的金属等柔性衬底材料上，首先制备具有高度晶向一致的 Ga 多晶薄膜，然后在 Ga 薄膜上制备 GaAs 薄膜电池，其特点是成本较低。

无论是用液相外延法，还是有机金属化学气相沉积外延技术制备 GaAs 薄膜都需要合适的衬底材料。原则上讲，对于 GaAs 外延薄膜，＜100＞晶向的 GaAs 体单晶硅是最佳的衬底材料，但是其成本较高。单晶硅的晶格常数与 GaAs 相差较大，在外延 GaAs 薄膜时，尽管采取缓冲层等技术，GaAs 薄膜的晶格失配依然较大（达到 4%），失配位错的密度较高，且两者的热膨胀系数相差 60%以上，在太阳能电池制备过程中还会引入较大的热应力，导致产生更多的位错。所以，到目前为止，尽管具有很多优越性，GaAs/Si 太阳能电池还未规模化生产和应用。

另外，也可在非极性的 Si、Ge 衬底上生长极性的 GaAs 材料，但该法极易在薄膜中形成反相畴，导致电池力学性能的下降、表面形貌粗糙化、电池工艺的均匀性变差，而且在 GaAs 薄膜中形成了强的散射中心和复合中心的深能级缺陷，最终导致界面的电学和光学特性变差，影响 Si 基或 Ge 基太阳能电池的效率。为了抑制这样的反相畴，在外延工艺中通常采用一定偏角的 Si、Ge 衬底，如 Si 或 Ge（100）衬底向＜100＞晶向倾斜 3°～6°，可得到没有反相畴的外延层。此外，在外延生长前，在 AsH_3 气氛中对硅片进行高温（900～1020℃）清洗，也可避免反相畴，这可能是由于砷的作用消除了表面的单台阶结构。

3.3.4 GaAs 薄膜太阳能电池的发展及应用现状

在Ⅲ-Ⅴ族化合物半导体材料中，GaAs、InP 等及其三元化合物都可以作为太阳能电池材料，但是考虑到成本、制备、材料性能等方面因素，仅 GaAs 及其三元化合物得到了较广泛的应用。尽管 GaAs 系列太阳能电池的效率高、抗辐射性能强，但其生产设备复杂、能耗大、生产周期长，导致生产成本高，难以与硅太阳能电池相比，所以仅用于部分不计成本的空间太阳能电池和聚光太阳能电池上。目前国际上空间太阳能电池已经从利用硅太阳能电池，逐渐过渡为利用 GaAs 高效太阳能电池；我国的卫星等空间飞行器现在也是利用 GaAs 太阳能电池。

不仅如此，GaAs 化合物半导体材料与硅材料相比，还有其他问题值得考虑：一是 GaAs 材料的制备通常比硅材料困难，化学配比不易精确掌握，特别是其三元系列化合物半导体材料，在低成本条件下严格控制和保证组分的化学计量比相对困难；二是晶体结构的完整性较差，材料的缺陷、杂质行为更加复杂，迄今为止，还很难生长无位错 GaAs 单晶，尽管现代金属有机化学气相沉积（MOCVD）技术和分子束外延（MBE）技术都可以在很大程度上改善 GaAs 材料的质量；三是从自然资源来看，Ga、As 都远不如 Si 丰富；四是 GaAs 中的 As 元素及其部分化合物具有很强的毒性，而且易挥发，具有一定的环境保护问题。因此 GaAs 化合物半导体材料作为太阳能电池材料，其应用是受到一定限制的。

3.4 CIGS 薄膜太阳能电池

1953 年，Hahn 等首次成功合成了黄铜矿结构的铜铟硒（$CuInSe_2$，CIS）半导体材料。但直到 1974 年，美国贝尔实验室的 Wagner 等才首次提出了 $CuInSe_2$（CIS）太阳能电池。1976 年，美国首次研制成功了 CIS 薄膜太阳能电池，转换效率达到 6.6%。1983 年，Arco Solar 公司提出新的制备方法——硒化法，该项技术具有简单、廉价的特点，现在已经发展为制作 CIS 电池最重要的技术。到 20 世纪 90 年代末期，美国可再生能源实验室（NREL）将转化效率提高到了 18.8%，同时开始生产发电用铜铟镓硒（CIGS）太阳能电池组件，组件效率达到当时最高的 12.1%。2001 年，Wurth Solar 开始在欧洲销售 60cm×120cm 的 CIGS 太阳能电池组件，它是制备在钠玻璃基片上的。2007 年，美国可再生能源实验室用三步并蒸发法制备的 CIGS 薄膜太阳能电池，转化效率达到了 19.9%。2013 年，瑞士的 Empa 研究中心又将 CIGS 太阳能电池的效率提高到 20.4%。我国在此领域的研究滞后于欧美和日本等国家和地区，大多数研究还停留在基础材料的合成和表征上。南开大学率先于 20 世纪 90 年代开展了铜铟硒太阳能电池材料与器件方面的相关研究，中国科学院深圳先进技术研究院在 2013 年实现了转换效率为 19.4%的铜铟镓硒电池。2023 年，武汉大学物理科学与技术学院肖旭东教授课题组通过将 1.04eV 带隙的 CIGS 电池与 1.67eV 带隙的钙钛矿电池进行机械堆叠，成功实现了效率高达 28.4%的钙钛矿/铜铟镓硒四端叠层电池。

3.4.1 CIGS 薄膜的基本物理特性

CIGS 是太阳能电池产品的重要器件之一，主要是 $CuInSe_2$ 和 $CuGaSe_2$ 合金，具有黄铜矿结构的化合物半导体，属于类似金刚石结构的闪锌矿晶格结构。其中 ⅠB 族的 Cu 和 ⅢA 族的 In 或 Ga 元素替代了闪锌矿里Ⅱ族 Zn 的位置，形成了如图 3-7（a）所示的四方晶格结构，其晶格常数 c/a 接近 2。

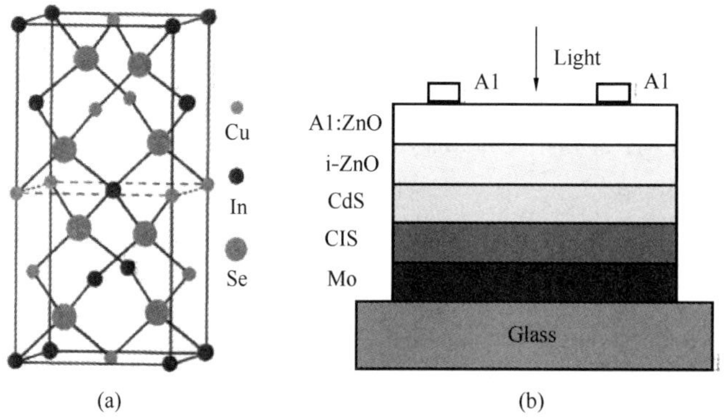

图 3-7 CIS 晶体结构与 CIS 太阳能电池结构示意图

（a）黄铜矿晶体结构示意图；（b）典型铜铟镓硒（CIS）薄膜太阳能电池结构

另外，CIGS 系列作为太阳能电池材料具备一系列优势，如通过掺入适量 Ga 替代部分 In，可以使半导体能带间隙在 1.0～1.6eV 可调，非常适合制备最佳带隙宽度的化合物半导体材料；CIGS 材料的光吸收系数很高；在可见光区域中，吸收系数可高达 10^5/cm，厚度为 1μm 就有可能充分地吸收太阳光。

3.4.2 CIGS 薄膜太阳能电池的结构

典型 CIGS 薄膜太阳能电池的结构如图 3-7（b）所示。衬底一般采用碱性钠钙玻璃（碱石灰玻璃），也可以采用柔性薄膜衬底。从光入射层开始，各层分别为金属栅状电极、减反射膜、窗口层（ZnO）、过渡层（CdS）、光吸收层（CIGS）、金属背电极（Mo）和玻璃衬底。在 CIGS 层上生长高质量的 CdS 过渡层是非常重要的，也称为过渡层。为了减少甚至消灭 CdS 薄膜上可能存在的小孔洞引起的电池内部短路，常常在 CdS 层上再溅射蒸镀一层本征 ZnO。本征 ZnO 的电阻率高，需要使用射频溅射或中频溅射来完成。pn 结的 n 型部分是通过生长透明电极层 Al：ZnO（AZO）来实现的。AZO 提供较大的电流密度，由于它的掺杂浓度大，只需要很薄一层 AZO 就能成为载流子耗尽层。AZO 的主要作用是作为透明电极。为了有效地收集电荷，AZO 的导电性越高越好。

3.4.3 CIGS 薄膜太阳能电池的制备技术

CIGS 薄膜太阳能电池的底电极 Mo 和上电极 n-ZnO 一般采用磁控溅射的方法制备，工艺路线比较成熟。最关键的吸收层的制备有许多不同的方法，这些制备方法包括共蒸发法、溅射硒化法、电化学沉积法、喷涂热解法和丝网印刷法等。

1. 共蒸发法

共蒸发法是研究最深入的方法，一般采用的工艺过程是由美国可再生能源实验室（NREL）开发的三步沉积法：①衬底温度保持在约 350℃左右，真空蒸发 In、Ga、Se 三种元素，首先制备形成（In、Ga）Se 预置层；②将衬底温度提高到 550～580℃，共蒸发 Cu、Se，形成表面富铜的 CIGS 薄膜；③保持第二步的衬底温度不变，在富 Cu 的薄膜表面再根据需要补充蒸发适量的 In、Ga、Se，最终得到组分为 $CuIn_{0.7}Ga_{0.3}Se_2$ 的薄膜。图 3-8（a）为共蒸发法制备 CIGS 薄膜的示意图，这种方法有几个缺点：共蒸发法对设备要求严格、大面积制备困难、材料利用率偏低。就目前的设备可靠性和制备工艺水平来看，很难保证大面积条件下多种元素化学计量比的均匀一致性，所以限制了其商业上的大规模应用。

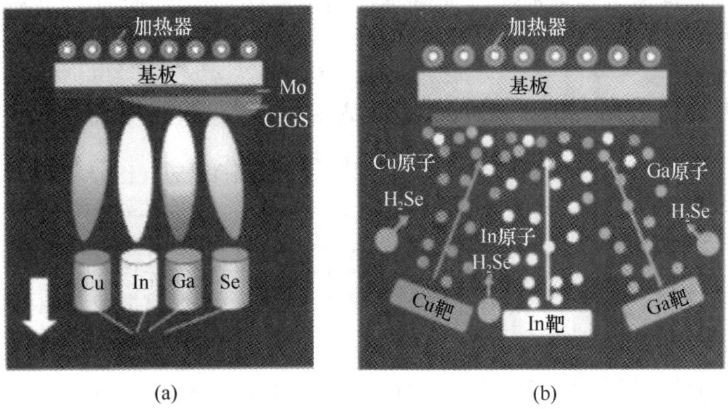

图 3-8 共蒸发法与溅射硒化法制备 CIGS 薄膜示意图

（a）共蒸发法制备 CIGS 薄膜；（b）溅射硒化法制备 CIGS 薄膜

2. 溅射硒化法

溅射硒化法也是目前国际上制备大面积 CIGS 薄膜普遍采用的方法，大面积电池组件的效率可以达到 13%～15%，非常适合大面积器件的开发。整个薄膜制备中，金属预制层的制备最为关键，其基本原理为：溅射时通入少量惰性气体（氩气），利用气体辉光放电产生氩离子 Ar^+。在电场的加速作用下，Ar^+ 能量得到提高，加速飞向金属靶材，高能量离子轰击靶表面，溅射出 Cu、In、Ga 离子。溅射出的粒子沉积在基片表面，基片是在玻璃上沉积 Mo 形成的底电极，这样就形成铜铟镓（CIG）金属预制层。溅射硒化法最重要的技术是对制备的金属预制层进行高温硒化，形成 CIGS 吸收层。现在研究较多的硒化方法，主要是在真空或氢气环境下使 Se 在高温条件下蒸发，产生 Se 蒸气，使其和预制膜反应。这一方式可避免使用剧毒的 H_2Se 气体，因此操作更加安全，设备也相对简单，其原理示意图如图 3-8（b）所示。

3. 电化学沉积法

电化学沉积法一般是在溶解有化合物成分的电解质水溶液中，插入两个相对的电极，加一定电压后，在负极基板上沉积出化合物薄膜。原料主要有 $CuCl_2$、$InCl_3$、$GaCl_3$。电解液一般为亚硒酸和络合剂柠檬酸钠的水溶液，在镀 Mo 薄膜的钠钙玻璃衬底上，采用恒电位沉积方法制备出太阳能电池薄膜材料 CIS 和 CIGS 薄膜。

4. 喷涂热解法

通常把反应物以气溶胶（雾）的形式，一般是通过惰性气体引入反应腔中，在衬底上沉积制备吸收层薄膜。衬底通常要保持在高温状态，使化学原料发生裂解，形成薄膜。制备 CIGS 薄膜通常是采用饱和的氯化铜、三氯化铟、三氯化镓和 N-N 二甲基硒胺水溶液，使该混合物喷射到已加热衬底上，使之热解反应沉积成 CIGS 薄膜。

5. 丝网印刷法

丝网印刷法和喷涂热解法类似，将半导体组成元素的粉或盐类，做成糊状与烧结物一起和有机溶剂混合。将制备的糊状物，用丝印的方法涂布在所需的衬底上，对衬底进行高温烧结，使其中的有机物挥发掉。现在发展的喷墨打印、流延方法等都属于此类的非真空方法。其最大的优点是材料利用率高，设备简单。技术瓶颈是制备符合元素化学计量比的 CIGS 薄膜比较困难，并且容易出现二元或一元杂相，导致电池效率降低。其溶剂一般具有化学挥发特性，对环境会造成一定的危害，需要增加环保设施。其制备薄膜的表面平整度，也是一个需要克服的技术问题。

3.4.4 CIGS 薄膜太阳能电池的发展现状

理论上 CIGS 单电池的转换率可以达到 25%，目前随着 CIGS 太阳能电池技术的成熟和发展，CIGS 太阳能电池组件的转换率已达到 18%，获得接近理论值的产品是有希望的。在 2010 年 CIGS 太阳能电池产品已经占整个薄膜太阳能电池产量的 30%以上，达到 1GW/年的水平。国际上 CIGS 太阳能电池主要制造厂商性能数据见表 3-2。

近几年，使用柔性基片的 CIGS 太阳能电池的开发正在活跃进行中。主要的研究目标为将太阳能电池的能量密度提高到 1000W/kg。显然，与单晶硅和砷化镓太阳能电池相比，制作在柔性基板上的薄膜太阳能电池是最有潜力达到这一目标的。在薄膜太阳能电池家族中，包括多晶硅薄膜、CdTe 薄膜和 CIGS 薄膜，CIGS 系薄膜太阳能电池的性能最好。对于空间能源的应用来说，由于 CIGS 具有很好的抗辐射性能和总体稳定性，它被认为是制作空间电池的良好材料。相应地，在众多的薄膜太阳能电池中，CIGS 电池的能量转换效率目前是最高的。此外，叠层电池结构对于发展高效率电池来讲也是一种很有前景的技术。发展 CIGS 叠层电池的关键问题是发展合适的宽带隙材料作为顶电池，带隙宽度为 1.5～1.8eV，效率超过 15%；顶电池的生长工艺与底电池工艺兼容；顶电池和底电池有效的内部连接。已有研究者采用 $Ag(In_{0.2}Ga_{0.8})Se_2$（AIGS）作为顶电池，$Cu(In、Ga)Se_2$ 作为底电池，制备的叠层电池的效率达到 8%。

表 3-2 国际上 CIGS 太阳能电池主要制造厂商性能数据

公司名称	技术种类	产品种类	输出（W）	效率（%）	面积（m^2）	产能力（MW）
Wurth Solar	共蒸发	CIGS/玻璃	100	14.6	0.72	30
Global Solar	共蒸发	CIGS/柔性衬底	88.9	12.4	0.84	40
Solibro/Hanergy	共蒸发	CIGS/玻璃	110	14.7	0.72	140
Solar Frontier	溅射/硒化	CIGSS/玻璃	160	13.0	1.23	900
Avanics	溅射/硒化	CIGS/玻璃	46.5	13.2	1.04	120
Stion	溅射/硒化	CIGSS/玻璃	145	14.2	1.08	100
Nanosolar	印刷	CIGS/铝箔	240	12.0	2.0	20～115
SoloPower	电镀	CIGS/柔性衬底	300	12.3	2.5	20～400

3.5 CZTS 薄膜太阳能电池

铜锌锡硫（CZTS）薄膜太阳能电池的研究可以追溯到 20 世纪 50 年代，Goodman 和 Pamplin 首先在Ⅰ-Ⅲ-$Ⅵ_2$ 黄铜矿结构中通过替代Ⅲ族元素，设计形成了四元$Ⅰ_2$-Ⅱ-Ⅳ-$Ⅵ_4$ 半导体。1988 年，日本学者 Ito 和 Nakazawa 已经成功合成了 CZTS 薄膜材料，直接带隙宽度为 1.45eV，吸收系数高达 10^4/cm，随后该团队基于 CZTS 薄膜材料为吸收层制备出了电池器件。到 20 世纪 90 年代末期，CZTS 薄膜太阳能电池的光电转换效率提升至 2%～3%。2005 年开始，CZTS 材料及器件的研究热度迅速提升，具有代表性的是 IBM Watson研发中心发明的一种混合溶液/颗粒的液相方法，经过工艺优化该方法最终获得了 12.6%的光电转换效率。中国科学院物理研究所/北京凝聚态物理国家研究中心清洁能源实验室孟庆波团队于 2023 年创造了 CZTSSe 电池 14.9 %认证效率的世界纪录，并被美国可再生能源国家实验室（NREL）发布的“Best research-cell efficiencies chart”和著名太阳能电池专家 Martin Green 教授主编的“Solar cell efficiency tables”等国际最权威的光伏统计收录。

3.5.1 CZTS 薄膜的基本物理特性

CZTS 由 CIS 的黄铜矿（Chalcopyrite）结构演变而来，是四方晶系闪锌矿（Sphalerite）结构的一种多元化变种。如图 3-9 所示，在 CIS 晶格中，与每一个Ⅴ族原子成键的分别是两个 Cu 原子和两个 In 原子，将这两个 In 原子用一个 Zn 原子和一个 Sn 原子代替，就形成了锌黄锡矿结构的 CZTS 晶格。在研究过程中还发现，CZTS 结构中还存在另一种晶型的变种，即锌黄锡矿晶格中部分 Zn 和 Cu 位置互换，而 Sn 和 S 维持原有排布方式，形成黄锡矿（Stannite）结构。

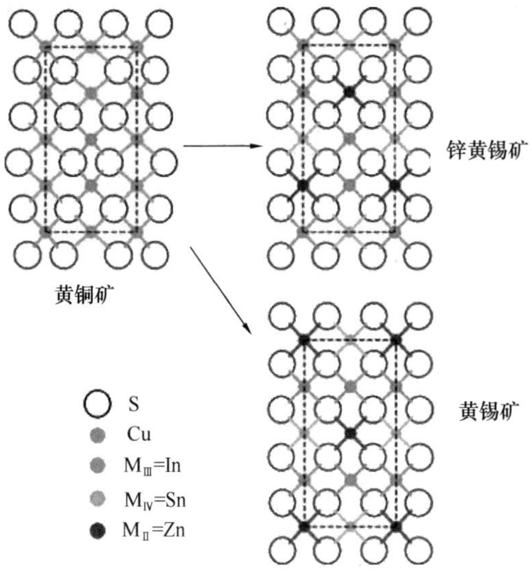

图 3-9　黄铜矿、锌黄锡矿、黄锡矿三种晶格结构示意图

作为薄膜太阳能电池的光吸收材料，Cu_2ZnSnS_4 和 $Cu_2ZnSnSe_4$ 在锌黄锡矿和黄锡矿两种晶型下吸收系数 α 都具有一致性的变化规律，Cu_2ZnSnS_4 比 $Cu_2ZnSnSe_4$ 在起点上右移大约 0.5eV，对应于两者在带隙上 0.5eV 左右的差距。锌黄锡矿晶型的 Cu_2ZnSnS_4 和 $Cu_2ZnSnSe_4$ 分别在 3.25eV、2.5eV 附近有明显的吸收峰，对应于导带底最低能 M 带 Sn-s 轨道电子态密度的峰值。此外，CZTS 材料在禁带边的吸收能力很强，当光子能量达到带隙以后，CZTS 的吸收系数 α 迅速上升，在光子能量为 (E_g+1)eV 时吸收系数达到 10^5/cm。另外，CZTS 材料体系中存在多种缺陷类型，其中 VCu 和 CuZn 是两种最主要的受主缺陷，两者具有最低的形成能，也具有较低的电离能，是 CZTS 材料显示出本征 p 型导电性的根源。从缺陷的角度出发，可以解释贫 Cu 富 Zn 的组分更容易获得高性能 CZTS 电池器件：极负的 μ_{Cu} 和 μ_{Sn} 确保了体系中主要存在 ZnCu+VCu、2ZnCu+ZnSn 和 ZnCu+ CuZn 等良性缺陷簇，而抑制了 2CuZn+SnZn 等恶性缺陷簇的生成，是整个电池器件运行的重要内部机制。

3.5.2　CZTS 薄膜太阳能电池的结构

CZTS 薄膜太阳能电池是由 CIGS 薄膜太阳能电池衍生而来，电池器件沿用了 CIGS 薄膜太阳能电池的结构和各功能层材料，如图 3-10 所示，同时其制备工艺和顺序也与 CIGS 薄膜太阳能电池类似。早期的制备中，与 CZTS 直接接触的 Mo 和 CdS 两种材料，其界面的性能并没有经过严格的考察和优选。所以，种种迹象表明，在 CZTS 薄膜太阳能电池中，这两个关键的界面均存在一定的问题。在 CIGS 在高温硒化退火工艺中，Mo/CIGS 之间形成了合适厚度的 $MoSe_2$ 层，对界面欧姆接触起到关键作用。另外，CIGS/CdS 界面除了具有较低的晶格失配率之外，0.1～0.3eV 的“尖峰型”（Spike）导带带阶对载流子的传输起到有益作用。目前，大量工作都是对这两个界面进行着优化研究。

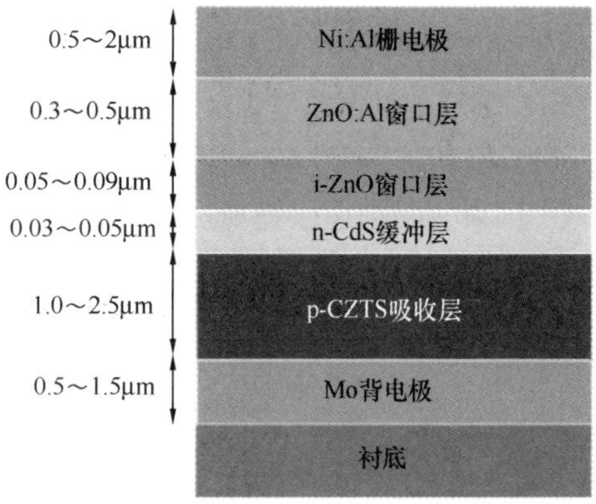

图 3-10　CZTS 薄膜太阳能电池结构示意图

3.5.3　CZTS 薄膜太阳能电池的制备技术

CZTS 多晶薄膜制备技术可分为两大类：一类是利用物理气相沉积、化学气相沉积等

真空镀膜技术制备 CZTS 薄膜或其预制层，如共蒸发、溅射/蒸发后退火、脉冲激光沉积等；另一类是基于液相镀膜技术制备 CZTS 的预制层，如溶液/纳米晶涂覆、电化学沉积、溶胶凝胶、喷墨热解等。总体来说对真空设备的要求较低，工艺路线主要是以液相镀膜为核心。

1. 共蒸发法

共蒸发法是指利用多个蒸发源同时蒸发若干不同的材料，辅以衬底的加热原位生长晶体薄膜的方法。共蒸发可以一步完成，也可以分为多步；蒸发的材料可以是单质或者化合物。采用共蒸发法制备 CZTS 薄膜，最简单的工艺就是一步共蒸发，采用分子束外延的方法同时蒸发 Cu、Zn、Sn、Se 四种单质元素，辅以衬底加热一步合成 $Cu_2ZnSnSe_4$ 薄膜。采用这种方法也可以制备 $Cu_2ZnSnSe_4$ 薄膜。通过控制贫 Cu 富 Zn 的组分（Cu/Zn＋Sn≈0.9，Zn/Sn≈1.1），获得了最高光电转换效率为 5%的 CZTS 薄膜太阳能电池。多步共蒸法则是将 CZTS 薄膜的生长过程分为多个步骤，每一步可以设置不同的衬底温度，同时可以控制蒸发不同的组分，安排合理的蒸发镀膜顺序，如图 3-11 所示。

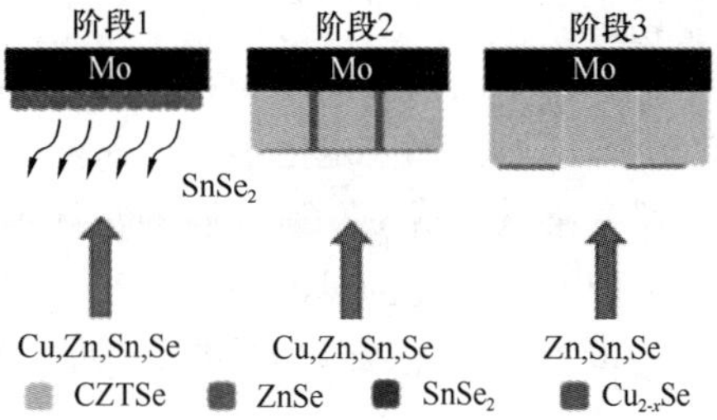

图 3-11 多步蒸发法制备 CZTS 薄膜的三个反应阶段示意图

2. 溅射/蒸发后退火法

溅射/蒸发后退火法分为两步：第一步是采用磁控溅射或者真空蒸发等方式将含有 Cu、Zn、Sn 以及 S 或 Se 的几种元素按一定配比沉积到基底上形成预制层；第二步将其置于惰性或含有 S、Se、Sn 的气氛中退火，使预制层组分重结晶形成多晶 CZTS 薄膜。在预制层样品的返火重结晶过程中，为了防止部分元素的流失，可以在气氛中添加相应的补充源，如 H_2S、单质 S 和 Se 以及 SnS 等，主要是对环境气氛的补充，而非直接沉积到样品上。采用这种方法的优势之一在于将沉积过程和结晶生长分开，降低了对真空设备的要求。特别是对于工业化生产中的大面积产品，预制层沉积的均匀性和退火中温度的不均匀性都是导致产线成品率下降的关键性问题，沉积设备主要解决沉积均匀性问题，而退火设备主要解决温度均匀性问题，有利于设备的简化和流水线生产的保障。这种方法在 CIGS 薄膜太阳能电池生产中有着很好的成功范例（日本的 Solar Frontier 公司）。采用溅射后退火的方法，生产出效率为 22.3%的中试尺寸组件（30cm×30cm），其性能几乎和采用其他工艺的实验室尺寸样品一致，从而体现出这种方法在大面积样品制备中的巨大优势。

3. 肼基溶液合成法

在 CZTS 薄膜的所有液相制备工艺中，肼基溶液合成是一个重要的方法。这种方法主要基于肼（N_2H_4）和肼基甲酸（$H_2NHCOOH$，HD）作为介质，溶解或分散包括 Cu、Zn、Sn、S、Se 等成分的原料，形成特殊的溶液或悬浮液，再通过旋涂、刮涂、打印、提拉等方式制成前驱薄膜，最后经过烘干和退火工艺获得多晶 CZTS 薄膜。这种工艺方法的优势在于：①薄膜元素的沉积是一种纯液相的方法，不需要昂贵、复杂的 PVD、CVD 设备来沉积前驱体或预制层，且制作简单，有利于控制成本；②易于控制 CZTS 薄膜中的金属元素 Cu、Zn、Sn 之间的比例，实现最优化的元素配比；③膜层均匀性好；④各种元素之间充分混合，在退火中对原子扩散距离的要求低，容易获得均一的四元相。在此基础上，由于肼和肼基甲酸都是还原性的小分子溶剂，主要成分为N和H，包含部分的C和O，但含量不高，因此在退火过程中很容易使之完全挥发，不会在膜层中造成碳残留影响结晶。另外，肼和肼基甲酸本身具有一定的络合作用，无须额外添加高分子的络合剂，因此只需控制Cu、Zn、Sn、S、Se等成分的原料和肼、肼基甲酸的纯度，并在惰性气氛下进行实验操作，就可以达到PVD、CVD级别的镀层质量。正是基于以上的一些优势，采用这种工艺方法获得的薄膜太阳能电池性能最高可达12.6%，高于其他所有的方法制备的CZTS薄膜太阳能电池器件。

肼基溶液合成CZTS薄膜的常规步骤为：将一定量的Cu_2X（X=Se、S）搅拌溶解于肼中形成溶液，此为母液A；一定量的SnX或SnX_2（X=Se、S）搅拌溶解于肼中形成溶液，为母液B；将Zn单质粉末（纳米粉末）加入母液B。Zn无法直接溶解于母液B，但充分搅拌混合后，可以$ZnSe(N_2H_4)$的形式形成稳定的悬浮液母液C。将母液A和母液C按照一定的比例混合后，完成最终包含Cu、Zn、Sn、S、Se等元素的溶液D(悬浮液)，配制过程中控制Cu/(Zn+Sn)比例为0.8～0.9，而Zn/Sn比例为1.1～1.2。将最终的配制完成的溶液D经一次或多次涂覆的方式在衬底上制成前驱体薄膜，经过500～540℃的高温退火形成最终的Cu_2ZnSnS_4、$Cu_2ZnSnSe_4$、$Cu_2ZnSn(S,Se)_4$吸收层。在溶液配制过程中常常加入S、Se粉末单质形成硫族元素的过量，有助于溶解Cu_2X、SnX、SnX_2，并与Zn粉末反应络合形成稳定的悬浮液。

4. 非肼基溶液合成法

由于肼基溶液法的限制因素，虽然通过此法获得了目前最高的器件性能，但其进一步发展受到了限制。有研究表明，CZTS薄膜也可以采用非肼基溶剂，溶解或分散含有Cu、Zn、Sn、Ge、S、Se成分的溶质或纳米晶，形成“墨水”并通过涂覆的方法制备预制层薄膜。溶剂以及各种添加剂一般为环保、稳定和安全的试剂，大多可以在空气环境或者氮气手套箱环境中进行合成操作，小面积的实验室尺寸样品可以通过旋涂、刮涂、提拉等方式制备，而量产可以采用喷墨打印的方式实现。其环保性、低能耗工艺、设备低成本优势以及通过“卷对卷”方式进行大规模量产的潜力，符合CZTS薄膜太阳能电池的发展定位。因此，非肼基的溶液合成方法一直以来都是学界和工业界研究的热点，发展出了多种合成工艺路线。

胶体纳米晶的合成工艺多种多样，其中热注入合成技术是一种重要的方法，已经被成功地应用到了CZTS纳米晶的合成。这种方法的一般过程为，将Cu、Zn、Sn三种金属元素的乙酰丙酮化合物按照需求比例配制，溶解于油胺（Oleylamine，OLA）中形成前驱液A并加热至225℃，油胺同时具有溶剂和表面活性剂的双重作用。然后向前驱液A中缓慢注入溶解有S的阴离子前驱液B，前驱液B的溶剂同样为油胺。在注入过程中，前驱液A的温度保持在225℃，注入的阴离子和阳离子在这个温度下开始反应生成CZTS并且成核生长形成纳米晶体，过程中主要通过控制温度和时间条件来控制纳米晶体的生长。生长完成后降温，用乙烷、异丙醇等小分子溶剂清洗包覆有油胺的CZTS纳米晶，去除残余反应物和油胺溶剂，过滤烘干得到CZTS四元纳米晶，经过0.5h生长的纳米晶粒径分布在15～25nm的范围之内。将此纳米晶重新分散于溶剂中形成“墨水”，采用刮涂的方式在Mo玻璃基底上成膜，每次成膜后在空气中加热至300℃并维持1min左右，以挥发溶剂和其他一些添加剂。将获得的预制层薄膜（约1μm）在含Se的气氛中加热至500℃以上并维持

20min，进行硒化退火，最终得到 CZTSSe 吸收层，完成的电池器件转换效率可达 7.2%。此外，非肼基液相合成也可以实现分子级别分散的纯溶液方法。将按比例的 $Cu(CH_3COOH)_2 \cdot H_2O$、$ZnCl_2$、$SnCl_2 \cdot 2H_2O$ 和硫脲溶于二甲亚砜，在室温下经过搅拌形成可以直接用于旋涂制膜的清澈黄色溶液。

5. 电化学沉积法

电化学沉积也是一种非常典型的液相镀膜技术，与真空方法相比电化学沉积法具有设备成本低、材料利用率高、涂层保形、工艺简单、易于大规模生产等优势，在防腐蚀涂层、装饰装潢涂层、电极电接触涂层等领域中已经有大量的成功应用范例。但工艺的稳定性和可控性低，目前暂时不是主流的发展方向。

电化学沉积法最简单的工艺是分步依次沉积三种金属，常规的顺序为 Cu/Zn/Sn 或 Cu/Sn/Zn。在水溶液电化学中，Cu 是一种比较容易析出的金属，在基底上形成均匀覆盖的层状生长，不易生长枝晶，镀层具有很高的光洁度。同时，Cu 本身的导电性极佳适合作为后续薄膜生长的基体，因此宜先沉积 Cu，后沉积 Zn 和 Sn。一般选择三种金属氯化盐、硫酸盐和醋酸盐作为原材料。金属层总厚度为 500～700nm，每一层的厚度按照比例控制。沉积完成后对金属层进行预退火，温度为 210～350℃，使三种金属相互扩散形成合金，然后在含 S 氛围中进行 10～15min、550～600℃的退火得到 CZTS 薄膜。

3.5.4 CZTS 薄膜太阳能电池的发展现状

目前，CZTS 薄膜太阳能电池的发展远没有达到预期，最高性能 12.6%距离理论转换效率还有很大的差距，低开路电压是限制电池器件性能的最主要原因。很多研究工作分析了造成此问题的各种微观因素，但目前并没有取得统一的认识，缺乏有效改进的手段。CZTS 薄膜太阳能电池的实验室效率需要尽快提高到 15%以上，甚至达到 CIGS 和 CdTe 薄膜太阳能电池的水平，才能进入下一个发展阶段。为了实现这个目标，后续研究需要重点围绕以下几个问题来展开：①透过相关的宏观现象分析，认识造成低 V_{OC} 问题的微观机理，探索有效的解决方案；②开发更加理想的制备工艺，实现大面积均匀、可控的组分优化，将二次相和有害缺陷控制在可接受的范围之内；③解决 Mo/CZTS 界面的问题，防止金属电极的过度腐蚀，同时实现良好的电极接触，并采取措施进一步提高金属电极的反射率，增进长波吸收能力；④优化 CZTS/CdS 界面存在的问题，最理想的是寻找到一种不含重金属的环保材料作为 CZTS 薄膜太阳能电池的缓冲层，形成具有优良窗口效应的第一类异质结，并在导带边形成弱尖峰势垒，尽量消除费米能级钉扎，降低界面复合电流；⑤明确晶界在 CZTS 薄膜太阳能电池中的作用以及相关的机理，如存在有害缺陷，则应掌握钝化的方法。如果能够解决以上几个问题，那么 CZTS 薄膜太阳能电池将获得更广阔的发展前景。

3.6 InP 薄膜太阳能电池

磷化铟（InP）是Ⅲ-Ⅴ族化合物半导体的主要代表之一。1952 年 Welker 等人发现Ⅲ族和Ⅴ族元素形成的化合物也是半导体，而且某些化合物半导体如 GaAs、InP 等具有 Ge、Si 所不具备的优越特性（如电子迁移率高、禁带宽度大等），可以在微波及光电器件领域有广泛的应用，因而开始引起人们对化合物半导体材料的广泛注意。InP 在 1958 年即被用在太阳能电池上，最初的效率只有 2.5%。但直到 1984 年，研究发现 InP 太阳能电池最引人注目的特点是它的抗辐射能力强，不但远优于 Si 电池，也远优于 GaAs 基系电池。磷化铟太阳能电池具有特别好的抗辐照性能，因此一般应用于卫星、航天器等航天领域。1990 年，日本首次在科学试验卫星“飞天”号上使用 InP 太阳能电池作为电源。

InP 是由Ⅲ族元素铟（In）和Ⅴ族元素磷（P）化合而成 Ⅲ-Ⅴ 族化合物半导体材料。InP 具有闪锌矿结构，晶格常数 5.869Å。InP 的晶格可以看作是两个互穿的面心立方晶格，其中一个是由 In 原子构成，另一个是由 P 原子构成，这种结构也可看成 In 原子所构成的面心立方晶格与 P 原子所构成的面心立方晶格沿体对角体互相位移套构而成。因此，In 原子被四个磷原子围绕，形成四面体结构，如图 3-12（a）所示。这种结构除每个原子最近邻是异种原子外，与金刚石结构相同。

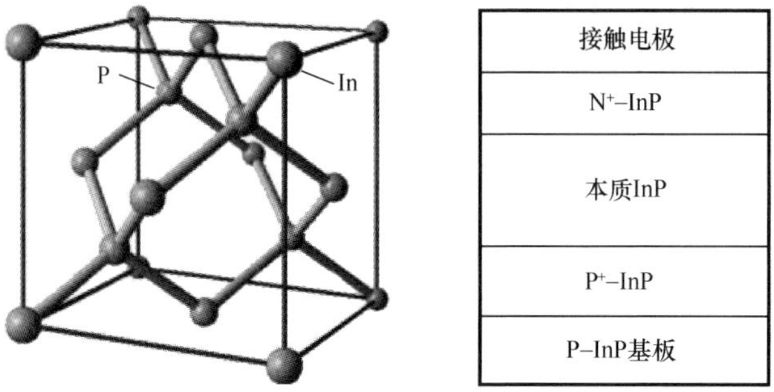

(a) (b)

图 3-12 InP 晶格结构及 InP 太阳能电池结构示意图

（a）InP 晶格结构；（b）InP 薄膜太阳能电池基本结构示意图

InP 也是具有直接能隙的半导体材料，它对太阳光谱中最强的可见光及近红外光波段也有很大的光吸收系数，所以 InP 电池的有效厚度只需要 3μm 左右。此外，InP 的能隙宽度为 1.35eV，也处在匹配太阳光谱的最佳能隙范围内，电池的理论能量转换效率和温度系数介于 GaAs 电池与 Si 电池之间。InP 的表面再结合速度远比 GaAs 的表面再结合速度低，所以只要使用简单的 pn 结接合即可获得较高效率。磷化铟（InP）半导体材料具有电子极限漂移速度高、耐辐射性能好、导热好的优点，与砷化镓半导体材料相比，它具有击穿电场、热导率、电子平均速度均高的特点。另外，其表面复合速率为 10^3cm/s 远低于砷化镓的表面复合速率，因此不需要窗口层，仅需 pn 结即可得到 22%转换效率。常见的磷化铟（InP）薄膜太阳能电池基本结构如图 3-12（b）所示。

InP 在熔点温度（1335±7)℃时，磷的离解压为 27.5atm，因此 InP 多晶的合成相对比较困难，单晶生长的整个过程都要在高温高压下进行，所以很难获得 InP 单晶，同时受到较大的热应力，造成加工也较困难。所以目前相同面积的 InP 抛光片要比 GaAs 的费用高 3～5 倍。目前已有多种合成 InP 多晶料的方法，包括：溶质扩散合成技术（SSD），水平布里奇曼法（HB），水平梯度凝固法（HGF）和原位直接合成法（In-situ Synthesis），包括磷注入法、磷液封法等。InP 多结聚光太阳能电池由于具有更高的光电转换效率而被广泛应用。目前主流的 InP 多结聚光太阳能电池的制备技术有反向生长法和低温键合法。

InP 由于其抗辐射性能好和转换效率高，在空间领域有很广泛的应用前景。德国弗劳恩霍夫太阳能系统研究所开发的 CaAs、InP 和 GaN 叠层电池的光电转换效率高达 41.1%。李果华等人用计算机模拟的方法对轻型 InP 光伏太阳能电池进行了计算机强抗辐射模拟，发现即使经过 10MeV/cm 的辐射辐照后，InP 光伏太阳能电池仍可获得 7%的光电转换效率。这就说明 InP 光伏太阳能电池在太空中无须防护保护，3200km 极地轨道上航天器就能在 10 年中稳定地从 InP 光伏太阳能电池中获取能量。SolarJunction 公司最新的高聚光型 InP 薄膜太阳能电池在日照强度为 947W/m^{2}时光电转换效率为 44%，已成为全球太阳能产业瞩目的新焦点。

InP 太阳能电池由于制造成本高，还未广泛地应用于太空和地面领域，但是其较好的抗辐射性以及高的转换效率，使其具有良好的发展前景。国外每年有 1000kg 的 InP 用量，而国内相对较少。InP 太阳能电池今后的发展方向主要集中在对大直径 InP 单晶生长的研究及增加聚光型叠层太阳能电池的光电转换效率上。InP 纳米线太阳能电池制作工艺简单，有助于节约成本，也是未来 InP 太阳能电池的发展方向之一。

3.7 多晶硅薄膜太阳能电池

多晶硅薄膜太阳能电池是目前公认的高效率、低能耗的理想太阳能电池之一。相比于非晶硅太阳能电池与化合物薄膜太阳能电池，多晶硅薄膜太阳能电池具有性能稳定、无毒、低成本、可大面积生长等优势，且原材料丰富，与其他化合物薄膜太阳能电池（如 CIS 和 CdTe 等）相比亦具有广阔的应用前景。目前，多晶硅薄膜太阳能电池的光电转换效率已接近单晶硅太阳能电池。北京太阳能研究所在重掺杂抛光单晶硅衬底上制备出的多晶硅薄膜太阳能电池效率达到 13.6%，日本三菱公司制备的多晶硅薄膜太阳能电池转换效率达 16.5%，而德国费来堡太阳能研究所采用区熔再结晶技术制得多晶硅薄膜太阳能电池转换效率已达 19%。

多晶硅（Polycrystalline Silicon）是单晶硅的同素异形体，具有金刚石晶格，晶体硬而脆，具有金属光泽，能导电，但导电率不及金属，具有半导体性质，晶态硅的熔点在 1410℃左右，沸点 2355℃，密度为 2.32～2.34g/cm^3。硬度介于锗和石英之间，室温下质脆，切割时易碎裂。加热至 800℃以上即有延展性，1300℃时能明显变形。多晶硅可溶于氢氟酸和硝酸的混酸中，不溶于水、硝酸和盐酸。高温熔融状态下，具有较大的化学活泼性。多晶硅与单晶硅的差异主要表现在物理性质方面。多晶硅薄膜是由许多大小不等、具有不同晶面取向的小晶粒构成的，晶粒之间的区域称为晶界。晶界包含很多复合中心，如果光致载流子在被 pn 结分开之前碰到晶界，会导致电子和空穴的复合，使电池效率降低。因此多晶硅薄膜未来的研究方向主要是如何加大晶粒粒度而减少晶界、如何钝化晶界、如何使晶粒具有择优取向，从而进一步提高电池效率。多晶硅薄膜太阳能电池的工作原理及电池结构与单晶硅太阳能电池类似，其结构由前电极、pn 结、背电极、支撑衬底、增透膜和绝缘膜组成。

目前生产多晶硅的方法主要有改良西门子法（闭环式三氯氢硅氢还原法）、硅烷法（硅烷热分解法）、流化床法、冶金法和气液沉积法。改良西门子法是用氯和氢合成氯化氢（或外购氯化氢），氯化氢和工业硅粉在一定的温度下合成三氯氢硅，然后对三氯氢硅进行分离精馏提纯，提纯后的三氯氢硅在氢还原炉内进行 CVD 反应生产高纯多晶硅。国内外现有的多晶硅厂绝大部分采用此法生产电子级与太阳能级多晶硅。

传统的晶体硅太阳能电池通常由厚度为350～450μm的高质量硅片制得，这种硅片从提拉或浇铸的硅锭上锯割而成，因此实际消耗的硅材料很多。从20世纪70年代中期就开始在廉价衬底上沉积多晶硅薄膜，但是由于生长的硅晶粒较小，未能制成有价值的多晶硅薄膜太阳能电池。为了获得大尺寸的多晶硅薄膜，人们多采用如半导体液相外延生长法（LPE）、区熔再结晶法（ZMR法）、等离子喷涂法（PSM）、固相结晶法（SPC）及化学气相沉积法（CVD）等方法制备多晶硅薄膜太阳能电池。

多晶硅薄膜太阳能电池成本低、效率高，又无光致衰退的问题，因此在未来的光伏市场中将会占有主要地位。当前，晶体硅材料（包括多晶硅和单晶硅）是最主要的光伏材料，其市场占有率在90%以上。世界多晶硅主要生产企业有日本的Tokuyama、三菱、住友公司、美国的Hemlock、Asimi、SGS、MEMC公司，德国的Wacker公司等。限制太阳能电池转换效率的因素很多，提高吸光率和减少载流子复合是提高转换效率最重要的两种方法。多晶硅薄膜的晶粒尺寸、晶粒形态、晶粒晶界、膜厚以及基体中有害杂质的含量及分布方式严重影响着其对太阳光的吸收和载流子的复合，从而影响着光电转换效率。所以，今后的研究方向在于进一步提高制备工艺以及衬底物质和沉积方式的选择。

3.8 非晶硅薄膜太阳能电池

非晶硅薄膜太阳能电池由Carlson和Wronski在20世纪70年代中期开发成功，并被逐步应用于光伏发电领域，以期借助新的材料降低太阳能电池的生产成本。非晶硅是一种半透明的薄膜材料，可以附着在玻璃基板或柔性衬底上直接进行大规模的太阳能电池模块生产。非晶硅薄膜电池具有生产成本低、能量回收时间短、适于大批量生产、弱光响应好以及易实现与建筑相结合、适用范围广等优点。主要应用于手表、计算器、家用摆件等小型电子产品中。

非晶硅材料内部没有固定的原子结构，非晶硅半导体在小范围内具有明显的晶体特征，表现出远程无序、近程有序性［图3-13（a）、（b）］。其中对非晶硅半导体特性起决

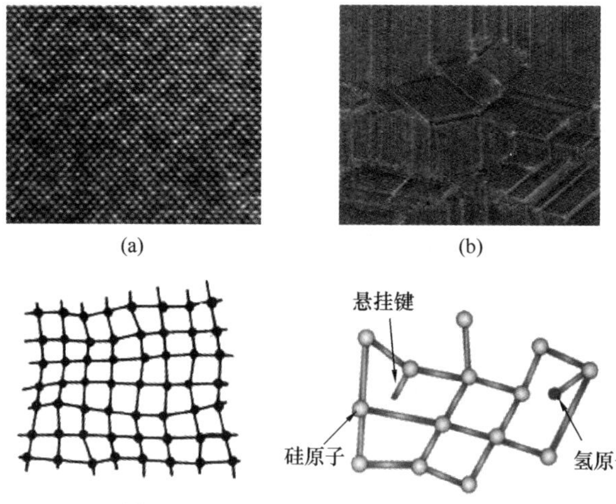

图3-13 非晶硅的结构

（a）单晶硅高倍率透射电镜形貌；（b）非晶硅的高倍率透射电镜形貌；（c）非晶硅的CRN模型；（d）非晶硅中的悬挂键示意图

定作用的正是它的短程有序性，其原子之间的键合类似晶体硅，形成的是一种共价无规则网络结构，含有一定量的结构缺陷、悬挂键、断键等。价键无序化导致的弱键在受到光能量辐射时，容易造成部分 Si—Si 共价键弱键的断裂，使膜层产生更多缺陷，导致非晶硅电池在强光下照射数百小时后，电性能下降并逐渐趋于稳定，这就是非晶硅的光致衰减效应。悬挂键［图 3-13（d）］多起复合中心的作用，它们的存在将导致高复合且使材料的光敏性下降。所以为了提高电池转换效率和稳定性，必须尽量减小光致衰退影响和优化电池的结构和工艺。如图 3-13（c）所示为常用的一种非晶硅的结构模型，即连续无规则网络模型的示意图，用于直观地研究非晶硅的结构。

非晶硅太阳能电池的工作原理也是基于半导体的光伏效应。非晶硅材料的光学带隙为 1.7eV，材料本身对太阳辐射光谱的长波区域不敏感，从而限制了非晶硅太阳能电池的转换效率，解决这个问题的方法就是制备叠层太阳能电池，一方面增加太阳光利用率，另一方面提高非晶硅太阳能电池效率。非晶硅太阳能电池多以玻璃、不锈钢及特种塑料为衬底。轻掺杂的非晶硅的费米能级移动较小，如果用两边都是轻掺杂的或一边是轻掺杂的另一边用重掺杂的材料，则能带弯曲较小，电池的开路电压受到限制；如果直接用重掺杂的 p^+ 和 n^+ 材料形成 p^+n^+ 结，那么，由于重掺杂非晶硅材料中缺陷态密度较高，少子寿命低，电池的性能会很差。因此，通常在两个重掺杂层当中淀积一层未掺杂的非晶硅层作为有源集电区，形成 p-i-n 结构。如图 3-14（a）、（b）所示为两种常见的非晶硅电池结构。

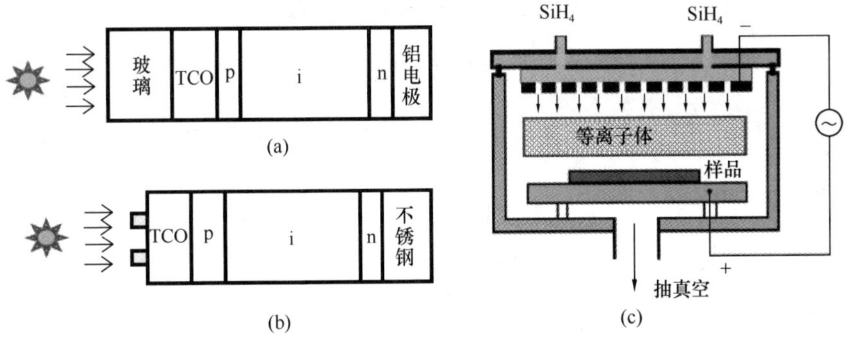

图 3-14　非晶硅太阳能电池结构及非晶硅薄膜的制备示意图

（a）、（b）两种常见的非晶硅电池结构；（c）等离子体辉光放电制备非晶薄膜

非晶硅薄膜的制备技术有很多，包括电子束蒸发、反应溅射、低压化学气相淀积（LPCVD）、等离子体辉光放电化学气相淀积以及光化学气相淀积和电子回旋共振等离子体化学气相淀积技术等。其中最常用的是辉光放电等离子体化学气相淀积方法。所用装置包含反应腔系统、真空抽气系统和反应气体流量控制系统。反应腔内抽真空，充入氢气或氩气稀释的硅烷气体，直流或高频电源用电容或电感耦合的方式加在反应腔内的电极上，腔内气体在电源作用下电离分解，形成辉光的等离子体。非晶硅薄膜就淀积在加热的衬底上，一般衬底温度在 250～500℃。在反应气体中加入适当比例的 PH_3 或 B_2H_6 气体，即可得到 n 型或 p 型的掺杂非晶硅薄膜。图 3-14（c）所示为等离子体辉光放电制备非晶薄膜的示意图。

非晶硅电池生产工艺简单且温度低、能耗小，目前一半以上薄膜太阳能电池公司采用非晶硅薄膜技术。但存在光电转换效率低和光致衰退效应两个问题。为此还需在新器件结构、新材料、新工艺和新技术等方面不断探索。如在电池结构方面，采取叠层式和集成式，并选择合理的子电池 i 层的能隙宽度和厚度，以获得最佳电流匹配，使转换效率最大；在透明导电膜方面，采用电阻率低且具有阻挡离子污染、增大入射光吸收和抗辐射效果的透明导电薄膜代替目前的 ITO、导电膜；在非晶硅薄膜制备技术方面，可以改进现有技术，延长薄膜光子寿命、提高载流子运输能力和薄膜的电子性能以及稳定性等；同时，可采取如氢钝化技术以及插入缓冲层减少界面复合损失，提高电池短路电流和开路电压。非晶硅太阳能电池作为一种新型太阳能电池，其原材料来源广泛、生产成本低、便于大规模生产，因而具有广阔的市场前景。

思考题

1. 简述 CdTe 薄膜太阳能电池的基本结构组成及工作原理。
2. 简述 CdTe 薄膜太阳能电池的薄膜制造技术。试比较几种方法的优缺点。
3. 简述典型多结 GaAs 薄膜太阳能电池的基本结构。
4. 简述 CIGS 薄膜太阳能电池的工作原理及 CIGS 薄膜的主要制备方法。
5. 简述 CZTS 薄膜太阳能电池的制备技术。
6. 简述 InP 薄膜太阳能电池的基本结构。
7. 生产多晶硅的方法主要有哪些？简述什么是改良西门子法。
8. 简述非晶硅薄膜太阳能电池的光致衰减效应。试述有何解决方法。

参考文献

[1] 韩俊峰，赵明，廖成，等. 薄膜化合物太阳能电池[M]. 北京：北京理工大学出版社，2017.

[2] GREEN M A，EMERY K，HISHIKAWA Y，et al. Progress in Photovoltaics[J]. Research and Applications，2016，24：905-920.

[3] 杨德仁. 太阳电池材料[M]. 北京：化学工业出版社，2018.

[4] 刘欣星，宫俊波，肖旭东. 高效四端钙钛矿/铜铟镓硒叠层太阳能电池[J]. 科学通报，2023，68(19)：3120-3122.

[5] 肖旭东，杨春雷. 薄膜太阳能电池[M]. 北京：科学出版社，2016.

[6] 伊藤健太郎. 铜锌锡硫基薄膜太阳电池[M]. 赵宗彦，译. 北京：化学工业出版社，2016.

[7] WANG W，WINKLER M T，GUNAWAN O，et al. Device characteristics of CZTSSe thin-film solar cells with 12.6% efficiency[J]. Advanced Energy Materials，2014，4：1301465.

[8] 李玉茹，付莉杰，史艳磊，等. InP 在太阳能电池中的应用及进度[J]. 微纳电子技术，2014，51(3)，151-155.

4 有机太阳能电池

有机太阳能电池（Organic Solar Cells，OSCs）又称有机光伏（Organic Photovoltaic，OPV）电池，是一类以有机半导体材料作为主体功能材料的太阳能光伏器件，一般分为有机小分子太阳能电池和聚合物太阳能电池。

有机材料的合成、提纯与加工条件一般比无机材料简单、温和得多，且能耗低，如单晶硅太阳能电池能源产出/投入比约为1，而OSCs的能源产出/投入比可以达到10～25；OSCs可以采用喷墨打印、刮涂、卷对卷印刷等低成本工艺进行规模化生产；有机材料的消光系数一般比无机材料高，因此OSCs可以做得非常薄，厚度一般在几百个纳米，可以制成质轻、柔性、透明、便于携带的可穿戴设备。这些优势是该类电池备受重视的重要原因。

本章首先介绍有机半导体的基础知识，这是使OSCs区别于其他太阳能电池的根本原因。在此基础上，介绍OSCs的器件结构、工作原理、制备工艺及相关材料，最后概述OSCs的发展现状，并对其未来发展作出展望。

4.1 有机半导体基础知识

有机物通常是指由碳、氢、氧、氮等元素以共价键方式构成的分子材料。但在有机电子学中，有机材料的概念也包括各种全碳材料，如石墨烯、富勒烯、碳纳米管等。有机物的结构和状态非常复杂，存在多种分类方法。按照分子复杂程度可分为有机小分子、大分子、聚合物和生物分子；按照组成有机物的元素和结构分类，包括杂环化合物、有机金属配合物、寡聚物、星形物、树状物、超分子材料等；按照存在状态，有机材料包括有机气体、有机液体、有机固体、有机晶体、有机纳米材料、有机自组织材料等形式；按照导电性分类，可以分为有机绝缘体、有机半导体、有机导体和有机超导体。随着材料化学的发展，有机材料的概念也在不断扩充，各种分类标准都是为了研究方便而定的。

对于OSCs，最重要的是材料能隙（Energy Gap）和载流子迁移率（Carrier Mobility），这两个参数是决定电池中能量转化过程的根本。无机半导体是由以较强共价键结合的原子构成，容易形成短程有序（如非晶硅）或长程有序（如多晶硅）结构，电子具有较高的离域性，因而具有较宽的能带、较窄的带隙和高的载流子迁移率。而有机半导体是由分子组成，分子之间的相互作用主要是较弱的范德华力、分子偶极作用、氢键等，因而表现出能带窄、带隙宽和电子迁移率低的特点，这是造成OSCs效率低下的最主要原因。

4.1.1 有机材料的能级结构

有机分子的骨架一般是由共价键连接的碳原子构成。孤立的碳原子最外层电子轨道排布方式为$2s^2 2p^2$，其中两个s电子是成对的，而两个p电子是未成对的。但当碳原子在形成共价键的过程中，外层电子会重新组合形成新的电子轨道，被称为杂化轨道，如图 4-1（a）所示。轨道杂化时，一个 s 电子激发到 2p 的空轨道中，得到四个未成对的电子，如果一个 2s 电子与三个 2p 电子杂化，形成四个在三维空间上完全对称的轨道，四个轨道组成一个正四面体，两两夹角 109.5°，这种杂化方式称为 sp^3 杂化；如果一个 2s 电子和两个 2p 电子杂化，形成在同一平面上完全对称的三个轨道，三个轨道组成正三角形，两两夹角 120°，这种杂化方式称为 sp^2 杂化；如果一个 2s 轨道电子和一个 2p 电子杂化，形成在一维空间上完全对称的两个轨道，两个轨道在一条直线上，夹角 180°，这种杂化称为 sp 杂化。对以上三种杂化方式键角的描述都是基于化学键不受应力作用情况下的轨道排布，实际上一般情况下共价键会在环境作用下发生形变，比如碳纳米管或者富勒烯中的 sp^2 轨道在张力作用下已经发生了弯曲形变，不再共平面。

碳原子与周围原子形成的共价键包括 σ 键和 π 键，如图 4-1（b）所示。σ 键为电子云正对交叠形成的，由于交叠程度大，成键后电子总能量远低于原先的 p 轨道能级，键能很大，使共价键十分稳固。而 π 键是相邻碳原子互相平行的 p 轨道肩并肩交叠形成的，它总是伴随着 σ 键存在，故而形成所谓的双键或三键。形成双键时，碳原子为 sp^2 杂化，碳原子之间由一个 σ 键和一个 π 键连接，如图 4-1（b）所示；形成三键时，碳原子为 sp 杂化，碳原子之间由一个 σ 键和两个 π 键连接。从碳-碳单键、双键到三键，键长依次变短，键能依次增大。含有 π 键的双键和三键，为不饱和键，相对于饱和单键，具有较大的化学反应活性。

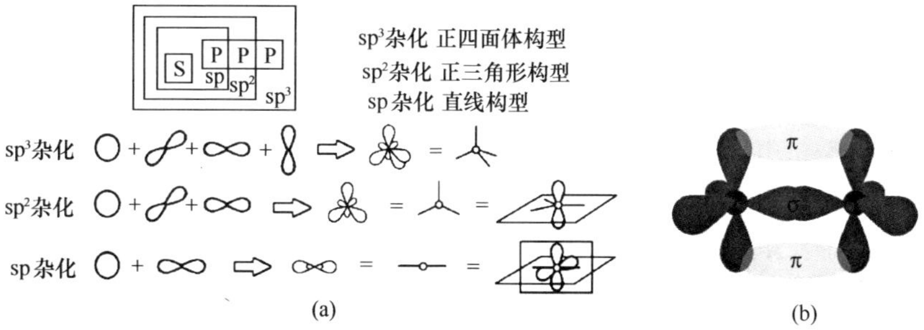

图 4-1 碳原子的杂化及 C=C 的形成

（a）碳原子的 sp^3、sp^2 和 sp 杂化；（b）C=C 的形成

有机半导体材料往往具有单键/双键交替出现的共价键结构，即具有 sp^2 杂化轨道的碳原子通过 σ 键结合在一起，其未杂化的 p_z 轨道相互重叠形成离域大 π 键，这种结构被称为 π 共轭结构。聚乙炔、苯等物质中都含有典型的共轭 π 键结构，如图 4-2 所示。占据 π 轨道的电子可以离开其归属的碳原子，在大 π 键共轭结构范围内自由移动，因而使有机半导体表现出光电特性。需要指出的是，尽管在分子结构示意图上把共轭键画成单双键交替的形式，实际上这些化学键都是完全相同的，一直在不停振动，在平均键长、键能等所有方面没有任何差别。比如苯分子中实际上除了相邻碳原子间的 σ 键外，只有一个存在于整个苯环上的离域共轭大 π 键，而不存在固定的长短不一的单键和双键。π 共轭体系的电子离域性是

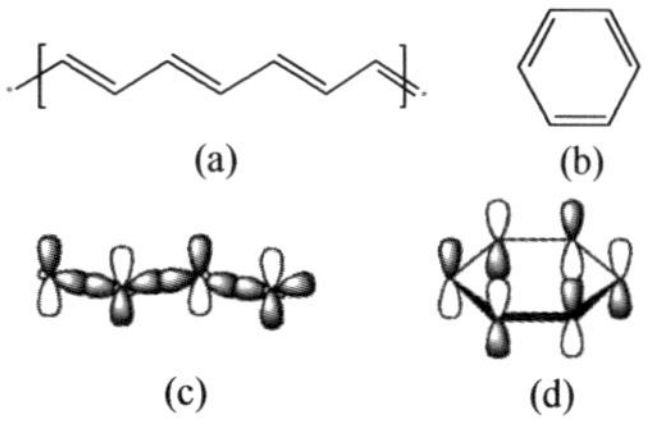

图 4-2 聚乙炔 [（a）、（c）] 和苯 [（b）、（d）] 的 π 共轭结构

量子交换对称性的结果，如 C_{60} 分子由于交换对称性的要求，一直在高速自旋，很多物理性质难以测量，但在 C_{60} 上面接上一定的基团成为 $PC_{61}BM$ 之后，C_{60} 整体因交换对称性消失而停止旋转。

由于有机分子之间较弱的相互作用，使得电子局域在分子上，不易受到其他分子势场的影响，不会产生像无机半导体那样的能带结构，因此有机材料的光电特性通常用分子轨道理论来解释。分子轨道类型主要有成键的 σ、π 轨道和反键的 σ^* 、π^* 轨道。分子轨道是由构成分子的原子轨道通过线性组合形成的，成键轨道是由位相相同的电子波函数叠加而成的，反键轨道是位相相反的电子波函数叠加形成的，如图 4-3（a）所示，如属于不同碳原子的 p_z 轨道通过线性组合形成了离域的低于孤立原子轨道能量的成键 π 轨道和高于孤立原子轨道能量的反键 π^* 轨道。由于 π 键的强度远低于 σ 键，因此 π 电子的能量高于 σ 电子。有机半导体的最高占据分子轨道（Highest Occupied Molecular Orbital，HOMO），就是 π 轨道的最高填充轨道；π^* 轨道的最低空轨道组成了分子中最低未占据分子轨道（Lowest Unoccupied Molecular Orbital，LUMO）。有机半导体的 HOMO 和 LUMO 能级相当于无机半导体的价带（Valence Band）顶和导带（Conduction Band）底，其能级差为有机半导体的带隙，一般在 1～4eV 范围内。当分子处于基态时，电子将所有能量低于或等于 HOMO 能级的分子轨道填满，而空出所有能量高于或等于 LUMO 能级的轨道。当分子受到足够能量的光辐射，成键的 σ 或 π 轨道的电子被激发到反键 π^* 或 σ^* 轨道，形成一个激发态分子。对于含有杂原子的分子，杂原子中的孤对电子不参与分子成键体系，形成未成键 n 轨道，因此有机半导体除了产生 $\sigma\text{-}\sigma^*$ 、$\pi\text{-}\pi^*$ 跃迁外，还会产生 $n\text{-}\pi^*$ 跃迁，不过这是一种禁阻跃迁，它的吸收带强度一般比较弱。有机分子的各种跃迁类型如图 4-3（b）所示。此外，对于具有强推拉电子基团的分子，还存在着从电子给体向电子受体的跃迁，称为电荷转移跃迁。对于有机半导体材料，最有意义的是 $\pi\text{-}\pi^*$ 跃迁，与材料的光物理与光化学过程密切相关。

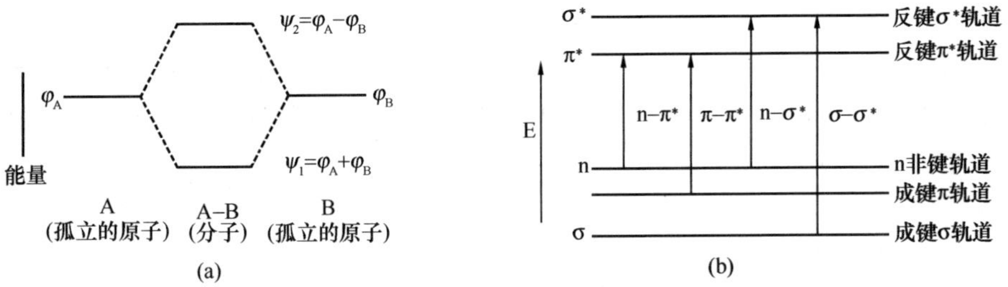

图 4-3　分子轨道

（a）成键轨道与反键轨道的形成；（b）有机分子轨道能级分布和常见的跃迁类型

有机半导体的电子能级还可以用电子亲和能（Electron Affinity，EA）和电离能（Ionization Potential，IP）表示。电子亲和能是将一个处于真空能级的自由电子填充到中性分子的 LUMO 能级所释放的能量，电离能是指中性的 HOMO 能级的一个电子进入表面真空能级成为自由电子所需的能量。所谓表面真空能级是指电子达到该能级时完全自由而不受核的作用，一般定为材料的势能零点，通常所确定的电子能级位置，是以表面真空能级作为势能参考点。对于有机材料，电子移到 LUMO 能级或从 HOMO 能级移出，将形成极化子，并引起大的电子和原子的弛豫，显著影响了材料的电子能级，如图 4-4 所示。

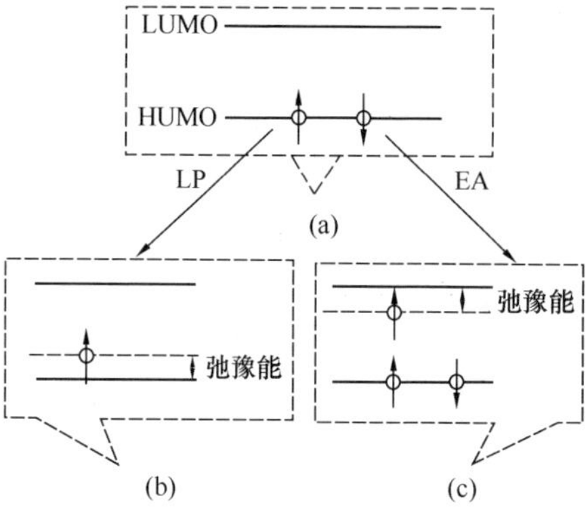

图 4-4 有机分子在得失电子的过程中电子能级的变化

(a) 基态分子；(b) 空穴极化子；(c) 电子极化子

对于半导体材料还涉及另外两个常见的概念：费米能级 E_F 和功函数 W。一般认为，在温度不是很高时，能量大于 E_F 的量子态基本上没有被电子占据，而能量小于 E_F 的量子态基本被电子占据，E_F 的位置比较直观地反映了电子占据电子态的水平。金属的 E_F 代表的是金属中电子的最高占据能级；绝缘体的 E_F 在其带隙一半的位置；p 型半导体的 E_F 在靠近价带顶端位置，n 型半导体的 E_F 在靠近导带底端位置。金属的功函数指的是金属的费米能级和真空能级之差，也就是金属中电子必须克服相当于功函数的势能才可以进入真空。非金属材料的费米能级位于带隙内，这些材料的功函数同样可定义为费米能级与真空能级之差。

4.1.2 有机材料的光物理过程

处于激发态的电子和空穴会在库仑吸引力作用下形成相互束缚的电子-空穴对，被称为激子（Exciton），根据多重性的不同，分为单线态（或单重态）激子和三线态（或三重态）激子。单线态激子是指激发态的电子和基态的电子自旋相反，总自旋角动量为零，多重性为 1，其寿命短，复合快，在光的激发下产生的电子激发态多为单线态；三线态激子指激发态的电子和基态电子自旋相同，总自旋角动量为 1，多重性为 3，其寿命长，复合慢。大多数分子的基态总自旋角动量为零，为单线态（只有少数特殊物质如 O_2 基态是三重态）。单线态一般用 S 表示，基态单线态用 S_0 表示，激发态单线态用 S_1、S_2 等表示，激发态三线态用 T_1、T_2 等表示。

激发态是一个非稳定状态，其失活过程会伴随着各种能量的转移和衰减，包括辐射跃迁、非辐射跃迁、电子转移等，这些光物理过程被总结在一个图里，如图 4-5 所示，称为 Jablonski 图。

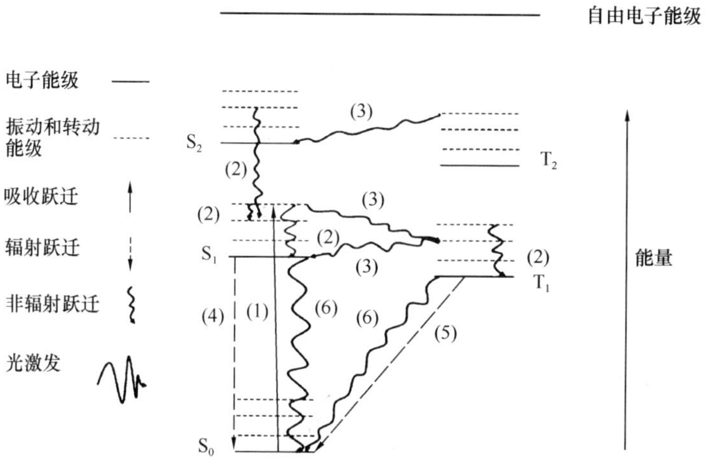

图 4-5 Jablonski 图

由于分子的振动和转动，在每一个电子能级上，叠加一系列能量间隔较小的振动能级，而在每个振动能级上又存在多个能量间隔更小的转动能级，形成了电子能级的精细结构。不同能级的能量转化过程需要给出定义以作区别。其中（1）为吸收（Absorption，abs）过程，绝大多数都是单光子吸收，即一个能量大于材料带隙的光子有一定概率被一个电子（多数都是处于基态）吸收，跃迁到激发态的过程，由于跃迁的自旋禁阻，电子一般是从基态单线态 S_0 能级跃迁到激发单线态 S_1、S_2 某振动能级上，这一跃迁过程，直接反映在材料的吸收光谱上。(2)为内转换（Inter Conversion，IC；寿命一般为 10ps），由于激发态与晶格振动的耦合作用，高能激发态通过无辐射跃迁耗散能量落回到相同自旋多重度的低能激发态过程，或者同一电子能级内由较高振动-转动能级弛豫到较低振动-转动能级的过程，都是内转化过程，也就是说，内转换可以发生在同一电子能级内，也可发生在不同电子能级间，这种转化是通过碰撞实现的，不发射电磁辐射。(3)为系间窜跃（Inter System Crossing，ISC；寿命约为 10ps），分子碰撞过程中同时发生了电子自旋态的改变，使能态从单线态变成三线态，或者三线态变成单线态。后者有时候也被称为反向系间窜跃（Reverse Inter System Crossing，ISC）。(4)为荧光过程（Fluorescence，FL；寿命一般为 1～10ns），是单重激发态能级电子跃迁回基态并发射电磁辐射的过程。由于不同的激发态很快以热的方式耗散其部分能量，弛豫到最低激发态 S_1 的最低振动能级上，因此荧光辐射跃迁的始态几乎都是 S_1 的最低振动态。有些体系会发现一些寿命很长的荧光，这些荧光一般是通过系间窜跃从三重态重新回到单重态的电子的发射，也被称为延迟荧光。(5)为磷光过程（Phosphorescence；寿命一般大于 100ns），是三线态能级 T_1 的电子发生自旋改变，同时跃迁到单线态能级并发射辐射的过程。由于自旋禁阻，其跃迁速率比荧光过程小得多，相应其寿命也较长。(6)为非辐射跃迁（Non-radiative Transition），电子能量转变成热能，不产生光辐射。

对于 OSCs 来说，活性材料的光吸收过程是非常关键的一步，高的吸收系数和窄的带隙，是实现高能量转化效率的关键。有机分子的吸收光谱往往是由一系列非常窄的基团吸收峰组成，这是为什么可以通过拉曼光谱、红外-可见光吸收光谱等手段有效确定化学键或者基团信息、鉴定分子结构的原因。有机分子组成固体后，分子能级通过态叠加组合，能带增宽，价键轨道的能量升高，反键轨道能量降低，导致吸收光谱红移且有所展宽。如果形成无定形固体薄膜，由于分子取向的无序性，吸收光谱会进一步展宽。与无机材料不同，有机材料可以通过分子设计实现带隙的调制：一方面可以通过共轭效应调控其带隙，一般来说共轭链变长，带隙变窄，吸收光谱红移；另一方面，可以结合取代基团，利用取代基团的电子效应（包括诱导效应和共轭效应）和空间位阻效应，与分子中离域的电子相互作用而改变电荷分布，调节 HOMO 和 LUMO 能级，进而调制吸收光谱。另外，还可以构造具有给体-受体（D/A）骨架，通过调控给、受体单元之间的分子内电荷转移来调节材料的分子轨道能级，以获得低带隙的有机共轭材料。

4.1.3 激子传输与动力学过程

根据激子中电子-空穴对的距离和相互作用的强弱可分为 Frenkel 激子和 Wanneir 激子。Frenkel 激子半径小，其电子-空穴对定域在同一分子内，库仑束缚能一般在 0.3～1eV 范围，在衰变前作为一个整体移动。而 Wanneir 激子半径比 Frenkel 激子半径大一个数量级，束缚能小，大约 0.01eV，电子和空穴很容易分离。有机材料的电子离域性差，分子间缺陷多，介电常数小，只有 2～4（无机材料一般在 10 以上），导致电子-空穴对库仑作用大，因而有机材料内形成的激子通常为 Frenkel 激子。而 Wanneir 激子一般存在于无机材料体系内，其内部激子数量几乎为零，激子一经产生几乎都解离为自由载流子。介于这两种情况之间的是电荷转移激子，其电子-空穴对分别定域在相邻的两个分子之间，其半径约为分子大小的几倍，其束缚能为 10～100meV，在衰变前也作为一个整体运动。

由于有机分子中的激子是电中性的，所以激子的运动主要是扩散运动，激子的扩散长度为 5～20nm。激子输运的重要特征是不存在净电荷的移动，仅有能量的传递和转移（Energy Transfer)。激子能量转移过程既发生在同一个分子中，也可以发生在不同分子间，包括 Förster 能量转移和 Dexter 能量转移。Förster 能量转移是指激子能量通过辐射跃迁-再吸收的方式实现从一个分子到另一个分子的传递，而且给体的退激发与受体的激发是同时发生的，给体分子不发射光子，而是通过一种给体与受体之间的偶极相互作用，将能量直接传递给受体分子，称为 Förster 能量转移，也称共振能量转移，如图 4-6 (a)、(c) 所示。这种能量转移方式距离一般比较长，可以达到 3～10nm，其发生的概率取决于给体分子的荧光光谱与受体分子的吸收光谱的交叠程度，并强烈依赖于给体-受体之间的距离（与给体-受体之间距离的六次方成反比）。Dexter 能量转移是一个激发态分子中的高能电子与相邻的基态分子的电子相互交换，实现基态分子变成激发态的过程，如图 4-6 (b)、(c) 所示。这种能量转移需要给受体电子云交叠、自旋守恒等条件，传递距离非常短（0.6～2nm)。Dexter 能量转移的速率也取决于给体分子的荧光光谱与受体吸收光谱的交叠程度。只有单线态激子才能发生 Förster 能量转移，而涉及三线态的一般来说都是 Dexter 能量转移。

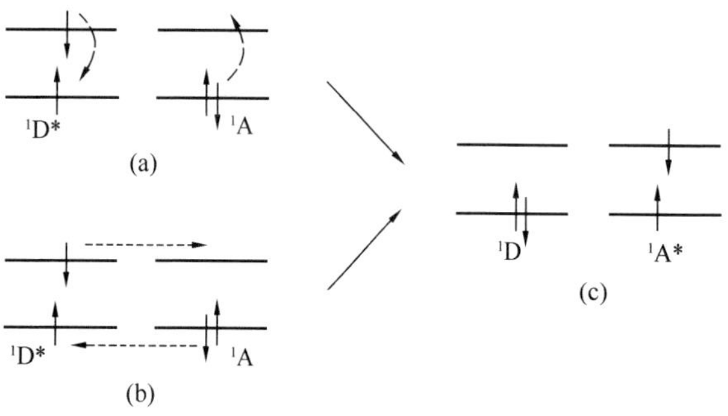

图 4-6　Dexter 能量转移和 Förster 能量转移

激子在扩散过程中会发生多种相互作用，包括激子与激子、激子与载流子、激子与声子、激子与陷阱之间的相互作用等，对激子的输运、转换等过程产生非常大的影响。两个单线态激子相互作用，可能导致其中一个激子猝灭，并伴随着声子的产生，也可能产生阳离子自由基和电子。两个三线态激子相互作用，会产生三线态聚变，生成单线态激子或能量更高的三线态激子。单线态激子和三线态激子作用，单线态激子被猝灭，生成高能三线态或者产生阳离子自由基和电子。单线态激子与基态分子碰撞，可生成两个三线态激子，这一过程是激子裂变的一种，多激子裂变概率较低。激子还能和载流子作用，俘获电子或空穴。俘获载流子的激子因为带有净电荷，在器件内建电场作用下能发生定向移动，能够增加光电流输出，但也有可能导致激子的非辐射衰减。激子和载流子不同，也可能被材料缺陷和掺杂等导致的陷阱能级俘获和放出。一般对光伏器件而言，陷阱越少越好。材料表面可以看作一种特殊的缺陷，激子也会和表面相互作用。激子可能在材料表面或界面上发生电荷转移，进而分离成独立载流子，也可能发生能量转移。激子在异质结界面上分解成载流子是 OSCs 中最重要的过程，相当于无机太阳能电池中的 pn 结界面。激子与光子作用，可能发生光电离。激子与声子作用，对激子的能带宽度、跃迁过程产生影响，如声子辅助跃迁可以使一些原本禁阻的间接带隙跃迁成为可能。激子也会和基态分子发生相互作用，激发态分子的轨道增大，会使其与原本无交叠或交叠很少的基态分子发生相互交叠，产生激基缔合物或激基复合物，激基复合物对应的就是电荷转移激子。

4.1.4 有机材料中载流子的传输

在无机半导体中，载流子以能带输运为主，而在有机非晶材料中，载流子以跳跃输运模式为主，在有机晶体中，载流子输运模式介于能带输运和跳跃输运之间。

在有机非晶材料中，载流子主要以离子自由基的形式存在，因此载流子的跳跃传输，表现为分子间的氧化还原。电子的输运实际上是从阴离子自由基向中性分子 LUMO 能级转移电子的过程；相应地，空穴的输运是中性分子 HOMO 能级向阳离子自由基转移电子的过程。这种跳跃输运机制使有机半导体材料的载流子迁移率与无机半导体相比低得多，例如，常用的 OSCs 活性材料 P3HT：PCBM 的电子、空穴的迁移率为 $10^{-7}\sim10^{-8}m^2/(V \cdot s)$ 量级，而硅的空穴迁移率大约为 $4.5\times10^{-2}m^2/(V \cdot s)$，电子迁移率大约为 $0.1m^2/(V \cdot s)$。

有机材料的载流子传输性能可以通过分子结构设计调控。利用大 π-共轭体系，提高共轭程度，增加电子的离域性，可提高有机材料的载流子迁移率；还可利用推拉电子基团调控有机共轭分子的载流子传输性质，强吸电子基团易于传输电子，成为 n 型半导体，而强推电子基团易于传输空穴，成为 p 型半导体。对于刚性平面结构的有机材料，带电分子变成中性分子及邻近分子变成带电分子后结构发生弛豫所引起的能量变化小，即电荷迁移过程中的重组能降低，也有利于载流子的传输。由于额外的电子在原本已经满电子结构中会受到排斥和阻碍，所以多数有机材料的空穴迁移率远高于其电子迁移率。除了分子结构，分子的排列和堆叠对载流子迁移率也有很重要的影响。无论小分子还是聚合物薄膜，当共轭分子之间形成 π-π 堆叠，产生强的 π-π 相互作用，且作用方向平行于器件电流方向，有利于载流子输运。分子排列的有序度越高，越有利于载流子迁移，另外，对杂质和缺陷非常敏感，一般纯净的有机分子晶体的载流子迁移率远高于相应非晶体材料。因此除了分子设计，还可以通过适当的薄膜制备过程提高载流子迁移率。例如利用溶液法制备聚合物薄膜的过程中，调节溶剂的蒸发速率、利用表面活性剂或热处理诱导重结晶等都会提高载流子的迁移率。此外，还可以通过对有机材料掺杂提高其载流子迁移率。利用掺杂提高导电的本质原因是基质分子 HOMO 能级电子转移到掺杂剂的 LUMO 能级上而产生空穴，或掺杂剂的 HOMO 能级电子转移到基质分子 LUMO 能级上而产生电子。

有机材料的载流子迁移率除了受材料本身性质决定外，还会受温度、电场强度等因素影响。对于能带输运模型，由于晶格振动和声子发射，会导致载流子散射，因此载流子迁移率随着温度的升高而降低。而对于跳跃输运模型，声子发射为载流子从一个分子跳跃到另一个分子提供了必要的激活能，因此载流子迁移率随着温度的升高而升高。另外，非晶有机材料的载流子迁移率还具有很大的场强依赖性，随着电场强度的增大而增大。

4.2 有机太阳能电池活性材料

OSCs 的活性层是由电子给体和受体材料组成，是 OSCs 最核心的材料，是获得高能量转化效率（Power Conversion Efficiency，PCE）的关键，下面将着重介绍。

设计和合成高效的给受体材料应具备以下条件：

（1）具有较宽的吸收光谱以及较强的吸光系数，能够和太阳光谱有效地匹配。以富勒烯衍生物作为受体材料时，对太阳光的吸收主要由给体材料完成。

（2）具有合适的 HOMO 和 LUMO 能级，使给/受体之间以及与各功能层之间能级匹配，以利于给/受体界面的激子解离、电荷传输和收集，并有利于获得较高的开路电压。

（3）给受体共混成膜过程中能形成良好的纳米尺度相分离，且具有双连续互穿网络结构，以利于激子的有效分离和电荷的高效传输。

（4）给体材料要有高的空穴迁移率，受体材料要有高的电子迁移率，且空穴与电子迁移率应尽量平衡，避免电荷的空间积累，以利于提高短路电流和填充因子。通常选择平面性分子骨架来增强分子间的相互作用，促进致密有序的 π-π 堆积，提高分子轨道重叠，从而提高载流子迁移率。

（5）材料的溶解性、稳定性和成膜性等也都是必须考虑的因素。

4.2.1 OSCs 给体材料

1. 聚合物给体材料

早期的 OSCs 研究基本上都使用聚（3-己基噻吩）[Poly（3-hexylthiophene），P3HT]、聚甲氧基对苯撑乙烯｛Poly [2-methoxy-5-(2-ethylhexyloxy) phenylenevinylene-1,4-diyl, MEH-PPV]｝衍生物和聚芴 [PFO：Poly（9,9-dioctylfluorene)] 等给体材料，其分子结构如图 4-7 所示。其中 P3HT 具有良好的溶解性和较高的载流子迁移率，在与富勒烯衍生物共混薄膜中表现出优异的自组装性能和结晶性，是应用最为广泛的聚合物给体材料。然而 P3HT 的 HOMO 能级较高，导致开路电压 Voc 较低（约为 0.6V）；具有宽带隙（2.0eV），导致其吸收光谱范围较窄，因此基于 P3HT 电池的 PCE 一直偏低，限制了该材料的发展。

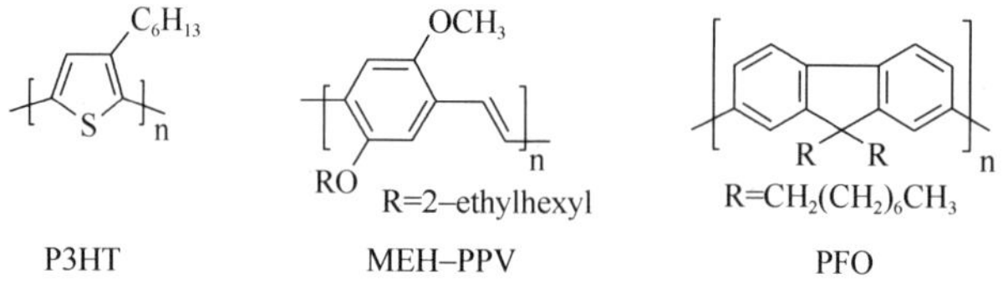

图 4-7　P3HT、MEH-PPV 和 PFO 的分子结构图

对于给电子和吸电子单元交替共聚的 D-A 型共轭聚合物，通过给受体单元的选择可以对其吸收光谱、能级结构、载流子传输等性能进行有效调控，因此，这类给体材料是近年来研究的热点之一，其 HOMO 能级主要取决于给体单元，LUMO 能级主要取决于受体单元，如图 4-8 所示。要想同时获得具有较低的 HOMO 和 LUMO 能级的 D-A 聚合物，那么就趋向于选择 HOMO 能级较低的给体单元和 LUMO 能级较低的受体单元，也就是

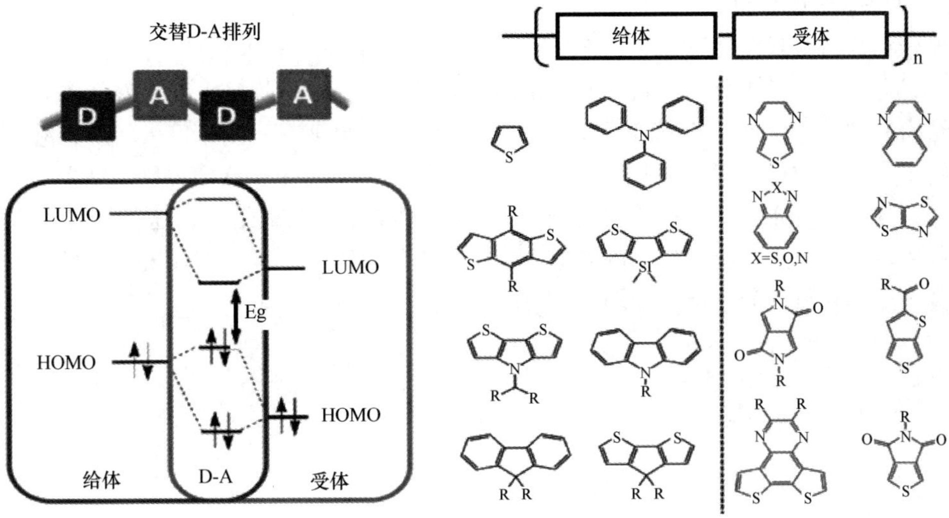

图 4-8　D-A 型分子轨道重叠原理，部分典型的 D、A 单元

采用弱给体单元-强受体单元（Weak Donor-Strong Acceptor）组合的设计理念。此外，取代基修饰也可以实现能级调控，一般引入给电子取代基可以使 LUMO 和 HOMO 能级上移，引入吸电子取代基可以使 LUMO 和 HOMO 下移。

图 4-8 给出了一些常见的构筑单元，如苯并二噻吩（BDT）、噻吩（T）、噻吩并噻吩（TT）等噻吩类衍生物常作为给电子单元；苯并噻二唑（BT）、噻吩并吡咯二酮（TBD）、吡咯并吡咯二酮（DPP）等常作为吸电子单元。由给电子单元和吸电子单元相互组合可以构成多种 D-A 型聚合物给体材料，图 4-9 给出了几种代表性的 D-A 型聚合物给体材料的分子结构 。

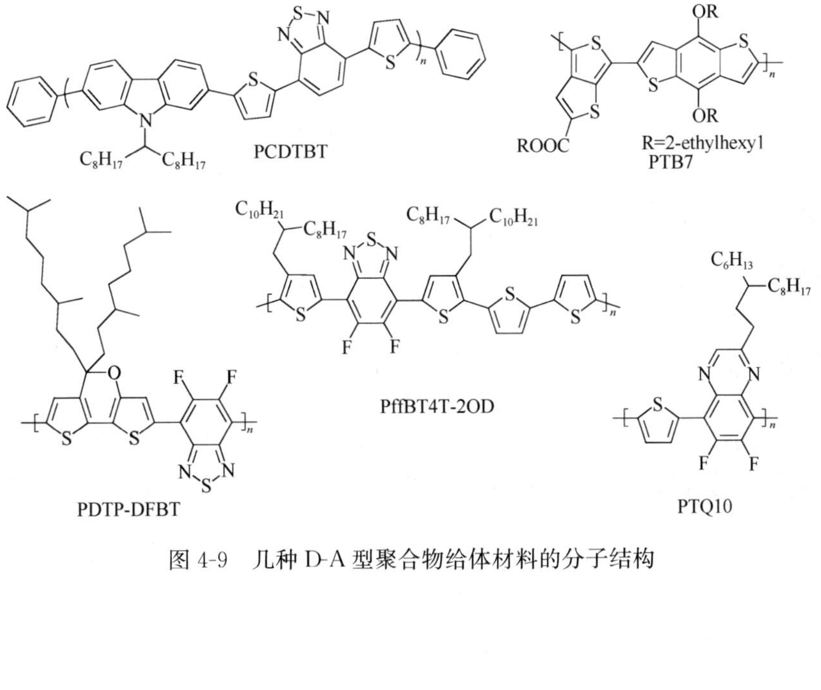

图 4-9　几种 D-A 型聚合物给体材料的分子结构

2. 小分子给体材料

聚合物给体材料发展迅速，PCE 较高，与此同时小分子给体材料也得到了迅猛发展。相较于聚合物材料，小分子材料具有确定的化学结构、易合成提纯、无批次间差异、多样性、结构易调节等优点，基于溶液加工的小分子太阳能电池显示出了巨大的应用潜力。高效率的小分子给体材料通常采用对称的 D-A 共轭结构，如 A-D-A、A-D1-D2-D1-A、D1-A-D2-A-D1 或 A-π-D-π-A 等，噻吩常作为 π 桥来调节分子共轭结构。这种结构可以方便地通过变换局部单元来调节材料的光电性质。近十年来设计合成的有代表性的可溶液加工的小分子给体材料的分子结构如图 4-10 所示。

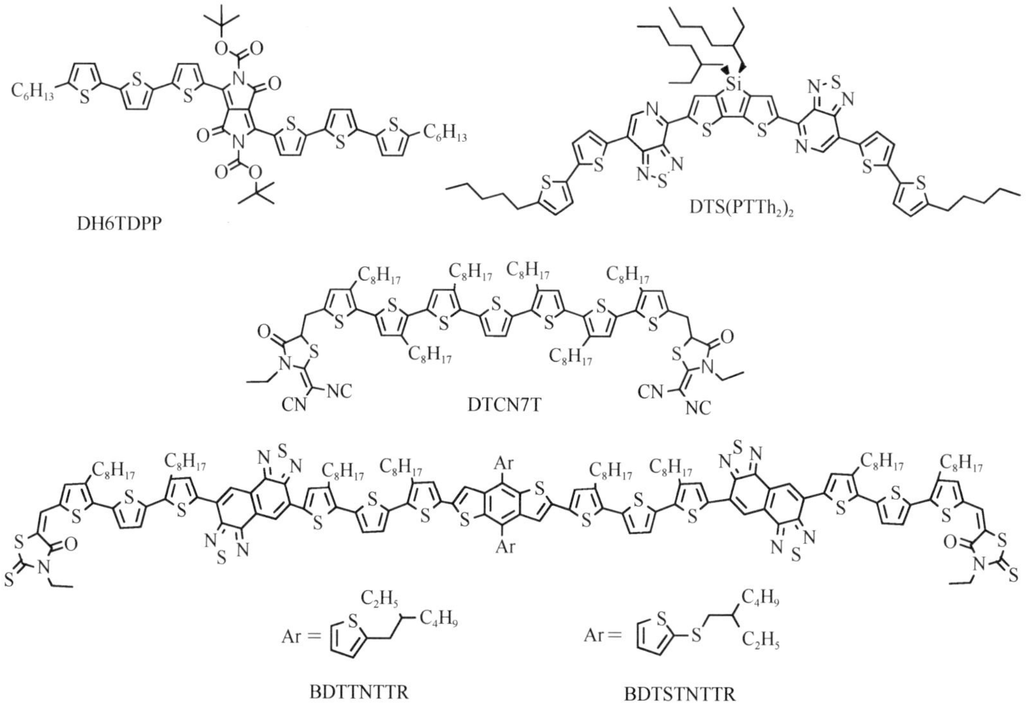

图 4-10 小分子给体材料的分子结构

4.2.2 OSCs 受体材料

1. 富勒烯受体材料

1992 年，Sariciftci 等人发现了聚合物到富勒烯 C_{60} 的光诱导超快电荷转移现象，从此富勒烯及其衍生物作为受体材料被广泛应用于有机光伏领域。由于 C_{60} 的溶解性较差，为了提高溶解性并对能级结构进行调节，研究者们通常对其进行官能团修饰，合成富勒烯衍生物应用于可溶液加工的 OSCs 中。1995 年，Heeger 课题组在其首次提出的体异质结 OSCs 中，利用了易溶的富勒烯衍生物 $PC_{61}BM$ 作为受体材料，与给体材料共混并以溶液加工的方式成膜，易形成给受体双连续互穿网络，有效提高了电荷分离效率。但 $PC_{61}BM$ 具有对称性结构，容易团聚，并且在可见光区的吸收较弱。因此，为了获得更优的光伏性能，C_{70} 衍生物受体材料成为更佳的选择。具有非对称的结构的 $PC_{71}BM$ 具有更优秀的溶解性、较高的 LUMO 能级和相对较强的可见光吸收，薄膜形貌也有所改善，因此器件短

路电流比 $PC_{61}BM$ 基器件显著提高。另外，富勒烯衍生物还有 C_{60} 的茚加合物 $IC_{60}MA$ 和 $IC_{60}BA$，其中双茚加合物 $IC_{60}BA$ 的 LUMO 能级比单茚 $IC_{60}MA$ 加合物和 $PC_{61}BM$ 分别提高了 0.12eV 和 0.17eV，基于 P3HT/$IC_{60}BA$ 的光伏器件效率达到 5.44%，比 $PC_{61}BM$ 为受体的器件高 40%。同样地，C_{70} 的茚加合物，特别是双茚加成物 $IC_{70}BA$ 也具有较高的 LUMO 能级，较 PCBM 上移 0.19eV，有利于获得高开路电压，使基于 P3HT/$IC_{70}BA$ 的光伏器件获得 5.79%的高转换效率。一些常用的富勒烯受体材料的分子结构如图 4-11 所示。

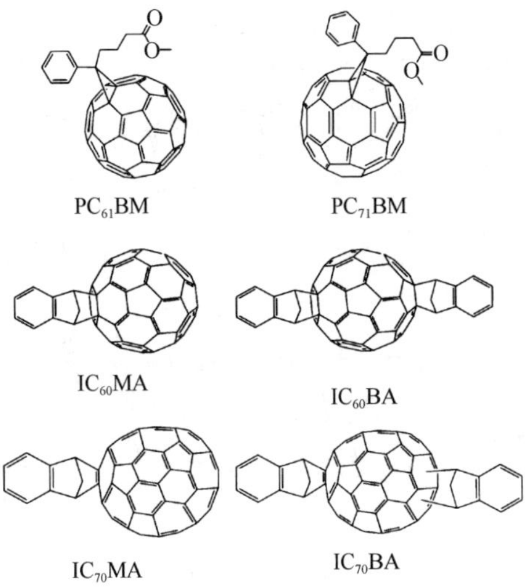

图 4-11　一些富勒烯受体材料的分子结构

2. 非富勒烯受体材料

尽管富勒烯及其衍生物长期以来一直是最重要的电子受体材料，但富勒烯受体存在可见区吸收弱、能级调控难、制备成本高、易聚集导致器件稳定性差等缺点；相比之下，非富勒烯受体材料具有良好的吸收特性，且结构多样，易从分子结构上调节材料的前线分子轨道、光电特性、结晶性，易和给体材料共混。两者的区别如下：

(1) 传统富勒烯及其衍生物的吸收峰主要在 375nm 左右，需要开发低带隙聚合物与之匹配；而非富勒烯受体材料吸收带边可达 800nm 左右，可以选择宽带隙聚合物给体材料，实现互补吸收。

(2) 广泛使用的富勒烯受体材料 $PC_{71}BM$ 或 $PC_{61}BM$，其 LUMO 能级在－4.1eV 左右，很难调节；而非富勒烯受体材料由于能级易调节可获得不同的 LUMO 能级，因此在聚合物给体材料的选择上具有更大的灵活性。

(3) 传统富勒烯及其衍生物受体材料是球形分子，易聚集；而非富勒烯受体材料通常具有共轭平面结构，通过调控其分子结构可改善分子间排列堆积以及和给体分子间相互作用，从而改善给受体共混活性层的微观形貌和电荷传输特性。

下面简单介绍几种典型的非富勒烯受体材料，其分子结构如图 4-12 和图 4-13 所示。ITIC 是北京大学占肖卫课题组设计合成的一种小分子有机稠环电子受体材料，以引达省并二噻吩为核，在分子两端引入强吸电子单元，引达省单元的七并稠环共轭平面结构使 ITIC 拥有很强的分子间 π-π 相互作用，因而 ITIC 具有较高的摩尔吸收系数和高的电子迁移率。同时，这类 A-D-A 结构分子内强的推拉电子相互作用，拓宽了材料的吸收光谱范围，吸收边接近 800nm，增强了对太阳光的捕获。另外，由于引达省单元桥连原子上的 4 个取代基位于共轭平面之外，能够有效地调制受体分子间的聚集，因而其能级、吸收、聚集态可调空间较大。在此基础之上，他们又将桥连原子上的苯环用噻吩环取代，得到了新的电子受体 ITIC-Th，由于噻吩环的诱导作用，相对于 ITIC，ITIC-Th 拥有更低的能级，有利于与一些低 HOMO 能级的宽带隙的聚合物给体匹配。另外，得益于分子间噻吩侧链中 S-S 相互作用，ITIC-Th 具有较高的电子迁移率。以中间带隙聚合物 PDBT-T1 为给体，ITIC-Th 为受体，得到了 PCE 为 9.6%的非富勒烯 OSCs。NFBDT 是南开大学陈永胜课

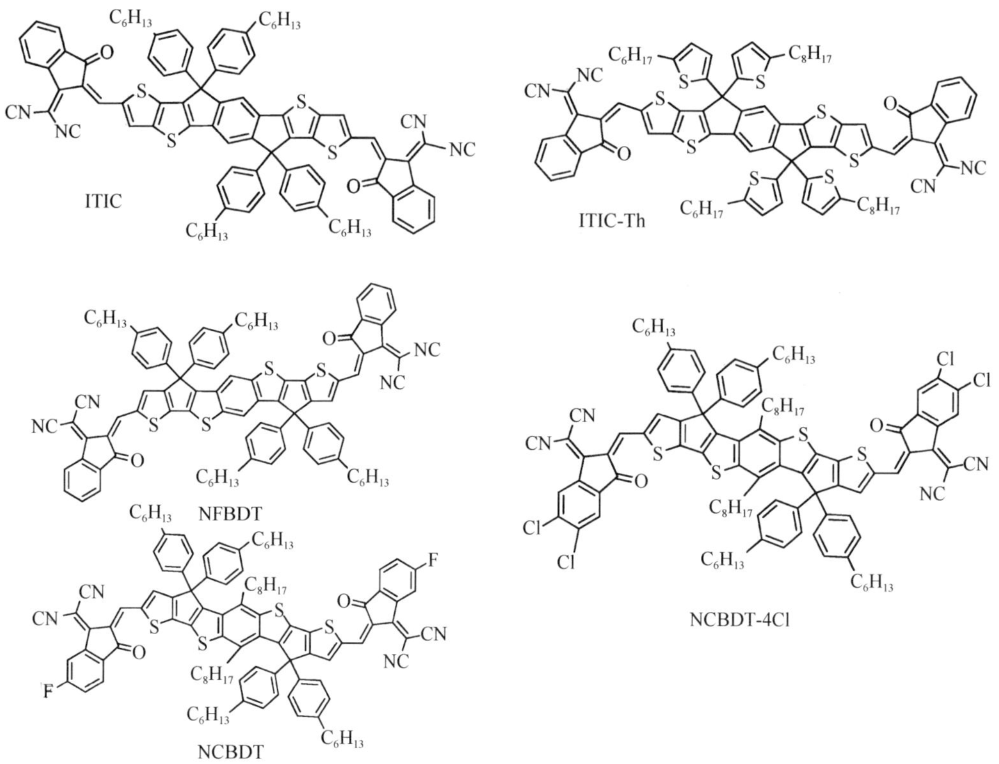

图 4-12　几种小分子非富勒烯受体的分子结构

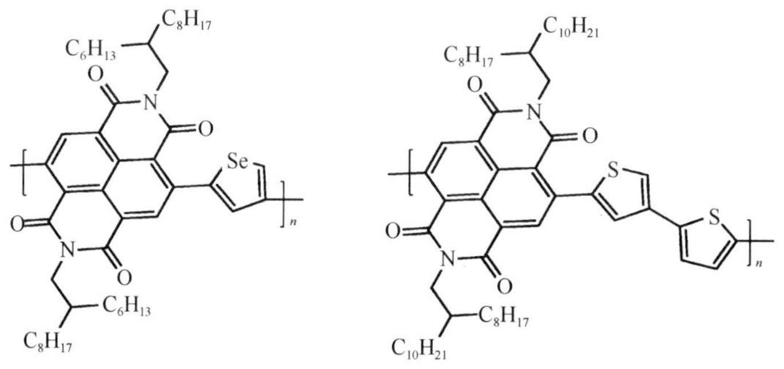

图 4-13　两种聚合物非富勒烯受体的分子结构

题组报道的基于 BDT 的稠环小分子受体材料，并获得了超过 10%的能量转换效率；在此基础上他们对其中间单元和末端单元进行优化合成了 A-D-A 型小分子受体 NCBDT，光学带隙为 1.45eV，其薄膜吸收光谱范围扩展至近红外区域，与聚合物给体材料的吸收更为互补，基于该受体材料的电池获得了 12.12%的 PCE；NCBDT-4Cl 是他们合成的一种基于 BDT 的稠环结构中间单元，以氯代氰基茚满二酮作为末端单元的非富勒烯小分子受体材料，末端拉电子的氯原子的引入使该分子具有较低的 LUMO 和 HOMO 能级，其光谱吸收范围主要位于 600～900nm，光学带隙为 1.40eV，以宽带隙聚合物 PBDB-T-SF 作为给体材料，制备的 PBDB-T-SF：NCBDT-4Cl 正置器件，经过优化最终实现了 14.1%的能量转换效率，这是目前为止报道的单结非富勒烯 OSCs 的最高效率。

相比于小分子受体，聚合物受体的发展还是略显缓慢。PNDIS-HD 和 N2200 是两种代表性的聚合物受体材料。以 PNDIS-HD 为受体，基于噻唑并噻唑基团的聚合物 PSE-HTT 为给体的全聚合物太阳能电池的效率为 3.3%；以 PNDIS-HD 作为受体，以聚合物 PBDTT-FTTE 为给体的全聚合物太阳能电池效率达到 7.7%；以聚合物 N2200 为受体，聚合物 J51 为给体共混的全聚合物太阳能电池的效率达到 8.27%。

总之，为早日实现 OSCs 规模化生产，设计合成具有良好性能和稳定性、厚度不敏感、环境友好、制备工艺简单和低成本的活性层给受体材料仍是目前 OSCs 研究的重点之一。

4.3 有机太阳能电池的工作原理及基本结构

4.3.1 OSCs 的工作过程

OSCs 的工作过程主要由四个过程组成，如图 4-14 所示，图中只画了半导体给受体的 HOMO 和 LUMO 能级和电极的费米能级，没有考虑电极界面能带的弯曲。

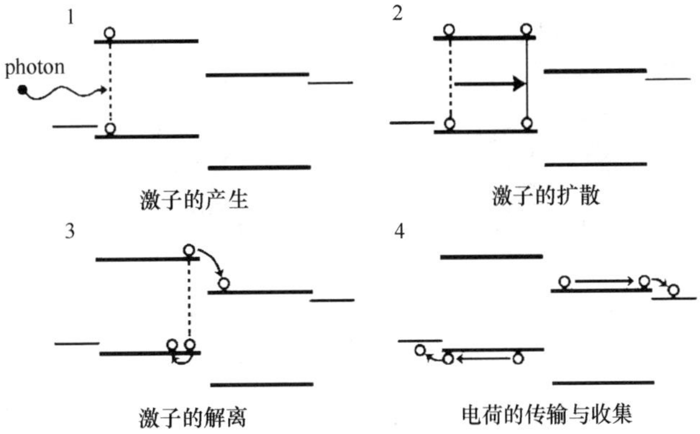

图 4-14 OSCs 的工作过程

（1）激子产生过程。有机活性材料中的电子在能量大于带隙的光激发下从基态跃迁到激发态，之后几乎立刻弛豫到 LUMO 能级并被 HOMO 能级上的空穴吸引，形成 Frenkel 单线态激子。激子的产生率取决于活性层的光吸收效率。

（2）激子扩散过程。激子通过 Förster 或者 Dexter 能量转移的方式实现在活性层中的传输。对于单线态激子，主要是 Förster 能量转移。由于单线态寿命短，很容易产生单分子复合，因此激子的扩散效率小于 100%。

（3）激子解离过程。激子扩散到金属/半导体界面或给受体异质结界面完成电荷转移，分解成自由电子和空穴的过程。在光伏电池中，要将 Frenkel 激子解离，就需要提供一定的能量补偿这一激子束缚能，界面内建电场提供了激子解离的驱动力。

（4）载流子的传输与收集过程。电子和空穴分别向正负电极定向输运然后被电极收集的过程。载流子的输运过程既包括内建电场驱动下的漂移运动，也包括从高浓度区域（激子解离界面）向低浓度区域的扩散运动。影响载流子传输效率的因素包括电场强度、载流子迁移率、载流子的寿命和扩散系数等。在实际情况中，由于有机材料载流子迁移率低，会导致分离后的电子和空穴可能再次复合，或者形成空间电荷，造成光电流的损失。为了减少光电流损失，电子和空穴的平衡传输是所期望的。

电极的功函数与有机材料的 HOMO、LUMO 能级越匹配，越接近理想的欧姆接触(Ohmic Contact)，载流子的收集效率越高。但理想的欧姆接触是难以实现的，因此电极处电荷的损失也是造成电池效率低的原因之一。在有机材料和电极之间添加薄的遂穿层或电极修饰层，改善电极界面的接触特性，使有机材料与电极材料的能级更加匹配，有助于提高载流子的收集效率。

4.3.2 OSCs 的基本结构

OSCs 的结构主要经历了单一活性层、双层平面异质结和本体异质结三个发展阶段。

1. 单层结构

1958 年，Kearns 和 Calvin 把酞菁镁（MgPc）夹在具有不同功函数的金属电极之间，制成第一个 OSCs。该结构只有一层有机半导体材料，称为单层结构，如图 4-15（a）所示。

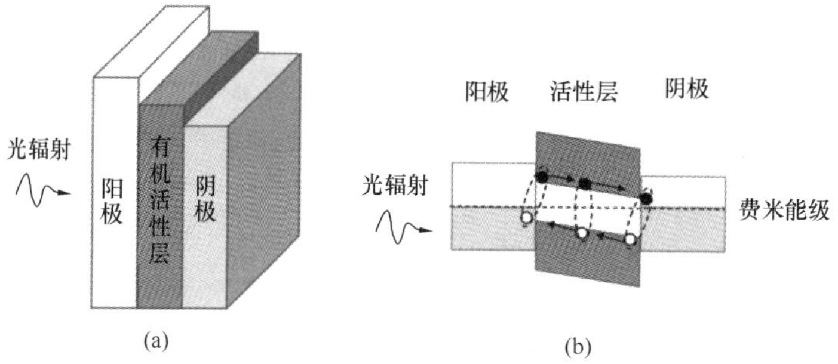

图 4-15　OSCs 的单层结构和工作原理示意图

（a）单层结构；（b）工作原理示意图

图 4-15（b）是一个单层结构 OSCs 工作原理示意图。在光激发下，有机活性材料吸收能量大于其能隙的光子后产生激子。由于强的激子束缚能，两个电极功函数之差引起的内建电场一般不足以将激子中的正负电荷分开，只有当激子扩散到金属/半导体界面时，在界面肖特基势垒（Schottky）的辅助下才可能解离，形成载流子向电极的注入，因此该类电池也称为肖特基型电池。但是有机材料内激子的扩散长度相当有限，大多数激子在分离成电子和空穴之前就复合掉了，激子解离率很低。而且电子和空穴在同一种材料中传输造成再次复合概率大。另外，对于一种固定带隙的有机材料，也很难与电极的能级匹配，因此单层 OSCs 效率低下。目前这种结构很少被使用。

2. 给受体异质结结构

给受体异质结电池不同于肖特基型电池，活性层是由两种或两种以上材料组成，形成电子给体和电子受体的异质结。给受体的 LUMO 能级差或其 HOMO 能级差为激子分离提供了驱动力，与激子在金属/半导体界面上的解离率相比显著提高。按照功能层排列方式不同，分为平面异质结和本体异质结。

1986 年，C. W. Tang 首次设计了平面异质结 OSCs。图 4-16 为平面异质结 OSCs 的基本结构和工作原理示意图，这里省略了载流子传输层、界面修饰层以及界面能带弯曲。该结构中的给受体材料分层排列形成一个平面型给体-受体异质结，激子在给受体界面解离后形成的自由电子、空穴向电极输运时，在空间上是分离的，降低了电子和空穴的复合概率，这是该结构的优势所在。

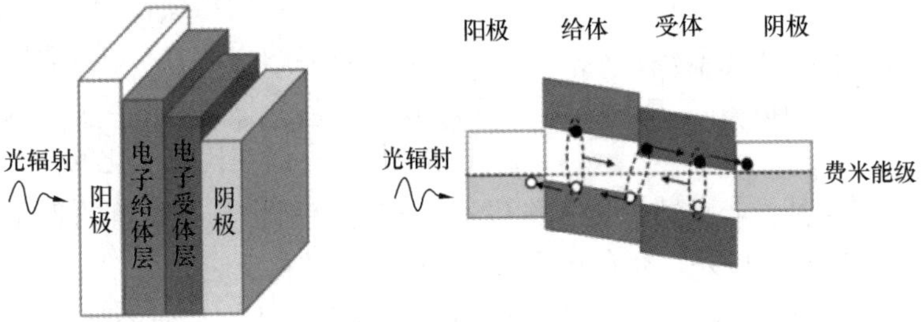

图 4-16　OSCs 的双层平面异质结结构和工作原理示意图

对于平面异质结电池，激子扩散长度短使给体和受体层的厚度受到限制。太厚则激子难以在其猝灭之前扩散到异质结界面，但太薄不利于对光子的有效吸收。为了解决这个问题，1995 年，Heeger 等人发明了本体异质结（Bulk Heterojunction）的 OSCs，其结构和工作原理如图 4-17 所示，这里同样省略了载流子传输层、激子阻挡层、界面修饰层和能带弯曲等。该结构中，给受体是以固溶体形式共同组成活性层。由于给受体材料组成互穿网络，异质结界面分布于整个活性层中，激子很容易扩散到给受体界面发生分离，因此激子解离率相对于平面异质结大幅提高。不过由于给受体材料互相穿插，解离后的载流子在向电极输运的过程中很容易碰到给受体界面，受到一定的阻碍，对载流子输运是不利的，这是本体异质结相对于平面异质结的最大不足，因此对于该结构，混合分子的形貌调控非常重要。给受体材料的物相分离尺度应当和激子扩散长度相当，才有利于激子扩散至给受体界面；同时给受体需要形成双连续互穿网络，以利于载流子的传输。虽然本体异质结解决了激子解离的问题，但由于有机材料的载流子迁移率低，所以 OSCs 的活性层仍要做得很薄，一般在 100～300nm。

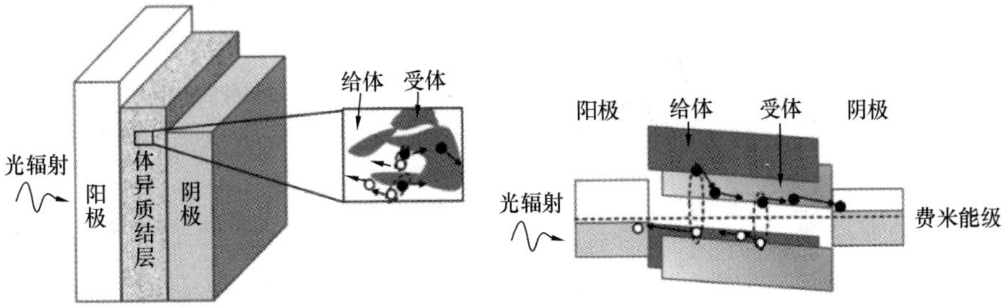

图 4-17　OSCs 的本体异质结结构和工作原理示意图

激子要在给受体异质结界面解离，不但要满足受体的 LUMO 和 HOMO 能级分别低于给体相应能级，而且给体 HOMO 和受体 LUMO 能级差 ΔE 要小于激子的能量 E_{ex}，如图 4-18 所示，这才有利于电荷转移（$D^* + A \longrightarrow D^+ + A^-$）的发生，否则电荷转移将

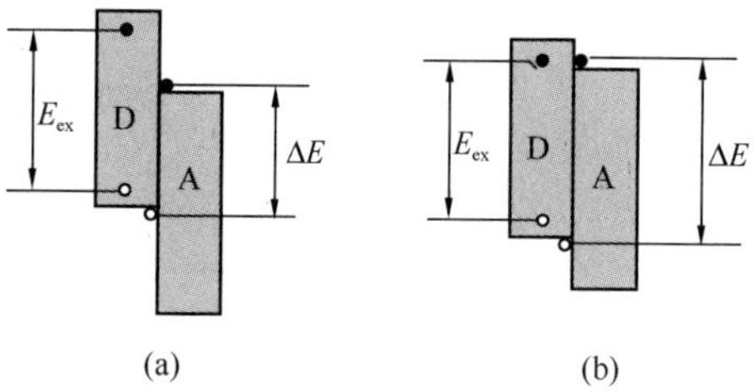

图 4-18　给体与受体之间电荷转移的条件
(a) 允许；(b) 禁止

禁阻。需要说明的是，激子的束缚能使得激子中电子能级略低于材料的 LUMO 能级，空穴能级略高于 HOMO 能级，因此激子的能量 E_{ex} 等于给体带隙减去激子束缚能、弛豫能等。

对于基于富勒烯受体的 OSCs，给体材料是主要的吸收体，则给受体材料的 LUMO 能级之差是激子分离的驱动力。研究表明，该能级差越大，激子解离率越高，但其值过大会降低电池的开路电压，一般在比较优化的体系中，该能级差以 0.3eV 为宜。对于基于非富勒烯受体的 OSCs，受体材料也具有显著的吸光性能，因此除了给体激子的电荷转移反应外，还存在受体激子的电荷转移反应 $D + A^{*} \longrightarrow D^{+} + A^{-}$。为了使受体激子有效解离，对给受体材料的 HOMO 能级之差也有相应的要求。

4.3.3　OSCs 的伏安特性

如图 4-19 (a) 所示，在暗态或光照条件下对 OSCs 施加不同的电压，测量其电流，即可获得图 4-19 (b) 所示的伏安特性 (*J-V*) 曲线。图 4-19 (c) 为 OSCs 的等效电路，OSCs 可看作由光电流源、二极管、串联电阻、并联电阻四部分组成。光电流源看作一个恒流源，由光生载流子决定，二极管代表了电子和空穴的复合，串联电阻代表了电池的内

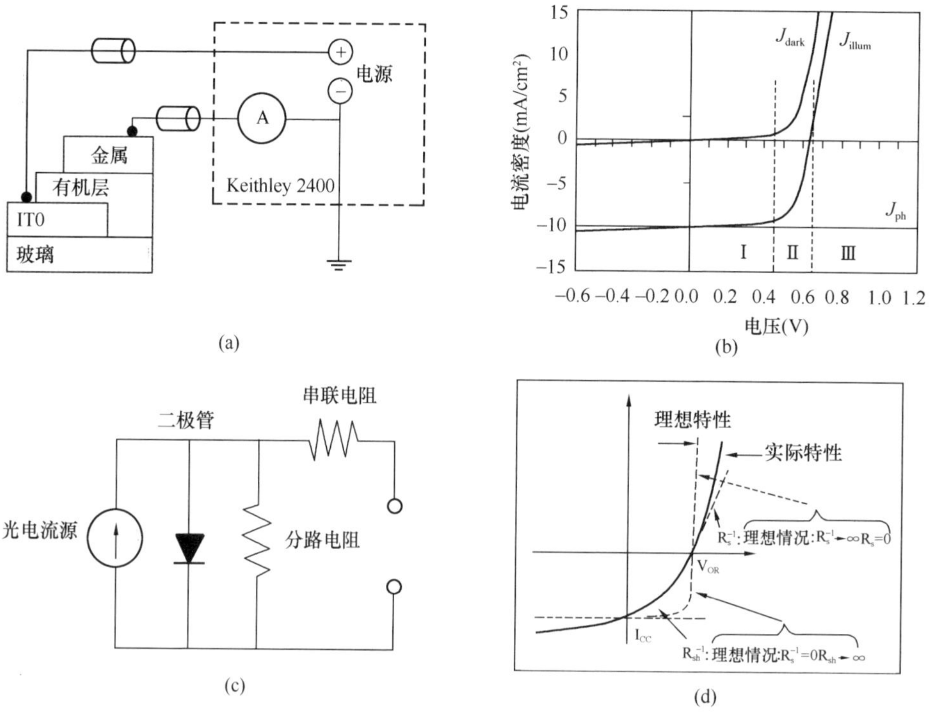

图 4-19　OSCs 的伏安特性 (*J-V*) 曲线及其测量方法
(a) 测量方法；(b) 暗态及亮态 *J-V* 曲线，插图为具有半对数坐标的暗态 *J-V* 曲线；
(c) 等效电路；(d) 光伏参数图示说明

电阻，并联电阻代表了电池的漏电流。按照该等效模型，可得电池在光照条件下的 J-V 关系：

$$J = \underbrace{J_0\left[\exp\left(\frac{e(V-JR_s)}{nk_BT}\right)-1\right]}_{\text{复合电流}} + \underbrace{\frac{V-JR_s}{R_{sh}}}_{\text{分路电流}} - \underbrace{J_{ph}}_{\text{光电路}} \tag{4-1}$$

式中，J_0为二极管的反向饱和电流，是由少数载流子定向移动形成的，V 是外加电压，k_B为玻尔兹曼常数，T 为温度，e 为基本电荷电量，n 为二极管的理想因子（对于一个理想的二极管，$n=1$，但由于缺陷态的存在，产生 Shockley-Read-Hall 复合，一般 $n>1$），R_s为串联电阻，R_{sh}为并联电阻。方程中的复合电流代表了二极管的暗态电流，并联电流代表了电池的漏电流。对于一个优化的电池，认为 R_{sh}趋于无穷大，第二项就可以忽略，这时光电流 J_{ph}与二极管复合电流的叠加就是光照条件下的器件电流。

在图 4-19（b）中，光电流 J_{ph}看作一个不依赖于电压的常数，与短路电流近似相等。实际上，由于电子-空穴对的复合损失，光电流并非常数，而是随着外加电压的提高减小，因此使电池的 J-V 曲线偏离理想情况，填充因子下降，如图 4-19（d）所示的那样。

图 4-19（b）中的暗态 J-V 曲线分为三个区域：在低压区域Ⅰ内，电流与电压呈线性关系，遵循欧姆定律，主要由并联电阻决定，并联电阻越大，电流越小。而在高压区域Ⅲ内，表现为体依赖的电流特性，随着电流增大，半导体内部出现空间电荷，这时电流-电压满足 Mott-Gurney 规律，即器件电流随着 V^2/d^{-3}变化，称为空间电荷限制电流，这里的 V 是外加电压，d 是半导体膜的厚度，该区域与串联电阻相关联，曲线越陡峭，表示串联电阻越小。区域Ⅱ反映了 OSCs 作为二极管的特性，与二极管的反向饱和电流及理想因子有关。

图 4-19（d）给出了几个重要的电池性能参数：

开路电压（Open-circuit Voltage，V_{OC}）是在光照条件下，电池在断路状态下的电压，也是电池工作状态下的最大输出电压。如果有机半导体与电极形成非欧姆接触，满足金属-介质-金属（MIM）器件行为，则开路电压由正负电极功函数差决定；当有机半导体与电极形成欧姆接触，即正负电极功函数分别与给体的 HOMO、受体的 LUMO 能级匹配，此时 V_{OC}由给体的 LUMO 能级与受体的 HOMO 能级差决定。如果产生金属电极费米能级钉扎，则 $V_{OC}=\text{LUMO}_D-\text{HOMO}_A=(W_{anode}-W_{electrode})/q$。实际上，激子的束缚能会导致开路电压下降，对于异质结 OSCs，开路电压的大小满足一个经验公式：$V_{OC}=\text{LUMO}_D-\text{HOMO}_A-0.3$（V），公式中的 0.3 是个经验值，起源于由 Mott-Schottky 公式描述的半导体特性曲线。如果考虑电极界面能带弯曲、载流子的复合损失等还会导致开路电压下降。

短路电流（Short-circuit Current Density，J_{sc}）是在光照条件下，电池在短路状态下的电流，也是工作状态下的最大输出电流。电池对入射光的吸收效率、载流子的迁移率、界面接触特性等都是影响 OSCs 短路电流的主要因素。

短路电流处 J-V 曲线切线斜率的倒数为并联电阻 R_{sh}，开路电压处 J-V 曲线切线斜率的倒数为串联电阻 R_s。串联电阻来源于电池的体电阻和界面接触电阻，而并联电阻源于电池中载流子的复合。一个电池的并联电阻越大，串联电阻越小，载流子的复合概率越小，收集效率越大，电池的填充因子也越大。对于理想的太阳能电池，并联电阻趋于无穷大，串联电阻趋于零。

以上介绍了 OSCs 的工作原理、基本结构和光伏特性。在实际器件中，活性层两侧一般还有电子传输层、空穴传输层、具有激子阻挡功能的电极界面修饰层，以实现载流子有效平衡的传输和抽取，同时防止活性层中的激子在活性层与金属界面被猝灭。界面修饰层的作用在 OSCs 中往往非常重要，金属/半导体界面的肖特基接触（Schottky Contact）是一种整流接触，往往形成肖特基势垒，阻碍电极对载流子的收集，而宽带隙的隧穿层或与电极功函数匹配的半导体层可以将肖特基接触变成欧姆接触或类欧姆接触，增加电荷输出。常用的阴极界面修饰材料有 ZnO、TiO_x、Nb_2O_5、SnO_x 等金属氧化物，BCP、BPhen、PDINO、PFN、PEI、PEIE 等有机材料，LiF、Cs_2CO_3、Li_2CO_3、Na_2CO_3 等金属盐，以及富勒烯、碳管和石墨烯等碳基材料。作为阴极界面修饰材料要求其 LUMO 能级（或导带）与受体的 LUMO 能级、阴极的功函数匹配，同时其 HOMO 能级（或价带）较低，起到阻挡空穴的作用，且具有优良的电子传输性能，还要与活性层具有好的相容性，以减少界面缺陷，提高器件稳定性。常用的阳极界面修饰材料有 PEDOT：PSS 等聚合物材料，以及 MoO_3、NiO、ReO_x、RuO_2、WO_3、VO_x、CuO、CrO_x 等金属氧化物，具有氧空位缺陷的金属氧化物往往具有很好的空穴传输能力。作为阳极界面修饰材料要求其 HOMO 能级（或价带）与给体的 HOMO 能级、阳极的功函数匹配，同时其 LUMO 能级（或导带）较高，起到阻挡电子的作用，且具有优良的空穴传输性能。载流子迁移率不够高或绝缘性的界面修饰层一般要做得很薄，如 MoO_3 在 5nm 左右，LiF 在 0.3nm 左右。

4.4 有机太阳能电池新结构设计

以上介绍了 OSCs 的工作原理和基本结构类型。为了进一步提高电池效率，改善其稳定性，人们在基本结构的基础上又开发出一些新型的电池结构类型。

4.4.1 倒置 OSCs

正置 OSCs 大都使用高功函数的 ITO 作为阳极，混合导电聚合物 PEDOT：PSS 作为阳极修饰层，低功函数的金属（如 Al、Ag 等）作为阴极。由于 PEDOT：PSS 有一定酸性和吸湿性，会对 ITO 造成腐蚀，同时低功函数金属非常容易受到氧气和水汽的影响而发生退化，且进一步导致活性层的劣化，这些因素严重降低了器件的稳定性。为此开发了倒置 OSCs，该结构避免了 PEDOT：PSS 的使用，这里 ITO 电极不再作为阳极，而是作为阴极收集电子。为了与活性层能级匹配，ITO 与活性层之间需要界面修饰层，常用的修饰材料有 ZnO、TiO_x、Cs_2CO_3 等；高功函数的金属 Au 常作为阳极，具有很好的环境稳定性。另外，研究表明，P3HT：PCBM 、PTB7：PCBM 等活性材料体系，通常底部富勒烯受体富集，顶部聚合物给体富集，对于这样的垂直相分离体系，倒置结构更有利于载流子的传输和收集。

4.4.2 叠层 OSCs

有机材料自身载流子迁移率低限制了活性层的厚度，导致了不足的光吸收；而且有机材料的吸收光谱相对于无机材料窄，对太阳光谱响应范围有限，这些不足是单结 OSCs 的 PCE 远低于无机太阳能电池的重要原因。而叠层结构可拓宽对太阳光谱的响应，提高对太阳光谱的有效利用。叠层结构电池常常是由两个或两个以上电池单元以串联的方式叠合在一起构成的，如图 4-20（a）所示。在叠层结构的设计中，各子电池吸收光谱的互补性是需要考虑的关键因素之一，因此各子电池活性材料的选择至关重要。沿着光的入射路径，各子电池按照活性层的光学带隙从大到小的顺序排列。底电池的活性材料具有宽带隙，首先吸收高能量的短波太阳光，这样可减少高能光子的热损失（Thermalization Losses）；顶电池的活性材料具有窄带隙，因而未被底电池吸收的低能光子继而被顶电池吸收。底电池往往具有更高的开路电压和更低的短路电流，顶电池具有更低的开路电压和更高的短路电流。各子电池之间的连接层材料的合理选择是另一个需要考虑的关键因素。对于一个理想的中间连接层，不仅要求具有优化的光学厚度，合适的光透明度，与底电池兼

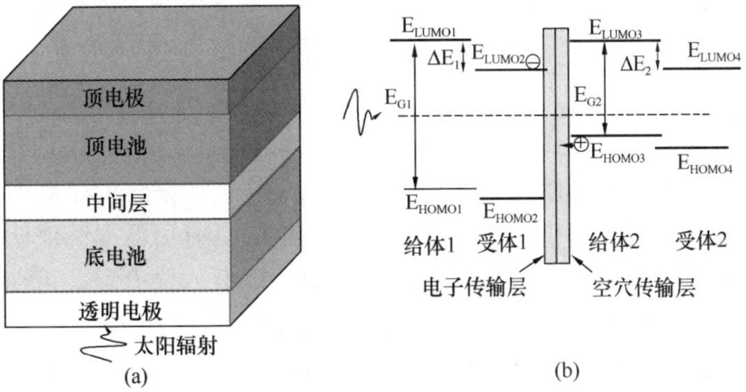

图 4-20　叠层 OSCs 的结构及能级排列示意图

（a）叠层 OSCs 的结构；（b）叠层 OSCs 的能级排列

容的制备工艺，能在制备顶电池的过程中起到保护底电池的作用，而且要求具有合适的能级结构，既要与底电池受体的 LUMO 能级匹配，还要与顶电池给体的 HOMO 能级匹配，使串联在一起的各子电池的准费米级对齐排 列，如图 4-20（b）所示，也就是说连接层与底电池受体和顶电池的给体能形成良好的欧姆接触。另外，各子电池活性层厚度的优化也是必须的，以实现各子电池的电流之间的良好匹配，保证一个子电池中产生的空穴和另一个子电池中产生的电子能平衡地扩散至连接层并复合，每个子电池中只有一种电荷扩散至相对应的电极。

对于一个理想的叠层 OSCs，其开路电压等于各个子电池开路电压之和，即 $V_{\text{Tandem}}=V_{\text{Bottom}}+V_{\text{Top}}$。但其短路电流情况较为复杂，并不完全依赖于子电池中最小的短路电流，还与各个子电池的填充因子相关。当各个子电池的填充因子相同且认为它们的并联电阻足够大时，按照 Kirchhoff 定律，其短路电流等于子电池中最小的短路电流，即 $J_{\text{sc Tandem}}=\text{Min}(J_{\text{sc1}}, J_{\text{sc2}})$；当两个子电池的短路电流相等，则 $J_{\text{sc Tandem}}=J_{\text{sc1}}=J_{\text{sc2}}$，这是最理想的情况。但由于各功能层的能级排列方式不够理想，各子电池吸收光谱互补性不够好，以及各子电池的电流不够匹配等因素，导致叠层太阳能电池实际的开路电压和短路电流都低于理论预测值。

4.4.3 半透明 OSCs

由于有机材料一些天然的劣势，使 OSCs 的效率和稳定性都难以与无机太阳能电池相比，但有机材料带隙易调节、低成本、易加工、柔性、可大面积成膜等优点在发展一些功能性器件方面具有独特的优势，如半透明 OSCs，可以将其集成于汽车或房屋的窗玻璃表面，在调节日照强度的同时实现原位供电；也可以用作建筑物幕墙，实现原位供电，还可起到装饰作用，既经济又节能环保。

要实现半透明 OSCs，透明电极非常重要。ITO（Indium-tin Oxide）与 FTO（Fluorine Doped Tin Oxide）是最常用的透明电极材料，然而它们大都采用磁控溅射方法制备，制作成本高、工艺复杂；制作过程需要高温，易对底层材料造成破坏；而且质地脆，不耐弯折。因此，开发具有良好导电性和光透过率的替代材料尤为重要。透明金属电极，如 Au 或 Ag 电极，可通过真空热蒸镀方法得到，但是通过热蒸镀法制备超薄 Ag 或 Au 膜都容易出现岛状生长，造成表面粗糙，且电阻率过高，严重影响器件性能。若在透明氧化物半导体膜上生长超薄金属膜，可解决上述问题，如复合透明电极 MoO_3(20nm)/Ag(11nm)/MoO_3(35nm)、ZnO(25nm)/Au(8nm)/ZnO(25nm)等，MoO_3、ZnO 等具有高的折射率、低的消光系数以及优良的空穴或电子的收集和传输能力，还具有光耦合和保护金属薄膜的作用。图案化金属网栅透明电极也被广泛关注，图案化的金属网栅通常通过模板利用蒸镀或印刷工艺得到。随机分布的银纳米线网络因具有可低温溶液法制备的优点也被用作透明电极，为了提高银纳米线与基底的附着力、降低方块电阻，可在银纳米线之间填充一些其他介质，如可低温加工的 TiO_x、ZnO、SnO_x、AZO、ITO 纳米颗粒等。碳基纳米材料如石墨烯、碳纳米管因其具有高的电子传导率、高透光性也适合做透明电极，而且碳电极具有高化学稳定性的优点。透明导电聚合物因其固有的柔韧性和低成本加工的特点也极具应用前景，高导 PEDOT：PSS 是应用最为广泛的，其导电率与其前驱液的溶剂和加工环境有关，最高导电率可达到 4000S/cm。

对于半透明 OSCs，不仅要求高的 PCE，还需要有合理的透明度，特别对于玻璃应用，要求可见光的透过率大于 25%，显色指数接近 100。从原理上讲，半透明 OSCs 需要牺牲一定的 PCE 来实现优良的透光性。为了实现 PCE、可见光透射率和显色性能的综合优化，从材料的角度需要在近红外区具有高吸收的活性层材料。北京大学占肖卫课题组设计并合成了一种具有强近红外吸收的六并稠环电子受体材料 IHIC，其光学带隙为 1.38eV，吸收边为 898nm，与广泛使用的窄带隙聚合物给体 PTB7-Th 共混制备半透明 OSCs，器件的 PCE 为 9.77%，可见光区平均透过率为 36%。在此基础上，他们设计合成了一种基于八并稠环噻吩为核、氟代氰基茚酮为端基、强近红外吸收的稠环电子受体材料 FOIC，其光学带隙为 1.32eV，吸收边为 942nm，FOIC 与 PTB7-Th 共混制备半透明 OSCs，可见光区平均透过率为 37.4%，PCE 提高到 10.3%。

4.4.4 基于光操控结构的 OSCs

光操控结构在高效硅太阳能电池中已经成为标准配置，在 OSCs 中也有广泛的应用。对于上述半透明 OSCs，由于缺少背反射电极，不支撑法布里珀罗共振（Fabry-Pérot，FP），因此活性层的光吸收效率很低。在不透明的平面结构电池中，虽然可以支撑 FP 共振，但由于有机活性层的厚度受到限制，故在 OSCs 中也不易产生强的 FP 共振。如果引入光操控结构，在不增加活性层厚度情况下通过对入射光进行操控，加强光与活性材料的互相作用，提高活性层的光吸收，进而提高 PCE。光操控结构主要包括贵金属纳米结构、光子晶体等。

贵金属纳米结构可以激发不同形式的表面等离激元共振模式，如局域表面等离激元（Localized Surface Plasmons，LSPs）和传播型表面等离激元（Propagating Surface Plasmon Polaritons，PSPPs），如图 4-21 所示。LSPs 效应是金属纳米颗粒在入射光的照射下，表面自由电子发生集体振荡现象，其激发并不需要有特定的入射角以及偏振方向，只要入射光频率与金属表面自由电子共振频率相匹配即可在特定波长下发生共振；而 SPP 通常发生在金属薄膜与介质界面，并沿着界面传播，其激发对入射光偏振态有一定要求。

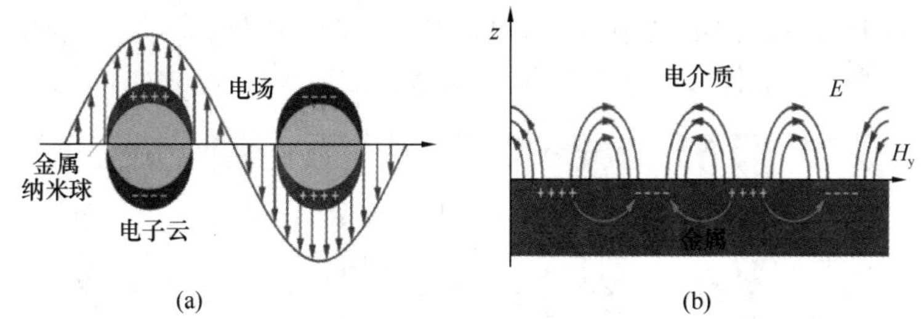

图 4-21　等离激元

（a）局域表面等离激元；（b）传播性表面等离激元

如果在 OSCs 中植入贵金属纳米结构，利用其激发的表面等离激元共振，可将入射光高效地捕获到近场区域（纳米尺度），增强入射光与活性层的光耦合。而且通过金属纳米结构的优化设计，调制表面等离激元共振性质，可达到显著改善薄活性层光吸收的目的。表面等离激元增强 OSCs 的光吸收主要基于以下原理：①在活性层内或附近植入金属纳米颗粒，通过激发 LSP 共振提高光吸收，如图 4-22（a）所示。当金属纳米颗粒放置在两种不同介质界面时，其光散射作用对活性层光吸收也有一定影响，若选择的电极缓冲层的介电常数低于活性层的介电常数，入射光会更多优先进入活性层；同时，通过金属背电极反射回来的光将会再次与活性层相互作用，如此反复提高活性层的光吸收效率，如图 4-22（b）所示。②在活性层的顶部或底部制作金属纳米光栅电极，如图 4-22（c）所示，通过激发水平传播的 SPP，延长光在活性层中传播的光程来提高光吸收。SPP 通常发生在金属薄膜与介质界面处，如果入射光直接照射到平整金属表面时是无法激发 SPP 的，但当金属薄膜变为金属光栅，并在水平方向上满足波矢匹配条件，即 $k_{spp}=k_{xN}=n_d k_0 \sin\theta_0+N\dfrac{2\pi}{P}$，SPP 才能被激发（式中，$k_{spp}$ 为 SPP 表面波的波矢，k_{xN} 为衍射光的波矢，k_0 为入射光在真空中的波矢，n_d 为入射介质的折射率，θ_0、N、P 分别表示入射角、光栅衍射级数和光栅周期）。③通过表面等离激元共振与其他光子模式相互耦合实现在活性层中的近场增强，提高其光吸收率。

表面等离激元共振频率敏感地依赖于金属本身的材质、几何结构、尺寸、介电常数以及周围环境等因素，可通过对上述影响因素的高度调节来操控入射光与活性层的相互作用，实现光吸收的有效增强。

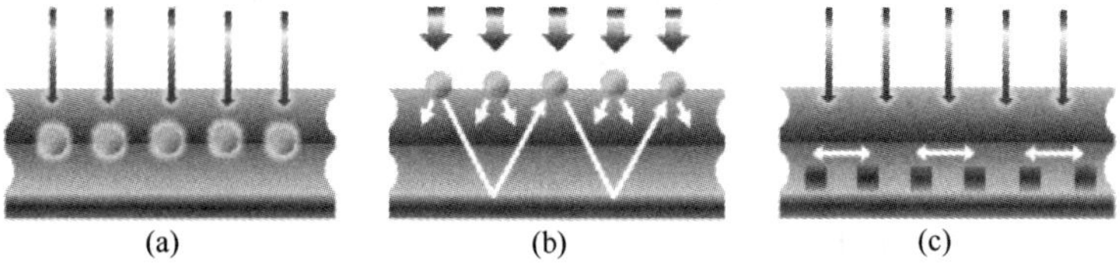

图 4-22 表面等基元增强 OSCs 的光吸收原理

(a)、(b) 金属纳米颗粒在 OSCs 中的应用;(c) 金属纳米光栅在 OSCs 中的应用

光子晶体是由不同折射率的介质周期性排列组成的,可通过结构设计来调控其光子禁带,实现对入射光的操纵性,同时具有低损耗的特点。在 OSCs 中构建光子晶体这种特殊的光学结构,可实现对特定波段入射光的增反或增透作用,从而最大程度地降低电池前表面的反射损失和电池后表面的透射损失。目前在 OSCs 中应用较为广泛的是一维光子晶体。一般地,一维光子晶体多制作在电池的前电极或背电极上[如图 4-23 (a) 中位置 1

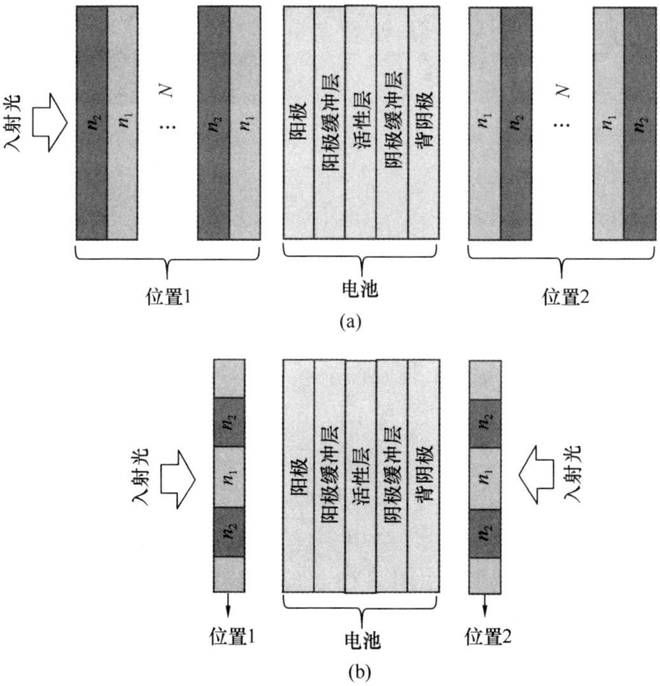

图 4-23 一维光子晶体在 OSCs 中应用示意图

(a) 平面型;(b) 光栅型

和 2 所示],起到对入射光在前电极处的增透作用、在背电极处的高反射作用,使入射光更多地耦合到活性层中并与之多次相互作用,达到提高光吸收的目的。对于置于电池背电极后的光子晶体[如图 4-23 (a) 位置 2 所示],也称为太阳能电池的背反射器。传统的银背反射器虽然反射效率高,但其成本过于昂贵,铝背反射器的反光效果差,光子晶体则是一种理想的背反射器的替代品。除平板堆叠型结构以外,还可构建一维光栅型光子晶体,如图 4-23 (b) 所示,通过对该类光子晶体的优化,同样可实现高光透射率(置于位置 1 处)或高反射率(置于位置 2 处)。

对于半透明 OSCs，因缺少背反射电极导致活性层光吸收效率低是该类电池 PCE 不高的主要原因。为了实现其高效率并具有合理的透明度，就要对器件的光俘获和光透射进行综合优化，减少光吸收与透射之间的矛盾竞争，实现对太阳光的合理分配和充分利用。为此，除了前述的窄带隙活性材料的选用外，利用光子晶体的光学带隙特性对电池中的光场进行调控，将能量处于近紫外及近红外波段的光子反射回活性层，实现再次或多次吸收，以提高电池的 PCE，而让可见光波段的光子部分通过电池，保证合理的透明度。例如，将一维光子晶体 $[MoO_3/LiF]_5$ 集成于 PCDTBT：$PC_{70}BM$ 半透明 OSCs 中，通过光子晶体的光学带隙特性提高了 600～800nm 波段的光吸收，取得了 5.31% 的 PCE，25%的平均可见光透光率（380～780nm）和接近 100 的显色指数；再如，将非周期光子晶体集成于 PTB7：$PC_{71}BM$ 的半透明 OSCs 中，实现了对近红外和近紫外光的同时操控，获得了 5.6%的 PCE 和 30%平均可见光透光率；又如，将一维级联光子晶体集成于半透明 OSCs 中，同时提高了 400～700nm 可见光波段光透射率和小于 400nm 的近紫外波段及 700～900nm 近红外波段活性层的光吸收率，器件的短路电流密度达不透明器件的 76%，色坐标接近 Planckian 轨迹，色温接近 4000K。

4.4.5 三元共混体系 OSCs

多组分 OSCs 是在二元本体异质结基础上发展起来的，它的活性层中含有三种以上成分，因而相比于二元体异质结电池，可以具有更宽的吸收光谱，有潜力获得更高 PCE。目前多组分 OSCs 里研究比较多的是三元共混体系，该体系中，可以有两种给体材料，一种受体材料，也可以有一种给体材料，两种受体材料。第三种材料的引入，不仅可以更好地拓宽吸收光谱，同时具有调节体系形貌、提高载流子迁移率等作用。目前很多三元共混体系 OSCs 的 PCE 已经超过 17%，显示出非常优异的性能和潜力。

4.5 有机太阳能电池的制备方法

OSCs 使用的材料种类比较多，所以其制备方法也比较复杂。这里仅简单介绍 OSCs 活性层的制作。

由于很多有机小分子材料溶解性比较差，通过溶液工艺很难获得足够厚的薄膜，所以有机小分子活性层通常通过真空热蒸镀的方式制备。真空热蒸镀法是将待制备样品放在高真空（一般要求真空度达到 5×10^{-4} Pa 以下）蒸镀腔体内，使小分子材料的升华温度降低，在加热到几百度条件下就能使其以气态形式蒸发，从靶源扩散到基片上。蒸镀的速率通过控制蒸发源温度调节，薄膜厚度可以通过石英晶体天平或激光干涉仪监控。对于多种材料的掺杂，可以采用多个蒸发源同时蒸镀的方法，掺杂比例通过分别调节各个蒸发源的温度，也就是调节蒸发速率控制。真空热蒸镀方法制备的薄膜一般比较均匀，厚度容易控制，但高温条件下会对一些材料造成损伤，容易形成层与层之间的扩散渗透。

对于溶解性较好的小分子材料和无法蒸镀的聚合物材料，可以通过滴涂、旋涂、丝网印刷、刮刀涂布、转移印刷、卷对卷印刷、喷墨打印等工艺制备。由于有机膜比较薄，一般只有 100～300nm，因此这些溶液工艺很容易造成薄膜不均匀和针孔，特别是大面积制备，往往缺陷很多，成品率低。这些工艺中旋涂法最为成熟，具有高效、稳定等优势，是实验室制备 OSCs 的常规工艺。旋涂工艺需要将材料溶解于溶剂中，滴加在基片上，高速旋转基片（旋转速度一般在 1000～8000rps 不等），旋转过程中大部分溶液在离心作用下脱离基片，留下部分也会挥发大部分溶剂，在基片上附着一层几纳米到几百纳米不等的含有一定残余溶剂的薄膜。旋涂后的薄膜一般要经热处理或溶液工程等方法，达到去除残余溶剂，改变材料结晶状态，实现薄膜相分离形貌等目的。

真空热蒸镀法制备本体异质结活性层时，由于混合十分均匀，对载流子传输是不利的，需要经过后期热处理、溶剂工程等方式促进不同组分的结晶，实现适当大小和形貌的纳米尺度相分离，以利于形成电子、空穴顺畅的传输通道。旋涂法是制备本体异质结活性层更为理想的方法，容易通过调节给受体的混合比例、调控溶剂的极性和表面张力、使用添加剂、后处理等工艺优化活性层的形貌，使给受体材料形成纳米尺度的相分离，并获得准连续的互相贯穿网络。当然针对不同的活性层体系对应不同的优化工艺，例如对于 P3HT：PCBM 体系，后退火处理对于优化 P3HT：PCBM 形貌很关键，有利于提高 P3HT 的结晶性；但对于 PTB7：PCBM 体系，不需要后退火，但添加剂 DIO 或 ODT 是不可或缺的，有利于促进给受体的垂直相分离，提高载流子的传输。

最理想的本体异质结结构当然是给受体材料在垂直于电极方向上形成上下互穿的网络，使载流子在各自通道内纵向运动，减少横向运动，以减少电子和空穴复合的概率，但目前的加工工艺实现这一结构还是相当困难的。随着材料自组织结构、超分子结构甚至可编程结构等技术的发展，有望实现。

4.6　有机太阳能电池的发展现状及展望

虽然 OSCs 的有机材料期望成本较低，能源产出与消耗比值较大，但受限于组件及系统成本等因素，效率过低的 OSCs 无论成本多低，都几乎不具有大规模商业化生产的成本优势。因此，提高 OSCs 的 PCE、寿命和大面积器件性能成为目前 OPV 研究的主要方向，并且其核心问题是新材料的开发。

自 1992 年以来，富勒烯及其衍生物作为 OPV 发展史上最重要的材料之一，使 OSCs 的 PCE 达到 3%～12%的水平。考虑到非常低的器件寿命，这一效率水平不足以使 OSCs 具有足够的商业化价值。

2012 年以来，非富勒烯受体成为提高 OSCs 性能的一个全新增长点。占肖卫团队在 2015 年报道了 A-D-A 结构的受体材料 ITIC，由于其可以吸收部分较长波长的太阳光谱，实现了 11.21%的 PCE，ITIC 的优异性质获得广泛关注。邹应萍团队在 2017 年通过对其核的氮原子取代，制备出 A-DA′D-A 结构的 BZIC，进一步增加了吸收光谱的红移；在此基础上，又合成出 Y6 材料，成为近十年来 OPV 领域出现的最重要材料之一。由于 Y6 材料的优异性质，它像足球烯一样成为一种基准材料，大量基于 Y6 的衍生结构被创造出来，如改变烷基链的长度和位置，使用卤素替换，增减或替换推拉电子结构单元等，用以优化其吸收光谱、溶解性、结晶性、成膜性、电荷传输性和稳定性等性能。自 2019 年以来，主要得益于 Y6、PM6 等材料及其衍生物系列非富勒烯近红外材料的发明和应用，OSCs 的 PCE 从大约 13%升至超过 20%，其中有很多材料体系的 PCE 超过 18%。这一性能已经达到实用化光伏器件对效率的要求。

可以预见，随着新材料、器件新结构、新原理方面研究的突破，以及更加精细的分子和分子界面调控技术的发展，有望通过自组装、可编程技术在原子分子尺度上操控有机分子的化学结构和电子结构，优化活性层的相分离和形貌，优化器件的界面结构等，OSCs的效率必将会有大幅提升。

考虑到目前OSCs的PCE已经达到实用化标准，且可预期会进一步发展，其长寿命和低成本、大面积器件方向的研究将成为实现OPV实用化的重要研究方向，这既包括对有机材料本身的改造，也包括器件结构、材料组合、掺杂、封装和制造工艺等。

此外，OSCs由于具有柔性、质量轻、半透明等方面的优势，使其可以应用于一些特殊场景，如可穿戴柔性轻量化光伏器件、半透明发电玻璃幕墙、室内弱光条件下的光伏发电等。

思考题

1. 简述有机材料中主要的光物理过程。
2. 简述激子的类型、特点及传输机理。
3. 简述有机太阳能电池给体和受体材料的类型、特点和设计规则。
4. 简述有机太阳能电池的基本结构类型，各有什么优缺点。
5. 以本体异质结结构为例，简述有机太阳能电池的工作原理。
6. 简述有机太阳能电池的主要制备方法和过程。
7. 简述叠层有机太阳能电池的工作原理。
8. 简述表面等离激元提高有机太阳能电池能量转化效率的机理。
9. 分析提高有机太阳能电池能量转化效率的主要途径。
10. 相比于无机太阳能电池，有机太阳能电池有哪些优缺点？分析其未来的发展趋势和潜在的应用。

参考文献

[1] 黄维，密保秀，高志强. 有机电子学[M]. 北京：科学出版社，2011.

[2] 樊美公，姚建年，佟振合. 分子光化学与光功能材料科学[M]. 北京：科学出版社，2009.

[3] 张正华，李陵岚，叶楚平，等. 有机太阳电池与塑料太阳电池[M]. 北京：化学工业出版社，2005.

[4] LIU Y，LIU B，MA C Q，et al. Recent progress in organic solar cells (Part I material science)[J]. Sci. China Chem，2022，65：224-268.

[5] DING L M. Organic Solar Cells：Materials Design，Technology and Commercialization[J]. Wiley，2022.

[6] GAO H，HAN C，WAN X，et al. Recent progress in non-fused ring electron acceptors for high performance organic solar cells[J]. Chen，Ind. Chem. Mater. 2023，1：60.

5 染料敏化太阳能电池

5.1 DSSC的发展历史

染料敏化太阳能电池（Dye-Sensitized Solar Cell，DSSC）作为第三代太阳能电池，与第一代硅基太阳能电池和第二代薄膜太阳能电池相比，低廉的生产成本、简单的制备工艺及较高的理论光电能量转换效率（Solar-to-electrical Power Conversion Efficiency，PCE）是其最大的技术优势。DSSC的发展历史可以追溯到20世纪60年代末期，H. Gerischer和H. Tributsch等人发现，ZnO晶体表面吸附有机染料后能够产生光电流。随后，H. Tributsch和M. Calvin进一步证实了敏化的ZnO半导体在太阳能转化过程中扮演着重要角色。由于PCE比较低（低于3.0%），这种电化学器件在那个时期并没有引起人们足够的关注。直到1991年，瑞士洛桑联邦理工学院的M. Grätzel和B. O'Regan在这种电化学器件中使用了介孔TiO_2薄膜，使其PCE取得了重大突破，达到了7.1%～7.9%。这种电化学器件就是今天大家所熟知的DSSC。此后20多年，DSSC的研究和开发取得了快速发展，如图5-1所示。2019年，该电池获得12.25%的认证效率；2020年获得13%的认证效率。目前，该电池实验室的最高效率已达15.2%，超过了硅基电池商业化应用15%的效率基准。

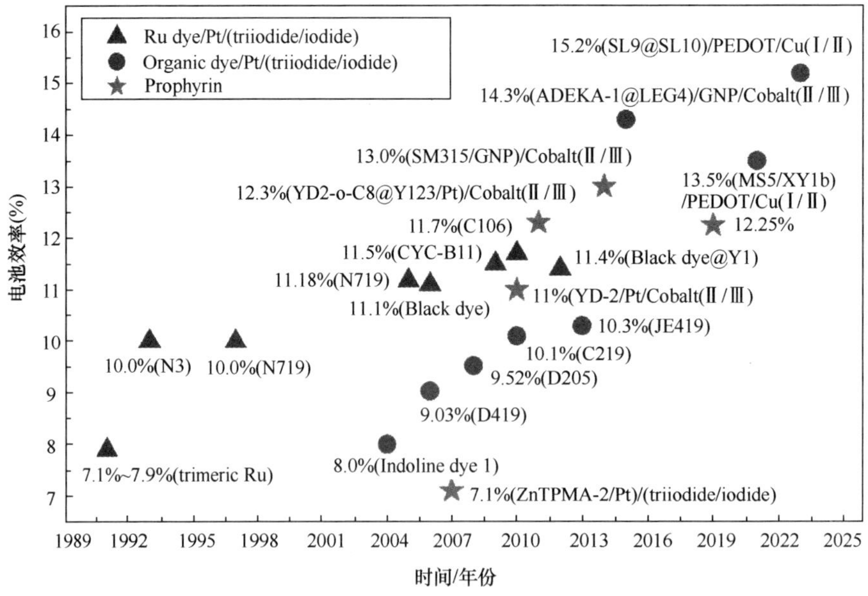

图5-1 DSSC的效率发展里程

注：▲：Ru染料（N3，N719，CYC-B11，C106，Black Dye）/铂金对电极/碘电对电解液（I_3^-/I^-）；●：有机染料（Dye 1，D419，D205，C219，JE419，ADEKA-1@LEG4）/铂金对电极/碘电对电解液（I_3^-/I^-）；★：卟啉染料（YD-2，YD2-o-C8，SM315）

5.2 DSSC 的基本结构

如图 5-2 所示，典型的 DSSC 由四部分组成：半导体光阳极、敏化剂或染料、氧化-还原电解液及对电极。一些文献也将 DSSC 的基本结构称为“三明治”结构，即染料敏化的光阳极、对电极和电解液。FTO 或 ITO 导电玻璃作为衬底，介孔 TiO_2 半导体薄膜沉积在导电玻璃衬底上作为光阳极；贵金属铂（Pt）或热解或电化学沉积或溅射在导电玻璃衬底上作为对电极或电催化剂；阳极和对电极材料通过封装膜封装，然后向其中注入电解液，再次封装电解液注入孔，组成 DSSC 的基本结构单元。为了多次利用入射光线，提高光电子产率，在介孔 TiO_2 半导体表面（光吸收层）增加一层光散射层 TiO_2。鉴于贵金属铂成本昂贵、资源稀缺等缺点，可采用合金、碳材料、导电聚合物、过渡金属化合物及它们相应的复合材料等代替贵金属铂作为对电极催化剂。

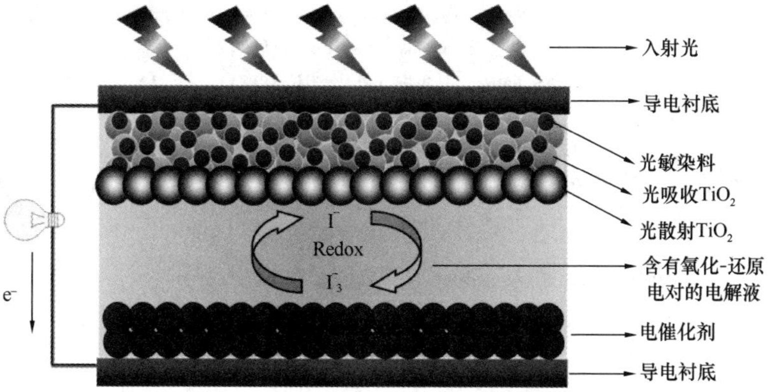

图 5-2　DSSC 的基本结构单元

注：Redox—氧化还原反应

5.3 DSSC 的工作原理

在所有不同类型的太阳能电池中，将太阳能转换成电能都涉及两个重要的过程：光生电子的产生和光生电子空穴对的分离转移。与传统 pn 结太阳能电池相比，DSSC 的这一过程不再依赖于半导体本身单独完成，而是分别依靠对光响应性能强的染料和具有较高电子迁移率的半导体（如 ZnO、TiO_2 等）共同完成，这也是 DSSC 区别于其他太阳能电池的本质特征。

DSSC 的工作原理如图 5-3 所示。在太阳光的照射下，TiO_2 光阳极表面吸附的染料分子受激发，由基态跃迁到激发态，激发态的染料分子将光生电子注入 TiO_2 导带中，注入的电子在 TiO_2 纳米晶网络中传输，在导电层被收集，经由外电路输送到对电极，产生光电流。氧化态的染料分子被电解液中的 I^- 还原成基态而再生，I^- 自身被氧化而生成 I_3^-；电解液中的 I_3^- 在对电极上得到电子而被还原成 I^-，从而构成一个完整的氧化-还原闭合循环过程。显然，太阳光提供的能量 $h\upsilon$ 是 DSSC 工作的驱动力。

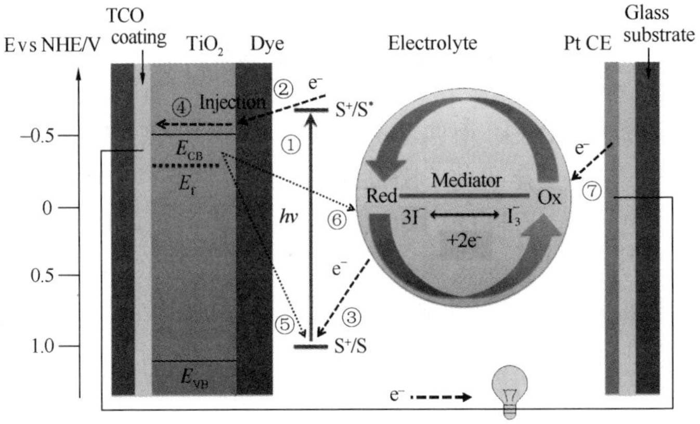

图 5-3　DSSC 的工作原理

注：E vs NHE/V—电势 vs 标准氢电极/V；TCO coating—透明导电膜涂层；
Dye—染料；Injection—电子注入；Electrolyte/Hole-transporter—电解质/空穴传输层；
CE—对电极；Glass substrate—玻璃基质；
Mediator—中介物（氧化—还原电对）

在光电流产生过程中，光生电子传输通常会经历以下 7 个过程：

过程①：吸附在 TiO_2 表面的染料分子在入射光的照射下由基态(S)跃迁到激发态(S^*)。

$$S + h\upsilon \longrightarrow S^*$$

过程②：激发态的染料分子(S^*)将光生电子注入 TiO_2 导带。

$$S^* \longrightarrow S^+ + e^-_{(CB)}\ \text{(CB：Conduction Band，导带)}$$

过程③：氧化态的染料分子 S^+ 被电解液中的 I^- 还原而再生。

$$2S^+ + 3I^- \longrightarrow 2S + I_3^-$$

过程④：注入导带的电子在 TiO_2 纳米晶中传输至背接触面，而后流入外电路。

$$e^-_{(CB)} \longrightarrow e^-_{(BC)}\ \text{(BC：Back Contact，背接触)}$$

过程⑤：导带电子与氧化态染料分子复合。

$$S^+ + e^-_{(CB)} \longrightarrow S$$

过程⑥：导带电子与电解质中的 I_3^- 复合。

$$I_3^- + 2e^-_{(CB)} \longrightarrow 3I^-$$

过程⑦：I_3^- 扩散到对电极上得到电子被还原成 I^-。

$$I_3^- + 2e^-_{(CE)} \longrightarrow 3I^-\ \text{(CE：Counter Electrode，对电极)}$$

DSSC 内部电势的损耗主要来自电解液中染料分子的再生过程以及半导体中导带电子的复合。显然，抑制或阻碍界面电子与染料分子及界面电子与电解液的复合，是提高 DSSC 性能的有效策略。

5.4　DSSC 的表征技术

借助一些非破坏性的测试技术及评价方法，可以深入了解和认识影响电池工作性能的关键因素。例如，通过测量量子效率谱，能够了解材料的质量、几何结构、制作工艺对电池性能的影响，从而指导结构设计和制备工艺的改进。采取必要的技术手段对这些影响因素进行调控，有助于改善电池的整体工作性能及系统的稳定性。

5.4.1 光电性能表征

1. 光伏性能测试

DSSC光伏性能测试可以在太阳光照射下进行，也可以在室内模拟太阳光下进行，实验室研究通常在室内模拟的太阳光下进行。为了使测试结果具有可比性，太阳能光伏能源系统标准化技术委员会（IEC-TC82）规定了硅太阳能电池的标准测试条件，即测试光源具有标准的AM1.5太阳光谱辐射分布，测试温度为（25±2）℃，入射光输入功率密度或光谱辐照度为100mW/cm²。

图5-4是DSSC的*J*-*V*特性曲线。在图中，电压为零时，特性曲线上纵轴截距为短路电流；电流为零时，特性曲线上横轴的截距为开路电压；短路电流和开路电压围成的矩形面积（图中虚线和两坐标轴围成的矩形）为电池理论上所能产生的最大功率；曲线的拐点（图中虚线圈）对应着最大输出功率时的电流和电压，该点所对应的矩形面积（图中阴影部分）为电池实际产生的最大功率；填充因子即为图中内、外两个矩形面积的比值。显然，具有相同短路电流和开路电压的两个电池，制约其DSSC光电转换效率的参数就是填充因子。

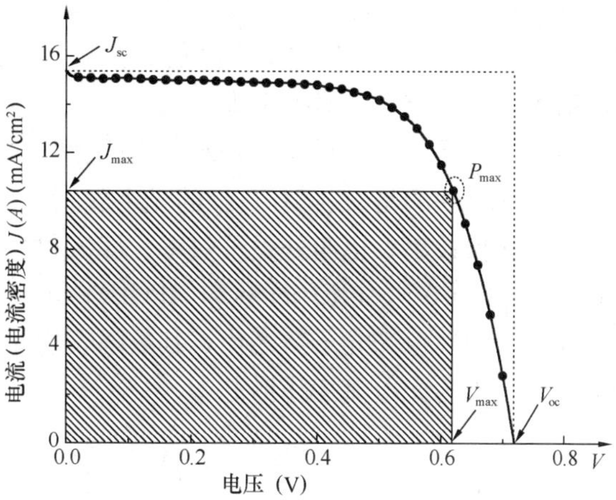

图5-4 DSSC电流（电流密度）-电压（*J*-*V*）特性曲线

在实际测试中，由于电池的有效面积不同，所以，一般用电流密度来表示*J*-*V*曲线中的电流。通过对电池*J*-*V*特性曲线的测量，从中可以得到光伏器件的开路电压、短路电流密度和最大输出功率点。由最大输出功率处的开路电压和短路电流密度，根据式(5-1)可求得电池的填充因子。此外，在已知入射光输入功率的前提下，根据式（5-2）可求得光电能量转化效率。实际上，目前的太阳能模拟器测试系统自带的程序软件能够直接给出测试结果。

$$FF=\frac{P_{max}}{J_{sc}\times V_{oc}}=\frac{J_{max}\times V_{max}}{J_{sc}\times V_{oc}} \tag{5-1}$$

$$PCE=\frac{P_{max}}{P_{in}}=\frac{FF\times J_{sc}\times V_{oc}}{P_{in}} \tag{5-2}$$

式中，FF为填充因子；J_{sc}为短路电流密度（mA/cm²）；V_{oc}为开路电压（V）；P_{max}为最大输出功率密度（mW/cm²）；P_{in}为入射光输入功率密度或辐照度（mW/cm²）；J_{max}为最大输出功率密度对应的短路电流（mA/cm²）；V_{max}为最大输出功率密度对应的开路电压

(V)；PCE 为光电能量转换效率（%）。

2. 光谱响应测试

光谱响应测试应当在 AM 1.5 相对光谱分布的白偏置光下进行，白偏置光的光强应保证即使偏置光强减少 50%，光谱响应也不会有明显变化。实践中，常用的光谱响应指的是相对光谱响应，即用光谱响应范围内一系列不同波长的单色光照射电池并在每一波长下测量其短路电流和辐照度，并用绝对光谱响应的最大值进行归一化处理而得到光谱响应曲线。在特定负载电压下，绝对光谱响应反映了入射光子所能产生电子形成电流的能力。

DSSC 的光谱响应测试，或称量子效率测试、光电转化效率测试等，广义上来说，就是测量光电材料在不同光波长条件下的光生电流数值。量子效率（Quantum Efficiency，QE）用来表征光电流与入射光的关系，以描述不同能量的光子对 J_{sc} 的贡献。量子效率分为内量子效率（Internal Quantum Efficiency，IQE）和外量子效率（External Quantum Efficiency，EQE），前者定义为电池吸收某一波长的一个入射光子能对外电路提供一个电子的概率，后者定义为对整个太阳光谱，每个波长为 λ 的入射光子能对外电路提供一个电子的概率。内量子效率反映的是对 J_{sc} 有贡献的光生载流子数与被电池吸收的光子数之比，外量子效率反映的是对 J_{sc} 有贡献的光生载流子密度与入射光子密度之比。

光电转换效率，也叫外量子效率，即入射单色光子-电子转化效率（Incident Photon-to-electron Conversion Efficiency，IPCE），定义为单位时间内外电路中产生的电子数与单位时间内入射单色光光子数之比，其数学表达如式（5-3）所示。IPCE 与入射光波长之间的关系曲线即为光电流工作谱。

$$IPCE(\lambda) = \frac{N_e}{N_p} = 1240\frac{J_{sc}}{\lambda P_{in}} \tag{5-3}$$

式中，N_e 为外电路中产生的电子数；N_p 为入射单色光光子数；J_{sc} 为某一波长下的短路电流密度（mA/cm^2）；P_{in} 为某一入射光的输入功率密度或辐照度（mW/cm^2）；λ 为某一入射光的波长（nm）；$IPCE$ 为光电转换效率（%）。

从DSSC 电流产生的过程考虑，$IPCE$ 与光捕获效率（Light Harvesting Efficiency，LHE）、电子注入量子产额（Quantum Yield for Electron Injection）及注入电子在纳米晶膜与导电基板背接触面（Back Contact）上的电荷收集效率（Charge Collection Efficiency）三部分相关，因此，$IPCE$ 是一个与入射光子能量有关的参数，如式（5-4）所示。

$$IPCE(\lambda) = LHE(\lambda)\varphi_{inj}(\lambda)\varphi_{cc}(\lambda) = LHE(\lambda)\varphi(\lambda) \tag{5-4}$$

$$IPCE(\lambda) = LHE(\lambda)\varphi(\lambda) \tag{5-5}$$

式中，LHE 为光捕获效率；φ_{inj} 为电子注入的量子产额；φ_{cc} 为导电基板背接触面上的电荷收集效率。

在式（5-4）中，$\varphi_{inj}(\lambda)\varphi_{cc}(\lambda)$ 可以看作内量子效率 $\varphi(\lambda)$ [$0 \leqslant \varphi(\lambda) \leqslant 1$]。$\varphi(\lambda)$ 只考虑了被吸收光的光电转化，而 $IPCE(\lambda)$ 既考虑了被吸收光的光电转换，又考虑了光的吸收程度。作为太阳能电池，必须考虑所有入射光的利用，所以，用 $IPCE$ 表示其光电转化效率更合理，能够更好地表示电池器件对太阳光的利用程度。很显然，对于同一体系，

$IPCE(\lambda) \leqslant \varphi(\lambda)$ 。对于不太注重光捕获效率的研究，常用 $\varphi(\lambda)$ 表示光电转化效率。

通常，太阳能电池量子效率都是指外量子效率，也就是说，器件中光电材料表面的光子反射损失是不被考虑的。电池的外量子效率或者 *IPCE* 可以通过实验直接测得。电池的内量子效率谱的确定需要考虑电池光电材料的反射、光学厚度、吸收、几何结构等因素。内量子效率可以利用式（5-5）通过间接的方式获得，如 ZnO 纳米线 DSSC 内量子效率的计算，用 *IPCE* 除以 *LHE* 即可获得。

3. 温度系数和稳定性测试

对于传统的硅太阳能电池，随电池所处环境温度的变化，电池的电性能参数也会随之改变。电性能参数随温度的这种变化关系通常用温度系数来描述。

对于使用不同的电解液、染料、光阳极和对电极的 DSSC 而言，由于电极材料和电池内部反应过程不同，不同电池对温度变化所产生的响应也会不同。因而，电池的电性能随温度的变化存在差异。随着测试环境温度升高，溶剂的黏度减小，离子在溶剂中的传输速率加快，使 *FF* 和 J_{sc} 增加；温度的进一步升高，溶剂黏度变化很慢，电导变化很快，使开路电压下降；随着光强的降低，弱光条件下 DSSC 的 *PCE* 上升很快。从商业化应用角度出发，必须对温度和辐照度进行修正，使测试系统达到较高的测试精度，以评估光伏器件电性能的真实情况。

由于太阳能电池的温度系数随入射光输入功率的变化而变化，也随测试环境温度的变化而有差异，因此对于温度系数的测试，必须标明入射光输入功率的大小和环境温度。通常的温度系数测试指的是电流温度系数、电压温度系数及入射光输入功率密度（辐照度）温度系数的测试。温度系数的测试，最好是在由 IEC 标准规定的模拟太阳光下进行，至少要测量两个具有代表性的、其面积和结构特征与相应的组件完全相同的太阳能电池。

通过稳定性的测试（通常分为间断测试和监控测试），可以获得电池 *PCE*、J_{sc}、V_{OC} 和 *FF* 随测试时间（最少 1000h）的变化关系，进而评估电池的稳定性和寿命。

5.4.2 电化学性能表征

通常，伏安法、电化学阻抗谱、分光电化学是对电池电化学性能评价的主要方法。使用这些技术手段对电池不同组成部件的电化学特征进行表征，可以充分获得染料分子的能级、电极反应的可逆性及电化学反应动力学过程等重要信息，以此对电池器件的电化学性能做出合理的评估。

1. 伏安法

常见的伏安法有循环伏安法、微分或差分脉冲伏安法和矩形波伏安法。循环伏安法是最常见、最普遍的电化学测试技术。标准的电化学性能测试系统是三电极稳压器测试系统。三电极分别是工作电极、参比电极和对电极。参比电极一般是 Ag/Ag^{+}，对电极一般是 Pt。电压以恒定的速率扫描，电流被持续监测。测试的电流来源于非感应电流和感应电流，前者由电解液与电极界面电容充电产生，后者由电极上电子传输产生。从循环伏安测试结果能够获得氧化-还原电位和电子传输过程可逆性等信息。

用循环伏安法能够对 DSSC 对电极催化剂的催化活性进行有效的评价。图 5-5 是 Pt

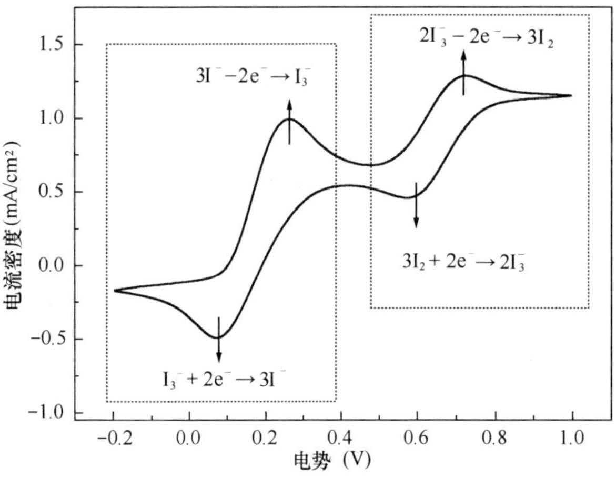

图 5-5　Pt 对电极循环伏安特性曲线的示例

对电极循环伏安特性曲线的示例。Pt 是一种优秀的 DSSC 对电极催化剂。从图中可以清晰地看到两对典型的氧化-还原电流密度峰。低电势一侧的氧化-还原峰（左侧虚线框）归因于式（5-6）所示的化学反应；而高电势一侧的氧化-还原峰（右侧虚线框）归因于式（5-7）所示的化学反应。前者对 DSSC 的光伏性能有显著的影响，而后者对 DSSC 的光伏性能的影响并不显著。实践中，研究人员更加关注左侧虚线框所示的氧化-还原反应，以评估对电极催化剂的催化活性。

$$I_3^- + 2e^- \longrightarrow 3I^- \tag{5-6}$$

$$3I_2 + 2e^- \longrightarrow 2I_3^- \tag{5-7}$$

使用含有碘电对的电解液，对电极的这种循环伏安曲线表明对电极具有卓越的催化活性，能够有效地将 I_3^- 还原成 I^-，有利于染料分子的再生。此外，这种特性曲线也表明在对电极表面发生的氧化-还原反应能够顺利地进行，具有较好的可逆性。

在开发非 Pt 或类 Pt 对电极材料的过程中，循环伏安法是一项有效的技术评价手段，用来评估对电极材料是否具有催化活性，是否具备取代 Pt 对电极的可能性。通常的做法是比较开发的对电极与 Pt 对电极的循环伏安特性曲线。通过比较氧化-还原电流峰的形状、位置、过电势的大小、阴极峰电流密度的大小等，可以知道该对电极材料催化活性的优劣。

2. 电化学阻抗谱

电化学阻抗谱（Electrochemical Impedance Spectroscopy，EIS）作为一种频域（Frequency Domain）测量方法，速度较快的响应由高频部分的阻抗谱反映，而速度较慢的响应则由低频部分的阻抗谱反映，较宽频率范围内的阻抗谱能够得到更多的电池内部化学反应动力学信息及电极界面结构信息。

阻抗被定义为电压与电流的频域比，以复数形式表示。对电阻（R）而言，阻抗不受调制频率的影响；对电容（C）和电感（L）而言，阻抗随频率而变化。在一个较宽的频率范围内，“等效元件”，如 R、C、L 及描述扩散过程的 Z_N（或 Z_W）等通过串联、并联连接，R_C和 Z_N可以构成或简单或复杂的等效电路，以此来描述阻抗特性。进一步与其他电化学测试方法（如循环伏安测试、塔菲尔极化测试等）相结合，可以推测待测 DSSC 系统中的动力学过程及其反应机理。

在 DSSC 研究中，电化学阻抗谱是一个非常有用的测试表征方法。通过对阻抗谱进行数据处理，可以获得串联电阻（Series Resistance，R_s）、传荷电阻（Charge Transfer Resistance，R_{ct}）、离子扩散电阻（Diffusion Resistance，Z_W或 Z_N）、电子传输和复合电阻

(Electron Transport and Recombination，$R_{et\text{-}re}$）以及界面双层化学电容（Chemical Capacitance 或 Constant Phase Element，C_μ 或 CPE）等参数信息。这些参数可以用来有效地解析阻抗谱，并且电池效率也取决于这些参数的变化。

对于 DSSC 的电化学阻抗谱，通常根据等效电路来对数据进行拟合。除了测试系统自带的拟合软件外，Z-view 是一款常用的阻抗谱拟合软件。通过对阻抗谱的解析，可以对电池电化学性能做出客观的评估。阻抗的频谱特性可以通过能奎斯特（Nyquist）图（图 5-6）来表述，横轴是阻抗的实部，纵轴是阻抗的虚部。当频率由高频向低频变化时，DSSC 内部界面化学反应动力学过程的阻抗信息就会在相应的频率域出现。

对于完整的 DSSC，理想的阻抗分析 Nyquist 图由三个半圆组成。在图 5-6（a）所示的 Nyquist 图中，高频域第一个半圆代表对电极/电解液界面传荷电阻 R_{ct1} 及相应的电容 CPE1；中间第二个半圆代表光阳极/染料/电解液界面传荷电阻 R_{ct2} 及相应的电容 CPE2，R_{ct2} 值的大小主要取决于光阳极电子注入效率的高低及激发态染料分子的多少；低频域第三个半圆代表电解液中碘离子的能斯特扩散阻抗 Z_N。相应的等效电路如图 5-6（c）所示。

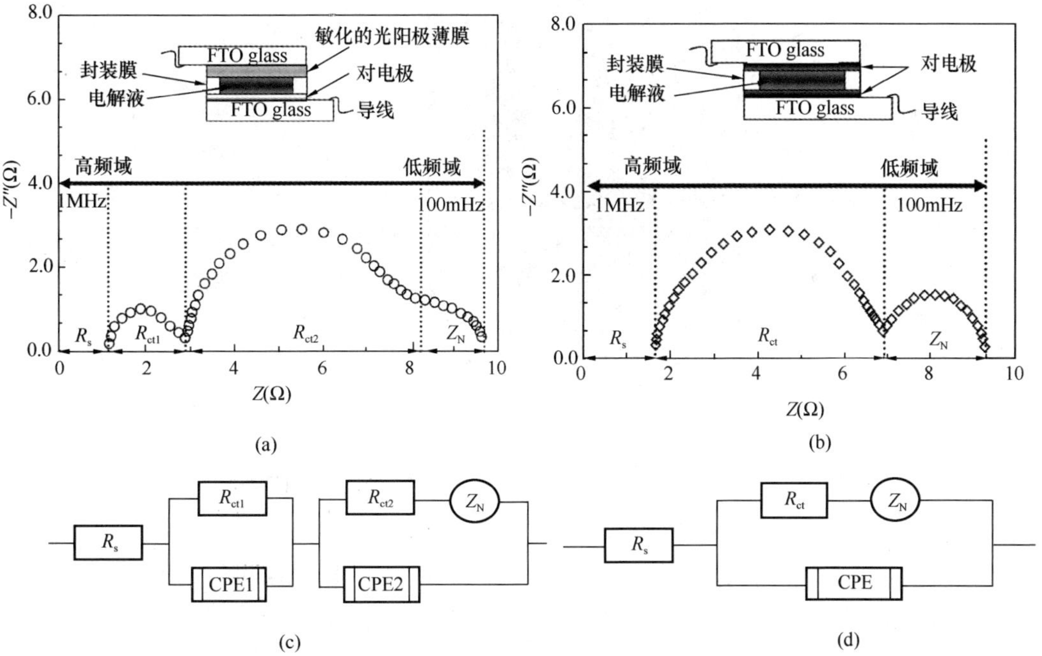

图 5-6　DSSC 的阻抗分析 Nyquist 图（FTO glass—F 掺杂的 SnO_2 导电玻璃）

（a）全电池；（b）对称电池；（c）全电池对应的等效电路图；（d）对称电池对应的等效电路图

对于由两块相同对电极材料构成的对称电池，理想的阻抗谱表现为两个近似的半圆，如图 5-6（b）的 Nyquist 图所示。在高频域，第一个半圆代表在电极/电解液界面上电荷传输的阻抗 R_{ct}；在低频域，第二个半圆代表电解液中碘离子的能斯特（Nernst）扩散阻抗 Z_N。在大约 100kHz 高频域，横轴或实轴上的截距（对应的相位角为零）代表串联电阻 R_s。通过半圆的大小和位置能够大体上比较不同对电极材料的电化学催化性能。对电极阻抗测试频率范围一般为 1MHz～100mHz。这里，R_s 是串联电阻，主要指导电基板电阻和引线电阻；R_{ct}和 CPE 分别是对电极和电解液界面的传荷电阻及双层化学电容；Z_N是电解液中碘离子的能斯特扩散阻抗。

在理论上，对于一个完整的“三明治”结构的 DSSC，其阻抗谱按频率高低可以划分为四个频域区，在相应的 Nyquist 图上应该出现四个半圆，但是，光阳极/导电基板界面阻抗被其他过程所覆盖，很难直接观察到。所以，在大多数情况下获得的阻抗谱与图 5-6 相似。

3. 塔菲尔极化

1905 年，塔菲尔提出了一个经验公式，通过过电位与电流密度的对数来描述过电位与电流密度之间的关系，如式（5-8）所示。从塔菲尔曲线可以直接或间接获得交换电流密度（J_0）、极限扩散电流密度（J_{lim}）、传递系数、反应速度常数等。

$$V = a + b\lg J \tag{5-8}$$

式中，a 为常数；b 为常数；V 为过电位；J 为极化电流密度。

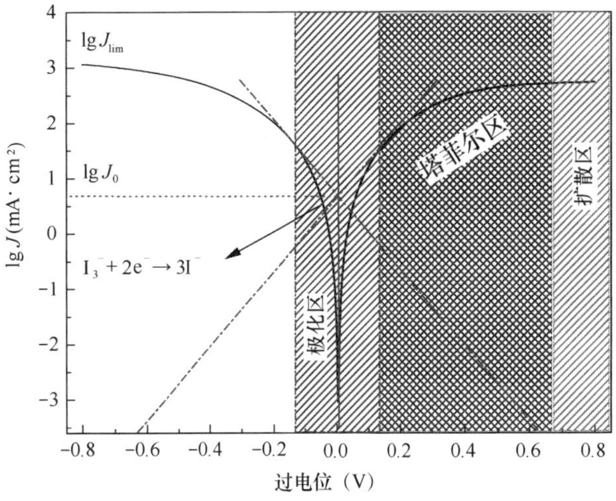

图 5-7　塔菲尔极化曲线

图 5-7 是塔菲尔极化曲线。根据过电位由低向高，塔菲尔曲线能够被划分为三个区域：极化区、塔菲尔区和扩散区。在极化区（过电位｜V｜<约 116mV），当极化电流密度 J 比交换电流密度 J_0低很多时，过电位与极化电流密度呈线性函数关系。在塔菲尔区，极化电流密度 J 远大于交换电流密度 J_0。以一定速率进行的电极反应，过电位的大小取决于传递系数、反应温度及交换电流密度。在扩散区，近似水平的曲线主要由电解液中碘离子的扩散所致。

在 DSSC 对电极催化活性的评价中，主要考查催化材料对 I_3^- 的还原能力。因此，塔菲尔极化测试主要关注其阴极分支（图 5-7 中左侧分支）。通过 J_0和 J_{lim}这两个与催化剂的催化活性关系密切的参数，可以评价对电极材料对碘离子的还原能力以及电解液中 I_3^- 的扩散能力。

通过塔菲尔直线外推法，可以间接求出与塔菲尔曲线相关参数的值。

（1）对阴极分支和阳极分支，将其线性部分外推，得到 V-lg$J$ 曲线，图 5-7 中两条交叉的点画线，其交点即为 lgJ_0的值。

（2）在塔菲尔极化曲线的极化区，在平衡电位附近测量的 V-J 曲线，其线性部分的斜率即为极化电阻。在 DSSC 对电极研究中，它相当于对电极/电解液界面的 R_{ct}。根据式（5-9）可求得 J_0的值。显然，R_{ct}和 J_0之间是一种反比例的关系，通过 J_0的值可进一步求得电极反应速度常数。

J_0是评价电化学反应活性的重要指标。较大的 J_0意味着电极材料对 I_3^- 的还原具有较高的催化活性。通过比较塔菲尔极化曲线的陡峭程度来比较不同对电极材料催化活性的高低，曲线越陡，意味着对电极材料的催化活性越高。

可以把塔菲尔极化曲线的阴极分支与 Y 轴的交叉点看作 $\lg J_{\mathrm{lim}}$。理论上，J_{lim} 和扩散系数 D 呈线性关系。在相同的电位下，较大的 J_{lim} 意味着电解液中 I_3^- 具有较大的扩散系数 D，也就是说，I_3^- 的扩散速度比较快。I_3^- 在电解液中较快的扩散速度意味着碘离子的能斯特扩散阻抗 Z_N 比较小，这是 DSSC 具有较好的光伏性能的主要原因之一。通过比较不同对电极材料的 J_{lim} 和 J_0，结合电化学阻抗谱解析中的 Z_N，可以有效评价对电极材料的催化活性。

$$J_0 = \frac{RT}{nFR_{\mathrm{ct}}} \tag{5-9}$$

式中，R 为通用气体摩尔常数；T 为热力学温度；F 为法拉第常数；n 为电解液与对电极界面每个化学反应转移的电子数（对碘电解质体系，$n=2$）；J_0 为交换电流密度。

在 DSSC 对电极的开发过程中，塔菲尔极化测试、伏安特性曲线以及电化学阻抗分析三者相结合，能够系统地评价对电极材料的电催化活性。

4. 光谱电化学

光谱电化学（Spectroelectrochemistry）就是将电化学分析与光谱分析（紫外-可见、红外、拉曼、荧光、电子自旋共振、核磁共振等）相结合，同时获取电化学和光谱学重要信息的一种联用测试技术。在 DSSC 光谱电化学研究中，常用紫外-可见光谱电化学（UV-vis Spectroelectrochemistry）对分子内电子跃迁产生的吸收光谱进行分析，研究反应物、中间体以及产物等信息，分析其对电子结构的影响变化规律。而用红外光谱电化学（Infrared Spectroelectrochemistry）可以检测电极表层能带结构的变化情况，检测电解液中及电极表面吸附产物的情况。至于其他光谱与电化学联用，如拉曼光谱电化学、电子自旋共振光谱电化学、核磁共振光谱电化学等，在现阶段 DSSC 的研究中并不多见。

5.4.3 光电化学性能表征

光电化学是将光化学与电化学方法合并使用，以研究分子或离子的基态或激发态的氧化-还原反应。DSSC 也是一个光电化学过程，即光照电极/电解液体系产生电子，而后电子注入光阳极导带、在光阳极中传输，在界面分离，在电解液中扩散，在导电基板上收集，并对碘离子起氧化-还原作用，最终将太阳能转换为电能。在 DSSC 的研究中，常用的光电化学测量技术主要包括电子传输测量、电子寿命测量、电子浓度测量、电子准费米能级测量、电荷收集效率测量、电子扩散长度测量及光致吸收光谱测量。如采用动态调制光电流谱/光电压谱（IMPS/IMVS）技术来测试扩散系数、电子寿命、收集效率、扩散长度等。

5.5 DSSC 光阳极

作为 DSSC 的核心组件，理想的光阳极材料应该具备以下特性：①原材料来源丰富、成本低、安全可靠；②比表面积大、孔容性好；③材料的结晶性好、电子迁移率高；④能级电位与染料、电解质相匹配。常见的光阳极材料见表 5-1。

表 5-1 常见的 DSSC 光阳极材料及电池光伏性能参数（AM1.5，100mW/cm²）

光阳极	结构	染料	V_{oc}（V）	J_{sc}（mA/cm²）	*FF*	*PCE*（%）
TiO_2	纳米颗粒	锌卟啉	0.94	17.66	0.74	12.30
ZnO	纳米粒子团聚体	N719	0.64	19.80	0.59	7.50
SnO_2	纳米粒子	N719	0.50	9.87	0.64	3.16
Zn_2SnO_4	纳米粒子	N719	0.68	9.20	0.75	4.70
Nb_2O_5	无序堆积纳米棒	N719	0.75	12.20	0.66	6.03
WO_3	纳米粒子	N3	0.38	4.67	0.37	0.74
$SrTiO_3$	纳米粒子	N719	0.79	3.00	0.70	1.80

5.5.1 纳米晶氧化物光阳极

ZnO 是较早用于 DSSC 光阳极的半导体氧化物，其物理化学性质和带隙与锐钛矿相 TiO_2 相近，并且电子迁移率是 TiO_2 的 5 倍多。但与 TiO_2 光阳极 DSSC 比较，ZnO 电池的效率更低，只有 7.5%左右。限制 ZnO 基 DSSC 的 *PCE* 进一步提高的主要原因是 ZnO 在酸性染料介质中的化学不稳定性及电子注入速率比较低。因为目前常用的 Ru 系染料（如 N719、N3 等）均为带有羧基（—COOH）的酸性染料，会向溶液中释放 H^+，ZnO 由于吸附电解质中的 H^+ 使表面带正电荷，从而与染料分子形成 Zn^{2+}/染料配合物，严重阻碍电荷分离，使电子不能有效进入 ZnO 半导体的导带，降低了电池的效率。为了进一步提高光阳极的性能，研究人员提出了一些改善 ZnO 光阳极性能的方法。

1. 形貌控制

染料分子的吸附量和光生电子的迁移率与 ZnO 本身结构密切相关。通过对 ZnO 的纳米结构的形貌进行控制，可以有针对性地改善光阳极性能。研究表明，一维纳米结构 ZnO 可以有效减小自身陷阱态密度，提供电子轴向运输通道，加快电子转移速度，从而使电池性能得到提高。但由于一维纳米结构 ZnO 比表面积缩小，染料吸附量减少，从而导致光电流降低，这也是一维纳米结构 ZnO 光阳极的不足之处。

2. 掺杂改性

通过掺杂改性实现对 ZnO 电导率和逸出功的有效调控，增强其在 DSSC 中的应用性能。掺杂使 ZnO 晶粒的尺寸和形貌改变。减小的尺寸意味着增加的比表面积或粗糙度，使更多的染料分子吸附在纳米粒子表面，增加染料分子的光捕获效率；可控的形貌（纺锤体、纳米线、纳米管等）有利于改善界面电子传输性能，增加填充因子和染料吸附量。常见的 ZnO 掺杂改性见表 5-2。

表 5-2 掺杂 ZnO 纳米材料 DSSC 的光伏性能参数对比（AM1.5，$100mW/cm^2$）

掺杂类型	电池面积（cm^2）	染料	V_{oc}（V）	J_{sc}（mA/cm^2）	*FF*	*PCE*（%）
ZnO 纳米晶	0.20	N719	0.58	4.55	0.62	1.62
5.5 wt.% Sn：ZnO			0.64	9.18	0.65	3.79
ZnO 纳米晶	0.25	N719	0.76	4.05	0.48	1.49
Sn：ZnO 纺锤体			0.79	5.10	0.45	1.82
ZnO 薄膜	0.15	N719	0.79	2.07	0.46	0.75
1 at.% Ga：ZnO			0.79	5.32	0.33	1.39
3 at.% Ga：ZnO			0.80	5.56	0.38	1.68
5 at.% Ga：ZnO			0.80	6.49	0.37	1.91
ZnO 纳米线	1.00	N719	0.32	0.66	0.2590	0.05
3.04 at.% Al：ZnO			0.48	8.86	0.3172	1.34
Al：ZnO 纳米纤维	1.00	N719	0.33	6.34	0.2587	0.55
ZnO 纳米晶	—	N3	0.64	13.00	0.48	4.00
Li：ZnO 纳米团聚体		N719	0.66	21.00	0.44	6.10

3. 复合改性

ZnO 与其他材料复合应用于 DSSC 已经取得显著的效果。例如，ZnO/碳复合光阳极充分体现了石墨烯、碳纳米管等碳材料优异的电子迁移率、高的比表面积和优异的机械性能等特点。ZnO 与贵金属 Au、Ag 等复合在界面处形成的表面等离子体共振效应易于激发出一些独特现象，如对光的强吸收、局域电磁场的增强、光生电子转移的加快、光电流密度的提高等。ZnO 与其他金属氧化物（如 TiO_2、SnO_2、Cu_2O、WO_3、Fe_2O_3、NiO 等）复合，能够优化电子传输路径，降低电子迁移电阻，增强光吸收性能。

4. 表面修饰

通过表面修饰 ZnO 界面属性，可以有效降低 Zn^{2+}/染料团簇的形成概率，减少界面电荷复合概率、提高染料吸附量、优化电子注入速率。例如，在 ZnO 表面包覆导带电位与 ZnO 和染料分子能级电位相匹配的半导体材料，可以进一步加快导带电子转移速率；在 ZnO 表面包覆绝缘薄层，可以防止注入导带的电子与电解质中的还原态离子发生二次复合；用不同浓度的 $TiCl_4$ 溶液处理 ZnO 表面，可以显著增大 ZnO 电子态密度、延长电子寿命。另外，用盐酸、乙酸、稀硫酸、稀硝酸、强碱等处理 ZnO 表面，可以使 ZnO 表面结构更加丰富。

TiO_2 是另一种纳米晶氧化物光阳极，而且是最常用的光阳极材料，其优异的光电化学性质在 DSSC 的研究应用中发挥着举足轻重的作用。TiO_2 纳米晶最为突出的优点就是优异的化学稳定性和较强的电荷分离能力。TiO_2 纳米颗粒的尺寸分布、比表面积、孔结构、表面特性、价带结构等都会对电池的光电性能产生一定的影响。同 ZnO 一样，TiO_2 纳米晶的研究主要关注制备方法、形貌控制、结构调控、表面修饰及改性。此外，利用非金属元素（N、C、S 等）对 TiO_2 掺杂改性也是一个重要的研究关注点。总体来说，ZnO、TiO_2、Nb_2O_5、Fe_2O_3、CeO_2、Sb_6O_{13} 和 SnO_2 等氧化物是常用的 DSSC 纳米晶光阳极材料。

5.5.2 纳米结构光阳极

纳米结构主要指纳米线、纳米管、三维多级结构、介孔结构以及光子晶体等。纳米线的优势在于：①纳米线在轴向无颗粒边界，有利于电子传输；②纳米线内存在表面耗尽层，该势垒可促进电荷有效分离，降低电子-空穴的复合。纳米阵列主要以 TiO_2 和 ZnO 为主，也有少量 SnO_2、WO_3、$ZnSnO_4$ 纳米线。由于一维阵列特性，纳米管的比表面积和电子传输性能明显优于纳米线。ZnO 纳米线阵列［图 5-8（a)］光阳极 DSSC 的效率仅有 0.88%，同等条件下，ZnO 纳米粒子［图 5-8（b)］光阳极 DSSC 的效率为 2.73%，而 TiO_2 纳米管［图 5-8（c)］光阳极 DSSC 的效率为 5.40%。

三维多级纳米结构是一种由多种低维纳米结构（0、1 或 2 维）以有序或无序方式相互堆聚或搭接而形成、具有空间三维构型的复杂纳米结构。与纳米线（管）光阳极相比，其电子传输性能更好。目前，研究较多的三维多级纳米结构的光阳极材料主要有 TiO_2、ZnO、SnO_2 等，形貌包括四足状结构、枝状纳米线（管）、纳米花、森林状结构、三维球状自组装结构等。图 5-8（d）是 Zn 掺杂的 SnO_2 纳米花，其作为 DSSC 光阳极的 *PCE* 达 3.0%。显然，光阳极的颗粒尺寸和形貌对 DSSC 光电转换性能影响极大。三维和介孔结构光阳极虽然在一定程度上弥补了纳米线和纳米管的不足，但由于引入了大量表面和界面缺陷而造成光生电子利用率降低，使得电池效率难以大幅提高。

(a) (b) (c) (d)

图 5-8　DSSC 纳米结构光阳极

（a）ZnO 纳米线阵列；（b）ZnO 纳米粒子；（c）TiO_2 纳米管；（d）SnO_2 纳米花

5.5.3 复合结构光阳极

常见的 DSSC 光阳极复合结构有核-壳结构光阳极、TiO_2 基复合光阳极、表面等离激元光阳极等。核-壳结构光阳极主要为了抑制界面电荷复合，增加光生电子利用率，从而提高电池光电转化效率。TiO_2 基复合光阳极主要以 TiO_2 为基体，通过掺杂或添加不同形貌结构的金属氧化物或多元化合物半导体，以综合提高光阳极的性能。表面等离子激元光阳极通过金属纳米粒子与太阳光相互作用产生的等离激元共振效应，增强对特定波长光的吸收，进而提高光利用率，增强光电流密度。

5.6 DSSC 对电极

DSSC 对电极的主要功能是从外电路收集电子，催化还原电解质中的氧化态物质，促进氧化-还原电对在电解质中的循环再生，进而保证染料的还原再生。如图 5-9（a）所示，常见的对电极材料主要有金属和合金、碳材料、过渡金属化合物、导电聚合物以及它们相应的复合材料等六大类。表 5-3 列举了不同类型的对电极材料以及它们在 DSSC 中的光伏性能参数。

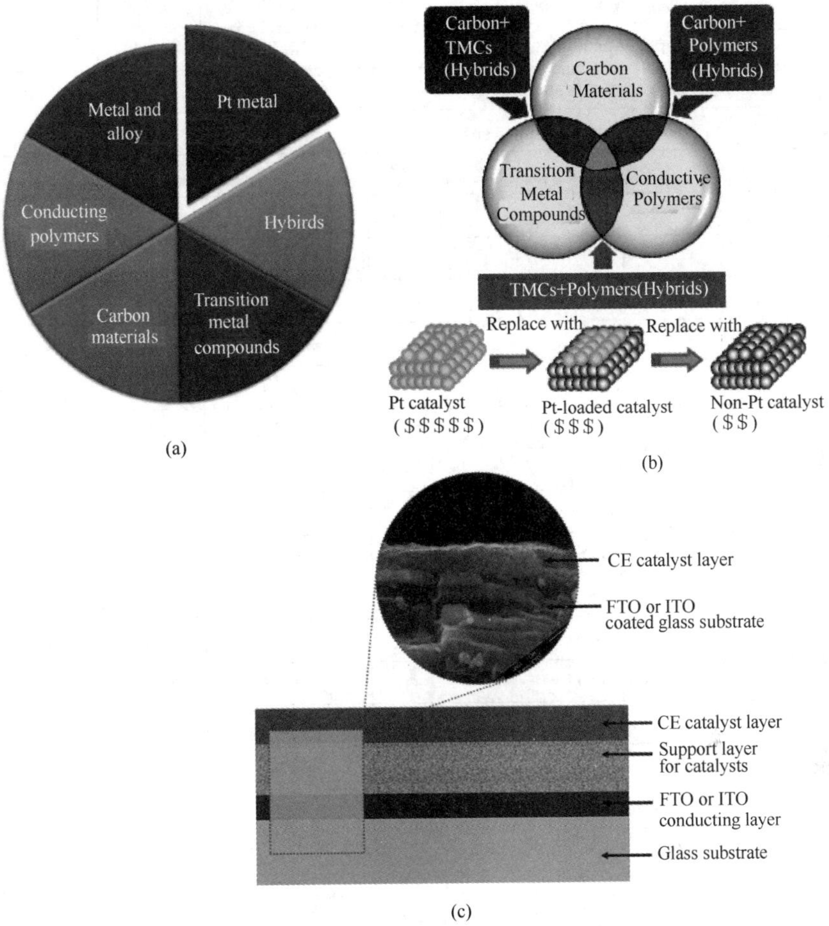

图 5-9 DSSC 对电极的类型、组成及结构

(a) 六大类型对电极；(b) 复合对电极材料类型和 Pt 负载复合对电极；(c) 复合对电极结构

注：CE catalyst layer—对电极催化剂层；FTO or ITO coated glass substrate—FTO 或 ITO 包覆的玻璃基质；Support layer for catalysts—催化剂载体层；Glass substrate—玻璃基质

表 5-3 基于不同非 Pt 对电极 DSSC 的光伏性能参数（AM1.5，100mW/cm²）

对电极类型	对电极材料	J_{sc} (mA/cm²)	V_{oc} (V)	*FF*	*PCE* (%)
合金	$Pt_{0.02}Co$[a)]	18.53	0.735	0.75	10.23
	$FeSe$[a)]	17.72	0.717	0.721	9.16
	$Co_{0.85}Se$[a)]	16.98	0.738	0.75	9.40
	$NiSe$[a)]	15.94	0.734	0.74	8.69
	$SnSe$[b)]	16.55	0.763	0.74	9.34
	$SnSe$[c)]	16.55	0.763	0.74	9.40
	Pt_3Ni[a)]	17.05	0.72	0.715	8.78
	$Ru_{0.33}Se$[a)]	18.93	0.715	0.68	9.22
	$PtNi_{0.75}$[a)]	17.50	0.716	0.686	8.59
	$CoNi_{0.25}$[a)]	18.02	0.706	0.66	8.39

续表

对电极类型	对电极材料	J_{sc} (mA/cm^2)	V_{oc} (V)	*FF*	*PCE* (%)
碳材料	Carbon[a)]	16.80	0.790	0.685	9.10
	Carbon nanotubes[a)]	17.62	0.756	0.73	10.04
	Graphene nanoplatelet[b)]	14.80	0.878	0.72	9.40
	Halogenated graphene[b)]	14.81	0.977	0.71	10.31
过渡金属化合物	$WO_{2.72}$[a)]	14.90	0.770	0.70	8.03
	WO_2[a)]	14.02	0.808	0.64	7.25
	TaO[a)]	12.59	0.770	0.67	6.48
	Ta_2O_5[a)]	13.01	0.750	0.42	4.08
	Mo_2N[a)]	14.09	0.743	0.61	6.38
	TaC[d)]	15.76	0.845	0.65	8.67
	SnS[c)]	16.54	0.762	0.73	9.20
	Ag_2S[a)]	16.79	0.757	0.66	8.40
	CoS[a)]	17.03	0.766	0.65	8.49
	Ni_5P_4[a)]	14.7	0.720	0.72	7.6
	$NiCo_2S_4$[a)]	18.43	0.690	0.64	8.10
	Cu_2ZnSnS_4[a)]	21.78	0.780	0.51	8.67
	Ag_8GeS_6[a)]	16.59	0.746	0.65	8.10
导电聚合物	PProDOT[b)]	13.06	0.998	0.774	10.08
	PProDOT[a)]	17.00	0.761	0.71	9.25
	PEDOT[b)]	15.90	0.910	0.71	10.30
	PEDOT arrays[a)]	16.24	0.720	0.70	8.30
	PEDOT nanofibers[a)]	17.50	0.724	0.73	9.20
	PEDOT[a)]	14.10	0.787	0.73	8.00
	PEDOT[e)]	15.90	0.687	0.72	7.90
	PANI arrays[f)]	15.09	0.780	0.70	8.24
纳米复合对电极	TiN/Mesoporous carbon[a)]	15.3	0.820	0.67	8.41
	NiS_2/reduced graphene oxide[a)]	16.55	0.749	0.69	8.55
	Graphene oxide/graphene nanoplatelet[b)]	15.1	0.885	0.67	9.30
	Reduced graphene oxide/single-wall carbon nanotube[a)]	12.81	0.860	0.76	8.37
	CoS/reduced graphene $oxide_{0.10}$[a)]	18.903	0.767	0.677	9.82
	CoS/reduced graphene $oxide_{0.20}$[a)]	19.42	0.764	0.633	9.39
	Nb_2O_5/Carbon[d)]	15.68	0.861	0.73	9.86
	Ni/graphene oxide[a)]	17.80	0.750	0.62	8.30
	$NiCo_2O_4$/Graphene[a)]	16.12	0.750	0.67	8.10
	CoTe/reduced graphene oxide[a)]	17.41	0.770	0.685	9.18

续表

对电极类型	对电极材料	J_{sc} (mA/cm^2)	V_{oc} (V)	FF	PCE (%)
纳米复合对电极	RuO_2/graphene[a)]	16.13	0.766	0.67	8.32
	Zn_3N_2/PEDOT：PSS[a)]	15.77	0.810	0.69	8.73
	ZnSe/PEDOT：PSS[a)]	15.72	0.770	0.68	8.13
	Fe_3O_4/PEDOT[a)]	18.60	0.740	0.63	8.69
	PANI/multi-wall carbon nanotube[a)]	22.25	0.691	0.60	9.24
	TiO_2/PEDOT：PSS[a)]	16.39	0.720	0.72	8.27
	$NiCo_2S_4$/NiS[a)]	17.70	0.744	0.67	8.80
	Au/Graphene nanoplatelet[g)]	18.27	1.014	0.77	14.30

注：a）表示 N719 染料与 I^-/I_3^-；b）表示 Y123 染料与 Co^{2+}/Co^{3+}；c）表示 C101 染料与 I^-/I_3^-；d）表示 N719 染料与 Co^{2+}/Co^{3+}；e）表示 Z907 染料与 T_2/T^-；f）表示 FNE29 染料与 Co^{2+}/Co^{3+}；g）表示 ADEKA-1/LEG4 染料与 I^-/I_3^-。

5.6.1 金属和合金

贵金属 Pt 具有良好的导电性与催化性能，是碘体系 DSSC 首选的对电极材料，也是对电极研发的参比电极。与 Pt 同族的 Ni、Pd 等金属因为具有与 Pt 相似的电子结构而表现出类 Pt 的电催化活性。然而，它们价格昂贵、易受含碘电解质腐蚀，均非理想对电极之选。其他的金属对电极，如 Au、Al、Cu、不锈钢等，因为催化性能远不如 Pt 对电极，也很难在 DSSC 中表现出期望的性能。新型合金材料，如 $CoPt_{0.02}$、$PtNi_{0.75}$、$FeCo_2$ 等表现出优异的催化性能，在 DSSC 应用中表现出优异的性能（表 5-3）。

5.6.2 碳材料

DSSC 对电极常用的碳材料主要有炭黑、活性碳、石墨、纳米碳粉、介孔碳、碳纤维、碳纳米管、富勒烯、石墨烯等。不同碳材料通常表现出不同的催化性能，即便是同一种碳材料，由于其粒径、比表面积、电极的制备方法不同，也会表现出不同的催化性能。尽管碳材料是一种良好的对电极催化材料，具有较高的催化性能和耐腐蚀性，但碳对电极也有明显的缺点，如不透明、与衬底的黏结性差。通过控制碳膜的厚度可使电极呈透明或半透明，但催化性能明显下降。此外，太厚的碳膜导致了其与衬底间较弱的结合力，甚至从导电衬底上脱落。因此，改善碳材料的透光性及与导电衬底间的结合力对其实际的应用意义重大。

5.6.3 过渡金属化合物

过渡金属化合物对电极主要有氧化物、氮化物、碳化物、硫化物、磷化物等。富含氧空位的过渡金属氧化物，如 NbO_2、WO_2、TaO 等作为 DSSC 对电极，相应的器件其 *PCE* 达到了 7.88%、7.25%、6.48%，其催化性能明显高于 Nb_2O_5、WO_3、Ta_2O_5 对电极。同时，$WO_{2.72}$ 对电极用在碘电解质或硫电解质中展现了接近于 Pt 甚至高于 Pt 的催化性能。此外，基于 Cr、Zr、Mo、Sn、V、Hf、Fe、Ti 等过渡金属的二元或三元化合物，也表现出了较好的催化活性。其他过渡金属碳化物、氮化物和硫化物，如 WC、MoC、

NbC、TiC、VC、Ta_4C_3、TiN、CoS、$Co_{8.4}S_8$、Co_9S_8、Ni_3S_2、FeS_2、MoS_2、WS_2等也展现出了比较优异的电催化性能。

除了上述对电极材料，多元化合物如 $FeTa_2O_4$、$NiCo_2S_4$、Ag_8GeS_6、Cu_2ZnSnS_4、$Cu_2ZnSnSe_4$、氮化的镍箔以及 Al 和 V_2O_5双层异质结构等，也是比较理想的对电极材料。

5.6.4 导电聚合物

常用的 DSSC 对电极聚合物有聚 3,4-二氧乙烯基噻吩（PEDOT）、聚苯胺（PANI）、聚吡咯（PPy）等。PEDOT 对电极光透过性能好、有柔性，对 I_3^- 催化还原反应具有较高活性。介孔结构 PANI 对 I_3^- 还原反应的电子传输电阻较小、催化活性较高，用 PANI 对电极组装的 DSSC 的光电转换效率可达 7.15%。PPy 纳米粒子作为对电极催化材料用于 DSSC 获得了 7.66%的效率。除此之外，另一种聚噻吩衍生物（PProDOT-Et_2）也是很好的对电极催化材料。近些年，导电聚合物对电极催化材料在 DSSC 的应用中取得了较大进展，但部分导电聚合物抗氧化性能差、对人体危害比较大，在一定程度上限制了其发展。

5.6.5 复合材料

如图 5-9（b）所示，复合对电极材料由碳材料、导电聚合物、过渡金属氧化物等三种材料复合而成，主要包括 Pt 负载复合对电极（Pt 与金属复合、Pt 与碳材料复合、Pt 与金属或金属氧化物复合、Pt 与聚合物复合等）、碳基复合对电极（碳材料作为支撑材料）、聚合物基复合对电极、过渡金属氧化物基复合对电极。这类复合材料的特点是一种材料作为支撑层，另一种作为催化层［图 5-9（c）］，有时支撑材料也是催化材料。总体来说，复合材料在 DSSC 中表现的催化性能高于组成复合材料各组元催化材料的性能（表 5-3）。

5.7 DSSC 电解液

DSSC 常用的电解质为液态电解质，由有机溶剂（乙腈、三甲氧基丙腈、离子液体等）、氧化-还原电对（如 I^-/I_3^- 电对）和添加剂（锂盐、4-叔丁基吡啶等）三部分组成。由于液态电解质扩散速率快、组分易于调节、渗透性好，因此，该体系 DSSC 具有较高的光电转化效率。

5.7.1 碘体系电解液

到目前为止，在 DSSC 中使用最普遍也最成熟的电解质当属 I^-/I_3^- 体系电解质，这主要是由于 I^-/I_3^- 在光阳极薄膜中渗透性好、与染料分子的再生反应快速以及能够与注入电子进行缓慢的电子复合等。但是，碘电解质体系也存在许多缺点，比如，I^-/I_3^- 比较偏负的氧化-还原电位带来了较大的能量损失，导致较小的开路电压；I_3^- 对可见光的吸收使太阳光不能得到充分利用，进而限制了短路电流的增加；I_3^- 和氧化态的染料分子形成离子对，导致光阳极界面上的电子复合反应加剧；碘电解液对金属栅线的腐蚀以及 I_2 易挥发，导致器件稳定性恶化等。

为克服碘电解质的不足，许多研究者将目光集中在了非碘体系的氧化-还原电对上。

5.7.2 非碘体系电解液

非碘体系的氧化-还原电对 Br^-/Br_3^- 已经被应用到 DSSC 中。Br^-/Br_3^- 有着比 I^-/I_3^- 更高的氧化还原电势，且 Br_3^- 比 I_3^- 对可见光有更少的吸收。不过，由于其较高的氧化-还原电势，寻找具有相匹配 HOMO 能级的染料分子变得非常重要。目前，基于 Br^-/Br_3^- 体系在 DSSC 中所获得的最高效率为 5.2%，开路电压高达 1.1V。Br^-/Br_3^- 体系也存在着稳定性差的缺点。此外，拟卤离子 SCN^-/SCN_3^- 和 $SeCN^-/SeCN_3^-$ 有着比 I_3^-/I 更高的标准氧化-还原电势，但在早期的研究中，拟卤离子电解质在 DSSC 中未能获得理想的效果。

另一个无机氧化-还原电对是四氰硼酸三联吡啶合钴{$[Co^{II/III}(bpy)_3][B(CN)_4]_{2/3}$}。使用 Co^{2+}/Co^{3+} 电解液，将有机染料 YD2-o-C8 与 Y123 混合作为共吸附染料，在 DSSC 中获得了到目前为止最高的效率 14.3%。

除了上述无机氧化-还原电对之外，纯有机氧化-还原电对体系，如二硫化物/硫脲和二硫化物/硫醇盐（T_2/T^-）的氧化-还原电对在有机溶剂中表现出了很好的溶解度和扩散系数，取得了优良的 DSSC 应用效果。事实上，硫化物/对硫化物（S^{2-}/S_n^-）体系也在 DSSC 中取得广泛应用，但由于有机溶剂中较差的流动性和较强的碱性，它们更多应用在量子点敏化太阳能电池中。

金属络合物氧化-还原电对由于其良好的电化学特性成为 I_3^-/I^- 体系潜在的替代品。

5.7.3 离子液体电解液

离子液体（Ionic Liquids）是指室温下完全由离子组成的呈液态的盐类。离子液体因其蒸汽压极低，无色、无味，具有较低的凝固点、较高的离子电导率、较好的化学稳定性及较宽的电化学窗口等优点，被称为“绿色溶剂”。将这种绿色溶剂作为 DSSC 电解质中的溶剂，组成离子液体电解质应用于 DSSC，可有效防止电解质的挥发和泄漏，且对环境友好。这种离子液体电解质最大的特点就是采用了非挥发性电解质溶剂，它具有良好的光电化学性能、低黏度以及较好的稳定性。在 DSSC 中，常用的离子液体阳离子为咪唑、吡啶、膦及铵阳离子，阴离子则包括电活性的 I^- 及非活性的 $N(CN)^-$、Cl^-、Br^-、BF_4^-、PF_6^-、NCS^- 等，其中，咪唑族离子液体是一类最早用于电化学领域研究的离子液体。

以 I^- 作为阴离子的离子液体黏度通常都比较大，引入碘盐类制备的二元混合离子液体作为电解质应用于 DSSC，可有效降低离子液体的黏度。此外，锍类离子液体、胍盐类离子液体、膦盐类离子液体及铵盐类离子液体等也可用作 DSSC 电解质，但由于它们黏度相对较高，严重减缓了氧化-还原电对的传输速率，使得 DSSC 的光电转换效率整体不高。

5.8 DSSC 染料

DSSC 染料光敏剂必须同时满足三个条件：①吸收光谱响应范围宽，尤其是对可见光吸收性能好；②耐光腐蚀性强、无毒无害；③能级电位与半导体和电解质相匹配，且含有特定官能团，能很好地锚固到半导体表面。常用的 DSSC 染料主要包括金属配合物染料和有机染料。

5.8.1 金属配合物染料

1. 钌系金属配合物染料

钌系金属配合物染料具有非常高的化学稳定性、良好的氧化-还原性和突出的可见光谱响应特性，是DSSC中应用最为广泛的一类染料。有多个Ru化合物染料的光电转换效率超过了10%。这类染料通过羧基或磷酸基吸附在TiO_2薄膜表面，使得处于激发态的染料能将其电子有效地注入纳米TiO_2导带中。多吡啶钌系染料按其结构分为羧酸多吡啶钌、磷酸多吡啶钌和多核联吡啶钌三类。羧酸多吡啶钌吸附基团为羧基，磷酸多吡啶钌则为磷酸基。这两类染料与多核联吡啶钌的区别是它们只有一个金属中心。羧酸多吡啶钌吸附基团中羧基是平面结构，电子可以迅速地注入TiO_2导带中，目前开发的高效染料光敏剂多为此类染料。

迄今为止，N3和N719是最有效的两个DSSC光敏剂，并经常作为一种标准染料进行比较研究。但其本身也存在一定的缺陷，如羧基的亲水性太大影响了电池的寿命。

2. 金属卟啉、酞菁染料

从理论上分析，卟啉衍生物可作为DSSC的全色光敏剂，这主要是因为它具有合适的LUMO和HOMO能级，在415～430nm存在强吸收峰以及500～700nm区域中的Q带。卟啉染料产生的光生电子可以有效注入TiO_2导带中。基于金属卟啉染料和Co^{2+}/Co^{3+}电解液的DSSC获得了13.0%的效率（图5-1）。

酞菁类化合物在Q波段(约700nm)具有强吸收性，且电化学、光化学和热稳定性好，因此，可以作为近红外光敏剂用于DSSC。但这些染料的溶解度通常很差。此外，酞菁类化合物极易在半导体表面团聚，影响光生电子向半导体地快速注入与分离转移。目前，已经合成出了以锌[Zn(Ⅱ)]酞菁化合物为代表的酞菁类染料。

3. 其他金属配合物染料

以Os、Re、Fe、Pt、Cu等金属离子替代中心金属Ru离子的其他系列金属配合物染料也取得了积极进展。其中，锇系金属配合物中显著的金属到配体的电荷转移跃迁被认为是DSSC最有应用前景的光敏剂，铂系金属配合物具有较高的溶致变色电荷转移吸收特性，铜系金属配合物具有与钌系金属配合物相似的光物理性质。

5.8.2 有机染料

有机染料具有许多优点：①结构丰富多样，分子设计与物质合成简便易行；②相比较贵金属系配合物，有机染料更加廉价、环保；③有机染料的摩尔消光系数通常高于钌系金属配合物，用在薄膜和固态DSSC中优越性更强；④对p型DSSC，有机染料效果比钌系金属配合物更好。

有机染料分子都具有供体-π-桥受体（D-π-A）结构，这就使得染料分子在结构设计、光谱响应范围、HOMO和LUMO能级以及分子内电荷分离转移等方面变得更易调控。对n型DSSC，染料激发电子通过受体基团A注入半导体导带中；对p型DSSC，受激染料通过俘获半导体价带上的电子，完成界面电荷分离转移。

目前，已有逾百种有机染料应用于DSSC，如香豆素染料、吲哚染料、四氢喹啉染料、三芳胺染料、异蒽染料、咔唑染料、N,N-二烷基苯胺染料、半花菁染料、花菁染料、方酸菁染料、苝系染料以及其他有机染料等。

5.9 其他类型 DSSC

5.9.1 准固态 DSSC

准固态是一种介于固态和液态之间的存在状态，人们习惯将电解质组分为准固态的DSSC称为准固态DSSC。传统的液体电解质虽能实现染料的高效还原再生和较高的光电转换效率，但有机溶剂存在的易挥发、易燃、耐热低等缺陷，导致DSSC稳定性较差。为解决上述问题，具有电荷迁移能力的有机凝胶电解质、热塑性凝胶电解质、热固性凝胶电解质以及含离子液体、小分子有机体、无机纳米填料和聚合物的凝胶电解质等被用来替代液体电解质。虽然这些准固态电解质具有较好的化学稳定性，但由于离子迁移率或空穴传输速率较低，导致了DSSC光电性能的下降，成为准固态DSSC发展的挑战。

5.9.2 全固态 DSSC

基于空穴传导和离子传导的无机p型半导体固态电解质、空穴导电聚合物电解质、有机小分子空穴传输材料电解质、离子导电聚合物固态电解质、离子液体聚合物固态电解质、LiI_4(3-羟基丙腈）电解质、离子塑晶电解质等组成的DSSC，被称为全固态DSSC。全固态DSSC尽管有效规避了液态或准固态电解质中易挥发性有机溶剂带来的弊端，但因这些全固态电解质本身的性质缺陷，它依然面临许多问题需要克服。

5.9.3 叠层结构 DSSC

为有效提高DSSC的光利用率，叠层结构被逐渐应用到DSSC的结构设计中。将不同n型DSSC组成“n-n叠层DSSC”，n型与p型DSSC组成“n-p叠层DSSC”，或者n型DSSC与其他太阳能电池、温差电池或光解水制氢系统组成杂化叠层器件等。这些基于DSSC的叠层器件大幅拓展了DSSC的应用范围，凸显了DSSC的应用优势。

5.9.4 柔性 DSSC

柔性DSSC采用韧性较好的透明或半透明导电衬底。由于其具有良好柔性、便于弯曲折叠等特点，拓展了DSSC的应用范围。柔性DSSC所采用的光阳极、对电极以及电解质组成等与典型DSSC基本一致，但在电极制作过程上要求甚高，光电转换效率也难以达到用导电玻璃基板所组成的DSSC，这也是发展柔性DSSC需要解决的难题。

5.9.5 单基板 DSSC

单基板DSSC是相对典型DSSC而言的，即使用一块导电衬底支撑电池正常工作所需的光阳极、电解质以及对电极等材料。虽然该电池使DSSC的制作成本大大降低，但其*PCE*无法与典型DSSC相比。基于多孔碳的全固态单基板DSSC与基于Au或Ag等对电极组成的全固态典型DSSC，两者的光电转换效率相当，这体现了单基板DSSC的优越性。

5.10 DSSC的产业化

DSSC以较低的生产成本、简便的制作过程以及较高的理论光电转换效率而呈现出产业化发展应用前景。DSSC产业化应用最大的潜在市场为室内光伏、集成器件、光伏建筑一体化等。

5.10.1 室内光伏

在室内照明强度（200～2000lux）下稳定运行是DSSC最大的优势。2015年，日本九州工业大学Hayase等发现线圈式圆筒型DSSC在1500lux下具有可与市售非晶硅薄膜太阳能电池相媲美的光伏性能。2017年，M. Grätzel和A. Hagfeldt等设计出了面积为2.8cm²的Cu^{+}/Cu^{2+}电解质DSSC，在1000lux下其光电转换效率达28.9%。将太阳能电池安放在室内发电是太阳能电池的一场全新变革，其所产生的巨大经济效益和社会效益无法估量。DSSC相对低廉的价格成本和可靠的性能，使之在人口稀疏偏远地区和通信领域都大有用武之地。近些年，室内外兼用的DSSC充电键盘、背包、照明电灯以及印有熊猫、青花瓷、梅花、绿竹等优美图案的艺术电池等纷纷进入人们的视野，开始影响并改变着人们的生活方式。DSC弱光发电性能好的特点，已使其成为不同于硅基太阳能电池的技术优势。但从DSC室内应用考虑，目前仍然缺乏相应的技术支撑。2021—2022年，在200～1500 lux荧光灯照射下，DSC都取得了30%左右的效率，显示了DSC在室内光伏应用的巨大潜能。

5.10.2 集成供电系统

在现有的动力系统装备中，捕能和储能装置是在一起使用的，但两个装置却是独立的，这导致系统体积较大和笨重。一个能够整合捕能和储能部件的纳米结构集成器件电池组，不但可以减小其体积，还可以提高能量转化率，是电动系统装置开发的一个重要方向。将DSSC与锂离子电池、超级电容器、燃料电池、纳米发电机等组成集成供电系统，将太阳能转化为电能，再将电能转化为化学能储存起来，同步实现太阳能的捕获、转化和存储。这种新的能源转化和储存技术未来有望满足不同消费者和工业用户的需求，比目前的能源体系具有更大的应用优势。

5.10.3 光伏建筑一体化

过去20年，DSSC的基础研究和技术开发取得了重大进展。从实际应用考虑，DSSC最大的市场是光伏建筑一体化。2001年，澳大利亚Dyesol公司率先建成了一个面积为200m²的DSSC示范屋顶；2002年，德国国际可持续发展技术公司在Newcastle建立了面积为200m²的示范屋顶；2004年，瑞士Solaronix公司建设了利用DSSC为大型图书馆供电的示范工程。此外，美国Konarka公司建设了光伏建筑一体化示范工程；韩国Dyesol-Timo合资公司和东进世美肯公司（Dongjin Semichen Co. Ltd.）在光伏建筑一体化彩色玻璃门窗开发应用方面也取得了显著成果。这些DSSC示范工程体现了DSSC在光伏建筑一体化的应用前景。值得一提的是，2012年，由中国科学院主导的DSSC产业化完成了

0.5MW 中试生产线的建设，建立了 5kW 的示范系统。

思考题

1. 简述 DSSC 的基本结构组成。
2. 简述 DSSC 的工作原理。
3. 简述 DSSC 电解质的组成类型及各自的优缺点。
4. 简述 DSSC 对电极的组成类型及各自的优缺点。
5. 简述 DSSC 染料的组成类型及各自的优缺点。
6. 简述 DSSC 的电化学性能表征手段。
7. 简述 DSSC 对电极催化剂的评价方法。
8. 比较 TiO_2 和 ZnO 作为 DSSC 光阳极的优缺点。
9. 分析提高 DSSC 整体光伏性能的方法。

参考文献

[1] GERISCHER H. The impact of semiconductors on the concepts of electrochemistry [J]. Electrochimica Acta，1990，35 (11-12)：1677-1699.

[2] GRÄTZEL M. Solar energy conversion by dye-sensitized photovoltaic cells[J]. Inorganic Chemistry，2005，44 (20)：6841-6851.

[3] SNAITH H J，SCHMIDT MENDE L. Advances in liquid-electrolyte and solid-state dye-sensitized solar cells [J]. Advanced Materials，2007，19 (20)：3187-3200.

[4] GRÄTZEL M. Recent advances in sensitized mesoscopic solar cells[J]. Accounts of Chemical Research，2009，42 (11)：1788-1798.

[5] LI D，QIN D，DENG M，et al. Optimization the solid-state electrolytes for dye-sensitized solar cells[J]. Energy & Environmental Science，2009，2 (3)：283-291.

[6] LUO Y，LI D，MENG Q. Towards optimization of materials for dye-sensitized solar cells[J]. Advanced Materials，2009，21 (45)：4647-4651.

[7] HAGFELDT A，BOSCHLOO G，SUN L，et al. Dye-sensitized solar cells[J]. Chemical Reviews，2010，110 (11)：6595-6663.

[8] SNAITH H J. Estimating the maximum attainable efficiency in dye-sensitized solar cells[J]. Advanced Functional Materials，2010，20 (1)：13-19.

[9] PETTERSSON H，NONOMURA K，KLOO L，et al. Trends in patent applications for dye-sensitized solar cells[J]. Energy & Environmental Science，2012，5 (6)：7376-7380.

[10] AHMAD S，GUILLEN E，KAVAN L，et al. Metal free sensitizer and catalyst for dye sensitized solar cells[J]. Energy & Environmental Science，2013，6 (12)：3439-3466.

[11] WU J，LAN Z，LIN J，et al. Electrolytes in dye-sensitized solar cells[J]. Chem-

ical Reviews, 2015, 115 (5): 2136-2173.
[12] YUN S, HAGFELDT A, MA T. Pt-free counter electrode for dye-sensitized solar cells with high efficiency[J]. Advanced Materials, 2014, 26 (36): 6210-6237.
[13] YUN S, QIN Y, UHL A R, et al. New-generation integrated devices based on dye-sensitized and perovskite solar cells[J]. Energy & Environmental Science, 2018, 11 (3): 476-526.
[14] YUN S, FREITAS J N, NOGUEIRA A F, et al. Dye-sensitized solar cells employing polymers[J]. Progress in Polymer Science, 2016, 59: 1-40.
[15] YUN S, LUND P D, HINSCH A. Stability assessment of alternative platinum free counter electrodes for dye-sensitized solar cells[J]. Energy & Environmental Science, 2015, 8 (12): 3495-3514.
[16] YUN S, LIU Y, ZHANG T, et al. Recent advances in alternative counter electrode materials for Co-mediated dye-sensitized solar cells[J]. Nanoscale, 2015, 7 (28): 11877-11893.
[17] YUN S, ZHANG H, PU H, et al. Metal oxide/carbide/carbon nanocomposites: in situ synthesis, characterization, calculation, and their application as an efficient counter electrode catalyst for dye-sensitized solar cells[J]. Advanced Energy Materials, 2013, 3 (11): 1407-1412.
[18] FREITAG M, TEUSCHER J, SAYGILI Y, et al. Dye-sensitized solar cells for efficient power generation under ambient lighting[J]. Nature Photonics, 2017, 11 (6): 372-378.
[19] HINSCH A, KROON J M, KERN R, et al. Long-term stability of dye-sensitised solar cells[J]. Progress in Photovoltaics: Research and Applications, 2001, 9 (6): 425-438.
[20] YELLA A, LEE H-W, TSAO H N, et al. Porphyrin-sensitized solar cells with cobalt (Ⅱ/Ⅲ)-based redox electrolyte exceed 12 percent efficiency[J]. Science, 2011, 334 (6056): 629-634.
[21] YUN S, VLACHOPOULOS N, QURASHI A, et al. Dye sensitized photoelectrolysis cells[J]. Chemical Society Reviews, 2019, 48, 3705-3722 .
[22] NAYAK P K, CAHEN D. Updated assessment of possibilities and limits for solar cells[J]. Advanced Materials, 2014, 26 (10): 1622-1628.
[23] MATHEW S, YELLA A, GAO P, et al. Dye-sensitized solar cells with 13% efficiency achieved through the molecular engineering of porphyrin sensitizers[J]. Nature Chemistry, 2014, 6 (3): 242-247.
[24] KAKIAGE K, AOYAMA Y, YANO T, et al. Highly-efficient dye-sensitized solar cells with collaborative sensitization by silyl-anchor and carboxy-anchor dyes [J]. Chemical Communications, 2015, 51 (88): 15894-15897.
[25] O'REGAN B C, DURRANT J R. Kinetic and energetic paradigms for dye-sensitized solar cells: moving from the ideal to the real[J]. Accounts of Chemical Re-

search, 2009, 42 (11): 1799-1808.
[26] LABAT F, LE BAHERS T, CIOFINI I, et al. First-principles modeling of dye-sensitized solar cells: challenges and perspectives[J]. Accounts of Chemical Research, 2012, 45 (8): 1268-1277.
[27] YUN S, ZHANG Y, XU Q, et al. Recent advance in new-generation integrated devices for energy harvesting and storage [J]. Nano Energy, 2019, 60, 600-619.
[28] 马廷丽，云斯宁. 染料敏化太阳能电池：从理论基础到技术应用[M]. 北京：化学工业出版社，2013.
[29] 戴松元，刘伟庆，闫金定. 染料敏化太阳电池[M]. 北京：科学出版社，2014.
[30] 戴松元，张昌能，黄阳. 染料敏化太阳电池技术与工艺[M]. 北京：科学出版社，2016.
[31] YUN SINING, ANDERS HAGFELDT. Counter electrode electro-catalysts for dye-sensitized and perovskite solar cells[M]. Wiley-VCH, Volume 1, 2018.
[32] 林原，张敬波，王桂强. 染料敏化太阳电池 [M]. 北京：化学工业出版社，2021.
[33] 孟庆波，花建丽. 新型薄膜太阳能电池 [M]. 北京：科学出版社，2022.
[34] ZHANG D, STOJANOVIC M, REN Y, et al. A molecular photosensitizer achieves a Voc of 1.24V enabling highly efficient and stable dye-sensitized solar cells with copper(Ⅱ/Ⅰ)-based electrolyte[J]. Nature Communications, 2021, 12, 1777.

6 钙钛矿太阳能电池

钙钛矿太阳能电池（Perovskite Solar Cells，PSCs）是依靠钙钛矿结构材料进行光电转换的一种新型光伏电池。2009 年，钙钛矿结构的 $CH_3NH_3PbBr_3$ 和 $CH_3NH_3PbI_3$ 有机无机杂化材料首次作为光敏材料来制备太阳能电池，即获得了 3%的光电转换效率。然而，由于 $CH_3NH_3PbBr_3$ 和 $CH_3NH_3PbI_3$ 在液态电解质中迅速溶解，电池转换效率不稳定。为了解决光敏材料溶解问题，人们开始寻找合适的固体空穴传输材料。2012 年，以 Spiro-OMeTAD 作为空穴传输材料的钙钛矿太阳能电池实现了超过 9%的稳定转换效率，从而开启了真正具备实用化潜力的钙钛矿太阳能电池研究。迄今为止，单结钙钛矿太阳能电池的最高转换效率已经超过了 25%。

在制造成本方面，钙钛矿太阳能电池也显示出了极大的竞争力，因其在材料纯度要求不高、高成本真空制造工艺依赖程度低等方面的特点，电池制造成本可望降低到现有硅电池 1/2 以下。此外，若将钙钛矿太阳能电池与其他类型电池进行叠层设计，则可通过显著提高现有电池性价比等方式体现出巨大的优越性。

本章将首先介绍钙钛矿太阳能电池的工作原理和基本结构，然后对电池光电转换核心结构层——钙钛矿薄膜的制备方法进行系统阐述，进一步对选择性吸收层和汇流传输层等其他功能层进行论述，最后介绍钙钛矿太阳能电池的稳定性及其封装技术。

6.1 钙钛矿太阳能电池的工作原理和基本结构

6.1.1 钙钛矿材料

广义上，钙钛矿是指具有 ABX_3 结构的一类化合物。其中 A 位通常为 Ca^{2+}、Sr^{2+}、Pb^{2+}、Ba^{2+} 等大半径阳离子，B 位通常为 Ti^{4+}、Mn^{4+}、Fe^{3+}、Ta^{5+} 等小半径阳离子，X 位为 O^{2-}、F^-、Cl^- 等阴离子。典型的钙钛矿结构材料有 $CaTiO_3$、$SrTiO_4$ 等。由于 A、B 和 X 位可容纳的元素种类多样，钙钛矿结构的化合物的种类很多。

钙钛矿材料的 A 位不仅可以是某种单一元素，还可以是某种有机基团，如 $CH_3NH_3^+$ 和 $CH_3NH_2NH_3^+$ 等，这时若 B 位是 Pb^{2+} 和 Sn^{2+} 等金属阳离子，X 位是卤族阴离子，如 Cl^-、Br^- 和 I^-，这种由有机基团和无机元素共同构成的钙钛矿材料称为有机无机杂化钙钛矿，代表性的有机无机杂化钙钛矿材料有 $CH_3NH_3PbI_3$ 和 $CH_3NH_3PbBr_3$。以 $CH_3NH_3PbI_3$ 为例，如图 6-1 所示，在理想的钙钛矿晶型中，Pb 和 6 个 I 组成一个[PbI_6]八面体，8 个[PbI_6]八面体在三维空间共角顶连接组成网络框架，$CH_3NH_3^+$ 位于三维网络的最中间，起到平衡钙钛矿空间结构的作用。凭借钙钛矿这种特殊物相结构，有机无机杂化材料不仅可以使半径差别悬殊的离子稳定共存，而且可以使其本身具有许多优异的电化学性能，包括窄禁带宽度、高吸收系数、高载流子迁移率和扩散长度等。比如

$CH_3NH_3PbI_3$的禁带宽度为1.5eV，对应于500nm的吸收系数为10^5，载流子迁移率为$50cm^2/(V \cdot s)$，载流子的扩散长度可超过1μm，这些特性可以使极薄的钙钛矿薄膜实现对太阳光谱的充分利用。

钙钛矿薄膜作为光吸收层，其光学特性对电池的光伏输出起着关键作用。研究结果表明，通过A、B和X位的元素替换和调整可以实现钙钛矿薄膜不同的光学性能。A位在钙钛矿结构中主要起到晶格电荷补偿的作用，A位离子的半径增加时，填充到[PbI_6]八面体组成的无机骨架中的难度增大，晶格会呈现扩张的趋势，相应的钙钛矿材料的禁带宽度倾向于变宽同时吸收边蓝移，例如，当以$CH_3CH_2NH_3^+$替换A位的$CH_3NH_3^+$时，$CH_3CH_2NH_3PbI_3$的禁带宽度与$CH_3NH_3PbI_3$的禁带宽度相比从1.5eV增加到2.2eV。

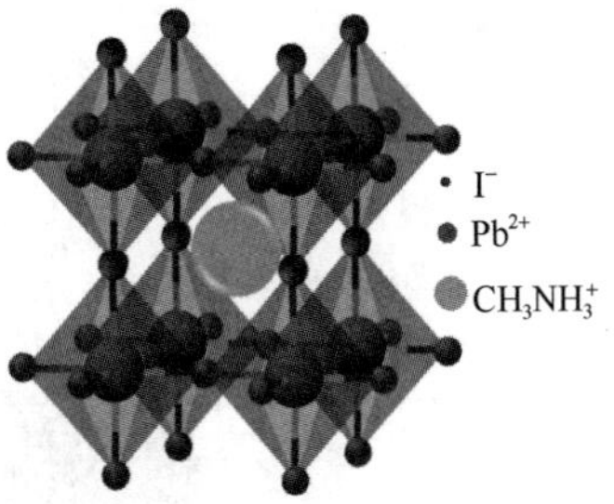

图6-1 $CH_3NH_3PbI_3$的钙钛矿晶体结构

B位对光学特性的影响主要体现在Pb元素的掺杂和替换上，Pb元素有一定的毒性，对其进行部分或全部替换有利于实现环境友好。如图6-2所示，当以Sn元素对Pb进行掺杂时，随着Sn掺杂量的增加，钙钛矿材料的吸收边发生红移，甚至到了红外光区，这样就拓宽了电池对整个太阳能光谱的响应范围。X位的元素掺杂和替换也对材料的吸收边有重要影响，当对$CH_3NH_3PbI_3$中的I进行Br替换掺杂时，如图6-3所示，随着Br掺杂量的增加钙钛矿材料的禁带宽度增加，吸收边蓝移，材料的颜色也由黑色逐渐转变为黄色。

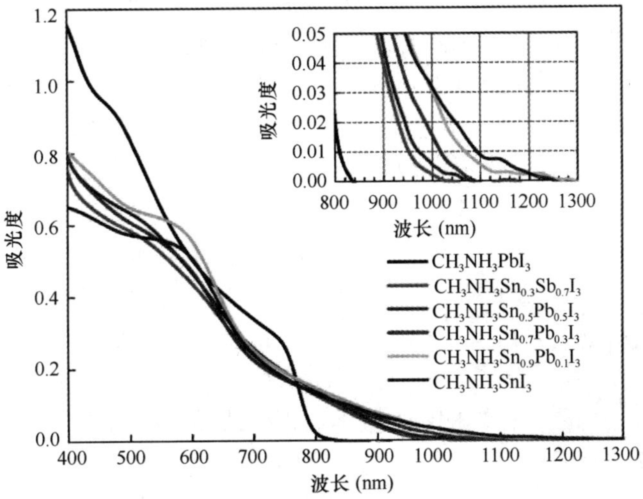

图6-2 随Sn元素掺杂量增加而逐渐红移的$CH_3NH_3Sn_xPb_{1-x}I_3$紫外可见吸收谱

6.1.2 钙钛矿太阳能电池的工作原理

钙钛矿结构材料最早被用作液态染料敏化太阳能电池中的光捕获材料，因此后来以介孔结构为基础的钙钛矿太阳能电池被认为类似于染料敏化太阳能电池和量子点敏化太阳能电池。随着钙钛矿薄膜制备技术的发展，没有介孔层的平面结构电池也取得了同样甚至更

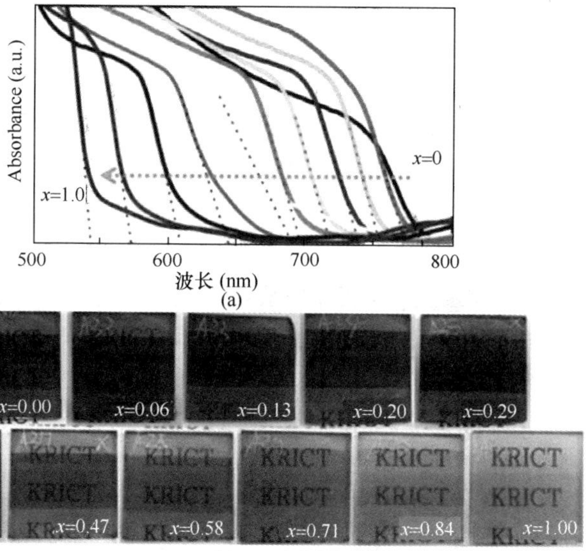

图 6-3　随 Br 元素掺杂量增加而逐渐蓝移的 $CH_3NH_3PbI_{3-x}Br_x$ 紫外可见吸收谱及薄膜图片

(a)紫外可见吸收谱；(b)薄膜图片

高的效率。目前，钙钛矿太阳能电池的工作原理有多种不同的解释。一般认为，钙钛矿薄膜捕获光子产生电子空穴对，借助于电子选择性吸收层(Electron Transport Layer，ETL)或空穴选择性吸收层(Hole Transport Layer，HTL)实现电子和空穴的分离。随着对钙钛矿结构材料认识的深入，发现钙钛矿结构材料本身具有态密度丰富的导带和储存电荷的能力，即钙钛矿结构材料本身具有传递电子和空穴的能力。电子束感应光电流技术(Electron Beam-induced Current Technology)探测电池断面的局部电流反应表明电池内部的电荷收集传输类似于 pn 结，但有所不同的是，由于钙钛矿材料本身具有优异的双极性电荷传输能力，所以，其既可以作为本征半导体被夹在电子选择性吸收层和空穴选择性吸收层中间形成 p-i-n 结，又可以单独与 p 型或者 n 型结合形成无需电子选择性吸收层或者空穴选择性吸收层的 pn 结。其中，电子选择性吸收层对电子有较高的传输速率，而对空穴的传输速率较低，一般为 n 型半导体；空穴选择性吸收层对空穴有较高的传输速率，而对电子的传输速率较低，一般为 p 型半导体。图 6-4 为钙钛矿材料作为本征层 i 的电荷传输路径。在光照下，钙钛矿材料捕获光子产生激子，基于电子选择性吸收层、钙钛矿材料和空穴选择性吸收层之间的能级高低关系，电子和空穴分别通过电子选择性吸收层和空穴选择性吸收层向两个相反的方向汇流，并流入外电路。

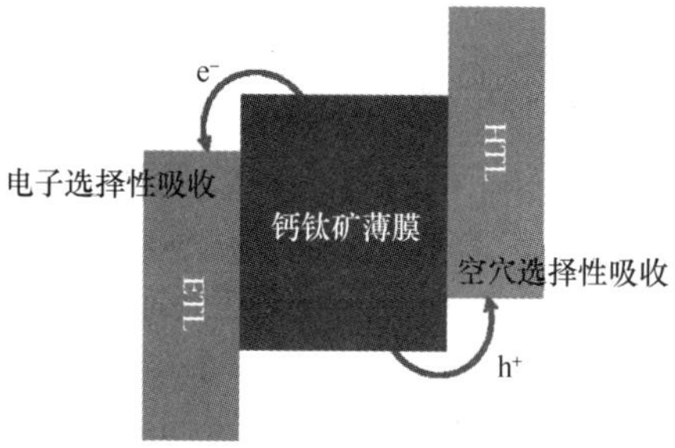

图 6-4　钙钛矿、n 型和 p 型材料形成的 p-i-n 结

图 6-5 罗列了常用于钙钛矿太阳能电池的几种典型材料的能级分布，包括电子传输材

料(Electron Transport Materials)、钙钛矿材料(Absorber)和空穴传输材料(Hole Transport Materials)。图 6-6 以 FTO/ZnO/$CH_3NH_3PbI_3$/Sprio-OMeTAD/Au 完整电池为例来进一步阐释电池的工作原理。该电池以 n 型半导体 ZnO 为电子选择性吸收层，有机 p 型半导体 Spiro-OMeTAD 为空穴选择性吸收层，透明导电 FTO 和金属 Au 电极为汇流极。在光的照射下，能量大于钙钛矿薄膜禁带宽度的光子在钙钛矿薄膜内激发出激子，即电子空穴对。空穴将向 Sprio-OMeTAD 的价带扩散，然后通过 Au 汇流极流向外电路。同时，电子向 ZnO 半导体的导带扩散，然后通过 FTO 流向外电路，由此实现电池对外供电。从能级的角度看，空穴选择性吸收层的较高导带能级阻止了电子向其注入，同时，电子选择性吸收层的较低价带能级也阻止了空穴的注入，这保证了电子和空穴的有效分离和传输。

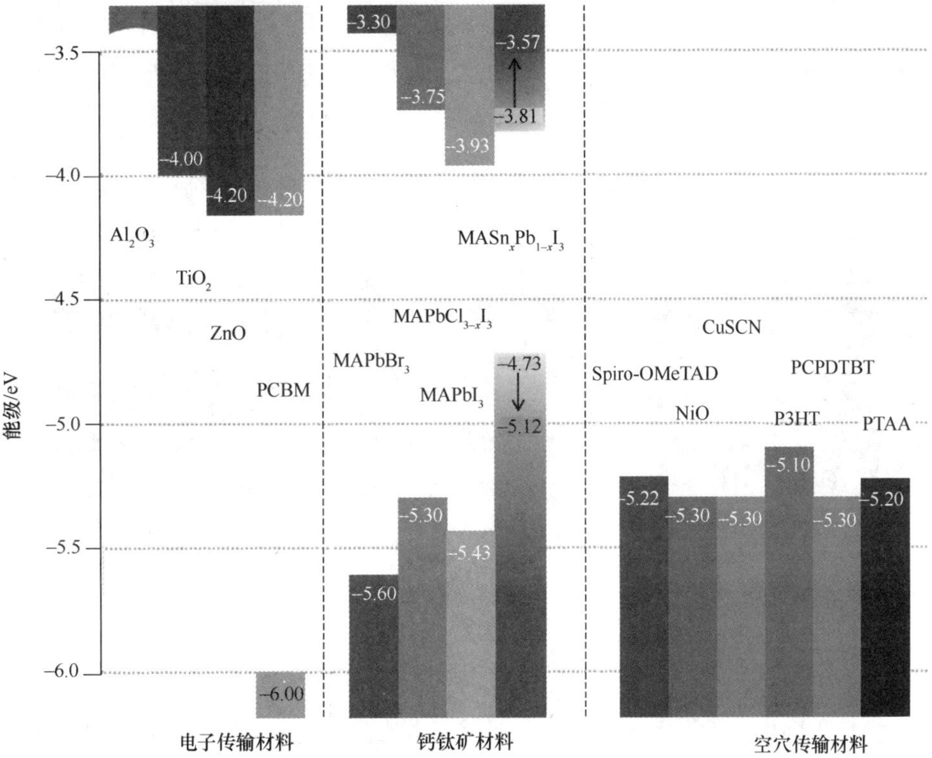

图 6-5　钙钛矿太阳能电池中常用材料的能级分布

6.1.3　钙钛矿太阳能电池的基本结构

钙钛矿太阳能电池可以分为两大类：一类是正向电池(图 6-6)，与经典染料敏化太阳能电池构型类似，在该结构中，各功能层能级的差异使电子最终流向透明导电半导体汇流极[通常为 FTO(F：SnO_2)或者 ITO(Sn：In_2O_3)]，空穴流向金属汇流极；另一类是反向电池(图 6-7)，与经典有机太阳能电池的构型类似，在该结构中，各功能层能级的差异使空穴最终流向透明导电半导体汇流极，电子流向金属汇流极。图 6-7 为典型的反向结构电池 ITO/NiO/$CH_3NH_3PbI_3$/PCBM ([6,6]-phenyl-C61-butyric acid methyl ester) /Al 的由能级决定的电子和空穴传递方向，对比于图 6-6 所示的典型正向结构电池，可以看到两者中电子和空穴传递到汇流极的方向不同。

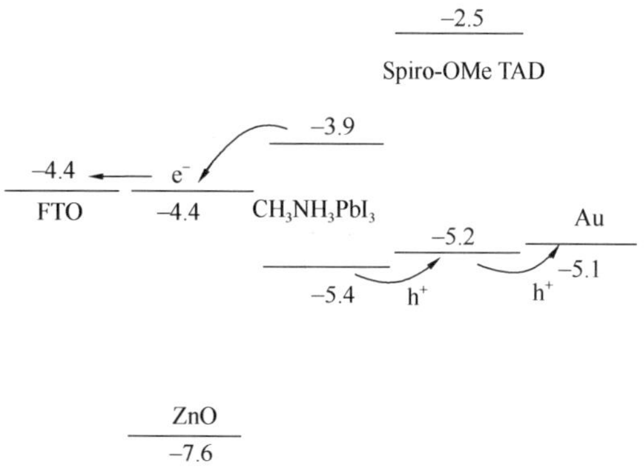

图 6-6　FTO/ZnO/$CH_3NH_3PbI_3$/Sprio-OMeTAD/Au 中电子和空穴的传递

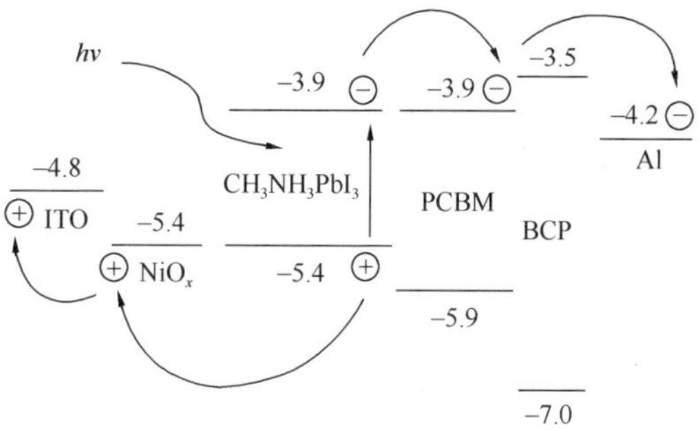

图 6-7　反向结构电池 ITO/NiO/$CH_3NH_3PbI_3$/PCBM/Al 中电子和空穴的传递

根据阳极结构的不同，正向电池经常被划分为介孔结构和平面结构，而反向电池则以平面结构为主，如图 6-8 所示。

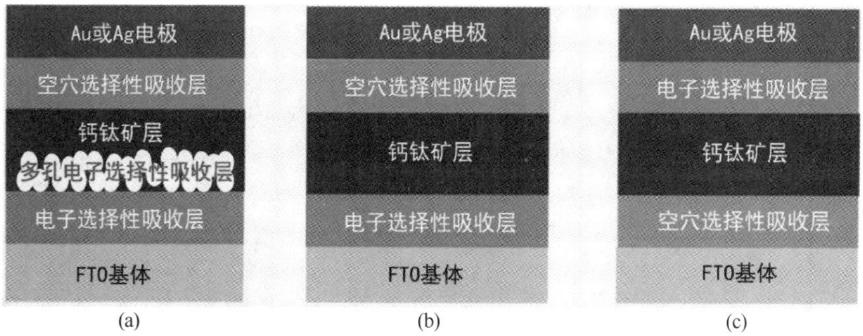

图 6-8　常见的钙钛矿太阳能电池结构

（a）正向介孔结构；（b）正向平面结构；（c）反向平面结构

介孔结构正向电池如图 6-9 所示，由下至上为透明导电半导体汇流极、致密且极薄的电子选择性吸收层、多孔电子选择性吸收层、钙钛矿层、空穴选择性吸收层和金属汇流极。其中电子选择性吸收层的微观结构类似于染料敏化太阳能电池的光阳极，呈现底层致

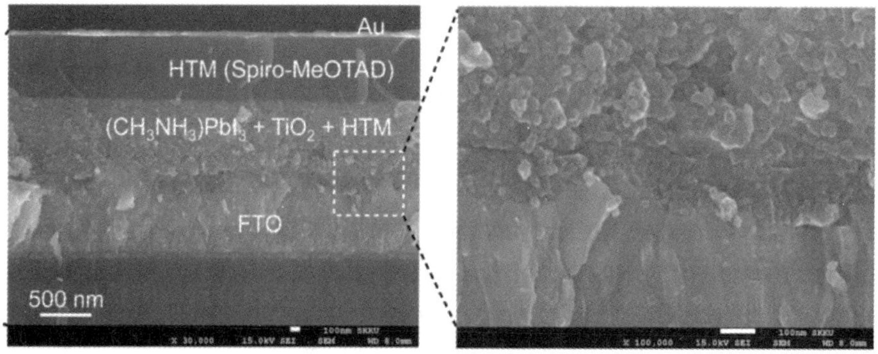

图 6-9　正向介孔结构钙钛矿太阳能电池的断面形貌

密与面层疏松多孔的结构。在钙钛矿太阳能电池发展早期，因为非介孔结构的电池往往得不到高效率，这种介孔结构曾经一度被认为是电池获得高效率的特征之一，但本质原因是早期在平基体表面难以制备获得均匀致密全覆盖的钙钛矿薄膜。随着基体表面钙钛矿薄膜制备新方法的研究，介孔结构的这种优势也逐渐消失，且其需要单独制备介孔层的步骤，也使介孔结构电池的制造成本偏高。

对介孔结构电池钙钛矿薄膜的深入研究结果表明，介孔结构电池性能主要依赖于钙钛矿材料在多孔电子选择性吸收层中的连续填充状态，而其填充状态主要受多孔电子选择性吸收层的厚度影响。当钙钛矿前驱体溶液的浓度一定时，通常情况下，多孔电子选择性吸收层的厚度越大，越不利于连续钙钛矿薄膜形成。计算结果表明，对于质量分数为40%的钙钛矿前驱体溶液，约300nm的多孔 TiO_2 薄膜可获得最优电池性能。基于钙钛矿材料对 TiO_2 多孔结构的充分填充，可以提高 TiO_2 导带上的电子密度，同时提高电荷传输速率和收集效率。除此之外，连续的钙钛矿薄膜抑制了由于 TiO_2 和空穴选择性吸收层直接接触引起的短路。只要钙钛矿薄膜能够通过制备方法的调控实现均匀致密全覆盖，介孔结构也就不再是高效率正向电池的必要结构。

钙钛矿材料具有优异的双极性电荷传输能力，即钙钛矿材料既能传递电子又能传递空穴，所以具有更简单制备工艺的无介孔层平面钙钛矿太阳能电池应运而生，其基本结构如图6-10所示。电池结构从下到上包括透明导电半导体汇流极、致密且极薄的电子选择性吸收层、钙钛矿层、空穴选择性吸收层和金属汇流极。需要指出的是，在正向电池中，为了防止空穴传输材料和透明半导体汇流极直接接触引起的短路，普遍使用致密且极薄的电子选择性吸收层，在不影响电子隧穿的同时阻止空穴的通过。

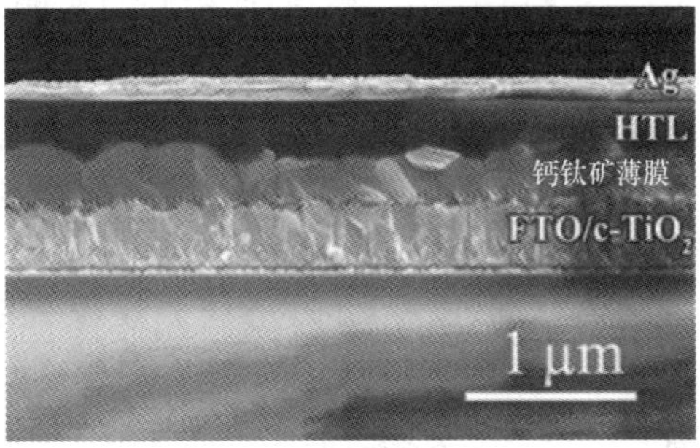

图6-10　正向平面结构钙钛矿太阳能电池的断面形貌

由于钙钛矿材料的激子束缚能很小，所以，光照下激子不仅可在钙钛矿薄膜与其他材料的界面处分离，也可以在钙钛矿薄膜内部分离。激子扩散长度可以达到微米级别，所以分离后的电子和空穴对可以被有效地传输到外电路。实验结果表明，依托于钙钛矿材料优异的光吸收能力，钙钛矿薄膜的厚度仅为400nm时就可以吸收足够多的太阳光，同时保证电荷的有效分离和传输。优异的平面电池要求钙钛矿薄膜均匀、致密且全覆盖在基体上，这样既保证了充分的光吸收能力，又避免了致密且极薄的电子选择性吸收层和空穴选择性吸收层穿过几百纳米的钙钛矿薄膜直接接触引起的电池内部短路。

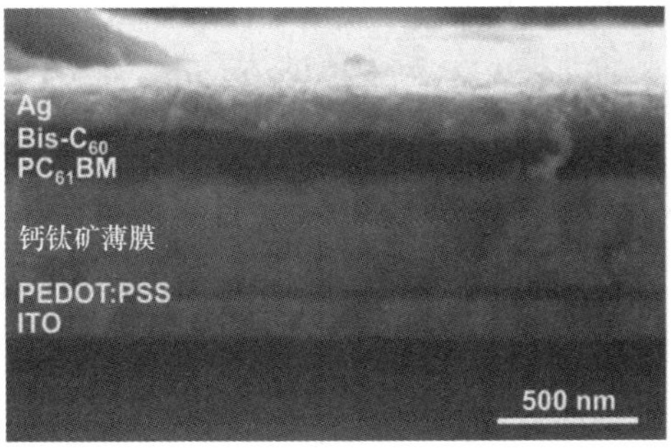

图6-11　反向平面结构钙钛矿太阳能电池的断面形貌

反向电池的结构主要为面异质结结构，与正向电池的平面结构类似，各功能层也呈现层层叠加的“三明治”结构，如图6-11所示，由下至上包括透明导电半导体汇流极、致密且极薄空穴选择性吸收层、钙钛矿层、电子选择性吸收层和金属汇流极。在反向电池中，为了抑制电子和空穴对的复合，一般添加致密且极薄的空穴选择性吸收层。电池结构中常用的空穴选择性吸收层是 PEDOT：PSS［Poly（3,4-ethylenedioxythiophene）：poly（styrenesulfonic acid）］，但是由于结晶性和润湿性均很差，PEDOT：PSS 基体上制备的钙钛矿薄膜极易出现针孔甚至不全覆盖，且其逸出功为 4.9～5.1eV，略低于 $CH_3NH_3PbI_3$的价带（5.4eV），这将在钙钛矿薄膜和空穴选择性吸收层之间引入欧姆接触造成器件电压损失。为了解决这一问题，研究分成两个方向：一是使用具有深 Homo 能级的聚合物，如 PCDTBT，对 PEDOT：PSS 进行修饰；二是使用具有高功函数的金属氧化物，如 NiO、WO_3、V_2O_5，取代 PEDOT：PSS。

6.2 钙钛矿薄膜的制备方法

6.2.1 双源气相法

双源气相法是在真空腔体内利用两种不同的反应物气相进行化学气相沉积成膜的方法。如图 6-12 所示，将前驱体原料中的有机源（CH_3NH_3I、CH_3NH_3Cl 等）和无机源（PbI_2、$PbCl_2$ 等）分别加热使其气化，通过传感器控制蒸发速率，在顶部的旋转基片台上，有机源分子与无机源分子发生反应沉积在基体上形成钙钛矿薄膜。双源气相法制备的 $CH_3NH_3PbI_{3-x}Cl_x$具有高覆盖率、高相纯度和良好的结晶性，电池容易实现高的光电转换效率。$PbCl_2$和 CH_3NH_3I 反应制备 $CH_3NH_3PbI_{3-x}Cl_x$钙钛矿薄膜的监测研究发现，当 $PbCl_2$气流量较小时，将形成富碘钙钛矿，当 $PbCl_2$气流量增加时，倾向于形成富氯钙钛矿。所以，反应过程中不仅要一直保持真空状态，还要严格控制有机源和无机源的比例，这就使双源气相法操作复杂、调控难度高、成本高昂。

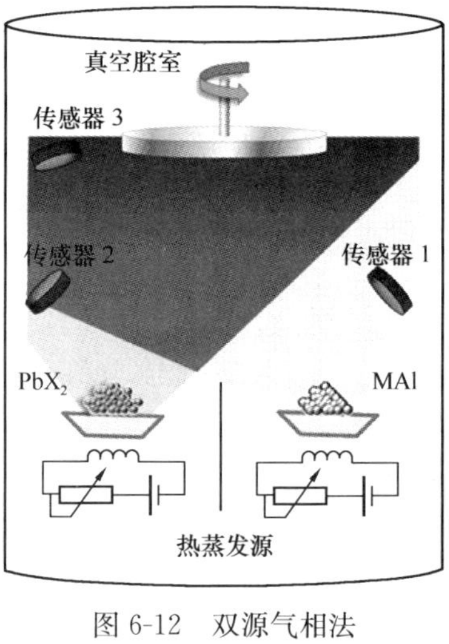

图 6-12　双源气相法的蒸镀原理示意图

6.2.2 两步反应法

在两步反应法中，第一步是前驱体固体膜的制备步骤，一般为溶液法，第二步是利用已形成的固体前驱体膜进行化学反应来制备钙钛矿薄膜。

最早提出的两步反应法如图 6-13 所示，首先将无机前驱体配置成溶液，通过旋涂干燥的方法在基体上得到无机薄膜，然后将有机前驱体加热气化，通过气态有机前驱体和固态无机薄膜之间的气固反应得到钙钛矿薄膜。这种反应与双源气相法相比，对反应时有机和无机前驱体的比例要求降低，但是，根据其反应的原理，即首先在无机薄膜 PbI_2的表面形成一个晶核，然后以晶核为中心通过气固扩散反应逐渐长大成钙钛矿薄膜，这一反应进程较慢，需要大于 4h，200nm 厚的无机薄膜 PbI_2才能反应完全。最后，如图 6-14（a）所示，在 PbI_2固态膜层上，采用溶液法沉积 CH_3NH_3I(MAI)薄膜，MAI 膜厚可通过溶液

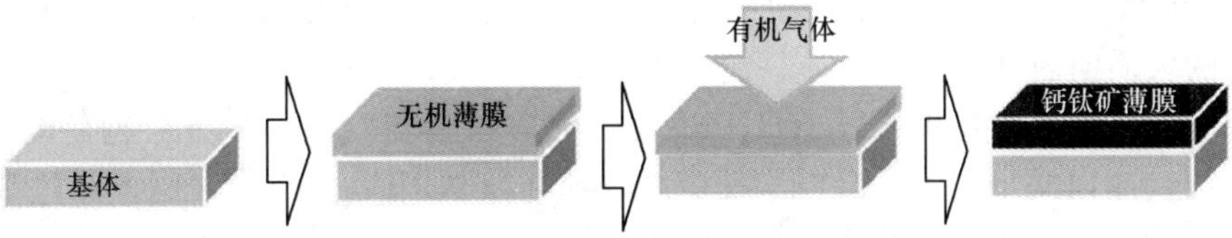

图 6-13 气固反应制备钙钛矿薄膜过程示意图

浓度和厚度来有效控制，然后通过基体加热并延长加热时间的方法促进 PbI_2 薄膜和 MAI 薄膜之间的全反应，这种固固扩散反应不需要真空和前驱体加热气化，但是反应得到的钙钛矿晶粒尺寸偏小(约 300nm)，大量的晶界会在电池内引入大量缺陷和复合中心，且长时间的加热会增加钙钛矿薄膜分解失效的风险。为了增加固固扩散反应后钙钛矿薄膜的晶粒尺寸，常在 N,N-二甲基甲酰胺(DMF)蒸气氛围下对反应后得到的 $CH_3NH_3PbI_3$ ($MAPbI_3$)进行热处理，如图 6-14(b)所示，这使钙钛矿晶粒明显增大，甚至达到了微米级别，并且这种溶剂下退火的方法还有利于制备厚度超过 1μm 钙钛矿薄膜。图 6-14(c)展示了普通的退火和溶剂热处理对钙钛矿薄膜形貌的影响。

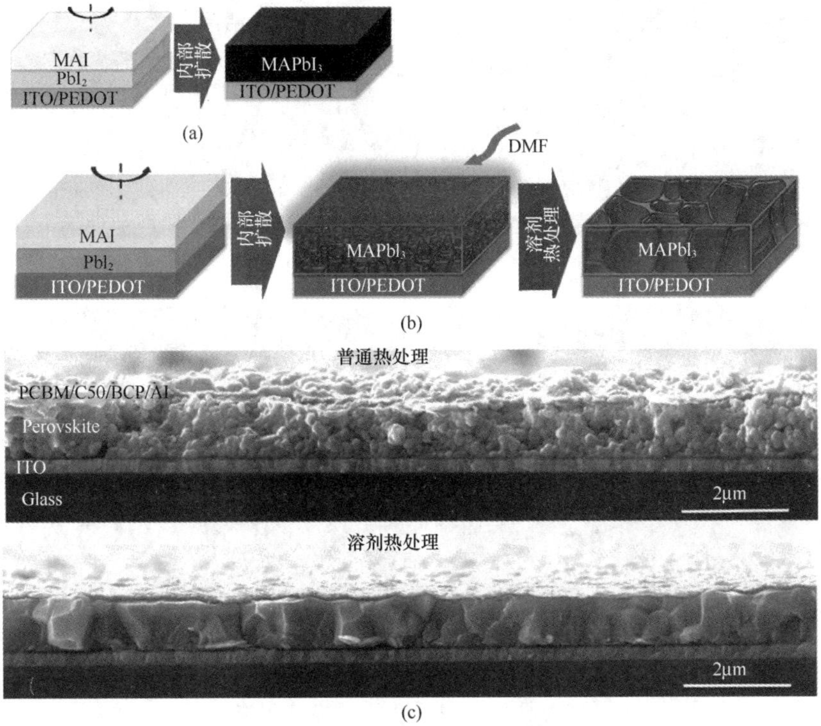

图 6-14 固固反应制备钙钛矿薄膜及后期溶剂热处理过程的示意图

(a)固固反应制备钙钛矿薄膜示意图；(b)固固反应后的溶剂热处理示意图；(c)溶剂热处理前后钙钛矿薄膜的形貌

除了以上前驱体之间的气固和固固反应，还有以液固反应为核心的两步溶液法。如图 6-15(a)所示，首先在基体表现制备 PbI_2 薄膜，然后将干燥后的 PbI_2 薄膜浸泡在 CH_3NH_3I 的溶液中反应生成 $CH_3NH_3PbI_3$，最后洗涤去除表面多余的 CH_3NH_3I 并迅速

用高纯 N_2 干燥。这种两步溶液法的操作简便，但浸泡反应的实质是 CH_3NH_3I 分子从 PbI_2 晶粒的表面向内部的插层反应，越向内部 CH_3NH_3I 分子的扩散越困难，反应越难进行。同时，由于已经生成的 $CH_3NH_3PbI_3$ 类钙钛矿材料在溶液环境下会剧烈的溶解重结晶甚至剥离，所以两步溶液法从浸泡反应开始到高纯 N_2 干燥的整个时间不超过 3min，极短的反应时间使得两步溶液法得到的钙钛矿薄膜内总是残留未反应的 PbI_2。若反应时间过长，又会出现长时间浸泡下钙钛矿薄膜的溶解和重结晶现象，如图 6-15（b）所示。

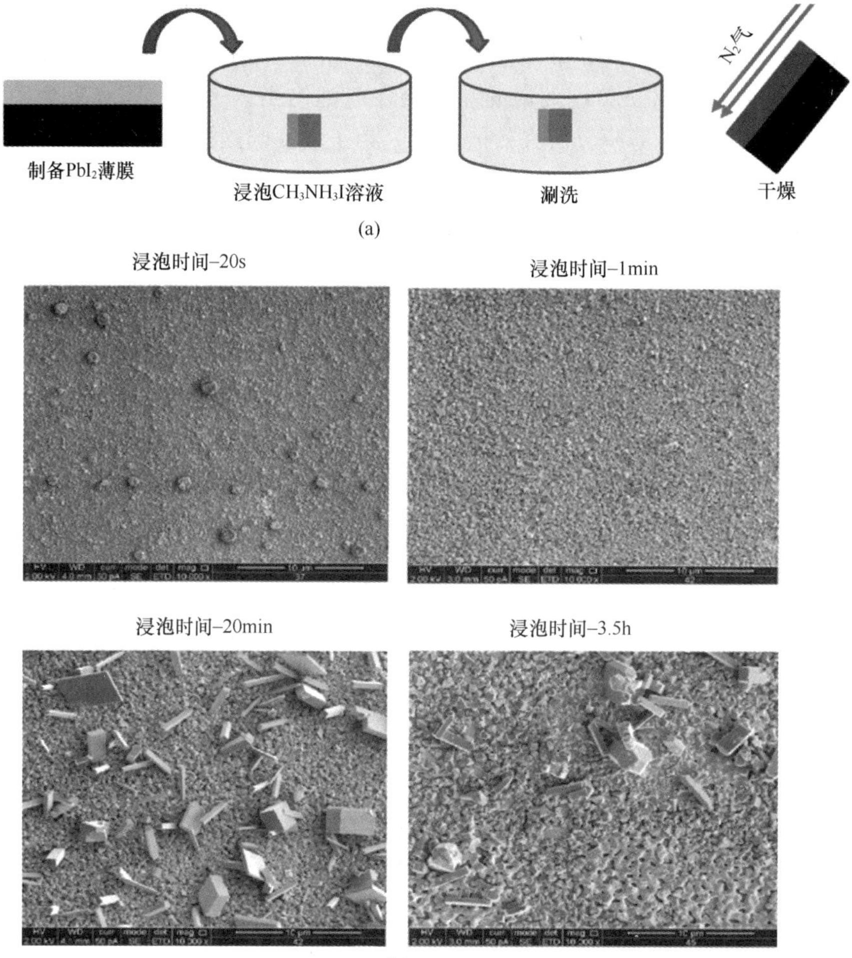

图 6-15　两步溶液法钙钛矿薄膜的制备及随浸泡时间延长钙钛矿薄膜在溶液中的溶解重结晶现象

（a）制备过程示意图；（b）溶解重结晶现象

为了解决两步溶液法中浸泡时间长造成的问题，可对 PbI_2 薄膜的微结构进行特殊设计，通过强化溶液中反应物向薄膜内部扩散和反应的方式加以解决。区别于较为平整致密的 PbI_2 薄膜结构，在 PbI_2 薄膜内部设计和制备出一定的纵向孔结构，则这些纵向孔能够加快溶液中的物质向薄膜内部的扩散传质过程，如图 6-16 所示。当孔间距显著大于薄膜厚度时，由于 PbI_2 到 $CH_3NH_3PbI_3$ 相变体积膨胀的缩孔作用，PbI_2 薄膜还未来得及全反应的时候，孔隙的扩散传质作用就已减弱或消失。当孔间距与薄膜厚度相当或稍小时，PbI_2薄膜的全反应状态就可以实现。通过这种薄膜孔隙结构设计，可以同时实现保障薄膜全反应和缩短反应时间的良好效果。图 6-17 展示了两种 PbI_2 薄膜在浸泡反应制备钙钛矿薄膜过程中，随时间延长的 PbI_2的残余量，其中 PVK-M. P. 所对应的 PbI_2薄膜孔间距略小于薄膜厚度，而 PVK-H. P. 所对应的 PbI_2薄膜孔间距大于薄膜厚度。显然，经过大于 40s 的浸泡时间首先得到了无 PbI_2残留的 PVK-M. P. 薄膜。

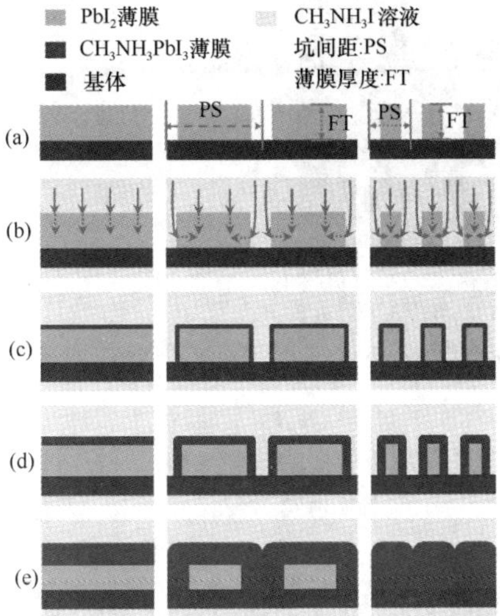

图 6-16 孔间距和薄膜厚度对两步反应法全反应状态的影响

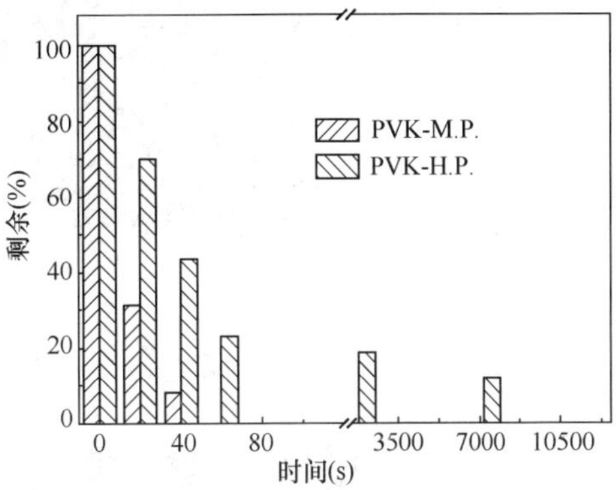

图 6-17 借助小于薄膜厚度的孔间距所制备的全反应钙钛矿薄膜

6.2.3 一步溶液法

与其他方法相比，一步溶液法是一种纯液相物理结晶反应的钙钛矿薄膜制备方法，其制备过程如图 6-18（a）所示，通常将有机前驱体和无机前驱体按照一定配比混合在高沸点的极性溶剂中，配置成澄清透明的钙钛矿前驱体溶液，然后将前驱体溶液滴加在基体上，通过旋涂控制钙钛矿薄膜的厚度，在干燥的过程中，利用溶剂蒸发实现溶液的过饱和、形核和生长，最终在基体上形成钙钛矿薄膜。如图 6-18（b）所示，通常情况下，一步溶液法制备的钙钛矿薄膜极易呈现对基体不全覆盖的树枝状结构，树枝状结构中存在许多纳米级粗糙表面，很多文献根据图 6-18（b）所示的低倍形貌结果将这些纳米级粗糙表面描述为裸漏的 FTO。但是，从如图 6-19 所示的高倍表面形貌可以看到，该区域并非完全裸露的基体，而是有一层极薄的钙钛矿薄膜，但局部薄膜太小且小到不能有效覆盖 FTO 基体的粗糙形貌。因此，这些区域的本质特征应该是不全覆盖的区域而非完全裸漏区，可采用高倍下统计的薄膜表观覆盖率对其进行进一步的定量描述。

为了实现一步溶液法薄膜的均匀、致密和全覆盖特征，研究者从材料成分、溶剂类型和溶液助剂等方面做了大量探索，但均未能实现理想的效果。对有机部分和无机部分的比例进行改变的研究表明，当 PbI_2和 CH_3NH_3I 在 DMF 中的比例接近 0.6∶1～0.7∶1 时，钙钛矿薄膜的覆盖率较高；当前驱体中 PbI_2和 CH_3NH_3I 的比例较高（>0.8∶1）时，薄

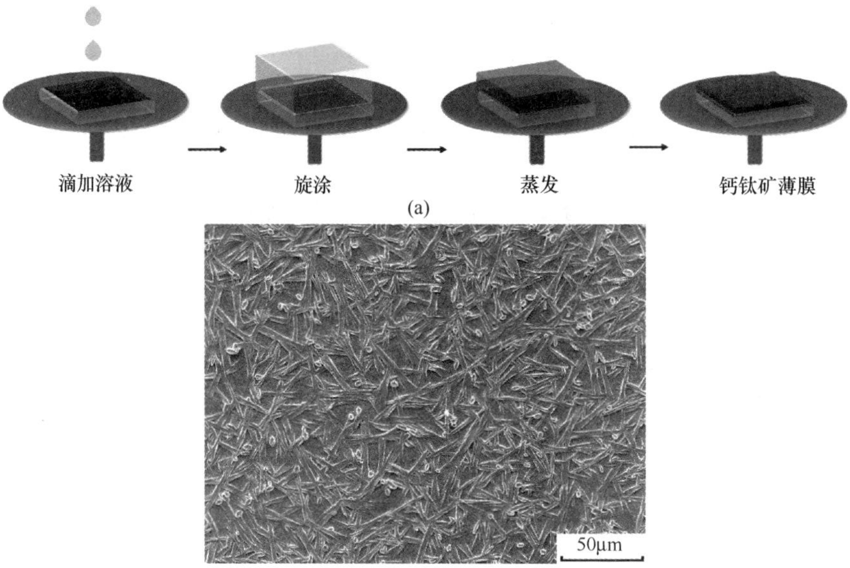

(a)

(b)

图 6-18　一步溶液法钙钛矿薄膜的制备过程及所制备的薄膜形貌

(a) 制备过程示意图；(b) 树枝状形貌的钙钛矿薄膜

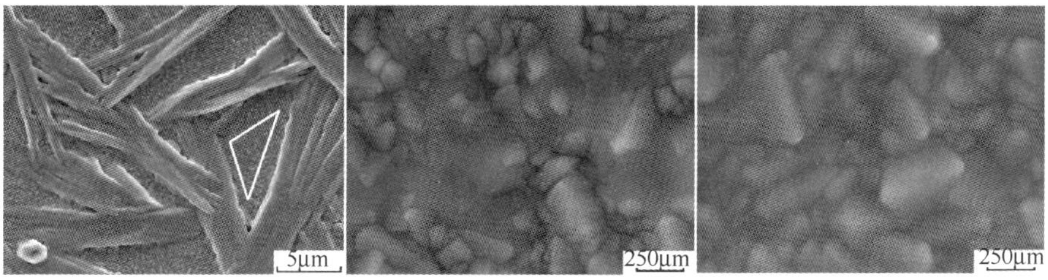

(a)　(b)　(c)

图 6-19　钙钛矿薄膜的不均匀分布形貌

(a) 树枝状结构；(b) 极薄薄膜区域；(c) 空白 FTO

膜呈现树枝状结构；当前驱体中 PbI_2 和 CH_3NH_3I 的比例较低（<0.6∶1）时，薄膜倾向于呈现片状结构。溶解前驱体的溶剂也对钙钛矿薄膜生长动力学的因素有直接影响，用 N,N-二甲基甲酰胺（DMF）取代 γ-丁内酯（GBL）配置钙钛矿薄膜前驱体溶液，并沉积在介孔 Al_3O_2 薄膜内部，DMF 的沸点为 154℃，比 GBL 的沸点 204℃低，有助于提高薄膜的覆盖率。但是由于 $CH_3NH_3PbI_3$ 晶体的生长速度过快，用 DMF 为溶剂所制备的薄膜仍然有大量基体裸露。在 DMF 中掺入体积分数为 3%的 GBL 可以在反向平面电池的基体上获得平滑且晶粒尺寸很小的钙钛矿薄膜，溶液中的少量 GBL 可以减慢生长速率，抑制大块团聚钙钛矿薄膜的形成，比如在钙钛矿前驱体溶液中添加一定的化学成分也可以调整钙钛矿结晶过程从而提高覆盖率，将 1%的 1,8-二碘辛烷（DIO）这种高沸点添加剂加入钙钛矿前驱体溶液中，有效提高了薄膜覆盖率及电池效率，分析认为，Pb^{2+} 和 DIO 的螯合作用，不仅促进了 $PbCl_2$ 在 DMF 中溶解度，而且还有效调控了薄膜的生长。再比如，在 PbI_2∶CH_3NH_3I 为 1∶1 的前驱体溶液中加入 3%的小分子 BmpyPhB，可以促进钙钛

矿薄膜在溶液内部的形核。尽管添加是一种非常简单有效的方法，但添加物的去除给薄膜的制备过程带来了困难。

一步溶液法的本质是溶液过饱和析出结晶的物理过程，只有从这个物理过程上进行直接影响因素分析，才能实现一步溶液法制备薄膜的有效控制。将基体温度从 28℃提高到 75℃时，由于溶液干燥过程明显加快，钙钛矿薄膜的覆盖率得到明显提高。为了进一步加快结晶过程，研究者还提出了在旋涂好的钙钛矿溶液膜表面快速覆盖反溶剂膜的反溶剂方法，在极其严格控制添加方式和添加时间的前提下，可以得到全覆盖的小尺寸样品，但对于尺寸超过 5～10cm^2甚至更大的实用化电池制备，迄今由于没有合适的反溶剂添加方式而无法实现大尺寸应用。抽气法通过抽气压力实现钙钛矿前驱体液膜内形核与生长之间竞争关系的有效调控，既显著提高了溶液的干燥速度，又可实现米量级的大尺寸全覆盖薄膜的可控制备（图 6-20）。基于该方法建设的 20MW 级中试线，已经完成了米级大尺寸电池的中试化生产。

(a)

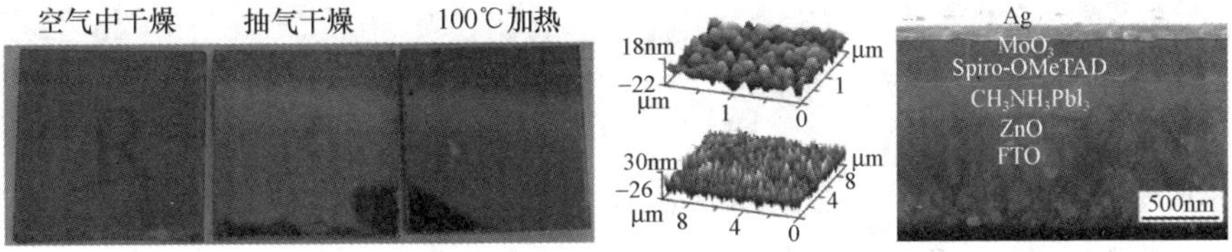

(b) (c) (d)

图 6-20 抽气法制备钙钛矿薄膜示意图

(a) 制备过程示意图；(b) 钙钛矿薄膜照片；(c) 原子力显微形貌；(d) 电池形貌

6.3 钙钛矿太阳能电池的其他功能层

6.3.1 电荷选择性吸收层

电荷选择性吸收层位于钙钛矿薄膜的两侧，可以分为电子选择性吸收层和空穴选择性吸收层。正如在 6.1.3 节所描述的，电子选择性吸收层的作用在于快速抽取钙钛矿薄膜内的光生电子，同时阻止空穴的通过；空穴选择性吸收层的作用在于快速抽取钙钛矿薄膜内的光生空穴，同时阻止电子的通过。下面将分别对两者进行介绍。

1. 电子选择性吸收层

电子选择性吸收层在正向电池中位于钙钛矿薄膜与透明半导体汇流极之间，在反向电池中位于钙钛矿薄膜和金属汇流极之间。在平面电池中，电子选择性吸收层通常为致密且极薄的一层，通过其对汇流极的全覆盖，避免了钙钛矿薄膜本身或者空穴选择性吸收层穿透钙钛矿薄膜与汇流极直接接触引起的电池内部复合。

极薄 TiO_2 薄膜是最常用的一种电子选择性吸收层。制备方法包括喷雾热解法、原位水解法、原子层沉积法和化学气相沉积等。图 6-21 为水解四异丙醇钛得到的 TiO_2 致密电子选择性吸收层的表面和断面形貌。但是常用的制备方法，为了提高结晶性需要 500℃的退火，这增加了电池工业化的成本且不利于电池的柔性化。若以不耐热的有机材料为衬底，则需要发展选择性吸收层的低温制备方法。采用湿化学法可合成直径仅为几纳米的小尺寸 TiO_2 量子点，以此可制备极薄且致密的 TiO_2 电子选择性吸收层。直接以 $TiCl_4$ 为原料，也可在全程低于 150℃的条件下制备 TiO_2 致密电子选择性吸收层。此外，必须要提到的是，由于 TiO_2 的光催化作用引起的钙钛矿薄膜降解（详细可参看 6.4.1 节）也是亟待解决的问题，因此对 TiO_2 的表面修饰也是一个非常有意义的工作。研究结果表明，对 TiO_2 表面进行 SnO_2 修饰可以有效抑制电子选择性吸收层内的深能级缺陷态，从而使电池具有良好的光和湿度稳定性。最新的研究进展报道了一种更有效且低成本三步低温溶液法制备 SnO_2/TiO_2 电子选择性吸收层的方法。该制备方法的第一步与通常研究者采用的方法雷同，即采用高浓度的 $TiCl_4$ 溶液在 FTO 基体上原位水解制备 TiO_2 薄膜，所不同的是，第二步用低浓度的 $TiCl_4$ 溶液对上一步得到的 TiO_2 薄膜进行致密化，然后第三步在致密的 TiO_2 薄膜表面进行 SnO_2 修饰。三步低温溶液法均在 70℃的温度下进行且总共耗时小于 2h。所制备的 SnO_2/TiO_2 电子选择性吸收层有良好的电子收集能力，不需要额外的高温退火，可以应用于高性能柔性电池的制备，并且 SnO_2 的表面修饰使所封装的平面钙钛矿

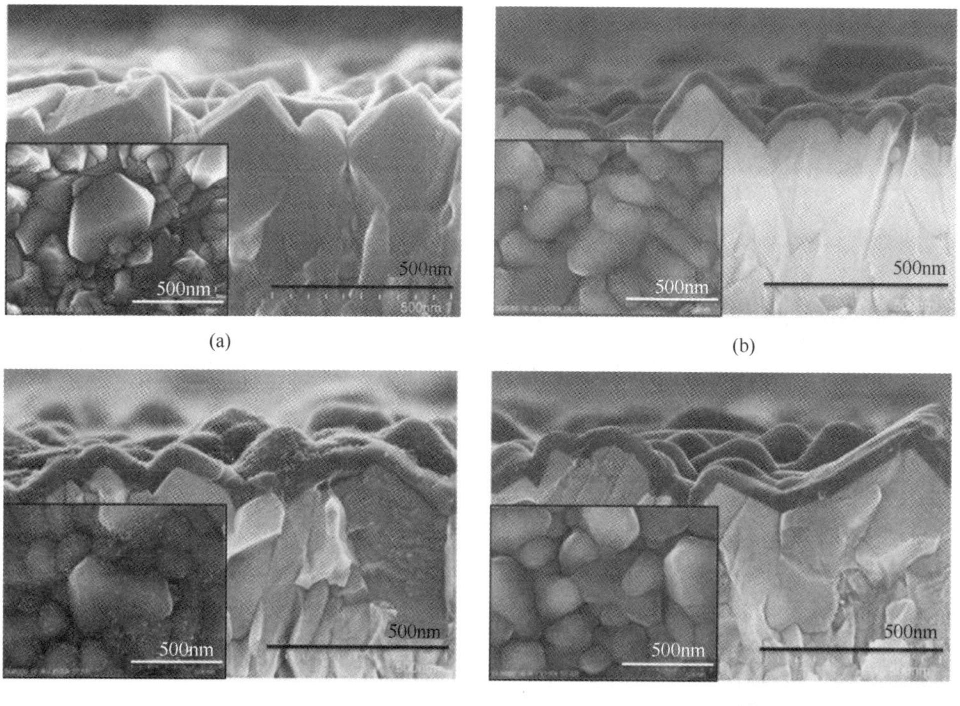

图 6-21　FTO 基体及所沉积的 TiO_2 致密电子选择性吸收层的表面和断面形貌

(a) 空白 FTO；(b) 水解法沉积的 TiO_2；(c) 经过 $TiCl_4$ 处理；(d) 经过 UV (O_3) 处理

太阳能电池连续光照 528h 的情况下，仍然保持了 93%的转换效率。

ZnO 材料也是一种常用的电子选择性吸收材料，其与钙钛矿的导带和价带位置更匹配，可以保证电荷的有效提取。同时，ZnO 材料不需要高温烧结，更有利于工业化和柔性电池的发展。ZnO 电子选择性吸收层也可分为多孔形态和致密形态两类，但是相比较而言，ZnO 致密电子选择性吸收层应用更为广泛，其可通过化学浴沉积、电镀沉积、磁控溅射和离子蒸镀等低温手段制备。ZnO 致密电子选择性吸收层与 TiO_2致密电子选择性吸收层相比，其表面粗糙度更大，甚至完全掩盖了原始透明半导体汇流极的形貌。

2. 空穴选择性吸收层

空穴选择性吸收层在正向电池中位于钙钛矿薄膜与金属汇流极之间，在反向电池中位于钙钛矿薄膜和透明半导体汇流极之间。应用于钙钛矿太阳能电池的空穴选择性吸收层可分为有机和无机两类。

有机空穴选择性吸收材料可以通过结构设计调整其表面性质和与钙钛矿材料之间的能级匹配，从而提高电池性能，因此有机空穴选择性吸收材料的应用更广泛。根据所含基团的不同可以将有机空穴选择性吸收材料分为三苯胺结构、噻吩结构和酞菁类结构等，与其他结构相比，三苯胺结构更富电子且电子云分布广泛，具有很好的溶解性、无定形成膜性和光稳定性，更满足高性能钙钛矿太阳能电池的需要。含有三苯胺结构的代表性空穴选择性吸收材料是 Spiro-OMeTAD，如图 6-22 所示。对 Spiro-OMeTAD 的优化主要包括添加剂和结构设计，例如，将 Li-TFSI 和 4-TBP 添加到 Spiro-OMeTAD 空穴选择性吸收材料中用来提高材料的电导率，从而提高电池性能。通过对其结构中甲氧基部位取代，调整了材料的光学和电学特性，从而提升了电池的光电转换效率。噻吩结构比三苯胺结构具有更强的分子共轭性能，因此噻吩结构空穴选择性吸收材料具有更高的空穴迁移率。以噻吩结构为核心，配以不同的给体和受体可以合成一系列空穴选择性吸收材料，但是目前以该材料为空穴选择性吸收层的电池转换效率仍然不高，所以针对器件的优化还需要深入进行。

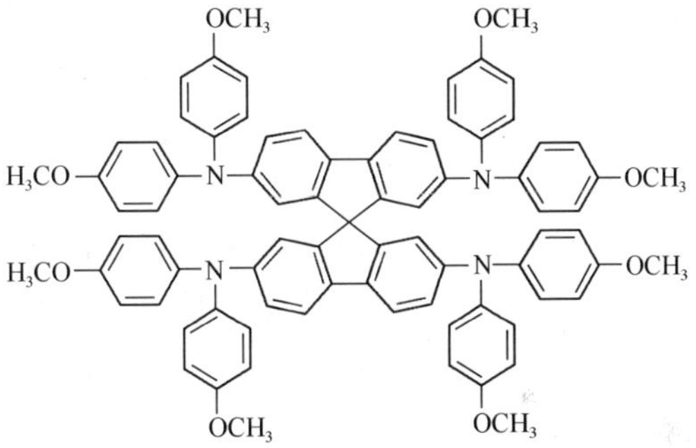

图 6-22 Spiro-OMeTAD 的分子结构

虽然以 Spiro-OMeTAD 为代表的有机空穴选择性吸收材料展现了良好的性能，但是有机材料的合成条件苛刻、工艺复杂、提纯困难，所以价格普遍偏高，因此设计和合成更加经济高效的无机空穴选择性吸收材料成为研究者的关注点。目前，常用的无机空穴选择性吸收材料包括 NiO、Cu 基材料（CuI、CuSCN 和 Cu_2O 等）和 MoO_x等。

NiO 是一种化学性能稳定且高迁移率的 p 型半导体材料，在钙钛矿太阳能电池中，其较高的导带能级（−1.8eV）可有效阻挡电子传输。NiO 作为空穴选择性吸收层在钙钛矿太阳能电池中的使用最早由 Snaith 等报道，但是，由于溶液法制备的 NiO 导电性差，且钙钛矿薄膜不能全覆盖，因此电池的转换效率很低。后期，针对 NiO 空穴选择性吸收层性能的优化主要集中在制备工艺的改进和掺杂两方面。为了得到均匀致密、全覆盖且结晶性良好的 NiO 空穴选择性吸收层，目前已经报道的制备方法包括 UV-O_3处理、溶胶-凝胶法、低温合成、激光脉冲沉积等，相应的钙钛矿太阳能电池转换效率已经提高到了接近16%。对 NiO 空穴选择性吸收层的 Cu 掺杂和 Al_2O_3 纳米晶包覆等都在改善钙钛矿薄膜与 NiO 层的接触和增加空穴在界面处的分离效率上提高了电池性能。

Cu 基空穴选择性吸收材料是一类可见光透过性良好、有机溶剂溶解性良好且宽禁带无机 p 型材料。目前，CuI 作为空穴选择性吸收层应用于反向电池组成的 ITO/CuI/$CH_3NH_3PbI_3$/C_{60}/BCP/Ag 结构电池的最高效率为 16.8%，但是 CuI 的环境稳定性不好。CuSCN 的化学稳定性很好，随着钙钛矿薄膜全覆盖工艺的实现，其所对应的电池效率也提高到了 16.6%。但是，研究者发现 CuSCN 与钙钛矿薄膜之间存在互扩散现象，钙钛矿薄膜中的 Pb 会出现在空穴选择性吸收层中。Cu 的氧化物也是一类常见的 p 型半导体材料，其主要通过晶体中存在的 Cu 离子空位而显出空穴传输特性，它也是当前非常有研究潜力的一类空穴选择性吸收材料。

碳浆也是一类成本更低且稳定性更好的空穴选择性吸收材料，它可以通过简单的溶液法全印刷到电池表面，并且碳对电极所封装的电池不需要金属汇流极，这为电池的工业化制备提供了基础支撑。但问题是制备过程中浆料中的溶剂对钙钛矿薄膜有强烈的腐蚀作用，因此加速碳浆溶剂的干燥或者以对钙钛矿薄膜不溶解的丙二醇甲醚醋酸酯替代碳浆中经常使用的氯苯都可以有效保持钙钛矿薄膜的稳定性。

6.3.2 汇流传输层

汇流传输层可以分为透明和不透明两类，两种汇流传输层的共同作用在于汇流从选择性吸收层传递过来的电荷，所不同的是透明汇流传输层可作为入射电池的窗口使光线进入电池，不透明汇流层则可将入射到电池底部的太阳光反射回钙钛矿薄膜，从而促进太阳光的充分利用。透明汇流传输层的透明性和导电性是衡量其性能好坏的两大标准，最常用的材料是 FTO 和 ITO。它们都有良好的可见光透过能力且硬度大、耐磨损、电化学性能稳定，但是由于 SnO_2 仅对玻璃和陶瓷附着力强，所以 FTO 主要被应用于硬质电池，而 ITO 则在柔性和硬质电池中都可使用，当其被沉积在柔性基体上时所形成的透明半导体汇流极是 ITO-PEN 和 ITO-PET。透明半导体汇流极的常用制备技术包括磁控溅射、喷雾热解、化学气相沉积和溶胶凝胶法。图 6-23 为气相沉积法制备的应用于光伏电池的 FTO 的形

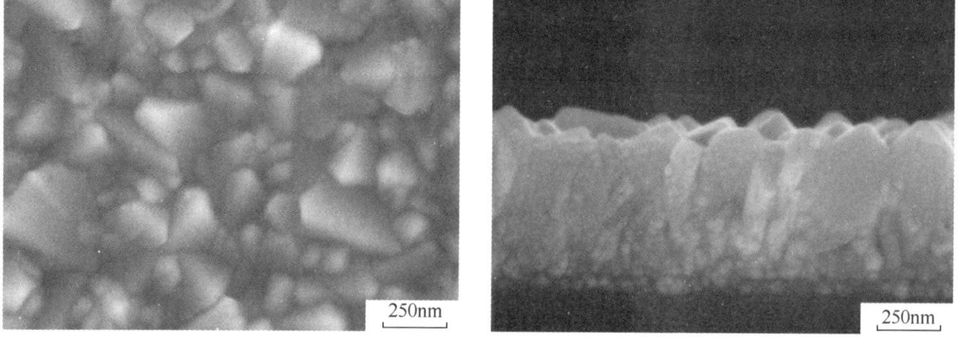

(a)　　(b)

图 6-23　气相沉积法制备的应用于光伏电池的 FTO 的形貌

(a)表面；(b)断面

貌。不透明导电汇流极常用的材料是 Au 和 Ag。一般通过热蒸镀的方法把 Au 或 Ag 的靶材加热，物理气相沉积到电池表面，形成 Au 或 Ag 膜汇流极。

6.4 钙钛矿太阳能电池的稳定性及封装技术

6.4.1 钙钛矿太阳能电池的稳定性

除效率和制造成本以外，环境稳定性和时间稳定性问题也是钙钛矿太阳能电池工业化应用需要重点考虑的问题。钙钛矿太阳能电池的环境不稳定问题主要是由钙钛矿薄膜或者钙钛矿薄膜与 TiO_2 接触界面的环境不稳定性引起的，影响钙钛矿太阳能电池稳定性的环境因素主要包括热、湿度和紫外线。图 6-24 展示了发生在 TiO_2 功能层处的光催化原理，以及钙钛矿材料与金属电极之间由氧气、水和光照引起的材料失效。

1. 热

有机无机杂化钙钛矿材料的晶体结构易受温度的影响，一般情况下，升高温度将引起材料的相变，例如，当温度升高到 54℃ 时，$CH_3NH_3PbI_3$ 将由四方相变为立方相，但是继续升高温度将引起材料分解。例如，钙钛矿材料在 85℃ 全日光照射下，无论放置在空气还是氮气环境中都会发生分解，这说明 $CH_3NH_3PbI_3$ 的晶格畸变在热作用下被加剧，最后使 $CH_3NH_3^+$ 脱出晶格引发失效。当前对 $CH_3NH_3PbI_3$ 钙钛矿材料的成分替换结果表明，全无机钙钛矿材料比有机无机杂化材料更耐高温。

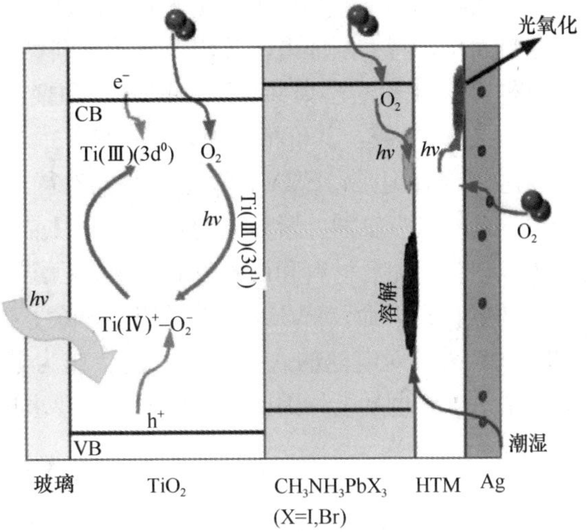

图 6-24 钙钛矿太阳能电池的环境不稳定性影响因素

2. 湿度

空气中的水是引起钙钛矿薄膜失效降解的一个重要因素。以 $CH_3NH_3PbI_3$ 为例，其失效降解的过程可以用式(6-1)表示，由于氧分子和水可以从对电极的小孔里面扩散进入电池，水引起的失效降解将在氧气和光照下被加剧，所以在 $100mW/cm^2$ 连续光照下，未封装的电池将在几分钟到几个小时的时间内失效。随着空气中的湿度增大，钙钛矿材料的失效越来越严重，从紫外-可见吸收谱上观测到当环境湿度为 98%时，经过 4h 钙钛矿薄膜的吸收能力降低为原来的一半。

$$
\begin{aligned}
&CH_3NH_3PbI_3 \xrightarrow{H_2O} CH_3NH_3I(aq) + PbI_2(s)\\
&CH_3NH_3I(aq) \longrightarrow CH_3NH_2(aq) + HI(aq)\\
&4HI(aq) + O_2 \longrightarrow 2I_2(s) + 2H_2O\\
&2HI(aq) \xrightarrow{hv} H_2\uparrow + I_2(s)
\end{aligned}
\quad (6\text{-}1)
$$

3. 紫外线

紫外光照射引起的电池失效在 TiO_2 作为电子选择性吸收层的钙钛矿太阳能电池中最为显著。这是因为 TiO_2 半导体内部或者颗粒表面存在很多氧空位，这些氧空位会吸附空气中的氧分子（Ti^{4+}-O_2），在紫外光照射下，TiO_2 价带上的电子被激发到导带，则价带上剩余的空穴将与 Ti^{4+}-O_2 复合，使氧分子解吸，在 TiO_2 上剩余一个导带自由电子和一个带正电荷的氧空位。这个带正电荷的氧空位位置在导带底以下，所以叫作深能级缺陷态。深能级缺陷态倾向于从卤素负离子中索取电子，从而破坏了有机无机杂化钙钛矿结构的电平衡，引起其失效分解。研究结果表明，对 TiO_2 电子选择性吸收层的表面修饰或者用 Al_2O_3 替代 TiO_2 电子选择性吸收层对电池光照稳定性都有一定提升。

6.4.2 钙钛矿太阳能电池的封装技术

封装太阳能电池的主要目的就是保护电池片，隔绝水、氧等环境因素引起的电池损伤。针对太阳能电池标准的封装工艺是先将太阳能电池片焊接好，然后在真空条件下加热加压使封装材料固化，将太阳能电池片以及其他材料黏结在一起以达到密封的目的。目前常用的封装材料包括乙烯-醋酸乙烯共聚物（EVA）和聚乙烯醇缩丁醛树脂（PVB）等。其中工艺最为成熟的是 EVA 胶，其价格低廉，具有良好的柔韧性、耐冲击性、密封性，改良后的透光率可高达 90%，但是，EVA 的耐老化性能有待进一步提高，通常采用的优化措施包括加入交联剂、紫外光吸收剂、紫外光稳定剂等。目前基于 EVA 材料的电池封装已形成标准化封装工艺，相应的配套材料和设备发展成熟，已经形成了完整的产业链，可以保证太阳能电池 20～25 年的使用寿命。PVB 与 EVA 相比，除了高透光率和高稳定的优点外，其本身可以阻挡 99%的紫外线对电池的入射，非常适合作为电池封装材料，但是 PVB 的生产成本很高，当前的制备工艺也复杂，因此，可根据具体要求进行合理的选择和应用。

思考题

1. 简述钙钛矿太阳能电池中钙钛矿薄膜的组成成分及物相结构。
2. 简述钙钛矿太阳能电池的工作原理。
3. 简述钙钛矿太阳能电池的基本结构及其特点。
4. 对比钙钛矿薄膜的制备方法及其优缺点。
5. 简述钙钛矿太阳能电池的电荷选择性吸收层的作用、分类及常用材料。
6. 简述影响钙钛矿太阳能电池环境稳定性的因素及其作用原理。

参考文献

[1] CUI J, YUAN H L, LI J P, et al. Recent progress in efficient hybrid lead halide perovskite solar cells[J]. Science and Technolgy of Advanced Materials, 2015, 16: 036044.

[2] ZHAO X, WANG M. Organic hole-transporting materials for efficient perovskite solar cells[J]. Materials Today Energy, 2017, 7: 208.

[3] SESSOLO M, MOMBLONA C, GIL-ESCRIG L, et al. Photovoltaic devices employing vacuum-deposited perovskite layers[J]. Mrs Bulletin, 2015, 40: 660.

[4] XIAO Z G, BI C, SHAO Y C, et al. Efficient, high yield perovskite photovoltaic devices grown by interdiffusion of solution-processed precursor stacking layers[J]. Energy & Environmental Science, 2014, 7: 2619.

[5] BURSCHKA J, PELLET N, MOON S J, et al. Sequential deposition as a route to high-performance perovskite-sensitized solar cells[J]. Nature, 2013, 499: 316.

[6] LI Y, DING B, YANG G J, et al. Achieving the high phase purity of $CH_3NH_3PbI_3$ film by two-step solution processable crystal engineering[J]. Journal of Materials Science & Technology, 2017, 34: 1405.

[7] LI Y, HE X L, DING B, et al. Realizing full coverage of perovskite film on substrate surface during solution processing: characterization and elimination of uncovered surface[J]. Journal of Power Sources, 2016, 320: 204.

[8] DING B, GAO L L, LIANG L S, et al. Facile and scalable fabrication of highly efficient lead iodide perovskite thin-film solar cells in air using gas pump method[J]. ACS Applied Materials & Interfaces, 2016, 8: 20067.

[9] DING B, HUANG S Y, CHU Q Q, et al. Low-temperature SnO_2-modified TiO_2 yields record efficiency for normal planar perovskite solar modules[J]. Journal of Materials Chemistry A, 2018, 6: 10233.

[10] ZHANG M D, ZHAO D X, CHEN L, et al. Structure-performance relationship on the asymmetric methoxy substituents of spiro-OMeTAD for perovskite solar cells[J]. Energy Materials and Solar Cells, 2018, 176: 318.

[11] ZHANG Y, LIU W, TAN F, et al The essential role of the poly(3-hexylthiophene) hole transport layer in perovskite solar cells[J]. Journal of Power Sources, 2015, 274: 1224.

[12] CHU Q Q, DING B, LI Y, et al. Fast drying boosted performance improvement of low-temperature paintable carbon-based perovskite solar cell[J]. ACS Sustainable Chemistry & Engineering, 2017, 5: 9758.

[13] BERHE T A, SU W N, CHEN C H, et al. Organometal halide perovskite solar cells: degradation and stability[J]. Energy & Environmental Science, 2016, 9: 323.

[14] YANG J L, SIEMPELKAMP B D, LIU D Y, et al. Investigation of $CH_3NH_3PbI_3$ degradation rates and mechanisms in controlled humidity environments using in situ techniques[J]. ACS Nano, 2015, 9: 1955.

[15] 刘耀华，周志英，郑红亚，等. 太阳电池封装材料(EVA)简介[J]. 中国建设动态(阳光能源)，2007：45.

7 量子点太阳能电池

7.1 概　　述

量子点(Quantum Dot，QD)是一种准零维的纳米材料，由有限数目的原子组成，一般为球形或类球形，且三个维度尺寸均小于或者接近激子波尔半径，通常直径为 2～10nm。量子点既可由一种半导体材料组成，如由ⅡB-ⅥA 族元素(如 CdS、CdSe、CdTe、ZnSe 等)或ⅢA-ⅤA 族元素(如 InP、InAs 等)组成，也可由两种或两种以上的半导体材料组成(如 $CuInS_2$、$AgInS_2$ 等)。半导体量子点由于其独特的量子效应，使其在新型发光材料、光催化材料、光敏传感器、太阳能电池等多方面具有广泛应用。利用量子点作为光吸收材料的量子点太阳能电池(Quantum Dot Solar Cells，QDSCs)属于第三代太阳能电池，也是目前最尖端、最新的太阳能电池之一。这种电池将纳米技术与量子力学理论引入使用半导体材料的普通太阳能电池之中，电池中使用的光吸收材料的尺寸大小与吸收光谱之间具有紧密的依赖关系，如图 7-1 所示。

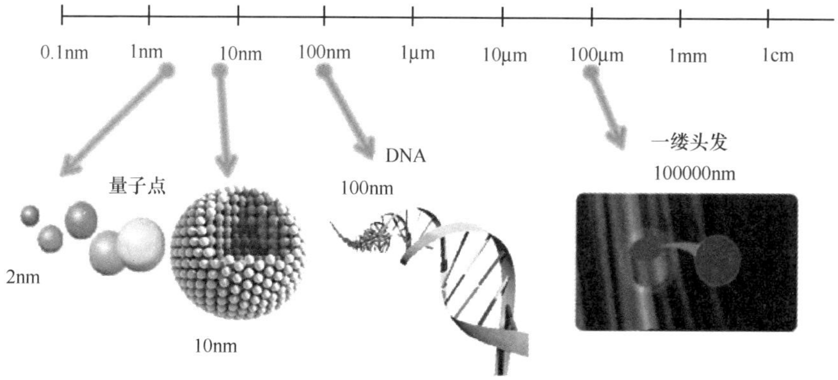

图 7-1　量子点尺寸示意图

7.2　量子点基础知识

7.2.1　量子点的量子效应

由于量子点三个维度的尺寸一般都在 2～10nm，其内部电子在各方向上的运动都受到局限，从而引起量子限域效应、量子尺寸效应、表面效应、多激子产生效应、量子隧道效应等量子效应，这些效应导致量子体系具有不同于宏观体系和微观体系的低维物理化学性质，展现出许多不同于宏观体系材料的新颖特性。

1. 量子限域效应

因量子点可与电子的德布罗意波长、相干波长及激子波尔半径相比拟，因此电子被局限在有限的空间里，电子输运受到限制，其载流子(电子、空穴)的平均自由程也被限制在很小的范围内，局域性和相干性增强引起量子限域效应(Quantum Confinement Effect)。对于量子点，当其粒径与激子波尔半径相当或更小时，处于强限域区，易产生激子吸收带。随着粒径的减小，激子吸收带的吸收系数增加，出现激子强吸收。由于量子限域效应，激子的最低能量向高能方向移动，即蓝移，而且尺寸越小，蓝移程度越大。

2. 量子尺寸效应

对于半导体材料来说，当其粒径尺寸下降到与其激子波尔半径相当时，费米能级附近的电子能级由准连续变为离散能级，而且其能隙随粒径减小而不断变宽，这种现象被称为量子尺寸效应(Quantum Size Effect)。量子尺寸效应可以使量子点在其吸收光谱中出现一个或多个明显的激子吸收峰，并且随着量子点尺寸的减小而不断蓝移，因此可以通过改变量子点的尺寸来调控其光学吸收波长范围，使量子点在太阳能电池的应用中发挥独特优势。图 7-2 显示了量子点尺寸与颜色的依赖关系。

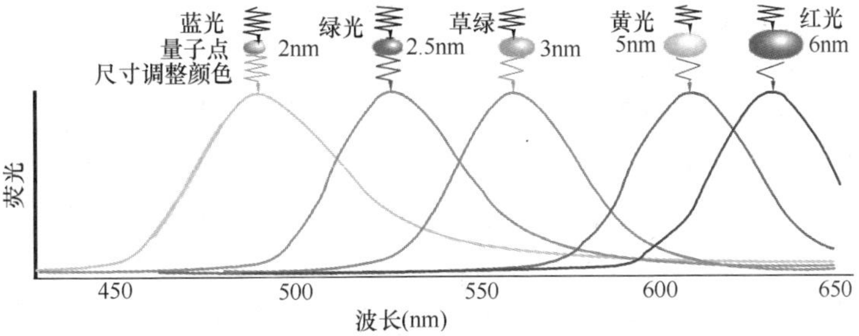

图 7-2 量子点尺寸与颜色的依赖关系

3. 表面效应

量子点所具有的另一个显著特点是比表面积大，量子点的尺寸越小，其比表面积越大，表面原子数占全部原子数的比例越高。随着表面原子数的增多，表面原子配位不足，不饱和键和悬挂键增多，使表面能迅速增加，表面原子活性增高。表面原子由于具有很高的活性，非常不稳定，很容易与其他原子结合，这就是量子点的表面效应(Surface Effect)。量子点表面大量的表面态缺陷会影响其光学及电学性能，而且其巨大的表面能给量子点及其太阳能电池的制备、保存和使用带来挑战。因此，研究、评价并提高量子点太阳能电池的稳定性成为该领域的一项重要课题。

4. 多重激子效应

单个入射光子可以产生两个甚至多个电子-空穴对(激子)的现象称为多重激子效应(Multiple Excition Generation，MEG)。一个高能量入射光子(能量至少是材料禁带宽度的两倍)产生了一对高能激子，高能量的导带电子以碰撞电离的形式释放部分能量并回落到导带底，所释放的能量则引起一个甚至更多新激子的产生，从而一个入射光子最终产生了两个甚至多个激子。可以说，多个激子产生的过程也是碰撞电离的过程，它是俄歇复合的逆过程，在提高量子点太阳能电池效率方面发挥着重要的作用。

5. 量子隧道效应

量子隧道效应(Quantum Tunnelling Effect)是指当微观粒子的总能量小于势垒高度时，该粒子仍然能够穿过这一势垒的能力，如图7-3所示。因为光伏现象的实质是材料内的光电转换特性，与电子的输运特性有密切关系，量子隧道效应可以有效提高载流子的输运效率，从而提高光电转化效率。

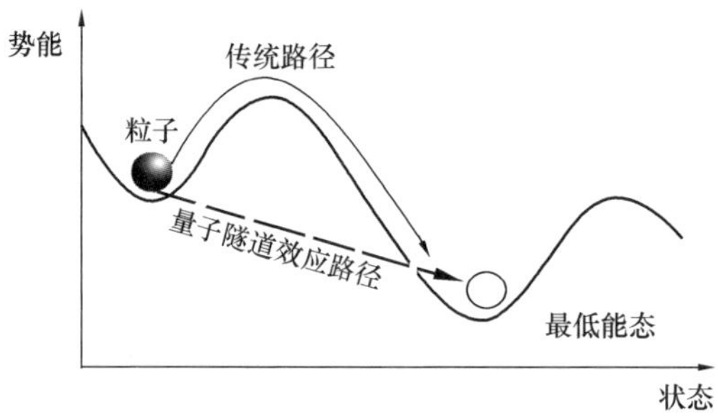

图7-3 量子隧道效应示意图

7.2.2 量子点的性能特点

量子点的量子效应使得量子点材料具有很多不同于体相材料的优点。

1. 量子点的发射光谱可以通过改变量子点的尺寸大小来控制

如图7-4所示，通过改变量子点的尺寸大小，在不改变化学成分的条件下，就可以使量子点的吸光范围覆盖从紫外(Ultraviolet，UV)到近红外(Near Infrared，NIR)的广大光谱区域。以CdTe量子为例，当它的粒径从2.5nm生长到4.0nm时，它们的发射波长可以从510nm红移到660nm。而硅量子点等其他量子点的发光可以到近红外区。

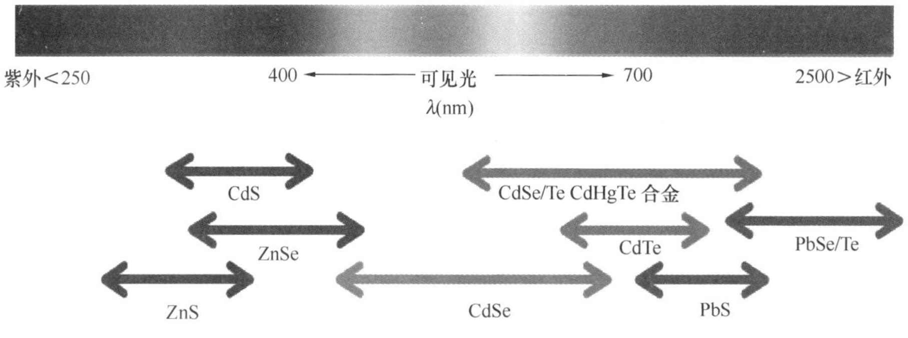

图7-4 使用不同的量子点可以覆盖从UV到NIR的光谱区域

2. 量子点具有很好的光稳定性

量子点的荧光强度比最常用的有机荧光材料“罗丹明6G”高20倍，它的稳定性更是“罗丹明6G”的100倍以上。因此，量子点可以对标记物体进行长时间的观察，这也为研究细胞中生物分子之间长期相互作用提供了有力的工具。一般来讲，共价键型的量子点(如硅量子点)比离子键型的量子点具有更好的光稳定性。

3. 量子点具有宽的激发谱和窄的发射谱

无论激发光的波长为多少，固定材料和尺寸的量子点的发射光谱是固定的，且发射光谱范围较窄且对称，无拖尾，多色量子点同时使用时不容易出现光谱交叠。因此，使用同一激发光源就可实现对不同粒径的量子点进行同步检测，可用于多色标记，极大地促进了量子点在荧光标记中的应用。而传统的有机荧光染料的激发光波长范围较窄，不同荧光染料通常需要多种波长的激发光来激发，这给实际的研究工作带来了很多不便。

4. 量子点具有较大的斯托克斯位移

量子点材料发射光谱峰值相对吸收光谱峰值通常会产生红移，发射与吸收光谱峰值的差值被称为斯托克斯位移，反之，则被称为反斯托克斯位移。量子点不同于有机染料和常规材料的另一光学性质就是具有更加宽大的斯托克斯位移，这样可以避免发射光谱与激发光谱的重叠，有利于荧光光谱信号的检测。

5. 量子点的生物相容性好

量子点经过各种化学修饰之后，可以进行特异性连接，其细胞毒性低，对生物体危害小，可进行生物活体标记和检测。在各种量子点中，硅量子点具有最佳的生物相容性。对于含镉或铅的量子点，有必要对其表面进行包裹处理后再开展生物应用。

6. 量子点的荧光寿命长

有机荧光染料的荧光寿命一般仅为几纳秒(这与很多生物样本的自发荧光衰减的时间相当)，而具有直接带隙的量子点的荧光寿命可持续数十纳秒(20～50ns)，具有准直接带隙的量子点如硅量子点的荧光寿命则可持续超过 100μs。这样在光激发情况下，大多数的自发荧光已经衰变，而量子点的荧光仍然存在，此时即可得到无背景干扰的荧光信号。

总而言之，量子点具有激发光谱宽且连续分布，而发射光谱窄而对称，颜色可调，光化学稳定性高，荧光寿命长等优越的荧光特性，是一种理想的荧光探针。

7.2.3 量子点材料

在过去的十几年时间里，量子点材料由于具有独特的光学、电学性质而被广泛的研究，其中主要量子点材料如表 7-1 所示。而半导体量子点材料的研究主要集中于Ⅱ-Ⅵ族(如 CdSe、CdS、ZnS 等)、Ⅱ-Ⅴ族(如 GaAs、InP 等)、Ⅳ-Ⅵ族(如 PbS、PbSe 等)以及Ⅰ-Ⅲ-$Ⅵ_2$ 族(如 $CuInS_2$、$AgInS_2$ 等)四个系列的半导体化合物。

表 7-1 主要量子点材料

族	量子点材料
Ⅳ	C、Si、Ge
Ⅲ-Ⅴ	InAs、InP、GaSb、GaN、GaAs、InGaAs、AIGaAs、InAIAs、InGaN
Ⅱ-Ⅵ	BaS、BaSe、BaTe、ZnS、Znse、ZnTe、CdS、CdSe、CdTe、HgS、HgSe
Ⅳ-Ⅳ	SiC、SiGe
Ⅳ-Ⅵ	PbS、PbSe

随着技术的不断发展，除了含有重金属 Cd、Pb 等的量子点之外，现在更多的研究者选择使用无毒、无重金属的半导体量子点来实现光谱范围的调节，这为其实际应用提供了巨大的优势。

1. Ⅳ族量子点材料

(1)碳量子点：碳材料可以制备成量子点，它是一种尺寸小于 10nm 的新型碳纳米材料，具有准球形结构，能够发射荧光，相比于半导体量子点，具有低毒性、良好的水溶性、易于合成和官能化等优势。

(2)Si 量子点：近十余年来，各种 Si 基纳米材料，如多孔 Si、Si 量子线和 Si 量子点结构的制备和发光特性一直是材料学家研究的重点，并已取得了显著进展。其中 Si 量子点与相应的量子阱和量子线相比，具有强三维量子封闭效应，易于实现强室温光致发光或电致发光，受到了科学家们的更多关注。

(3)Ge 量子点：Ge 量子点光电探测器是能够实现 1.31μm 和 1.55μm 波段的响应，且与量子阱探测器相比，由于三维的量子限制作用，其具有暗电流小、光生载流子寿命长、对正入射光敏感等优点。

2. Ⅲ-Ⅴ族量子点材料

(1)InAs 量子点：是当前Ⅲ-Ⅴ族半导体量子点研究的热点。其量子点激光有望成为光纤通信的光源之一。近年来，人们已对 InAs 量子点特性进行了大量的研究，结果表明，InAs量子点的形状和大小与生长条件及覆盖层有很大的关系，其形状、大小及应力分布决定量子点中电子和空穴的约束能，因而通过改变生长条件或选用合适的覆盖层可以调谐 InAs 量子点的发射波长。

(2)InP 量子点：通过 InP 量子点可以获得 700～1500nm 多种发射波长的荧光材料，填补了普通荧光分子在近红外光谱范围内种类少的不足。对于一些不利于在紫外和可见区域进行检测的生物材料，可以利用 InP 半导体量子点在红外区域染色进行检测，完全避免紫外光对生物材料的伤害，特别有利于活体生物材料的检测，同时将大幅度降低荧光背景对检测信号的干扰。

3. Ⅱ-Ⅵ族量子点

Ⅱ-Ⅵ族量子点在生物分子和细胞标记方面作出了重要的贡献。用量子点标记细胞能同时特异性地标记多种不同类型的蛋白质或活细胞，为生物、医学等研究带来了重大突破。

(1)CdS 量子点：由于 CdS 量子点具有良好的光学性质，在近几年的研究与相关文献报道中很受重视。目前，金属有机合成法(又称高温热解法)是 CdSQDs 常用的制备方法。早在 1990 年，德国科学家 Weller 研究团队便使用原位化学沉积法在多孔纳米晶 TiO_2 表面生长出 CdS 纳米颗粒，并将其作为光电化学电源，观察到光电压和光电流。随后，该团队用 PbS、CdS、Sb_2S、Bi_2S_3、Ag_2S 等纳米颗粒分别作为量子点材料沉积在 TiO_2 表面上制备出太阳能电池。

(2)ZnS 量子点：ZnS 是具有 368kJ/mol 禁带宽度的半导体，它具有压电和热电性质，而且也是具有 340nm 最大激发波长的半导体。固态 ZnS 量子点受紫外线辐射(低于 350nm)、阴极射线、X 射线、Y 射线以及电场(电荧光)激发时产生辐射，有望成为一种很好的荧光标记材料。2008 年，Toyoda 等人提出了用 ZnS 薄层包覆 CdSe 量子点的方法，使电池的光电流得到明显提高，并且抑制了电荷的复合。

4. Ⅳ-Ⅵ族量子点

(1)SiC 量子点：SiC 是一种宽带隙半导体材料，仅在低温下有蓝光发射，由于间接带隙的特征，发光效率很低。有人试图用电化学腐蚀的方法像制备多孔硅一样在单晶碳化硅衬底上制备多孔碳化硅，获得了蓝光发射，但这种方法没有抛弃电化学腐蚀与硅平面工艺不相兼容的缺点。LIAO 等曾用碳离子注入硅然后退火的办法制备了纳米碳化硅晶粒镶嵌薄膜，但是由于晶粒太大，不能有效地展示量子限制效应，因此未能获得蓝光发射，后用电化学腐蚀制备了多孔碳化硅薄膜，获得了强的稳定的蓝光发射。

(2)SiGe 量子点：异质外延生长应变自组装(自组织生长)的 SiGe 量子点在纳米电子器件和光电器件方面有着重要应用，尤其是 SiPGe 系统自组织生长的量子点，很有希望成为实现硅基光电集成的有效途径。

5. Ⅳ-Ⅵ族量子点

PbSe 和 PbS 量子点：PbSe 量子点在红外波段(1000～2300nm)有强的辐射和吸收峰，其典型的 FWHM(半高宽)为 100～200nm，且可根据颗粒的尺度不同而调整，适合用作通信光纤的掺杂物。2005 年，Sargent 小组首次在胶体量子点中发现光伏效应，之后由 PbS 或 PbSe 量子点作为光吸收层的太阳能电池迅速发展。通过量子尺寸效应，PbS 等窄带隙半导体材料同样能够应用于太阳能电池当中。如 PbS 的激子波尔半径是 18nm，通过控制它的合成条件，改变量子点的尺寸大小，吸收波长可实现 600～3000nm 范围可调，几乎实现了太阳光谱全谱吸收。这种大范围的量子尺寸效应，使得 PbS 不仅适用于单结太阳能电池，同时也适用于多结太阳能电池。

7.2.4 量子点的制备方法

半导体量子点由于优异的性质被广泛应用在很多领域，因此如何制备出性能良好、尺寸适合的量子点材料显得尤其重要。半导体量子点的合成方法多种多样，有溶胶-凝胶、化学气相沉积、化学沉淀等化学方法，还有原子层外延、分子束外延、电子束辐照、蚀刻等物理方法。目前，合成半导体量子点以化学方法为主，可以在有机相体系中合成，也可以在水相中合成。

1. 固相法

固相法制备量子点通常为物理方法，一般分为物理粉碎法、机械球磨法和真空冷凝法。固相法的优点在于，该法制备出的量子点结构优异，其操作方法简单，但成本高昂，对设备要求很高，且易引入杂质，对量子点的尺寸和表面性质的精确控制方面有所欠缺。

2. 气相沉积法

气相沉积法分为物理气相沉积法和化学气相沉积法。物理气相沉积法(Physical Vapor Deposition，PVD)在整个纳米材料形成过程中没有化学反应的发生，该法主要是在真空条件下，采用物理方法将材料源(固体或液体)表面气化成气态原子、分子或部分电离成离子，并通过低压气体(或等离子体)过程，在基体表面沉积具有某种特殊功能的薄膜的技术。物理气相沉积法具有过程简单、改善环境、无污染、耗材少的优势，但由于过程不发生化学反应，所以只能适用于现有物质的纳米化。

化学气相沉积法(Chemical Vapor Deposition，CVD)是直接利用气体，或者通过各种手段将物质转变为气体，使之在气体状态下发生化学反应得到想要的产物，最后在冷却过程中凝聚长大形成纳米粒子的方法。通过该法所制备出的纳米材料具有纯度高、颗粒分散性好、粒径分布窄、粒径小的特点，但同时，该法的反应源和反应后的余气易燃、易爆或有毒，因此需要采取防止环境污染的措施，且对设备往往还有耐腐蚀的要求。

3. 金属有机相合成法

金属有机相合成法也称有机金属法，是在有机溶剂中使用金属前驱体分解合成量子点的一种方法。目前，该方法是合成量子点最常用的一种化学方法，也是最成功的合成高质量纳米粒子的方法之一。有机相合成有许多优点：①有机体系种类较多，可以根据需要来选择有机化合物，相应稳定剂的可选范围也较水相广泛；②纳米超微粒在有机体系中的生长温度可以在较大的范围内调控，并且高温有利于量子点的成核与生长。1993 年，研究者首先提出了这一制备方法，利用含有 Se、Te、Cd 等的有机金属作为前驱体，在配位溶剂三辛基氧化膦(TOPO)中制备出了 CdS、CdSe、CdTe 量子点。该法是在无水无氧的条件下，在高沸点的有机溶剂中利用前驱体热解制备量子点的方法，即将有机金属前躯体溶液注射到有机配位溶剂液中，前躯体在无水无氧及高温条件下迅速热解并成核，晶核缓慢生长成为纳米晶粒。该方法制备的量子点具有种类多和量子产率高等优点，其粒径分布也可用多种手段进行控制。通过有机金属高温分解法制备的量子点具有量子产率高和发射峰窄的特点，但是该方法也有原料成本较高，反应条件要求苛刻，操作过于复杂，实验条件不易控制，毒性较大且易燃、易爆等不足之处。在之后的研究中，研究者们不断对合成技术进行改进，使用廉价且绿色环保的试剂代替价格昂贵且有毒的试剂，如使用氧化镉(CdO)取代二甲基镉[$Cd(CH_3)_2$]作为前驱体，用己基膦酸/十四烷基膦酸（HPA/TDPA）或十八烯取代 TOP/TOPO 作为配体溶剂。近年来，价格更低的橄榄油、液体石蜡成为最常用的配体溶剂。

4. 水相合成法

除了金属有机相合成法，半导体量子点还可以通过水相法合成。水相合成法的基本原理是，在水溶液中利用水溶性的配体作为稳定剂，直接合成水溶性的纳米粒子。目前主要有巯基化合物和聚合物作为稳定剂。其中巯基化合物以性质稳定、价格便宜、毒性较小等优点而被广泛应用。相比有机相合成法，水相合成法具有操作简便、重复性高、成本低、安全环保、表面电荷和表面性质可控、容易引入功能性基团、生物相溶性好等优点，且由于量子点是直接在水相中合成的，既解决了量子点的水溶性问题，又提高了量子点的稳定性。但水相合成法往往耗时较长，需经过长时间的回流过程才能得到理想的荧光性能和尺寸分布，且合成的量子点的长期胶体稳定性较差，量子产率也不高。

5. 水热法和微波法

水热法和微波法也是近年来常用量子点制备技术。水热法是将反应物放入高压反应釜中，通过将水加热到接近临界温度而制备量子点的方法。由于反应釜内产生的高压，可以将水的沸点提至 100℃以上，如此便打破常压下对制备温度的限制。通过该方法制备的巯基乙酸包覆的 CdTe 量子点，在未做优化的前提下，其荧光量子产率便可超过 30%。

微波法是利用微波辐射原理，从分子内部进行加热，有效地改善了传统方法的水浴加热所导致的局部温度过高等问题。Rogach 等人从 2000 年开始利用微波辅助加热的方法，不仅制备出了 CdSe 单核量子点和 CdSe/CdS 核壳式量子点，又融合了光刻蚀技术，使 CdSe/CdS 荧光量子产率提高到 40%左右。

7.3 量子点太阳能电池的基本类型及研究进展

1961 年，Shockley 和 Queisser 使用 AM1.5G 光谱优化的单个 pn 结光伏电池计算出太阳能电池的最大理论光电转化效率约为33.7%，这个效率随后被称为Shockley-Queisser极限（或S-Q极限），成为光伏电池设计和生产的最基本要素之一。为了突破S-Q极限，设计并生产出转化效率更高的光伏产品，科学家们不断努力，通过不同途径，提出了多种解决方案，包括多结太阳能电池、中间带太阳能电池、多激子太阳能电池、热载流子太阳能电池等。量子点太阳能电池由于其吸收光谱可以通过改变量子点的尺寸进行定制，其出色的光电性能和独特的多重激子效应得到广泛关注，因此也被作为实现突破S-Q极限的潜在候选者。

理论研究指出，采用具有显著量子限制效应和分立光谱特性的量子点作为光吸收材料设计和制作的量子点太阳能电池，可以使其能量转换效率得到超乎寻常的提高。1997年，西班牙马德里理工大学教授提出："量子点太阳能电池的理论能量转换效率上限为63%"。但在2011年，东京大学纳米量子信息电子研究机构主任荒川泰彦教授与夏普的研究组证实，根据理论计算，量子点太阳能电池的理论能量转换效率能够达到75%以上，这大大突破了S-Q极限。尽管目前尚没有制作出这种超高转换效率的实用型太阳能电池，但是大量的理论计算和实验研究已经证实，量子点太阳能电池将会在未来的太阳能转换中显示出巨大的发展前景，能够使太阳能发电的成本同化石能源发电相竞争。

现有太阳能电池大多由光吸收材料和电荷分离材料构成，因此根据光吸收材料和电荷分离机制的不同，大体可将量子点太阳能电池分为肖特基结太阳能电池、耗尽型异质结太阳能电池、极薄吸收层型太阳能电池、无机-有机杂化型太阳能电池、体异质结有机聚合物太阳能电池和量子点敏化太阳能电池。以下分别简要介绍这几种量子点太阳能电池的工作原理与研究进展，表7-2列出了不同类型量子点太阳能电池的性能比较。

表7-2 不同类型量子点太阳能电池的性能比较

量子点	类型	电池结构	PCE[a](%)
CdTe nanorods	肖特基结太阳能电池	ITO/p-CdTe/Al	5.01
PbS	肖特基结太阳能电池	ITO/PbS/LiF/Al	5.22
PbS[CuS]	QDSSC	FTO/TiO_2/PbS[CuS] P_3HT/Au	8.07
$CdSe_{0.65}Te_{0.35}$	QDSSC	$Cu_{2-x}S$/FTO counter electrode; TiO_2/QD/am-TiO_2/Zns/SiO_2; polysulfide electrolyte	9.28
Cu-In-Ga-Se	QDSSC	Mesoporous carbon-Ti counter electrode; TiO_2/QD/ZnS /SiO_2; polysulfide aqueous electrolyte	11.49
Zn-Cu-In-Se	QDSSC	Mesoporous carbon-Ti counter electrode; TiO_2/QD/ZnS/SiO_2; polysulfide/sulfide aqueous electrolyte	11.6
Zn-Cu-In-Se	QDSSC	Nitrogen doped mesoporous carbon-Ti counter electrode; TiO_2/QD/ZnS; polysulfide/ sulfide aqueous electrolyte	12.07
PbS	Hybrid SC	ITO/PEDOT：PSS/PCPDTBT-QDs/ZnO/Al	4.81
PbS_xSe_{1-x}	Hybrid SC	ITO/PEDOT：PSS/PDTPBT-QDs/ LiF/Al	5.52
CdS/Sb_2S_3	Hybrid SC	ITO/ZnO/CdS/Sb_2S_3/MEH-PPV/PEDOT：PSS/Au	5.01
CdTe	Hybrid SC	ITO/TiO_2/CdTe/PPV：CdTe/MoO_3/Au	5.41

续表

量子点	类型	电池结构	PCE[a](%)
CdTe	Hybrid SCb	ITO/SnO_2/CdTe/CdTe：P_3HT/P_3HT/Au	6.36
PbS	无机体异质结太阳能电池	ITO/ZnO/PbS-TBAI/PbS-EDT/Au	9.92
PbS	无机体异质结太阳能电池	ITO/ZnO/PbS-EMII/PbS-EDT/Au	10.47
PbS	无机体异质结太阳能电池	ITO/ZnO/PbS-TBAI/PbS-EDT/Au	10.61
PbS	无机体异质结太阳能电池	ITO/ZnO/PbS-TBAI/PbS-EDT/Au	10.82

a 上述所列的效率都经过官方验证。

7.3.1 肖特基结太阳能电池

肖特基结太阳能电池（Schottky Junction Solar Cells）是一种最简单的光伏设备构建模型，其结构如图 7-5 所示，通常由低功函数的金属电极（如 Al、Mg 或 Ga）、p 型半导体量子点薄膜（如 PbSe）和透明导电玻璃组成。透明导电玻璃常用的有铟掺杂氧化锡（Indium doped Tin Oxide，ITO）和氟掺杂氧化锡（Fluorine doped Tin Oxide，FTO）两种。其中，ITO 的电阻会随高温煅烧而上升，而 FTO 的电阻基本不变，适合后续高温烧结的过程；但 FTO 的室温面电阻稍大，透光率稍小。由于半导体的制备过程中可能需要高温处理，而通常此时的半导体是负载在导电玻璃上。因此，为了减小电阻，增大光电流，一般在量子点太阳能电池中都选择 FTO 透明导电玻璃。

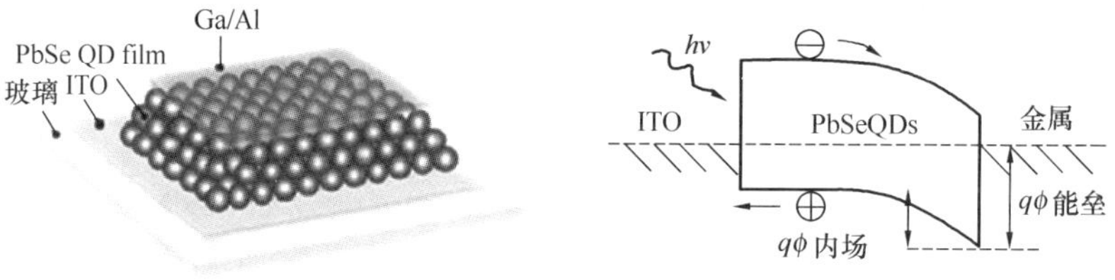

图 7-5　肖特基结太阳能电池的结构（左）和平衡时的能带（右）

肖特基结太阳能电池的制备过程也比较简单：先在透明导电玻璃上涂覆半导体量子点层，再在量子点层上加载金属电极即可。工作时，量子点吸收太阳光，产生激发光子，激发光子分离出的电子和空穴，分别移动到低功函数金属和透明电极上，外电路闭合产生电流。该电池的优点为：①结构简单，量子点层可以通过液相喷涂或喷墨打印技术制备；②量子点吸收层厚度仅为 100nm 左右，可以通过化学浴沉积量子点的方法进一步降低电池成本。

肖特基结量子点太阳能电池也有一些不足之处，例如许多载流子（这里是电子）在到达目标电极之前必须穿过整个量子点薄膜，加大了载流子复合概率；由于金属-半导体界面处的缺陷态导致肖特基结电池费米能级的“钉扎”现象，限制了开路电压的进一步提高，所以肖特基结量子点太阳能电池的开路电压一般较低，且其稳定性一般较差。

大多数肖特基结量子点电池的研究是基于近红外吸收半导体量子点材料，如 PbSe、Si、CdTe、PbS 等。其中研究最多的材料是铅的硫族化合物，如 PbS，因为它们有较大的激子波尔半径，可以增强纳米晶颗粒之间的电子耦合，减少纳米晶表面缺陷态影响，促进电荷传输。2011 年，Alivisatos 小组利用直径为 2.3nm 的超小 PbSe 量子点制备了

ITO/PEDOT/PbSe/Al 结构的肖特基结电池，电池的能量转化效率达到了 4.57%。2012 年，加拿大多伦多大学和阿卜杜拉国王科技大学的 Ted Sargent 教授领导的研究小组采用 PbS 量子点制备了肖特基量子点太阳能电池，获得了 7%的光电转换效率。

7.3.2 耗尽型异质结太阳能电池

耗尽型异质结太阳能电池（Depleted Heterojunction Solar Cells，DHSC）的结构如图 7-6 所示，电池由金属电极（如 Au、Al）、p 型半导体量子点（如 PbS）光吸收层、n 型半导体电子传输层（通常是 TiO_2 或 ZnO）和透明导电玻璃（ITO）四部分组成。p 型半导体量子点光吸收层和 n 型半导体电子传输层位于金属电极与透明导电玻璃之间，构成了典型的三明治结构。

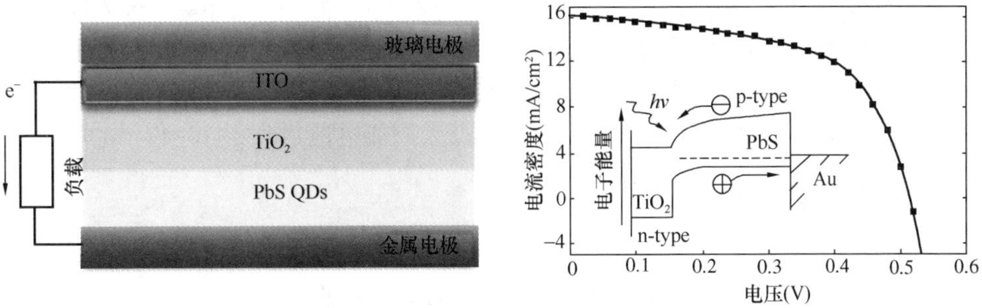

图 7-6　耗尽型异质结太阳能电池结构图（左）和平衡时能带图（右）

当 n 型半导体 TiO_2 与 p 型半导体量子点 PbS 接触时，由于二者的费米能级不同，电子会从 TiO_2 一侧向 PbS 一侧运动，直至二者的能级达到热平衡态。TiO_2 一侧由于失去电子而留下空穴，显示正电性，PbS 得到电子而呈负电性。所以在 TiO_2 和 PbS 的界面处形成内建电场，即耗尽层。在光照条件下，太阳光从导电玻璃入射，经过 TiO_2 电子传输层，到达 PbS 量子点吸光层。PbS 量子点会吸收能量大于它本身带隙部分的太阳光，使基态电子被激发到导带上，形成光生电子，同时在价带上留下光生空穴。PbS 量子点吸光层分为准中性区和耗尽区两个部分，光生电子在准中性区部分由于不受外力作用，做无规则的自由扩散运动；而在耗尽区中受内建电场作用，做定向的漂移运动。当光生电子传输到 TiO_2 一侧的准中心部分时，继续以多子的身份自由扩散到外电路。所以在光照条件下，PbS 和 TiO_2 原本处于热平衡状态的费米能级会发生劈裂，而两者费米能级的劈裂程度直接决定了电池开路电压的大小。此外，PbS 吸光层的厚度直接影响了电池对太阳光的利用率。由于光生电子在 PbS 的准中性区部分做的是无规则的自由扩散运动，因此能够运输到外电路的光生电子较少，即准中性区部分的电荷分离效率较低，所以单独通过增加 PbS 吸光层厚度来提高电池效率的想法是行不通的。

耗尽型异质结太阳能电池的这种结构设计在许多方面突破了肖特基结电池的局限性：首先，激子解离发生在 TiO_2 光阳极和量子点吸收层的界面处，减少了对量子点层中长激子扩散距离的需要；其次，内建电场的建立阻止了空穴从 TiO_2 向量子点层的传输，有利于电子、空穴的分离；再次，由于量子点与半导体电子传输层界面间良好的载流子分离特性，使得电池开路电压大幅度提高。

耗尽型异质结太阳能电池与传统 pn 结电池最大的不同在于，p 型的量子点可以通过调控其尺寸大小或材料组分来调控该类型电池的性能，且开路电压与量子点的大小呈线性变化的关系。这种类型电池的工作原理更像是激子电池，整个体系是全固态的。

2010 年，Carter 小组和 Nozik 小组分别报道了利用 TiO_2 和 ZnO 量子点作为 n 型材料与 p 型 PbS 量子点所形成的异质结电池，其室温能量转化效率分别达到了 3.13%和 2.94%；同年，Sargent 小组报道了基于 PbS 量子点和 TiO_2 半导体的耗尽异质结胶体量子点太阳能电池，电池效率达到 5.1%。2011 年，该小组又利用原子配体（单价卤素阴离子）对 PbS 量子点进行处理，以提高其电导性并成功修饰其表面缺陷态，从而进一步将效率提高到了 6%。2012 年，该小组对 FTO/（ZnO/TiO_2）/PbS CQD/MoOX/Au/Ag 结构的异质结电池进行表面钝化处理，得到了效率为 7%的电池，这也是迄今为止红外量子点电池的最高能量转化效率。2013 年，Anna Loiudice、Aurora Rizzo 等人将 PbS 量子点和 TiO_2 半导体异质结分别置在导电玻璃和 PET 柔性衬底上，效率分别达到了 3.6%和 1.8%，这也是迄今为止柔性衬底上效率最高的电池。Stavrinadis 等研究的基于无机异质结的 ITO/ZnO/PbS-EMII/PbS-EDT/Au 量子点太阳能电池得到了 10.47%的电池效率。

7.3.3 极薄吸收层型太阳能电池

极薄吸收层型太阳能电池（Extremely Thin Absorber Solar Cells，ETA）的结构和能带如图 7-7 所示。从图中可以看出，这种电池是由一层极薄的本征半导体量子点层（约 150nm）像三明治一样夹在 n 型半导体和 p 型半导体之间构成。量子点层主要作为光吸收层，而两侧的半导体主要起着从光吸收层向接触层传输光生载流子的作用。在空穴传输层（p 型半导体）的研究方面，大多数都集中在铜的各种无机化合物上，如 CuI、CuSCN 和 $CuAlO_2$，而 n 型半导体一般为 TiO_2 或 ZnO。虽然很多学者对 ETA 太阳能电池做了大量的实验工作，如以 Sb_2S_3 为量子点层材料的 TiO_2/Sb_2S_3/CuSCN 的极薄吸收层太阳能电池效率为 3.37%，但迄今为止，该类型电池的工作效率还未突破 4%。模拟计算得出的结论是：如果用 CdTe 材料作为超薄吸光层，电池的效率可以达到 15%。一旦效率得到突破，ETA 电池将是潜在的低成本电池之一。

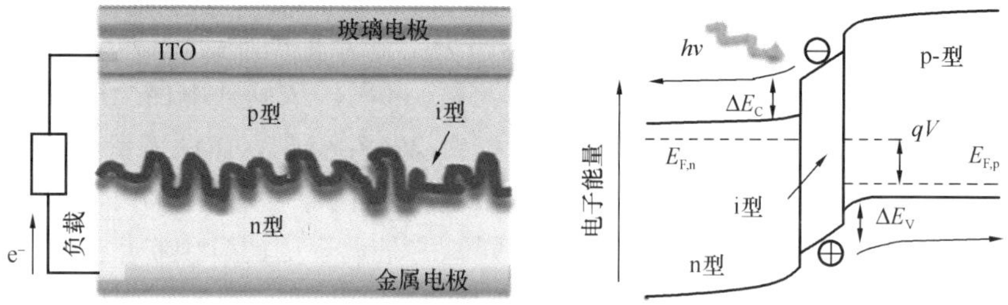

图 7-7 极薄吸收层型太阳能电池结构图（左）和平衡时能带图（右）

7.3.4 无机-有机杂化型太阳能电池

无机-有机杂化型太阳能电池（Inorganic-Organic Heterojunction Solar Cells）非常适用于大规模生产，其工作原理与 ETA 电池相似，但是这类电池量子点与宽带隙半导体电极之间的连接方式与 ETA 不同，且该电池中的空穴传输介质是有机材料，能够完全填满宽带隙半导体纳米晶工作电极的空隙，比使用固态空穴传输材料的 ETA 电池输出效率更好。如以 Sb_2S_3 量子点作为敏化剂，P_3HT 聚合物作为空穴传输介质所制备出的无机-有机异质结太阳能电池，在一个标准太阳光照射下效率达到 5.13%，电池结构为 $TiO_2/Sb_2S_3/P_3HT/Au$，其 IPCE 峰值在 450nm 处可达到 80%，其相应的电池结构及能带结构示意图如图 7-8 所示。

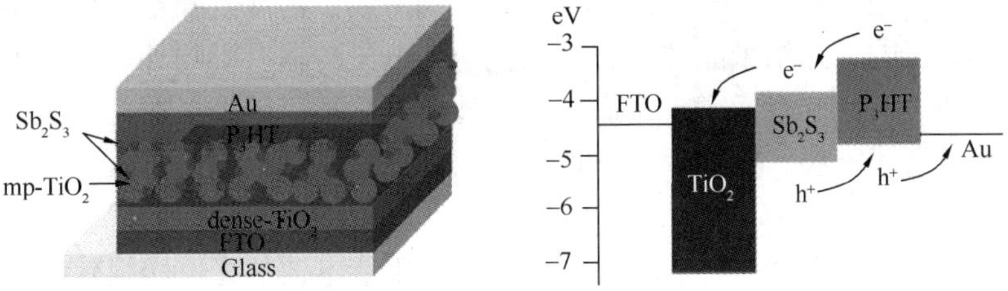

图 7-8 无机-有机杂化型太阳能电池结构示意图（左）和能带图（右）

提高该类型量子点太阳能电池转换效率方法有许多，如利用可以吸收近红外光的量子点；选择能级匹配的量子点与半导体材料，改变半导体工作电极的微观形貌；控制量子点的尺寸等。在科学家们的不断努力下，无机量子点-有机聚合物杂化型太阳能电池已经成为最有前途的太阳能电池之一。

7.3.5 体异质结有机聚合物太阳能电池

体异质结（Bulk Heterojunction），又称混合异质结，是指两种不同的半导体混合形成的一种结构。体异质结有机聚合物太阳能电池（Bulk Heterojunction Polymer Solar Cells）的基本结构主要由电子给体共轭高分子聚合物和电子受体组成。将半导体量子点作为电子受体引入体异质结太阳能电池中可大幅度提高电池整体的光吸收性能，从而提高该类电池的整体效率。其作用主要有两个方面：①在电子导体和空穴导体聚合物都存在的情况下，量子点仅作为光捕获材料存在；②量子点不仅作为光捕获材料，还起到电子传输材料的作用。迄今为止，TiO_2、$ZrTiO_4$、Bi_2O_3、ZnO、ZnS、CdS、CdSe、CdTe、PbS、PbSe、Si 等无机半导体量子点都已经成功应用到体异质结太阳能电池中。如图 7-9 所示，CdSe 量子点作为电子受体，而空穴传输聚合物（PCPDTBT）则作为电子给体材料，高分子导电聚合物（PEDOT：PSS）作为空穴传输材料。

当前对量子点体异质结电池的研究主要包括电子供体与受体的相分离、控制量子点在

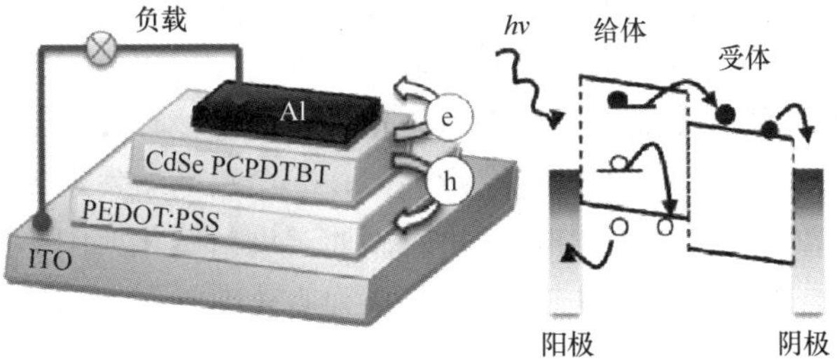

图 7-9 体异质结有机聚合物太阳能电池结构示意图（左）和能带图（右）

聚合物薄膜中的团聚、量子点在聚合物薄膜内的浓度控制、电池中量子点的形貌调整、量子点的表面修饰以及优化量子点与聚合物结合方式等。例如，在传统体异质结电池中，如何使聚合物空穴导体与电子传输材料两相分离是保证电池良好性能的关键，而在量子点基体异质结有机聚合物太阳能电池中，只要通过对量子点表面进行适当的改性就可使两相有效分离。另外，量子点的形貌对该类电池的输出性能也有较大影响，如由纳米棒构成的电池要比球形纳米晶电池的输出性能优异，这主要是由于纳米棒形状改善了颗粒与颗粒之间的电子跃迁传导问题。此外，量子点在有机聚合物薄膜中的浓度和空穴导体聚合物对电子输运特性有很大影响。除纳米晶的形貌对电池中的电子传输有影响外，还要考虑聚合物薄膜中纳米晶的团聚问题，对量子点做适当化学处理可以提高量子点在薄膜中的分散度，使电子更容易穿越量子点层。此外，量子点的表面修饰也可以达到控制量子点在聚合物薄膜中的分散问题。

总之，要提高量子点基体异质结有机聚合物太阳能电池的光电转换效率需要对几点进行深入研究：①控制好半导体量子点在聚合薄膜中的团聚程度；②对量子点表面进行适当修饰；③除了选择对近红外光具有响应的材料外，还要探索新型的空穴导体聚合物。

吸收更多光子和收集光生载流子对提高太阳能电池的效率起着举足轻重的作用，较厚的光吸收层能够吸收更多的光子从而激发更多的光生载流子，但是这样载流子需要传输更长的距离才能被电极收集，在这个过程中会有大量载流子复合。体相异质结结构有望平衡这两个方面。体相异质结结构在有机太阳能电池里面被广泛采用，即将给体、受体材料共混形成光电转换活性层，极大地增加了给体、受体的接触面积，有利于激子的分离，同时减小了激子扩散的距离，使更多的激子可以到达界面进行分离，所以能有效提高能量转换效率。多伦多大学的 Barkhouse 等人在 TiO_2 层上面堆垛大量的 TiO_2 纳米颗粒，从而形成多孔纳米 TiO_2 结构，然后旋转涂膜一层 PbS 量子点，做出来的电池效率达到了 5.5%。Rath 等人将 n 型的 Bi_2S_3 量子点和 p 型的 PbS 量子点混合溶液旋转涂膜，形成了量子点混合膜，做成的太阳能电池结构为 ITO/PbSCQDs/PbS and Bi_2S_3 CQDs/Bi_2S_3 CQDs/Ag，效率达到了 4.87%。Park 等报道了该类电池在一个标准模拟太阳光照射下转换效率可达到 6.18%。

量子点基体异质结有机聚合物太阳能电池非常适合卷对卷（Roll-to-Roll）生产工艺，是目前研究热点之一。然而要达到大规模的商业应用，该类电池的效率还应进一步提高。

7.3.6 量子点敏化太阳能电池

1. 量子点敏化太阳能电池概况

1991 年，瑞士的 Michael Gratzel 教授开发了染料敏化太阳能电池（Dye-sensitized Solar Cells，DSSCs），由于其丰富的色彩、通透的外观、简单的工艺、较低的成本和安全环保等优点受到广泛关注。然而，有机染料敏化太阳能电池存在以下问题：①有机染料对近红外光吸收相对较弱；②染料的长期稳定性差；③染料的激发态寿命很短。④金属钌基有机分子是人们首选的染料，但是价格昂贵。因此，染料敏化太阳能电池发展受到制约的关键难题就是敏化剂，选择合适的敏化剂已经成为敏化电池研究的重点。研究表明，窄带隙的无机半导体材料可代替有机染料作为敏化剂，若将这些材料控制在量子效应范围内，则成为量子点敏化剂。使用量子点作为光敏剂的太阳能电池，称为量子点敏化太阳能电池

(Quantum Dot-sensitized Solar Cells，QDSSCs)。量子点敏化剂可以很好地解决有机染料存在的诸多问题。

量子点（Quantum Dots，QDs）作为敏化剂具有以下优点：①量子点敏化剂的种类多，来源广，成本较低廉，制备工艺相对简单；②量子点具有量子限域效应，可通过调控其粒径来改变能带宽度，拓宽对太阳光谱的吸收范围；③充分利用量子点的热电子以及单光子激发多光子发射的性能，显著提高了电池的转换效率；④相对于有机染料，量子点具有非常好的光学稳定性；⑤量子点敏化剂不存在有机染料敏化剂由于厚度而降低光吸收的问题。更重要的是，半导体量子点或薄膜的生产比块体便宜，它们的合成温度更低，并且可以采用液相法制备。因此，半导体量子点是发展敏化太阳能电池的优秀材料。量子点敏化太阳能电池作为第三代太阳能电池将对整个光伏产业产生革命性的影响。1998 年，Nozik 首先发表了利用磷化铟（InP）半导体量子点取代染料敏化太阳能电池中的钌（Ru）络合物的工作，开创了量子点敏化太阳能电池的先河。

对于昂贵的染料，半导体是一个很好的替代品，经光子激发后电子可由量子点注入光阳极，如今已经有许多研究小组提出了实验证据。在量子点敏化太阳能电池的研究上，CdS、CdSe、InP、PbS、PbSe、InAs 和 PbTe 等都是热门的光敏化材料，此外，Au、Ag_2S、Sb_2S_3和 Bi_2S_3也有相关的研究发表，而现今效率最佳的为碲化镉、硒化镉共敏化的太阳能电池。这些材料中 CdS 的导带最低，能级位置高于 TiO_2 导带最低能级，有利于电子注入 TiO_2 电极上；而 CdSe、CdTe、InP、PbS 和 PbSe 等材料，具有较低能带，可吸收极广的可见光，甚至达到红外光区域。虽然量子点具备许多有机染料具有的理论效率高、价格低廉和性能稳定等优点，但目前使用量子点作为光敏化剂的研究仍是少数，发展也相当迟缓，所达到的最高转换效率也低于 DSSC。

2. 量子点敏化太阳能电池的结构

量子点敏化太阳能电池的工作原理与染料敏化太阳能电池相似，只是前者选择窄带隙半导体量子点替代有机染料分子作为光敏剂连接到宽带隙半导体（如 TiO_2、ZnO 和 SnO_2 等）阳极材料上，使其达到敏化效果。量子点敏化太阳能电池包括透明导电玻璃、光阳极、量子点光敏剂、电解质和对电极 5 个部分，电池结构如图 7-10 所示。

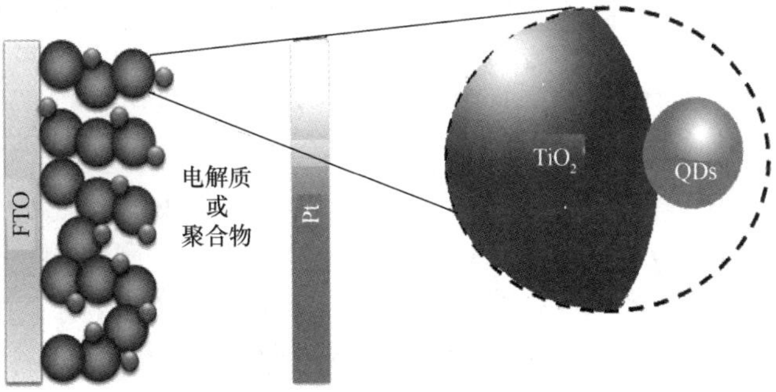

图 7-10　量子点敏化太阳能电池结构示意图

量子点敏化太阳能电池中光阳极材料的研究主要集中在 TiO_2、ZnO、SnO_2、Nb_2O_5 和 In_2O_3等二元 n 型宽禁带半导体氧化物上。其中 TiO_2 最为常见，应用的范围最广，取得的效率最高。

量子点敏化太阳能电池对电极（Counter Electrode，CE）的制作通常是在FTO上镀一层数十纳米厚的金属薄膜来作为电池的阴极，作用是将电子传输到电解质中以还原其中的氧化还原电对，实现循环回路。量子点敏化太阳能电池通常以Pt作为对电极，其优点在于除了降低电阻外，亦具有极高的活性，可扮演催化剂的角色来促进氧化态电解质迅速的还原。除此之外，Pt还可抵抗碘离子/碘电解质的腐蚀。但Pt与电解质界面处的电荷迁移阻力大，易污染且成本高，所以也有人采用碳作为对电极。

量子点敏化太阳能电池中使用的电解质也与染料敏化太阳能电池电解质类似，有液态、准固态、固态电解质，目前研究较多、工艺较成熟、效率较高的仍然是液态电解质I^-/I_3^-体系、S^{2-}/S_n^{2-}多硫体系，还有$K_4Fe(CN)_6/K_3Fe(CN)_6$等，一些导电聚合物也可作为固态电解质使用。

量子点光敏剂是量子点敏化太阳能电池吸收光子并激发产生电子的关键部分，是区别染料敏化太阳能电池的主要位置。为了达到光敏化效果，对量子点光敏剂的要求为：①能够有效地附着在纳米晶多孔半导体薄膜上；②在可见光区具有较宽的吸收范围和较强的吸光系数；③激发态寿命要长，以保证激发态将电子注入半导体多孔膜内而不跃迁回基态；④与半导体多孔膜的能级结构相匹配，使激发的电子有效地注入半导体的导带（Conduction Band，CB）。量子点的带隙宽度不宜太大，一般在1.1～1.4eV范围内，价带要比电解质的氧化还原电势低，导带要比光阳极半导体的导带高。作为光敏化剂的量子点，通常是ⅡB-ⅥB族和ⅢB-ⅤB族元素组成的化合物，目前常用的量子点有CdS、CdTe、CdTe/CdS、CdSe、PdS、PdSe、InAs、InP、$CuInS_2$和AgSe等。

3. 量子点敏化太阳能电池的工作原理

量子点敏化太阳能电池的工作原理与染料敏化太阳能电池类似。图7-11表示了量子点敏化太阳能电池的工作原理，即光电流的产生过程，电子通常经历以下7个过程：

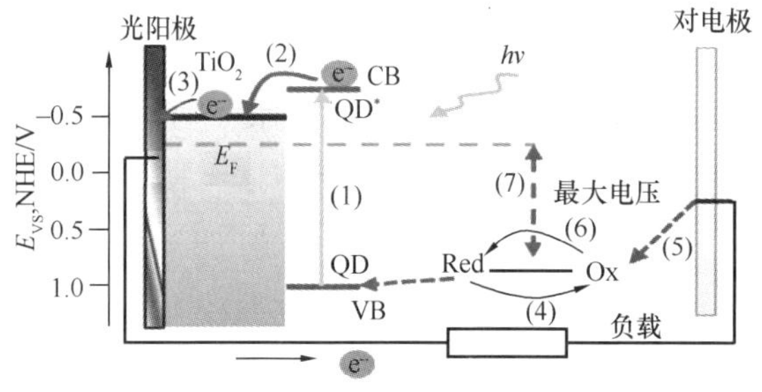

图7-11　量子点敏化太阳能电池的工作原理

（1）量子点（QD）受光激发由基态跃迁到激发态（QD^*）：

$$QD + hv \longrightarrow QD^*$$

（2）激发态量子点将电子注入氧化物半导体的导带中（电子注入速率常数为k_{inj}）：

$$QD^* \longrightarrow QD^+ + e^-(CB)$$

（3）氧化物导带（CB）中的电子在纳米晶网络中传输到后接触面（Back Contact，BC），而后流入外电路中：

$$e^-(CB) \longrightarrow e^-(BC)$$

（4）纳米晶膜中传输的电子与进入TiO_2膜孔中的I_3^-复合（速率常数用k_{et}表示）：

$$I_3^- + 2e^-(CB) \longrightarrow 3I^-$$

（5）导带中的电子与氧化态量子点之间的复合（电子回传速率常数为k_b）：

$$QD^+ + e^-(CB) \longrightarrow QD$$

（6）I_3^-扩散到对电极（CE）上得到电子再生：

$$I_3^- + 2e^-(CE) \longrightarrow 3I^-$$

(7) I^-还原氧化态量子点可以使量子点再生：

$$3I^- + 2QD^+ \longrightarrow I_3^- + QD$$

量子点激发态的寿命越长越有利于电子的注入，而激发态的寿命越短，激发态分子有可能来不及将电子注入半导体的导带中就已经通过非辐射衰减而跃迁到基态。(2)(5)两步为决定电子注入效率的关键步骤。电子注入速率常数（k_{inj}）与逆反应速率常数（k_b）之比越大（一般大于3个数量级），电荷复合的机会越小，电子注入的效率就越高。I^-还原氧化态染料可以使量子点再生，从而使量子点可以反复不断地将电子注入二氧化钛的导带中。I^-还原氧化态量子点的速率常数越大，电子回传被抑制的程度越大，这相当于I^-对电子回传进行了拦截（Interception）。步骤（5）是造成电流损失的一个主要原因，因此电子在纳米晶网络中的传输速度［步骤（3）］越大，而且电子与I_3^-复合的速率常数k_{et}越小，电流损失就越小，光生电流越大。步骤（7）生成的I_3^-扩散到对电极上得到电子变成I^-［步骤（6）］，从而使I^-再生并完成电流循环。

在常规的半导体太阳能电池（如硅光伏电池）中，半导体起两种作用：其一为捕获入射光；其二为传导光生载流子。但是，对于量子点敏化太阳能电池，这两种作用是分别执行的。当电解液注入电池中而充满整个TiO_2多孔膜时，便形成半导体/电解质介面，由于颗粒的尺寸仅为几十纳米，并不足以形成有效的空间电荷层使电子-空穴对分离，当量子点吸收光后，激发态电子注入TiO_2导带在皮秒量级，而结合过程（电子返回染料基态）在微秒量级，因此前者电子传递速率甚至可达后者的10^6倍，这样就形成了光诱导电荷分离的动力学基础，可看出光诱导分离非常有效，造成净电子流出，另一过程（电子与I_3^-结合）经测量结果为$10^{-11}\sim10^{-9}A/cm^2$，但经过有机溶剂处理或制备复合电极可以抑制电子与$I_3^-$结合。电子在多孔膜中的传递并不如在单晶中快，因此必须尽可能地减少电子通过路径与穿越晶界数，故存有一最佳膜厚对应的最大光电流值。量子点敏化太阳能电池与pn结半导体电池不同之处在于，光捕获、电荷分离、电荷传递分别由量子点、量子点/半导体界面和纳米晶多孔膜担任，因此电子空穴对能有效地分离。

7.4 量子点太阳能电池性能优化

7.4.1 体异质结结构

吸收更多光子和收集光生载流子对提高太阳能电池的效率起着举足轻重的作用，较厚的光吸收层能够吸收更多的光子，从而激发更多的光生载流子，但是载流子传输距离过长会造成大量载流子复合。体相异质结结构将给体、受体材料共混形成光电转换活性层，极大地增加了给体、受体的接触面积，有利于激子的分离，同时减小了激子扩散的距离，使更多的激子可以到达界面进行分离，很好地平衡了光子收集和载流子分离的关系，有效提高了能量转换效率。多伦多大学的Barkhouse等人在TiO_2层上面堆垛大量的TiO_2纳米颗粒，从而形成多孔纳米TiO_2结构，然后旋转涂膜一层PbS量子点，做出来的电池效率达到了5.5%。

7.4.2 电极接触

为了更好地收集载流子，半导体量子点薄膜与金属电极应该是欧姆接触，以减小界面势垒。Gao 等人在研究 ITO/ZnO/PbS CQD/metal 结构器件的 J-V 特性时，发现了 roll-over 和 crossover 效应，他们认为这是因为 PbS CQD/metal 界面产生了肖特基势垒，势垒高度取决于量子点的尺寸和金属的功函数。基于这些发现，Gao 等人将由 MoO_x 和 V_2O_x 构成的 n 型过渡金属氧化物（TMO）作为空穴收集层，做成了 ITO/ZnO/PbS CQD/TMO/Au 结构的太阳能电池，电池效率为 4.4%，开路电压 V_{OC} 为 0.524V，短路电流 J_{sc} 为 17.9mA/cm^2，填充因子 FF 为 48.7%。

7.4.3 表面钝化

高比表面积使半导体量子点具有很强的表面活性，导致性能非常不稳定，特别容易发生光化学降解，可以使用有机配体对其表面进行钝化。量子点间的量子力学电子耦合强度很大程度上依赖于量子点间的距离和量子点间互联、填充材料的性质。利用短碳链有机配体置换长碳链配体来缩小量子点间距，可以减小势垒宽度，提高载流子在量子点间的跳跃速率，从而增加电子耦合能，进而提高电子迁移率。并且可以钝化材料表面缺陷，从而减小缺陷的密度和深度，提高太阳能电池的效率，因此选择合适的配体进行配体置换对太阳能电池性能的提高起着很大的作用。EDT，BDT 和 MPA 是传统的短碳链有机配体，被广泛应用。Tang 等人采用 $CdCl_2$-十四烷基膦酸（TDPA）-油胺（OLA）混合体处理预合成的 PbS 量子点，以钝化量子点表面的硫阴离子，然后用十六烷基三甲基溴化铵（CTAB）的甲醇溶液来钝化表面的阳离子。利用时间分辨红外光谱法和场效应晶体管测量发现，缺陷密度减为原来的 1/10，载流子迁移率增为原来的 100 倍，做成的 FTO/TiO_2/PbS CQD/Au 结构的异质结太阳能电池，其效率为 5.1%，V_{OC} 为 0.544V，J_{sc} 为 14.6mA/cm^2，填充因子 FF 为 0.62。Ip 等人既采用原子配体又采用有机配机对 PbS 量子点进行钝化，即混合钝化，进一步降低了表面缺陷，制成的太阳能电池结构为 FTO/（ZnO/TiO_2）/PbS CQD/MoO_x/Au/Ag，得到的电池效率为 7%，V_{OC} 为 0.605V，J_{sc} 为 20.1mA/cm^2，填充因子 FF 为 0.58。

除了使用有机配体钝化半导体量子点表面之外，在其表面包覆一层宽带隙无机半导体材料的壳，也可实现量子点的表面纯化，减小量子点表面缺陷。如使用 CdSe/ZnS 核壳结构量子点，由于 ZnS 与 CdSe 相比不易氧化，提高了量子点的化学稳定性和抗光氧化能力，且量子产率显著提高。然而，由于壳材料 ZnS 与 CdSe 核晶格失配度较大，在量子点表面会形成新的缺陷，导致量子产率提高的幅度受到限制。相比之下，壳材料 ZnSe、CdS 与 CdSe 核晶格失配度较小，因此被广泛应用。

7.4.4 量子点太阳能电池的稳定性

太阳能电池要投入商业化，其良好的稳定性与高效率同样重要。由于量子点太阳能电池具有较高的表面体积比，所以表面能很高，对其所处的环境非常敏感，如何提高其稳定性是研究人员不得不考虑的问题。研究表明，表面氧化、老化时间以及烧结都会对太阳能电池的稳定性产生影响。研究人员分别研究了 PbS 量子点电池在空气、氮气暴露以及热处理等不同条件下电池性能的变化。结果显示，短时间的空气暴露会使 V_{OC} 和 FF 增加，进而使电池性能得到了提高，然而空气暴露也导致了 I_{sc} 不断下降，并且该变化是可逆的，这可能是由于氧气在 PbS 表面的可逆物理吸附引起的。随着空气暴露时间的增加，物理吸附的氧分子分解并与 PbS 表面形成化学键的可能性增大，电池的性能会有一定程度的下降。PbS 量子点电池在氮气中，其 V_{OC}、FF 以及 I_{sc} 都有所提高，并且性能能保持几个月不降低。采用原子层沉积法将一薄层 Al_2O_3 沉积到 PbS 量子点薄膜上，在 PbS 量子点之间形成扩散区势垒，可在一定程度上阻止量子点的氧化，结果显示，电池在空气中暴露一个月后性能依然为原来的 95%，而未加 Al_2O_3 薄层的电池性能下降了 30%。这种处理方法还有效地提高了电池的 V_{OC}、FF 以及 I_{sc}，电池的效率也提高了一倍。

7.5 量子点太阳能电池的制备方法

量子点太阳能电池的制备技术因为电池的种类不同而有很大区别，同时不同材料所采用的制备方法也有所不同。为了获得高质量的量子点薄膜，如砷化铟/砷化镓（InAs/GaAs）量子点电池、硅量子点电池等一般采用物理方法，如分子束外延法（MBE）、有机金属化学气相沉积法（MOVCD）等制作量子点太阳能电池。而对于肖特基结量子点太阳能电池等，则采用化学方法先制备量子点胶体溶液，再通过旋涂制备薄膜量子点电池。

对于量子点敏化太阳能电池，量子点制备过程可以分为：原位生长法和预合成量子点的自组装法。如化学浴沉积和连续离子层吸附反应法就是被广泛用于制备纳米结构宽带隙半导体量子点的原位生长法。在原位生长法中，量子点和宽带隙半导体之间的直接接触有利于电荷从量子点到宽带隙半导体的有效注入，实现量子点高的表面覆盖率。预合成量子点的自组装法通常预先制备量子点，然后再通过自组装的方式直接吸附到宽带隙纳米结构的表面，量子点的表面覆盖率通常不高，光吸收能力弱，难以制备有效的量子点太阳能电池。

7.5.1 化学浴沉积

化学浴沉积（Chemical Bath Deposition，CBD）是在宽禁带半导体上直接生长量子点的一种沉积方法，是比较慢的化学反应过程。通过将宽带隙纳米结构电极（通常是金属氧化物）浸入含有阳离子和阴离子前驱体的溶液中，阳离子和阴离子在溶液中缓慢反应，直接生长并沉积在电极表面的化学过程。化学浴沉积已被用于将金属硫化物和硒化物的量子点薄膜沉积到宽带隙半导体上。对于硫化物量子点沉积，$Na_2S_2O_3$ 通常被用来作为硫的供体，有时候也用硫脲来慢慢释放 S^{2-}；对于硒化物，Na_2SO_3 通常用于还原硒，形成 Na_2SeO_3 化合物，在金属阳离子（如 Cd^{2+} 或 Pb^{2+}）存在下缓慢释放 Se^{2-}。较之其他的制备方法，CBD 在性价比上具有明显的优势，是应用最广泛的生长方法，具有可控性好、均匀性好、附着性好、成本低、可重复、薄膜晶粒更紧密、表面更光滑等特点。量子点的生长还取决于其生长条件，如衬底、沉积时间、溶液的组成和温度、多孔薄膜的形貌等，不同的条件可以制备各种无机半导体量子点薄膜。

7.5.2 连续离子层吸附反应法

连续离子层吸附反应法（Successive Ionic-Layer Adsorption and Reaction，SILAR）中，溶解有阳离子和阴离子的前驱体溶液被分别放置在独立的容器中。对于一个沉积循环，首先将纳米结构电极浸入含有金属阳离子的前驱体溶液中，漂洗之后，再将其浸入含有阴离子的前驱体溶液中，再次漂洗，完成此次沉积。量子点的平均尺寸可以通过沉积循环的次数进行控制。该方法特别适用于制备金属硫化物，最近也被扩展到金属硒化物和碲化物的制备。

7.5.3 具有分子链接的单分散量子点

具有分子链接的单分散量子点（Monodisperse QDs with Molecular Linkers）属于预合成量子点的自组装法。首先通过使用表面保护基团控制纳米晶体的形状、尺寸以及相应的吸收光谱和发光特性，预合成单分散量子点。在合成量子点之后，将金属氧化物电极浸入具有双功能分子链接的溶液中［通常为（$(COOH)_2R_3SH$）溶液，其中 R 是链接的有机核心部分］。羧基连接到纳米结构的金属氧化物薄膜上，而硫醇预留去连接量子点。将改性好的膜浸入量子点溶液中（数小时或数天），让量子点自由吸附到金属氧化物电极表面，这一过程通常涉及官能团的交换。

7.5.4 直接吸附

有研究者提出将没有官能团链接的单分散量子点直接吸附（Direct Adsorption，DA）到金属氧化物纳米结构表面。然而，用这种方法仅获得约 14%的低表面覆盖率，并且附着机制仍不清楚。

7.6 量子点太阳能电池的展望

大量的理论计算和实验研究已经证实，采用具有显著量子限域效应和分立光谱特性的量子点作为有源区设计和制作的量子点太阳能电池，可以使其能量转换效率获得超乎寻常的提高，其极限值可以达到 75%左右，这表明量子点太阳能电池所蕴藏的潜在价值不可估量，将会在未来的太阳能转换中显示出巨大的发展前景。然而目前，尽管大量研究者已经在量子点太阳能电池方面做了许多有益探索，获得大量有价值的数据，但是，量子点太阳能电池领域的研究尚处于理论探讨和基础研究阶段，还没有实用化的太阳能电池问世，因此国内外量子点电池技术水平差距不是很大。

未来的量子点太阳能电池的研发主要围绕如何进一步提高电池效率及稳定性开展，其包括以下三个方面：①量子点的合成，表面钝化和量子点性能改善；②电池结构优化；③热载流子的利用。即量子点太阳能电池关键材料的选择、制备及器件优化。此外，为了实现上述目标，对电池内部光生载流子的产生、分离、传输、扩散及复合等过程也需要进行深入、细致地研究，并提供理论依据。

思考题

1. 什么是量子点？量子点都有哪些量子效应？
2. 简述量子尺寸效应和量子限域效应。
3. 简述表面效应、多重激子效应、量子隧道效应。
4. 为什么可以通过改变量子点的尺寸来调控其光学吸收波长范围？
5. 简述量子点的基本性能特点。

6. 简述量子点的制备方法。
7. 简述量子点太阳能电池的基本类型。
8. 简述量子点作为敏化剂在量子点敏化太阳能电池中的优点。
9. 量子点敏化太阳能电池中对量子点敏化剂有哪些要求?
10. 简述量子点太阳能电池的性能优化的方法。

参考文献

[1] YE M, GAO X, HONG X, et al. Recent advances in quantum dot-sensitized solar cells: insights into photoanodes, sensitizers, electrolytes and counter electrodes[J]. Sustainable Energy & Fuels, 2017, 1: 1217-1231.

[2] XU Y, WANG X, ZHANG W L, et al. Recent progress in two-dimensional inorganic quantum dots[J]. Chemical Society Reviews, 2018, 47: 586-625.

[3] KOSTOPOULOU A, KYMAKIS E, et al. Perovskite nanostructures for photovoltaic and energy storage devices[J]. Journal of Materials Chemistry A, 2018, 6: 9765-9798.

[4] YU P, WU J, GAO L, et al. In GaAs and GaAs quantum dot solar cells grown by droplet epitaxy[J]. Solar Energy Materials & Solar Cells, 2017, 161: 377-381.

[5] SHANSHAN D, MENGMENG H, CHANGKUI F, et al. In Situ Bonding Regulation of Surface Ligands for Efficient and Stable $FAPbI_3$ Quantum Dot Solar Cells[J]. Advanced Science, 2022, 9: 2204476.

[6] JAHANGEER K, IHSAN U, JIANYU Y. $CsPbI_3$ perovskite quantum dot solar cells: opportunities, progress and challenges[J]. Advanced Materials, 2022, 3: 1931-1952

[7] ELIZABETH CB, DAVID B, YANA V. Stability of Quantum Dot Solar Cells: A Matter of (Life) TimeMiguel Albaladejo-Siguan[J]. Advanced Energy Materials, 2021, 11, 200345.

[8] MARKNA JH, PRASHANT KR, et al. Review on the efficiency of quantum dot sensitized solar cell: Insights into photoanodes and QD sensitize[J]. Dyes and Pigments, 2022, 199: 110094.

[9] ZHENXIAO P, HUASHANG R, XINHUA Z, et al. Quantum dot-sensitized solar cells[J]. Chemical Society Reviews, 2018, 47: 7659-7702.

[10] YINFEN M, YOUMEI W, JIA W, et al. Review of roll-to-roll fabrication techniques for colloidal quantum dot solar cells[J]. Journal of Electronic Science and Technology, 2023, 21: 100189.

8 叠层太阳能电池

在前面章节中，我们已经对晶硅、薄膜、有机、染料敏化、钙钛矿和量子点等单结太阳能电池进行了系统介绍。本章将介绍另一种新型的太阳能电池结构，即叠层太阳能电池。所谓叠层太阳能电池，就是一种将两种或两种以上不同带隙的吸收体互连在一起以获得更高光电转换效率的光伏技术，其结构、种类和结数可根据不同需求而设计（本章将主要介绍双结叠层太阳能电池）。相比于单结太阳能电池，叠层太阳能电池可以吸收更宽范围波长的太阳光，降低高能光子的热化损失，并同时充分吸收低能光子，因此具有高达45%的理论极限效率，远大于单结太阳能电池 33.7%的极限效率。目前单结太阳能电池的最高效率已十分接近其理论极限，比如晶硅和钙钛矿单结太阳能电池的最高效率已分别达到 26.8%和 26.1%（两者理论极限效率分别为 29.4%和 33.7%）。目前，叠层太阳能电池的最高效率已经达到了 33.9%（钙钛矿/晶硅叠层太阳能电池），已超过单结太阳能电池的极限效率，展现了巨大的发展潜力。

本章首先对叠层太阳能电池的工作原理进行了简单阐述，其次介绍了不同结构的叠层太阳能电池（如两端、三端和四端），然后介绍了不同类型的叠层太阳能电池（如Ⅲ-Ⅴ族化合物半导体、有机、钙钛矿等叠层太阳能电池等），随后介绍了叠层太阳能电池的中间互连层，最后进行了简单总结并对未来叠层太阳能电池的发展方向进行了展望。

8.1 叠层太阳能电池的工作原理和基本结构

叠层太阳能电池的工作原理与单结太阳能电池的工作原理类似，都是基于光电效应直接将光能转化为电能的过程。但又有别于单结太阳能电池，特别是在吸收和利用太阳光谱的机理上存在较大的差距。在叠层太阳能电池中，各子电池吸收不同波段的太阳光，看似相互独立，实则又相互依赖，这是单结太阳能电池所没有的特性，并且子电池之间的相互依赖性还会受到叠层电池的结构影响。下面将详细介绍叠层太阳能电池的工作原理和基本结构。

8.1.1 叠层太阳能电池的工作原理

目前，任何一种单结太阳能电池只能吸收能量大于电池材料禁带宽度的入射光子。如图 8-1(a) 所示。一方面，由于太阳光谱的范围非常宽，单一的半导体材料无法吸收低于带隙部分的光子（即低能光子），因此只能将其中一部分波长范围内的光子能量转换成电能，而其他部分的太阳光则被浪费（该过程又被称为低能光子的透过损失）；另一方面，对于高于带隙部分的光子（即高能光子），其能量无法被充分利用，其中高于带隙宽度的能量将会直接以热的形式进行耗散而无法有效转化成电能（该过程又被称为高能光子的热化损失）。因此，单结太阳能电池对太阳光谱的利用十分有限，其理论极限效率较低。

对于叠层太阳能电池，不同带隙的吸光层通过不同的互连方式相互堆叠，每个吸光层独立吸收太阳光谱的不同区域，短波段的太阳光被宽带隙材料吸收，而长波段的太阳光透过宽带隙材料达到窄带隙材料中而被吸收，从而实现对太阳光谱更宽范围的利用，这就最大限度地减少了高能光子的热化损失和低能光子的透过损失，从而实现高光电转换效率[图 8-1(b)]。随着叠层电池结数的增加，对太阳光谱的利用率越高，转换效率也随之提高。

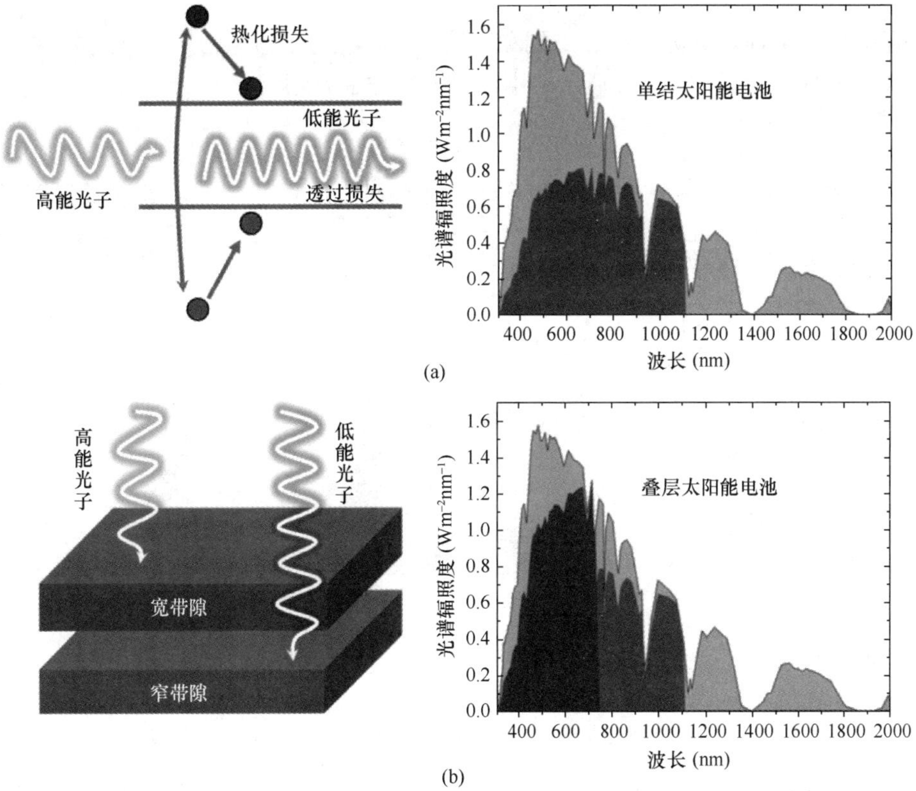

图 8-1　不同太阳能电池对光子吸收和标准太阳光谱（AM1.5G）利用的示意图

（a）单结太阳能电池；（b）叠层太阳能电池

两端叠层电池的输出电压一般为各子电池的电压总和减去中间载流子复合过程中的电压损耗，而输出电流通常会受到子电池的带隙值影响和子电池之间的相互制约。各子电池吸收光子产生的光电流可由以下公式计算得到：

设第 i 层子电池的带隙值为 E_{gi}，厚度为 W，则该子电池的光电流 J_{sci} 可由式（8-1）得到：

$$J_{sci}=\int_{0.3}^{\lambda_{gi}} QeF(\lambda)\left[1-e^{-\alpha_i(\lambda)W}\right]e^{-\alpha_{i-1}(\lambda)W}\mathrm{d}\lambda \tag{8-1}$$

式中，λ_{gi} 为光波长，$\lambda_{gi}=1.24/E_{gi}$（μm）；Q 为量子产额，取 $Q=0.9$；e 为电荷量；$F(\lambda)$ 为在波长 λ 下每平方厘米每秒的入射光子数；α_i 为吸收系数，在基本吸收区 α_i 可由式（8-2）得到：

$$(\alpha_i h\upsilon)^{1/2} = C(h\upsilon - E_{gi}) \tag{8-2}$$

式中，$C = 600(\text{eVcm}^2)^{1/2}$，$h\upsilon$ 为光子能量。

对于两端叠层电池，由于子电池之间采用串联连接，因此叠层器件的电流密度大小由输出电流最小的子电池决定。为了实现最大化的光电转换效率，子电池之间的电流密度应尽可能相等，以最小化电流失配。

8.1.2 叠层太阳能电池的基本结构

叠层太阳能电池可分为二端、三端和四端结构，这些术语通常用来描述电池的连接方式和电流输出的方式，如图 8-2 所示。下面将进行详细介绍。

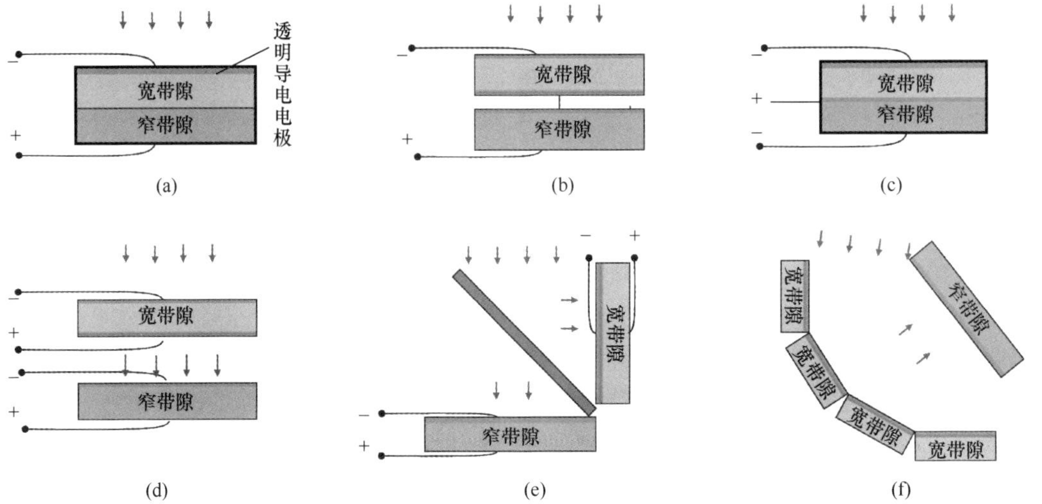

图 8-2 叠层太阳能电池的基本结构

（a）两端同质结构；（b）两端机械堆叠结构；（c）三端同质结构；（d）四端机械堆叠结构；（e）四端光谱分离结构；（f）四端反射结构

两端叠层太阳能电池的结构可以分为同质和机械堆叠两种，如图 8-2(a) 和图 8-2(b) 所示。两端同质叠层电池结构由窄带隙底电池、宽带隙顶电池以及中间复合层组成。该结构仅需要一个透明电极，减少了材料使用和沉积步骤，有效降低了制造成本。此外，通过减少透明电极的数量，也减少了非活性层中的寄生吸收，使得两端同质叠层电池具备极高的效率潜力。在两端机械堆叠叠层电池结构中，首先单独制造顶电池和底电池，然后将两者的电极机械连接以形成串联结构。一种常见的连接方式是使用光学透明导电黏合剂，将两个子电池机械地连接在一起。在这种结构中，独立制造的太阳能电池可以直接用作叠层电池的顶电池和底电池，而无需对结构或工艺进行大规模修改。

三端叠层太阳能电池引入了一个中间电极，如图 8-2(c) 所示。在这个结构中，两个子电池并联连接，它们共用一个阴极或阳极。理论上，三端叠层电池的电压值是两个子电池中较低的电压值，而电流值则为两个子电池的电流值之和。在三端叠层电池中，电压匹配显得尤为关键，否则就会造成能量损失、子电池损坏和叠层电池稳定性降低等问题。由于两个子电池是并联连接，因此对子电池吸收层的厚度没有限制，一般选择使子电池效率最高的吸收层厚度。

四端叠层太阳能电池结构可以划分为三种类型：机械堆叠、光谱分离和反射。其中，机械堆叠的四端电池是工艺最简单的叠层器件结构。在这种设计中，两个子电池独立制造，如图 8-2(d) 所示。在制造过程中，每个电池都可以根据自身最有利的条件进行制备，例如衬底粗糙度、工艺温度和溶剂的选择等。在四端叠层电池中，两个子电池可以通过单独的跟踪系统独立地保持在最大功率点，这种设计降低了对顶电池带隙选择的限制。然而，四端结构的叠层电池需要四个电极，其中三个电极需要在宽广的光谱范围内具有高透明度，这大大增加了叠层电池的制造成本。顶电池的带隙范围一般为 1.6～2eV，当底电池为硅时，最佳的顶电池带隙为 1.81eV。四端光谱分离叠层电池结构由两个子电池和一个二向色镜组成，如图 8-2(e) 所示。二向色镜的作用是将入射光分裂并照射到高带隙和窄带隙的子电池上。与四端机械堆叠的叠层电池相比，这种设计不需要大量的透明电极，但是二向色镜的高昂成本使得这种结构在实际应用中不太适用。反射四端叠层电池采用了一种独特的设计，通过长通二向色镜将短波长的光反射并聚焦到窄带隙子电池上，如图 8-2(f) 所示。这种结构还提供了与其他太阳能技术相结合的可能性，例如太阳能集热器。然而，需要注意的是，这种结构在收集太阳光谱中存在的散射光方面能力较差，而且其性能容易受到其他模块污染的影响。由于光谱分离和反射四端叠层电池结构都相对复杂，同时也存在一定的局限性，因此目前四端结构中应用最广泛的仍然是相对简单的机械堆叠结构。

由上可见，不同结构的叠层太阳能电池都存在各自的优缺点，因此在实际应用中，选择何种结构的叠层太阳能电池，应根据具体需求而设计，从而实现效率和收益最大化。

8.2 叠层太阳能电池的分类

以上介绍了叠层太阳能电池的工作原理和基本结构类型，接下来将简单介绍叠层太阳能电池的种类。通过将不同种类的底电池和顶电池进行合理搭配，叠层太阳能电池先后发展出Ⅲ-Ⅴ族化合物半导体叠层太阳能电池、有机叠层太阳能电池和钙钛矿叠层太阳能电池（包括钙钛矿/晶硅、钙钛矿/钙钛矿和钙钛矿/铜铟镓硒等叠层太阳能电池）等类型，种类繁多，体系复杂，应用广泛。叠层太阳能电池首次记录在美国国家可再生能源实验室（NREL）效率表上是 1982 年以砷化镓为基础的两端叠层太阳能电池，在聚光条件下效率达到 16.4%。经过 30 余年的发展，效率已达到 35.5%，在非聚光条件下也已达到 32.9%。后来通过开发三结和四结叠层技术，在聚光条件下效率更是达到了 44.4% 和 47.6%。但这类电池通常采用外延生长技术，制造成本极高而只适用于太空等领域。因此，亟须开发成本更低的叠层太阳能电池来替代该类电池。随着一些新型薄膜太阳能电池的问世，比如有机太阳能电池和钙钛矿太阳能电池，有机叠层太阳能电池和钙钛矿叠层太阳能电池也先后得到开发，从 2008 年首次报道的效率为 0.6%的有机叠层太阳能电池，发展到如今的 20.2%的效率。相比之下，钙钛矿叠层太阳能电池技术不仅发展更加迅速，种类也更加丰富，目前已开发出钙钛矿/晶硅、钙钛矿/有机、钙钛矿/钙钛矿和钙钛矿/铜铟镓硒等电池种类，并且在较短时间内效率已分别达到 33.9%、24.5%、29.1% 和 24.2%，展现出极大的发展潜力。图 8-3 展示了记录在 NREL 效率表上的部分叠层太阳能电池的效率变化，Ⅲ-Ⅴ族化合物叠层太阳能电池发展较早，效率高；有机叠层太阳能电池发展相对较晚，效率低；相比之下，钙钛矿叠层太阳能电池发展最晚，但效率提升最快。下面将详细介绍各种叠层电池的发展历史、研究现状以及优缺点。

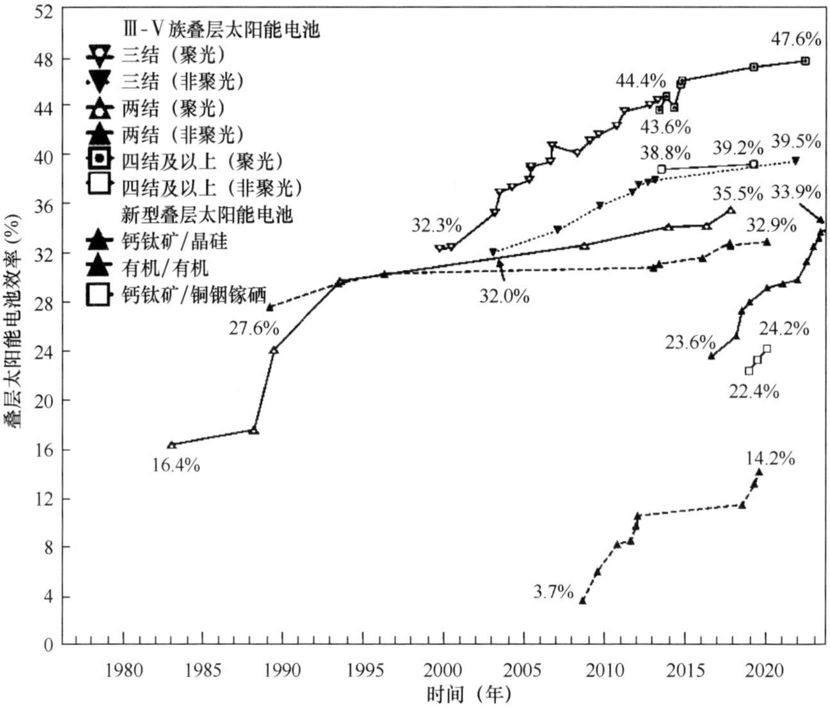

图 8-3　NREL 效率表记录的部分叠层太阳能电池效率演变

8.2.1　Ⅲ-Ⅴ族化合物叠层太阳能电池

Ⅲ-Ⅴ族化合物叠层太阳能电池是最早被开发的一类叠层电池技术，目前已实现商用。Ⅲ-Ⅴ族化合物的带隙可调，元素组成不同，化合物的带隙随之发生变化。例如二元化合物砷化镓（GaAs）的带隙为 1.42eV，磷化铟（InP）的带隙为 1.34eV，而锑化镓（GaSb）的带隙为 0.72eV。通过合金化处理，还可制成三元和四元化合物，这些化合物的带隙值分布在 0.4～2.5eV 之间，这就为构建带隙匹配的叠层太阳能电池提供了更丰富的选择。

此外，由于Ⅲ-Ⅴ族化合物半导体材料通常采用外延生长技术制备，因此还需要考虑材料之间晶格常数的匹配程度，而不能简单考虑带隙匹配，否则将引入大量的缺陷，比如线位错，从而导致器件性能不佳。图 8-4 展示了Ⅲ-Ⅴ族化合物半导体材料的带隙与其晶格常数的关系，其中连线代表两种化合物的合金化过程，实线代表形成直接带隙半导体，虚线代表形成间接带隙半导体。从图中可以发现，寻找兼具带隙匹配和晶格常数匹配的两种子电池是可行的，比如选 GaAs 作为底电池，与之晶格匹配的 $Al_xGa_{1-x}As$ 化合物即可作为一种选择，它可通过 AlAs 和 GaAs 合金化制成。$Al_xGa_{1-x}As$ 和 GaAs 搭配的叠层太阳能电池是最早开发的，也是最早记录在 NREL 效率表上的一类叠层电池技术。这种电池首次在 20 世纪 70 年代末采用金属有机化学气相沉积（MOCVD）技术制备而成，并在随后的很长一段时间里成为主流叠层电池的结构。

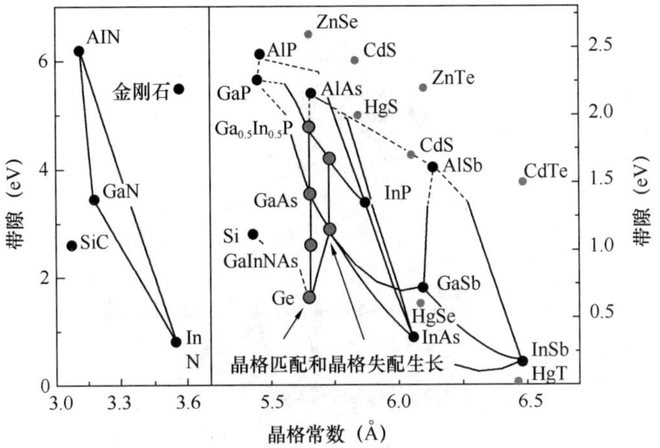

图 8-4 部分化合物半导体的带隙与晶格常数的函数关系

注：线条表示二元化合物之间的三元合金过程。实线表示直接带隙半导体，虚线表示间接带隙半导体。

然而，由于 AlAs 和 GaAs 合金化制成的 $Al_xGa_{1-x}As$ 化合物随着 x 值的增加，逐渐转变为间接带隙半导体，对光子的吸收效率逐渐降低，因此提高效率变得相当困难。为了进一步提高叠层电池的效率，研究者开始寻找光子利用率更高的直接带隙半导体材料。至 20 世纪 90 年代，基于 MOCVD 技术已经开发了许多直接带隙半导体材料，并成功制备成叠层电池，例如 $Ga_xIn_{1-x}As$/InP、GaAs/Ge、$Ga_xIn_{1-x}P$/GaAs 和 $Ga_xIn_{1-x}P$/$Ga_xIn_{1-x}As$ 等。其中 $Ga_xIn_{1-x}P$/GaAs 叠层器件在当时的发展最为迅速，已经实现了批量生产中的 21%～22%的效率，甚至在小型设备中高达 30%。这类电池由于其卓越的抗太空辐射性能，逐渐在太空发电领域得到广泛应用。

基于直接带隙的Ⅲ-Ⅴ族化合物叠层太阳能电池目前仍占主导地位，其效率不断提升。然而，由于顶电池和底电池之间存在晶格常数差异，需要通过缓冲层来减轻晶格失配引起的晶格应变，从而降低顶部吸光层内部的缺陷密度，以实现高质量薄膜生长。目前，缓冲层的制备技术主要包括基于成分渐变引起晶格常数渐变的缓冲层技术和基于多量子阱结构缓解位错的外延技术。以 $Ga_xIn_{1-x}As_yP_{1-y}$/$Ga_xIn_{1-x}As$ 叠层太阳能电池为例，该结构以 $Ga_xIn_{1-x}As$ 作为底电池、$Ga_xIn_{1-x}As_yP_{1-y}$ 作为顶电池、$Al_xGa_yIn_{1-x-y}As$ 作为成分渐变的透明缓冲层，如图 8-5 所示，这种结构的叠层电池在聚光条件下获得了 35.5%的效率。随着叠层电池结数的增加，缓冲层数目也相应增加，对应的制造成本和难度也将急剧提高。

Ⅲ-Ⅴ族半导体还可以与晶硅集成制成叠层太阳能电池，但是两种材料之间存在较大的晶格常数和热膨胀系数差异，因此也会引起晶格应变和位错的产生。为了减少位错的产生，同样需要外延生长缓冲层，另外还开发了晶圆键合和四端结构来缓解，这两种方法都能获得比较高的效率。

总之，基于Ⅲ-Ⅴ族化合物半导体的叠层太阳能电池是目前所有光伏技术中效率最高的叠层技术，这是其最大的优势，但其缺点也很明显。首先，制造成本非常高，这限制了它在市场中的份额。高效率的Ⅲ-Ⅴ族叠层太阳能电池都采用 MOCVD 或分子数外延等高精度外延技术生长，制备成本非常高，是常规晶体硅太阳电池成本的数十倍或更高，这就

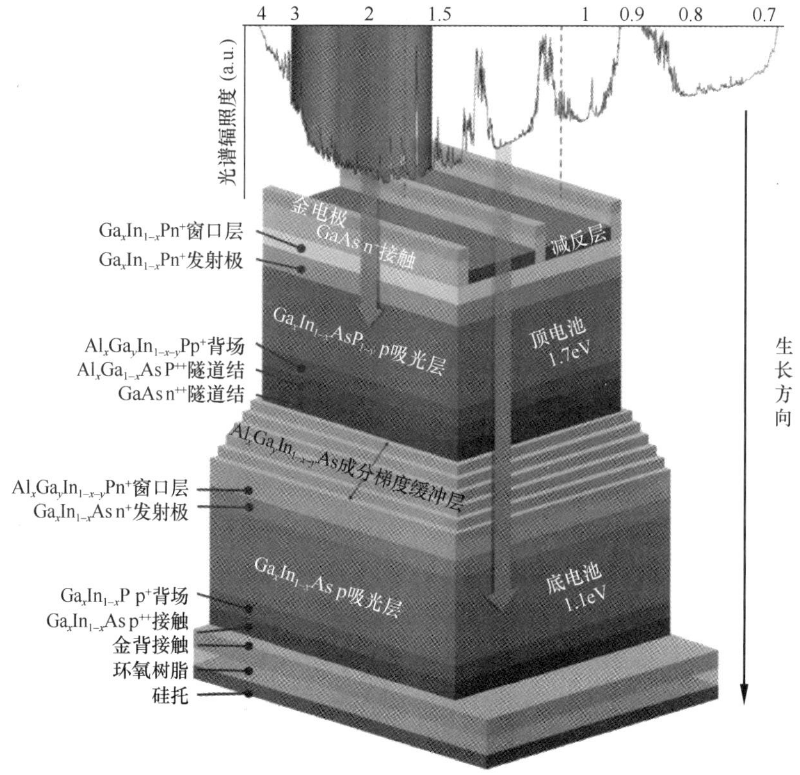

图 8-5 $Ga_xIn_{1-x}As_yP_{1-y}/Ga_xIn_{1-x}As$ 叠层太阳能电池结构示意图

限制了其在常规地面上非聚光光伏发电的广泛应用。其次，Ⅲ-Ⅴ族叠层太阳能电池材料成本也相当高，比如衬底材料，目前还没有能完全取代 GaAs 或 InP 衬底的材料。另外，制备该叠层所需的Ⅲ族元素的金属有机化合物和Ⅴ族元素的氢化物具有一定的毒性，因此对设备的密封性和安全生产有较高的要求。所以，还需要进一步研究和开发，以寻找更经济、环保的制备方法和材料。

8.2.2 有机叠层太阳能电池

21 世纪初，研究者首次将有机半导体材料制成太阳能电池，并尝试将其引入叠层太阳能电池中以提高效率。有机太阳能电池通过与不同类别的电池结合也可以制成叠层电池，目前已开发出有机/有机、钙钛矿/有机两大类叠层电池技术，如图 8-6 所示。这类电池具有轻薄性、柔性、成本低、工艺简单等优点，因此可制成具有良好商业化应用前景的轻质光伏产品。此外，这类电池具有优异的弱光性能，可作为室内光伏的首选技术之一。

有机/有机叠层太阳能电池是基于有机半导体材料的带隙可调性发展而来，有机半导体材料可以通过调整化学结构以及在制备过程中的混合比例来实现带隙的调控。2006 年，Blom 等制备了第一个有机叠层太阳能电池，该器件以 PFDTBT：$PC_{61}BM$ 作为底电池活性层，PTBEHT：$PC_{61}BM$ 作为顶电池活性层，取得了 0.6%的光电效率，通过试验验证了有机叠层太阳能电池制备的可行性。2007 年，Heeger 等构建了以 ITO 为基底的叠层器件，中间层为 TiO_x/PEDOT：PSS，活性层分别为 PCPDTBT：$PC_{61}BM$ 和 P3HT：PC_{71}

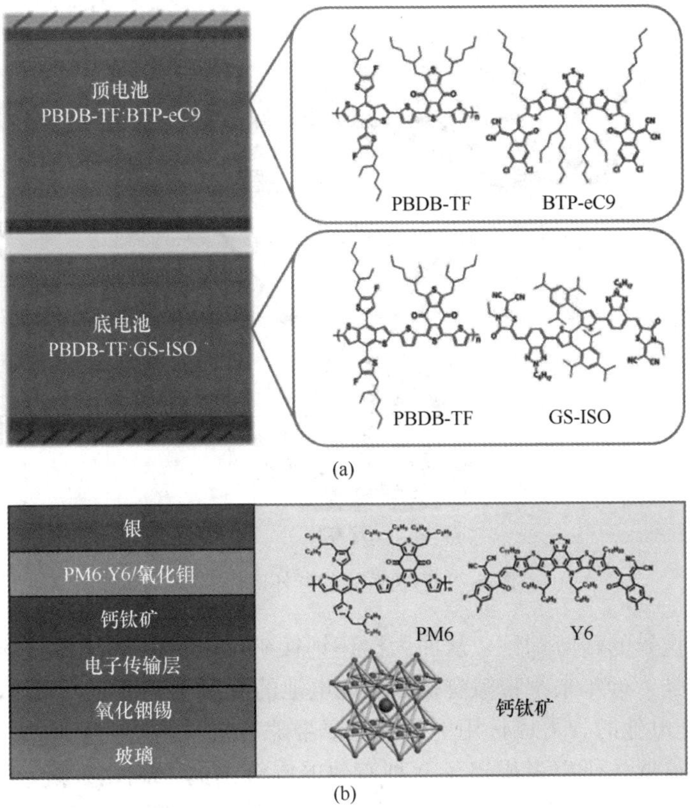

图 8-6　两类叠层太阳能电池示意图及典型吸光层的分子结构

(a) 有机/有机叠层太阳能电池；(b) 钙钛矿/有机叠层太阳能电池

BM，实现了器件效率为 6.5%的里程碑式的突破。但截至 2023 年，有机/有机叠层太阳能电池效率仅达到 20.2%，远落后于其他类型的叠层电池的发展速度。

限制有机/有机叠层太阳能电池发展的因素有以下几点：其一，有机半导体材料带隙调控有限，限制了能够找到与光谱匹配的高效底电池和顶电池活性层材料，导致较大的电流失配和能量损失。其二，这类电池还面临严重的紫外光致分解问题。在紫外光照射下，有机太阳能电池性能会严重下降（图 8-7），这就要求在顶电池中寻找具有紫外过滤功能的可替代材料。此外，由于顶电池和底电池均为有机半导体材料，所用的溶剂极性相似，需要制备厚实、紧凑和高质量的互连层来保护底电池，这将进一步增加制造成本、光学损耗和加工难度。由于上述挑战，有机/有机叠层太阳能电池在效率和稳定性方面发展十分缓慢，因此需要寻求新的电池结构来替代。

钙钛矿太阳能电池材料无疑是优良的顶电池候选材料，其具有如下优点：(1) 带隙可调性和高效率。钙钛矿太阳能电池带隙可调，可满足有机底电池的带隙匹配要求，实现更高的能量转换效率。此外，钙钛矿太阳能电池本身效率较高，为制备高效的叠层电池提供了基础保障。(2) 稳定性和紫外防护。钙钛矿材料，特别是全无机钙钛矿材料具有良好的紫外吸收特性。因此，将钙钛矿作为顶电池可以有效过滤紫外光，为底部的有机电池提供一个天然的保护层，从而提高了叠层电池的稳定性（图 8-8）。(3) 溶剂正交性。用于制备钙钛矿和有机活性层的溶剂是正交的，这意味着底电池活性层不会受到顶电池所用溶剂

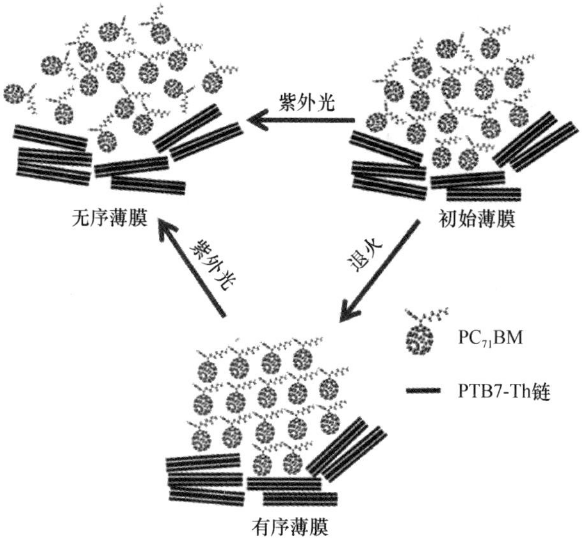

图 8-7　有机薄膜的紫外退化过程

的侵蚀，表现出优异的耐溶剂性，从而为构建钙钛矿/有机叠层太阳能电池降低了制备难度。值得注意的是，近年来窄带隙有机太阳能电池的发展也很迅速，因此，在设计钙钛矿/有机叠层太阳能电池时，可以选用更优秀的窄带隙有机材料作为底电池，以进一步提高效率和稳定性。最近，研究者提出了一种有效的混合阳离子钝化策略，使用 4-三氟苯乙基铵（CF_3-PEA^+）和乙二胺（EDA^{2+}）的互补作用来钝化钙钛矿顶电池表面，最终获得了效率为 24.5%的两端钙钛矿/有机叠层太阳能电池，这是迄今为止最高的效率，远超有机/有机叠层太阳能电池的最高效率，展现出巨大的竞争优势。

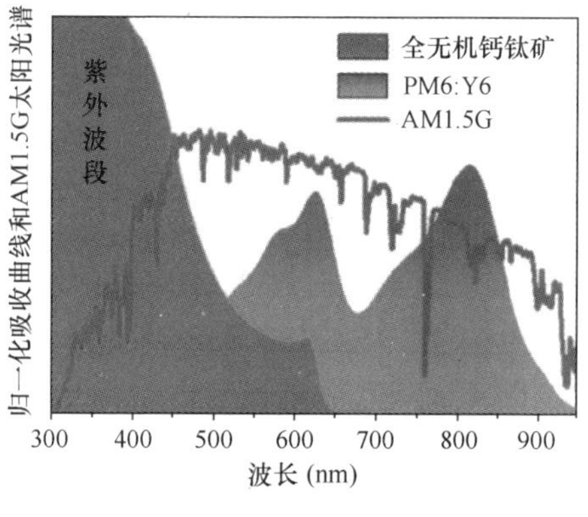

图 8-8　全无机钙钛矿和 PM6：Y6
有机材料的吸收曲线差异

有机叠层太阳能电池的出现为开发更加高效、经济和灵活的光伏技术提供了新的途径。然而，尽管这些技术在实验室中已经取得了一些进展，但在商业化应用方面还存在一些挑战，如稳定性、寿命等。未来的研究和开发努力将集中于解决这些问题，并推动有机叠层太阳能电池技术进一步发展和商业化应用。

8.2.3 钙钛矿叠层太阳能电池

金属卤化物钙钛矿的带隙可调性使其可以与不同类别的底电池结合制成具有更高效率的叠层太阳能电池，目前已开发出钙钛矿/晶硅、钙钛矿/有机、钙钛矿/钙钛矿和钙钛矿/铜铟镓硒等叠层电池类型。其中钙钛矿/有机叠层太阳能电池已在前面介绍，不再赘述。下面将分别介绍钙钛矿/晶硅、钙钛矿/钙钛矿和钙钛矿/铜铟镓硒叠层太阳能电池。

1. 钙钛矿/晶硅叠层太阳能电池

晶硅太阳能电池的带隙为 1.12eV，同时兼具高效率、低成本、高可靠性、产业成熟等优势，因此可作为理想的底电池。考虑到钙钛矿薄膜的厚度限制和不同层的寄生吸收等问题，钙钛矿顶电池的带隙由理想的 1.73eV 降为实际的 1.68eV，这也是目前最常用的钙钛矿顶电池带隙。钙钛矿/晶硅叠层太阳能电池是世界最早报道的钙钛矿叠层电池技术，于 2015 年开发，效率为 13.7%。截至 2023 年，钙钛矿/晶硅叠层太阳能电池效率已突破 33.9%，展现出了巨大的发展潜力。钙钛矿/晶硅叠层太阳能电池的飞速发展，离不开底电池和顶电池在电池种类和结构、缺陷钝化、材料选择等方面的优化。

由第 1 章内容可得，晶硅底电池的可选类型有 PERC 电池、PERT 电池、HJT 电池、IBC 电池和 TOPCon 电池等，其中 HJT 电池和 TOPCon 电池属于钝化接触技术电池，具有较高的效率潜力，因此最适合于高效叠层太阳能电池的制备。图 8-9 展示了以 HJT 电池和 TOPCon 电池为底电池的 pin 型钙钛矿/晶硅叠层电池简化图，除底电池结构的差异外，顶电池结构相同。本处及下文提到的 pin 型和 nip 型电池分别对应第 6 章中钙钛矿太阳能电池的反向电池和正向电池。

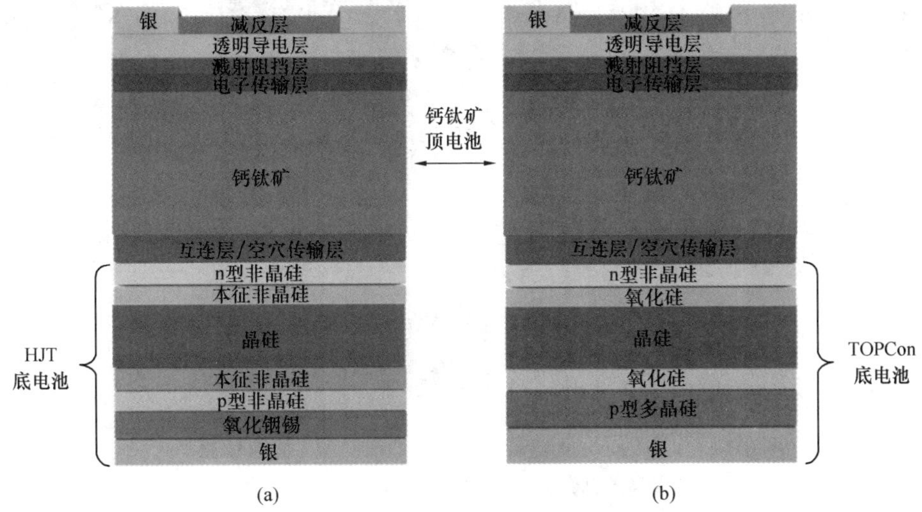

图 8-9 两种叠层太阳能电池简化图

(a) 钙钛矿/HJT；(b) 钙钛矿/TOPCon

2015 年首个采用 HJT 电池作为底电池的钙钛矿叠层太阳能电池问世，效率为 18.1%，由 Gratzel 课题组开发；首个以 TOPCon 电池为底电池的钙钛矿叠层太阳能电池在 2020 年被报道，效率为 25.1%。通过在新材料、新结构和新工艺等方面的突破，目前以 HJT 电池作为底电池的钙钛矿叠层太阳能电池最高效率已达 33.9%，以 TOPCon 电池为底电池的钙钛矿叠层太阳能电池最高效率也已达 32.3%，分别由隆基绿能和晶科能源创造。由于 HJT 电池相对于 TOPCon 电池能获得更高的电压，在叠层领域的应用也更加成熟，因此接下来仅以钙钛矿/HJT 叠层电池为例，阐述钙钛矿/晶硅叠层太阳能电池的发展历程。

钙钛矿/晶硅叠层太阳能电池的首次报道是在 2015 年，采用 nip 型结构获得了效率为 13.7%的电池，直至 2017 年，首个 pin 型钙钛矿/晶硅叠层太阳能电池才被报道，效率为 23.6%，这是首个记录在美国国家可再生能源实验效率表上的钙钛矿/晶硅叠层电池。然而，由于在 nip 型叠层电池中，常用的空穴传输层材料 Spiro-OMeTAD 存在严重的寄生吸收问题，且到目前为止也未找到合适的替代品，因此在相当长一段时间内，nip 型叠层电池效率未见增长。直到 2021 年，Wolf 等人采用 Spiro-TTB 作为空穴传输层将电池效率提高到 27.0%，而同年 pin 型叠层电池效率已达到 29.5%，首次实现了效率超过晶硅太阳电池极限效率（29.4%）的突破。自 2021 年起，pin 型钙钛矿叠层电池以 HJT 电池为底电池，开始出现陡坡式增长。通过优化硅电池纳米绒面结构、掺入多功能添加剂和钙钛矿表界面钝化剂（图 8-10），先后实现了 29.8%、31.3%和 32.5%的效率突破，2023 年更是三次突破了 33%的效率，可见其发展之快。值得一提的是，近三年来钙钛矿/晶硅叠层太阳能电池每一次记录效率的突破都离不开自组装单分子层材料的应用，可见材料选择的重要性。

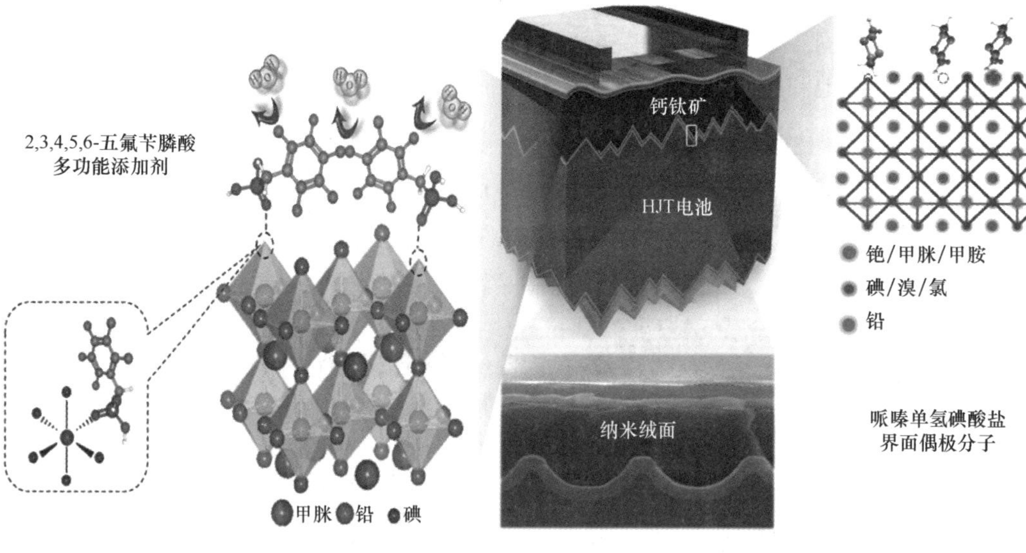

图 8-10　基于纳米绒面设计、多功能添加剂和界面偶极分子的高效钙钛矿/晶硅叠层电池的示意图

除了两端钙钛矿/晶硅叠层太阳能电池外，以晶硅电池为底电池的三结钙钛矿/钙钛矿/硅叠层太阳能电池也在不断兴起，该类电池具有更高的理论效率，不过与之对应的制备难度也更高，存在的问题也更多。目前，三结钙钛矿/钙钛矿/硅叠层太阳能电池最高效率仅为 22.2%，还远滞后于其理论极限效率。

钙钛矿/晶硅叠层太阳能电池虽然已取得快速发展，但仍然存在很多问题。除了产业化应用所面临的大面积和稳定性问题外，还面临在商用硅片上沉积高质量的钙钛矿薄膜的技术瓶颈。另外，晶硅电池本身的物理脆性还限制了这类电池在柔性太阳能电池方面的应用。

2. 钙钛矿/钙钛矿叠层太阳能电池

由于钙钛矿电池的带隙可在1.2～2.3eV之间变动，因此可以直接将两种不同带隙的钙钛矿电池叠在一起制成钙钛矿/钙钛矿叠层太阳能电池，即全钙钛矿叠层太阳能电池，如图8-11所示。全钙钛矿叠层太阳能电池因为其高效率、低成本和简单的制备工艺而备受关注，是一种极具应用前景的叠层电池技术。

与钙钛矿/晶硅叠层电池不同，全钙钛矿叠层太阳能电池的独特之处在于其顶电池和底电池均可通过调控组分比例灵活获取所需的带隙值，从而极大地扩展了电池带隙的选择范围。一般而言，底电池在1.2～1.3eV之间的范围内选择，通过调整B位的金属阳离子（如锡离子和铅离子）比例来实现；而顶电池则在1.7～1.8eV之间的范围内选择，通过调整X位的卤素阴离子（如氯、溴和碘离子）比例来实现。在全钙钛矿叠层电池中，钙钛矿底电池的带隙值（1.22eV或1.25eV）相对较高，导致器件的电流密度较低，目前不到$17mA/cm^2$。然而，值得注意的是，尽管电流密度较低，全钙钛矿叠层电池具有非常高的开路电压，可达2.3V以上。与之相比，钙钛矿/晶硅叠层太阳能电池的电流密度最高可达$21mA/cm^2$，但其开路电压很难超过2.0V。全钙钛矿叠层太阳能电池在成膜顺序和衬底类型上与钙钛矿/晶硅叠层太阳电池有所不同。在钙钛矿/晶硅叠层太阳能电池中，通常直接在脆性的硅电池衬底上沉积钙钛矿薄膜。而全钙钛矿叠层太阳电池通常是在刚性或柔性的透明衬底上，先沉积宽带隙钙钛矿，再沉积窄带隙钙钛矿。这种差异一方面扩宽了全钙钛矿叠层太阳能电池的应用范围，例如柔性太阳能电池；另一方面，由于无须沉积透明导电氧化物，进一步降低了器件的制备成本。

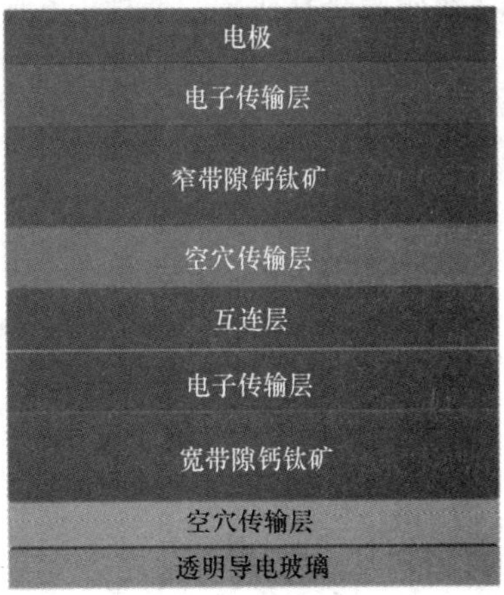

图8-11　全钙钛矿叠层太阳能电池示意图

然而，全钙钛矿叠层太阳能电池也面临一系列需要解决的问题。首先，窄带隙钙钛矿通常由铅锡混合钙钛矿组成，需要解决二价锡离子（Sn^{2+}）的氧化问题；其次，宽带隙钙钛矿存在相分离和开路损失等问题，这与钙钛矿组分中的高溴比以及钙钛矿与传输层之间的表面界面复合和能级失配有关；另外，全钙钛矿叠层太阳能电池需要更多地考虑表界面和体内复合的问题。与此同时，它也面临与钙钛矿/晶硅叠层太阳能电池相似的技术瓶颈。目前报道的全钙钛矿叠层太阳能电池的效率和稳定性尚未达到商业化产品的要求，因此无法实现广泛的商业应用。自全钙钛矿叠层太阳能电池问世以来，其发展和研究基本围绕上述问题展开，下面仅从抑制窄带隙底电池氧化和优化宽带隙顶电池性能两方面简单阐述全钙钛矿叠层太阳能电池的发展历程。

2015年，全钙钛矿叠层太阳能电池首次制备，效率为10.8%。由于选用的是1.55eV的铅基钙钛矿底电池，导致近红外波段的低能光子无法吸收而产生较大的能量损失。而当时普遍使用的铅基钙钛矿的最小带隙为1.45eV，作为底电池，仍会因带隙太大而无法吸收低能量光子。因此，为提高全钙钛矿叠层太阳能电池的效率，迫切需要具有更宽吸收光谱的窄带隙钙钛矿。2016 年，Snaith 等将锡引入钙钛矿中制成锡铅混合钙钛矿，成功将底电池带隙调低至 1.2eV，扩宽了对太阳光谱的吸收范围，最终实现了 16.9%的效率突破。然而，锡的引入也带来了新的问题，即 Sn^{2+} 容易氧化为四价锡离子（Sn^{4+}），从而导致器件性能恶化。因此，在之后的一段时间里，解决锡离子氧化问题成为研究热点，先后开发了掺杂工程、添加剂工程等策略（图 8-12），成功将全钙钛矿叠层太阳能电池效率提升至 25%左右。直至 2022 年，谭海仁等采用添加剂工程，将 4-三氟甲基-苯基铵引入锡铅混合窄带隙钙钛矿中，实现了缺陷和薄膜质量的同步优化。通过这一方法，他们制得了效率为 26.7%的两端全钙钛矿叠层太阳能电池，首次实现了全钙钛矿叠层电池效率超越单结钙钛矿太阳能电池效率的突破。

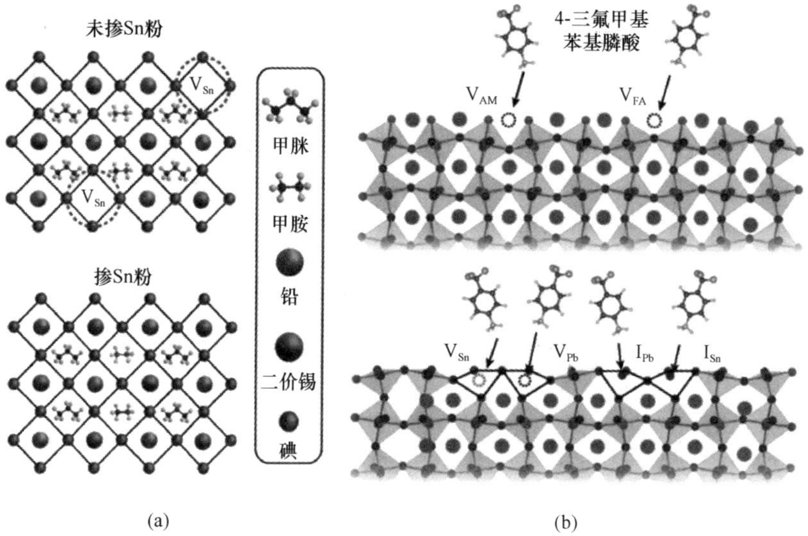

图 8-12 (a) 掺杂工程和 (b) 添加剂工程

注：V_{Sn}、V_{MA}、V_{FA}、V_{Pb}、I_{Pb}和I_{Sn}分别为锡空位、甲胺空位、甲脒空位、铅空位、碘铅替位和碘锡替位缺陷。

全钙钛矿叠层太阳能电池中宽带隙顶电池相分离和开压损失问题不容小觑，这是阻碍全钙钛矿叠层太阳能电池向高效稳定发展的主要绊脚石之一，因此近年来备受关注。与钙钛矿/晶硅叠层太阳能电池类似，针对宽带隙顶电池，通常可以从组分工程、添加剂工程、界面工程和新材料开发等方面入手。宽带隙顶电池吸收层通常采用高比例的溴元素配制，因此不可避免地存在相偏析问题，特别是在受到光照、加热等外部应力时。组分工程和添加剂工程已被证明是切实可行的解决方案。例如，掺入部分氯离子或铯离子制得稳定性更好的宽带隙顶电池，或者在宽带隙顶电池前驱体溶液中引入硫氰酸铅、氯化物等添加剂以提高电池稳定性。掺入添加剂的方法已被广泛使用。界面工程是当前研究最为广泛的领域，也是钙钛矿基叠层电池普遍面临的问题。在全钙钛矿叠层太阳能电池中，针对钙钛矿与电子传输层（C_{60}）界面，先后开发了分子偶极和场钝化等策略，比如谭海仁和 Sargent 等分别在钙钛矿与 C_{60} 界面引入高极性偶极分子和场钝化分子以改善能级排列，减少载流子复合，获得了效率分别为 25.6%和 26.3%的两端全钙钛矿叠层太阳能电池。最近，柯维俊等开发了一种自下而上的一体化钝化策略，将全钙钛矿叠层电池效率提高到 27.3%。Sargent 等又采用一种双重钝化策略，即先后引入化学钝化和场钝化分子，更是将全钙钛矿叠层电池效率提高到了 28.1%，如图 8-13 所示。

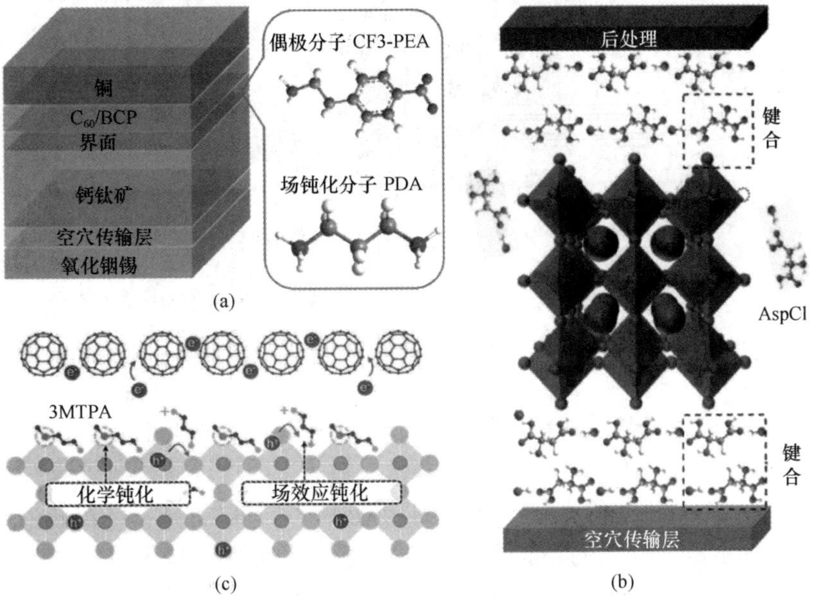

图 8-13 钙钛矿/电子传输层界面优化策略

(a) 界面偶极和界面场钝化工程，其中 CF_3-PEA 为 4-三氟甲基苯乙胺，PDA 为 1,3-丙二铵；

(b) 基于 AspCl 的一体化钝化策略，其中 AspCl 为天冬氨酸盐；

(c) 双分子双重钝化策略，其中 3MTPA 为 3-(甲硫基) 丙胺

针对钙钛矿与空穴传输层界面，由于具有空穴选择性接触的自组装单分子层(SAMs) 材料的遍及，传统使用的聚［双 (4-苯基) (2,4,6-三甲基苯基) 胺］(PTAA) 逐渐被取代，因此以往的界面问题也逐渐转为 SAMs 材料的优化与开发。比如谭海仁等开发的混合 SAMs 和氧化镍/SAMs 结构能获得更高效的叠层器件并沿用至今，而赵德威等擅长新 SAMs 材料的开发，先后开发了 (4-(7H-二苯并［c, g］咔唑 7-基) 丁基) 膦酸(4PADCB)、(4-(5,9-二溴-7H-二苯并［c, g］咔唑-7-基) 丁基) 膦酸 (DCB-BPA) 和 4-(7-(4-(双 (4-甲氧基苯基) 氨基)-2,5-二氟苯基) 苯并［c］［1,2,5］噻二唑-4-基) 苯甲酸 (MPA2FPh-BT-BA) 等 SAMs 材料来改善能级排列、钝化埋底界面和促进钙钛矿高质量成膜，如图 8-14 所示。

与钙钛矿/晶硅叠层太阳能电池类似，三结全钙钛矿叠层太阳能电池技术也开始崭露头角，该工作以 Sargent 课题组为典型代表。这类电池能获得更高的开路电压，但同时需要开发更宽带隙的顶电池，面临的技术难题也更为突出。目前，三结全钙钛矿叠层太阳能电池最高认证效率已经突破了 23.9%。

3. 钙钛矿/铜铟镓硒叠层太阳能电池

近年来，将钙钛矿与铜铟镓硒 (CIGS) 电池结合形成的钙钛矿/CIGS 叠层太阳能电池技术备受关注。除了与钙钛矿/晶硅、全钙钛矿叠层太阳能电池一样具备很高的效率外，该技术还因为钙钛矿和 CIGS 材料均表现出良好的抗太空辐射性能和优异的弱光性能，成

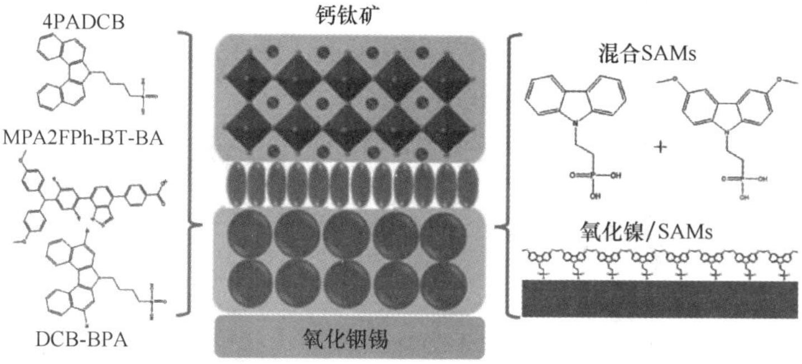

图 8-14　基于 SAMs 材料的钙钛矿/空穴传输层界面优化策略

为太空和室内应用的理想选择。其次，作为无机材料的 CIGS 具有较好的稳定性。此外，与全钙钛矿叠层电池类似，钙钛矿/CIGS 叠层太阳能电池还可采用卷对卷加工工艺，实现柔性轻质光伏器件的生产。

然而，在早期，研究者并未考虑将钙钛矿与 CIGS 结合，而是尝试直接制备全铜铟镓硒叠层太阳能电池。与钙钛矿材料相似，CIGS 材料的带隙可以通过调控镓铟比和硒硫比来实现在 1.04～2.5eV 之间的变换，因此可以直接将不同带隙的 CIGS 材料结合制备成全 CIGS 叠层太阳能电池。但是在实际制备中，宽带隙的顶电池和窄带隙的底电池之间存在着工艺上的兼容性问题。具体而言，由于底电池和顶电池在加工过程中需要经历巨大的温度差异，顶电池通常需要达到 450 ℃以上的高温才能获得高质量的薄膜，而底电池在 200 ℃左右就会发生严重降解。因此，这种温度差异使得单片集成变得非常困难。尽管人们尝试通过采用四端结构来替换两端结构以确保底电池和顶电池的加工独立性，但在四端结构中，对于顶电池而言，所需的透明导电玻璃仍然面临着高温降解的风险。此外，宽带隙 CIGS 电池在实现高效率方面也存在一些限制。由于这些问题，迄今为止，单片全 CIGS 叠层太阳能电池的报道寥寥无几，许多研究也已经放弃了这一技术路线。

基于这一问题，研究者选择将钙钛矿顶电池与 CIGS 底电池进行配对使用。钙钛矿顶电池的加工温度相对较低，同时具有较高的转换效率。与此同时，CIGS 底电池在整个低压范围内也表现出较高的效率，目前已经达到了 23.6%。因此，通过将这两种材料组合在一起，可以实现高效的单片集成，如图 8-15 所示。目前，基于 CIGS 的两端钙钛矿叠层太阳能电池的最高效率已达到 24.2%，而四端钙钛矿/CIGS 叠层太阳能电池的效率已经突破了 29.9%。这一突破性进展主要得益于对电流匹配和子电池性能等方面的优化。在早期的钙钛矿/CIGS 叠层太阳能电池研究中，通常选择 1.60eV 左右的钙钛矿和 1.02eV 的 CIGS 分别作为顶电池和底电池。然而，这种设计存在一个问题，即钙钛矿顶电池的红外线透过率较低，导致 CIGS 底电池的电流相对较低，从而整个器件的电流降低。因此，为了减轻光电流失配问

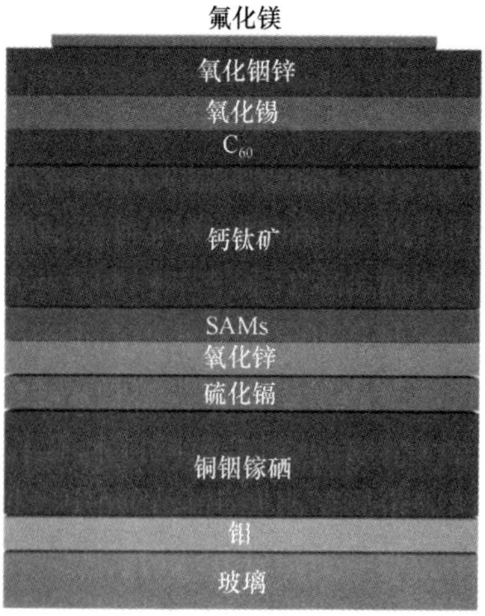

图 8-15　钙钛矿/铜铟镓硒叠层太阳能电池示意图

题，需将钙钛矿顶电池的带隙扩宽至 1.68eV 左右。在已经报道的钙钛矿/CIGS 叠层太阳能电池中，除了首个记录效率采用了 1.60eV 的钙钛矿外，随后的记录效率均选择了带隙为 1.68eV 的钙钛矿作为顶电池。同时，相应的 CIGS 底电池的带隙也被调高至 1.12eV，这与目前钙钛矿/晶硅叠层电池的带隙组合相同。在子电池性能优化方面，顶电池的优化方法与钙钛矿/晶硅、全钙钛矿叠层电池类似。而 CIGS 底电池的优化和现状，已在第 3 章进行了详细介绍，因此在此不再赘述。

目前关于钙钛矿/CIGS 叠层太阳能电池的报道仍然相对较少，而已有的研究主要集中在四端叠层结构。因此，该领域仍存在单一化、简单化、初期化等方面的不足。尽管存在这些问题，但钙钛矿/CIGS 叠层太阳能电池具有巨大的发展潜力，并在多个应用领域展现了广泛的应用前景。随着未来对这一技术的系统化和深入化研究，相信钙钛矿/CIGS 叠层太阳能电池有望取得更大的突破。

总体来说，钙钛矿叠层太阳能电池（包括钙钛矿/晶硅、全钙钛矿和钙钛矿/CIGS 叠层太阳能电池）每一次效率的突破都离不开对新结构、新材料（包括新传输层和新钝化材料）以及新工艺等方面的不断开发。未来，钙钛矿叠层电池技术的进一步发展需要依赖这些技术的突破，但同时也需要不断超越这些限制，追求更加创新和高效的解决方案。

8.2.4 其他叠层太阳能电池

除了上述常见叠层电池类型外，下面简单介绍其他类型的叠层电池。

（1）碲化镉（CdTe）/晶硅叠层太阳能电池。CdTe/晶硅叠层太阳能电池的理论转换效率可达 28%，然而目前在硅电池上外延生长 CdTe 的叠层太阳能电池的实际效率仅为 17%。这一差距的主要原因在于 CdTe 的带隙（1.49eV）与硅（1.12eV）之间不兼容，导致严重的电流失配和能量损失问题。不过，通过与 Zn、Mg 和 Se 合金化，可将 CdTe 的带隙调节到合适的范围。目前，研究者已成功将带隙为 1.78eV 的碲锌镉（CdZnTe）沉积在硅电池上制得叠层太阳能电池，但效率仅有 16.8%。

（2）铜铟镓硒/晶硅叠层太阳能电池。制备 CIGS/晶硅叠层太阳能电池是解决全 CIGS 叠层太阳能电池中顶电池和底电池温度工艺不兼容的一种可选方案，而这类电池最高效率也仅有 9.7%。原因之一是 CIGS 顶电池无法获得较高的效率，其二在于 CIGS 顶电池的高温工艺也可能会降低晶硅底电池的性能。这是 CIGS/晶硅叠层太阳能电池发展亟待解决的问题。

8.3 叠层太阳能电池的中间复合层

与单结太阳能电池不同，叠层太阳能电池需要在子电池之间引入中间复合层来实现子电池的电学和光学连接。本节我们将从中间复合层的基本要求和种类分别进行介绍。

8.3.1 中间复合层的基本要求

在理想情况下，叠层太阳能电池中的每个子电池吸收相同数量的光子并输出相同的电流，这也被称为电流匹配。因此，中间复合层应该具有较低的寄生吸收来避免影响底电池的光学性能。同时，还可以通过调节中间复合层的折射率和厚度来调节入射光束在子电池之间界面的反射行为来实现电流匹配和电流最大化。在叠层器件工作过程中（图 8-16），上下子电池光生载流子中的电子被激发到导带，空穴则被转移到价带中，这些载流子通过各自的传输层被传输至子电池之间的中间复合层，并在其中发生复合。

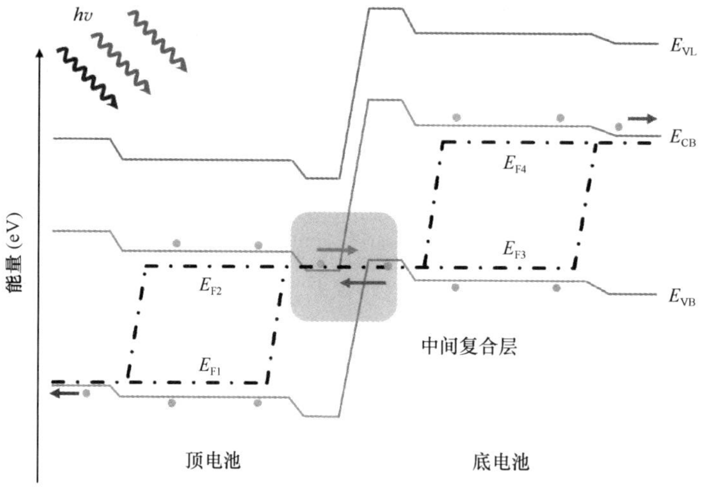

图 8-16 叠层电池上下子电池之间中间复合层的光学、电学连接和界面能级排布示意图

注：E_{VL}、E_{CB}和 E_{VB}分别为真空能级、导带和价带的位置，E_{F1}、E_{F2}、E_{F3}和 E_{F4}分别为顶电池和底电池的空穴和电子费米能级位置。

通常来说，对于两端叠层器件，其开路电压等于子电池电压的总和减去中间载流子复合过程中的电压损耗。因此，通过引入高性能的中间复合层结构实现高效的载流子复合，对于确保子电池之间的电流连续性和降低电压损失至关重要。总之，理想的中间复合层应满足以下条件：

（1）对于入射光具有波长选择性。对长波段下的入射光束具有高透明度（低寄生吸收和反射），同时可以选择性地反射短波段下的入射光束，有助于实现更好的光耦合和电流匹配，从而减少光学损耗。

（2）具有各向异性的电导率。高纵向电导率有利于实现上下子电池之间高效的载流子复合，从而减少器件开路电压和串联电阻损耗，而低横向导电性则有利于降低器件的漏电损失，从而减少并联电阻损耗。

（3）具有良好的工艺兼容性。对上下子电池的制备工艺具有良好的兼容性，既不会降低底电池的性能，同时也不会影响顶电池的制备。

8.3.2 中间复合层的种类

目前，叠层电池中常见的中间复合层主要包括透明导电氧化物复合层、隧穿结复合层和免中间层原位复合接触等方案。

1. 透明导电氧化物复合层

透明导电氧化物（TCO）薄膜是一种在可见光范围内具有大于 80% 的平均透过率，且导电性高，电阻率低于 1×10^{-3} Ω·cm 的薄膜材料。TCO 薄膜主要包括铟（In）、锑（Sb）、锌（Zn）、锡（Sn）和镉（Cd）的氧化物及其复合多元氧化物薄膜材料。TCO 由于具有高透光性和高导电率等特点，使其成为叠层太阳能电池中使用最广泛的中间复合层。目前叠层太阳电池中常用的 TCO 材料有掺锡氧化铟（ITO）、掺锌氧化铟（IZO ）、锡酸锌（ZTO）、氧化锌铝（AZO）和掺氟氧化铟（FTO）。ITO 是最常见的 TCO 薄膜，其制备方法包括磁控溅射法和真空热蒸发法。目前大部分报道的高效钙钛矿/晶硅叠层太阳能电池均采用 ITO 作为复合层。它可以和相邻子电池的传输层形成良好的欧姆接触，从而允许子电池中的光生载流子形成高效的复合。然而，ITO 由于具有高自由载流子浓度，导致长波段具有较强的寄生吸收，会影响其长波段的透过率，降低叠层太阳能电池的光电流，从而影响电池的光电转换效率。降低 ITO 的厚度是一种有效的提高叠层太阳能电池光电流的手段，研究结果表明，1.7nm 厚的 ITO 能够解决其寄生吸收问题而不影响载流子的复合效率，从而可有效地提升器件的光电性能。IZO 材料是另一种广泛应用于叠层器件中间复合层的材料。IZO 由于具有高载流子迁移率，能有效降低长波段的自由载流子吸收，从而降低光电流的损失。同时，IZO 是一种非晶材料，不需要高温退火就可以获得良好的导电性，因此可兼容更多对温度敏感的子电池制备工艺。

虽然 TCO 目前已经广泛应用于叠层太阳能电池的中间复合层，但由于制备过程大多采用磁控溅射方法，容易对底层材料造成一定的溅射轰击损伤。同时，由于靶材中含有稀有金属铟，会进一步增加制造成本。

2. 隧穿结复合层

叠层太阳能电池中另一种连接子电池的高效中间层是隧穿结复合层。主要策略是通过制备重掺杂的 n^{++}/p^{++} 隧穿结作为中间连接层，因此不会像 TCO 复合层一样存在溅射损伤问题。其中耗尽区宽度和掺杂浓度是影响隧穿结复合性能的两个重要参数。当耗尽区足够薄时，载流子就能够在很小的偏压下直接隧穿耗尽区进行传输和复合。此外，由于掺杂浓度较高，费米能级位于 n^{++} 层的导带内，而 p^{++} 层位于价带内，一旦施加正向电压，n^{++} 层中的占据态将与 p^{++} 层中的空态对齐，载流子可以直接或在这些缺陷态的辅助下进行带间隧穿。另一方面，高掺杂会导致较高的自由载流子吸收，影响光学性能。因此，隧穿结的厚度通常需要控制在几个纳米的范围内。如果载流子浓度不够高，或者耗尽区宽度不够薄，隧穿结将不足以实现较高的载流子复合效率，电子和空穴将被这些掺杂缺陷所捕获并发生复合损失，从而影响叠层器件的性能。由于Ⅲ-Ⅴ和晶体硅技术成熟的掺杂工艺，目前隧穿结主要应用于Ⅲ-Ⅴ族和晶硅叠层太阳能电池。以两端钙钛矿/晶硅叠层太阳能电池为例，隧穿结可以通过不同掺杂类型的晶体硅、非晶硅、纳米晶硅、多晶硅和氧化硅等来实现。通过对隧穿结的结构控制（例如通过控制晶体尺寸实现纵向单晶粒而横向多晶粒的结构）可以实现各向异性导电，因此可以兼容大面积的叠层器件制备工艺。

3. 免中间层原位复合接触

叠层太阳能电池中子电池间的相互连接采用的第三种方法称为免中间层原位复合接触，即采用上下子电池之间相邻的传输层进行直接接触，通过调节传输层的能级位置和缺陷密度，使载流子在接触界面发生原位复合。该方法具有降低寄生吸收、减少漏电损失和简化制备工艺等优点。溶液法制备的 n 型氧化锡多功能层结合 p^{++} 硅在两端钙钛矿/晶硅叠层太阳能电池中得到证明，当发射极掺杂浓度在 $5\times10^{19}\ cm^{-3}$ 时，费米能级对齐导致氧化锡能带向上弯曲，p^{++} 硅能带向下弯曲，从而有效提升界面的载流子复合能力。类似的去复合结无层接触的结构还有原子层沉积制备的 n 型氧化钛与 p 型多晶硅、化学浴沉积制备的 n 型氧化锡与 p 型多晶硅，以及热蒸镀 n 型 C_{60} 与 p 型旋涂氧化镍等，这些结构已分别在钙钛矿/晶硅和有机/钙钛矿叠层太阳能电池中得到应用。

8.4 叠层太阳能电池展望

本章对叠层太阳能电池的工作原理、基本结构、种类以及中间互连层进行了系统介绍，使读者对叠层电池有了基本了解。未来叠层太阳能电池的发展之路还很长，所面临的科学问题和技术难题还有很多，这与其发展历程短密不可分。根据目前的成本分析模型，效率每增加 1%（绝对值），系统端的度电成本会降低 5%～7%。因此，提效降本的内在需求为未来叠层电池的发展奠定了底层逻辑支持，注定叠层电池是未来太阳能电池发展的方向。近年来备受关注的钙钛矿叠层太阳能电池，其发展历程仅有 8 年时间，尽管其效率已从 13.7%飞速发展到 33.9%，仍然面临兼具高效率、大面积和高稳定性的电池制备难题，这是限制其产业化应用的最大瓶颈；另外，对于已经能成熟制备的叠层太阳能电池，比如Ⅲ-Ⅴ族化合物半导体叠层太阳能电池，还存在技术成本高、应用领域局限等问题；再者，应对特殊领域要求，比如太空应用，能抗太空辐射的叠层电池种类还比较单一；最后，叠层电池材料体系庞杂，开发新型高效的叠层电池很难通过单一的试错试验来实现。

针对叠层电池目前面临的相关问题，对其未来的发展方向作如下展望：

（1）对于面向产业化发电的叠层太阳能电池，比如钙钛矿和有机叠层太阳能电池，关键在于解决大面积和稳定性制备的问题。因此，需要优化现有的大面积制备技术并开发新的大面积制备技术，同时在新材料、新结构和新原理上寻求突破，以解决稳定性问题。

（2）对于面向特殊领域发电的叠层太阳能电池，比如用于太空领域的Ⅲ-Ⅴ族化合物半导体叠层太阳能电池。首先，需要优化外延生长技术和开发更高结数的叠层电池以获得更高的光电转换效率；其次，需要寻求新的可替代的太空应用叠层电池产品，比如全钙钛矿、钙钛矿/CIGS 叠层太阳能电池，兼具制造成本低、转换效率高和抗太空辐射等优点；最后，开发新种类叠层电池也是需要尝试的。

（3）对于庞大的材料体系，还需要借助机器学习，在短时间内获得所需要的信息，这将加速推进叠层电池技术的发展。目前，在新材料开发方面借助机器学习已卓有成效，相信未来机器学习在新技术、新原理、新器件等方面会有更多突破。

思考题

1. 简述叠层太阳能电池的工作原理。
2. 简述叠层太阳能电池光电转换效率高的原因。
3. 简述叠层太阳能电池的类型、特点和设计规则。
4. 简述叠层太阳能电池使用多层次结构的理由，这种结构相对于单结太阳能电池的优势。
5. 对比分析各类叠层太阳能电池的优缺点。
6. 简述不同带隙的太阳能电池在太阳光谱上响应范围不同的原因。
7. 为什么两个不同带隙子电池适用于制备叠层太阳能电池？如何确定各子电池的带隙？

8. 简述叠层太阳能电池中间复合层的工作原理和基本要求。

9. 简述叠层太阳能电池中间复合层的种类及各自的优缺点。

10. 简述各种不同种类的顶电池与底电池有什么共同点和不同点。它们之间能相互交换创造出新的叠层太阳能电池种类吗？除了带隙匹配，还需要考虑什么因素？

11. 相比于单结太阳能电池，叠层太阳能电池有哪些优缺点？分析其未来发展趋势和潜在的应用。

参考文献

[1] FUTSCHER MH, EHRLER B. Efficiency Limit of Perovskite/Si Tandem Solar Cells [J]. ACS Energy Letters, 2016, 1: 863.

[2] POLMAN A, KNIGHT M, GARNETT EC, et al. Photovoltaic materials: Present efficiencies and future challenges [J] . Science, 2016, 352: aad4424.

[3] CHEN B, ZHENG X, BAI Y, et al. Progress in Tandem Solar Cells Based on Hybrid Organic-Inorganic Perovskites [J] . Advanced Energy Materials, 2017, 7.

[4] LI H, ZHANG W. Perovskite Tandem Solar Cells: From Fundamentals to Commercial Deployment [J] . Chemical Reviews, 2020, 120: 9835-9950.

[5] TODOROV T, GUNAWAN O, GUHA S. A road towards 25% efficiency and beyond: perovskite tandem solar cells [J] . Molecular Systems Design & Engineering, 2016, 1: 370-376.

[6] JOŠT M, KÖHNEN E, Al-ASHOURI A, et al. Perovskite/CIGS Tandem Solar Cells: From Certified 24.2% toward 30% and Beyond [J] . ACS Energy Letters, 2022, 7: 1298-1307.

[7] MARTINHO F. Challenges for the future of tandem photovoltaics on the path to terawatt levels: a technology review [J] . Energy & Environmental Science, 2021, 14: 3840-3871.

[8] DIMROTH F, ROESENER T, ESSIG S, et al. Comparison of Direct Growth and Wafer Bonding for the Fabrication of GaInP/GaAs Dual-Junction Solar Cells on Silicon [J] . IEEE Journal of Photovoltaics, 2014, 4: 620.

[9] WANG W X, ZHENG Z, HOU JH. Research Progress of Tandem Organic Solar Cells [J] . Acta Chimica Sinica, 2020, 78: 382-396.

[10] AMERI T, DENNLER G, LUNGENSCHMIED C, et al. Organic tandem solar cells: A review [J] . Energy & Environmental Science, 2009, 2: 347.

[11] BUSH KA, PALMSTROM AF, YU ZJ, et al. 23.6%-efficient monolithic perovskite/silicon tandem solar cells with improved stability [J] . Nature Energy, 2017, 2: 17009.

[12] AYDIN E, LIU J, UGUR E, et al. Ligand-bridged charge extraction and enhanced quantum efficiency enable efficient n-i-p perovskite/silicon tandem solar cells [J] . Energy & Environmental Science, 2021, 14: 4377.

[13] GREEN MA, DUNLOP ED, YOSHITA M, et al. Solar cell efficiency tables

(Version 62) [J]. Progress in Photovoltaics: Research and applications, 2023, 31: 1062-7995.

[14] TODOROV TK, BISHOP DM, LEE YS. Materials perspectives for next-generation low-cost tandem solar cells [J]. Solar Energy Materials and Solar Cells, 2018, 180: 350-357.

[15] KO Y, PARK H, LEE C, et al. Recent Progress in Interconnection Layer for Hybrid Photovoltaic Tandems [J]. Advanced Materials, 2020, 32: 2002196.

9 质子交换膜燃料电池

9.1 质子交换膜燃料电池概述及应用

9.1.1 PEMFC 结构

典型的质子交换膜燃料电池（Proton Exchange Membrane Fuel Cell，PEMFC）单体结构如图 9-1 所示，其主要由质子交换膜（Proton Exchange Membrane）、催化剂层（Catalyst Layer，CL）、扩散层（Gas Diffusion Layer，GDL）以及双极板（Bipolar Plate）组成。

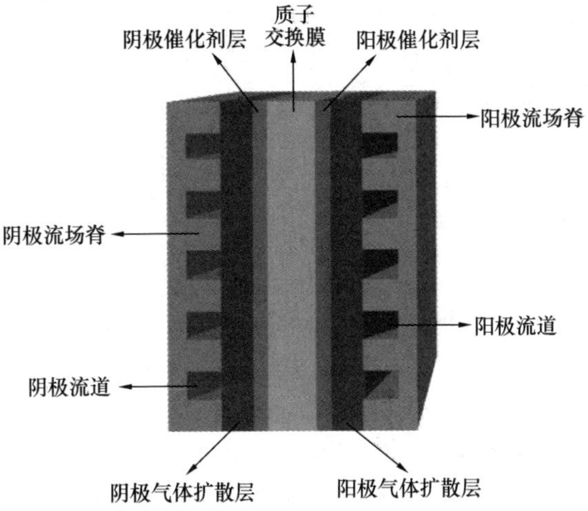

图 9-1　PEM 燃料电池的结构

1. 质子交换膜

质子交换膜是 PEM 燃料电池的核心部件，其不仅隔绝反应气体以防氧化剂和还原剂直接反应造成电池局部过热，同时还将在阳极生成的质子传递至阴极侧进行反应。因此，质子交换膜首先须有低的气体渗透系数，其次要具有良好的质子电导性。此外，为了保证电池有较长的使用寿命，质子交换膜在运行环境下还需具有良好的化学与电化学稳定性。

目前，PEM 燃料电池研制与开发中应用最多的是全氟磺酸型质子交换膜。这种隔膜具有较高的质子电导率和其他一系列优点。但是由于全氟磺酸膜的制备工艺复杂、成本高，制约了它的商业化应用。为了降低成本，研究者相继研发出了非氟化或部分氟化的质子交换膜，并取得可喜进展，如 Ballard 公司的部分氟化膜 BAM3G 和非氟化膜 BAM1G 和 BAM2G。但这些隔膜在 PEM 燃料电池工作条件下的运行寿命非常短，难以完全替代全氟磺酸型质子交换膜。

2. 催化剂层

在质子交换膜燃料电池中，催化剂层是氢气发生氧化反应和氧气发生还原反应的场所，同时也是质子、电子、水和反应气体的传递通道。因此，在催化剂层中良好的催化剂活性、较高的电子和质子传导率和足够的气体传输通道对于燃料电池的性能有着重要影响。

目前 PEM 燃料电池主要采用碳载铂作催化剂，并加入聚四氟乙烯（PTFE）和 Nafion 构建反应气体、水和质子的传输通道。但是当以各种烃类和重整气作为 PEM 燃料电池的燃料时，气体中的 CO 可导致铂催化剂中毒。为了解决催化剂 CO 中毒问题，人们开始研究抗 CO 的催化剂，并将工作主要集中在二组分合金和多组分合金（如 Pt-Ru/C、Pt-Ru-H_xWO_3/C 等）上。

3. 扩散层

扩散层在 PEM 燃料电池中起着支撑催化剂层、传输反应气体和电子的作用。因此要求扩散层要适于担载催化剂层、有良好的电子导电性和足够的孔隙率。鉴于扩散层需同时满足传输反应气体与产物的功能，其内部必须形成两种通道，即憎水的反应气体通道和亲水的液态水传递通道，为此一般会对扩散层用 PTFE 做憎水处理。同时，由于电池效率一般为 40%～60%，大量的能量会以热的形式进行传输，因此扩散层还应该有较高的导热系数，以避免电池内部温度过高。

通常，扩散层的材料为石墨化的碳纸或碳布，考虑到其对催化剂层的支撑作用和强度要求，其厚度一般在 100～300μm。同时，研究者们发现在扩散层靠近催化剂层的一侧涂有导电炭黑和聚四氟乙烯构成的微孔层可大幅提高电池性能。

4. 双极板

在 PEM 燃料电池中，双极板起着分配反应气体、收集电流和支撑电极的作用。因此，双极板需具有良好的导电性能、合适的流场结构，同时在温热潮湿的酸性环境下有足够的化学稳定性。此外，为了有效传导热量，双极板材料还需要有高的热导率。

目前广泛采用的双极板材料主要有石墨、合金材料及各种复合材料等。双极板上流场结构的设计则注重阴极一侧的排水能力，比较典型的有平行流场、蛇形流场和交指流场。

9.1.2 PEMFC 的工作原理及特性

1. 基本工作原理

PEMFC 是一种能量转化装置，通过电化学原理将储存在燃料和氧化剂中的化学能直接转化成电能，它就像一个工厂，只要原料供给源源不断，燃料电池就会不断地产生电。不同于传统发电模式需要将储存在燃料中的化学能转化成热能，热能转换为机械能，然后再将此机械能转换成电能的过程，PEMFC 直接把化学能转化成电能，其能源转化效率明显较高。

质子交换膜燃料电池内反应物在电解质两侧分别进行氧化和还原反应，其基本工作原理如图 9-2 所示，具体反应过程为：

(1) 在电池阳极侧，氢气通过阳极集流板（双极板）经由阳极气体扩散层到达阳极催化剂层，在阳极催化剂（一般为碳载铂）作用下，氢分子解离为带正电的氢离子（即质子）并释放出带负电的电子，完成阳极反应。

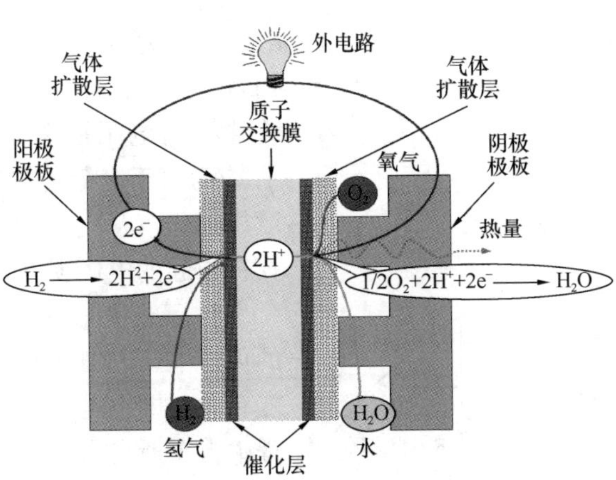

图 9-2 PEM 燃料电池单元结构和工作过程示意图

$$2H_2 \longrightarrow 4H^+ + 4e^- \tag{9-1}$$

(2) 氢离子穿过质子交换膜到达阴极催化剂层，而电子则由极板收集，通过外电路到达阴极。电子在外电路形成电流，通过适当连接即可向负载输出电能。

(3) 在电池阴极侧，氧气通过阴极集流板（双极板）经由气体扩散层到达催化剂层。在阴极催化剂的作用下，氧气与透过膜的氢离子及通过外电路传输的电子发生反应生成水，完成阴极反应：

$$O_2 + 4H^+ + 4e^- \longrightarrow 2H_2O \tag{9-2}$$

(4) 电化学反应生成的水大部分由阴极流道排出，一部分在压力差的作用下通过膜向阳极扩散。

PEMFC 总反应式为：

$$O_2 + 2H_2 \longrightarrow 2H_2O \tag{9-3}$$

总之，在上述电化学反应过程中，氧气和氢气的化学能会直接转换成电能，而不经由热能和机械能的形式，因此它的转换效率不受卡诺循环的限制，其可逆效率可表示为：

$$\varepsilon_{\text{thermo, fc}} = \frac{\Delta\hat{g}}{\Delta\hat{h}} \tag{9-4}$$

式中，$\varepsilon_{\text{thermo, fc}}$ 为电池的可逆热力学效率；$\Delta\hat{g}$ 为电池电化学反应中吉布斯自由能的变化（kJ/mol）；$\Delta\hat{h}$ 为电池电化学反应中的焓变（kJ/mol）。在常温常压下，质子交换膜燃料电池的吉布斯自由能变化和焓变分别为－237.3kJ/mol 和 286kJ/mol，即标准状态下 PEM 燃料电池的可逆热力学效率为 83%。但是由于电池实际工作中存在燃料利用损耗以及电压损耗，质子交换膜燃料电池的实际效率总是要比可逆热力学效率低。

2. PEMFC 的工作和响应特性

(1) PEMFC 的工作特性。质子交换膜燃料电池的工作性能可用电流-电压曲线，即极化曲线表征。由图 9-3 可知，质子交换膜燃料电池工作中主要存在活化损失、欧姆损失和浓差损失，这三种损失分别与电池内的电化学反应过程、电荷传输过程以及质量传输过程密切相关，使得电池实际工作电压总是低于理论电压。

$$E = E_0 - \eta_{\text{act}} - \eta_{\text{ohmic}} - \eta_{\text{conc}} \tag{9-5}$$

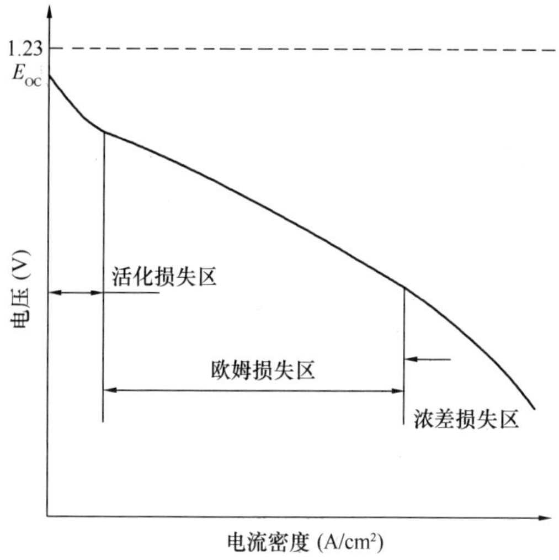

图 9-3 燃料电池工作极化曲线

式中，E 为电池实际输出电压（V）；E_0 为 PEMFC 理论输出电压（V）；η_{act} 为由于活化导致的电压损失，即活化过电势（V）；η_{ohmic} 为由于电荷传输导致的电压损失，即欧姆损失（V）；η_{conc} 为由于电极内反应物损耗引起的电压损失，即浓差损失（V）。

在标准状态下，质子交换膜燃料电池的可逆电压与其电化学反应的吉布斯自由能有关，即电池能输出的最大电功为该过程中吉布斯自由能变化的负值：

$$W_{elec} = -\Delta g \tag{9-6}$$

而电功可以通过在电势差作用下移动电荷来实现，则电池可逆电压与吉布斯自由能关系为：

$$-nFE = \Delta g \tag{9-7}$$

因此，标准状态下质子交换膜燃料电池的可逆电压为 1.23V。但是，通常状况下燃料电池工作在远不同于标准状态的条件下，电池电压与物质的浓度、压强和温度等有关，可用能斯特方程表示为：

$$E = E^0 - \frac{RT}{nF}\ln\frac{\prod a_{product}^{v_i}}{\prod a_{reactants}^{v_i}} \tag{9-8}$$

式中，E^0 为标准状态下理论电压（V）；n 为迁移电子的摩尔数；a 为物质的活度，v_i 为化学当量系数。

（2）PEMFC 响应特性。质子交换膜燃料电池的响应特性与电池内气体、热量和水分的传输过程以及工作条件，如气体加湿度、气体流量、工作温度等密切相关。当电池根据工况需求改变负荷时，电池偏离其原稳定状态，电池电压以及内部参数发生相应的变化，并需要经历一定时间达到再次的稳定，如图 9-4 所示。从图中可以看到，当电池的工作电流发生变化时，电池电压也瞬间改变，且其先下降或上升至一峰值，随着时间电池电压逐渐恢复并达到新的稳定态，该过程定义为瞬态响应时间（Δt），其中电池电压峰值与新的稳定值之间的差异（ΔU）则定义为波动幅度。

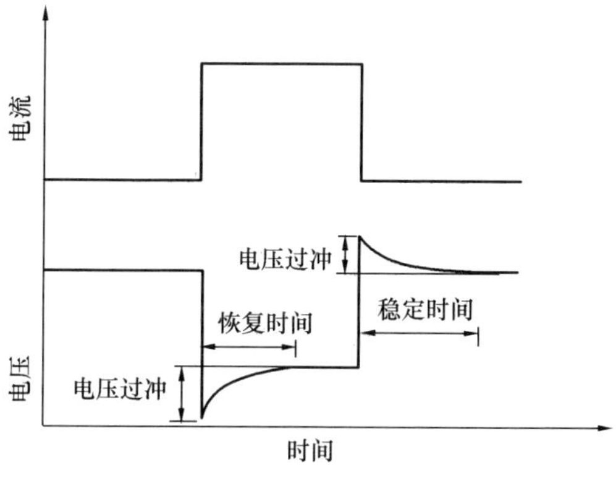

图 9-4 电池动态响应曲线

当质子交换膜燃料电池在汽车、舰船等领域应用时，电池负载的波动较大，如其峰值功率往往是额定功率的 3 倍。在负载变化时，电池温度和输出功率等性能出现大幅波动，电池需要更多的时间达到新的稳定状态，即瞬态响应时间较长；同时，电池在作为通信基站、医疗单位以及运载工具时，要求电池能够从待机状态迅速启动，以满足功率需求。然而在启动和停机过程中，电池可能会出现反应气体界面，导致局部电极电势升高，催化剂层中发生碳腐蚀和水电解反应，使得催化剂层中碳支撑崩塌，催化剂铂颗粒发生聚集，催化剂性能大幅下降；此外当电池供气系统出现故障或电池在大电流下长时间运行出现水淹时，电池内反应气体会出现不足，引起电池内局部电流和温度剧烈波动，质子交换膜上出现热点，从而造成膜融化击穿。综上所述，电池经历的动态工况以及引起的相关现象，会引起电池组件的损伤和失效，最终大大降低电池寿命和耐久性。因此，对电池在各种动态工况下的瞬态响应特性进行研究，对降低和缓解电池性能衰减、提高电池耐久性、延长电池寿命具有十分重要的意义。

对于质子交换膜燃料电池的动态特性，人们一方面期望通过电池内部复杂的质量热量动态传输规律和电荷迁移机理的研究，明确影响电池动态性能和变化规律的关键因素；另一方面结合电池内响应规律的不一致性和性能衰减的非均匀性，通过改进电池材料、结构设计和操作运行等方法，有效改善电池动态性能。图 9-5 给出了不同启动模式和采用缓冲结构设计前后局部电流变化系数的分布曲线。由图中可知，在阳极出口采用缓冲结构后，电池电流变化系数得到整体减小，尤其是电池出口位置处其电流变化系数降低了近 90%，局部性能在启动过程中变化更加平缓，波动的剧烈程度明显减轻，表明缓冲结构可以明显降低电池各位置处性能波动的剧烈程度，有效地减轻了电池在启动过程中燃料气不足对电池动态响应性能的影响。

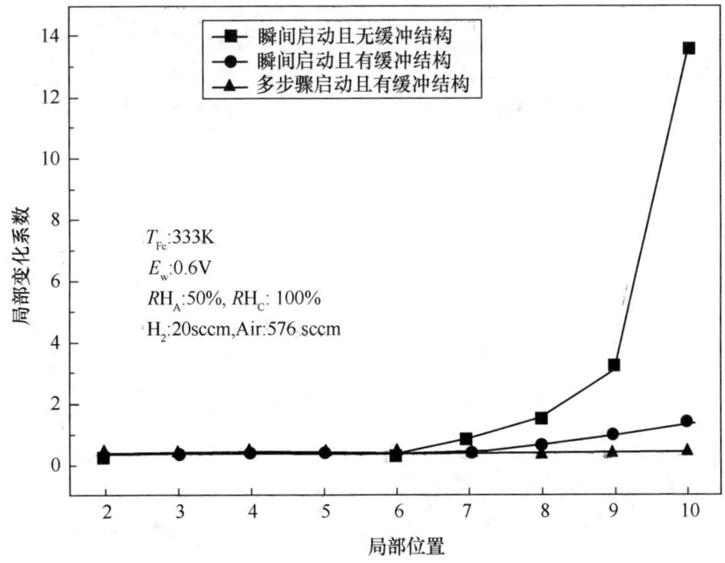

图 9-5 电流变化系数分布曲线

9.1.3 PEMFC 的应用及发展

1839 年，William Grove 利用电解水的逆过程，首次提出了燃料电池的概念。之后的整个 19 世纪，人们对各种各样的燃料电池理论进行了研究。到了 20 世纪，研究者将这些概念投入实用性研究，并取得了很大的进展。20 世纪 60 年代初，杜邦公司成功开发含氟的磺酸型质子交换膜，使得质子交换膜燃料电池成为继固体氧化物燃料电池（SOFCs）、碱性燃料电池（AFCs）、磷酸盐燃料电池（PAFCs）和熔融碳酸盐燃料电池（MCFCs）的第五代燃料电池。同年，美国通用电气公司成功研制出以离子交换膜为电解质的质子交换膜燃料电池，并将其用于双子星座（Gemini）飞船。进入 20 世纪 70 年代，各国研究和发展的重点依旧是以净化重整气为燃料的磷酸燃料电池和以净化煤气、天然气为燃料的熔融碳酸盐燃料电池。直到 20 世纪 80 年代，可用于室温快速启动的质子交换膜燃料电池才得到各国科学家的重视，并相继解决了一系列的技术问题，使得在 1993 年巴拉德动力（Ballard Power）公司成功开发第一辆质子交换膜电池公共汽车。之后，全球掀起了燃料电池研究热潮。

质子交换膜燃料电池除具有能量转换效率高、噪声小、无污染的优点之外，还具有高功率密度、低工作温度和良好持久性等特点，非常适用于移动工具和便携式电源，是汽车领域取代内燃机最有前景的装置之一，如图 9-6 所示。目前，已有多国政府和企业开展相关研究并取得众多成果。

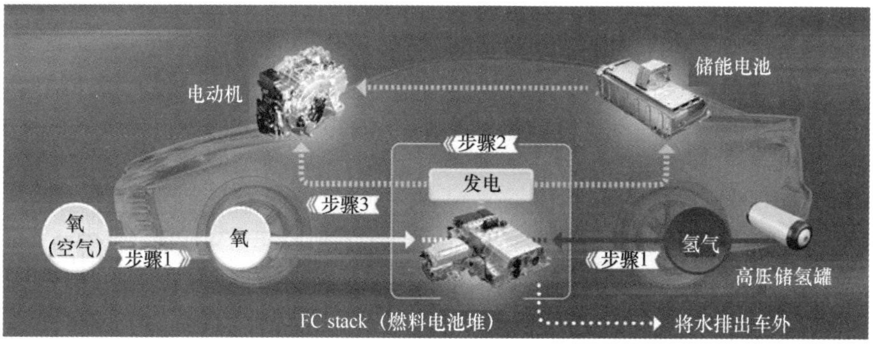

图 9-6　质子交换膜燃料电池汽车

为了实现我国电动汽车行业的发展，我国大力推进 PEMFC 电动汽车的研发。国内上汽集团基于自身新能源技术开发成功了 PEMFC 轿车和轻客。图 9-7（a）是上汽荣威 e90 燃料电池轿车。这款车以动力蓄电池和氢燃料电池系统作为双动力源，最高时速达 160km，整车匀速续驶里程可以达到 400km，并能在 −20℃ 环境温度下启动。图 9-7(b) 是上汽大通公司开发的燃料电池汽车 FCV80。该氢燃料电池车采用了质子交换膜燃料电

(a)

(b)

图 9-7　国内电动汽车

(a) 上汽荣威 e90 燃料电池轿车；(b) 上汽大通 FCV80 燃料电池汽车

池为动力，其中氢瓶压力 35MPa，氢气容积 100L，氢燃料电池堆系统的额定功率为 30kW，换能效率为 50%，工作温度范围为−10～80℃。

在国外，梅赛德斯-奔驰公司从 1994 年开始一直致力于 PEMFC 汽车的研究及推广，先后推出了 NECAR 系列车型、A-CLASS、B-CLASS 和 Citaro LE 城市公交燃料电池汽车，并在 2018 年推出 GLC F-Cell PEMFC 汽车。该车配有插电式动力辅助系统，使得 PEMFC 在为汽车提供电能的同时还可为锂离子电池充电，通过操作系统确保两种能源最佳地适应特定运行状况。在混动模式下功率峰值由锂电池提供，而燃料电池在最佳效率范围内运行。在锂电池模式下，GLC F-Cell 全电动运行。并由高压电池供电，燃料电池系统不运行；在燃料电池模式下，蓄电池通过燃料电池浮充保持能量恒定，综合续航可达 437km（图 9-8）。

图 9-8 GLC F-Cell 燃料电池汽车

日本丰田汽车和本田汽车公司相继在 2016 年推出了 PEMFC 电动汽车，其中丰田 Mirai 一次添加氢气时间约 3min，行驶距离约 650km，且可在发生自然灾害等情况停电时作为发电机使用。本田 Clarity 续航能力可达到 750km，整个燃料电池系统的体积缩小了 33%之多，体积功率密度增长了 60%。

然而，PEM 燃料电池要实现大规模商业化应用，还需要提高电池寿命、降低成本、解决电池组件和系统中的热管理、水管理等一系列技术问题。面对这些挑战，必须进一步加强研究，促进燃料电池的大规模应用。

9.2 质子交换膜燃料电池的电解质材料

9.2.1 全氟磺酸质子交换膜

质子交换膜是 PEMFC 的核心组件之一，其主要作用为阻隔电池阳极和阴极之间反应气体穿透、离子传输以及电子绝缘三个方面。用于 PEMFC 的质子交换膜一般必须具备以下性能特点：①具有良好的质子电导率，一般在高湿度条件下可达到 0.1S/cm；②具有足够的机械强度和结构强度，以适于膜电极组件的制备和电池组装，并在氧化、还原和水解条件下有良好的稳定性；③反应气体（如氢气、氧气）在膜中具有低的渗透系数。

目前，PEMFC 中的质子交换膜采用过酚醛树脂磺酸型膜、聚苯乙烯磺酸型膜、聚三氟乙烯磺酸型膜和全氟磺酸型膜。其中，杜邦公司在 1962 年研制成功的全氟磺酸型膜应用最为广泛。一方面全氟磺酸膜中的磺酸基使得膜具有较好的质子电导率；另一方面全氟磺酸膜中的分子链骨架采用的是碳氟链，C—F 键的键能较高，能够在碳碳键附近形成保护屏障，使得膜具有较高的化学稳定性和机械强度。目前全氟磺酸质子交换膜主要有美国杜邦公司生产的 Nafion 系列膜（化学结构式如图 9-9 所示）、美国 Dow 化学公司研制的 XUS-B204 膜、日本 Asahi 公司生产的 Aciplex 系列膜和 Flemion 膜、日本氯工程公司研制的 C 膜以及加拿大巴拉德公司研制的 BAM 型膜。表 9-1 列出了部分全氟磺酸型质子交换膜性能。

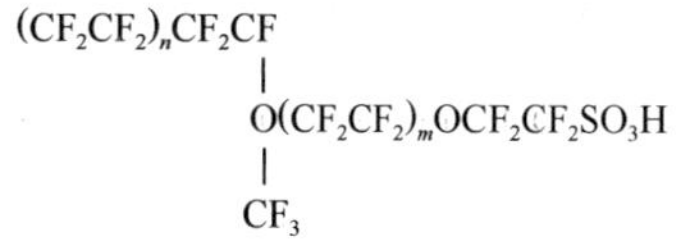

图 9-9　Nafion 质子交换膜结构图

表 9-1　部分全氟磺酸型质子交换膜性能

全氟磺酸膜型号	厚度（μm）	质子电导率（ms/cm）	拉伸强度（MPa）	交换容量（meq/g）
N112	50	>100	43	0.91
N115	125	>100	43	0.91
N117	175	>100	43	0.91

9.2.2　非氟化质子交换膜

全氟磺酸膜的成功研制和应用，不仅改善了质子交换膜燃料电池的性能，而且提高了 PEMFC 的发展速度。但是由于全氟磺酸膜制备工艺复杂、成本较高，制约了 PEMFC 的广泛应用。因此，为了降低质子交换膜的成本，推进其商业化发展，研究者们研制了非氟化质子交换膜，并已取得了一定进展。

非氟化质子交换膜是碳氢聚合物膜，由于膜内的碳氢键键能小，约为碳氟键键能的 20%，因此该类型的质子交换膜的化学稳定性远低于全氟磺酸膜，用于 PEMFC 电池中时，电池寿命非常短，无法与全氟磺酸膜相比。目前具有较好的热稳定性和化学性的非氟化质子交换膜主要有聚苯并咪唑、聚酰亚胺、聚苯醚和聚醚醚酮等，通过对这些聚合物进行磺化，即可获得具有质子传输功能的聚合物膜，以用于 PEMFC 中。

聚苯并咪唑（PBI）因具有较高的热稳定性、机械强度和低气体渗透率，近年来成为了研究热点。然而 PBI 的质子传导率非常低，为 10^{-6}S/cm，因而研究者们通过在聚合物中掺杂无机酸，从而获得较高的质子电导率。如图 9-10 所示，研究者采用微波合成法，引入不同比例的己二酸和吡啶二甲酸，使其与联苯四胺进行三元共聚，合成了一系列含脂肪链结构的 PBI 并制备成膜，发现该膜在掺杂磷酸后不仅其高温电导率提高至 30mS/cm，

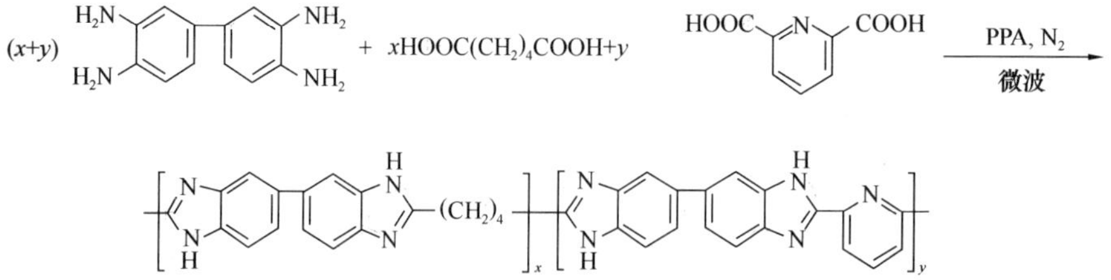

图 9-10　聚苯并咪唑合成路线图

而且其玻璃化温度也达到了360℃，在质子交换膜燃料电池系统中有较好的应用前景。

聚酰亚胺（PI）具有良好的热、化学稳定性和较高的机械强度，因此经过磺酸化的聚酰亚胺非常适合作为电解质膜用于PEM燃料电池系统。由于五元环的聚酰亚胺易发生水解，在进行磺化之后非常不稳定，不能作为质子交换膜使用，因而研究者主要对六元环的聚酰亚胺膜展开研究。研究人员发现，磺化聚酰亚胺质子交换膜的耐水解稳定性与磺化二胺单体的化学结构和形态相关，因此通过对磺化二胺单体进行分析设计，可有效改善聚酰亚胺质子交换膜的耐水解稳定性。

9.2.3 质子交换膜的性能及影响因素

燃料电池中的各个组件不是完美导体，其对电荷传输存在本征的阻碍，因而为了实现电荷传输所产生的电压损失，称为欧姆损失。对于质子交换膜燃料电池，欧姆损失主要来自于离子电阻（电解质）、电子电阻和各个组件间的接触电阻，其中离子电阻占主导地位，可表示为：

$$\eta_{\text{ohm}} = jA(R_{\text{elec}} + R_{\text{ionic}} + R_{\text{cont}}) \tag{9-9}$$

式中，η_{ohm} 为欧姆损失（V）；A 为电池面积（m^2）；R_{elec} 为电子电阻（Ω）；R_{ionic} 为离子电阻（Ω）；R_{cont} 为接触电阻（Ω）。

根据式（9-9）可知，电池中的电阻具有可加性，总的电池电阻是由独立电阻串联得到的。其中离子电阻主要与质子交换膜的湿润程度有关，膜的湿润程度越高，质子电导率越大，膜电阻越小。

质子电导率与膜中含水量的关系为：

$$\sigma_{\text{e}} = (0.5139\lambda - 0.326)\exp\left[1268\left(\frac{1}{303} - \frac{1}{T}\right)\right](\lambda > 1) \tag{9-10}$$

式中，σ_{e} 为质子电导率（S/m）；λ 为膜中含水量；T 为温度（K）。

膜中含水量则依赖水的活度，可以表示为：

$$\lambda = \begin{cases} 0.043 + 17.81a - 39.85a^2 + 36.0a^3 & 0 \leqslant a \leqslant 1 \\ 14 + 1.4(a-1) & 1 \leqslant a \leqslant 3 \\ 16.8 & \text{其他} \end{cases} \tag{9-11}$$

式中，a 为水的活度，$a = \dfrac{RTC^{\text{H}_2\text{O}}}{p_{\text{sat}}} = \dfrac{x_{\text{w}}p}{p_{\text{sat}}}$。膜中水的浓度与膜周围气态水浓度之间的关系曲线如图9-11所示。

因此，为了保证膜传导质子的能力，反应气体在进入电池之前一般都要进行预增湿，使得膜具有较高的湿润度，从而有效降低电池膜电阻和欧姆损失，确保电池具有良好运行性能。然而由于质子交换膜燃料电池的工作温度低于100℃，反应生成水和加湿带入水会以液态形式存在，大量液态水在阴极侧的积累会导致电极孔隙被堵塞，氧气在阴极内传质速度降低，浓差损失增加，电池性能下降。因此，质子交换膜燃料电池内水的平衡对其性能有着重要的影响，良好的水的管理一方面可保证膜的充分湿润和反应气体的良好传递速度，避免电池出现水淹现象，同时还可确保电池内热量的有效排出。

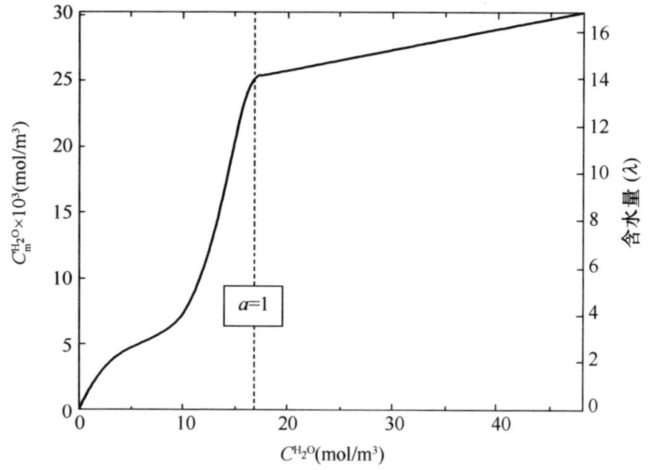

图 9-11　膜中水的浓度与膜周围气态水浓度之间的关系曲线

9.3　质子交换膜燃料电池的电极材料

9.3.1　电催化剂

催化剂层是 PEMFC 发生电化学反应的场所，是电极的核心部分。在电池中，催化剂层是最薄的一层，却是最复杂的一层，包括了反应物的传递、水的传递、质子和电子的传递以及热量的传输。

PEMFC 催化剂广泛采用的是贵金属铂。由于铂金属价格高昂，因此为了提高铂的利用率，通常将金属铂以纳米颗粒的形式担载在导电且抗腐蚀的担体上，实现铂颗粒的均匀分布和有效电化学反应面积最大，如图 9-12 所示。目前对于 PEMFC，电池阳极侧铂载量可降至 0.05mg/cm²，阴极侧铂载量则在 0.4mg/cm² 左右。虽然进一步降低阴极侧铂的担载量，可降低电池成本，但同时会导致电池出现严重的活化损失，电池输出电压下降。因此，研究者们期望通过提高催化剂活性来降低金属铂的用量，并已开发出面积比活性较高的铂合金和铂纳米线等催化剂，如 Pt-Co、Pt-Fe、Pt-Ru 等。

对于催化剂层载体材料，目前广泛使用的是炭黑，如 Vulcan XC-72R（平均粒径约

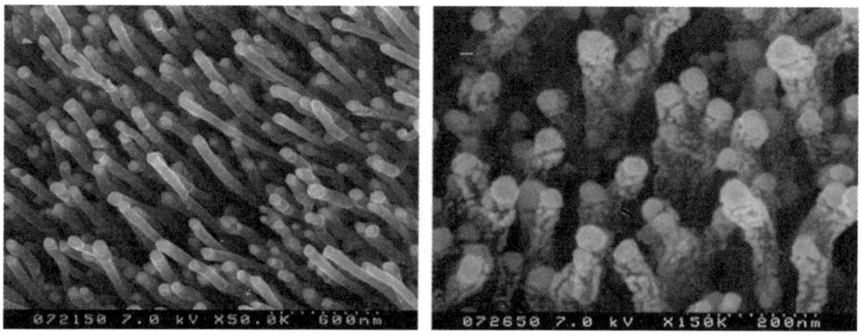

图 9-12　等离子溅射铂颗粒前后碳纳米层的 SEM 照片

30nm，比表面积为 250m²/g）和 Ketjen Black 等。碳的同素异形体，比如多孔碳、碳纳米管、碳纤维和石墨烯等也显示出了较好的性能。一些非碳载体材料，如二氧化钛和氧化铝、硅、氧化钇和氧化锆等在某些方面也具有很好的性能，但是综合性能仍然无法取代炭黑。

图 9-13 为离子溅射铂颗粒装置示意图。采用离子溅射法可将直径小于 5nm 的铂颗粒分散至碳纳米纤维上，成功将电池阴极侧金属铂的担载量降至 0.1mg/cm²，阳极侧催化剂担载量降为 0.01mg/cm²，有效降低了金属铂的用量。同时，对比炭黑（Vulcan XC-72）和碳纳米结构作为催化剂载体时电池耐久性的差异，可以发现碳纳米结构具有更高的石墨含量，且保持着长程有序性，具有更好的抗腐蚀性和电化学稳定性。在加速实验中，碳纳米结构的电化学活性面积减少速率约为炭黑的一半，而这是由于炭黑表面的铂颗粒更小，更易于快速的聚集。

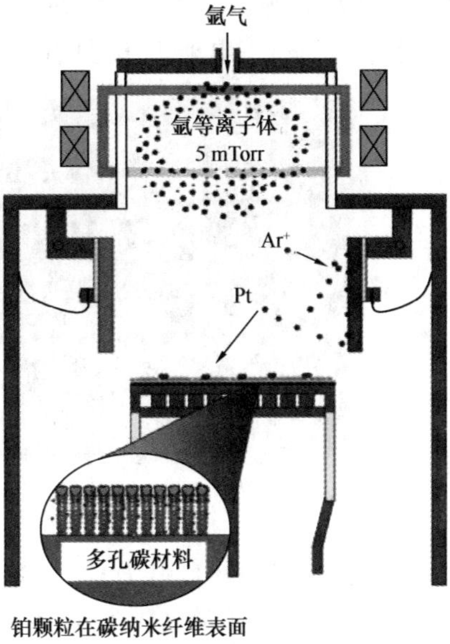

图 9-13 离子溅射铂颗粒装置示意图

此外，一些研究者开发了可替代碳的催化剂支撑以免出现碳的氧化和催化剂崩塌现象。PtCoMn 的纳米结构催化剂薄膜，其耐久性和稳定性相比于传统的 Pt/C 催化剂体系更好。在启动/停机加速实验中，使用 PtCoMn 纳米结构薄膜作为催化剂的电池性能下降非常缓慢，而且其性能损失在电池停机再启动后可大部分恢复；而使用 Pt/C 的电池的性能损失则完全不可逆。Ti_4O_7 也可作为催化剂载体（图 9-14），当电池在长时间的高电势下运行，结果表明，电池极化曲线、电化学反应面积和载体上的铂颗粒粒径在实验前后都没有明显变化，该催化剂载体耐久性和稳定性较好。

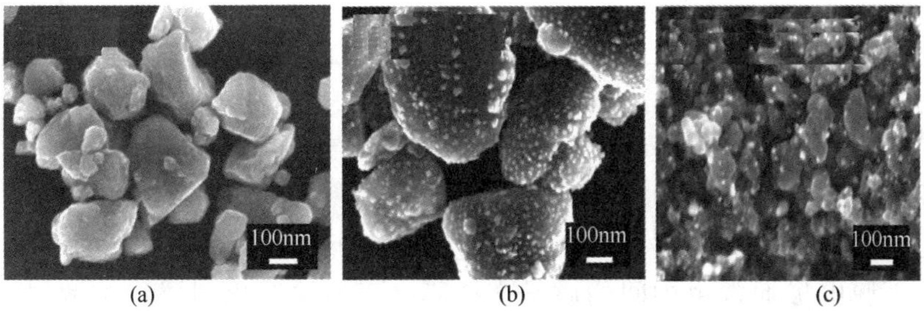

图 9-14 不同载体材料下催化剂的 SEM 图片

（a）Ti_4O_7；（b）5%Pt/Ti_4O_7；（c）30%Pt/XC72-HTT

9.3.2 扩散层

扩散层在 PEM 燃料电池中起着支撑催化剂层、传输反应气体和电子的作用。因此要求扩散层一方面适于担载催化剂层，同时要具有良好的电子导电性和足够的孔隙率。目前扩散层多由导电多孔材料构成，一般采用石墨化碳纸或碳布，考虑到其对催化剂层的支撑作用和强度要求，厚度一般在100～300μm，如图9-15所示。同时，鉴于扩散层需同时满足传输反应气体与产物的功能，其内部必须形成两种通道，即憎水的反应气体通道和亲水的液态水传递通道，为此需要对扩散层用PTFE做憎水处理。此外，由于PEM燃料电池效率一般为40%～60%，大量的能量会以热的形式进行传输，因此扩散层还需有较高的导热系数，以维持电池工作温度恒定。

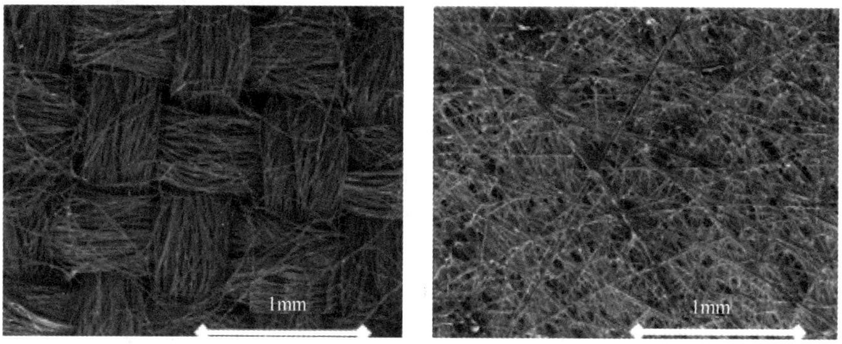

图9-15　碳布和碳纸微观结构图

目前广泛采用的材料为日本Torry公司生产的TGP-H系列碳纸，另外也有Ballard公司生产的AvCarb P50T和AvCarb P75T碳纸。表9-2列出了几种碳纸的物理特性。

表9-2　碳纸的物理特性

项目	TGP-H-030	TGP-H-060	TGP-H-090	Spectracarb 2050A-0850
厚度（mm）	0.09	0.17	0.26	0.38
密度（g/cm^3）	0.42	0.49	0.49	0.35
孔隙率	0.75	0.73	0.73	78
电阻率（mΩ·cm）	70	70	70	13
弯曲强度（MPa）	25.5	25.5	25.5	40

9.3.3　电极的制备与表征

1. 电极的制备

电极是PEMFC的核心部件，其制备工艺复杂，性能的优劣直接影响PEM燃料电池的运行。一般膜电极通常由中间的质子交换膜、两侧的催化剂层和扩散层5部分组成[图9-16（a）]。然而为了提高电池的性能，研究者们对MEA结构进行了改进，使其成为7层甚至9层，以改善电池内反应物和电荷的传输。

目前，质子交换膜燃料电池膜电极的制备工艺日趋成熟，根据催化剂负载方式的不同，膜电极制备主要分为气体扩散电极（GDE）制备和催化剂覆膜法（CCM）。

（1）气体扩散电极（GDE）制备。在电极制备过程中，直接将催化剂浆料涂在气体扩散层上即可形成气体扩散电极，具体工艺如下：

① 确定所需催化剂和聚四氟乙烯悬浮液质量。

② 将催化剂、聚四氟乙烯悬浮液通过超声振荡和搅拌形成催化剂浆料。

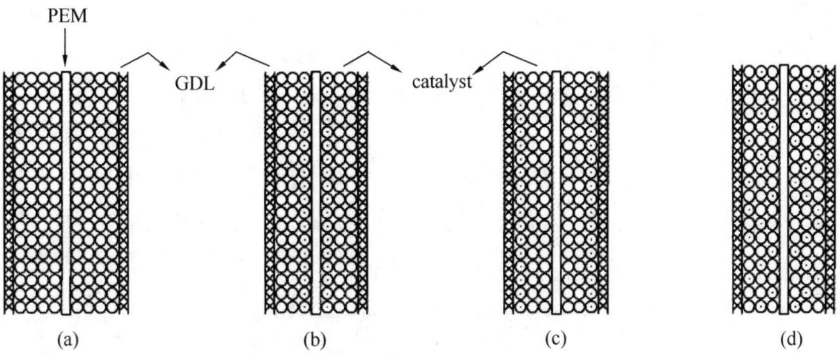

图 9-16 膜电极结构示意图

③ 采用丝网印刷或喷涂方法将催化剂浆料涂在气体扩散层表面。

④ 将涂覆过的气体扩散层进行烧结，使得聚四氟乙烯在催化层中形成斥水网络。

⑤ 用离子交换树脂喷涂在催化剂层，以使其形成可传递质子的通道。

(2) 催化剂覆膜法（CCM）。将催化剂直接喷涂在质子交换膜上形成覆盖催化剂的膜，其具体工艺如下：

① 对质子交换膜进行预处理，以清除膜表面的杂质。

② 确定所需催化剂和离子树脂等溶液质量。

③ 将催化剂和离子树脂混合，并通过超声进行搅拌振荡，形成催化剂浆料。

④ 将催化剂浆料分别涂在质子交换膜两侧，并通过加热方式挥发掉浆料中的溶剂。

制备完成 GDE 或 CCM 后，通常采用热压的工艺形成膜电极，以减少催化剂层、气体扩散层和质子交换膜各层间接触电阻。通常热压温度为 100～150℃，压力在 5～9MPa，热压时间一般为 30～90s。

2. 电极的表征

利用电化学表征技术可以对正在工作的电池在不破坏电池结构的基础上进行定量的测试，得到电池工作状态的大量信息，为优化电池设计、提高电池耐久性和稳定性提供依据。目前，在质子交换膜燃料电池中，电极材料经常使用的电化学表征方法包括极化曲线法、线性扫描法、电化学阻抗谱法、循环伏安法和局部电流密度测量法等。

(1) 极化曲线法。极化曲线描述了给定电流密度负载下燃料电池的输出电压，其从总体上定量反映了电池的性能。在极化曲线测量过程中，为避免电池长时间在低电压下运行，产生大量液态水积累而对电池性能产生影响，因此一般控制电压从开路电压向低电势进行扫描，且在扫描过程中电池电压变化速率缓慢，近似认为电池处于稳定状态。

(2) 线性扫描法。线性扫描法主要用于表征质子交换膜的氢气渗透。在具体实验中，电池阳极侧通入氢气，阴极侧通入氮气，电池两侧气体流量设置为恒定，电池电压在 0.05～0.65V 以较低速率（2mV/s）进行扫描，即可得到电池的渗透电流。

(3) 电化学阻抗谱法。电化学阻抗谱是通过给电池施加一小的正弦电流（电压）微扰作为响应，电池就会产生一个同样频率，但振幅和相位可能有变化的电压（电流）信号的电化学测量方法。该方法依据测量获得宽频率范围的阻抗谱图，可得到关于电池动力学和电极界面结构的信息，一般可用成组的电阻和电容来描述电池内部的化学反应动力学行为和电荷传输过程，形成相应的等效电路模型，与测得的图谱形成对比，来提取出相关过程的特征信息。目前，常使用的等效电路为 Randles-Ershler 等效电路，如图 9-17 所示。

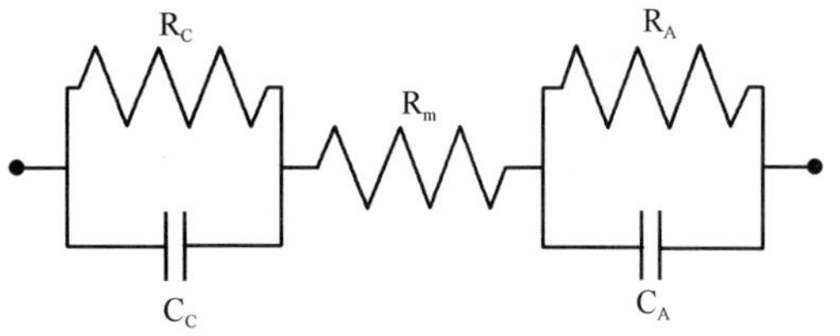

图 9-17　燃料电池等效电路图

在图 9-17 中，反应界面的阻抗特性用一个电阻和一个电容的并联形式表示，其分别反映了电化学反应的动力学特征和反应界面的电容特性。膜的欧姆阻抗则用一个纯电阻表示，并串联在电路中。在具体实验中，既可以采用恒电压阻抗谱，也可以采用恒电流阻抗谱，测量过程中扰动信号的振幅通常为相对于控制电压或电流的 5%。

(4) 循环伏安法。循环伏安法可以表征催化剂表面的活性面积。在测量中，电池一侧通入氢气作为参比电极和对电极，另一侧则通入氮气或氩气作为工作电极，电池电势在两个电压区间以一定的速率来回扫描。当电压增大时，电池产生电流，其主要来自于双电层电容的充电电流和催化剂表面的氢气吸附反应。随着电压的继续增大，电流达到峰值，催化剂表面的氢气达到饱和，电流开始下降。催化剂表面活性面积是通过计算氢气吸附的总电荷得到的：

$$A_C = \frac{Q_h}{Q_m A} \tag{9-12}$$

式中，Q_h 为催化剂表面氢气吸附的总电荷（$\mu C/cm^2$）；Q_m 为原子量级平滑的催化剂电极表面的吸收电荷（$\mu C/cm^2$），对于平整的铂表面，其为 $210\mu C/cm^2$；A 为催化剂表面铂的担载量（mg/cm^2）。

(5) 局部电流密度测量法。电池内电流密度沿流道方向分布是十分不均匀的，尤其是在动态工况下，电流分布的不均匀性更加明显，因此获得电池局部电流信息对深入理解和探究电池局部动态现象和为优化电池设计和运行提供依据方面具有重要价值。

图 9-18 所示为电流分布测量垫片。垫片是在环氧树脂绝缘基片上采用 PCB 技术加工，并根据流场结构在基片上加工镀金铜条。在使用中，考虑到阳极侧氢气发生氧化反应的活化能垒远小于阴极侧氧气所发生的还原反应，并且氢气的扩散速率远高于氧气的扩散速率，因此将测量垫片放置在阳极气体扩散层和流场板之间，以减小测量垫片对电池内反应气的传质以及电化学反应的影响；同时将测量铜条和脊的位置相互对应，以进一步降低垫片对氢气在流场板内的对流传输影响。

图 9-18　局部电流分布测量垫片

9.4 质子交换膜燃料电池的双极板与流场

为了获得更高的输出电压，PEMFC 单体会被串联起来组成电堆，而将单体连接起来的关键部件就是双极板。双极板一侧为 PEMFC 单体的阳极，一侧为另一个 PEMFC 单体的阴极，故名双极板。双极板是质子交换膜燃料电池的关键部件之一，在电池的运行过程中，双极板起到集流、分隔气体的作用，并具有良好导热性和抗腐蚀能力。目前双极板材料主要有无孔石墨材料、金属或合金材料以及各种复合材料等。

9.4.1 金属双极板

从碳基材料双极板的应用情况来看，要达到良好的导电性和密封性就要使用复杂的制造工艺，这无疑会限制其应用前景。于是许多研究者使用成形性能更好的金属材料，但是金属双极板在 PEMFC 运行条件下易发生腐蚀，产生的金属离子一方面会对电极组件产生影响，同时也会增加电池内部接触电阻。因此，研究者们通过对金属双极板表面进行改性，以提高双极板抗腐蚀能力。

不锈钢因其高强度、高化学稳定性、低气体渗透率、合金选择范围广、成本低且易于大规模生产而成为了最接近 PEMFC 双极板要求的材料。目前应用最多的为奥氏体型不锈钢，其中 316L（Cr 含量为 16%～18%，Ni 含量为 10%～14%）因其内含有较高含量的 Cr 和 Ni，可在不锈钢表面形成氧化物钝化层，具备良好的抗腐蚀性能，近年来获得了广泛关注。西安交通大学 Yang Ying 等测定了不同酸性条件下形成的钝化膜与碳纸间的接触电阻值间的关系。由图 9-19 可知，双极板表面接触电阻值随着溶液中 H_2SO_4 浓度的增加而减小，在 $140N/cm^2$ 时，接触电阻值分别为 $52m\Omega \cdot cm^2$、$49m\Omega \cdot cm^2$、$48m\Omega \cdot cm^2$、$31m\Omega \cdot cm^2$、$24m\Omega \cdot cm^2$ 和 $22.5m\Omega \cdot cm^2$，而在空气中形成的钝化膜与碳纸间的接触电阻

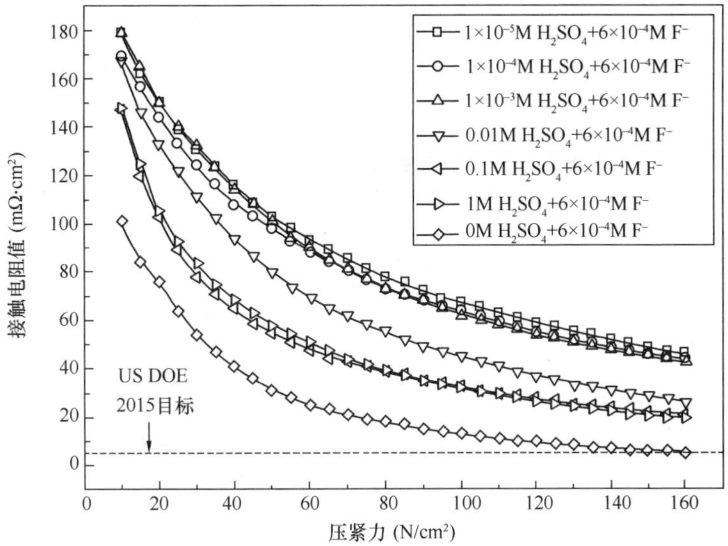

图 9-19 不同浓度 H_2SO_4 的 PEMFC 阴极环境中形成钝化膜与碳纸间接触电阻关系

值为 7mΩ·cm^2，因此钝化膜的厚度是影响双极板表面接触电阻的重要因素。

此外，碳钢、铝合金、镍基合金以及钛合金因具有良好的导电和抗腐蚀特性，也受到研究者们的重视。人们发现在制备合金双极板时，采用电镀、化学镀、物理气相沉积和热喷等方法，在双极板表面加工镀层，可有效提高双极板表面导电性，降低双极板与膜电极间接触电阻，并减缓其腐蚀速率，满足 PEMFC 工作要求，并提高质子交换膜燃料电池耐久性和寿命。

同时，为了保持 PEMFC 的性能并实现双极板的低成本批量生产，开展了大量双极板成形方面研究并取得了诸多进展。目前，金属双极板的成形技术主要有塑性成形、液态成形和特种加工技术。图 9-20 即为塑性成形技术中的软模冲压和辊压成形技术。

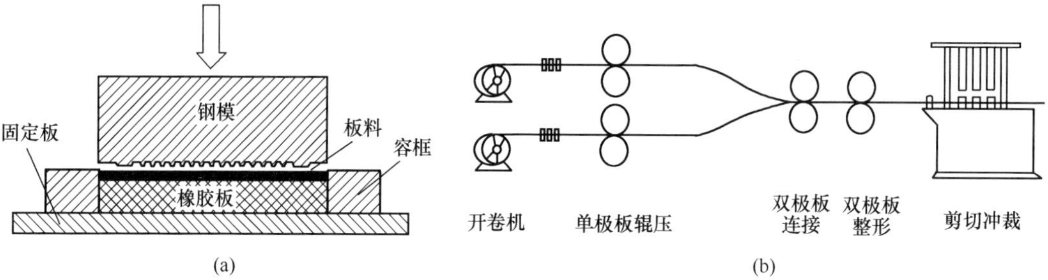

图 9-20　金属双极板成形示意图

(a) 软模冲压；(b) 辊压成形

9.4.2　石墨双极板

石墨材料具有良好的导电性，而且在 PEMFC 工作环境中抗腐蚀性能良好，因此基于石墨材料制成的双极板也受到研究者青睐。从表 9-3 可以看出，石墨板导电性能完全能够满足美国能源部（DOE）的要求，且其抗腐蚀性能可以适应 PEM 燃料电池工作环境。但是，石墨材料脆性大，抗弯曲强度小，加工难度大，板体设计较厚，成本过高。如对比石墨双极板和铝双极板的 33kW 电堆的部件质量，结果石墨双极板占去了电堆总质量的 80%以上的体积。

表 9-3　石墨板性能参数与 DOE 性能要求对照表

材料参数	石墨板	DOE 性能要求
电导率（S/cm）	110～680	>100
电阻系数（Ω·cm^2）	0.009～0.02	<0.2
密度（g/cm^3）	1.8～2.0	N
抗腐蚀性	很强	<16Ω/cm^2
抗弯曲强度（MPa）	<25	>59
厚度（mm）	5～6	<3
成本（美元/kW）	>200	10～30

因此，研究者们针对石墨双极板进行性能改进，一方面充分利用石墨材料的优点，同时弥补其不足之处，降低双极板质量、体积和成本。加拿大 Ballard 公司在专利中提出用

膨胀石墨板采用冲压（Stamping）或滚压浮雕（Roller Embossing）方法制作带流场的石墨双极板。其中，膨胀石墨是由天然鳞片石墨制得的一种疏松多孔的蠕虫状物质，已广泛地用作各种密封材料，具有良好的导电性能，特别适用于批量生产的石墨双极板。

同时，研究者们也将碳材料与聚合物胶黏剂混合，通过注入成型或压缩成型来制造双极板。这种双极板成本低、重量轻，流场可被直接成型，但是由于其导电性不好，一般还会在材料中加入金属粉末或细金属网以增加其电导率。大连化物所的研究人员就用有机硅树脂对高分子环氧树脂及线型酚醛树脂进行改性后加入膨胀石墨，使得材料伸长率大大提高(图 9-21)，大幅减小了石墨双极板的厚度。

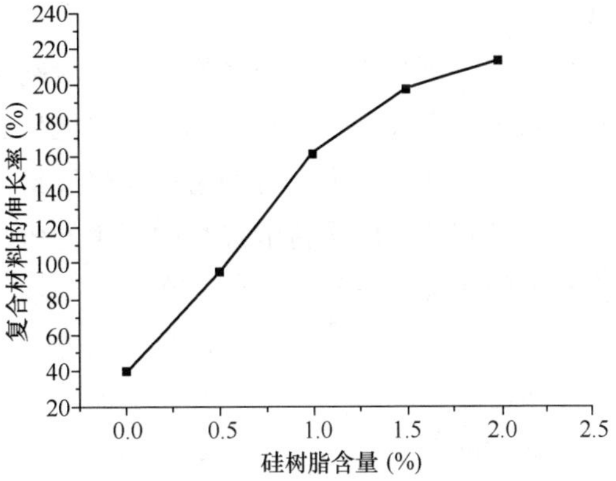

图 9-21　硅树脂含量与材料伸长率关系

9.4.3　流场结构

为了引导反应气体在电池中的流动方向，确保反应气体均匀分配到电极各处，并将生成物排出电池，会在双极板上设计流场结构。流场结构影响电池中的质量传输和反应气体的分布特性，进而对电池内电化学反应和电池的效率产生作用，因此流场的设计和理论研究对质子交换膜燃料电池的研究和发展具有重要意义。理想的流场板设计会确保反应物均匀分布在整个电池内，电化学反应在电池内不同位置处反应速度相同，从而使得电池内温度和水分布均匀，电池具有较好的耐久性和寿命。但是在 PEMFC 实际运行中，电池内反应气体传输存在损耗，且液态水的生成很容易造成质量分布不均匀，导致电池内局部性能差异明显。

目前，研究者们设计了多种多样的流场结构，并采用刻蚀、压印和机械加工等方式加工流道沟槽，其中 PEMFC 广泛采用的是蛇形流场、平行流场和交指流场，如图 9-22 所示。

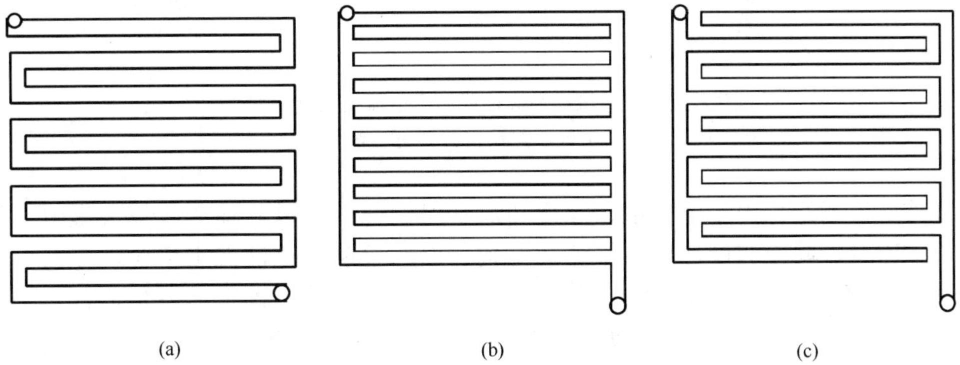

图 9-22　主要流场结构的几何图形

(a) 蛇形流场；(b) 平行流场；(c) 交指流场

在平行流场中，流体均匀地进入每个直沟道并流出。平行流场的优点是气体入口和出口之间的总压降较低。当流场的相对宽度较大时，沟槽中的流体分布可能不均匀，会导致某些沟槽区域水的积累，增加电池的质量传输损耗，相应的电流密度也会减少。

蛇形流场不同于平行流场有多个传输路径，它只有一个入口和一个出口，即只存在一个传输路径。因此，在蛇形流场中，电池生成的液态水会被推着离开沟槽，有利于其从电池内排出。然而，蛇形设计使得反应气质量传输只有一条路径，根据流体的沿程压力损失计算，路径越长，质量传输过程中产生的压力损失越大，因此该种设计导致电池内反应气体有很大的压降，不利于反应物在流场中均匀分布。因而，综合蛇形流场和平行流场的优点，设计出了平行蛇形结构的流场。

交指流场不同于平行流场和蛇形流场，它可以强迫反应气体流经电极的扩散层传输，从而增强扩散层的传质能力，同时将扩散层和催化层内的水及时排出电池，避免电池内发生水淹现象。在交指流场中，脊下的反应气对流可以使气体分布均匀，确保电池内电流密度和温度均匀分布，并减少压降损失，增大电池的输出功率。西安交通大学张广升等研究人员通过采用电流分布测量垫片获得了不同流场结构下电池内电流密度（图 9-23），发现采用交指流场时电池内电流密度分布更均匀。

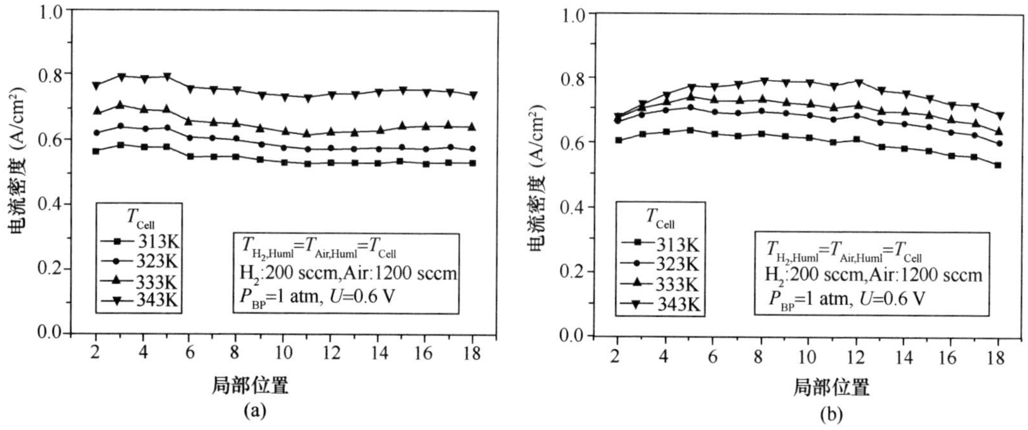

图 9-23　蛇形流场和交指流场内电流密度分布曲线

（a）蛇形流场；（b）交指流场

此外，流场结构中流道宽度、深度和形状对电池内质量传输也有很大影响。研究者门在 PEMFC 阴极侧设计了三维流场结构，以改善阴极侧液态水传输，提高电池性能。同时，研究者们发现通过改变流道截面形状，如梯形、圆形、三角形，或采用变截面流道，如图 9-24 所示，可增强反应气体在电池内的传输，从而提高电池电流密度和输出功率。

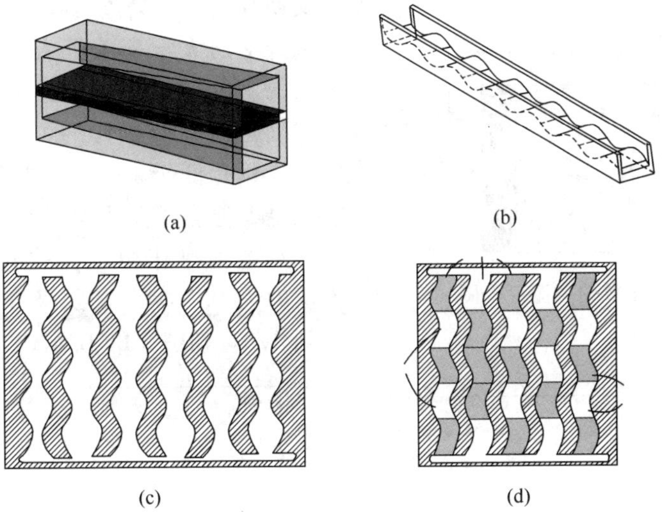

图 9-24 变截面流道
（a）方形变截面流道；（b）变截面流道Ⅰ；（c）变截面流道Ⅱ；（d）变截面流道Ⅲ

9.5 质子交换膜燃料电池技术

9.5.1 PEMFC 水管理

质子交换膜燃料电池在工作过程中，一部分水通过水合质子形式从阳极侧在电渗拖曳作用下传递到阴极侧；同时在阴极侧水作为还原反应的产物生成。这就导致电池内水分不均匀分布，以及水对电池的影响表现出相互矛盾的两个方面：一方面，为了保证质子交换膜能够很好地传递质子，降低质子传递引起的损失，膜就必须充分加湿；另一方面，反应气体氢气和氧气要通过扩散作用穿过扩散层以及催化层发生反应，过多的水可能会导致电极发生水淹现象，阻碍了气体的传递。因此，调整和控制电池内水分的传输及分布，保证电池内水的平衡对质子交换膜燃料电池的性能有着重要的影响。通过良好的水管理一方面要保证质子交换膜的充分加湿，另一方面则需避免电池出现水淹现象。

因此，研究者采用反应气体加湿的方法，以保证电池正常工作。目前普遍采用的气体加湿方法有外部加湿法、内部加湿法和自增湿法。外部加湿法是常用的一种反应气体加湿方法，即反应气体在通入燃料电池内部之前先通过外部加湿器加湿，以确保携带足够的水进入电池内，使质子交换膜得到充分的湿润。内部加湿法则是依靠浓度差原理，在电池内部设置加湿腔，依靠渗透膜（Nafion 膜）两侧反应气体和水间的浓度差，提高反应气体的相对湿度。但是内部加湿方法由于在电池组内布置了加湿腔，导致电池组体积增大，电池组结构更为复杂。然而不管是外部加湿法还是内部加湿法，均会导致电池系统结构复杂，整个系统结构尺寸增加。自增湿法则不需要附加结构，利用电池内反应生成水对质子交换膜进行加湿，即可确保电池组的高效运行。在自增湿法中，电池内反应气逆向流动，同时阴极侧氧气渗透通过膜到达电池阳极侧与氢气反应生成水，为质子交换膜进行增湿。有研究人员在质子交换膜内形成高分散铂，使得渗透通过膜的氧气与氢气反应生成水，为

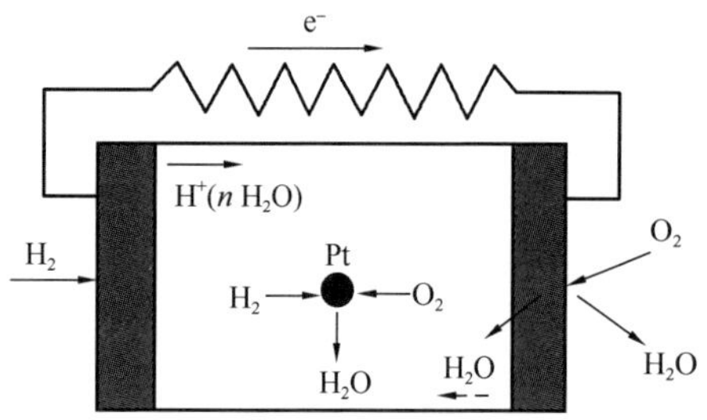

图 9-25　Pt-PEM 自增湿原理图

质子交换膜增湿，具体增湿原理如图 9-25 所示。

大连交通大学李英等人建立催化层中增加保水层的水传递平衡模型，预测了膜中水的分布，以确定自增湿操作的可行性和稳定性。研究发现，只有低于 50μm（如 Nafion112）的薄膜能满足电池自增湿膜水合的要求，保证膜水合性能和电池操作稳定性的电池温度为 60℃，操作压力为 0.15MPa，阴极气体过量系数可以增大到 1.8，如图 9-26 所示。

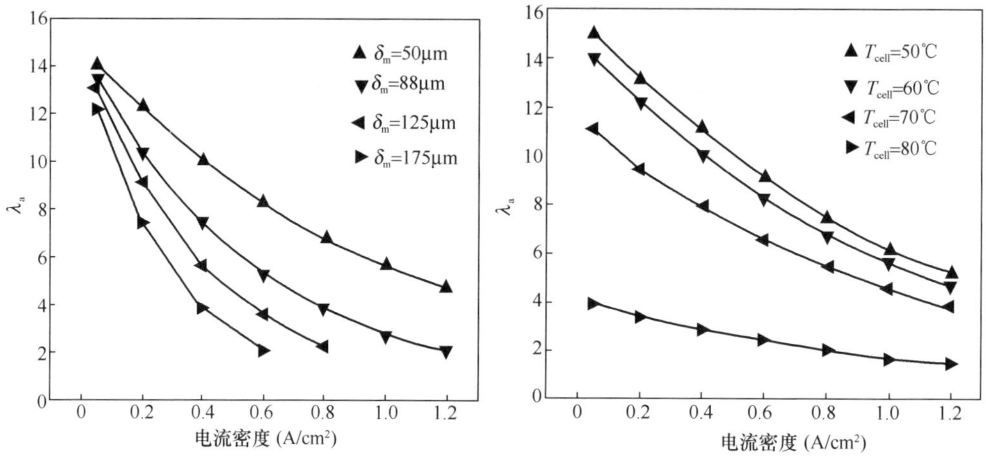

图 9-26　膜厚度和操作温度对阳极侧含水量的影响曲线

9.5.2　PEMFC 热管理

在 PEM 燃料电池中，热量产生的来源主要有 4 种，即电化学反应过程中的熵变热、电化学反应不可逆过程所产生的热量、质子和电子在传递过程中的欧姆热以及水冷凝产生的相变热。其中，电化学反应过程中的熵变热又称作可逆反应热，是电化学反应过程中反应焓变（ΔH）与吉布斯自由能变化（ΔG）之间的差值，即反应物中化学能与最大可用功之间的差值，是维持电化学反应进行所必须释放出的热量。为方便理解和计算该部分热量，将其称作 q_{rev}：

$$q_{\text{rev}} = i(E_{\text{thermo}} - E_{\text{rev}}) \tag{9-13}$$

电化学反应不可逆过程所产生的热量表示活化极化所产生的热量，其与电池活化损失密切相关，其可以表示为：

$$q_{\text{act,a}} = i\eta_{\text{act,a}} \tag{9-14}$$

$$q_{\text{act,c}} = i\eta_{\text{act,c}} \tag{9-15}$$

由于电池阳极侧氢气的氧化反应速度比阴极侧氧气的还原反应快很多，阳极侧活化过电压比阴极侧小得多，因此 PEM 燃料电池中由于电化学反应不可逆过程所产生的热量主要集中在电池阴极侧。

质子和电子在传递过程中的欧姆热是质子和电子在各自传递路径中由于质子电阻和电

子电阻的存在而产生的，其产生的热量 q_{ohmic} 可根据欧姆定律得到：

$$q_{\text{ohmic}} = i\eta_{\text{ohmic}} = i^2 r_{\text{total}} \tag{9-16}$$

在 PEMFC 中质子传递电阻通常大于电子传递电阻，即在欧姆热中质子在膜中传递产生的热量占据主导。

PEM 燃料电池工作中，当内部气相水发生冷凝，生成液态水，会释放出热量即相变潜热。而由于水在电池阴极侧生成，因此电池内相变热主要集中在电池阴极侧。

综上，PEM 燃料电池在运行过程中会有大量热量产生，且不同位置处由于反应浓度、电化学反应速率和电荷传输电阻等的不同，使得电池内各处产生的热量存在差异，而当局部温度过高会导致质子交换膜变干，性能降低甚至发生不可逆损伤，因此必须采取措施对电池组开展有效的热管理，确保电池内温度分布均匀，以具有高性能和高耐久性。目前针对 PEMFC 电池组采取的冷却方式主要有冷却液循环排热冷却、空气冷却和液体蒸发冷却。

采用冷却液循环排热冷却，需要在电池组内增加排热板，使冷却液在排热板流道内流动，实现冷却液对电池的强制对流换热，并采用泵及相应的控制系统对冷却剂循环使用，以及加置换热器对热量进行交换和回收以用于气体加湿或空气预热等系统，从而提高系统的工作效率，其中循环冷却液常采用水或者水与乙二醇的混合液。而对于 100～1000W 的 PEMFC 电池组，则可以采用空气冷却的方式排除电池释放的热量，如图 9-27 所示。

图 9-27　Ballard 采用空气冷却的燃料电池组

此外，还可使用蒸发冷却的方式，即利用水蒸发时的相变潜热带走电池内多余热量对电池温度进行控制的方法。采用液体蒸发冷却方式与前述的冷却液循环排热相类似，需要在电池双极板上布置带流场结构的排热腔，不同的是其将冷却腔的蛇行或平行流场改为多孔体流场结构。目前该种冷却方法已成功用于千瓦级电池组，工作稳定，控温效果良好。但是蒸发冷却增加了电池组密封难度，冷却液易渗入电极内，进而影响电池电化学反应速率，降低电池工作效率。

思考题

1. 简述质子交换膜燃料电池的基本结构组成。
2. 简述质子交换膜燃料电池的工作原理。
3. 质子交换膜燃料电池的应用领域有哪些？
4. 简述影响质子交换膜性能的主要因素。
5. 质子交换膜燃料电池的流场结构形状主要有哪些？
6. 什么是 PEMFC 水管理？

参考文献

[1] MENCH M M. Fuel Cell Engines[M]. Hoboken: John Wiley & Sons, 2008.

[2] 胡会利，李宁. 电化学测量[M]. 北京：国防工业出版社，2007.

[3] 毛宗强. 燃料电池[M]：北京：化学工业出版社，2005.

[4] 陈启宏. 燃料电池混合电源检测与控制[M]. 北京：科学出版社，2014.

[5] JIA F, GUO L, LIUH. Mitigation strategies for hydrogen starvation under dynamic loading in proton exchange membrane fuel cells[J]. Energy Conversion and Management, 2017, 139: 175-181.

[6] JIA F, LIU F, GUO L, et al. Mechanisms of reverse current and mitigation strategies in proton exchange membrane fuel cells during startups[J]. International Journal of Hydrogen Energy, 2016, 41 (15): 6469-6475.

[7] 曹楚南，张鉴清. 电化学阻抗谱导论[M]. 北京：科学出版社，2002.

[8] PRODIP K. DAS, KUI J, YUN W, et al. Fuel Cells for Transportation, Fuel Cells for Transportation: Fundamental Principles and Applications[M]. Woodhead Publishing, 2023.

[9] 焦魁，王博文，杜青，等. 质子交换膜燃料电池水热管理[M]. 北京：科学出版社，2020.

[10] FEI J, XIAODI T, FENGFENG L, et al. Oxidant starvation under various operating conditions on local and transient performance of proton exchange membrane fuel cells[J]. Applied Energy, 2023, 331: 120412.

10 固体氧化物燃料电池

10.1 概 述

固体氧化物燃料电池(Solid Oxide Fuel Cell，SOFC)是一种可以直接将氢气、碳氢化合物等燃料的化学能转换为电能的能源转换装置。与其他燃料电池相比，SOFC 工作温度高，燃料选择面广，能量转换效率高，全固态结构操作方便，被认为是最具发展潜力的燃料电池。

10.1.1 工作原理

固体氧化物燃料电池核心部件包括阳极、阴极、电解质。燃料(氢气)和氧化剂(氧气)分别在阳极和阴极端被催化裂解。电解质为反应提供了离子传输通道，具备隔膜特性，即防止电子短路，避免燃料和氧化剂的直接混合。根据电解质传导离子的类型，SOFC 分为氧离子传导型和质子传导型燃料电池，如图 10-1 所示。

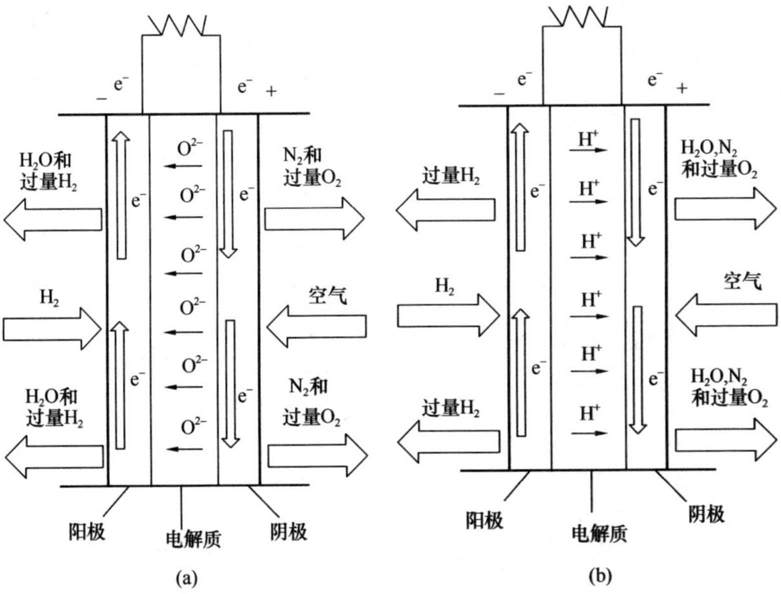

图 10-1 SOFC 工作原理示意图

(a)氧离子传导型；(b)质子传导型

在氧离子传导型燃料电池中，氧离子在电位差及氧浓差驱动下，通过电解质中的氧空位进行定向传导。以氢燃料为例，其各反应的电化学反应方程式分别为：

阴极反应：

$$O_2 + 4e^- \longrightarrow 2O^{2-}$$

在阴极区，氧气得外电路电子被还原为 O^{2-}，O^{2-} 通过电解质传输到阳极上与燃料发生氧化反应。

阳极反应：　　$2H_2+2O^{2-} \longrightarrow 2H_2O+4e^-$

在阳极区，氢气失去电子与氧离子结合生成水。失去的电子可通过外电路到达阴极。

总反应：　　$2H_2+O_2 \longrightarrow 2H_2O$

在质子传导型燃料电池中，质子在电解质中传导，其各电化学反应方程式分别为：

阳极反应：　　$2H_2 \longrightarrow 4H^+ +4e^-$

在阳极区，氢气失去电子被催化成质子，质子则通过电解质传输到阴极。

阴极反应：　　$O_2+4e^- +4H^+ \longrightarrow 2H_2O$

在阴极区，氧气与电子、质子反应生成水。

总反应：　　$2H_2+O_2 \longrightarrow 2H_2O$

整个电池的电动势可以用 Nernst 方程式表示：

$$E_r = E^0 + \frac{RT}{4F}\ln P_{O_{2c}} + \frac{RT}{2F}\ln\frac{P_{H_{2a}}}{P_{H_2O}} \tag{10-1}$$

式中，R 为摩尔气体常数[J/(mol·K)]；T 为热力学温度（K）；F 是法拉第常数（9.6485×10^4 C）；$P_{O_{2c}}$ 是阴极侧 O_2 分压；$P_{H_{2a}}$ 是阳极侧 H_2 分压；E^0 为标准状态下的电池电动势，可用下式计算得到：

$$E^0 = -\frac{\Delta G^0}{zF} = -\frac{\Delta H^0 - T\Delta S^0}{zF} \tag{10-2}$$

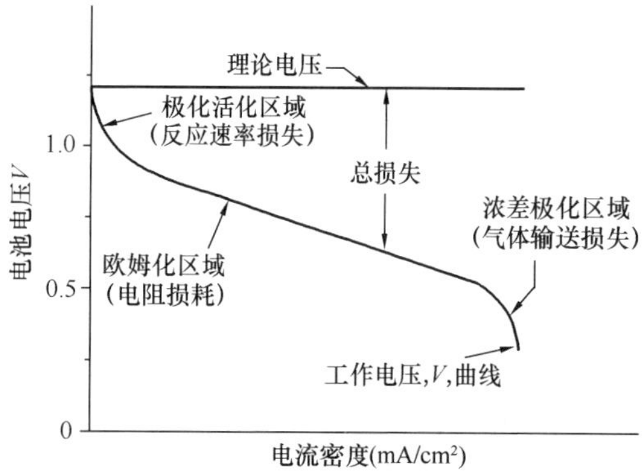

图 10-2　SOFC 典型极化曲线

ΔG^0 为电池反应的标准 Gibbs 自由能变化值；ΔH^0 为电池反应的标准焓变；ΔS^0 为电池反应的标准熵变；z 为 1mol 燃料在电池中发生反应转移电子的量（mol）。在开路状态下，外电路的负载无穷大时，SOFC 的输出电压值被称为开路电压（Open Circuit Voltage，OCV）。理想条件下，OCV 等于理论电动势。但是实际过程中，由于极化损失，电池体系处于非可逆状态，OCV 低于理论电动势。极化损失包括欧姆极化、活化极化和浓差极化，如图 10-2 所示。

10.1.2　发展简史

1930 年，瑞士科学家埃米尔·鲍尔和他的同事 H. Preis 首先研究了各种固体氧化物电解质。1937 年，他们首次将 ZrO_2 陶瓷应用于燃料电池，研制出世界上第一台 SOFC。早期，由于材料加工技术受限，且成本较高，SOFC 的研究较为缓慢。20 世纪 70 年代，由于石油资源开始紧张，人们对能源问题开始重视，逐渐加大了对清洁可替代性能源的能源转换装置的研究力度。从 70 年代到 80 年代这段时间的专利数据库检索结果看，SOFC 处于早期研发试验阶段，专利申请量小，研究没有实质性发展。80 年代末期以后，SOFC 的研发开始进入高潮期，研究成果不断增加。经多年研究，SOFC 的制造成本逐渐降低，性能也逐步提高，开始服务于人们的生活。以美国西屋电气公司（Westinghouse Electric

Company）为代表，研制了管状结构的 SOFC。1987 年，该公司在日本安装了 25kW 的 SOFC 系统。1995 年，德国的 Siemens 组装了 10kW 的电池组。1997 年年底，荷兰建立了运行时间超过 10000h，供电高达 108kW 的 SOFC 电站。21 世纪开始，SOFC 燃料电池逐渐家庭和商用领域实现商业化。

我国从 1991 年开始了 SOFC 的研究工作。中国科学院上海硅酸盐研究所、中国科学院大连化学物理研究所、中国科技大学、华中科技大学、吉林大学等目前正在进行平板型 SOFC 的研发。在国家“863 计划”支持下，2014 年以来，中国科学院上海硅酸盐研究所和华中科技大学分别实现了 5kW 级 SOFC 独立发电系统的集成和调试及其发电和示范运行。

10.1.3 特点与用途

由于 SOFC 单电池的电压和功率不高，通常被以各种方式（串联、并联、混联）组装成电池组。按组装方式不同，SOFC 分为管状、平板型和整体型三种。另外，根据工作温度的不同，又分为高温（800～1000℃）、中温（600～800℃）和低温（300～600℃）三种 SOFC。

相较于其他的能源转换装置，SOFC 的优势有：①其阴极和阳极的极化较小，极化损失集中在电解质内部；②由于直接将化学能转换为电能，过程中无其他损耗，SOFC 有超过 80%的高效率；③燃料主要为氢气、碳氢化合物等，生成产物为水、二氧化碳，无其他污染物，安全、清洁；④不需要贵金属作催化剂；⑤可进行模块化设计，尺寸易于调节，安装的规模和位置灵活性较高，结构较稳定，且易于携带；⑥高温使 SOFC 能够直接利用或实现碳氢化合物燃料的内部重整，还可以简化设备；⑦燃料的灵活性较高，基本上碳基燃料都可以作为其来源；⑧SOFC 产生的清洁、高质量、高温热气适于热电联产；⑨SOFC 可以和燃气轮机组成联合循环，非常适用于分布式发电。其缺点是工作温度高，启动时间非常长，对材料的性能要求非常高，也包括一些密封问题、热管理问题。由于 SOFC 工作温度较高，导致其元件成本高、制备工艺复杂、电池稳定性差，限制了其商业化发展。为使 SOFC 更好的商业化，降低其生产成本，必须要降低 SOFC 的操作温度。将 SOFC 的操作温度降低到 800℃以下，可以有效降低电池的成本，增加电池的稳定性。

SOFC 具有工作温度高、发电效率高、全固态、易于模块化组装等特点，非常适用于分布式发电/热电联供系统和作为汽车、轮船等交通工具的动力电源。SOFC 电池组适用于多种应用场合（如汽车、军事、发电系统等）的电压和输出功率。固体氧化物燃料电池目前最广泛的应用领域是发电站（SOFC 分布式发电系统）。2000 年，西门子西屋电力公司设计制造了世界上第一台 220kW 的 SOFC /GT 联合循环电站。日本新能源产业技术综合开发机构（NEDO）于 2011 年开发出全球首个商业化的 SOFC 热电联供系统。该系统由发电单元和利用废热的热水供暖单元组成，输出功率为 700W，发电效率为 46.5%，综合能源利用效率高达 90.0%，工作时的温度为 700～750℃，在用作家庭基础电源的同时，还可以利用废热用作热水器或供暖器。此外，SOFC 在汽车领域也有所应用。2016 年，日产汽车发布世界首款 SOFC 汽车。该车基于日产 e-NV200 研发打造，采用了酶生物燃料电池（e-Bio Fuel Cell）技术，利用 SOFC 动力系统将贮存的生物乙醇转化为电能给汽车提供动力，输出功率 5kW，续航里程超过 600km。

10.2 固体氧化物燃料电池的电解质材料

SOFC 的电解质是由致密的纯离子导体的固体氧化物材料组成的，避免燃料与氧气直接混合产生危险。一般来说，根据欧姆定律，欧姆电阻会导致电压的损失，对于较厚电解质的 SOFC 来说，欧姆电阻是降低其性能输出的关键因素。Steele 等人设定了 SOFCs 常用材料电阻指标，面积比电阻（Area specific resistance，ASR）为 $0.15\Omega \cdot cm^2$。

SOFC 由多孔的阴、阳极和夹在中间的致密电解质组成。在一个电极处产生的离子通过电解质传输到另一个电极处，电子通过外部电路传输，这意味着电解质两侧有不同的气氛。电解质必须满足稳定性、导电性和兼容性、热膨胀系数相匹配及致密性的要求。

（1）稳定性方面：由于电解质暴露于两种气氛中，电解质应具有足够的稳定性，在还原气氛和氧化气氛下没有化学反应，没有相变的发生，还需要具有足够的形态和尺寸稳定性，以防高温长期运行时的机械损坏。

（2）电导率方面：电解质应该具有可忽略的电子电导率和较高的离子电导率，尽量减少欧姆损耗，并且电解质的电导率也必须具有足够的长期稳定性。

（3）兼容性方面：电解质的化学性质应与电极的化学性质相匹配，在选择电极材料时应考虑电解质与电极之间的化学相互作用和元素扩散。

（4）热膨胀系数方面：电解质材料必须与其他电池材料在室温至操作温度区域内相匹配。

（5）致密性方面：电解质必须有效地隔离燃料与氧化剂。

10.2.1 氧离子导体

大多数氧离子导体材料具有萤石的晶体结构，到目前为止，研究最多的是二价和三价阳离子掺杂的 ZrO_2。图 10-3 显示了具有萤石结构的不同掺杂 ZrO_2 氧离子导体的电导率。这种掺杂不仅稳定了立方萤石结构，而且产生了大量通过电荷补偿来调节的氧空位。当氧空位浓度增加时会提高离子迁移率，从而具有良好的氧离子传导特性。如果掺杂含量不足以完全稳定立方结构，则材料可能会含有混合相。完全稳定的立方结构所需的最小掺杂量：CaO 为 12～13mol%，Y_2O_3 和 Sc_2O 为 8～9mol%，其他稀土氧化物为 8～12mol%。钇稳定的氧化锆（8mol%Y_2O_3，缩写为 YSZ）是用于高温 SOFC 的最经典的电解质材料。YSZ 材料在约 1000℃下显示出很高离子电导率。然而，如此高的工作温度可能导致电极材料的烧结，电解质与电极之间的界面质量扩散和不同热膨胀系数引起的机械应力等系列问题。现在已经开发了几种方法来减小

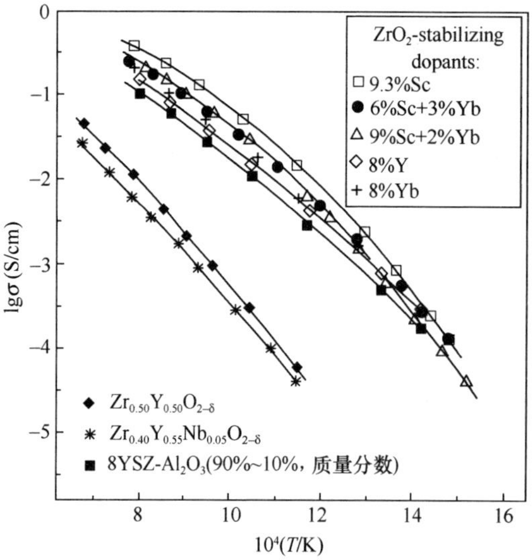

图 10-3 不同掺杂 ZrO_2 材料电导率的 Arrhenius 曲线

YSZ 电解质层的厚度，从而降低 SOFC 的工作温度，如电化学气相沉积、化学气相沉积、溶胶-凝胶等。

掺杂的二氧化铈（CeO_2）基萤石型氧离子导体是更有前途的中温 SOFC 电解质材料。CeO_2 具有与 YSZ 相同的萤石结构。当掺杂阳离子与主体阳离子半径匹配时，获得最高的氧离子传导率。常见的掺杂离子为 Gd^{3+} 或 Sm^{3+}，从而引入氧空位。在 750℃时，钆掺杂氧化铈（GDC）和钐掺杂氧化铈（SDC）电导率可以达到（6～7）$\times 10^{-2}$ S/cm^2。在温度 600℃时，GDC 的电导率始终高于 YSZ。CeO_2 也可以掺杂其他元素，如镧、钇、镱和钕也表现出与 SDC 类似的电导率，如图 10-4 所示。

但是，对于通过常规固态反应技术制备的粉末来说，CeO_2 基陶瓷材料低于 1650℃难以烧结致密。目前的技术手段是添加少量过渡金属氧化物作为助烧结剂以降低烧结温度，如 MnO_2、Bi_2O_3、CuO、MoO_3、Fe_2O_3、Li_2O 和 CoO_x 是相当有效的助烧结剂，用于降低 CeO_2 基陶瓷材料的烧结温度。这些助烧结剂不仅提高了材料的相对密度，而且对最终陶瓷材料的电导率产生了积极影响。

另一种中温下具有高离子电导率的萤石型氧化物是 δ-Bi_2O_3，如图 10-5 所示。特别是在 800℃时，δ-Bi_2O_3 的离子电导率高达 2.3S/cm。但是，它只能在 730℃到 804℃狭窄的范围内保持稳定，低于 730℃，材料变为 α-Bi_2O_3，其具有有序氧空位。通过再次升温至 730℃以上，氧空位从有序变为无序，导致电导率几乎增加三个数量级。Takahashi 等证明了 δ-Bi_2O_3 通过部分取代 Bi 离子，使其在较低温度依然有较好的离子电导率，如 δ-Bi_2O_3 相在组成范围内是稳定的。另外，发现将具有相对较大离子半径如 La、Nd、Sm 和 Gd 引入 Bi_2O_3 晶格中会在 Bi_2O_3 中诱导形成菱形结构。与单掺杂体系相比，共掺杂的四元体系中的熵会增加，使用两种不同的金属氧化物有助于将 δ-Bi_2O_3 稳定温度降到室温。

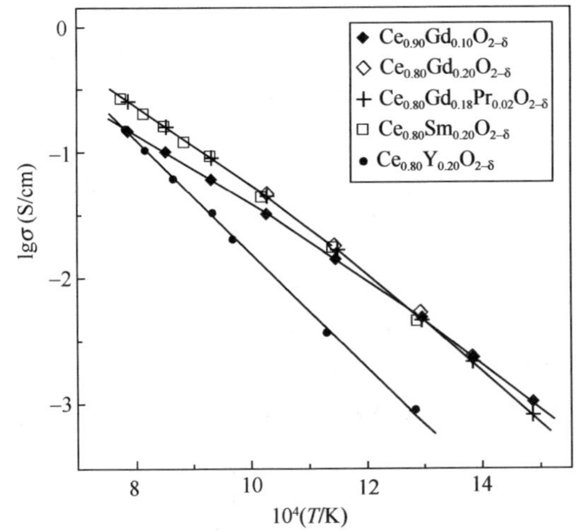

图 10-4 不同掺杂 CeO_2 材料电导率的 Arrhenius 曲线

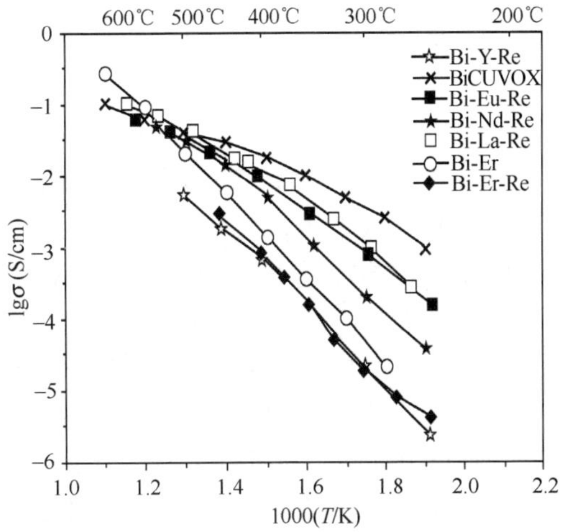

图 10-5 不同掺杂 δ-Bi_2O_3 材料电导率的 Arrhenius 曲线

除了萤石结构电解质外，还有许多其他结构氧化物，它们也很有潜力用于 SOFC 领域。特别是以 ABO_3 钙钛矿为主的体系被认为是非常有前途的。钙钛矿氧化物可以具有许多不同的对称性，并且它们可以在A和B位上掺杂离子，它们也可以容纳阴离子进入空位结构。作为SOFC的优良电解质，它不仅应具有优异的离子电导率，还应保持与阳极、阴极的化学相容性。

10.2.2 质子导体

多年来，对电解质材料的研究主要集中在氧离子传导的氧化物。作为电解质材料的另一大类代表，质子传导的陶瓷材料也引起了物理学、化学和材料科学家的极大关注。质子传导氧化物电解质，命名为高温质子导体。1981年，Iwahara等人首先观察到一些钙钛矿氧化物，如$SrCeO_3$和$BaCeO_3$，在高温水蒸气存在的情况下，具有一定的质子传导特性。此后，高温质子传导材料已经引起了注意，它们在氢传感器、氢泵、膜反应器、固体氧化物电解槽和SOFC中开始发挥重要的作用。最初研究的大多数钙钛矿型材料在水合后也是潜在的质子导体。钙钛矿结构的通式为ABO_3，其中A是与O^{2-}配位的大的阳离子，而B是占据由6个O^{2-}包围的八面体单元中心的较小阳离子。图10-6显示了典型的ABO_3钙钛矿的晶格结构。为了改善质子传导性，用合适的三价元素如Ce、Zr、Y、In、Nd、Pr、Sm、Yb、Eu、Gd等掺杂B位是至关重要的。掺杂三价元素的目的是形成氧空位，其对移动质子的形成产生积极影响。在含水蒸气或氢气的气氛下，移动质子作为氢缺陷掺入钙钛矿结构中。

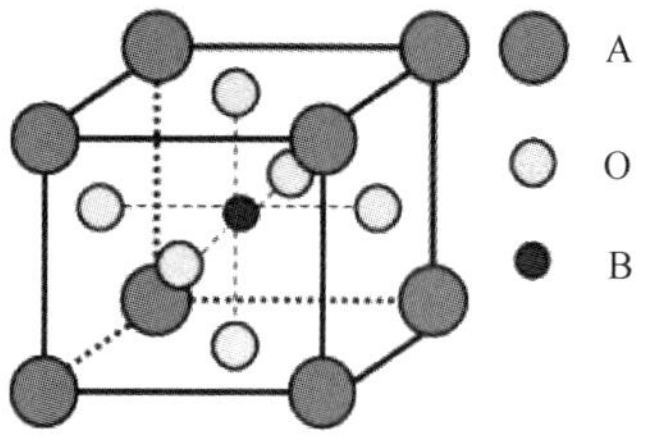

图10-6 ABO_3钙钛矿的晶格结构

一方面是改变主要成分的比例，本质上导致氧空位的形成，而受体掺杂的补偿也可能产生相同的效果。为了形成质子缺陷，水蒸气首先离解成氢氧根离子和质子，然后氢氧根离子结合到氧空位中，而质子与晶格氧形成共价键。水的吸附是放热反应，因此质子在低温下控制传导机制，在高温下控制氧空位。质子缺陷的浓度不仅可以认为是温度的函数，还可以认为是水分压的函数。随着水分压的增加，质子浓度增加到一定程度对应着饱和度蒸汽压限制。

掺杂有低价态阳离子的钙钛矿型氧化物（如$SrCeO_3$、$BaCeO_3$、$KTaO_3$）在高温氢气或水蒸气的气氛中表现出质子传导。通常质子电导率按$BaCeO_3 > SrCeO_3 > SrZrO_3 > CaZrO_3$的顺序增加。掺杂元素的晶格畸变也会影响质子导体的电导率。通常，掺杂的阳离子选择离子半径远大于B位阳离子，或高掺杂剂浓度，可以强烈地影响电性能。

尽管掺杂的$BaCeO_3$电解质材料中有稳定质子缺陷，但在CO_2、H_2O和其他痕量物质（SO_2、SO_3和H_2S）中显示出差的稳定性。铈碳酸盐容易与酸性气体如CO_2和水蒸气反应，分别形成碳酸盐和氢氧化物。为了提高材料对二氧化碳或水的化学稳定性，尝试了各种方法。通过适当的掺杂，这些材料不仅可以在SOFC操作条件下获得高电导率，而且还具有足够的化学稳定性。总体来说，通过用较高电负性的元素部分取代Ce可以增强化学稳定性。以$BaCe_{0.8}Gd_{0.2}O_3$为电解质，以80%H_2和20%CO_2为燃料，单电池的电池电压降低率为24%/1000h，但在800℃下，氢气作为燃料，放电电流密度为100mA/cm^2时，电压降低率仅为7%/1000h。

近年来，钇掺杂的锆酸钡（BZY）因其良好的化学稳定性和高质子传导性而受到越来越多的关注。图 10-7 将 BZY 电解质的离子电导率与典型的氧离子传导电解质进行了比较，可以发现 BZY 比氧离子传导的电解质有更高的电导率。

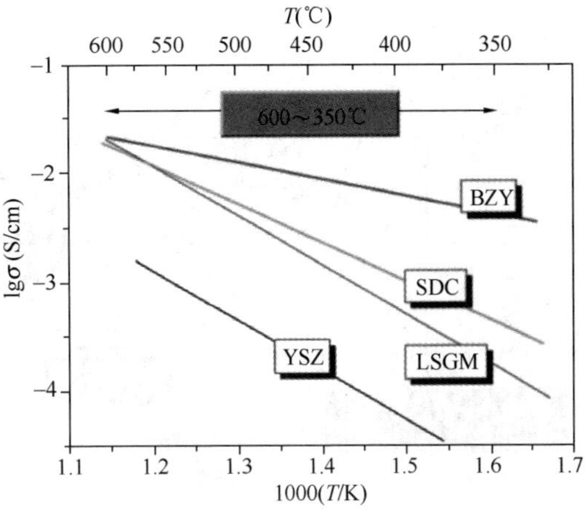

图 10-7　质子传导 Y 掺杂的锆酸钡（BZY）和最佳性能的氧离子传导电解质的电导率比较

10.2.3　复合电解质

近年来，复合电解质的出现和发展，为开发高性能低温 SOFC 提供了一种可能，复合的第二相可以有效解决主相的一些缺陷。1973 年，Liang 在研究 LiI 电解质时，复合了一定量的惰性 Al_2O_3 细小颗粒，材料的电导率提高了两个数量级。传统的单相电解质 YSZ 的电导率较低，Shiratori 等通过混合 20mol% 的 MgO 可将材料的电导率提升至 0.015S/cm(800℃)。Li 等也发现加入适量的 MgO 可以大大提高钆掺杂氧化铈（GDC）的晶界电导性能，当混合 10 mol% MgO 时，晶界电导比未添加 MgO 时纯的 GDC 的晶界电导高出 100 多倍，复合的 MgO 可能优化了 GDC 的空间电荷层。

当前，氧离子导体与质子导体的复合电解质材料研究也取得了一定的进展。Sun 等通过一步凝胶燃烧法，直接合成得到 SDC-$BaCe_{0.8}Sm_{0.2}O_{3-\delta}$（BCS）复合电解质。这种复合电解质避免了 SDC 的电子电导和 BCS 在有水或 CO_2 环境中的不稳定，同时还表现出了氧离子和质子的复合电导。Wang 等开展了系列的 DCO 与质子导体的复合电解质研究，如钐掺杂氧化铈（SDC）与 $BaCe_{0.8}Y_{0.2}O_{3-\delta}$（BCY）混合，发现复合 BCY 之后，电解质的界面电阻迅速减少，从而电池性能显著提高。

2001 年，瑞典皇家工学院 Bin Zhu 课题组发现了一类 DCO 基复合电解质材料，当不同的盐被作为第二相引入 DCO 中时，在两相间形成的界面为离子的快速传输提供通道，表现出较高的性能输出。随后，盐类或金属氧化物复合材料得到了较为广泛的研究。Huang 等也对 SDC-碳酸盐复合电解质体系做了探索研究。研究表明，在燃料电池测试条件下，复合电解质中 SDC 相传导氧离子，而 SDC-碳酸盐界面传导质子，当碳酸盐相含量较高时，SDC 相的氧离子传导被阻断，界面质子传导占主导，最终复合电解质由氧离子-质子共传导转变为质子传导。复合电解质制备的电池开路电压在 600℃时可达 1V 以上，表明复合电解质足够致密而且 SDC 的电子电导得到有效抑制。Dong 等报道采用 30wt% 的 $Sr_2Fe_{1.5}Mo_{0.5}O_6$，与氧化铈-碳酸盐构筑的复合材料，也获得了较高的开路电压和功率密度（360mW/cm^2，750℃）。Maheshwari 等研究在 Ca^{2+} 掺杂氧化铈-碳酸盐复合体系中，提出碱金属离子，是促使高电导率的重要原因；进一步讨论氧化钴-碳酸盐-DCO-YSZ 复合体系，详细分析了各自组分对于电子和离子导电的贡献。纳米材料的发展也为复合电解质/导电陶瓷的研究带来了新的机会。当复合电解质/导电陶瓷材料微观结构为纳米尺度时，物理效应（表面活性、电子传导及尺寸效应等）进一步被体现，能更有效地降低能垒，而具有较好的离子传输率（图 10-8）。到目前为止，纳米复合电解质/导电陶瓷的性能和应用研究发展迅猛，纳米复合的界面，有望在材料的超离子导电性能方面提供一种有效途径。

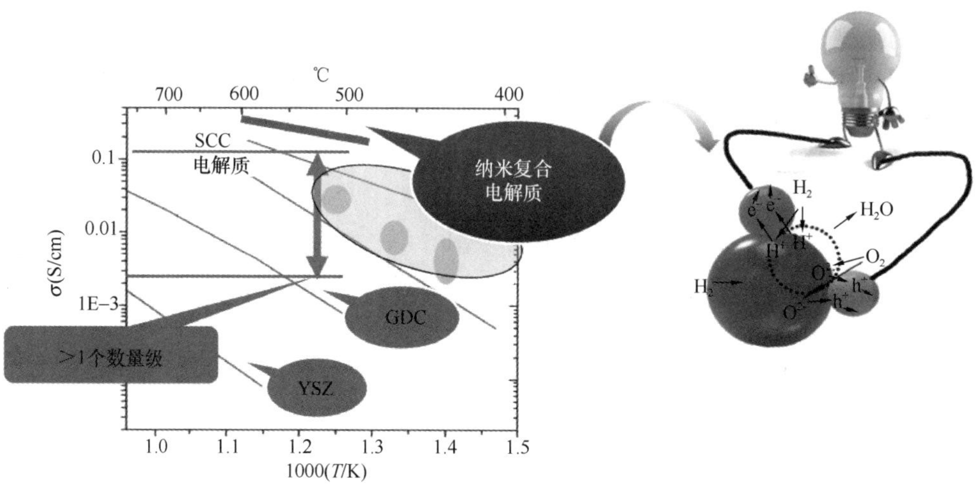

图 10-8 传统电解质与纳米复合电解质材料随温度变化的导电曲线

10.3 固体氧化物燃料电池的电极材料

10.3.1 阳极材料

SOFC 阳极作为燃料气的电化学氧化反应的场所，将产生的电子导入外电路，有如下的基本要求：

(1) 在还原气氛中稳定，并且有足够高的电导和对燃料氧化反应的高催化活性。

(2) 对于直接甲烷或碳基燃料 SOFC，要具备一定的抗积碳能力。

(3) 与其他电池材料在室温至操作温度范围内化学上相容及相匹配的热膨胀系数。

(4) 具有足够高的孔隙率以确保燃料的供应及反应产物的排出。

(5) 具有机械强度高、韧性好、易加工、成本低的特点。

目前，作为 SOFC 阳极的材料主要有金属、电子导电陶瓷和电子-离子混合导体氧化物等。早期使用的 SOFC 阳极材料是电子电导率较高的石墨、贵金属（Pt、Au）以及过渡金属（Fe、Co、Ni）或合金。其中金属 Ni 由于价格低廉、活性高的特点，应用最为普遍。在 SOFC 中，通常将 Ni 分散在电解质材料中，制成复合金属陶瓷阳极。

1. Ni-YSZ 基阳极材料

金属Ni 和电解质 YSZ 混合组成金属陶瓷阳极 Ni-YSZ，如图 10-9 所示，解决了金属 Ni 的团聚问题，改善了 Ni 的热膨胀系数与电解质不匹配性。在还原过程中产生的孔隙率取决于金属陶瓷的成分，它随着 NiO 量的增加而增加。表 10-1 总结了根据 YSZ、Ni 和 NiO 的摩尔体积计算的不同阳极组分（NiO、Ni、YSZ 和孔隙率）在不同起始组成下的体积百分比。此外，YSZ 作为氧离子导体增强了阳极的离子电导性，提高了阳极的催化性能。从此 Ni 基金属陶瓷阳极被广泛深入的研究，成为应用最多的 SOFC 阳极材料。

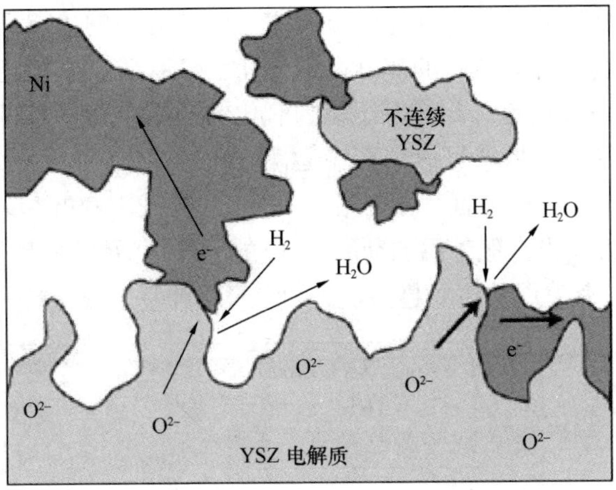

图 10-9　Ni-YSZ 阳极三相界面传导示意图

表 10-1　Ni/YSZ 阳极的不同组分对 NiO 和 YSZ 的不同起始组分的体积百分比

组成								孔隙率		
质量分数,%		体积分数,%		质量分数,%		体积分数,%		体积分数,%		
NiO	YSZ	NiO	YSZ	Ni	YSZ	Ni	YSZ	YSZ	Ni	Pore（孔）
10	90	8.95	91.05	8.03	91.97	5.47	94.52	91.05	5.262	3.688
20	80	18.11	81.89	16.42	83.58	11.51	88.49	81.89	10.65	7.46
30	70	27.49	72.51	25.19	74.81	18.24	81.76	72.51	16.16	11.33
40	60	37.10	62.9	34.38	65.62	25.76	74.24	62.9	21.8	15.3
50	50	46.94	53.06	44.00	56	34.23	65.77	53.06	27.6	19.34
60	40	57.02	42.98	54.10	45.9	43.84	56.16	42.98	33.53	23.49
70	30	67.36	32.64	64.71	35.29	54.84	45.16	32.64	39.60	27.76
80	20	77.96	22.04	75.86	24.14	67.55	32.45	22.04	45.84	32.12
90	10	88.84	11.06	87.61	12.39	82.41	17.59	11.06	52.23	36.61

Ni-YSZ 金属陶瓷在 H_2-H_2O 和 N_2 气氛中的各种电导率与 YSZ 含量的关系如图 10-10 所示。通常的合成 Ni-YSZ 金属陶瓷的方法是混合烧结 NiO 和 YSZ 的粉末来创造离子的通道。然后，NiO 被还原成金属 Ni 以实现材料的多孔性。YSZ 在温度高于 1300℃的时候才能保持材料的致密性，因此 Ni-YSZ 材料被广泛应用于高温 SOFC 中。这种材料具有对氢气的高催化能力，但是其性能与颗粒的大小、孔隙度、微观结构密切相关。

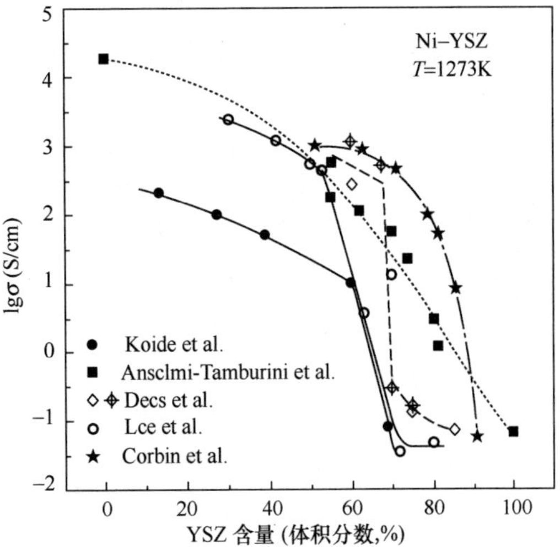

图 10-10　Ni-YSZ 金属陶瓷在 H_2-H_2O 和 N_2 气氛中的各种电导率与 YSZ 含量的关系

2. Ni-SDC 基阳极材料

20 世纪 60 年代，将氧化铈用于 SOFC 阳极，引入二氧化铈基添加材料层被首次尝试，这是阳极发展中最有前途的方向之一。该方向的优点是：首先与氧化铈对涉及氧的燃烧反应，特别是对碳氧化的非常高的催化活性有关，碳氧化对在碳氢化合物和沼气上运行的燃料电池是有益的。此外，还原的氧化铈及衍生物具有可观的氧离子和 n 型混合电子电导率；通过受主型掺杂可以提高输运性质和还原性，这显然对电极性能有积极的影响，如图 10-11 所示。另一方面，虽然在 1273K 下测试 1000h 后，在 CGO 电极上没有检测到碳沉积，但是发现没有额外添加剂的 CGO 的电催化活性不足以提供直接的 CH_4 氧化合物。低温化 SOFC 是其发展的主要趋势，掺杂二氧化铈基阳极材料表现出了良好作用。

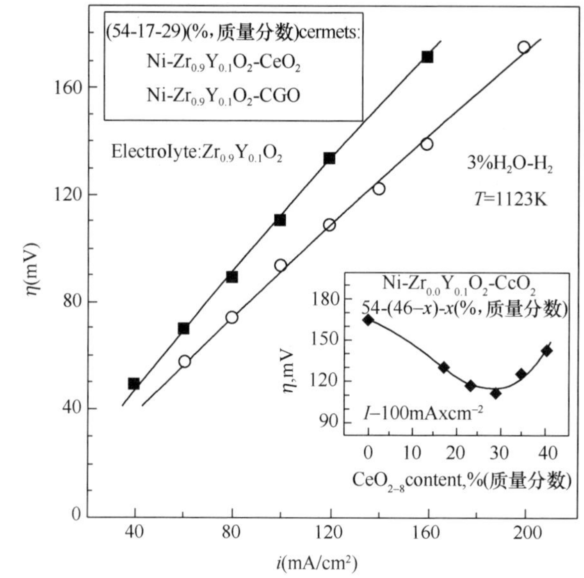

图 10-11　两种金属陶瓷组分的阳极过电位与电流密度的关系

10.3.2　阴极材料

阴极作为氧化剂的电化学还原反应场所如图 10-12 所示，虽然氧化物电解质中的欧姆损耗在当今被广泛理解，但是控制电极过电位损耗的物理仍然是一个巨大的研究焦点，仅在过去 15～20 年中才取得了实质性的进展。这种从电解质到电极的重点转移部分是由制造越来越薄、电阻越来越小的电解质膜的能力以及朝向更低操作温度的驱动所驱动的，其中电极占电压损失的更高百分比（由于过高的激活能）。大部分工作集中在阴极上，主要是因为通常认为氧气还原是在商业上相关的温度下操作的 SOFC 上更难活化的反应。

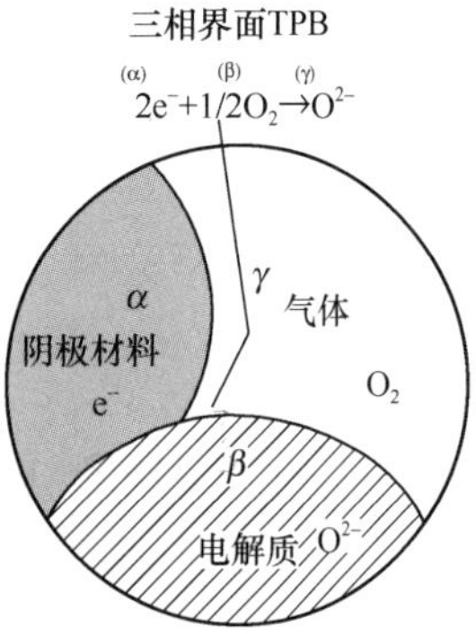

图 10-12　电子传导(电子)相(α)、气相(β)和离子传导相(γ)在实现氧还原反应示意图

人们不仅试图了解电极机理，而且试图探索新的电极材料和微观结构，阐明结构-性能关系，以及了解电极性能如何以及为什么随时间、温度、热循环、工作条件而变化。对阴极材料有如下的基本要求：

（1）其在氧化气氛中具有足够的化学稳定性。

（2）具有足够高的电子电导率和一定的离子导电能力，既降低欧姆极化，又有利于 O^{2-} 的扩散和传递。

（3）具有良好的催化性能，降低阴极过电位，提高电池的输出性能。

（4）具有足够高的孔隙率，有利于氧气的扩散。

（5）在操作温度下与电解质材料、连接材料、密封材料具有良好的化学相容性。

（6）与电解质材料的热膨胀系数相匹配，避免在电池操作及热循环过程中发生碎裂以及剥离现象。

满足上述基本条件的阴极材料主要有钙钛矿型复合氧化物、双钙钛矿复合氧化物、类钙钛矿结构 A_2BO_4 型复合氧化物。采用以稀土元素为主要成分的钙钛矿型复合氧化物因具有独特的结构特征，有利于对阴极材料的设计及优化，如被视为最有应用前景的 SOFC 阴极材料。钙钛矿材料已广泛应用于 SOFC 的阴极材料。为了更好地设计和优化阴极材料，首先必须了解钙钛矿结构的基本原理。钙钛矿型氧化物具有 ABO_3 的通式，其中 A 和 B 为总电荷为 6 的阳离子。低价 A 阳离子（如 La、Sr、Ca、Pb 等）较大，与 12 个氧阴离子配位，而 B 阳离子（如 Ti、Cr、Ni、Fe、Co、Zr 等）占据的空间较小，与 6 个氧阴离子配位。A 或 B 阳离子与不同价阳离子的全部或部分替代是可能的。当 A-位和 B-位阳离子（$n+m$）的总价加起来小于 6 时，缺失电荷通过在氧晶格位点引入空位来弥补。

许多钙钛矿结构是扭曲的，不具有立方对称性。常见的畸变如八面体内的阳离子位移和八面体的倾斜。与 A 和 B 取代原子的性质有关。ABO_3 钙钛矿的畸变程度可以根据 Goldsohmidt 容差因子（t）来确定。

$$t=\frac{r_A+r_B}{\sqrt{2}(r_B+r_O)} \tag{10-3}$$

式中，r_A、r_B 和 r_O 分别代表 A 位、B 位阳离子和氧离子的有效半径。理想钙钛矿结构，$t=1$。当 $0.75<t\leqslant 1$ 时，钙钛矿结构体系相对稳定。要保持稳定的晶格，A 和 B 位阳离子必须保持各自的配位数。当在 A 位掺杂低价金属离子会产生氧空位，提高氧离子活性，增加离子导电率。另一方面，为维持电荷平衡，B 位离子价态发生改变，从而具有电子电导的特性，成为离子-电子混合导体（MIEC），电导率也随之提高。

目前，最常用的 SOFC 阴极材料是掺杂的 ABO_3 型钙钛矿氧化物，A 为 La、Pr、Sm、Nd，B 为 Mn、Fe、Co、Cr。材料的电导率与 A 位元素密切相关，大小顺序为 Pr>La>Nd>Sm，在 A 位掺杂碱土金属，会明显提高电导率，其中 Sr 掺杂的电导率最高。阴极活性取决于 B 位元素的性质，阴极的反应速率随 B 位过渡元素变化顺序为 Co>Mn>Fe>Cr。

1. $La_{1-x}Sr_xMnO_{3\pm\delta}$（LSM）阴极材料

氧非化学计量和氧缺乏对阴极材料的离子和电子输运性质有很大的影响。$LaMnO_3$ 基氧化物既有氧过量，也有氧不足的非化学计量。通常用 $La_{1-x}A_xMnO_{3\pm\delta}$（A 是二价阳离子，如 Sr^{2+} 或 Ca^{2+}；“+”表示氧过剩，而“−”表示氧缺乏）表示。Mizusaki 等人研究了 $La_{1-x}Sr_xMnO_{3\pm\delta}$ 中氧的非化学计量比 δ 与氧分压、温度和组成的关系，并提出了各种缺陷模型来解释掺杂的 $LaMnO_3$ 氧化物的缺陷结构。

对于锰酸镧，最常用的掺杂剂是锶，因为它的尺寸与镧匹配。$La_{1-x}Sr_xMnO_{3\pm\delta}$（$x\leqslant 0.5$）中的锶掺杂不增加氧空位浓度，这在所研究的大多数其他钙钛矿阴极材料中是常见的现象。

$$Mn_{Mn}^{x}+SrO\xrightarrow{LaMnO_3}Sr_{La}+Mn_{Mn}^{\cdot}+O_{O}^{x}$$

该反应有效地提高了电子空穴浓度和电导率。随着锶浓度的增加，LSM 的电子电导率近似线性增加，最高可达 50mol%。在高温下，$LaMnO_3$ 与 YSZ 发生固相反应，在电极-电解质界面处形成 $La_2Zr_2O_7$(LZ)。少量的 Sr 取代降低了 LSM 化合物与 YSZ 的反应性。然而，当 Sr 浓度高于约 30mol%时，$SrZrO_3$（SZ）形成。因此，30mol%的锶含量被认为是对不需要的电子绝缘相形成的最佳含量。在材料中加入轻微的 A 位点缺陷可以进一步降低不希望的反应发生。

大量研究结果表明，LSM 电极性能不仅受电极化学组成的影响，而且与电极的微观结构如孔隙率、厚度、粒径分布有关，微观结构决定了电极的三相界面（TPB）、电导率以及气体传输通道。Takeda 等人报道电导率随 Sr^{2+} 掺杂量的增加而增加，在 50%～55%时达到最大。Sasaki 和 Van Heuveln 发现电极的性能与 TPB 的长度和电极的厚度紧密相关，电极的有效厚度小于 20μm，均匀粒度的粉体制备的电极具有较低的电化学阻抗。

然而，单相 LSM 不适宜作为中温固体氧化物燃料电池的阴极材料，因为在 600～800℃其氧离子电导率明显降低。有两种方法可以提高中低温下 LSM 基阴极的电化学性能：一种是将氧离子导体电解质与 LSM 混合形成离子电子混合导体复合阴极，另一种是引入纳米尺寸的 LSM 到多孔 YSZ 结构来提高 LSM 基复合阴极的性能。Pd 以纳米粒子的形式引入阴极材料，通过促进氧气的解离吸附过程提高电极性。

2. $LaCoO_3$(LCO) 基阴极材料

$LaCoO_3$ 在费米能级（E_f）附近具有相当高的电子态密度。$LaCoO_3$ 的显著催化性能与电子占据 E_f 附近的晶场 d 态以及表面电荷的积累有关，从而增强表面阳离子与潜在催化物种之间的电子转移。$La_{1-x}Sr_xCoO_{3-\delta}$ 在非化学计量比、电学性质和磁学性质与锶含量、温度和氧分压的关系方面表现出复杂的行为。考虑这些氧化物的缺陷结构是有意义的。Petrov 等人提出了一个与 $La_{1-x}Sr_xCoO_{3-\delta}$ 的缺陷结构相关的缺陷模型，其中锶离子占据了规则的 La 晶格点 Sr_{La}，主要导致电子空穴。为了保持电中性，锶离子的取代必须通过形成等效正电荷来补偿，等效正电荷包括 $Co_{Co}^{\cdot}$ 和氧空位 $[V_{\ddot{O}}]$。整个电中性条件如下：

$$Sr_{Sr}^{x}+Co_{Co}^{\cdot}+2V_{\ddot{O}}\longrightarrow Sr_{La}+Co_{Co}^{x}$$

$$2Co_{Co}^{\cdot}+Ox_{O}\longrightarrow 2Co_{Co}^{x}+V_{\ddot{O}}+\frac{1}{2}O_2(g)$$

$$[V_{\ddot{O}}][Co_{Co}^{x}]^2\longrightarrow K_{V_{\ddot{O}}}[Co_{Co}^{\cdot}]^2[O_{O}^{x}]P_{O_2}^{-1/2}$$

这里，$K_{V_{\ddot{O}}}$ 是平衡常数。

人们对含 Co 的钙钛矿氧化物的关注由来已久，这主要因为它们具有电子和离子混合导电的特性。与 $LaMnO_3$ 相比，$LaCoO_3$ 具有更高的离子电导率和电子电导率。但是在阴极氧化环境中稳定性不如 $LaMnO_3$，同时，$LaCoO_3$ 的热膨胀系数也比 $LaMnO_3$ 大。但 $LaCoO_3$ 与 SDC、CGO 和 YDC 等常用电解质有较好的化学相容性。作为选择 SOFC 系统的阴极材料的参考，表 10-2 总结了一些钙钛矿型阴极材料的热膨胀系数以及电子和离子导电率。

表 10-2 钙钛矿型氧化物的热膨胀系数(*TEC*)、电子导率(σ_e)和离子电导率(σ_i)

组成	*TEC* (×10⁻⁶/K)	*T* (℃)	σ_e (S/cm)	σ_i(S/cm)
$La_{0.8}Sr_{0.2}MnO_3$	11.8	900	300	5.93×10^{-7}
$La_{0.7}Sr_{0.3}MnO_3$	11.7	800	240	—
$La_{0.6}Sr_{0.4}MnO_3$	13	800	130	—
$Pr_{0.6}Sr_{0.4}MnO_3$	12	950	220	—
$La_{0.8}Sr_{0.2}CoO_3$	19.1	800	1.220	—
$La_{0.6}Sr_{0.4}CoO_3$	20.5	800	1.600	0.22
$La_{0.8}Sr_{0.2}FeO_3$	12.2	750	155	—
$La_{0.6}Sr_{0.4}FeO_3$	16.3	800	129	5.6×10^{-3}
$Pr_{0.5}Sr_{0.5}FeO_3$	13.2	550	300	—
$Pr_{0.8}Sr_{0.2}FeO_3$	12.1	800	78	—
$La_{0.7}Sr_{0.3}Fe_{0.8}Ni_{0.2}O_3$	13.7	750	290	—
$La_{0.8}Sr_{0.2}Co_{0.8}Fe_{0.2}O_3$	20.1	600	1.050	—
$La_{0.8}Sr_{0.2}Co_{0.2}Fe_{0.8}O_3$	15.4	600	125	—
$La_{0.6}Sr_{0.4}Co_{0.2}Fe_{0.8}O_3$	15.3	600	330	8×10^{-3}
$La_{0.4}Sr_{0.6}Co_{0.2}Fe_{0.8}O_3$	16.8	600	—	—
$La_{0.8}Sr_{0.2}Co_{0.2}Fe_{0.8}O_3$	14.8	800	87	2.2×10^{-3}
$La_{0.8}Sr_{0.2}Co_{0.8}Fe_{0.2}O_3$	19.3	800	1.000	4×10^{-2}
$Pr_{0.8}Sr_{0.2}Co_{0.2}Fe_{0.8}O_3$	12.8	800	76	1.5×10^{-3}
$Pr_{0.7}Sr_{0.3}Co_{0.2}Mn_{0.8}O_3$	11.1	800	200	4.4×10^{-5}

思考题

1. 简述 SOFC 的发展简史。
2. 简述 SOFC 的基本结构组成。
3. 简述 SOFC 的工作原理。
4. 简述 SOFC 的极化损失。
5. 简述 SOFC 的特点和用途。
6. 简述 SOFC 电解质的组成类型及各自的优缺点。
7. 简述 SOFC 阳极的常用类型及各自的优缺点。
8. 简述 SOFC 阴极的常用类型及各自的优缺点
9. 简述 SOFC 的电化学性能表征手段。
10. 比较 $La_{1-x}Sr_xMnO_{3\pm\delta}$和 $LaCoO_3$作为 SOFC 阴极的优缺点。

参考文献

[1] 衣宝廉. 燃料电池[M]. 北京：化学工业出版社，2003.
[2] 毛宗强，王诚. 低温固体氧化物燃料电池[M]. 上海：上海科学技术出版社，2013.

[3] FABBRI E, BI L, PERGOLESI D, et al. Towards the next generation of solid oxide fuel cells operating below 600°C with chemically stable proton-conducting electrolytes[J]. Advanced Materials, 2012, 24:195-208.

[4] ZHU B, LUND P, RAZA R, et al. Schottky junction effect on high performance fuel cells based on nanocomposite materials[J]. Advanced Energy Materials, 2015, 5: 1401895-1401901.

[5] ZHU B, HUANG Y, FAN L, et al. Novel fuel cell with nanocomposite functional layer designed by perovskite solar cell principle[J]. Nano Energy, 2016, 19:156-164.

[6] RONDÃO A I B, PATRÍCIO S G, Figueiredo F M L, et al. Impact of ceramic matrix functionality on composite electrolytes performance[J]. Electrochimica Acta, 2013, 109:701-709.

[7] SLIM C, BAKLOUTI L, CASSIR M, et al. Structural and electrochemical performance of gadolinia-doped ceria mixed with alkali chlorides (LiCl-KCl) for intermediate temperature-hybrid fuel cell applications[J]. Electrochimica Acta, 2014, 123:127-134.

[8] HUANG J B, MAO Z Q, LIU Z X, et al. Performance of fuel cells with proton-conducting ceria-based composite electrolyte and nickel-based electrodes[J]. Journal of Power Sources, 2008, 175:238-243.

[9] HUANG J B, GAO Z, MAO Z Q. Effects of salt composition on the electrical properties of samaria-doped ceria/carbonate composite electrolytes for low-temperature SOFCs[J]. International Journal of Hydrogen Energy, 2010, 35:4270-4275.

[10] DONG X, TIAN L, LI J, et al. Single layer fuel cell based on a composite of $Ce_{0.8}Sm_{0.2}O_{2-\delta}$-$Na_2CO_3$ and a mixed ionic and electronic conductor $Sr_2Fe_{1.5}Mo_{0.5}O_{6-\delta}$[J]. Journal of Power Sources, 2014, 249:270-276.

11　半导体-离子导体燃料电池

11.1　概　　述

半导体-离子导体燃料电池是一种新型的将燃料与氧化剂中的化学能转化成电能的能量转换装置。以半导体-离子导体为电解质的燃料电池与传统的燃料电池在工作原理、电池结构与制备工艺上均有着显著区别。在工作原理方面，传统的燃料电池利用三明治结构的电化学器件（离子导体为电解质隔开阳极-阴极）实现化学能到电能的转化；而半导体-离子导体燃料电池引进半导体材料和它的异质复合材料为电解质，利用能带理论共同实现电化学反应。在电池结构方面，传统的燃料电池核心部件一般包括阳极催化剂-电解质-阴极催化剂三层结构，而半导体-离子导体燃料电池根据其工作原理的不同，其核心部件可为单层、双层或者三层结构，其中单层结构不仅简化了电池制备工艺，而且有效避免了催化层与电解质层的分层问题。在制备工艺方面，半导体-离子导体燃料电池比传统的燃料电池的制备工艺简单。

11.1.1　发展历史

半导体-离子导体燃料电池源于传统的固体氧化物燃料电池（SOFC）。传统的 SOFC 具有能量转化效率高、燃料适应性强、不使用贵金属催化剂、固体电解质稳定性好、功率密度高、环境友好无污染、可实现热电联供等优点。但是其较高的工作温度（约 1000℃）带来的电池密封困难、材料腐蚀严重以及电池材料相容性差等问题限制了其产业化进程。降低工作温度可以有效解决高温密封困难问题，可以选用廉价的不锈钢材料作为连接体，从而降低电池成本，减缓相邻材料之间的相互反应，延长电池寿命。因此降低 SOFC 的工作温度是目前 SOFC 的主要发展趋势。目前，研究人员主要采用以下两种方法实现 SOFC 的低温化。一是降低电解质 YSZ（氧化钇稳定的氧化锆）的厚度。但是受到技术的限制，YSZ 电解质的厚度不可能无限减薄，导致其工作温度下降有限。此外，这种方法也会升高电池成本，缩短电池寿命。二是发展新材料，即通过研制具有较高低温离子传导性能的电解质材料提高 SOFC 低温性能。目前发现的可能用于低温 SOFC 的电解质材料包括 CeO_2基、Bi_2O_3基和 $LaGaO_3$基等。掺杂氧化铈（DCO）在 600～800℃下的电导率约比 YSZ 高一个数量级，如在 800℃下的电导率可达 0.1S/cm。但是 DCO 只有在高的氧分压下才是纯的氧离子导体。在低的氧分压下，例如阳极气氛中，由于 DCO 中部分 Ce^{4+} 被还原成 Ce^{3+} 后具有一定的电子导电能力，从而降低 SOFC 开路电压。Bi_2O_3基电解质的氧离子传导性能最好，但是其结构不稳定，在 730～850℃时为立方萤石结构，低温时转变为单斜结构。此外由于 Bi_2O_3基电解质在低氧分压下易被还原成金属 Bi，因此易导致电池内部短路。钙钛矿型的 $LaGaO_3$基电解质在中温下具有高的离子电导率，且在还原气氛中不易被还原，但是其与电极材料（尤其是阳极材料）相容性差。总而言之，到目前为止，

SOFC 的低温化研究进程并不顺利。

2011 年，朱斌等人研究发现采用 $Li_{0.15}Ni_{0.45}Zn_{0.4}$氧化物与离子导体材料 SDC（氧化钐掺杂的氧化铈）纳米复合材料制备的“单层 SOFC”不仅没有发生短路现象，而且性能与传统结构（阳极/电解质/阴极三层结构）的 SOFC 相当。也就是说，用于低温 SOFC 的纳米复合电极材料（电解质＋过渡金属氧化物）本身就能实现燃料电池的阳极、电解质和阴极的全部功能。在传统的 SOFC 中，电解质材料必须是纯离子导体，如果电解质材料具有电子传导能力则会导致电池内部短路，从而降低电池输出电压。面对这种“异常”现象，朱斌等人敢于摒弃传统理念，借鉴太阳能电池的工作原理，通过在电极与半导体-离子导体复合材料层之间或者在半导体-离子导体复合材料层内部构建 pn 结，采用单层结构（半导体-离子导体复合材料）成功取代传统的三层结构（阳极/电解质/阴极），开发出单部件燃料电池——无电解质（隔膜）燃料电池（EFFC），此种新型燃料电池核心部件虽然只有一层，但是低温性能比传统结构的 SOFC 还要好一些，550℃下的最高功率密度输出可达 400～600mW/cm^2。该研究成果发表后，*Nature Nanotechnology* 将其作为 2011 年的研究亮点进行报道，并称其为“Fuel cells: Three in one”（“三合一”燃料电池）。

随后，中国科学院长春应用化学研究所孟建教授课题组对这种复合材料的微结构和电性能进行了系统的研究。他们发现 30%（质量分数）电子导体材料能够形成最优化的两相材料分布和最高的离子/电子导电率，认为是复合材料体系内部电子导电和离子导电平衡的结果。2014 年，天津大学李永丹教授课题组也报道了相关研究成果，他们采用传统 SOFC 中先进的具有混合离子电子导电性能的钙钛矿阴极材料 $Sr_2Fe_{1.5}Mo_{0.5}O_6$（SFM）与离子传导材料氧化铈-碳酸盐构筑了 EFFC(SFM 的质量比为 30%)，最大功率密度可达 360mW/cm^2(750℃)。之后，他们又用传统 SOFC 中的阴极材料 La_2NiO_4与离子导体 SDC-$(Li_{0.67}Na_{0.33})_2CO_3$组成的复合材料构筑 EFFC，最大功率密度达到 360mW/cm^2。此外，英国 Strathclyde 大学的 Shanwen Tao 教授课题组 2014 年报道单相 $LiAl_{0.5}Co_{0.5}O_2$（LAC）材料具有超质子导电性，在 500℃质子电导率超过 0.1S/cm。他们用此材料构造了以银为对称电极的单部件燃料电池，在 525℃获得了 173mW/cm^2 的功率密度输出(LAC 层厚度为 0.79mm)。从该文章主要可以得出三个结论：①LAC 本身是混合离子和电子导体。文章证实该材料在氢浓差电池测量中的质子迁移数在所测温度范围内小于 0.55。②Ag 是阴极 O_2还原的良好催化剂，但是在阳极对氢气或者燃料的催化活性极低。Ag 主要起到阴极集电极的作用，而非电极材料。③ LAC 电池在放电之后分解为 Co 基金属或氧化物复合物和 $LiAlO_2$，前者为良好的氢氧化反应、氧还原反应催化剂和导电良好的半导体材料，后者是电子/离子绝缘体，非常类似单层电池的复合材料。

2015 年，朱斌等人以钙钛矿 $La_{0.2}Sr_{0.25}Ca_{0.45}TiO_3$（LSCT）构造单层燃料电池，并发现 LSCT 可以实现燃料电池电解质、阳极和阴极的全功能特性。2016 年 Zhou 等人在 *Nature* 期刊上发表了《强耦合钙钛矿燃料电池》(*Strongly correlated perovskite fuel cells*)，他们用金属型导电的钙钛矿氧化物构造单层燃料电池，在 500℃下获得 220mA/cm^2。文章认为 SNO 在燃料电池气氛和操作温度下会产生 Mott 相变，在线生成一层具备高质子导电性的电子绝缘材料，起到电解质的作用。这些研究为单层燃料电池科学和技术提供了新的思路和途径。

在上述单层燃料电池基础之上，朱斌等人进一步改进电池结构，通过在半导体-离子导体复合材料层两侧添加半导体催化剂层（例如 $Ni_{0.8}Co_{0.15}Al_{0.05}LiO_{2-\delta}$，NCAL）提升电池的低温性能与稳定性。目前大量研究表明，相比纯离子导体电解质，基于半导体-离子导体复合电解质的 SOFC 具有更加优异的低温性能。

11.1.2 工作原理

对于传统的 SOFC，其工作原理为：

氧分子在阴极获得电子，在催化剂的作用下，被催化还原成氧离子 O^{2-}。

$$O_2(g)+4e^- \longrightarrow 2O^{2-}$$

O^{2-} 通过电解质到达阳极，与燃料（可以为 H_2、CO 和 CH_4，这里以 H_2 为例）发生氧化反应生成水，同时释放出电子。

$$2H_2(g)+2O^{2-} \longrightarrow 2H_2O(g)+4e^-$$

电子通过外电路到达阴极，参与阴极的还原反应，形成回路。

总反应为：

$$2H_2(g)+O_2(g) \longrightarrow 2H_2O$$

下面通过对传统的 SOFC 进行重新认识来理解半导体-离子导体燃料电池的工作原理。Signgh 与 Nowotny 指出传统 SOFC 的可以视为以离子导体电解质分隔的 n 型传导领域的阳极和 p 型传导的阴极。也就是说阳极和阴极分别具有半导体的 n 型和 p 型电导或材料［图 11-1(a)］。如果我们把当中的离子电解质拿掉，会发生什么情况呢？只剩下 n 传导的阳极和 p 传导的阴极，这是什么呢？就是我们熟知的 pn 结型太阳能电池的工作原理［图 11-1(b)］。

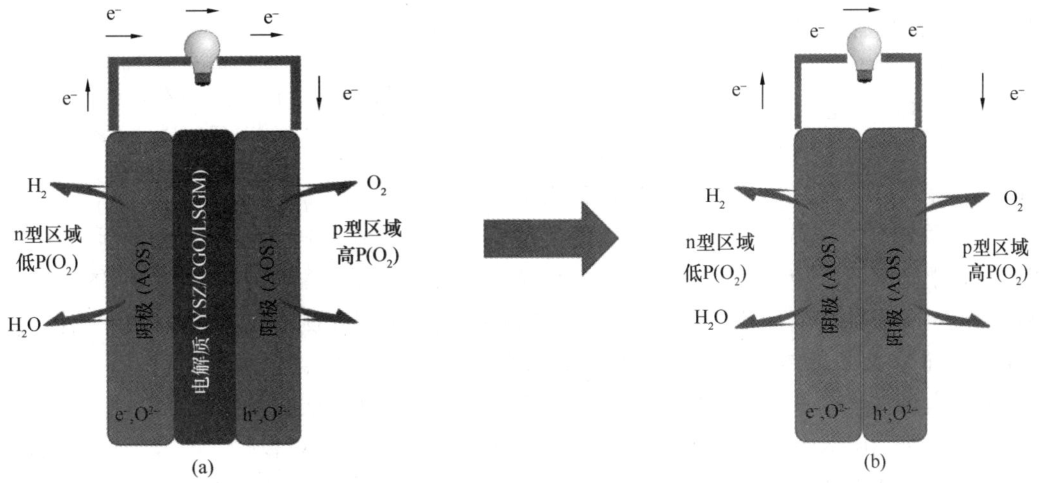

图 11-1　半导体-离子导体燃料电池工作原理

(a) 由 n 型传导阳极区，离子电解质和 p 型传导阴极区构建的燃料电池器件；

(b) 移除中间的电解质层后，新器件的工作原理类似 pn 结太阳能电池的工作原理

在传统的 SOFC 中，电解质的作用主要是传导离子与隔绝电子（避免电子在阳极与阴极之间传输），如果电解质材料具有电子传导能力或者电子可以从阳极传输到阴极则会导致电

池内部短路，从而降低电池输出电压［图 11-2(a)］。因此，如果按照传统 SOFC 的工作原理，在半导体-离子导体复合材料燃料电池中，由于半导体材料的加入，势必引入电子传导能力，但是电池并未出现短路现象。可见，传统 SOFC 的工作原理不能解释基于半导体-离子导体电解质的燃料电池的工作原理。在太阳能电池中，不存在隔绝电子的电解质层，而是利用 pn 结、肖特基结或者异质结等产生的内建电场实现电子与空穴的分离，实现电子的单向导通，从而不让电子通过电池内部从阳极传输到阴极。图 11-2[(b)～(d)]描述了这种单层半导体-离子导体复合材料燃料电池的工作原理。由于这种电池只由一层均匀分布的半导体-离子导体复合材料层组成［图 11-2(b)］，因此其中的半导体材料需要对氢气氧化反应和氧气还原反应均具有催化性能。当氢气与空气分别通入半导体-离子导体复合材料层两侧，则分别被催化生成 H^+ 与 O^{2-} ［图 11-2(c)］。

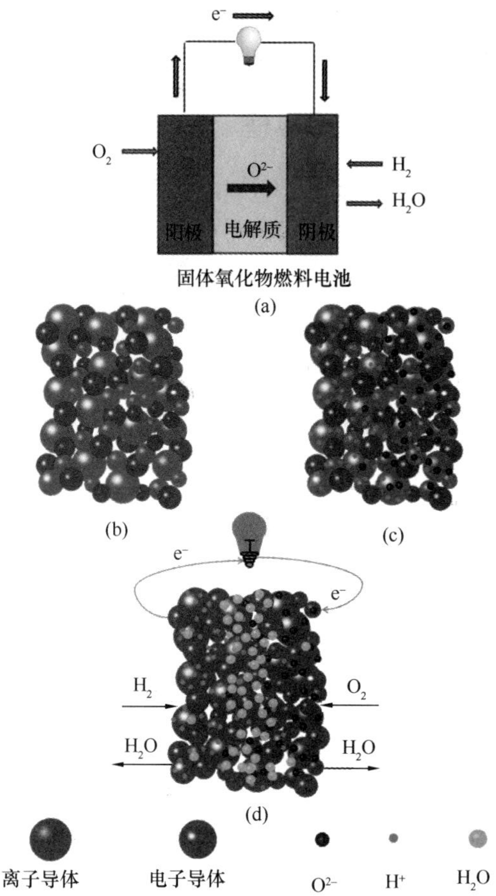

图 11-2 传统 SOFC 与单层半导体-离子导体复合材料燃料电池结构与工作原理比较

(a) 传统 SOFC 工作原理与结构示意图；
(b) 半导体-离子导体复合材料层；
(c) H_2 与 O_2 分别被催化生成 H^+ 与 O^{2-}；
(d) 材料表面的电子释放与接收过程，以及 H^+ 与 O^{2-} 结合生成水并产生电能的过程

氢气侧：$2H_2 \longrightarrow 4H^+ + 4e^-$

氧气侧：$O_2 + 4e^- \longrightarrow 2O^{2-}$

反应生成的 H^+ 与 O^{2-} 结合生成 H_2O，电子则通过外电路传输，产生能量［图 11-2(d)］。

总反应：

$2H_2 + O_2 \longrightarrow 4H^+ + 2O^{2-} \longrightarrow 2H_2O$

此时，暴露于氢气环境中的复合材料相当于阳极，暴露于氧气环境中的复合材料相当于阴极。相关研究人员认为当 H^+ 与 O^{2-} 距离足够近时，上述氧化反应、还原反应以及总反应可在复合材料层的任何部位持续发生。现在的问题主要为氢气侧反应生成的电子为什么不是经过半导体-离子导体复合材料层到达氧气侧，而是通过外电路到达氧气侧。

根据电池结构与所用材料的不同，可分为单层、双层和三层三种结构。

其中对于三层结构的半导体-离子导体燃料电池，根据半导体材料的能带特点，平面异质结和体异质结均可用来阻隔电池内部的电子传输。由于电池阳极催化剂在高温还原条件下容易生成金属镍，因此当电解质中含有 P 型半导体材料时，可在电极与电解质的界面处形成内建电场，该内建电场可有效阻挡电子由阳极经由电解质向阴极传导，如图 11-3 (a) 所示。夏晨等人则通过在 p 型半导体 $BaCo_{0.4}Fe_{0.4}Zr_{0.1}$ Y0. $1O_{3-\delta}$ 中引入 n 型 ZnO 构建了三维异质复合材料，充分利用晶粒层面的体异质结和器件宏观极性分布产生的内建电场对界面载流子的调控作用，实现了半导体复合材料的电解质功能，并促进了电池的电化学反应，如

图 11-3（b)所示。董文静等人从能带设计角度出发提出了燃料电池的基本能带模型和能带设计原则。并成功设计和构造了以半导体 TiO_2 薄膜材料为电解质的燃料电池，通过燃料电池阳极、电解质、阴极三层材料间的能带匹配，阻止电子在电池内部的传输，如图 11-3（c）所示。

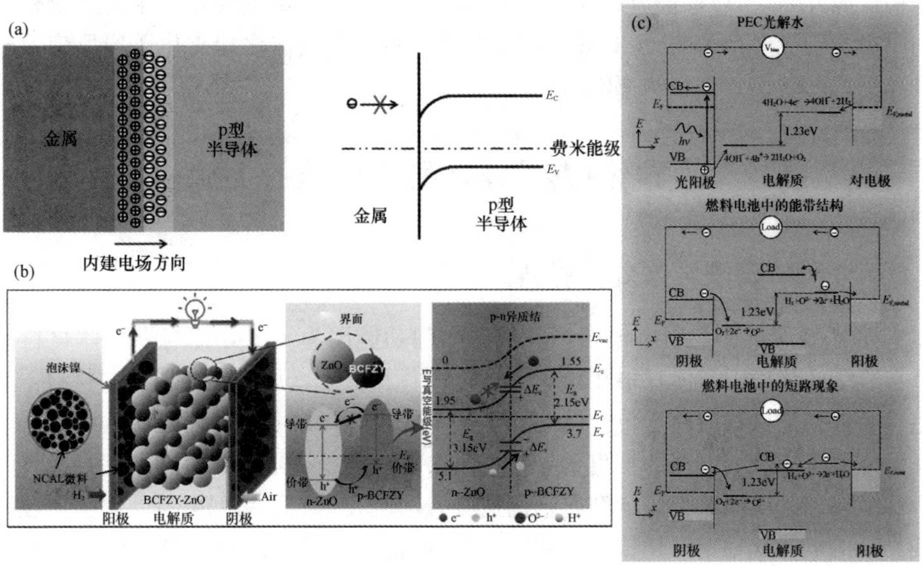

图 11-3 （a）肖特基结原理图及其界面能带图；（b）BCFZY-ZnO 电池结构以及界面能带结构对载流子的调控机制；（c）光解水器件与燃料电池中的能带结构与电子传输示意图

此外，半导体-离子导体燃料电池的中间功能层可采用三电荷（H^+，O^{2-}，e^-）传导氧化物（TCO）材料构造，如图 11-4 所示。在这种情况下，TCO 的功能就像一个膜反应

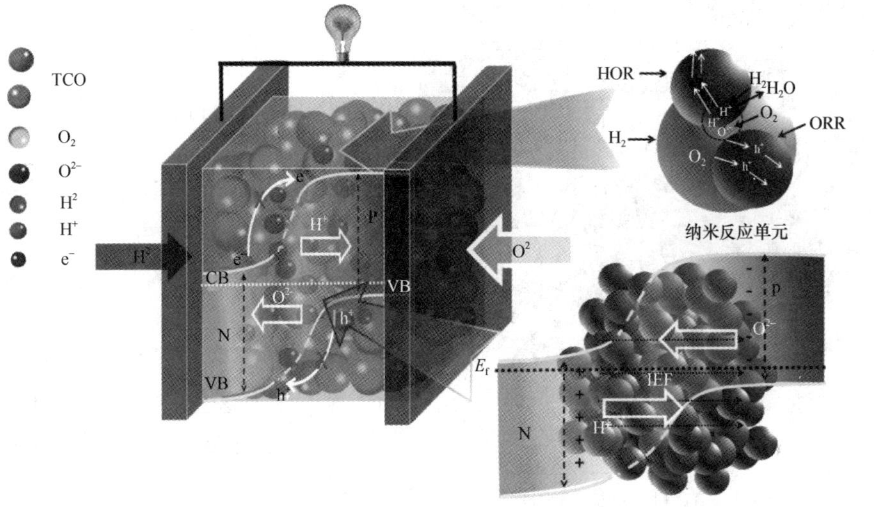

图 11-4 基于 TCO 功能层的三层结构半导体-离子导体燃料电池的纳米氧化还原单元/反应器和电荷分离机制图

（E_c—导带能级；E_v—价带的能量；E_f—Femi 能级的能量；IEF—内部电场；TCO—三重三电荷导电氧化物；HOR—氢氧化反应；ORR—氧还原反应；CB—导带；VB—价带）

器，它不仅可以实现 TCO 膜上的 HOR 和 ORR，还可以同时运输离子来完成燃料电池反应。由于 TCO 的两性半导体特性，它在电池的还原或氧化条件下显示 n 型或 p 型电导率。因此，可以原位形成空间体 p-n 异质结，以防止电池内部电子短路问题。HOR 和 ORR 可以发生在 TCO 膜层的任何位置，以实现燃料电池的功能。由于 TCO 本身起到了电极作用，因此当 TCO 膜器件处于运行状态时，电子被激活到导带，空穴到价带，可以转移到阳极和阴极区，如图 11-4 所示，从而进一步提高电催化和氧化还原反应效率，使器件具有更高的转换效率和功率输出。

11.2 半导体-离子导体燃料电池的关键材料

11.2.1 半导体-离子导体复合材料

在半导体-离子导体燃料电池中，其核心中间功能层为离子导体与半导体材料的复合材料。与传统的纯离子导体材料相比，上述复合材料由于增加了异相半导体材料，通过增加异相界面提高了材料的离子传导性能，但是相关机理尚缺乏统一意见。

在固体氧化物燃料电池的氧离子导体材料中，氧离子一般依靠氧空位传导。传统研究方法依靠结构掺杂增加氧空位浓度，采用这种方法研究得到了系列电解质材料，包括用于高温 SOFC 的氧化钇稳定氧化锆（YSZ）、用于中低温 SOFC 的掺杂氧化铈等。但是这些材料仍不能解决 SOFC 面临的商业化过程中的高成本的挑战。近年来，Barriocanal 等人发现在结构不同的异相材料的界面处也存在大量的氧缺陷。他们制备了层状三明治结构的 STO/YSZ/STO 材料，研究中间 YSZ 层的厚度与层状材料氧离子传导性能之间的关系，并对比了 STO/YSZ/STO 结构材料与单层 YSZ 材料的离子传导性能。研究结果显示叠层结构 STO/YSZ/STO 的离子传导性能显著高于单层 YSZ 材料，并且 STO/YSZ/STO 的离子传导性能随着中间层 YSZ 厚度的降低而升高，说明增加异相界面可以有效提高材料的晶界离子传导性能。Barriocanal 等人认为这主要是由于异相材料晶界处原子重新排布产生大量的氧缺陷，提供了大量的氧离子传输通道（图 11-5）。王浚英等人在研究基于 LSM-SDC 复合材料的半导体-离子导体燃料电池过程中，采用电化学交流阻抗谱对比研究了 LSM-SDC 复合材料与纯 SDC 离子导体材料的

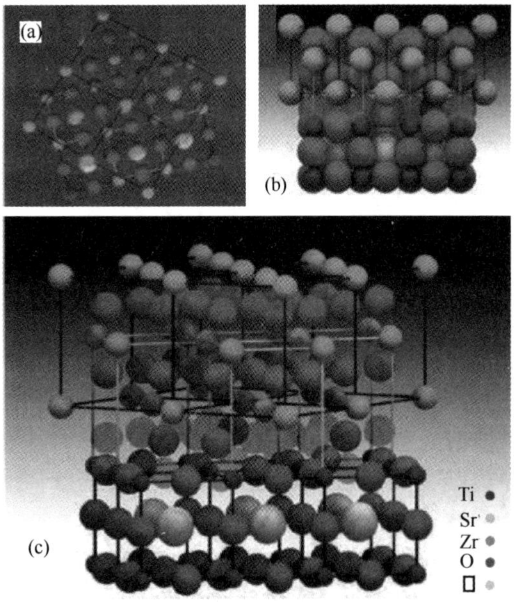

图 11-5 YSZ/STO 界面模型图
(a) 钙钛矿与萤石材料的结构相容性；
(b) STO（下）与 YSZ（上）界面图示，
图中原子大小比例与实际比例相同；
(c) STO（下）与 YSZ（上）界面的三维模型图，
图中为了方便观察，将所有原子尺寸缩小了一半

晶界离子传导性能，发现复合材料的晶界离子传导性能高于纯 SDC 离子导体材料，并且 LSM 与 SDC 的配比影响复合材料的晶界离子传导性能，当 LSM 与 SDC 的质量比为 1∶2 时，晶界离子传导性能达到最优化。

汪宝元等人在研究基于 LSCF-SCDC 复合材料的半导体-离子导体燃料电池时发现，在 LSCF 与 SCDC 材料的晶界处，O/(La+Sr+Co+Fe+Ce+Sm+Ca)的元素比值高于体相，推测由于 LSCF 与 SCDC 体相中的 O 原子向晶界处扩散导致，与此同时，为体相创造了更多的氧空位，有利于提高氧离子在体相中的传导速率。

迄今为止，已经发现的可以用于半导体-离子导体燃料电池的功能材料种类繁多，远远超过根据电化学理论指导发展的传统 SOFC 电解质材料范围。这些功能材料，一方面可以来源于传统 SOFC 的阳极、电解质和阴极材料，例如 NiO 和各种新发现的钙钛矿阳极材料，YSZ、SDC 等电解质材料，以钙钛矿为主体的阴极材料（包括 $La/Ba_{1-x}Sr_xCo_{0.8}Fe_{0.2}O_{3-\delta}$、$La_{1-x}Sr_xMnO_{3-\delta}$、$LaNiO_3$等）；另一方面，众多在传统 SOFC 中尚未得到应用的 n 型和 p 型半导体氧化物材料，如 $SmNiO_3$、La-$SrTiO_3$、$La_{0.2}Sr_{0.25}Ca_{0.45}TiO_3$、ZnO、$SrTiO_3$等。可以预见，按照新型半导体-离子导体燃料电池的原理，可以设计和发展多样化的半导体-离子导体材料。

11.2.2 电极材料

在传统的 SOFC 中，电极材料（包括阳极材料与阴极材料）主要作为氢气氧化反应（阳极）与氧气还原反应（阴极）的催化剂，是膜电极组件中重要的组成部分。但是在半导体-离子导体燃料电池中，电极材料不再是必备材料。例如，对于前面讲到的单层半导体-离子导体燃料电池，由于复合材料中的半导体材料兼具良好的氢氧化催化性能以及氧还原催化剂性能，因此在复合材料层两边只需涂覆集流体 Ag 导电层，不需要增添阳极催化层与阴极催化层。这种单层半导体-离子导体燃料电池虽然可以有效避免电解质层与电极层之间的分层问题，但是由于缺少高效的阳极催化剂与阴极催化剂，电池性能偏低。因此在单层半导体-离子导体燃料电池的研究基础上，朱斌等人提出了三层结构的半导体-离子导体燃料电池。

1. 阳极材料

在半导体-离子导体燃料电池中，阳极除了作为氢气氧化反应的催化剂外，还可以通过与中间功能层中的半导体材料形成 pn 结或肖特基结等阻止电子在电池内部传输。在燃料电池中，由于电子在阳极生成，因此只有当 pn 结或者肖特基结的内建电场方向从阳极指向阴极时才能阻挡电子在电池内部的传输，如图 11-3（a）所示。

当阳极材料选取 n 型半导体，复合材料层中选取 p 型半导体时，在阳极与复合材料层的接触界面处，在形成接触的某一时刻，n 型侧的费米能级高于 p 型侧的费米能级，导致电子由费米能级高的 n 型区向费米能级低的 p 型区转移，从而在 n 型区留下正电荷，在 p 型区形成负电荷，形成的内建电场即从 n 型区（阳极）指向 p 型区（阴极）。朱斌等人选取 LSCF（$La_{0.6}Sr_{0.4}Co_{0.2}Fe_{0.8}O_{3-\delta}$，p 型)-SCDC（钐与钙共掺杂的氧化铈）复合材料作为中间功能层，n 型的 $La_{0.2}Sr_{0.25}Ca_{0.45}TiO_3$（LSCT）作为阳极材料，$Ni_{0.8}Co_{0.15}Al_{0.05}$Li-oxide（NCAL）作为阴极材料，电池结构如图 11-6(a) 所示，制备的半导体-离子导体燃料电池的开路电压达到了 1V 以上，说明电池内部形成的 pn 结有效阻挡了电子从燃料电池阳极向阴极迁移，避免了电池内部短路问题。如果阳极材料改用p型半导体NCAL，电池结构如图11-6(b)所示，则在阳极氢气还原气氛下，NCAL被还原生成的Ni-Co合金可与LSCF形成肖特基接触，其内建电场可阻挡电子从阳极经由电池内部向阴极迁移［图11-7(b)］。

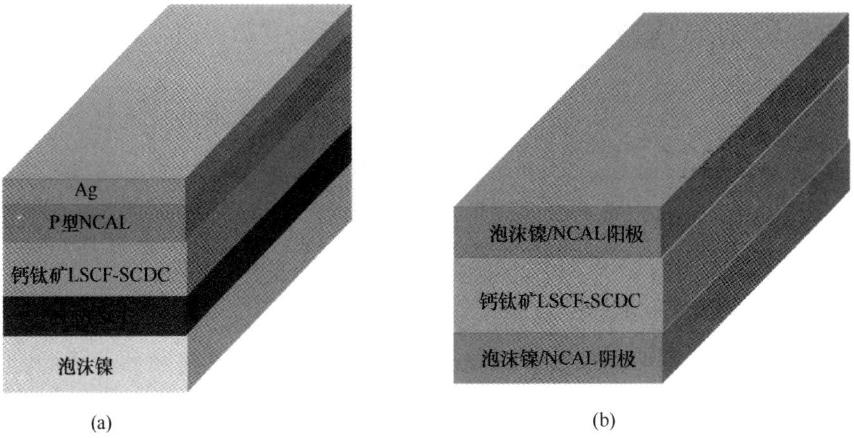

图11-6　基于pn结与肖特基结的半导体-离子导体燃料电池结构示意图

（a）基于pn结；（b）基于肖特基结

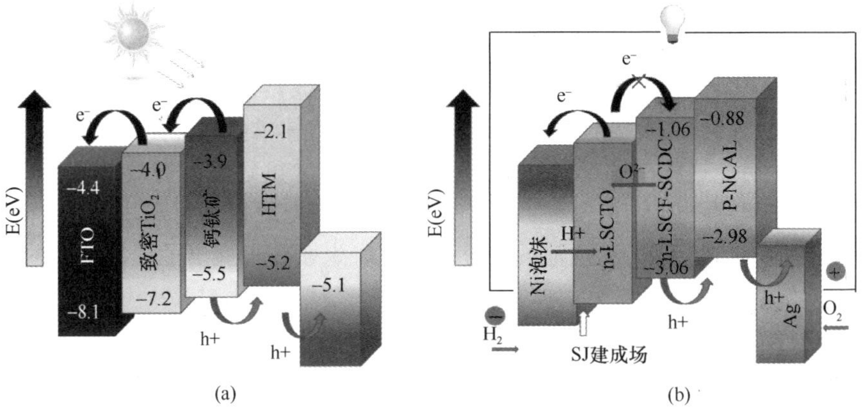

图11-7　电池工作原理

（a）钙钛矿太阳能电池的工作原理示意图；（b）基于肖特基结的半导体-离子导体燃料电池的工作原理示意图

此外，NCAL在氢气气氛下还原析出锂离子，锂离子扩散进入到电解质层的孔道中，形成的含锂化合物一方面可以使电解质原位致密化，避免了高温烧结过程，另一方面可以有效提升电解质的界面离子传导能力。

2. 阴极材料

在半导体-离子导体燃料电池中，虽然阴极材料的主要作用与传统SOFC阴极材料的作用类似，主要为催化氧气还原反应。但是现有研究表明采用NCAL作为阴极材料的半导体-离子导体燃料电池的电能要优于采用传统低温催化剂LSCF作为阴极材料的半导体-

离子导体燃料电池的性能。这是由于 NCAL 具有较好的氧还原催化性能和兼具质子、离子与电子传输特性导致。

11.3 影响半导体-离子导体燃料电池性能和寿命的主要因素

电池的操作条件（包括工作温度、气体压力）以及制备工艺均对电池的性能有显著影响。

11.3.1 温度的影响

根据燃料电池热力学，当反应气体压强恒定时，电池可逆电压与温度之间的关系为：

$$E_{\mathrm{T}} = E^{0} + \frac{\Delta S}{n\mathrm{F}}(T - T_{0}) \tag{11-1}$$

式中，E_{T}为任意温度 T 下的电池电压，E^{0}为 25℃（T_0）下的电池电压，ΔS 为燃料燃烧反应的熵变，n 为电极反应的电荷转移数，F 为法拉第常数。因此，工作温度对电池性能的影响取决于电池总反应的熵变。当燃料燃烧反应的熵变大于零时，电池可逆电压随着温度的升高而升高，否则随着温度的升高而降低。由图 11-8 可以看出，当采用氢气为燃料气时，电池可逆电压随着温度的升高而降低。但是，根据电极反应动力学：

$$j_0 = n\mathrm{F}c_{\mathrm{R}}^{*} \times f_1 \times \mathrm{e}^{-\frac{\Delta G}{RT}} \tag{11-2}$$

式中，j_0为电极反应的交换电流密度，即电极反应处于平衡态时的单向电流密度，n 为电极反应的电荷转移数，F 为法拉第常数，c_{R}^{*} 为电极表面的反应物浓度，f_1为电极反应中处于活化态的物质衰变到生成物的速率，ΔG 为电极反应的活化能，R 为气体常数，T 为电池工作温度。可见，升高电池工作温度，可以提高电池交换电流密度 j_0。根据电极反应动力学中的 B-V 方程［式（11-3）］，提高 j_0可以升高电池输出电流。

$$j = j_0\left(\mathrm{e}^{\frac{\alpha n\mathrm{F}\eta}{\mathrm{R}T}} - \mathrm{e}^{-\frac{(1-\alpha)n\mathrm{F}\eta}{\mathrm{R}T}}\right) \tag{11-3}$$

式中，j 为净电流密度，α 为传输系数，n 为电极反应的电荷转移数，F 为法拉第常数，η 为电极反应过电势（即实际电极电势与可逆电势电势的差值），R 为气体常数，T 为电池工作温度。此外，从动力学方面考虑，升高温度也可以改善催化剂的催化性能以及电解质材料的离子传导性能。对于离子导体-半导体燃料电池，动力学因素起主导作用，升高温度可以升高电池输出功率。

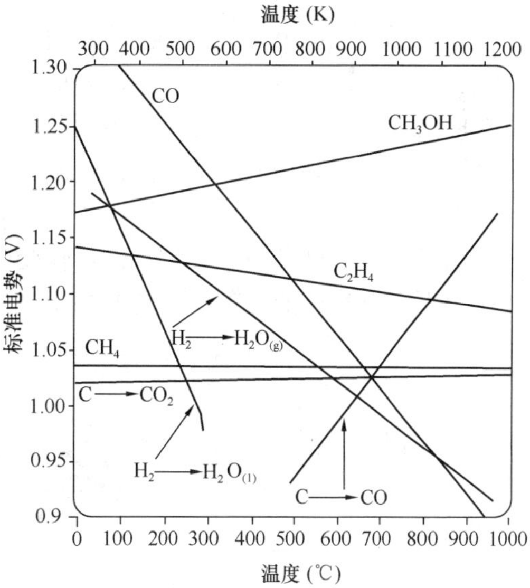

图 11-8　不同燃料电化学氧化反应中可逆电压与温度的关系

11.3.2 压力的影响

根据燃料热力学，当工作温度恒定时，电池可逆电压与压强之间的关系为：

$$E_P = E^0 - \frac{\Delta n_g RT}{nF}\ln\frac{P_T}{P_0} \tag{11-4}$$

式中，E_P为任意压强 P 下的电池可逆电压；E^0为 1atm(P_0) 下的电池电压；Δn_g为燃料燃烧反应前后气体摩尔量的变化；R 为气体常数；T 为工作温度；n 为电极反应的电荷转移数；F 为法拉第常数。因此，当 $\Delta n_g > 0$ 时，电池可逆电压随着反应气体的压强升高而降低，反之随着反应气体的压强升高而升高。从电池动力学方面考虑，升高反应气压力也可以通过提高交换电流密度提高电池性能。但是由于升高电池不仅增加电池密封难度，而且当阴极采用空气时，会增加空气压缩机的功耗，因此反应气工作压力一般选在常压到几个大气压之间。

11.3.3 电池制备工艺的影响

电池制备工艺包括电极制备工艺、电池压制工艺，均会影响电池性能。

在半导体-离子导体燃料电池中，一般采用涂布法制备电极，即将电极材料粉末与乙酸乙酯、异丙醇等混合均匀制成黏稠浆料后，均匀涂布在泡沫镍上。在制备电极过程中，选取的泡沫镍的厚度、浆料配比、催化剂涂布厚度均对电池性能有显著影响。催化剂担量过小导致催化位点不足，担量过大导致电极过厚，影响反应气体传输，且会升高欧姆电阻。

半导体-离子导体燃料电池通常采用干压法制备，研究表明，当压强采用 450MPa 时，电池性能达到最佳（图 11-9）。升高压强与降低压强均会升高电池欧姆电阻，导致电池性能下降。由于在电池制备过程中，电池采用一步压制成型，即将离子导体-半导体粉末置于两电极片之间压制成电池片，因此压制压强对中间功能层与电极层的压实度具有同等程度的影响。当压强升高时，功能层压实度升高，有利于离子传输，升高电池性能；但是压强升高电极层压实度升高，导致气体传输受阻，三相界面减少，电池性能下降。在这两方面的作用下，电池性能随着压强的升高呈现先升高后下降的趋势。

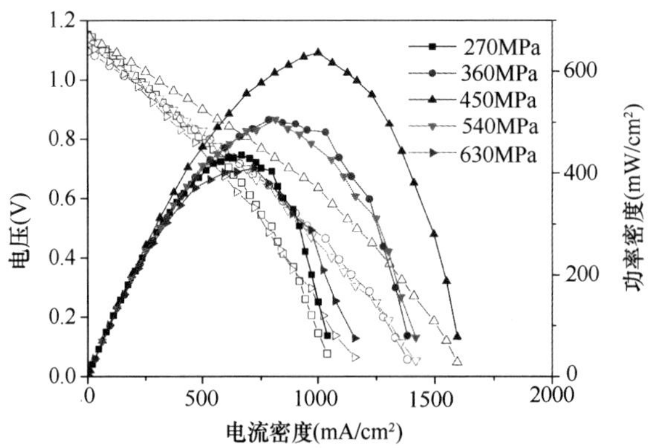

图 11-9 电池制备压强对电池 I-V 及 I-P 曲线的影响（测试温度：550℃）

11.4 半导体-离子导体燃料电池的展望

半导体-离子导体燃料电池的研究历史较短，但是其性能已经显著超过了传统的SOFC。目前关于其工作机理研究仍然需要深入。由于缺少工程技术开发，缺少可供参考的电池寿命数据，因此，深入研究半导体-离子导体燃料电池的工作机理，加大工程技术开发力度将是今后的主要发展方向。这是一个极具挑战性的工作，同时是一个极有科学和应用价值的前沿领域，需要更多的各个领域的优秀科研人员加入。

思考题

1. 什么是半导体离子导体？有哪些？请举例。
2. 如何设计和构造半导体离子材料？
3. 半导体离子燃料电池与传统的固体氧化物燃料电池在电解质方面的差别是什么？
4. 简述半导体-离子导体燃料电池的工作原理；与传统的固体氧化物燃料电池相比，在结构、工作原理等方面的相同点与不同点。
5. 简述半导体-离子导体燃料电池中复合材料层的作用。
6. 哪些因素可能影响半导体离子导体燃料电池的性能？
7. 你认为半导体离子导体燃料电池的发展前景如何？

参考文献

[1] SHIMADA H, YAMAGUCHI T, SUZUKI T, et al. High power density cell using nanostructured Sr-doped $SmCoO_3$ and Sm-doped CeO_2 composite powder synthesized by spray pyrolysis[J]. Journal of Power Sources, 2016, 302: 308-314.

[2] 衣宝廉. 燃料电池——原理·技术·应用[M]. 北京：化学工业出版社，2003.

[3] ZHU B, RAZA R, ABBAS G, et al. An electrolyte-free fuel cell constructed from one homogenous layer with mixed conductivity[J]. Advanced Functional Materials, 2011, 21(13):2465-2469.

[4] LAN R, TAO S. Novel proton conductors in the layered oxide material $LiAl_{0.5}Co_{0.5}O_2$ [J]. Advanced Energy Materials, 2014, 4(7):1301683.

[5] ZHU B, LUND P D, RAZA R, et al. Schottky junction effect on high performance fuel cells based on nanocomposite materials[J]. Advanced Energy Materials, 2015.

[6] ZHOU Y, GUAN X, ZHOU H, et al. Strongly correlated perovskite fuel cells[J]. Nature, 2016, 534(7606):231-234.

[7] ZHU B, HUANG Y, FAN L, et al. Novel fuel cell with nanocomposite functional layer designed by perovskite solar cell principle[J]. Nano Energy, 2016, 19:156-164.

[8] GARCIA-BARRIOCANAL J, RIVERA-CALZADA A, VARELA M, et al. Colossal ionic conductivity at interfaces of epitaxial $ZrO_2:Y_2O_3/SrTiO_3$ heterostructures [J]. Science, 2008, 321(5889):676-680.

[9] WANG B Y, WANG Y, FAN L D, et al. Preparation and characterization of Sm and Ca co-doped ceria- $La_{0.6}Sr_{0.4}Co_{0.2}Fe_{0.8}O_{3-delta}$ a semiconductor-ionic composites for electrolyte-layer-free fuel cells[J]. Journal of Materials Chemistry A, 2016, 4(40): 15426-15436.

[10] ZHU B, HUANG Y Z, FAN L D, et al. Novel fuel cell with nanocomposite functional layer designed by perovskite solar cell principle[J]. Nano Energy, 2016, 19: 156-164.

[11] ZHOU X M, YANG J J, WANG R M, et al. Advances in lithium-ion battery materials for ceramic fuel cells[J]. Energy Materials, 2022: 200041.

12 其他类型燃料电池

除了上述几种燃料电池以外，还有几种燃料电池也具有广阔应用前景，比如适用于中小规模分散电站的熔融碳酸盐燃料电池，曾主要用于航天领域的碱性燃料电池，最接近实际应用的磷酸燃料电池，以甲醇直接作为燃料的直接甲醇燃料电池等。下面将针对这几种燃料电池及其材料进行说明。

12.1 熔融碳酸盐燃料电池

12.1.1 概述

作为高温燃料电池中重要的一种，熔融碳酸盐燃料电池(Molten Carbonate Fuel Cell, MCFC)被认为是最有希望在新世纪率先实现商品化的燃料电池。它除具有一般燃料电池的不受热机卡诺循环限制，能量转换效率高；洁净、无污染、噪声低；模块结构，积木性强，适应不同的功率要求，灵活机动，适于分散建立；比功率、比能量高，降载弹性佳等共同优点外，MCFC 还具有如下的技术特点：

(1)由于 MCFC 的工作温度为 650～700℃，属于高温燃料电池，其本体发电效率较高(可到 60% LHV)，并且不需要贵金属作催化剂，制造成本低。

(2)既可以使用纯氢作燃料，又可以使用由天然气、甲烷、石油、煤气等转化产生的富氢合成气作燃料，可使用的燃料范围大大增加。

(3)排出的废热温度高，可以直接驱动燃气轮机/蒸汽机进行复合发电，进一步提高系统的发电效率。

(4)电池隔膜与电极板均采用带铸方法制备，工艺成熟，易大批量生产。

(5)相比其他发电方式，当负载指数大于 45%，MCFC 发电系统年成本最低，尤其应用于中小规模分散型发电系统。

另外，我国是燃煤大国，燃煤污染十分严重，而 MCFC 发电是解决这一问题的有效途径。若应用基础研究能成功地解决电池关键材料的腐蚀等技术难题，使电池使用寿命从现在的 10000h 延长到 40000h，MCFC 将很快商品化，作为分散型或中心电站进入发电设备市场。

12.1.2 原理和结构

MCFC 的工作原理及结构如图 12-1、图 12-2 所示。构成 MCFC 的关键材料与部件为阳极、阴极、隔膜和整流板或双权板。典型的电解质组成是 62%Li_2CO_3+38%K_2CO_3(摩尔分数)，导电离子为 CO_3^{2-}，MCFC 中的电化学反应在气-液(电解质)-固三相界面进行。MCFC 依靠多孔电极内毛细管压力的平衡来建立稳定的三相界面。工作时，阳极上的 H_2

与电解质中 CO_3^{2-} 反应生成 CO_2 和 H_2O，同时将电子送到外电路，阴极上 O_2 和 CO_2 则与外电路送来的电子结合生成 CO_3^{2-}。MCFC 电极反应：

阴极反应：　$O_2 + 2CO_2 + 4e^- \longrightarrow 2CO_3^{2-}$

阳极反应：　$2H_2 + 2CO_3^{2-} \longrightarrow 2CO_2 + 2H_2O + 4e^-$

总反应：　$O_2 + 2H_2 \longrightarrow H_2O$

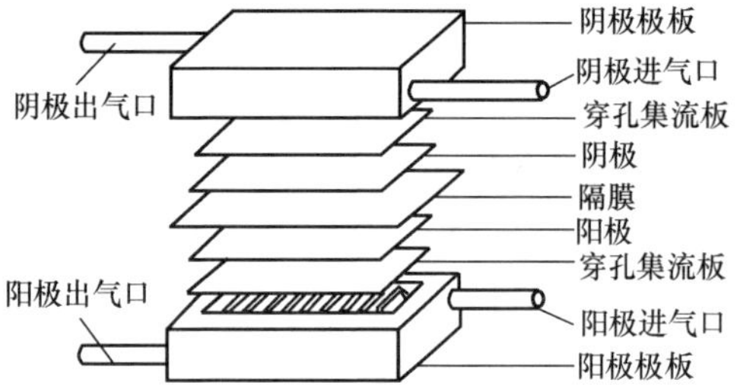

图 12-1　MCFC 结构

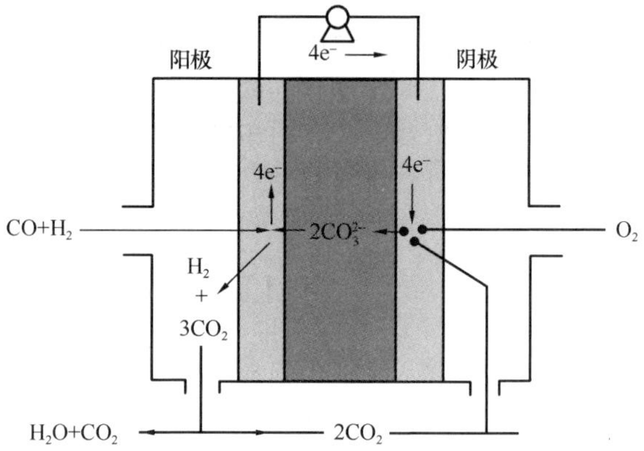

图 12-2　MCFC 工作原理

由电极反应可知，MCFC 电池的电离子为 CO_3^{2-}。此电池与其他类型燃料电池的区别是，在阴极 CO_2 为反应物，在阳极 CO_2 为产物。因此，电池工作过程中 CO_2 在循环。为确保电池稳定、连续地工作，必须使阳极产生的 CO_2 返回到阴极。一般做法是，将阳极室排出的尾气燃烧，消除其中的氢和一氧化碳，经分离除水，再将 CO_2 返回到阴极。

12.1.3　阳极材料

MCFC 的电极是氢气或一氧化碳氧化和氧气还原的场所。为加速电化学反应，必须有抗熔盐腐蚀、电催化性能良好的电催化剂，并由电催化剂制备多孔气体扩散电极。为确保电解液在隔膜、阴极、阳极间良好分配，电极与隔膜必须有适宜的孔匹配。

MCFC 最早采用的阳极催化剂为 Ag 和 Pt。为了降低电池成本而使用导电性与电催化性能良好的 Ni；为防止在 MCFC 工作温度与电池组装力作用下镍发生蠕变，又采用 Ni-Cr、Ni-Al 合金阳极电催化剂。

研究表明，由于 Ni 具有较强的吸氢能力，所以有较高的交换电流密度。但是在高温和应力长期作用下，塑性的金属材料会发生蠕变，即金属晶体结构产生微变形。对多孔镍而言，由于在 MCFC 中工作温度是 650℃，并在法线方向承受负荷，在高温下还原气氛中的 Ni 将发生蠕变，很容易造成多孔结构的破坏以及厚度收缩、接触密封不良和高的阳极电位等缺陷，严重影响了 MCFC 电堆的效率和寿命。因此需要对纯 Ni 阳极进行改性，以克服蠕变应力。

为提高阳极的抗蠕变性能和力学强度，采用了以下几种方法：

(1) 向 Ni 阳极中加入 Cr、Al 等元素，形成 Ni-Cr、Ni-Al 合金，以达到弥散强化的作用。

(2)向 Ni 阳极中加入非金属氧化物，如 $LiAlO_2$ 和 $SrTiO_3$，利用非金属氧化物良好的抗高温蠕变性能对阳极进行强化。

(3)在超细 $LiAlO_2$ 或 $SrTiO_3$ 表面上化学镀一层 Ni 或 Cu，然后将化学镀后的 $LiAlO_2$ 或 $SrTiO_3$ 热压烧结成电极，由于以非金属氧化物作为"陶瓷核"，这种电极的抗蠕变性能很好。

目前普遍采用 Ni-Cr 或 Ni-Al 合金作 MCFC 阳极。

12.1.4 阴极材料

MCFC 阴极的作用是：提供还原反应活性位、催化阴极反应及提供反应物通道、传递电子。同时，基于阴极反应特征、高温熔盐环境和电站长寿命要求(40000h 以上)，对阴极材料提出了如下要求：

(1) 电子良导体，内阻小，在 650℃具有高的电导率($\sigma>1S/cm$)。

(2) 在 MCFC 的标准工作气氛下稳定。

(3) 在阴极环境下熔融碳酸盐的熔解度尽可能低。

(4)优良的电催化活性，对 O_2 具有高的催化还原效率。

(5) 易于形成多孔电极板，比表面积高，孔结构和孔径分布适宜，有利于传质。

MCFC 阴极电催化剂普遍采用多孔 NiO，它是多孔金属 Ni 在电池升温过程中，经高温氧化而成。为了提高 NiO 电极的导电性，在 NiO 中掺杂物质分数约为 2%的 Li，形成非化学计量化合物 $Li_xNi_{1-x}O$，产生游离电子。但是，这样制备的 NiO 电极会产生膨胀，向外挤压电池壳体，破坏壳体与电解质基体之间的湿密封。

在实现 MCFC 商业化过程中，阴极的稳定性是实现这一目标的关键。随着电极长期工作运行，阴极在熔盐电解质中将发生熔解，熔解产生的 Ni^{2+} 扩散进入到电池隔膜中，被隔膜阳极一侧渗透的 H_2 还原成金属 Ni，而沉积在隔膜中，最后可能造成电池短路。NiO 在熔盐中的腐蚀熔解以及转移和沉积过程非常复杂，主要受以下几种因素影响：温度、熔盐的组成和气氛。当熔盐为 Li_2CO_3/K_2CO_3 时，NiO 熔解度随钾含量增加而增加。由于 MCFC 阴极气体组成中含 CO_2，所以当 CO_2 含量较高时，阴极熔解短路机理主要是酸性熔解机理：

$$NiO+CO_2 \longrightarrow Ni^{2+}+CO_3^{2-}$$

$$Ni^{2+}+CO_3^{2-}+H_2 \longrightarrow Ni+CO_2+H_2O$$

以 NiO 作电池阴极，电池每工作 1000h，阴极的质量和厚度损失将达 3%。当气体工作压力为 0.1MPa 时，阴极寿命为 25000h；当气体工作压力为 0.7MPa 时，阴极寿命仅 3500h。

为提高阴极抗熔盐电解质腐蚀能力，普遍采用的方法有：

(1)向电解质盐中加入碱土类金属盐，如 $BaCO_3$、$SrCO_3$，以抑制 NiO 的熔解。

(2)向阴极中加入 Co、Ag 或 LaO 等稀土氧化物。

(3)以 $LiFeO_2$、$LiMnO_3$ 或 $LiCoO_2$ 等作电池阴极材料。

(4)以 SnO_2、Sb_2O_3、CeO_2、CuO 等材料作电池阴极。

(5)改变熔盐电解质的组分配比，以减缓 NiO 熔解。

(6)降低气体工作压力，以降低阴极熔解速度。

以上几种方法中，比较成功的是以 $LiCoO_2$ 作电池阴极代替 NiO。以 $LiCoO_2$ 作阴极的阴极熔解机理为：

$$LiCoO_2+\frac{1}{2}CO_2 \longrightarrow CoO+\frac{1}{4}O_2+\frac{1}{2}Li_2CO_3$$

若以 $p(O_2)$ 和 $p(CO_2)$ 分别代表阴极 O_2 和 CO_2 气体的分压，比较阴极熔解机理可知，以 NiO 作阴极，熔解速度和 $p(CO_2)$ 成正比；以 $LiCoO_2$ 作阴极，阴极熔解速度和 $p(CO_2)^{1/2} \cdot p(O_2)^{1/4}$ 成正比。显然后者的熔解速度远远低于前者。$LiCoO_2$ 在熔融碳酸盐中的熔解度为 NiO 的 1/3，在常压下的熔解速度小于 0.5μg/(cm^2 · h)。

据估计，$LiCoO_2$ 阴极在气体压力为 0.1MPa 和 0.7MPa 时，寿命分别为 15 万小时和 9 万小时。显然，MCFC 要进入工业化生产，阴极最好采用 $LiCoO_2$。但是 $LiCoO_2$ 电导率和电催化性能均比 NiO 低。

熔融碳酸盐燃料电池的电极用带铸法制备。将一定粒度分布的电催化剂粉料（如羟基镍粉），用高温反应制备的 $LiCoO_2$ 粉料或用高温还原法制备的 Ni-Cr（Cr 含量为 8%）合金粉料与一定比例的黏结剂、增塑剂和分散剂混合，并用正丁醇和乙醇的混合物作溶剂配成浆料，用带铸法制膜。即可以单独程序升温烧结制备多孔电极，也可以在电池程序升温过程中与隔膜一起去除有机物，最终制成多孔气体扩散电极和膜电极“三合一”组件。

12.1.5 电池隔膜

1. 电池隔膜要求

MCFC 由阴极、阳极和隔膜构成。隔膜是 MCFC 的核心部件，在电池中起到电子绝缘、离子导电、阻气密封作用。

MCFC 的工作温度为 650℃，在此温度下，碳酸盐成熔融状态，借助于毛细管力被保持在电解质隔膜中。因此，MCFC 电解质隔膜的性能必须满足以下要求：①有较高的机械强度，无裂缝，无大孔；②耐高温熔盐腐蚀；③在工作状态下，隔膜中应充满电解质，并具有良好的保持电解质的性能；④具有良好的电子绝缘性能。

由于隔膜中起保持碳酸盐电解质作用的是亲液毛细管，Yang-Laplace 公式如下：

$$P=2\sigma\cos\frac{\theta}{r} \tag{12-1}$$

式中，P 为毛细管承受的穿透气压；r 为毛细管半径；σ 为电解质表面张力系数[σ $(Li_{0.62}K_{0.38})_2CO_3=0.198N/m$]；$\theta$ 为电解质与隔膜体的接触角，假设完全浸润，则 $\theta=0°$。

由此可见，隔膜孔半径 r 越小，其穿透气压 P 就越大。若要求 MCFC 隔膜可承受阴、阳极压力差为 0.1MPa，则可计算出隔膜孔半径应不大于 3.96μm。由于在电池工作温度为 650℃时，$LiAlO_2$ 粉体不发生烧结，隔膜使用的 $LiAlO_2$ 粉体的粒度应尽量小，须严格控制在一定的范围内。

隔膜孔内浸入的碳酸盐电解质起离子传导作用，Meredith-Tobias 公式如下：

$$\rho=\frac{\rho^0}{(1-\alpha)^2} \tag{12-2}$$

式中，ρ 为隔膜的电阻率；ρ^0 为电解质电阻率，{ρ^0 [$(Li_{0.62}K_{0.38})_2CO_3$，650℃] = 0.5767Ωcm}；$\alpha$ 为隔膜中 $LiAlO_2$ 所占的体积分数；$1-\alpha$ 为隔膜的孔隙率。

由此可见，隔膜的孔隙率越大，隔膜中浸入的碳酸盐电解质就越多，则隔膜的电阻率就越小。综上可见，为了同时满足能够承受较大穿透气压和尽量降低电阻率的要求，隔膜应具有小的孔半径和大的孔隙率。因此，孔径和孔隙率是衡量 MCFC 隔膜性能的指标。

一般情况下，隔膜的孔隙率可控制在50%～70%。通常，制备出的MCFC隔膜应满足以下性能标准：厚度0.3～0.6mm，孔隙率60%～70%，平均孔径0.25～0.8μm。

MCFC属高温电池，多孔气体扩散电极中无憎水剂，电解质（熔盐）在隔膜、电极间分配靠毛细力实现平衡。首先要确保电解质隔膜中充满电解液，所以它的平均孔半径应最小。为减少阴极极化，促进阴极内氧的传质，防止阴极被电解液"淹死"，阴极的孔半径应最大，阳极的孔半径居中。图12-3是MCFC的电极与膜孔匹配关系图。

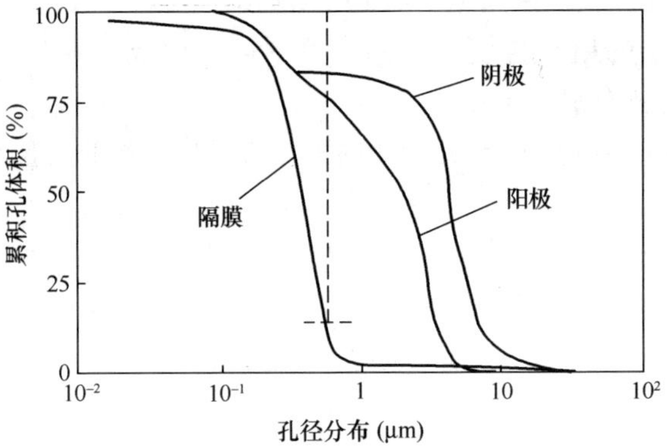

(a)

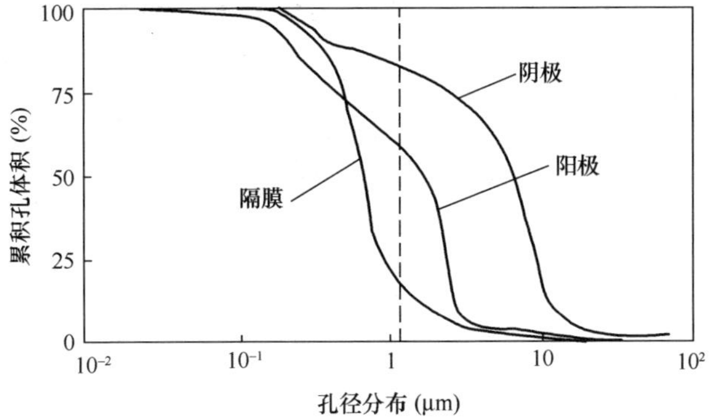

(b)

图12-3 MCFC的电极与膜孔匹配关系图

（a）电池运行360h后；（b）电池运行1776h后

早期人们曾选用MgO和Al_2O_3作为MCFC电解质隔膜材料，然而MgO在熔融碳酸盐中有微弱溶解且其本身在高温下易于烧结，而Al_2O_3和熔融碳酸盐发生反应所制备出来的隔膜易于破裂，因此这两种材料已经被淘汰。研究结果表明，偏铝酸锂（$LiAlO_2$）具有很强的抗碳酸熔盐腐蚀的能力，目前普遍采用其制备MCFC隔膜。

2. $LiAlO_2$粉料的制备

$LiAlO_2$有α、β、γ三种晶型，分别属于六方、单斜和四方晶系。它们的密度分别为$3.4g/cm^3$、$2.610g/cm^3$、$2.615g/cm^3$，外形分别为球状、针状和片状。其中α-$LiAlO_2$和γ-$LiAlO_2$两种晶相材料都可以用于MCFC电解质隔膜。γ-$LiAlO_2$早期用得多一些，目前α-$LiAlO_2$用得更多一些。电解质隔膜的作用是隔离电池阳极与阴极，并通过毛细管作用吸入熔融电解质，为CO_3^{2-}提供运动的通道。

$LiAlO_2$由Al_2O_3和Li_2CO_3混合（物质的量之比为1∶1），去离子水为介质，长时间充分球磨并经600～700℃高温焙烧制得，其化学反应式为

$$Al_2O_3+Li_2CO_3 \xlongequal{} 2LiAlO_2+CO_2\uparrow$$

当温度为450℃时，虽然反应混合物中大部分是Al_2O_3和Li_2CO_3，但反应已经开始。当温度为600℃时，反应混合物中大部分是α型$LiAlO_2$，另外有少量的Al_2O_3和Li_2CO_3，还有少量γ型$LiAlO_2$产生。当温度升至700℃时，反应混合物中Al_2O_3和Li_2CO_3消失，只剩下大部分α型$LiAlO_2$和少量γ型$LiAlO_2$产物。

图12-4是α-$LiAlO_2$的粗料粒度分布图，由图可知生成的α-$LiAlO_2$粒度绝大部分为2.89μm，实测BET比表面积为4.4m^2/g。

上述制备的α-$LiAlO_2$，经900℃几十小时的焙烧，中间至少球磨两次，则α-$LiAlO_2$全部转化为γ-$LiAlO_2$。

图12-5为γ-$LiAlO_2$粒度分布图。由图可知，γ-$LiAlO_2$平均粒度为4.0μm，实测BET比表面积为4.9m^2/g。

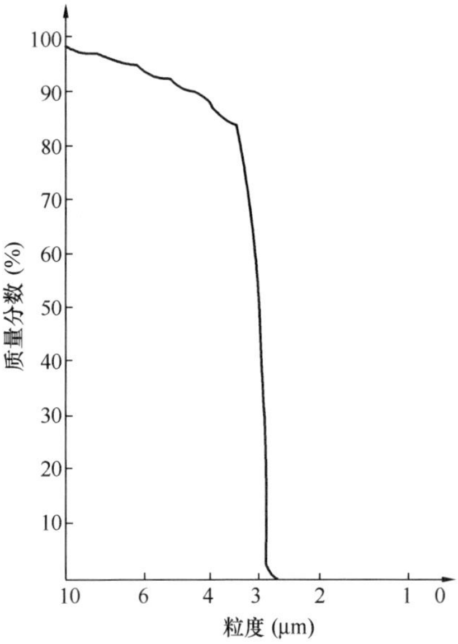

图12-4 α-$LiAlO_2$的粗料粒度分布曲线图

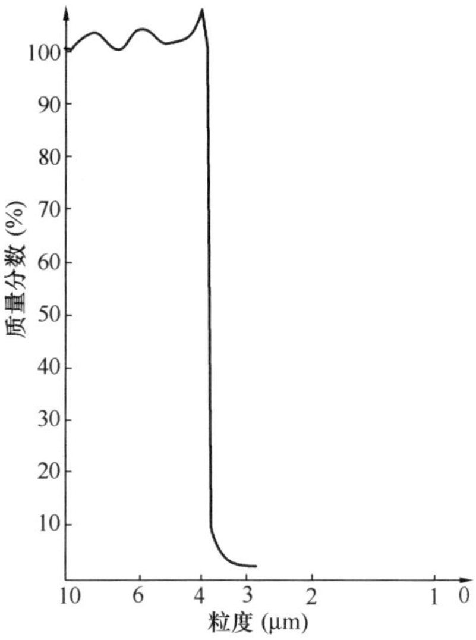

图12-5 γ-$LiAlO_2$粒度分布曲线图

将Li_2CO_3和AlOOH或$LiOH\cdot H_2O$和AlOOH分别按物质的量之比为1∶2和1∶1混合，再加入大于50%（质量分数）的氯化物[n(NaCl)∶n(KCl)=1∶1]，适当加入球磨介质，长时间充分球磨。球磨物料干燥后，在550℃和650℃反应1h（反应温度为450～750℃）。用去离子水浸泡、煮沸和洗涤反应过的物料，直到滤液中检查不到氯离子为止。把滤饼烘干粉碎，在550℃焙烧1h，自然冷却。将上述制备的γ-$LiAlO_2$细料在900℃焙烧，可制备粒度小于0.18μm、比表面积为4.3m^2/g的细料。

3. $LiAlO_2$隔膜的制备

国内外已经开发出了多种$LiAlO_2$隔膜的制备方法，有热压法、电沉积法、真空铸造法、冷热滚法和带铸法。带铸法制备的$LiAlO_2$隔膜，不但性能、重复性好，而且适于大批量生产。

带铸法制膜过程是：在 γ-$LiAlO_2$ 粗料中掺入 5%～15%的 γ-$LiAlO_2$ 细料，同时加入一定比例的胶黏剂、增塑剂和分散剂；用正丁醇和乙醇的混合物作溶剂，经长时间球磨制备适于带铸的浆料，然后将浆料用带铸机铸膜，在制膜过程中要控制溶剂挥发速度，使膜快速干燥，将制得的膜数张叠合，热压成厚度为 0.5～0.6mm、堆密度为 1.75～1.85g/cm^3 的电池用隔膜。

国内开发了流铸法制膜技术。用该技术制膜时，浆料配方与带铸法类似，但加入溶剂量大，配成浆料具有很大的流动性。将制备好的浆料脱气至无气泡，均匀铺摊于一定面积的水平玻璃板上，在饱和溶剂蒸气中控制膜中溶剂挥发速度，让膜快速干燥。将数张这种膜叠合热压成厚度为 0.5～1.0mm 的电池用膜。热压压力为 9.0～15.0MPa，温度为 100～150℃，膜的堆密度为 1.75～1.85g/cm^3。

12.1.6 导电双极板

双极板的作用是：分隔氧化剂（如空气）和还原剂（如重整气），并提供气体流动通道，同时起整流导电作用。双极板通常由不锈钢或各种镍基合金钢制成，至今使用最多的为 310# 或 316# 不锈钢。在 MCFC 工作条件下，310# 或 316# 不锈钢在高温电解质中易发生腐蚀作用，腐蚀的主要产物为 $LiCrO_2$ 和 $LiFeO_2$。刚开始 2000h，腐蚀速度高达 8μm/kh，以后降到 2μm/kh，腐蚀层厚度（γ）与时间（t）的关系一般服从以下方程：

$$\gamma = ct^{0.5} \tag{12-3}$$

式（12-3）表明，腐蚀层厚度与时间的 0.5 次方成正比，常数 c 与材料组成及运行条件有关。

双极板的腐蚀消耗了电解质，且在密封面的腐蚀易引起电解质外流失，若不及时补充，电池性能衰减加快；腐蚀作用还会降低电导率，增加双极板上的欧姆极化；此外，双极板的厚度一般较薄（一般为 0.5～1.0mm），腐蚀作用会降低其机械强度，这对于电池非等气压操作会带来一定的危险。

双极板材料面临三种不同的腐蚀环境，即阴极区、阳极区和湿封区，某一种材料或涂层难以满足不同的腐蚀环境。一般而言，阳极侧的腐蚀速度高于阴极侧。目前，为减缓双极板腐蚀速度，在双极板阳极侧采用镀镍的措施，此外，TiN、TiC 和 Ce 基陶瓷也是有希望的涂层。MCFC 靠浸入熔盐的 $LiAlO_2$ 隔膜密封，通称湿密封。湿封区对导电性无要求，为防止在湿密封处形成腐蚀电池，双极板的湿密封处一般采用铝涂层保护。在电池工作条件下，Al 被氧化成 Al_2O_3，Al_2O_3 进一步与熔融盐作用可形成具有很好保护性、厚度约为 30μm 的致密 $LiAlO_2$ 绝缘层，能满足实用化要求。

目前，双极板工作几千小时是没问题的，但要实用化就必须能耐 40000h 以上的工作时间。为了提高双极板抗腐蚀性能，国外采用了以下方法：

（1）在双极板材料表面包覆一层 Ni 或 Ni-Fe-Cr 耐热合金，或在双极板表面上镀 Al、Co。镀铝的目的是让 Al 在与熔盐电解质接触时，形成极为稳定 $LiAlO_2$，提高抗腐蚀性能。镀 Cr 的目的在于让 Cr 在熔盐电解质中形成稳定的铬酸锂膜，这种膜单独存在时防蚀性不太好，但要与 Al 或 Al 合金及 Al 的氧化物共存时耐蚀性较好。镀 Co 的目的是改善铁系材料与 $LiCrO_2$ 或 $LiAlO_2$ 的附着性能。

（2）在双极板表面先形成一层 NiO，然后与阳极接触的部分再镀一层镍-铁酸盐-铬合金层。NiO 起导电作用，铁酸盐-铬合金层起抗腐蚀作用。

(3) 以气密性好、强度高的石墨板作电池极板。

目前普遍采用的双极板防腐措施是在双极板导电部分包覆 Ni-Cr-Fe-Al 耐热合金，在非导电部分如密封面和公用管道部分镀 Al。

对实验用的小电池，双极板可采用机加工，其流场与 PEMFC 类似。而对大功率电池，为降低双极板加工费用和提高电池组比功率，通常采用冲压技术加工双极板。

12.2 碱性燃料电池

12.2.1 概述

碱性燃料电池（Alkaline Fuel Cell，AFC）最早应用于阿波罗登月计划中。其阳极活性物质是氢气，阴极活性物质是空气，操作温度是室温。由于氧在碱性水溶液中的还原反应 E^0 只要 0.4V，而在酸性水溶液中的 E^0 则为 1.23V，因而氧在碱性水溶液中的还原反应更易进行，电动势更高，其工作电压可以高达 0.875V，可以获得较高的效率，达到 60%～70%，高于质子交换膜燃料电池的 40%～50%的效率。碱性水溶液腐蚀性相对较小，材料选择范围宽，催化剂也可以使用非贵金属。另外，电池工作温度低，启动快；电解液中 OH^- 为传导介质，电池的溶液内阻较低；不需要成本较高的聚合物隔膜。这些优点使得碱性燃料电池曾经受到广泛重视，但是空气中的 CO_2 对碱性燃料电池电极催化剂具有毒化作用，大大降低了效率和使用寿命，难以用于以空气为氧化剂气体的交通工具中。近几年研究表明，CO_2 毒化作用可以通过多种方式解决，使得碱性燃料电池具有一定的发展潜力。

12.2.2 原理和结构

碱性燃料电池（AFC）以强碱（如氢氧化钾、氢氧化钠）为电解质，氢为燃料，纯氧或脱除微量二氧化碳的空气为氧化剂，采用对氧电化学还原具有良好催化活性的 Pt/C、Ag、Ag-Au、Ni 等为电催化剂制备的多孔气体扩散电极为氧电极，以 Pt-Pd/C、Pt/C、Ni 或硼化镍等具有良好催化氢电化学氧化的电催化剂制备的多孔气体电极为氢电极。以无孔炭板、镍板或镀镍甚至镀银、镀金的各种金属（如铝、镁、铁等）板为双极板材料，在板面上可加工各种形状的气体流动通道构成双极板。

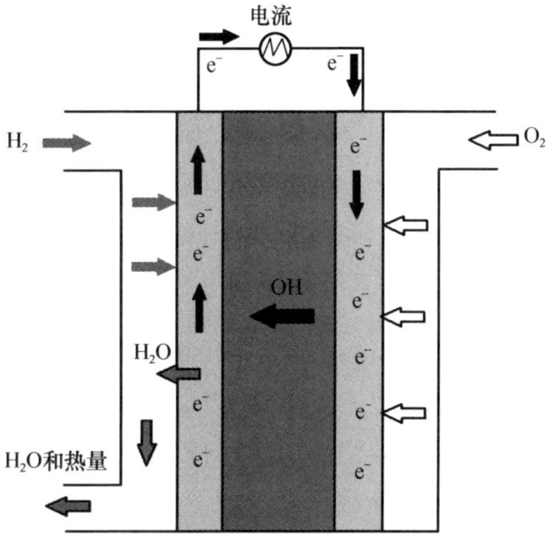

图 12-6 碱性燃料电池工作原理图

AFC 单体电池主要由氢气气室、阳极、电解质、阴极和氧气气室组成。AFC 属于低温燃料电池，最新的 AFC 工作温度一般在 20～70℃。如图 12-6 所示为碱性燃料电池单池的工作原理。氢气经由多孔性碳阳极进入电极中央的氢氧化钾电解质，氢气与碱中的 OH^- 在电催化剂的作用下，发生氧化反应生成水和电子，电子经由外电路提供电力并流回阴极，并在阴极电催化剂的作用下，与氧及水接触后反应形成氢氧根离子。最后水蒸气及热能由出口离开，氢氧根离子经由氢氧化钾电解质流回阳极，完成整个电路。电极反应为：

阳极反应：$H_2+2OH^- \longrightarrow 2H_2O+2e^-$

阴极反应：$O_2+2H_2O+4e^- \longrightarrow 4OH^-$

总反应：$O_2+H_2 \longrightarrow 2H_2O$

为保持电池连续工作，除需以电池消耗氢气、氧气的量等速地供应氢气、氧气外，通常还需通过循环电解液来连续、等速地从阳极排出电池反应生成的水，以维持电解液碱浓度的恒定，以及排除电池反应的废热以维持电池工作温度的恒定。

从电极过程动力学来看，提高电池的工作温度，可以提高电化学反应速率，还能够提高传质速率，减少浓差极化，而且能够提高 OH^- 的迁移速率，减小欧姆极化，所以电池温度升高，可以改善电池性能。此外，大多数的 AFC 都是在高于常压的条件下工作的。因为随着 AFC 工作压力的增加，燃料电池的开路电压也会随之增大，同时也会提高交换电流密度，从而导致 AFC 的性能有很大的提高。

12.2.3 阳极催化剂

作为碱性燃料电池的电催化剂必须满足一定的条件：首先，电催化剂对氢的电化学氧化和氧的电化学还原具有催化活性；其次，在电极工作电位范围内电催化剂在浓碱中具有稳定性；此外催化剂最好是电的良导体，当电催化剂是半导体或绝缘体时，必须将电催化剂高分散地担载到具有良好导电性的担体（如活性炭）上，而对于贵金属催化剂，为了减少催化剂用量提高利用率，往往也会采用担载的方式。

1. 贵金属催化剂

碱性燃料电池的一大优点是可以采用很多非贵金属催化剂，但真正实际应用的主要是贵金属催化剂，如 Pt 和 Pd，其性能仍然是其他金属催化剂所不可比拟的。早期人们采用高负载量的 Pt 和 Pd 作催化剂以提升性能（如含贵金属 $10mg/cm^2$，其中 80%Pt，20%Pd)，现在的贵金属负载量已降低到原来的 1/100～1/20。

2. 贵金属合金或多金属催化剂

在研制地面使用的 AFC 时，一般不使用纯氢和纯氧作为燃料和氧化剂，因此要考虑进一步提高催化剂的电催化活性、提高催化剂的抗毒化能力和降低贵金属催化剂的用量。一般用 Pt 基二元和三元复合催化剂，如 Pt-Ag、Pt-Rh、Pt-Ni、Ir-Pt-Au、Pt-Pd-Ni、Pt-Co-Mo、Pt-Ni-W、Pt-Ru-Nb 等。考虑到 Pd 对 H_2 的强吸附能力和 Pt 对 H_2 电化学氧化的高催化活性，常采用 Pt-Pd 二元贵金属催化剂，其在性能和稳定性方面都表现良好。将贵金属与非贵金属合用，也可以进一步提高阳极的活性，尤其是为了提高阳极在 H_2 中有 CO 存在的情况下的抗毒能力。Pt-Ru/C 和 Pt-Sn/C 是研究较多的抗 CO 催化剂。Pt-Ru 合金有利于氢的氧化，Ru 的加入可以使 CO 的氧化电势大大降低，在 CO 存在的情况下，Pt-Ru/C 催化剂的性能高于纯 Pt 催化剂。但以纯 H_2 为燃料，Pt-Ru/C 催化剂的活性则明显低于 Pt 催化剂。而 Pt-Sn/C 催化剂的抗 CO 水平与 Pt-Ru/C 相近。

3. 非贵金属催化剂

虽然非贵金属催化剂的作用和效果不尽如人意，但仍然给研究者很大的希望。其中最常用的非贵金属催化剂主要是 Ni 基金属及合金，这中间又以 Raney Ni 为代表。所谓 Raney Ni 就是先将 Ni 与 Al 按 1∶1 质量比配成合金，再用饱和 KOH 溶液将 Al 溶解后形成的多孔结构催化剂。Raney Ni 催化剂有很好的初始活性，但 Raney Ni 一旦与 O_2 接触，就会被氧化、发热而失活。为了提高 Raney Ni 的活性和稳定性，通常在 Raney Ni 中加入少量过渡金属，如 Ti、Cr、Fe 和 Mo 等来防止 Raney Ni 的氧化。但这些催化剂的活性和寿命都不如贵金属催化剂，加上使用碳载体后，贵金属载量大幅度降低，进而降低了成本，因此，这些非贵金属催化剂很少在实际的 AFC 中使用。

4. 储氢合金

由于与镍氢电池负极材料的工作环境相似，所以镍氢电池负极储氢材料被用来尝试作为碱性燃料电池的阳极催化剂。AB_5 型稀土合金储氢材料具有在室温下可逆吸放氢的优良性能，作为 H_2 氧化的催化剂，初始活性很好，但活性很快就下降。AB_5 合金可以通过提高以稀土元素为主的金属氢化物的性能，增大氢气与合金催化剂的接触面积，并预先吸附/脱附氢 3 个循环作为活化过程。另外，Zr 基 AB_2 型储氢合金也可以作为碱性燃料电池的阳极催化剂。

12.2.4 阴极催化剂

碱性燃料电池的阴极催化剂主要是以 Pt、Pd、Au 为代表的贵金属催化剂以及基于 Pt 的二元金属和三元金属催化剂，如 Pt-Au 和 Pt-Ag 等。这类催化剂活性高，稳定性好，但成本较高，资源有限，而且 O_2 在碱性介质中反应速率较快，可以不使用贵金属催化剂。另一类为非贵金属催化剂，包括 Ag 基催化剂、碳纳米管、氧化锰等。

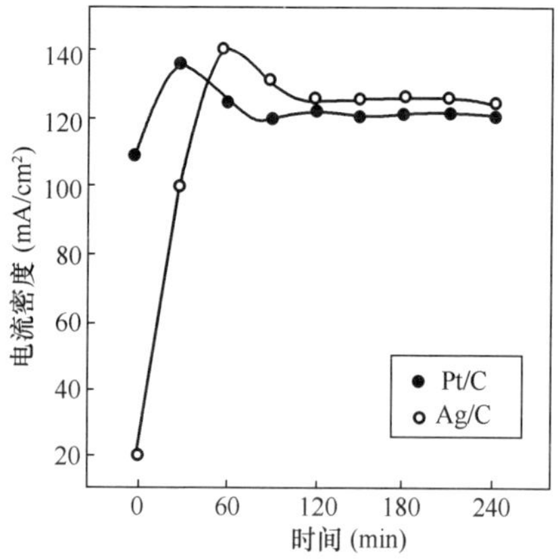

图 12-7 Pt/C（10%）与 Ag/C（30%）催化剂电流密度与时间的关系图

1. 银催化剂

Ag 基催化剂是碱性燃料电池中研究得最多的非贵金属催化剂。这是因为它能同时具有良好的催化活性、稳定性和电子导电性。Raney Ag 掺杂 Au、Bi、Ni 和 Ti 都取得了比较好的效果，但是这种方法需要大量的 Ag 来保证催化活性。将 Ag 负载到炭黑上制成 Ag/C 电极可以通过增加催化面积而降低 Ag 的用量。对 Ag/C 和 Pt/C 电极的电化学性能进行比较可以看出（图 12-7）：Ag 含量为 30%的 Ag/C 电极运行 2h 后，电流密度达到最大，与 Pt/C（含 10%Pt）电极相当。由于 Ag 与 C 的相互作用降低了 Ag 与电解液的反应活性，Ag 溶解电位上升。另外，由于 Ag 的催化作用，腐蚀电位下降。

2. 碳纳米管

碳纳米管是另一种研究较多的非贵金属催化剂。以乙炔作为前驱体，用化学气相沉积法合成了直径为 20nm 的单壁碳纳米管，并以此制备 60μm 厚、孔隙率为 60%的薄膜，然后在该薄膜上沉积 Pt 的纳米颗粒，该电极显示了良好的氧化还原活性。

3. 金属氧化物催化剂

金属氧化物如 MnO_2 也可以在碱性溶液体系作为氧还原的催化剂。将 MnO_2 和 $LmNi_{4.1}Co_{0.4}Al_{0.3}Mn_{0.4}$ 储氢合金分别用于阴极和阳极催化剂，可以降低碱性燃料电池体系的体积、质量和成本。研究表明，高催化剂负载量（>150mg/cm²）的能量密度与 0.3mg/cm² 负载的 Pt/C 催化剂（阴极和阳极均采用这种催化剂）相当。但是当工作电压较低时，由于 MnO_2 和储氢合金还充当能量储存物质，因而可以释放额外的能量。

对于阴极电催化剂而言，最常见的就是如果 AFC 使用空气作为氧化剂，则空气中的 CO_2 会随着氧气一起进入电解质和电极，与碱液中的 OH^- 发生反应形成碳酸盐，生成的碳酸盐会析出沉积在催化剂的微孔中，造成微孔堵塞，使催化剂活性损失，电池性能下降。与此同时该反应使电解质中载流子 OH^- 浓度降低，影响了电解质的导电性。另外，炭载型催化剂虽然具有较好的催化活性和较高的电位，但高电位同时会造成炭电极的更快氧化，使催化剂性能下降。

为了保持 AFC 电催化剂的反应活性，延长 AFC 的使用寿命，目前提出的防止催化剂中毒的方法主要有四种：利用物理或化学方法除去 CO_2，主要有化学吸收法、分子筛吸附法和电化学法；使用液态氢，利用液态氢吸热汽化的能量，采用换热器来实现对 CO_2 的冷凝，从而使气态 CO_2 降低到 0.001%以下；采用循环电解液，主要通过连续更新电解液，清除溶液中的碳酸盐，并及时向电解液中补充 OH^- 载流子；改善电极制备方法。

12.3 磷酸燃料电池

12.3.1 概述

磷酸燃料电池（Phosphoric Acid Fuel Cell，PAFC）是一种以浓磷酸为电解质的中低温型（工作温度 180～210℃）燃料电池，具有发电效率高、清洁等特点，而且还可以以热水的形式回收大部分热量。采用浓磷酸作为电解质具有以下一些优点：①磷酸的化学稳定性好，在工作温度下，腐蚀速率相对较低，且离子电导率高；②磷酸电解质不受燃料气体中 CO_2 的影响，这是区别于碱性燃料电池 KOH 电解质最大的特点；③O_2 在磷酸中的溶解度较大；④磷酸蒸气压较低，电解质损失少；⑤接触角大，在催化剂上接触性能较好。

最初开发磷酸燃料电池是为了控制发电厂的峰谷用电平衡，近来则侧重于作为向公寓、购物中心、医院、旅馆等场所集中提供电和热的现场电力系统。除此之外，磷酸燃料电池还用作车辆和可移动电源等。目前的研究重点是提高能量密度和降低成本。

12.3.2 原理和结构

磷酸燃料电池以浓磷酸（95%以上）为电解质，以负载在炭上的贵金属 Pt 或 Pt 合金作催化剂。以天然气或者甲醇转化气为原料，电池工作温度在 170～210℃之间，发电效率 40%左右。PAFC 单体电池主要由氢气气室、阳极、磷酸电解质隔膜、阴极和氧气气室组成，其工作原理如图 12-8 所示。

PAFC 用氢气作为燃料，氢气浸入气室，到达阳极后，在阳极催化剂作用下，失去 2 个电子，氧化成 H^+。H^+ 通过磷酸电解质到达阴极，电子通过外电路做功后到达阴极。

氧气浸入气室到达阴极，在阴极催化剂的作用下，与到达阴极的 H^+ 和电子相结合，还原生成水。电极反应为：

阳极反应：$2H_2 \longrightarrow 4H^+ + 4e^-$

阴极反应：$O_2 + 4H^+ + 4e^- \longrightarrow 4H_2O$

总反应：$O_2 + H_2 \longrightarrow 2H_2O$

PAFC 的工作压力一般为 0.7～0.8MPa，工作温度一般为 180～210℃。工作温度的选择主要根据电解质磷酸的蒸气压、材料的耐腐蚀性能、电催化剂耐 CO 中毒的能力以及实际工作的要求。

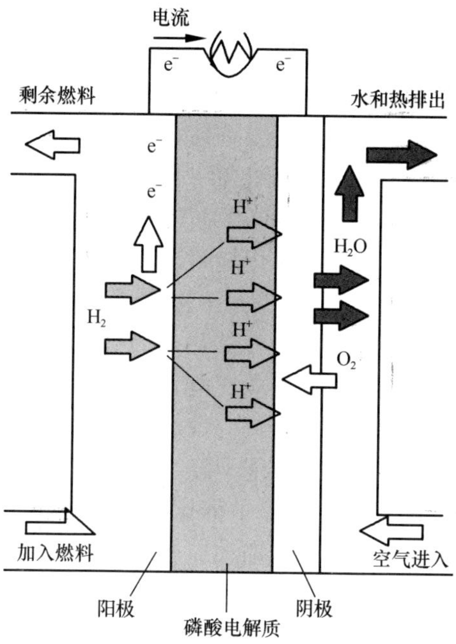

图 12-8　磷酸燃料电池工作原理图

12.3.3　阳极催化剂

在 PAFC 中，为了促进电极反应，起初一般采用贵金属（如铂黑）作为电极催化剂，铂黑的用量为 $9mg/cm^2$，成本较高。但随着引入具有导电性、耐腐蚀性、高比表面积、低密度的廉价炭黑（如 X-72 型炭）作为电催化剂的担体后，铂催化剂的分散度和利用率得到极大的提高，使电催化剂铂的用量大幅度降低，现在 PAFC 阳极铂的担载量已降至 $0.1mg/cm^2$，阴极为 $0.5mg/cm^2$。

对阳极而言，到目前为止，PAFC 所使用的阳极催化剂仍然以铂或铂合金为主。在磷酸燃料电池运行条件下，Pt 阳极反应可逆性好，其过电位只有 20mV 左右，催化活性较高，能耐燃料电池中电解质腐蚀，因而具有长期的化学稳定性。阳极主要问题是消除燃料气体中有害物质（如 CO、H_2S 等）的中毒影响。研究表明，Pt-Ru 合金阳极催化剂具有良好的抗中毒能力。另外，在电极中形成催化剂的梯度分布或者选择表面具有适当疏水性的催化剂，也能提高电极催化剂的利用率，从而降低电极中贵金属 Pt 的用量。

12.3.4　阴极催化剂

对阴极而言，由于在酸性介质中，酸的阴离子吸附等会影响氧在电催化剂上的电还原速度，电池中的电化学极化主要是由氧电极产生。因此，阴极极化被认为是影响电池性能的一个主要因素，阴极的电催化剂用量较大。对于阴极催化剂的研究主要集中于减少阴极极化和延长催化剂使用寿命。阴极除了使用贵金属作为催化剂，为了降低电池成本，也有人采用其他金属大环化合物催化剂来代替纯 Pt 或 Pt 合金化合物，如 Fe、Co 的卟啉等大环化合物作为阴极催化剂，虽然这种阴极催化剂的成本低，但是它们的性能，特别是稳定性不好，在浓磷酸电解质条件下，只能在 100℃下工作，否则会出现活性下降的问题。现在发现 Pt 与过渡金属元素形成合金，其催化性能和稳定性均优于纯 Pt 催化剂。例如 Pt-Cr/C、Pt-Co/C、Pt-Co/C、Pt-Co-Ni/C、Pt-Fe-Co/C、Pt-Co-Cr/C、Pt-Fe-Mn/C 以及 Pt-Co-Ni-Cu/C 等，该类催化剂能够提高氧化还原反应的电催化活性，如 Pt-Ni 阴极催化剂的性能比 Pt 提高了 50%。

12.4 直接甲醇燃料电池

12.4.1 概述

从严格意义上来说，直接醇类燃料电池属于质子交换膜燃料电池的一种。20 世纪 90 年代，质子交换膜燃料电池得到了广泛关注，但是氢来源的困难十分突出，例如难以现场供应、设施固定成本巨大、储存和运输困难等，严重限制了 PEMFC 的广泛应用和商业化。而以甲醇等醇类直接作为燃料的直接醇类燃料电池，特别是直接甲醇燃料电池（Direct Methanol Fuel Cell，DMFC），显示了燃料来源丰富、成本低、操作过程简单、运输储存方便和热值较高等突出特点，具有作为机动车等动力源的开发潜力，在石油危机日趋严重和人们环保意识增强的 21 世纪，得到了广泛研究和长足发展。

甲醇是重要的化工原料和燃料，可以由水煤气或天然气合成，同时生物发酵等方法也可以较方便地得到甲醇，如此丰富的来源一定程度上降低了甲醇直接燃料电池的成本。

12.4.2 原理和结构

DMFC 的阴极反应与 PEMFC 一致，为氧气的电化学还原。区别于 PEMFC 的是阳极反应，是 CH_3OH 的电化学氧化。图 12-9 是 DMFC 的工作原理图，甲醇在阳极表面进行电催化氧化反应，生成二氧化碳和氢离子，并释放电子，电子通过外电路传导到阴极，氢离子通过质子交换膜扩散到阴极表面，与空气中的氧气及通过外电路传导过来的电子结合生成水。DMFC 的工作温度从室温到 130℃左右，电极反应为：

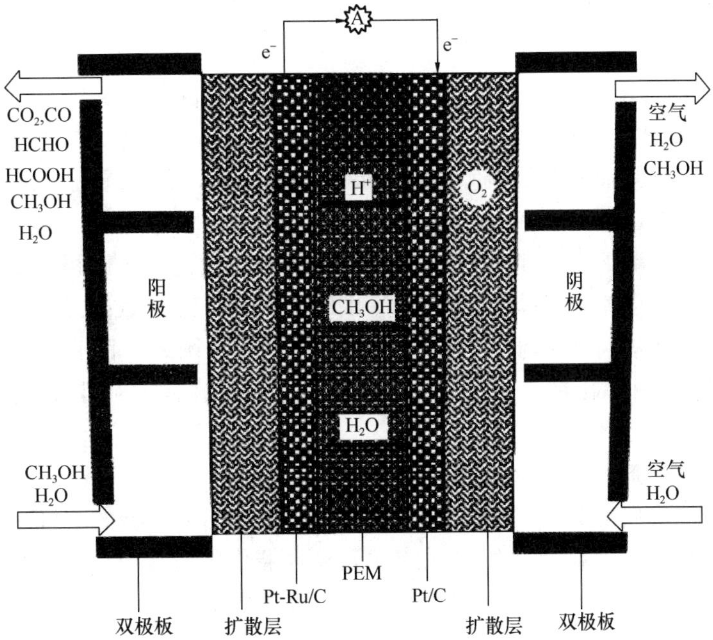

图 12-9 DMFC 的工作原理图

阳极反应：$CH_3OH+H_2O \longrightarrow CO_2\uparrow +6H^+ +6e^-$

阴极反应：$\frac{3}{2}O_2+6H^+ +6e^- \longrightarrow 3H_2O$

总反应：$CH_3OH+\frac{3}{2}O_2 \longrightarrow CO_2+2H_2O$

从热力学上看，甲醇的电化学氧化电位和氢的电化学氧化电位非常接近。但实际上，甲醇阳极电化学氧化的过程是一个缓慢的动力学过程，反应机理十分复杂。甲醇在转移6个电子之后并不是直接生成CO_2，而是生成很多稳定或不稳定的反应中间产物，这些中间物可能会导致电催化剂中毒，降低了其催化活性，使得DMFC的性能下降。而针对DMFC的开发应用过程中，甲醇阳极氧化的反应机理研究、电催化剂的设计和保护一直是该领域的研究重点，因为该方面的技术很大程度上限制和影响着DMFC真正走向应用的进程。

DMFC按照CH_3OH和水在阳极的进样方式可以分为两类。

1. 以气态CH_3OH和水蒸气为燃料的DMFC

由于水的气化温度在常压下为100℃，所以该类DMFC的工作温度必须高于100℃。目前交换膜中的质子传导都需要有液态水的存在，因此，当电池工作温度超过100℃，反应气工作压力要高于大气压，这样电池系统就会变得很复杂。同时需要压缩空气，降低了DMFC的能量转化效率。目前，针对该类型的DMFC的研究工作相对较少。

2. 以CH_3OH水溶液为燃料的DMFC

该类型的DMFC在室温及100℃之间可以采用常压进料系统。当工作温度高于100℃时，为了防止水汽化蒸发导致膜失水，也必须采用加压系统。以甲醇水溶液为燃料的DMFC是目前研发的重点。

12.4.3 阳极材料

甲醇在DMFC的阳极上发生电化学氧化反应，阳极电位高于0.046V（对可逆氢的标准电位），甲醇自氧化反应在热力学上是允许的。而实际上，这是反应动力学限制的反应，性能较差，反应速率受到很大限制。因此，提高反应速率，必须降低上述反应的活化能，使用适当的催化剂加速其反应。因此，DMFC的阳极材料核心部分就是阳极催化剂，功能是催化甲醇在酸性溶液中的电化学氧化反应，所以一般也叫作阳极电催化剂。长期以来，阳极对甲醇电催化性能较差，严重制约了DMFC的商业化。高效的阳极电催化剂一直是DMFC研究的热点，是商业化进程中必须解决的主要困难。目前DMFC阳极电催化剂主要是Pt基的阳极催化剂，例如Pt/C催化剂等，并在此基础上研究二元或多元催化剂。

1. Pt基阳极催化剂

DMFC阳极催化剂主要是Pt基的阳极催化剂，它包括负载型的Pt催化剂，例如Pt/C催化剂等，以及在Pt基础上研发二元或多元复合催化剂，其中二元催化剂以Pt-Ru为代表，三元催化剂以Pt-Ru-W为代表，四元催化剂有Pt-Ru-Sn-W等。

甲醇在阳极电催化氧化过程中会产生CO，由于CO在Pt上有很强的吸附能力，其σ反馈电子占有了用来吸附H上电子的d空轨道，它的存在会影响Pt的催化脱氢，从而使

Pt中毒，降低了催化活性。因此，寻找一种既有高效甲醇氧化能力，使交换电流密度较大（大于$10^{-5}A/cm^2$），又能抵抗中间产物的毒性的催化剂，成为DMFC的研究热点。Pt基阳极催化剂主要有两个研究方向：一个是Pt一元催化剂的表面改性和结构优化，集中在Pt载体以及负载方法的合理选择；另一个是以Pt为基础的二元和多元催化剂的开发，是主要研究方向。

在Pt基的基础上加入第二种金属，可以降低Pt的中毒程度。目前，二元Pt基合金催化剂的研究主要集中在Pt-Ru、Pt-Sn和Pt-Mo合金。除了这些二元合金外，其他二元合金如Pt-W、Pt-Re、Pt-Pb、Pt-Ni等对甲醇的氧化也表现出一定的催化活性，但公认的在二元合金体系中活性最高的还是Pt-Ru合金。Pt-Ru合金的催化活性是通过双功能机理起作用的，Ru的加入一方面会影响Pt的d电子状态，减弱了Pt和表面吸附中间产物之间的化学键；另一方面Ru原子容易形成活性的Ru-OH，可以促进甲醇解离吸附的中间体在Pt表面的氧化，从而提高Pt对甲醇氧化的电化学催化活性和抗中毒性能。但由于Ru的氧化物在酸性介质中易溶解，其稳定性不太好。

在二元Pt基阳极催化剂基础上加入另一组分以提高催化剂的催化活性和稳定性成为DMFC领域的另一个热点。开发得比较成功的三元Pt基阳极催化剂主要有Pt-Ru-Os、Pt-Ru-W、Pt-Ru-Mo、Pt-Ru-Ni和Pt-Ru-Sn等。

2. 其他催化剂

如今甲醇电化学氧化催化剂基本上都是铂基催化剂，但由于铂的储量有限，价格比较高，所以希望用其他催化剂代替Pt作为甲醇的电催化剂。非铂催化剂主要分为金属和钙钛矿型稀土氧化物两大类。金属又可分为贵金属和贱金属。人们对甲醇在碱性溶液中的非铂贵金属方面有了很多研究，主要是Au、Ag、Pd。

具有高导电性和高催化活性并且含氧量高的ABO_3型金属氧化物也可以作为甲醇氧化的阳极催化剂。目前，ABO_3型金属氧化物的A位上的金属有Sr、Ce、Pb、La等，B位上的金属有Co、Pt、Pb、Ru等，这类金属氧化物的优点是对甲醇氧化具有较高的电催化活性，而且不会发生中毒现象。

12.4.4 阴极材料

DMFC在理论上具有很高的功率密度和良好的应用前景，但现在其性能与商业化的要求相差甚大，除了阳极催化剂活性不高、容易中毒等因素外，阴极反应太慢以及“甲醇透过”现象也是影响DMFC性能的主要问题之一。DMFC性能降低的大部分原因是阴极缓慢的动力学反应，以及阴极催化剂活性不高，这可能造成阴极电池损失0.3～0.4V；“甲醇透过”指的是甲醇易透过质子交换膜到达阴极，并在Pt/C阴极上发生氧化，使催化剂中毒。因此，研究具有O_2还原高催化活性并且能耐甲醇的阴极催化剂是DMFC另一个重要的课题，阴极催化剂的改进和设计的思路就是提高催化活性和耐甲醇能力。

Pt基催化剂是目前DMFC主要使用的阴极催化剂，其还原活性和稳定性较高，但耐甲醇能力较差。Pt基催化剂的改进集中在提高催化剂利用率、催化活性和耐甲醇能力。提高Pt基催化剂的利用率主要通过选择合适的载体和合理的负载方法，提高催化活性和耐甲醇能力，主要方法还是将Pt颗粒纳米化以及设计Pt基合金催化剂。目前主要的载体材料是活性炭，将Pt颗粒分散在具有高比表面的活性炭上，能够提高催化剂的利用率，并在一定程度上提高催化活性。此外，通过设计 Pt 基合金催化也可以提高催化活性和耐甲醇能力。研究发现过渡金属如 V、Cr、Ti 和 Pt 构成的 Pt 基复合催化剂对 O_2 还原的电催化活性明显优于纯 Pt 催化剂。一般来说，这些 Pt 基复合催化剂可显著增强对氧还原的电催化活性，与纯 Pt 相比，增强因子高达 1.1～5。

为了降低成本，非铂系催化剂，如过渡金属大环化合物、过渡金属原子簇物、金属氧化物等也是研究的方向。从目前的研究结果来看，虽然有很多种对氧还原有电催化活性且对甲醇氧化呈惰性的催化剂，但除了 Pt 基催化剂外，大多数的催化剂对氧还原的电催化活性不高或稳定性不好。一些 Pt 基催化剂，如在 Pt 中添加 Cr、Ni、杂多酸等，不但能提高对氧化还原的电催化活性，而且还能较大程度地提高耐甲醇能力，因此，这些 Pt 基复合催化剂作为阴极催化剂具有较好的应用前景。

12.4.5 聚合物膜材料

DMFC 的质子交换膜主要起到阻隔阴、阳极组分，传递质子，绝缘电子等作用。由于 Nafion 膜具有优良的质子电导、化学稳定性和机械强度，目前大部分采用 DuPont 公司的 Nafion115 系列和 Nafion117 系列作为质子交换膜。但由于甲醇很容易透过 Nafion 膜，大约有 40%甲醇会透过 Nafion 膜而被浪费掉，而且透过的甲醇会在阴极上氧化，不仅使阴极产生混合电位，同时使阴极 Pt 催化剂中毒，导致电池性能降低，所以研制在 DMFC 中使用的具有热稳定性好、甲醇透过率低、化学稳定性好、质子电导率高、机械强度大、成本低的质子交换膜成为近年来一个重要的研究课题。目前开发的新型交换膜有聚芳烃类膜材料［聚醚醚酮（PEEK）、聚醚砜（PES）、聚砜（PS）、聚酰亚胺（PI）等］、磺酸化及磷酸浸渍的聚苯并咪唑、聚磷氮化合物、有机-无机复合型质子交换膜。

而对目前主要使用的 Nafion 膜而言，DMFC 聚合物膜所采用的材料与 PEMFC 相似，包括全氟、部分氟化和非氟质子交换膜材料，为了使它们具有低的甲醇渗透率、高的质子电导率、好的热和化学稳定性等，主要通过在 Nafion 膜的基础上利用掺杂修饰离子、修饰原子（如 Pd-Nafion 膜、SiO_2-Nafion 膜、ZrO_2-Nafion 膜等）或者覆盖其他膜做成复合膜（如磺化聚醚醚酮-Nafion 膜等）等方式对其进行优化，以进行 Nafion 膜的改性。

12.5 其他类型燃料电池的发展现状及展望

12.5.1 熔融碳酸盐燃料电池

熔融碳酸盐燃料电池（MCFC）的概念最早出现在 20 世纪 40 年代。20 世纪 50 年代 Broes 等演示了世界上第一台 MCFC 电池。由于 MCFC 采用液体电解质，比较容易建造，成本也比较低，近年来发展迅速，除了高的能量转换效率，其副产的高温气体也可以得到有效的利用。因此，MCFC 是很有前途的新能源。20 世纪 80 年代，MCFC 作为第二代地面用的燃料电池基本上已经进入了商业化阶段。世界各国，尤其是美国、日本和德国都投入了巨资开发 MCFC。MCFC 的开发者认为天然气将是商业系统的燃料，其他的燃料如水分解气、垃圾场气、生物废气、石油冶炼的剩气和甲醇均可用于 MCFC。

国内 MCFC 研究的主要机构是中国科学院大连化学物理研究所、长春应用化学研究所和上海交通大学等单位。大连物理化学研究所从 1993 年开始对 MCFC 研究，实现了单电池发电，其电池密度 100mA/cm^2，燃料利用率达到 80%。上海交通大学已经研制了千瓦级的 MCFC，并实验发电，现在正在进行 10kW 和 50kW MCFC 电堆的研究。

能以净化煤气和天然气为燃料的 MCFC 的发电效率高达 55%～65%，而且还可提供优质余热用于联合循环发电。这是一类优选的区域性供电电站，热电联供时，燃料利用率高达 80%以上。在 21 世纪，这种区域性、与环境友好的高效发电技术有望发展成为一种主要的供电方式。在国外对 MCFC 进行 10～1000kW 电厂工程试验的同时，正在深入研究改进电池基本材料——隔膜、电极与双极板在电池工作条件下的耐腐蚀性能，以便将其寿命延长到 4 万小时以上，使 MCFC 电厂的建造费用与大型现代化火电厂相当。

12.5.2 碱性燃料电池

AFC 是最早开发和获得成功应用的一类燃料电池。AFC 技术是在 1902 年提出的，但直到 20 世纪四五十年代，剑桥大学的 Francis Thomas Bacon（1904—1992 年）才完成了碱性燃料电池的研究。他用 KOH 溶液代替了自 Grove 时代一直使用的腐蚀性较强的酸性电解质溶液，制造出了世界上第一个碱性燃料电池，这种电池又称为培根（Bacon）电池。1959 年，培根发明了 5kW 的 AFC。此外，美国 Allis-Chalmers Company 和 Union Carbide Company 分别将 AFC 应用于农场拖拉机和移动雷达系统以及民用电动自行车上。

碱性燃料电池在航天方面的成功应用证明了碱性燃料电池具有高的比功率和能量转化效率（50%～70%）且运行高度可靠，展示出其作为高效、环境友好的发电装置的可能性。因此曾推动人们探索其在地面和水下应用的可行性。然而，由于碱性燃料电池以浓碱作为电解质，在地面应用时必须脱除空气中的 CO_2，而且它只能以 H_2 或 NH_3、N_2H_4 等分解气为燃料，若以碳氢化合物的重整气为燃料，则必须要分离出其中的 CO_2，从而导致整个系统的复杂化和成本增加。20 世纪 80 年代末以后，由于质子交换膜燃料电池技术的快速发展，寻求地面和水下应用的燃料电池工作已转向了质子交换膜燃料电池。

AFC 是在空间站使用的高效储能电池，随着宇航事业和太空开发的进展，尤其需要大功率储能电池（几十到几百千瓦）时，会更加展现出它的优越性。为适应我国宇航事业发展，应改进电催化剂与电极结构，提高电极活性，改进石棉膜制备工艺，减薄石棉膜厚度，减小电池内阻，确保电池的稳定工作，并大幅度提高电池组比功率和加强液氢、液氧容器研制。

12.5.3 磷酸燃料电池

虽然 AFC 具有高效发电的优点，但是将其应用在地面上的时候，由于 CO_2 所产生的毒化问题，它的应用受阻。这时，人们开始研究以酸作为电解质的燃料电池。磷酸由于具有较好的热、化学和电化学稳定性以及高温下挥发性小、独特的对 CO_2 的耐受力等优点而成为最早研制成功的地面用的燃料电池。

在 20 世纪 60 年代，美国能源部制订了发展 PAFC 的 TARGET 计划。在该计划的支持下，1967 年开始，美国国际燃料电池公司与其他 28 家公司合作，组成了 TARGET 基团，开始研制以含 20%CO_2 天然气裂解气为燃料的 PAFC 发电系统。第一台 PAFC 4kW 的样机为家用发电设备运行了几个月。在 1971—1973 年，研制成了 12.5kW 的 PAFC 发电装置，它由 4 个电堆组成，每个电堆由 50 个单体电池组成。此后，他们生产了 64 台 PAFC 发电站，分别在美国、加拿大和日本等 35 个地方试用。在 TARGET 成功的基础上，美国能源部、天然气研究所和电力研究所组织了一系列 PAFC 的开发计划，这些计划的共同目标是完善 PAFC 发电系统，使 PAFC 达到商业化的要求。其中 GRT-DOC 计划最引人注目。在 1976—1986 年，GRT-DOC 计划研制了 48 台 40kW 的 PAFC 发电站，其中 2 台在日本东京煤气公司和大阪煤气公司进行试验，其余的在美国 42 个地方进行了应用试验。结果表明 PAFC 本体性能良好，但辅助系统有问题，另外，发现 PAFC 造价太高。1989 年，新成立的 ONSI 公司在 GRT-DOC 计划资助下，开始开发 200kW 热电联产型 PAFC 发电装置，并在 1990 年将样机出售给日本进行了运行试验，发现其发电效率为 35%，热电联产后效率达 80%。此后，有 53 台 200kW PAFC 发电装置被美国和日本的公司订购，价格从最初的 50 万美元降到 35 万美元。在这些 PAFC 发电装置中，有些装置的运行寿命达到了 40000h。美国 Seimens Westinghouse Electric Company 等在美国能源部支持下，也进行了 PAFC 发电站的研制。

实际应用表明，PAFC 是高度可靠的电源，可作为医院、计算机站的不间断电源。由于 PAFC 热电效率仅有 40%左右，余温仅 200℃，余热利用价值偏低，综合利用价值不如 MCFC 和 SOFC；PAFC 启动时间需要几个小时，用于交通工具的动力源或应急电源不如 PEMFC 便利，因此，近年来国际上对它的研究工作逐渐减少，而寄希望于批量生产，降低售价。

12.5.4 直接甲醇燃料电池

20 世纪 80 年代之前，就有以甲醇直接作为燃料的尝试。1961 年，美国埃里斯·加尔穆公司以 H_2O_2 作为氧化剂，使用碱性电解质，研制出输出功率为 600W 的 DMFC 电堆。1965 年，荷兰 ESSO 公司以空气为氧化剂，硫酸溶液为电解质，研制了 132W 的 DMFC。但当时，由于各方面的客观原因限制，关于 DMFC 的研究并未受到足够重视，进展也较缓慢。20 世纪 80 年代初，Girner 公司在美国政府资源部的支持下，成功研制了以水溶性碳酸盐为电解质的 DMFC，工作压力 826kPa，工作温度为 165℃，输出电流密度 150mA/cm^{2}时，最高输出电压达到 0.55～0.60V。20 世纪 90 年代，上述氢气制备和储存的困难对 PEMFC 的限制日趋严重。许多国家和公司开始对 DMFC 进行大量研究，获得较大进展，主要体现在电解质材料、阳极催化剂和电池操作条件等方面。

我国的 DMFC 研究阶段起步较晚，1999 年由大连物化所率先开展研究工作，目标是小型移动电源的研制。与此同时，清华大学、天津大学等高校和科研机构也进行了卓有成效的研究，取得了一些达到国际一流水平的成果。

迄今为止，关于 DMFC 的研究主要是小型电源，而作为车用动力电源的研制还较少。一般认为，工作温度在 100℃以下，以甲醇和空气作燃料和氧化剂，只有当功率密度达到 200～300mW/cm^{2}时，DMFC 才有可能成为车用动力电源。第一辆 DMFC 电动汽车样车已由克莱斯勒公司研制成功，该车最高车速 35km/h，但续驶里程有限，只有 15km。2003 年，日本雅马哈公司试制成 DMFC 摩托车，DMFC 的功率为 500W，质量 20kg，间歇运行时间已达 1000h。

DMFC 的最大用户是电动车动力电源和移动电源。尽管存在电催化活性低和甲醇渗透两大技术难题，但是DMFC电池系统比PEMFC结构简单，随着DMFC研究的不断深入，目前研究中存在的问题将会逐渐被攻克，届时DMFC的成本会显著降低，性能会进一步提高。估计在未来几年中，将首先商业化的是小功率、便携式的DMFC，代替锂离子电池。DMFC作为车用动力源，由于其与内燃机发动机相比存在价格劣势，其商业化进程较为漫长。

思考题

1. 简述熔融碳酸盐燃料电池的结构与性能。
2. 熔融碳酸盐燃料电池对隔膜有哪些要求？隔膜与电极的孔匹配关系是什么？
3. 简述磷酸燃料电池的结构与性能。
4. 简述碱性燃料电池的结构与性能。
5. 采用空气作为氧化剂对AFC产生哪些影响？
6. 简述直接甲醇燃料电池的结构与性能。
7. 什么是甲醇透过？对DMFC有哪些影响？

参考文献

[1] 章俊良，蒋峰景. 燃料电池原理·关键材料和技术[M]. 上海：上海交通大学出版社，2014.

[2] 吴宇平，张汉平，吴锋，等. 绿色电源材料[M]. 北京：化学工业出版社，2008.

[3] 吴其胜. 新能源材料[M]. 上海：华东理工大学出版社，2012.

[4] 雷永泉. 新能源材料[M]. 天津：天津大学出版社，2000.

[5] GIORGI L，CAREWSKA M，PATRIARCA M，etal Development and characterization of novel cathode materials for molten carbonate fuel cell[J]. Journal of Power Sources，1994，49：227-243.

[6] KIROS Y，SCHWARTZ S. Long-term hydrogen oxidation catalysts in alkaline fuel cells[J]. Journal of Power Sources，2000，87：101-105.

[7] KRUUSENBERG I，MATISEN L，SHAH Q，et al. Non-platinum cathode catalysts for alkaline membrane fuel cells[J]. International Journal of Hydrogen Energy，2012，37：4406-4412.

[8] WANG C S，APPLEBY A J，COCKE D L. Alkaline fuel cell with intrinsic energy Storage[J]. Journal of the Electrochemical Society，2004，151：A260-A264.

[9] NAUGHTON M S，BRUSHETT F R，KENIS P J A. Carbonate resilience of flowing electrolyte-based alkaline fuel cells[J]. Journal of Power Sources，2011，196：1762-1768.

[10] KAMARUDIN S K，HASHIM N. Materials，morphologies and structures of MEAs in DMFCs[J]. Renewable & Sustainable Energy Reviews，2012，16：2494-2515.

13 镍/金属氢化物电池

早在 1887 年，Desmazures 等讨论并研究了将 $Ni(OH)_2$ 作为碱性电池正极活性物质，从而拉开了碱性镍系二次电池的序幕。1967 年，日内瓦 Battelle 研究中心采用烧结 Ti_2Ni $+TiNi+X$ 贮氢合金负极和 NiOOH 正极，首次开始了镍/金属氢化物（Nickel/Metal Hydride，Ni/MH）电池的研究。1970 年荷兰 Philips 实验室开发出 $LaNi_5$ 贮氢合金。1978 年 Markin 等将 $LaNi_5$ 合金用于 Ni/MH 电池实验，但是由于合金反复吸放氢过程中的粉化和氧化，使得电池循环寿命极短。直到 1984 年荷兰 Philips 公司的 Willems 通过多元合金化 $La_{0.7}Nd_{0.3}Ni_{2.3}Co_{2.4}Al_{0.3}$ 解决了 $LaNi_5$ 氢化物电极的容量衰退问题，实现了基于金属氢化物负极的 Ni/MH 电池的可能。1988 年美国 Ovonic 公司成功开发出 C 型 Ni/MH 电池并进行小批量实验。1990 年 10 月，日本三洋电池公司率先开始批量生产 Ni/MH 电池。至此，Ni/MH 电池的产业化开始全面启动。

Ni/MH 电池无记忆效应，具有比能量和比功率较高、循环寿命较长、耐过充过放、安全性高、环境相容性好以及工作温度范围宽等优点，已广泛应用于各类便携式电子产品、电动工具、混合电动汽车（HEV）、现代军事电子设备以及航天等领域。

13.1 Ni/MH 电池简介

13.1.1 工作原理

Ni/MH 电池中最常用的正极材料是 β-$Ni(OH)_2$，负极活性物质为贮氢合金，电解液为 6M KOH 碱性溶液。图 13-1 所示为 Ni/MH 电池的工作原理。

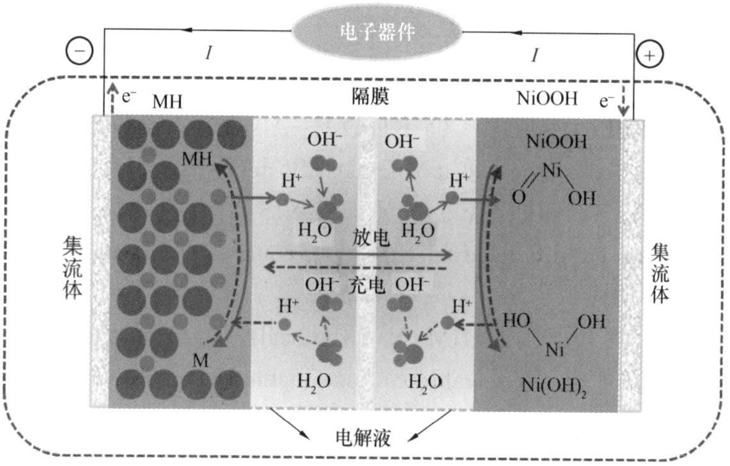

图 13-1 Ni/MH 电池的工作原理图

1. 正常充放电过程

电池在进行正常充放电时，Ni/MH 电池正负极上发生的电化学反应可表示如下：

正极：$$Ni(OH)_2 + OH^- \underset{放电}{\overset{充电}{\rightleftharpoons}} NiOOH + H_2O + e^- \quad E^\theta = 0.52V/SHE \tag{13-1}$$

负极：$$M + H_2O + e^- \underset{放电}{\overset{充电}{\rightleftharpoons}} MH + OH^- \quad E^\theta = -0.83V/SHE \tag{13-2}$$

总反应：$$Ni(OH)_2 + M \underset{放电}{\overset{充电}{\rightleftharpoons}} NiOOH + MH \quad E^\theta = 1.35V/SHE \tag{13-3}$$

其电化学反应式可以表示为：（－）M/MH ｜ KOH（6M） ｜ $Ni(OH)_2$/NiOOH（＋）

由图 13-1 及公式（13-1）～公式（13-3）可以看出，整个电极反应过程中不产生任何可溶性金属离子，也无额外的电解液消耗与生成，因此 Ni/MH 电池可以实现完全密封和免维护。Ni/MH 电池充放电过程可以看成 H 原子或 H^+ 质子在正负极活性物质间转移的往复过程，无氢气的产生。充电时，正极活性物质中的 H^+ 首先扩散到正极/电解液界面与电解液中的 OH^- 反应生成 H_2O，而电解液中水在负极/电解液界面解离形成的 H^+ 得到电子生成氢原子，并进一步扩散至贮氢合金中形成 MH。放电过程是充电过程的逆过程。

2. 过充过放过程

Ni/MH 电池非正常使用有两种情况：过充电和过放电。Ni/MH 电池实际充电过程中，不同的充电控制方法、不匹配的充电控制器及控制失灵等原因均可能造成不同程度的过充电。而电池放电过程中，由于放电截止电位过低，即深度放电，造成电池过放电，或由于电池组中单体电池一致性较差，低容量电池率先达到截止电位，此电池继续放电将发生过放电。

电池过充电时，发生的反应为：

正极（产生 O_2）：$$4OH^- \longrightarrow 2H_2O + O_2\uparrow + 4e^- \tag{13-4}$$

负极（消耗 O_2）：$$2H_2O + 2O_2 + 4e^- \longrightarrow 4OH^- \tag{13-5}$$

过充电时，充电反应转变为在正极上的电解水析氧反应。实际上，在充电中后期，$Ni(OH)_2$未完全转化为 NiOOH 时即会出现 O_2的析出。密封 Ni/MH 电池通过氧气复合机制来防止充电末期和过充电时由于气体的生成造成的内压升高。如式（13-4）及式（13-5）所示，氧气穿过隔膜扩散至负极，在金属氢化物的催化作用下，得到电子形成 OH^-，发生 O_2复合反应，此外在金属氢化物的催化作用下，O_2可直接与负极金属氢化物发生复合反应生成水，此过程中放出热量，使得电池温度急剧升高，同时降低了电池内压。

电池过放电时，发生的反应为：

正极（产生 H_2）：$$2H_2O + 2e^- \longrightarrow H_2\uparrow + 2OH^- \tag{13-6}$$

负极（消耗 H_2）：$$H_2 + 2OH^- \longrightarrow 2H_2O + 2e^- \tag{13-7}$$

过放电时，正极上的 NiOOH 全部转化为 $Ni(OH)_2$，这时电池内部氢气从正极产生，如式（13-6），氢气在负极上被贮氢合金催化复合成水，如式（13-7），正负极之间电压为－0.2V，这种现象称为电池反极，－0.2V 为反极电压。过放电时电池会自动达到平衡状态，此时电池的温度较同样电流过充电时低得多（过充电时电压为 1.5V，电压大导致消耗的功率大，为过放电时的 7.5 倍），这就是 Ni/MH 电池的过放电保护机理。因此，从电极反应上来看，Ni/MH 电池具有长期过充电过放电的保护能力，其根本在于解决副反应气体的复合问题。

在实际的密封 Ni/MH 电池设计中均采用正极限容，其设计要素在于调整正负极容量比（Negative Capacity/Positive Capacity，N/P），一般在 1.3～2.0 之间调整 N/P 比，MH 的富余容量设计可以保证电池过充电（氧气复合）以及过放电（氢气复合）时的气体复合。另外富余的容量有利于抑制贮氢合金的氧化和腐蚀失效。但是过高的 N/P 将降低电池的比能量。

13.1.2 结构类型

密封 Ni/MH 电池根据产品外观可分为圆柱形、方形和扣式三种。圆柱形 Ni/MH 电池是发展最早也最为成熟的一种。如图 13-2（a）所示，正负极用隔膜纸分开卷绕成圆柱形，并装入镀镍圆柱形钢壳中，电解质吸附在电极及隔膜纸中。通常利用焊接方式将负极与电池金属外壳连接，作为电池负极，将正极与顶盖连接，作为电池正极。顶盖结构件包括带有安全阀的上盖、正极端子和塑料垫圈，顶盖与电池镀镍圆柱形钢壳封口后完成单体电池制造，顶盖中的塑料垫圈起到正负极相互绝缘的作用。在非正常使用引起内压升高时，可通过安全阀泄压，保证电池安全。

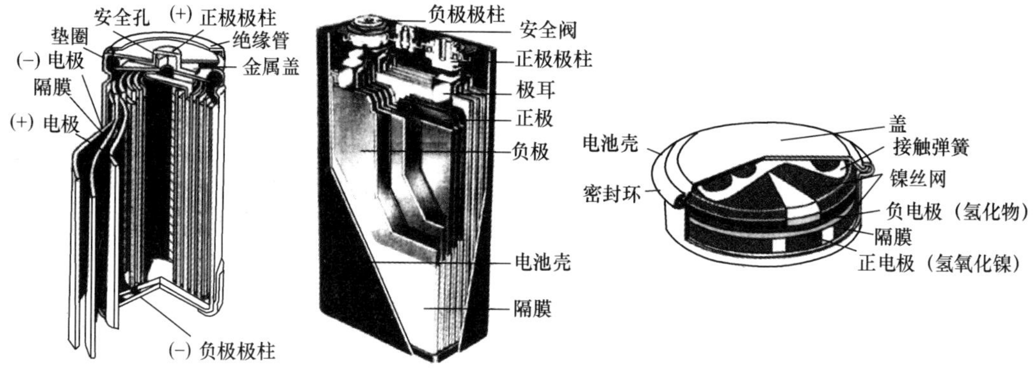

图 13-2 圆柱形、方形及扣式密封 Ni/MH 电池结构
（a）圆柱形；（b）动力方形；（c）扣式

与圆柱形单体结构组合的电池相比，矩形结构的空间利用率更高，电池组的体积比能量可提高约 22%。并且由于电池尺寸不再受到直径的限制，矩形单体电池提高了电池组设计的灵活性。在动力方形电池结构中，正、负极交错叠放后各焊接到相应的端子上，正负极端在同一侧，动力方形电池的结构如图 13-2（b）所示。

扣式 Ni/MH 电池结构如图 13-2（c）所示，电极直接通过将活性物质压入多孔金属箔或金属网上得到。扣式电池没有可反复使用的安全阀，但扣式电池的结构允许电池膨胀、断路或者密封状态破坏，释放出异常条件所造成的过高压力。扣式电池主要用于小电流、低过充电的应用。

13.1.3 化学体系

密封 Ni/MH 电池主要组件包括正极板（氢氧化亚镍极板）、负极板（贮氢合金极板）、电解质、隔膜及外壳，还包括一些零部件，如极柱、密封垫等。

1. 氢氧化亚镍正极

Ni/MH 电池镍正极的化学组分主要包括球形 $Ni(OH)_2$ 活性物质、导电剂、黏结剂、特殊添加剂。常用的导电剂包括乙炔黑、石墨粉和氧化亚钴等，但是石墨在充放电过程中会被氧化成二氧化碳，影响电极材料的性能。胶黏剂主要是羧甲基纤维素钠（CMC）和聚四氟乙烯（PTFE）等。正极特殊添加剂主要是抑制氧气产生的锌类氧化物和 Y_2O_3、Er_2O_3等稀土氧化物。

2. 贮氢合金负极

Ni/MH 电池负极主要化学组分包括贮氢合金活性物质、导电剂、胶黏剂、特殊添加剂。活性物质主要有 AB_5型、La-Mg-Ni 型、AB_2型贮氢合金，其中 AB_5型稀土系贮氢合金目前市场占有率最高，其典型成分为 $La_{5.7}Ce_{8.0}Pr_{0.8}Nd_{2.3}Ni_{59.2}Co_{12.2}Mn_{6.8}Al_{5.2}$（原子百分数,%）。常用的导电剂是金属镍粉和科琴黑等。胶黏剂主要是 CMC、PTFE、丁苯橡胶（SBR）和聚乙烯吡咯烷酮（PVP）等。特殊添加剂主要是抑制氢气产生的 Y_2O_3、Er_2O_3等稀土氧化物。

3. 电解质

Ni/MH 电池电解质通常为 30%左右的 KOH 水溶液。该电解质能在较宽的温度范围内保持良好的离子电导率。填充系数是电解液一项重要指标，几乎所有的 Ni/MH 电池采用贫液态设计，这样气体可以快速通过隔膜发生复合反应。

4. 隔膜

Ni/MH 电池隔膜材料主要有聚丙烯（PP）纤维、PP 与聚乙烯（PE）纤维的复合膜等。聚丙烯因制造工艺简单、耗能少、无污染、廉价，成为目前使用最广泛的 Ni/MH 电池隔膜。但是由于聚丙烯的碳氢结构缺少极性基团，通常需采用磺化处理、等离子处理、γ 射线辐射接枝技术、表面活性剂处理、氟化处理等对其进行亲水化处理。

13.2 氢氧化镍正极材料

13.2.1 镍电极充放电机理

氧化镍电极是一种 p 型半导体，充电态为 NiOOH，放电态为 $Ni(OH)_2$。纯 $Ni(OH)_2$ 不能导电，阳极氧化后 NiOOH 具有半导体性质，通过电子及电子缺陷（即空穴）进行导电。在充放电过程中，$Ni(OH)_2$晶格中总有未被还原的 Ni^{3+} 以及 O^{2-} 存在，按照半导体理论，Ni^{3+} 相较于 Ni^{2+} 少一个电子，形成电子缺陷；电极表面晶格中 O^{2-} 相较于 OH^- 缺失一个质子，形成质子缺陷。因此，电子缺陷的运动性和晶格中电子缺陷的浓度将决定其导电性。

1. 充电过程

$Ni(OH)_2$浸于电解液中，在固液界面处，$Ni(OH)_2$晶格中 O^{2-} 将与溶液中的 H^+ 形成定向排列的双电层。电极的电化学反应以及双电层的建立都是通过晶格中的电子缺陷及质子缺陷来完成的。在充电时，电极发生阳极氧化，此时 Ni^{2+} 失去一个电子转变成 Ni^{3+}，电子通过导电骨架迁移至外电路，$Ni(OH)_2$中的 OH^- 失去 H^+ 成为 O^{2-}，固相中的 H^+ 通过双电层电场，从电极表面转移至溶液中，与电解液中的 OH^- 作用生成水。由于阳极氧化反应在固液界面双电层区域进行，首先将产生局部空间电荷内电场，界面上氧化物表面一侧产生新电子缺陷（Ni^{3+}）及质子缺陷（O^{2-}），使得电极表面氧化物的 H^+ 浓度降低，与氧化物内部 H^+ 形成浓度梯度，H^+ 将从电极内部（高浓度区域）向电极表面（低浓度区域）扩散，相当于 O^{2-} 向晶格内部扩散。

但由于固相扩散困难，若充电电流使得电子的迁移速率大于体相的 H^+ 扩散速率，将造成电极表面中 H^+ 浓度不断下降，空间正电荷量不断减少，如式（13-8）所示：

$$i_A = zFk\alpha(OH^-)\alpha(H^+)\exp\left(\frac{\beta F\varphi}{RT}\right) \tag{13-8}$$

式中，i_A表示阳极反应速率；z 表示电荷转移数；F 表示法拉第常数；k 表示反应速率常数；$\alpha(OH^-)$ 和 $\alpha(H^+)$ 分别代表溶液中 OH^- 的活度和镍电极表层中质子的活度；β 代表对称系数；φ 表示电极/溶液界面双电层的电势差；R 表示理想气体常数；T 表示热力学温度。

若要维持反应速率不变，必须提高电极电位，因此，在充电过程中，镍电极的电位不断升高。在极限情况下，表面层中的 NiOOH 几乎全部变成 NiO_2，此时的电极电位足以使固液界面处液相中的 OH^- 氧化析出 O_2。

$$NiOOH + OH^- \rightleftharpoons NiO_2 + H_2O + e^- \tag{13-9}$$

$$4OH^- \longrightarrow O_2\uparrow + 2H_2O + 4e^- \tag{13-10}$$

式（13-9）和式（13-10）所示的析氧反应在充电后不久即出现，这时在镍电极内部仍有 $Ni(OH)_2$存在，充电时形成的 NiO_2仅掺杂在 NiOOH 晶格之中，并未延伸到体相中形成单独的结构，可将其看作 NiOOH 的吸附化合物。因此，当镍电极充电时，电极上有氧析出并不说明充电已经完全，这是镍电极的一个特性。此外，由于生成的 NiO_2电位较高（约 0.65V），即使在电极停止充电后，固液界面处的 NiO_2亦可与水作用发生析氧反应，随着 NiO_2浓度的降低，电极电位略有下降，电极容量有所损失：

$$2NiO_2 + H_2O \longrightarrow 2NiOOH + \frac{1}{2}O_2\uparrow \tag{13-11}$$

2. 放电过程

充电充足后，NiOOH 将与电解液接触形成双电层。镍电极的放电过程与充电过程刚好相反。镍电极放电时发生阴极还原，界面处 Ni^{3+} 与外来电子作用生成 Ni^{2+}，而 H^+（来源于电解液中的 H_2O）从溶液越过双电层，与 O^{2-} 发生作用生成 OH^-，并向固相内部扩散。也就是说，固相中减少一个电子缺陷（Ni^{3+}）和一个质子缺陷（O^{2-}），相应在溶液中亦增加了一个 OH^-。

$$i_C = zFka(H_2O)\alpha(O_2^-)\exp\left(\frac{-\alpha F\varphi}{RT}\right) \tag{13-12}$$

式中，i_C表示阴极反应速率；$\alpha(H_2O)$和 $\alpha(O^{2-})$分别代表溶液中水的活度和镍电极表层中 O^{2-} 的活度，α 等于 $1-\beta$。

同样地，由于质子固相扩散速率的限制，固相中的 H^+ 扩散比液相中的困难得多，而 O^{2-} 在电极表面层中的浓度下降很快，若要维持反应速率，则需阴极极化电位向负方向移动。因此，当电池放电时，正极固相内部的 NiOOH 在未完全被还原为 $Ni(OH)_2$时，电池电压已达到终止电压。另外，由于界面处形成的 $Ni(OH)_2$ 导电性较差，将进一步对电极内部的 NiOOH 的后续反应造成阻碍，降低电极的放电效率。

由以上的镍电极电化学充放电反应的固相质子扩散机制可知，在充放电过程中质子在固相中的扩散速率是控制步骤。提高质子固相扩散速率，在充电过程中，有利于降低镍电极阳极极化，抑制析氧反应的发生，提高充电效率；在放电过程中，有利于降低镍电极的阴极极化，改善镍电极电化学性能，同时能够有效提高活性物质利用率。

13.2.2 氢氧化镍的结构及晶型之间的转化

传统的晶体学理论认为，镍电极活性物质存在四种基本晶型结构，分别为还原态的 α-$Ni(OH)_2$ 和 β-$Ni(OH)_2$ 以及氧化态的 β-NiOOH 和 γ-NiOOH。

β-$Ni(OH)_2$ 属于三方晶系（$P\bar{3}ml-D_{3d}^3$ 空间群，编号 164），晶胞参数 $a_0=0.312$nm，$c_0=0.469$nm，具有和大多数 $M(OH)_2$（M 为 Ca、Mg、Fe、Co 和 Cd）型化合物相同的 CdI_2 型水镁石结构。如图 13-3 所示，其为典型的层状结构，每层由与 O 原子以八面体结合的 Ni 原子组成的六方平面构成，Ni 原子在（0001）平面上，四周被上下各 3 个 O 原子包围，Ni 的分数坐标为（0，0，0），O 的分数坐标为（1/3，2/3，u）和（2/3，1/3，$\bar{u}$），其中 u 为 0.25。从 c 轴投影看下去，每个 Ni 原子周围被六个 O 原子包围，Ni—O 键长为 0.2073nm，Ni—Ni 键长 $a_0=0.3126$nm。每个层面沿 c 轴方向堆积，层间距 $c_0=0.4605$nm，层间沿 c 轴由范德华力结合，且 O—H 键与 c 轴方向平行，O—H 键长为 0.098nm。

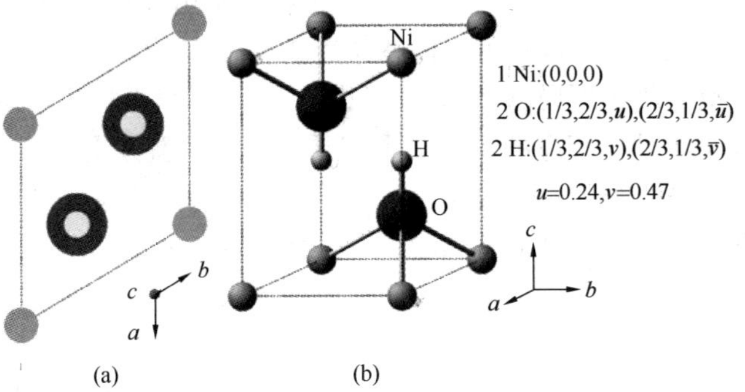

图 13-3 β-$Ni(OH)_2$ 的晶体结构示意图

（a）a-b 平面内的投影；（b）三维六方晶格

α-$Ni(OH)_2$ 和 β-$Ni(OH)_2$ 的主要区别在于沿 c 轴的堆积方式不同。α-$Ni(OH)_2$ 是层间含有靠氢键键合水分子的 $Ni(OH)_2$ 晶体，具有六方晶格结构（晶胞参数 $a=0.53$nm，$c=0.8$ nm），通常具有两种基本结构形式：3Ni $(OH)_2\cdot 2H_2O$ 和 $4Ni(OH)_2\cdot 3H_2O$。α-$Ni(OH)_2$ 是具有涡旋层状结构的水合氢氧化物，它也是由平行且等间距的层构成。如图 13-4 所示，NiO_2 层含有大量的与 OH 基团有氢键作用的 H_2O 分子，H_2O 分子在上下 Ni^{2+} 平面之间 $c/2$ 处，OH^- 在 $c/6$ 处，由于一定数量的 OH^- 和 H_2O 分子可以进入 Ni 的（111）面之间，使得 Ni^{2+} 间距离在 a 方向由 0.25nm 扩大到 0.31nm，在 c 方向由 0.2nm 扩大到 0.8nm。因此，阴离子（如 CO_3^{2-}、SO_4^{2-}、NO^{3-}）和半径小的碱金属阳离子（如 Li^+、Na^+、K^+）等可嵌入到层间。但是，由于 NiO_2 层是任意的无序结构，非常不稳定，在浓碱中易自发转化为 β-$Ni(OH)_2$ 相：

$$\alpha\text{-}[3Ni(OH)_2 \cdot 2H_2O] \longrightarrow \beta\text{-}Ni(OH)_2 + \frac{2}{3}H_2O; \Delta G = -3.4kJ/mol \tag{13-13}$$

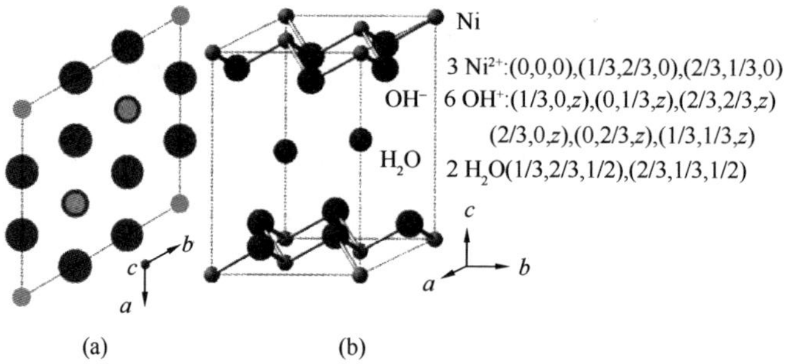

图 13-4 α-Ni(OH)$_2$的晶体结构示意图

(a) a-b 平面内的投影；(b) 三维六方晶格

β-NiOOH 和 γ-NiOOH 为镍电极活性物质的氧化态。在温和的化学氧化条件下，易得到 Ni 氧化态低于 3.0 的 β-NiOOH。在激烈的化学氧化条件下，易得到 Ni 氧化态高于 3.0 的 γ-NiOOH，这意味着 γ-NiOOH 中含有部分四价镍。一般认为，β-NiOOH 由 β-Ni(OH)$_2$通过失去一个 H^+ 和一个电子得到，β-Ni(OH)$_2$层面上的 Ni-Ni 间距 a_0 从 0.312nm 收缩至 0.281nm，层间距 c_0 从 0.461nm 膨胀至 0.486nm，导致 β-Ni(OH)$_2$ 转变为 β-NiOOH 后体积缩小 15%。对于 γ-NiOOH，其价态为 3.67，这是由于在电解液中+1 价的钾杂质取代了名义上的 Ni^{3+} 位置，因而在每个 Ni^{3+} 位置上留下 2 个电子空穴进行离子化生成 2 个 Ni^{4+}，离子化作用提供了 0.5mol 的 Ni^{4+}，其非化学计量结构式为 $Ni^{4}_{0.5}Ni^{3+}_{0.25}K^{+}_{0.25}OOH$。为保持电中性，相应的阴离子取代质子，并伴随水分子嵌入范德华层间，其层间距（约 0.72nm）比 β-NiOOH 的大。

各晶型的 Ni(OH)$_2$和 NiOOH 间存在一定的对应转变关系，即著名的 Bode 图，如图 13-5 所示。

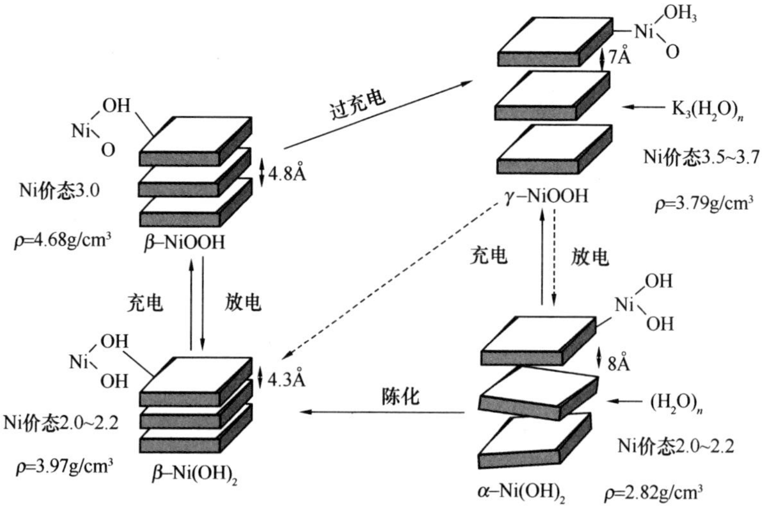

图 13-5 四种晶型之间的转化关系

(1) β-$Ni(OH)_2$/β-NiOOH 氧化还原反应电对。β-$Ni(OH)_2$充电后变成与其具有相同晶型结构的β-NiOOH，该反应具有很好的可逆性。此外，β-NiOOH 电导率比β-$Ni(OH)_2$的高出 5 个数量级，因此，随着充电过程的进行，镍电极的导电能力逐渐增大。然而经过长期的过充电，β-NiOOH 会逐步转换生成γ-NiOOH，特别是经过高倍率充电以及在高浓度电解液条件下更易形成γ-NiOOH，这一过程将导致 44%的体积膨胀，易造成电极开裂、掉粉，影响电池的容量和使用寿命。并且γ-NiOOH 在放电过程中将转变为α-$Ni(OH)_2$，造成 39%的体积膨胀，而α-$Ni(OH)_2$在浓碱中又自发转变为β-$Ni(OH)_2$，反复大体积变化将进一步加剧电极失效。因此，在以β-$Ni(OH)_2$为活性物质的镍电极中，γ-NiOOH 的形成被认为是有害的。为了抑制γ-NiOOH 的形成，在合成β-$Ni(OH)_2$时通常会添加 Co、Zn、Cd 等添加剂。β-$Ni(OH)_2$/β-NiOOH 电对由于进行的是单电子反应，其理论比容量只有 289 (mA·h)/g，实际比容量在 260 (mA·h)/g 左右。

(2) α-$Ni(OH)_2$/γ-NiOOH 氧化还原反应电对。α-$Ni(OH)_2$易于可逆地转变成γ-NiOOH。此外，由于γ-NiOOH 中 Ni 的氧化态较高（约 3.67），α/γ电对反应电子转移数将超过 1，从而使α-$Ni(OH)_2$理论容量高达 482 (mA·h)/g，有利于进行高比能量镍系电池的开发。并且α-$Ni(OH)_2$具有更大的层间距，使得固相质子扩散速率高于β-$Ni(OH)_2$，有利于改善活性物质的利用率及电极倍率特性。因此，从发展新型高容量、高功率正极材料出发，α-$Ni(OH)_2$具有较大的竞争优势。

13.2.3 高密度球形β-$Ni(OH)_2$的制备与改性

$Ni(OH)_2$通常为苹果绿色的粉末物质，普通型β-$Ni(OH)_2$的振实密度约为 $1.6g/cm^3$，若通过控制结晶生长条件，对 $Ni(OH)_2$的形貌和粒度等实现有效的控制，可获得高密度球形β-$Ni(OH)_2$。其松装密度大于 $1.5g/cm^3$，振实密度大于 $2.0g/cm^3$，因此，可大大提高电极的填充密度（>20%），增大电极的比容量［550 (mA·h) /cm^3，传统烧结式电极板的容量密度仅为 400 (mA·h) /cm^3］，并且其浆料具有良好的流动填充性，已成为目前镍系二次电池普遍采用的正极材料。

目前，高密度球形β-$Ni(OH)_2$的制备方法主要有化学沉淀法（化学沉淀晶体生长法）、氧化法、离子交换树脂法、粉末金属法以及电解法等。不同制备方法和工艺条件对其活性、堆积密度以及粒径分布有不同的影响。其中化学沉淀法制备的 $Ni(OH)_2$综合性能相对较好，是目前规模化生产的主要方法。

化学沉淀法需在特定结构的反应釜中进行，其原理是镍盐和碱直接加入到耐碱反应釜内，通过调整温度、pH 值、添加剂、加料量、加料速度、反应时间、陈化时间和搅拌强度等工艺参数，控制晶核产生量、微晶晶粒尺度、晶粒堆垛方式、晶粒生长速度和晶体内部缺陷等晶体生长条件，使镍盐或镍配合物与苛性碱发生复分解沉淀反应，生成的 $Ni(OH)_2$微晶晶核在特定工艺条件下生长成球形 $Ni(OH)_2$颗粒，粒子长成一定尺寸后流出釜体。出釜产品经混料、表面处理、洗涤、干燥、筛分、检测和包装后，供电池厂家使用。其工艺流程如图 13-6 所示。

在 $Ni(OH)_2$制备过程中，必须严格控制反应条件，否则将影响其结晶性、球形度、粒度、堆积密度、比表面积和电化学活性等。具体工艺参数包括反应时间、反应温度、反应液 pH 值、反应物种类及浓度、搅拌条件、加料速度、烘干温度、添加剂的种类及添加

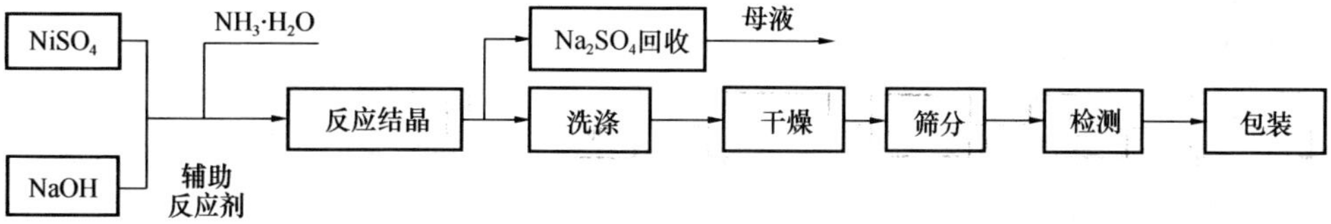

图 13-6 制备球形 $Ni(OH)_2$ 的工艺流程

方式、反应釜的结构等，生产过程中只有优化工艺条件，严格控制工艺参数，才能生产出性能良好的球形 $Ni(OH)_2$。用此方法制备的球形 $Ni(OH)_2$ 粒径一般在 1～50μm，其中以平均粒径 5～12μm 段为主。

影响球形 β-$Ni(OH)_2$ 电化学性能的因素主要有化学组成、粒径大小及分布、表面状态及组织结构等。在化学组成方面，$Ni(OH)_2$ 放电容量随 Ni 含量升高而增加。但为了提高活性物质利用率、电池的放电平台、大电流放电性能及循环寿命，通常在 $Ni(OH)_2$ 制备过程中需要加入一定量的 Co、Zn 和 Cd 等添加剂，不同种类及添加剂的添加量会对 $Ni(OH)_2$ 的微晶结构产生一定的影响。

添加剂载入方式主要包括化学共沉积方式（镍钴锌氢氧化物）、电化学共沉积方式、表面共沉积方式（化学镀）以及机械混合方式。化学共沉积方式是指在活性物质制备过程中，添加剂与活性物质共结晶，使得添加剂均匀分布于活性物质之中，充分发挥添加剂作用，但是需考虑添加剂对 $Ni(OH)_2$ 的溶度积 K_{sp} 的影响。电化学沉积可以改善镍电极的容量性能，而且其腐蚀比化学沉积小。表面沉积主要用于改善表面效应的镍电极性能（如析氧过电位）以及材料导电率。机械混合方式易出现添加剂分布不均匀的问题，不能高效率地改善电极性能，但金属和氧化物型添加剂只能通过此方式加入。

实际应用较广泛的是钴、锌等的化合物。钴类添加剂能有效地提高镍电极析氧过电位，提高充电效率，从而增加活性物质的利用率。此外，Co 元素掺杂可大大增加质子导电性，并且由于 Co 类添加剂在碱性电解液中的溶解、析出，形成的 β-$Co(OH)_2$ 将均匀包覆在 $Ni(OH)_2$ 表面上，经过充电被氧化成具有良好导电性的 CoOOH，从而构建导电网络，有利于降低电极极化，改善电极倍率性能。Co 的加入还有利于抑制 γ-NiOOH 的形成，提高电极的循环寿命。一般来说，Co 的添加量控制在 1%～10% 范围内较为合适。

锌类添加剂的主要作用是增强电极稳定性，提高活性物质的利用率，提高析氧电位，细化微晶晶粒，抑制过充时 γ-NiOOH 的产生并可减少电极体积膨胀。共沉积掺 Zn（>1.5%）还可提高镍电极工作电压平台的比率。通常 Co、Zn 联用对提高 $Ni(OH)_2$ 电性能可收到更理想的效果。Ni、Co、Zn 共沉淀制备成 $Ni_{1-x-y}Co_xZn_y(OH)_2$ 固溶体后，会使得 β-$Ni(OH)_2$ 和 NiOOH 晶格出现较理想的无序化，从而降低结晶度。充放电过程中，β-$Ni(OH)_2$/β-NiOOH 间的相转变更容易，使得镍电极放电电压平台加长，并可有效地抑制 γ-NiOOH 的产生，减小电极膨胀，从而防止因活性物质脱落、电池微短路等造成电极提前失效。

13.3 金属氢化物负极材料

13.3.1 贮氢合金的热力学基础

Ni/MH 电池对于负极贮氢合金材料的选择具有特定要求，尤其是对热力学特性有严格要求。MH 的热力学特性可用合金的压力-组成-温度特性（PCT 曲线）来衡量，如图 13-7 所示为（LaCe）$_{1.0}$（NiCoMnAlFe）$_{5.0}$的 PCT 吸放氢曲线。从左向右开始吸氢时，贮氢合金吸氢形成氢的 α 相间隙固溶体，氢原子在合金中处于无序分布状态，吸氢至第一个拐点时，氢化反应开始，α 相反应逐渐生成 β 相金属氢化物。根据 Gibbs 相律，温度一定时，α 相和 β 相共存时为平台区，即合金中氢浓度显著增加而氢压几乎不变，一般定义其中间位置的压力值为平台压（P_{eq}）。吸氢至第二个拐点时，氢化反应结束，合金完全变成氢原子处于有序分布状态的 β 相金属氢化物，随后继续吸氢形成金属氢化物基固溶体，氢压显著增加。金属氢化物放氢过程按反方向进行。

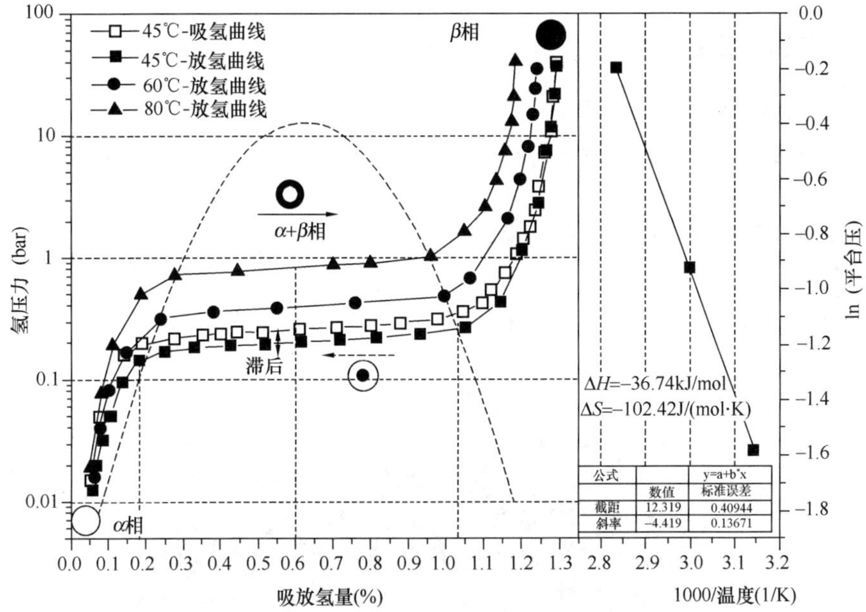

图 13-7 （LaCe）$_{1.0}$（NiCoMnAlFe）$_{5.0}$的压力-组成-等温及 Van't Hoff 曲线

如图 13-7 所示，贮氢合金吸氢曲线和放氢曲线存在滞后现象，这主要与组分、温度、压力、微区应力应变以及表面效应的影响有关。Ni/MH 电池用贮氢合金要求吸放氢滞后性小，以降低电池内压，并且提高电池的可逆容量，均匀化组织可明显改善滞后性。随着温度的升高，平台向上移动，反之平台向下移动。因此，温度低有利于吸氢，即 MH 的形成过程为放热过程；温度高会促发放氢，即 MH 放氢为吸热过程。此外，平台宽度也随着温度的升高而缩短，甚至当温度达到某一临界值（T_c）时，平台消失。评价合金的 P_{eq}和吸放氢容量对于 Ni/MH 电池负极材料的选择具有重要意义。一般而言，合金的气固吸放氢行为与电极的电化学行为具有很好的对应关系：

$$1\%\text{（质量分数）}H/M=268\text{（mA·h）/g} \tag{13-14}$$

$$E=-0.9324-0.0291\lg P_{eq}\text{（Hg/HgO，20℃，6mol/L KOH）} \tag{13-15}$$

因此，较低的气固吸放氢平台预示着较低的充放电平衡电位。基于以上关系，PCT吸放氢曲线也可以通过电化学方法测定。测定不同温度下的吸放氢 P_{eq}，可根据 Van't Hoff 方程：

$$\ln P_{eq}=\frac{\Delta H}{RT}-\frac{\Delta S}{R} \tag{13-16}$$

式中，T、R 分别为绝对温度和理想气体常数，可获得贮氢合金热力学稳定性参数。其 Van't Hoff 函数拟合结果如图 13-7 所示，根据拟合直线的斜率和截距即可以计算反应焓变（ΔH）和反应熵变（ΔS），并且可由 $\Delta G=\Delta H-T\Delta S$ 计算不同温度下的吉布斯自由能（ΔG），以评价其自发吸放氢倾向。一般而言，贮氢合金的吸放氢量及 P_{eq} 与其晶胞体积 V 具有良好的对应关系，晶胞体积越大，吸氢量越大，反应的驱动力变高，ΔH 数值越负，使得形成的 MH 越稳定，表现在 PCT 曲线上即是放氢平台越低。P_{eq} 降低有利于合金吸氢，形成的 MH 更稳定。若 P_{eq} 过高，MH 稳定性变差，容易引起自发析氢，造成电池的自放电，并且会引起电池内压升高，加速电池的恶化。

13.3.2 MH 电极反应与电极过程动力学

金属氢化物电极在碱性电解液中会发生一系列的反应，如图 13-8 所示，贮氢合金在碱性电解液中的电化学反应包括电荷转移过程和氢扩散过程。贮氢电极的电化学吸放氢过程包括以下几个步骤：

（1）液固界面附近的液相传质过程。

$$H_2O_{(b)}\rightleftharpoons H_2O_{(s)} \tag{13-17}$$

其中，$H_2O_{(b)}$ 和 $H_2O_{(s)}$ 分别表示电解液体相中和贮氢合金表面上的水分子。

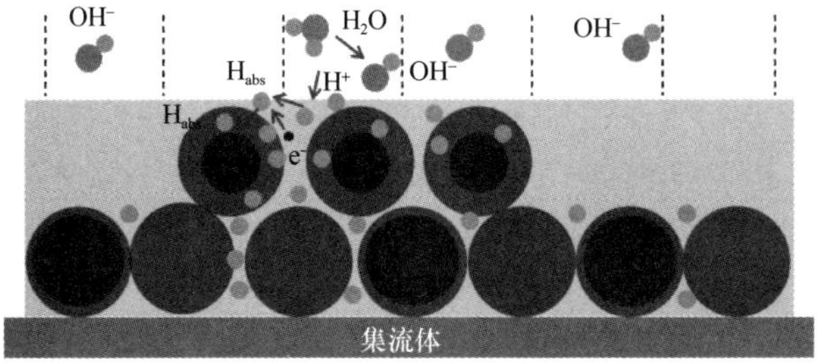

图 13-8 金属氢化物形成过程示意图

（2）电极表面的电荷转移过程（电化学反应过程）。

$$M+H_2O_{(s)}+e^-\rightleftharpoons MH_{ads}+OH^-_{(s)} \tag{13-18}$$

（3）氢向贮氢合金体相的扩散及 OH^- 的液相传质。

$$MH_{ads}\rightleftharpoons MH_{abs} \tag{13-19}$$

$$OH^-_{(s)}\rightleftharpoons OH^-_{(b)} \tag{13-20}$$

其中，H_{ads} 和 H_{abs} 分别表示吸附在贮氢合金颗粒表面和体相中的 H；$OH^-_{(s)}$ 和 $OH^-_{(b)}$ 分别表示固液界面上和电解液体相中的氢氧根离子。这是两个平行进行的过程。

(4) 氢原子在 α 相中的扩散过程。氢的扩散与合金中氢-氢相互作用及氢的浓度有关。合金中氢的扩散系数 D_H 与 H-H 相互作用 $W_{H\text{-}H}$ 及合金中氢浓度 C_H 之间的关系可表述为：

$$D_H = D^* \left\{1+\left(\frac{W_{H-H}}{RT}\right)C_H\right\} \tag{13-21}$$

式中，D^* 为爱因斯坦扩散系数。

(5) 氢化物的相变过程。

$$MH_\alpha \rightleftharpoons MH_\beta \tag{13-22}$$

其中，MH_α 为氢的固溶体，MH_β 为氢化物。

(6) 当氢在体相中的扩散、穿透和结合过慢时，或过充电时，合金表面上的吸附氢原子发生脱附反应（包括电化学脱附和复合脱附），最后在电极表面形成氢气泡脱离电极表面。

复合脱附反应：$MH_{ads} \rightleftharpoons M + H_{ads}$，$2H_{ads} \longrightarrow H_2\uparrow$（Tafel 过程） (13-23)

电化学脱附反应：$MH_{ads} + H_2O + e^- \rightleftharpoons M + H_2\uparrow + OH^-$（Heyrovsky 过程）

(13-24)

式（13-17）～式（13-22）为金属氢化物形成过程，式（13-23）和式（13-24）表示发生在金属氢化物形成过程之后的过充析氢反应（HER），在充电曲线上表现为两个平台。如图 13-9 所示，充电曲线中值电压（$E_{mid,c}$）和 E_{HER} 表示电极的氢化电位和析氢电位，增加二者差值，即提高析氢过电位，有利于改善电极的充电效率，这对于金属氢化物电极高温工作至关重要。

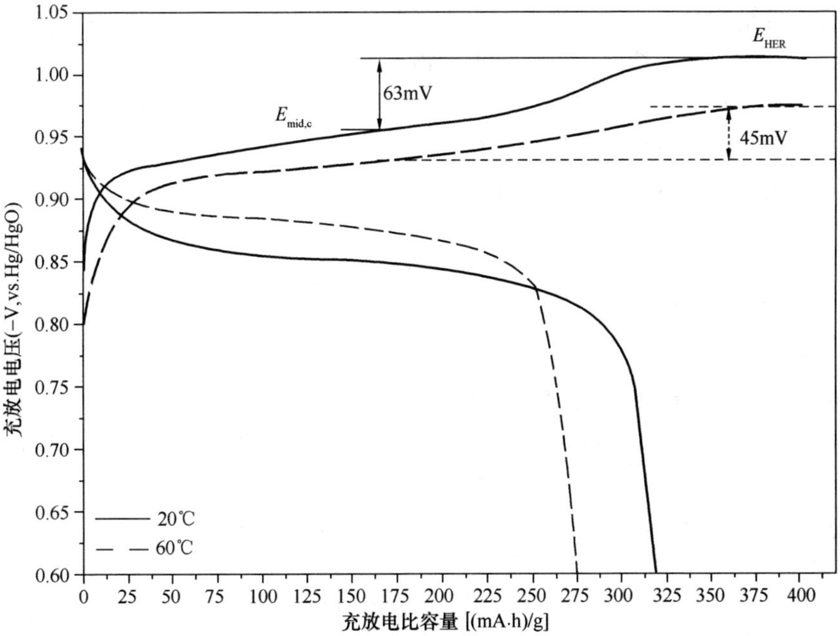

图 13-9 MH 电极典型充放电曲线

在合金电极反应过程中，一般认为总的电化学反应速率由以下两个过程控制：①反应式（13-18）中电解液/合金颗粒界面的电荷转移过程；②反应式（13-19）中氢原子在合金颗粒的体相扩散过程。前者将引起电化学极化，可由电荷转移阻抗 R_{ct} 或交换电流密度

I_0进行评价；后者将引起浓差极化，可通过氢的扩散系数 D_H进行评价。除此之外，在电池大电流工作时，电解液、电池组件以及电极材料的电阻将造成严重的欧姆极化。

电荷转移过程与 MH 电极表面的电催化活性有关，而电催化活性主要由电极的化学组成及表面性质（如氧化膜种类、厚度与致密性，催化活性点等）决定，因此电极表面电荷转移过程与电极的表面状态密切相关。此外，电荷转移过程还与温度有关。低温下，电荷转移过程变缓，使得电极低温性能急剧下降，并且电极表面钝化层以及电解质溶液的电导率降低，将进一步使电极低温性能恶化。高温环境有利于促进电荷转移过程，改善电极的倍率性能，但是合金的腐蚀问题将变严重。贮氢合金中的镍对电荷转移过程起到关键的催化作用。

氢扩散是一种物质传输的行为，其主要与贮氢合金的金属—氢键（M—H）键能和体相氢浓度有关。在低温和高倍率工作时，体相 H 扩散过程常常成为制约电极电化学性能的关键因素。贮氢合金的合金类型、微观结构、化学计量比和组成成分、荷电态（H 浓度）以及环境温度均会对扩散系数产生影响。

13.3.3 贮氢合金电极材料

基于 Ni/MH 电池的工作原理，作为负极活性物质的贮氢合金电极，一般其性能应具备如下条件：

(1) 适中的平台压力，一般要求为 0.01～0.1MPa。

(2) 较宽的吸放氢平台区，稳定的充放电性能。

(3) 较好的抗蚀性，表面不易氧化，不易粉化。

(4) 结构和化学组成稳定，在碱性电解液中具有稳定的化学性质。

(5) 良好的吸放氢速率，快速充放电阻力（过电位）小，反应可逆性好。

(6) 活化容易，单位质量、单位体积下的吸氢量大（电化学容量高）。

(7) 在较宽的温度范围内充放电性能稳定。

(8) 价格低廉，环境友好，易实现工业化生产。

目前作为 Ni/MH 电池负极材料研究的贮氢合金，主要有 AB_5型稀土系贮氢合金、AB_2型 Laves 相贮氢合金、RE-Mg-Ni 系 $AB_{3\sim3.5}$型贮氢合金、AB 型钛镍系合金、V 基固溶体以及 Mg 基贮氢合金等几种类型。

1. AB_5型稀土系贮氢合金

AB_5型贮氢合金理论储氢量约 1.4%，理论容量为 375(mA · h)/g。它具有活化迅速，平衡氢压适中，吸放氢滞后小，动力学性能优良和抗杂质气体中毒性能好等优点，是目前使用最广的 Ni/MH 电池负极材料。

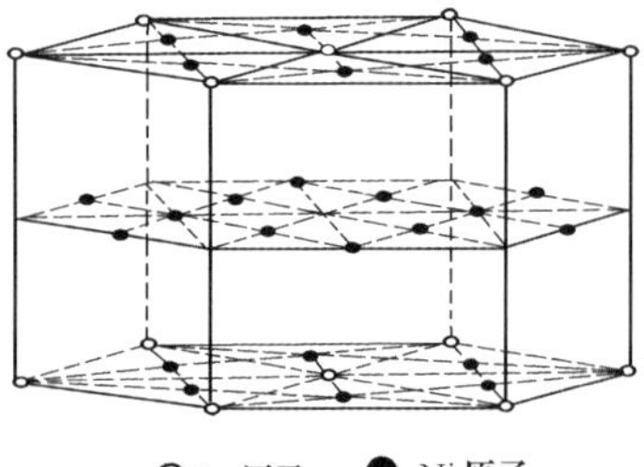

图 13-10 $LaNi_5$ 晶体结构

$LaNi_5$合金是其典型代表，其晶体结构见图13-10，为 $CaCu_5$型晶体结构，六方点阵，空间群为 P6/mmm，$a=5.016$Å，$c=3.982$Å，$V=86.80$Å^3。La 原子占据 Ni 与 La 原子共面上的 $1a(0,0,0)$位，对于两种非等价的 Ni1 和 Ni2 原子，Ni1 原子占据 Ni 与 La 原子共面上的 $2c(1/3,2/3,0)$和$(2/3,1/3,0)$位，Ni2 原子占据全部为 Ni1 原子面上的 $3g(1/2,0,1/2)$、$(0,1/2,1/2)$和(1/2,

1/2,1/2)位。氢原子位于由 2 个 La 原子与 2 个 Ni 原子形成的四面体间隙位置和由 4 个 Ni 原子与 2 个 La 原子形成的八面体间隙位置。当氢原子进入 $LaNi_5$ 的晶格间隙位置后，成为氢化物 $LaNi_5H_6$。由于氢原子的进入，使金属晶格发生膨胀（约 23%），在随后的放氢过程中晶格又发生收缩。如此反复的吸氢/放氢过程将导致合金形成微裂纹甚至粉化，并且由于 $LaNi_5$ 在 KOH 电解液中被氧化腐蚀，使得其充放电循环时容量迅速衰减，因此不宜作 Ni/MH 电池的负极材料。

1984 年，荷兰 Philips 公司通过 Co 取代 Ni，Nd 取代 La 得到多元合金 $La_{0.7}Nd_{0.3}Ni_{2.3}Co_{2.4}Al_{0.3}$，解决了 $LaNi_5$ 氢化物电极在充放电循环过程中容量损失过快问题，实现了贮氢合金作为 Ni/MH 电池负极材料的可能。随后，在 $LaNi_5$ 基础上，通过多元合金化，采用 Ce、Pr、Nd 等部分替代 La，采用 Co、Al、Mn、Fe、Si、Sn 等部分替代 Ni，人们开发出系列三元、四元乃至多元系合金。例如，典型的 $La_{5.7}Ce_{8.0}Pr_{0.8}Nd_{2.3}Ni_{59.2}Co_{12.2}Mn_{6.8}Al_{5.2}$ 商用合金，其放电容量可达 290～320(mA·h)/g，并且具有良好的循环稳定性和综合电化学性能。此外，通过表面包覆、酸/碱处理、氟化处理、还原处理等表面处理，可显著改善合金的表面特性，构建稳定的高催化活性表面，使电极及电池的性能进一步得到提高。

2. RE-Mg-Ni 系 $AB_{3\sim3.5}$ 型贮氢合金

20 世纪末，人们发现化学计量比介于 AB_2 型和 AB_5 型之间的某些超晶格 La-Mg-Ni 合金具有比传统 AB_5 型合金更高的气固贮氢容量及电化学容量，放电容量可达 400(mA·h)/g 左右，因此逐渐引起人们的关注。根据 $MgCu_2$ 型和 $CaCu_5$ 型结构单元在 *c* 轴堆垛的比例不同，La-Ni-Mg 系贮氢合金可以分为 $PuNi_3$ 型（La、Mg）Ni_3、Ce_2Ni_7 型（La、Mg)$_2Ni_7$ 以及 Pr_5Co_{19} 型（La、Mg)$_5Ni_{19}$。

该系列合金具有高容量和高倍率特性。但是，由于合金凝固过程发生包晶反应，大量初生相（$LaNi_5$ 相）会保留下来，因此，$LaNi_3$ 和 La_2Ni_7 的铸态组织除其二者共存之外，还含有 $LaNi_5$ 等相。目前工业界主要采用快速凝固技术来消除杂相，得到细小晶粒，再通过高温退火工艺进行处理。此外，Mg 在高温条件下蒸汽压很大，合金的熔炼温度接近甚至超过 1400℃，熔炼过程中不可避免存在 Mg 的大量挥发，需要在熔炼过程氩气保护气氛中添加氦气等技术加以抑制。人们探索了多种制备 RE-Mg-Ni 系贮氢合金的方法，如正压感应熔炼法、真空快淬法及机械合金化法等，以解决 Mg 挥发的问题。另一方面，Mg 的加入虽可明显抑制合金的非晶化，但是其存在将引起 RE-Mg-Ni 系贮氢合金在碱液中的耐腐蚀性能降低，使得电极循环性能变差，这是该系合金应用所面临的最大阻碍。可通过多元合金化对其进行改性，如 $Mm_{19.3}Mg_{3.9}Ni_{68.1}Al_{4.0}Co_{4.7}$ 放电比容量可达 354(mA·h)/g，由其制作的 C 型实验电池，2C 放电容量为 3.69Ah，0.5C 倍率下以 2Ah 容量截止可循环超过 1000 次。目前，日本 FDK 运用 La-Mg-Ni 合金制备的长寿命 Ni/MH 电池循环可超过 6000 次。

3. 其他

(1) AB_2 型 Laves 相。该合金的主相为具有六方结构的 C14 型 Laves 相和具有立方结构的 C15 型 Laves 相。AB_2 型（C14/C15 型）Laves 相合金具有更高的贮氢量，如 $ZrMn_2$ 和 $TiMn_2$ 的贮氢量为 1.8%（质量分数），其理论容量可达 482(mA·h)/g，实际电化学容量为 380～420(mA·h)/g，该系合金与氢反应速度快、没有滞后效应，是目前高容量新型贮氢电极合金研究和开发的热点。但是 AB_2 型合金还存在初期活化困难，高倍率放电性能较差等缺点，并且吸氢后容易非晶化，实际可逆放电容量很低。国内外学者通过多元合金化，调整合金中相组成和相丰度，介入具有高催化活性的 Zr_7Ni_{10}、Zr_9Ni_{11}、ZrNi 以及 TiNi 第二相，充分利用合金中的成分和结构无序及多相结构的协同作用，改善材料的活化、倍率、低温以及循环性能。

(2) V 基固溶体。V 与 H_2 反应时可生成 VH 和 VH_2 两种氢化物。VH_2 的贮氢容量高达 3.8%（质量分数），电化学理论容量为 1018(mA·h)/g。但是 V 基固溶体本身在碱液中无电极活性，不具备充放电能力。通过将 V 基固溶体主相（吸氢相）与三维网状分布的第二相（导电集流及催化，包括 TiNi、Laves 相）复合，并优化控制主相和第二相的协同作用，可使合金获得良好的电极性能。目前主要是在 V_3Ti 中添加 Ni 形成 TiNi 第二相或者在 BCC 相周围形成 Laves 相，提高电极倍率性能。但是，由于 V 的溶解腐蚀，催化第二相在充放电循环中逐渐遭破坏，导致合金丧失电化学吸放氢能力，使得材料循环稳定性较差，并且成本上缺乏竞争优势。通过合金成分与结构优化、合金的制备技术及表面改性等，进一步提高合金性能和降低成本，有望使 V 基固溶体型合金发展成为一种新型的高容量贮氢合金电极材料。

(3) Mg 基。Mg 以其丰富的储存量、成本低廉以及超高的储氢量［MgH_2 理论容量高达 2200(mA·h)/g］而广受关注。目前主要开发的体系包括 MgNi 系和 Mg_2Ni 系。以 Mg_2Ni 为代表的 A_2B 型镁基贮氢合金储氢容量高达 3.6%（质量分数），电化学理论容量接近1000(mA·h)/g;并且兼具易活化、资源丰富及价格低廉等特点，被认为有希望成为下一代 Ni/MH 电池的负极材料，各国也纷纷致力于开发新型 Mg 基合金。但是该系合金室温吸放氢动力学性能较差，在电解液浓碱溶液中易腐蚀，致使电化学容量较低，电化学循环稳定性差，不能满足实际应用需求。目前主要从合金制备方法、多元合金化及电解液改性等方面对镁基贮氢合金进行改性。例如，通过机械合金化使 Mg 基合金非晶化，可以有效地改善合金吸放氢热力学和动力学性能，实现室温下非晶态镁基合金放电容量达 500～800(mA·h)/g。

13.3.4 贮氢合金的制备技术

不同类型的贮氢合金有不同的制备方法，其中包括中频感应熔炼法、电弧熔炼法、溶体急冷法、气体雾化法、机械合金化法、还原扩散法、氢化燃烧法等。目前工业上最常用的是中频感应熔炼法，其熔炼规模从几千克至几吨不等。其具有可以成批生产、成本低等优点，缺点是耗电量大，合金组织难控制。图 13-11 所示为贮氢合金制备的工艺流程。

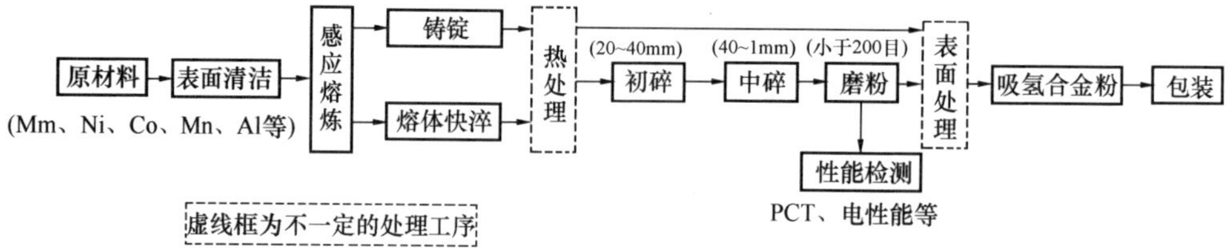

图 13-11 贮氢合金制备工艺流程

感应熔炼的基本原理是电磁感应：交变电流通过水冷线圈在坩埚内部产生交变磁场，交变磁场在金属炉料中产生涡旋电流，从而使金属炉料被加热直至熔化。稀土-镍系 AB_5 型贮氢合金常用稀土金属原料有富铈混合稀土金属（Mm)、富镧混合稀土金属（Ml)、纯稀土金属 La 和 Ce 等。常用的其他金属原料是电解金属 Ni、Co、Mn 和 Al 等。电解 Ni 和 Mn 的纯度一般要达到 99.9%，电解 Co 的纯度要达到 99.8%，电解 Al 一般选用 A00 铝。合金熔炼前，原材料都必须进行严格的检查与预处理。熔炼过程中要保持较高的真空度，以防止熔炼过程中金属炉料特别是稀土金属等活泼金属炉料的氧化，一般真空度应达到 10^{-2} Pa；另一方面，熔炼温度和保温时间也十分重要。稀土-镍系贮氢合金液浇注时采用较多的是水冷多片板式铁模或铜模。合金铸造过程最关键的技术要点是稳定控制金属液凝固过程的冷却速度，实际生产过程是通过控制铸件壁厚、水冷强度、金属液浇注温度来实现。

熔体旋转快速凝固技术是在真空中以高的冷却速度由熔液直接铸成薄带或薄片的快速凝固工艺。金属液以相对稳定的流量浇注到旋转水冷铜辊上，冷却速度可达 $10^2 \sim 10^6$ K/s，薄带或薄片厚度可以通过辊轮转速、金属液过热度、金属液流量等来控制。贮氢合金在高的过冷度下凝固，可获得晶颗细小、成分均匀以及垂直辊面的柱状晶组织，贮氢合金电极耐腐蚀性能提高、寿命延长。但是快速凝固技术往往降低其放电容量、活化性能及高倍率性能，因此快速凝固贮氢合金往往需要后续热处理。熔体快凝铸片已经成为贮氢合金的主流制备手段。

热处理目的在于完成必要的相转变、成分均匀化、消除应力及其他组织缺陷。成分均匀化一般要求较高的处理温度及处理时间，消除应力的处理温度往往较低，相变则必须考虑相变热处理制度与合金平衡相变温度的关系。AB_5 合金一般不存在相变，成分均匀化与其他缺陷消除是其主要目的，非 AB_5 型 La-Mg-Ni 系贮氢合金热处理主要目的是相变。贮氢合金的热处理必须在真空或惰性气体保护下进行。

贮氢合金作为镍氢电池负极材料使用时都是粉末状，一般要求贮氢合金粉碎至 200 目以下。就感应熔炼法而言，贮氢合金形状呈锭状、厚板状、薄片状等，无法直接应用，必须粉碎至一定粒度。工业上一般采用球磨制粉及气流磨制粉等方法。

13.4 Ni/MH 电池的制造工艺

Ni/MH 电池的制造主要包括正极极片的制造、负极极片的制造、电池的装配、电池的化成分选。

13.4.1 正、负极制造技术

正负极的制造工艺大同小异，根据制备工艺的不同，可分为烧结式电极及涂敷式电极。前者比较适合大电流放电，温度适应范围广（－40～＋50℃)、机械强度好，但是质量比容量和体积比容量较低，且耗镍量大、制造工艺复杂、生产成本较高，目前逐渐被涂敷式电极所替代。

涂敷式电极一般采用拉浆方式在集流体中填充活性物质。集流体一般采用泡沫镍或镀镍钢带。泡沫镍具有多孔的三维网状结构，比表面积大，孔隙率达 97%，孔径为 400～

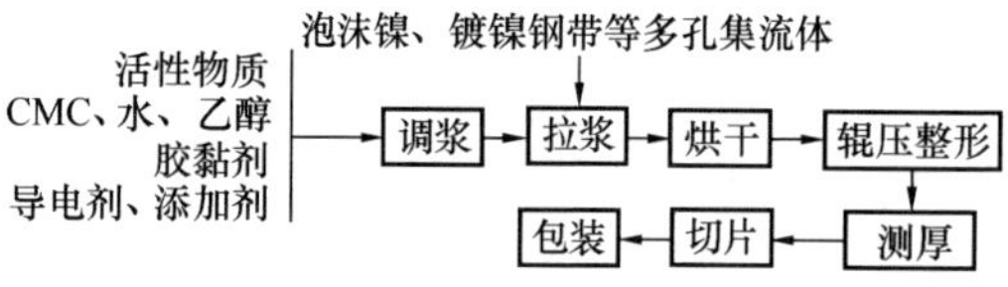

图 13-12 拉浆法电极片的生产工艺流程

500μm，可实现有效地活性物质填充，而且强度和韧性较好。典型的工艺流程如图 13-12 所示，首先需将活性物质、导电剂、添加剂、CMC 水溶液等按比例投料和浆，将和好的浆料加入涂浆机料斗中，在泡沫镍等基材上拉浆并做烘干处理。而后将烘干后的粗带经辊压机压至标准厚度，并剪切成规定尺寸备用。拉浆法因制得的电极具有较高的质量比能量，电极生产工艺简单、生产周期短、成本低、制造电极的设备投资少等优点，成为镍氢电池电极制备的主要方法。

13.4.2 Ni/MH 电池的装配与分容化成

电池装配是电池生产的最后一道工序。根据电极结构不同，生产工艺会略有区别，但基本原理是一样的。图 13-13 所示为典型的圆柱形 Ni/MH 电池装配工艺流程，主要工序包括卷绕工序、滚槽工序、注液工序、封口工序。以上每个工序都很关键，卷绕工序要求机组无凸心、凹心，平整，无短路；滚槽工序直接决定电池的密封状况；注液工序要求每只电池电解液量相同，并且电解液能达到良好的分散，保证每只电池的一致性。封口工序封口机模具的精度和封口的关系很大，需定期检查，否则封出的电池容易漏液。

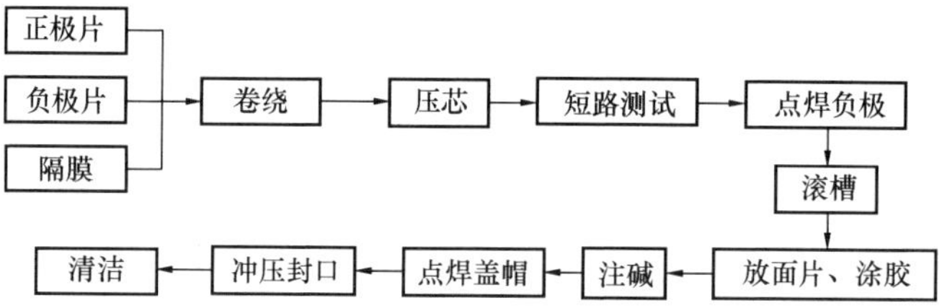

图 13-13 典型密封圆柱形 Ni/MH 电池装配工艺流程

Ni/MH 电池的正负极在刚装配到电池内时活性较差，出厂前需进行数次的充放电，即所谓的化成处理，其目的是对电池进行活化、分选批次。图 13-14 所示为典型的 Ni/MH 电池化成工艺流程，主要包括陈化、充放电、分选等工序。搁置即陈化工序包括常温陈化和高温陈化，常温陈化的目的是使得电解液均匀分布在电池内部，高温陈化的目的是加速电池的活化速度；充放电工序中，不同型号电池的充放电制度略有不同，一般采用变电流逐步适当增大电流的方法，可以提高电池的容量、增加放电平台和降低自放电率；分选工序是根据电池的容量、内阻及特性（充放电曲线）对电池进行批次分选，一般是进行容量和内阻划分。但是对于匹配使用要求很高的需进行特性分选，即利用每个电池的充放电曲线进行分选，保证单体电池在各项性能指标上的一致性。

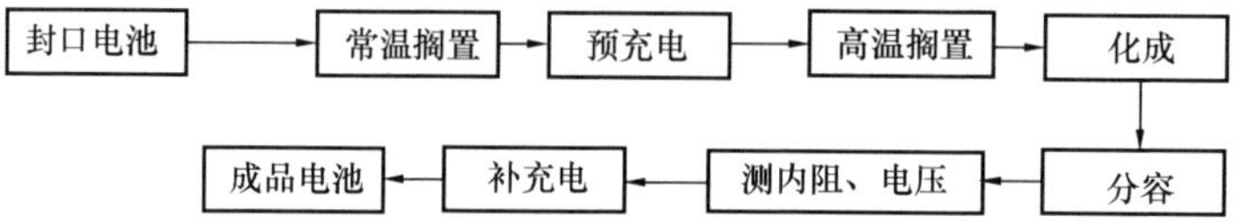

图 13-14 典型 Ni/MH 电池化成工艺流程

13.4.3 Ni/MH电池组

由于单体 Ni/MH 电池的电压和容量都十分有限，在多数情况下无法满足用电设备对高容量、高电压及高功率的要求，这时需要对单体电池连接成组使用。电池组内单体电池的连接方式主要是串联、并联和复联（既串联又并联）。串联可以提高电压和功率输出；并联可以增大容量，延长放电时间；复联则同时提高电压和容量。

典型代表为日本丰田 Prius 混合电动汽车（HEV）用 Ni/MH 电池组，目前已发展到第五代，如图 13-15 及表 13-1 所示。相比于上一代，第五代电池在电极材料和配方上都有所改良，电池模块内部由 6 只改为 8 只单体电池串联，额定电压达到 9.6V，Ni/MH 电池组只需 21 个模块串联组合在一起，形成 201.6V 电池组，质量减少了 2.4%，体积缩小了 10%，充电速度则提升了 28%，比功率输出超过 1300W/kg。

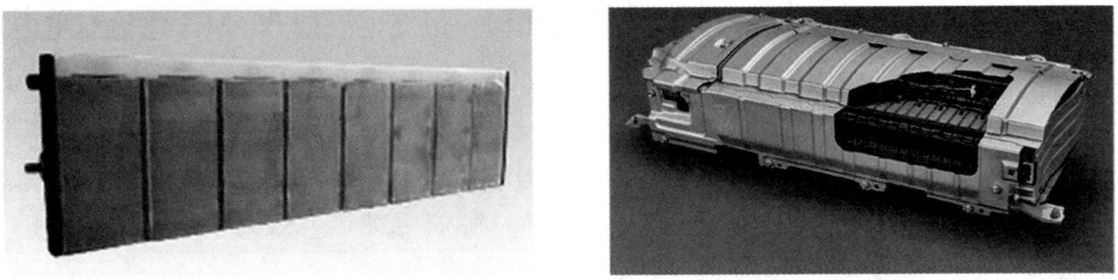

(a) (b)

图 13-15 丰田 Prius 混合电动汽车所采用第五代 201.6V 动力电池组

(a) 电池模块 NP2.5；(b) Ni/MH 动力电池组

表 13-1 日本 PEVE 公司 Prius 汽车车用 Ni/MH 电池的参数

		第一代 NHW10	第二代 NHW11	第三代 NHW20	第四代 ZVW30	第五代 ZVW40
发布日期		1997	2000	2003	2009	2015
单体	形状	圆柱	方形	方形	方形	方形
	额定容量（Ah）	6	6.5	6.5	6.5	6.5
模块	额定电压（V）	7.2	7.2	7.2	7.2	9.6
	输出功率（W）	872	1050	1352	1352	1800
	质量（g）	1090	1050	1040	1040	1510
	尺寸 $W\times H\times L$（mm×mm×mm）	19.6×106 ×285	19.6×106 ×285	19.6×106 ×271.5	19.6×117.8 ×285	18.4×96 ×382
电池组	模块数量	40	38	28	28	21
	额定电压（V）	288	273.6	201.6	201.6	201.6
	质量（kg）	57	50	45	41	40.3
	尺寸 L（mm）	—	—	—	—	35.5
电动机输出功率（kW）		30	33	50	60	53

2021 年，丰田开发成功双极性 Ni/MH 电池，功率输出密度提高 2 倍，能量密度提升 20%，其优势已明显超过表 13-1 中的 Ni/MH 电池。电池组在设计时需要注意以下几点：①单体电池性能的一致性。在成组使用时，任何一只品质差的电池都将会影响整个电池组的性能，使整个电池组损坏。因此，在组合时，首先需要对电池进行严格的分选，使蓄电池在容量、内阻、充放电电压平台、充放电温升、自放电率以及寿命等性能尽量一致。②

合理的散热设计。充电后期由于在负极发生氢氧复合反应大量产热，热量必须经负极传导到电池槽，因此电极和集群具有良好的导热性很重要，否则温升将严重恶化电池组的性能，甚至使电池组损坏。目前热管理方式主要包括水冷和风冷，如丰田 Prius、本田 Insight、福特 Escape 和 Fusion 均采用的是风冷。③合理的机械设计。电动汽车用电池的工作条件比较恶劣，对于单体电池之间的连接及电池组外壳框架设计需满足抗震、抗压、防暴露的条件。

13.5 Ni/MH 电池的特性

13.5.1 充电特性与充电方法

密封 Ni/MH 电池充电曲线与 Ni/Cd 电池相似，但充电后期 Ni/MH 电池充电电压比 Ni/Cd 电池低，如图 13-16（a）所示，因此 Ni/MH 电池对过充电更为敏感。如图 13-16（b）所示，充电前期，由于电池内阻产生焦耳热的升温作用大于反应吸热的降温作用，导致电池缓慢温升；当充电至 75%～80%时，由于正极析氧，电压迅速升高，并且由于氧气在负极复合放出热量，电池温度也急剧升高；随着电池进入过充电，充电过程的热效应使电池温度升高，导致电压下降。

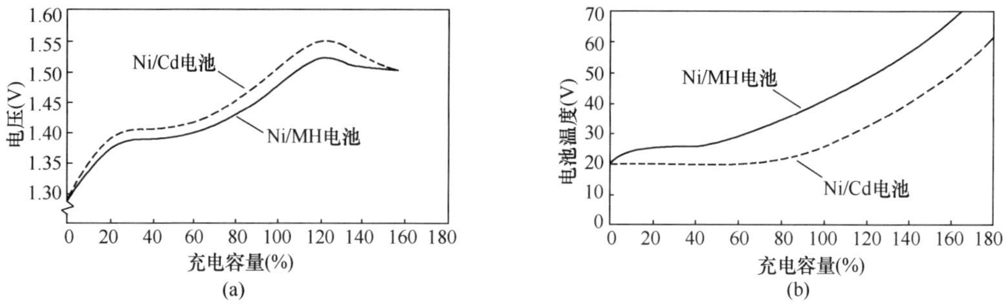

图 13-16 Ni/MH 电池与 Ni/Cd 电池充电特性比较

（a）电压特性；（b）温度特性

密封 Ni/MH 电池最常见的充电方法为恒电流充电，但对电流大小要加以限制，避免电池温度过高或气体生成速率超过氧气复合速率，温度与充电速率对 Ni/MH 电池的充电电压有明显的影响。如图 13-17（a）所示，充电温度升高时，电极反应的内阻和过电势下降，因而电压下降。如图 13-17（b）所示，充电电流增大时，电极反应的欧姆阻抗和过电势升高，因而电压升高。峰值电压在低充电速率和较高充电温度时不明显。此外，电池充电效率亦与温度和充电速率有关，如图 13-17（c）所示，在高充电速率下，电池充电后期有明显的温升现象，而温度的升高将降低充电效率。

Ni/MH 电池以上充电特性决定它需要采取合适的充电控制措施，以防止过充电或电池温度过高。适当的充电控制技术可以使得电池具有更长的寿命，如研究发现 150%的充电量虽可使得放电容量最大，但代价是循环寿命降低，能量效率也低。电压降（$-\Delta V$）是 Ni/MH 电池广泛采用的充电控制方法[图 13-17(a)]，对于 Ni/MH 电池，一般当单体电池电压降达到 10mV 时终止充电。但是当充电速率较小或温度过高时，可能不出现峰

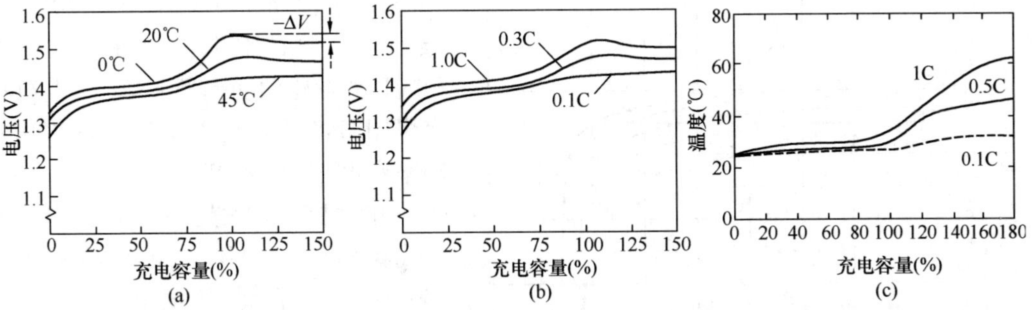

图 13-17 充电温度与充电速率对圆柱形密封 Ni/MH 电池充电的影响

（a）不同温度（0.3C 倍率充电）；（b）不同充电速率（20℃）；（c）不同速率充电电池温度变化

值电压，因此需要其他方式辅助判断。温度终止法主要用于防止电池温度过高，常与其他控制技术一起使用。另外，温升速率（$\Delta T/\Delta t$）法是检测温度随时间的变化，当温升速率达到预定值时终止充电。该方法消除了环境温度的影响，亦常常作为 Ni/MH 电池充电的控制方法。值得注意的是，在一次充电中，尤其是高倍率充电时，需要多种控制方法协同作用，否则电池温度和压力的升高将使得电池电解液泄漏甚至提前损坏。

13.5.2 放电特性

如前所述，Ni/MH 电池具有比能量高、倍率特性优良、工作温度范围宽、循环寿命长等优点。Ni/MH 电池的开路电压一般为 1.25～1.35V，工作电压（标称电压）为 1.2V，典型的放电终止电压为 1.0V。图 13-18 所示为典型的密封 Ni/MH 电池放电曲线，其放电曲线非常平滑。一般来说，电池放电容量和电压与使用条件有关，如放电倍率、环境温度等。一般放电倍率越大，放电容量越小，放电电压越低，如图 13-18（a）所示；适当升高温度有利于降极化，提高输出电压，但温度过高或温度过低均将降低电池放电容量，如图 13-18（b）所示。

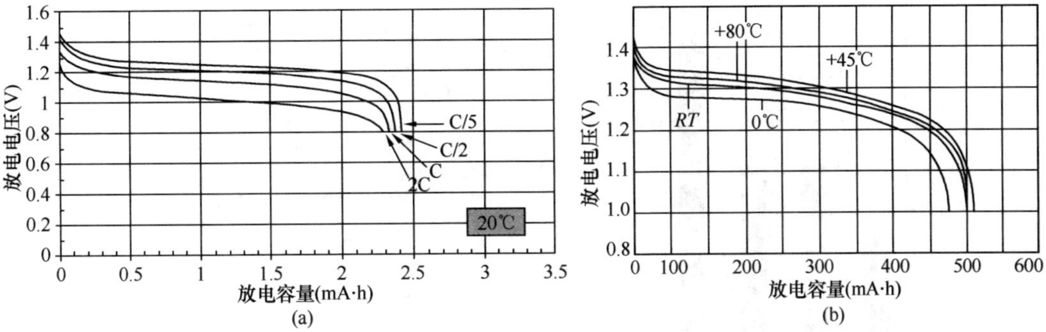

图 13-18 放电温度与放电速率对密封 Ni/MH 电池放电的影响

（a）不同放电倍率（20℃）；（b）不同放电温度（0.2C）

Ni/MH 电池与其他先进电池技术相比，显著的特点就是大电流放电性能十分出色。先进的动力 Ni/MH 电池可以轻松地实现 10C 放电（图 13-19）。随着 HEV 的迅速发展，镍氢动力电池得以广泛的开发和应用，电池的功率性能也显著提升。目前高水平的功率型

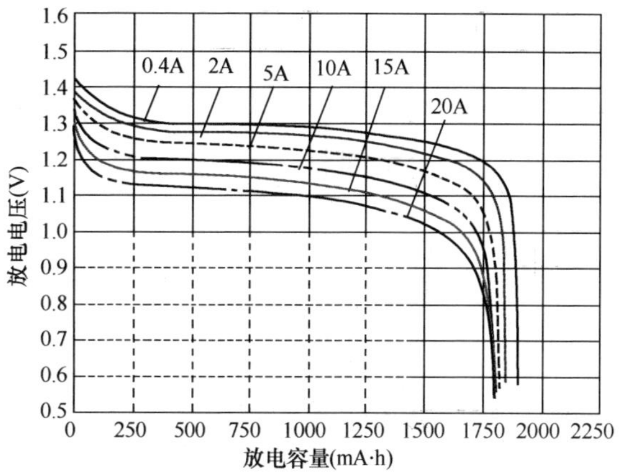

图 13-19 日本 FDK 圆柱 Ni/MH 电池的倍率放电曲线

Ni/MH 电池质量比功率都在 1000W/kg 以上，如日本丰田所采用的松下 PEVE 商业化的功率型 Ni/MH 电池在室温附近的质量比功率为 1350W/kg，功率密度约为 2280W/L。美国 Cobayses（电池核心开发是Ovonic)提出的下一代功率型 Ni/MH 电池比功率达到 2000W/kg，能量密度达 80（W·h)/kg。

13.5.3 温度特性

对于所有二次电池来说，在很宽的温度区间工作都是一项挑战。镍系电池正极的析氧反应对于其高温工作是一项挑战，同时对于 Ni/MH 电池而言，高温环境将加速贮氢合金的腐蚀，衰减其循环寿命。如图 13-20 所示，BASF-Ovonic 公司一举将 Ni/MH 电池的工作温区上调至 70℃，使得 Ni/MH 电池的高温性能远超过了铅酸（VRLA)、Ni/Cd 和锂离子（Li-ion）电池。当温度较低时，负极合金的电催化能力和氢扩散速率同样会明显下降，使得动力学性能无法与常温状态下相比。例如，松下公司的 PEVE 动力 Ni/MH 电池模块 NP2.5，其在−30℃时的输出比功率不足 200W/kg，约为常温时的 8%。近年来，随着低温型贮氢合金的开发以及电池技术的进步，目前 Ni/MH 电池可以实现同时在−50～60℃的宽温范围内工作，如图 13-21 为四川大学联合四川宝生新能源电池有限公司开发的 D 型宽温区 Ni/MH 电池宽温性能，可以满足很宽的使用环境。

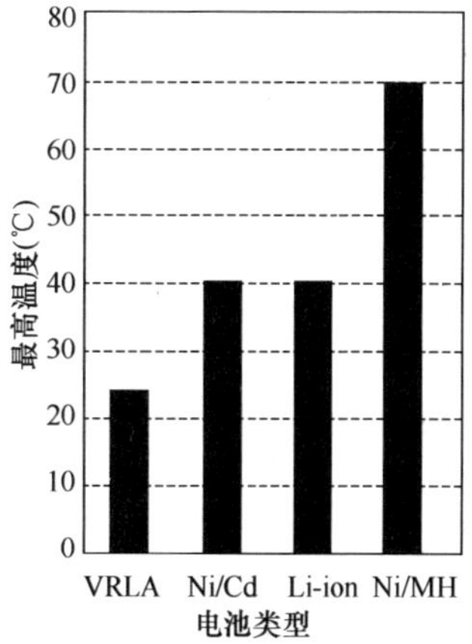

图 13-20 BASF-Ovonic Ni/MH 电池的高温性能

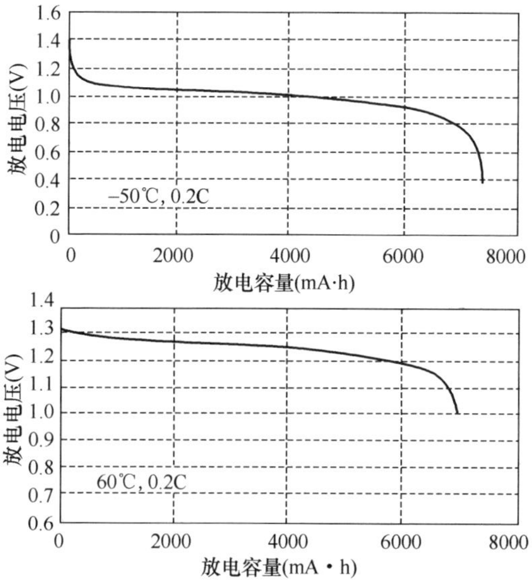

图 13-21 8Ah 的 D 型圆柱电池宽温放电行为

13.5.4 循环寿命与自放电

循环寿命是评价二次电池性能的一项重要指标。Ni/MH 电池的循环性能主要取决于负极合金。此外，电池寿命还取决于电极构造、放电机制与放电深度（DOD）等多方面因素。不同制造商生产的小型便携式 Ni/MH 电池循环寿命不尽相同，但通常在 500～2000 个循环（0.5C，100％DOD），而在浅放电深度（50％～80％DOD）下将达 3000～5000 次，而 HEV 用功率型镍氢动力电池由于采用脉冲充放电机制，通常只有 2％～10％的荷电状态变化，电池寿命超过 300000 个循环，对应车辆行驶里程约为 150000km，如图 13-22 所示为放电深度对电池循环寿命的影响。

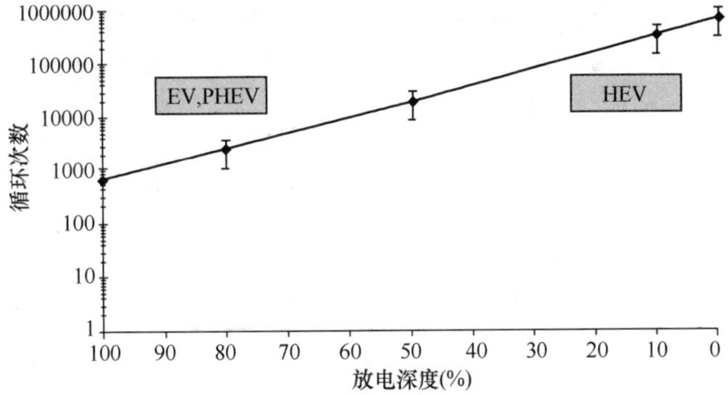

图 13-22 电池循环寿命与放电深度关系

传统的 Ni/MH 电池具有较大的自放电率，30 天自放电率达 20％。影响自放电的因素很多，如贮氢合金的组成、储存温度、电池的组装工艺等。如图 13-23 所示，温度越高，自放电速率越高。Ni/MH 电池自放电引起的容量损失通常来说是可逆的，即经过 3～5 次小电流充放电后可以恢复电池的容量。但是高温储存，与高温工作一样，可能导致密封、贮氢合金、隔膜等性能衰减而造成永久性损坏。

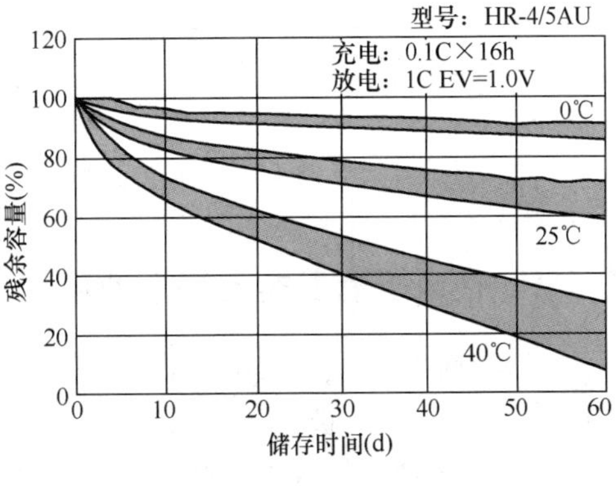

图 13-23 自放电性能与存储温度关系

13.5.5 电绝缘

当电池成组使用时，由于电压很高，电池组与车辆（EV、HEV）的绝缘非常重要。首先要做到的是单体电池间的绝缘，为达到绝缘的目的，最好采用塑料电池壳（如丰田 Prius 动力电池组），采用金属电池壳时，必须涂覆绝缘涂层，涂层必须稳定且不能有小孔。电池模块（通常 12V）也必须与电池支架绝缘，通常采用塑料绝缘支架实现。值得注意的是，单体电池间和电池模块间的连接片也必须与电池支架绝缘。在风冷电池组中，电池组和车辆间的绝缘电阻易受到路面污染物，如尘土和盐的强烈影响，因此在设计电池组外壳时必须考虑。对于水冷电池组，需要注意塑料外壳与冷却剂（如乙二醇）之间的绝缘电阻。塑料的电阻与温度的关系非常大，当温度由 20℃升高至 65℃，电池组的绝缘电阻将从 5000MΩ 急剧下降到 5MΩ。EV 和 HEV 用电池组的绝缘电阻最佳值为 1～10MΩ。

13.6 Ni/MH 电池的应用

经过 20 多年的发展，Ni/MH 电池无论在技术上还是在应用上都趋于成熟，同时也存在极大的拓展空间。图 13-24 为便携式圆柱形 Ni/MH 电池比能量提升情况，其从 1991 年的 54(W・h)/kg 提升到 2006 年的 110(W・h)/kg。小型便携式 Ni/MH 电池质量比能量通常为 90～110(W・h)/kg，EV 用电池通常为 65～75(W・h)/kg，HEV 等大功率应用为 45～60(W・h)/kg。值得注意的是，Ni/MH 电池体积比能量非常高，可以高达 433(W・h)/L。目前 Ni/MH 电池主要应用或潜在应用领域主要包括电子消费类市场应用、混合电动汽车、燃料电池的动力辅助等。

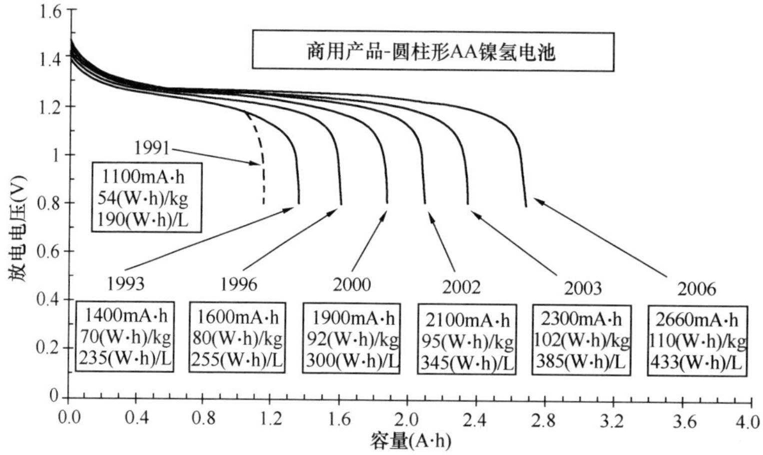

图 13-24 便携式圆柱形 Ni/MH 电池比能量逐年上升

13.6.1 在电子消费类市场上的应用

自 1987 年进入便携式电子设备市场以来，Ni/MH 电池曾一度统治手机、笔记本电脑电源等领域，而后被 Li-ion 电池抢占了市场份额。然而随着消费者和产业的环保意识增强，Ni/MH 电池开始成为碱性电池的良好替代品。尤其是近些年来涌现出的先进的预充型 Ni/MH 电池，如超低自放电高容量型 Eneloop 电池，可以与碱性电池相媲美，但其充电性能和安全环保性是碱性电池无法比拟的。Eneloop 电池 AA BK-3MCC 型最低容量为 1900(mA・h)，充满电搁置 5 年后仍有 90%电量，搁置 10 年后电量仍高达 70%，循环寿命 2100 次以上，自上市以来迅速占领市场。如图 13-25 所示，目前消费类 Ni/MH 电池主要集中在零售市场、无绳电话、吸尘器、个人护理（剃须刀、电动牙刷等）、照明灯具及电动工具等方面。但受 Li-ion 电池的影响，小型 Ni/MH 电池市场需求正逐渐萎缩。2018 年以来，我国小型 Ni/MH 电池的销售量基本维持在 10 亿只以上。

车联网 T-box 和应急报警 E-call 在汽车上的应用快速发展，鉴于 Ni/MH 电池的宽温

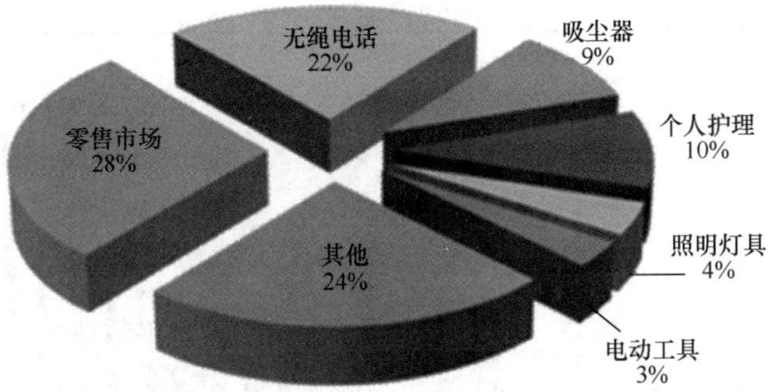

图 13-25 2013 年消费类 Ni/MH 电池市场份额占比

区、高安全等特性，小型镍氢电池是此领域应用的最佳选择。

13.6.2 在混合电动汽车上的应用

电动车包括纯电动（EV）、混合电动（HEV）和插电式混动车（PHEV）。Ni/MH 电池在 HEV 领域面临的竞争仍来自于锂离子电池。从技术角度讲，Ni/MH 电池的优势在于安全可靠，而锂离子电池的优势主要在于质量比能量。与 EV 和 PHEV 电池不同的是，HEV 电池对比能量的需求低，这主要与 HEV 电池的作用有关。HEV 电池的主要作用是接受和利用再生制动能，辅助加速。在充电和放电期间，电池均经受非常高的脉冲电流极化，但放电深度低。电池通过回收汽车减速和刹车的能量以及发动机的机械能进行充电，无需外接充电，免去了用户长时间充电及行驶里程的焦虑，以及充电站的建设开支。汽车怠速和低速情况下仅使用动力电池提供动力，加速情况下动力电池可以辅助额外增加几十千瓦的功率，大大提升了汽车的动力加速性能。其不仅仅明显减少了汽车因燃油燃烧不完全造成的尾气污染排放，而且达到了明显节约燃油的效果。

目前 Ni/MH 电池在 HEV 用动力电池中处于主导地位，其配置一般不超过 1.5（kW·h），这其中包括丰田 Prius、本田 Insight、福特Escape等著名车型。从 1997 年丰田推出第一辆商用 Prius HEV 以来，截至 2022 年全世界已销售超过 3000 万辆的 HEV，其中仅日本丰田配有镍氢动力电源的 HEV 累积销量就达 2249 万辆（图 13-26），2022 年销售 273 万辆，占世界 HEV 汽车销量的 50%～60%。

丰田的 Prius 是 HEV 的典型代表，由于采用了 HEV 技术，1.8L 排量的 HEV 实际动力输出接近 2.5L 排量的普通燃油轿车，Prius 整备车重接近 1.5t，综合油耗为每百公里 4.3L 汽油，显著节省燃油开支，Prius 还通过了非常严格的美国加州特超低排放（SU-LEV）标准，被美国认为是最清洁的汽车。实际运行表明，Prius 混合电动汽车行驶 40 万千米未见电池出现问题。但同时注意到，雷凌、卡罗拉、凯美瑞等混合动力乘用车已开始采用锂离子电池。未来 Ni/MH 电池在 HEV 汽车市场上将面临更大的竞争。

13.6.3 燃料电池的动力辅助

燃料电池是全球各大公司的开发热点。但是采用燃料电池的汽车还需要实际意义上的电池，用于汽车的启动、加速、平衡燃料电池效率以及再生回收制动能，在 HEV 中成功应用的 Ni/MH 电池动力电池正好可以满足上述需求。如图 13-27 所示，丰田 2014 年 12 月上市的 Mirai（未来）燃料电池轿车上仍采用了 Ni/MH 电池。Mirai 配置的 Ni/MH 电

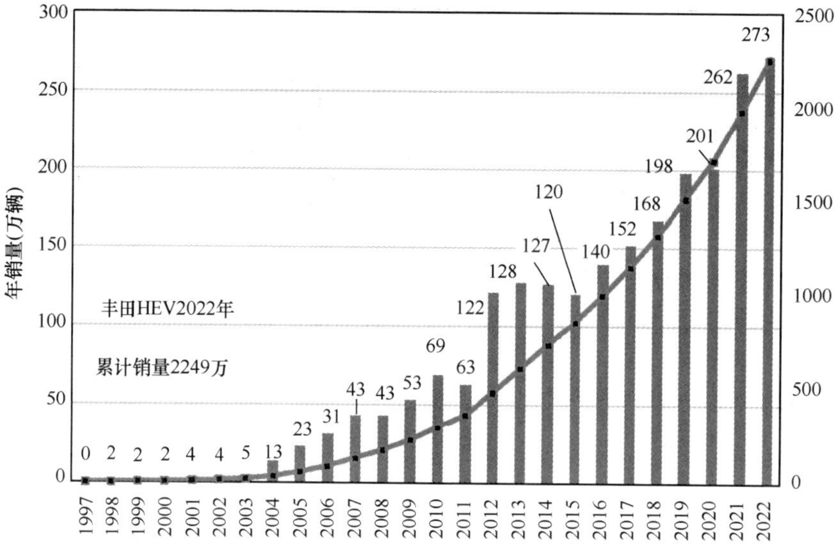

图 13-26 丰田 HEV 全球销量走势

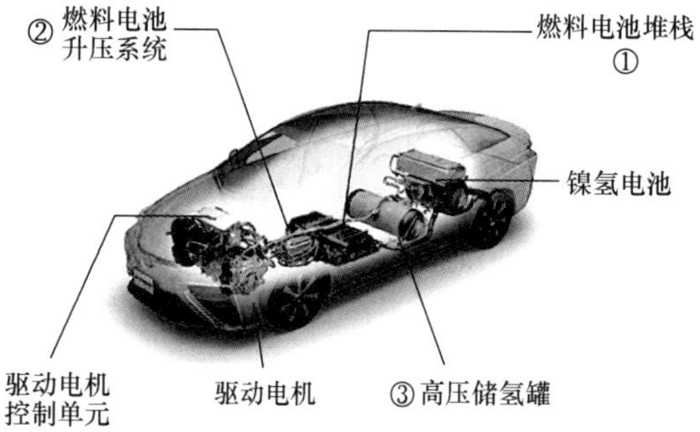

图 13-27 丰田 Mirai 燃料电池电动车

池基本数据是：204 个 6.5Ah Ni/MH 电池串联，共 34 个模块，每个模块由 6 个镍氢单体电池，电池组电压 245V，电量 1.6kW・h。Mirai 采用两个 70MPa 的高压储氢罐，可装 5kg 氢气，充氢时间 3min，这比锂离子电池 EV 的充电快得多。Mirai 采用的燃料电池堆最大输出功率为 114kW，加上 Ni/MH 电池的辅助功率，最大输出功率可以再增加几十千瓦。Mirai 充一次氢气可行驶 500km 以上，等效燃油效率为每百千米 3.6L，被称为世界上燃油效率最高、最清洁的汽车。此外，日本丰田 2018 年 3 月推出燃料电池公交 SORA（天空），同样采用 Ni/MH 电池作为辅助动力。

13.6.4 其他

长期以来，储能电源被铅酸电池所垄断，由于初始成本较低，铅酸电池在目前的大型储能电源中占主导地位。但是日常维护，如电解液面的检查以及必要时单体电池注水、检测电池电压、定期清洁等，将使得总成本增加。尤其是铅污染问题以及增容的需求增加，为其他电池技术进入此领域提供了契机。Ni/MH 电池具有功率高、环境友好、耐久性、循环寿命长等特点，可以实现几个千瓦到几个兆瓦储能功率输出，可以实现秒级和分钟级的能量输出。因此在电信、UPS（数据中心）系统集成等领域成为有力竞争者。与被广泛看好的 Li-ion 电池相比，Ni/MH 电池的优势在于安全可靠性更好。另外，值得注意的是，就固定使用设施而言，质量并非决定性因素，关键在于空间，Ni/MH 电池虽然质量比能量低于 Li-ion 电池，但其体积能量密度已可与之一较高低。事实上，国内外一些先进电池生产商已着手 Ni/MH 电池在大规模静态使用领域的应用研究，并相继取得了可观的成绩。Ni/MH 电池在储能市场需要解决的主要问题是成本和使用寿命。

出于高安全性的考虑，目前轨道交通上仍主要采用铅蓄电池和镍镉电池，Ni/MH 电池的环保性、低温性能等更好，轨道交通领域正在推广使用。

13.7 Ni/MH 电池的发展趋势

现如今，世界各国都开展了大量关于 Ni/MH 电池电极材料、电极设计、电池设计以及电池管理等方面的研究工作，涉及多种技术，如具有高容量及成本优势的新型镁基金属氢化物电极材料、高比容量及高比功率 α-$Ni(OH)_2$ 电极材料、双极性电极设计等。不过当前最为集中的研究焦点是如何提高电池的比能量、比功率以及降低电池成本，实现“重量减半、成本减半”的研究目标。

13.7.1 降低成本

降低成本是 Ni/MH 电池开发中最为突出的一个问题。Ni/MH 电池通过如下几项措施，已经使其成本得到较明显降低：①氢氧化镍成本降至 20 美元/kg 以下；②泡沫镍集流体成本降低约 50%；③单体电池的容量和功率增加 50%，而成本未增长；④负极采用更廉价的冲孔铜带或镀镍钢带。尽管如此，在 HEV、PHEV 的应用中对电源成本提出了更高的要求。目前国内外仍投入极大力度开发，力争实现 Ni/MH 电池 150 美元/(kW·h) 的成本目标。降低电池成本的关键在于原材料的成本，因此还需要做的重要改进包括：①降低活性物质成本，采用无钴或低钴的正负极活性物质；②替换成本较高的非活性组件，如泡沫镍和钴的添加剂等；③降低电池组件成本，如采用成本较低的塑料壳和整体电池设计，减少零件数量。另外，提高电池的比能量及比功率特性也有利于降低成本。

13.7.2 高比能量设计

经过近 30 年的发展，Ni/MH 电池质量比能量已提高至 80～110(W·h)/kg，体积比能量已提高至 433(W·h)/L，如何提高 Ni/MH 电池的比能量一直是人们研究的热点。

电极材料方面，正极上可采用比容量的 α-$Ni(OH)_2$替代 β-$Ni(OH)_2$。α-$Ni(OH)_2$目前仍处于实验室研制阶段，与实际应用还有一定距离，关键在于 α-$Ni(OH)_2$的堆积密度与体积比能量、α/γ 相循环稳定性等问题。α/γ 循环的稳定性是 α-$Ni(OH)_2$电极材料应用推广的必要条件。α/γ 循环的稳定性包含两层含义，即 α-$Ni(OH)_2$不仅要保持结构的稳定性，还要保持容量的稳定性。负极上则可采用 Mg 基等高容量的贮氢合金替代传统的 AB_5 型贮氢合金，但是该体系尚存在材料活性差、实际比容量偏低、制备困难、循环寿命短等问题，尚无法满足实际应用。

电极工艺与电池制备技术上，需探索电极集流体、电池壳以及隔膜薄形化和轻量化的技术途径，优化电池组结构，减少非活性组件空间及质量占比，这对于提高电池质量的能量与体积比能量均十分重要。

13.7.3 超高功率设计

目前圆柱形和方形 Ni/MH 电池样品的峰值功率室温时已达到 2000W/kg 以上。在某些情况下提高功率的代价是牺牲能量，但是通过优化材料和结构固有的大功率特性既可以使电池具有非常高的功率，同时能量也不发生损失。这对于 HEV 动力电池至关重要，其关键性指标在于满足功率需求的情况下电池的体积，而不在于电池的能量。因此，通过优化材料和结构固有的大功率特性，将减少材料用量，节约电池成本。在高功率 Ni/MH 电池的研究过程中，高催化活性的金属氢化物活性物质的开发至关重要。特别是脉冲放电时，电压衰降的大小完全由金属氢化物和电解质间的形成界面决定。另外，双极性 Ni/MH 电池设计特有的结构特点，取消了传统电池组中的极耳、连接条等连接体，具有结构紧凑、内阻低、电流分布均匀、比能量高、比功率高的特点，非常适合高功率电池设计。目前，丰田已经开发成功双极性 Ni/MH 电池，需要进一步改进并扩大应用领域。

思考题

1. 简述 Ni/MH 电池的组成与工作原理。
2. 论述 Ni/MH 电池发生过充电和过放电时的电化学反应及其不利的影响。
3. 简述镍电极充放电机制。
4. 论述镍电极活性物质充放电过程的晶型结构变化，以及与镍电极失效的关系。
5. 论述高密度球形 β-Ni(OH)$_2$与 α-Ni(OH)$_2$的优缺点，针对其存在的问题有何改性手段。
6. 结合 PCT 曲线阐述金属氢化物电极需考虑哪些热力学参数。
7. 简述大电流或低温放电时，金属氢化物电极的电化学性能恶化的原因。
8. 理想的贮氢合金电极应具备哪些特性？简述各类贮氢合金的优缺点。
9. 描述 Ni/MH 电池正负极以及 Ni/MH 电池的制造工艺流程。
10. 分析 Prius 混合电动汽车中 Ni/MH 电池模块的作用与优点。

参考文献

[1] 唐有根，李文良. 镍氢电池[M]. 北京：化学工业出版社，2007.
[2] 陈军，陶占良. 镍氢二次电池[M]. 北京：化学工业出版社，2006.
[3] REDDY T，LINDEN D. Linden's Handbook of Batteries[M]. McGraw-Hill，4th edition，2010.
[4] 吕祥，和晓才，俞小花，等. 氢氧化镍材料制备的研究进展[J]. 电池，2017，47(1)：56-59.
[5] MORIMOTO K，NAKAYAMA K，MAKI H，et al. Improvement of the conductive network of positive electrodes and the performance of Ni-MH battery[J]. Journal of Power Sources，2017，352：143-148.
[6] YANG H，CHEN Y，TAO M，et al. Low temperature electrochemical properties of $LaNi_{4.6-x}Mn_{0.4}M_{x}$(M= Fe or Co) and effect of oxide layer on EIS responses in metal hydride electrodes[J]. Electrochim，Acta 2010，55：648-655.
[7] OUYANG L，HUANG J，WANG H，et al. Progress of hydrogen storage alloys for Ni-MH recharge able power batteries in electric vehicles：A review[J]. Materials Chemistry and Physics，2017，200：164-178.
[8] 陈云贵，周万海，朱丁. 先进镍氢电池及其关键电极材料[J]. 金属功能材料，2017，

24：1-24.

[9] LIU Y F, PAN H G, GAO M X, et al. Advanced hydrogen storage alloys for Ni/MH rechargeable batteries[J]. Journal of Materials Chemistry, 2011, 21: 4743-4755.

[10] TIAN X J, LIU K Y, ZHOU S J, et al. Energy storage opportunities for ultra-large capacity metal hydride-nickel battery[J]. Battery Bimonthly, 2017, 47(5): 295-298.

14　锂离子电池

14.1　概　　述

锂是元素周期表中最轻的金属元素，在电化学反应过程中具有最低的电势（$-3.045V$，相对于标准氢电位）、较高的质量比容量[3860（mA·h）/g]和体积比容量[2.06（A·h）/cm^3]，因此一直备受电化学工作者的关注。锂电池的研究最早可以追溯到1912年，GilbertN. Lewis提出并开始研究锂金属电池。1958年，美国加州大学的研究生Harris提出采用有机电解质作为锂金属电池的电解质，锂电池的研究从此进入快速发展的时代。20世纪70年代初，实现了锂电池的商品化。锂电池的种类较多，相继出现了Li/I_2、Li/Ag_2CrO_4、Li/SO_2、$Li/SOCl_2$、Li/CuO、Li/MnO_2、Li/MoS_2电池等，被广泛应用于军事潜艇、小型电子设备、无线电通信装置、仪器仪表、医疗装置、存储器等方面。

随着人们环保意识的日益增强和对资源利用率的更高要求，可充放电锂离子电池的研究几乎与锂电池的研究同时开始。1976年，埃克森公司的M. Stanley Whittingham采用TiS_2作为正极材料，金属锂作为负极材料，制成首个锂离子电池。充电时，因锂的不均匀沉积产生枝晶，当枝晶发展到一定程度时，不仅会产生“死锂”，造成锂的不可逆损失，而且更严重的是枝晶穿过隔膜造成电池短路，使电池着火甚至爆炸，从而带来严重的安全隐患。尽管埃克森公司未能解决该电池的循环寿命和安全性问题，未能实现锂离子电池的商品化，但对锂离子电池的研究起到了重要的推动作用。

美国科学家John B. Goodenough于1980年首次提出将层状结构的$LiCoO_2$用作锂离子电池正极材料，后于1983年和1997年分别发现尖晶石结构的锰酸锂和橄榄石结构的磷酸铁锂是优良的锂离子电池正极材料。1987年，Akira Yohsino等人建立锂离子电池模型并申请专利，以$LiCoO_2$为正极、碳为负极，此锂离子电池能量密度高，循环性能好，最重要的是成功解决了以往锂离子电池的安全隐患，进而真正揭开了锂离子电池的面纱。1991年，日本Sony公司率先开发出以碳（石墨）作负极材料，钴酸锂（$LiCoO_2$）作正极材料，以能与正负极材料相容的六氟磷酸锂+乙烯碳酸酯+二乙基碳酸酯（$LiPF_6$+EC+DEC）作电解质的新型锂离子电池，显著提高了锂离子电池的安全性和充放电循环寿命，由此，锂离子电池得以商品化。随后，锂离子电池革新了消费电子产品的面貌。为了表彰对锂离子电池的发展做出的开创性贡献，John B. Goodenough、M. Stanley Whittingham和Akira Yoshino三人荣获了2019年诺贝尔化学奖。

14.2　锂离子电池的工作原理、结构和性能

14.2.1　工作原理

锂离子电池一般使用嵌锂化合物$LiMO_x$（以$LiCoO_2$为例）作为正极活性材料，石墨

等材料作为负极活性材料，充放电工作原理如图 14-1 所示。

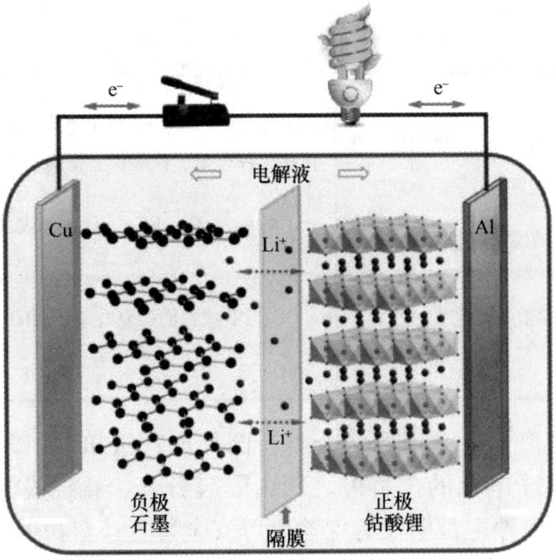

图 14-1 锂离子电池工作原理示意图

锂离子电池的电化学表达式为：（+） $LiCoO_2$ | 电解质 | C_6 （−）

正极反应：$LiCoO_2 \underset{放电}{\overset{充电}{\rightleftharpoons}} Li_{1-x}CoO_2 + xLi^+ + xe^-$

负极反应：$C_6 + xLi^+ + xe^- \underset{放电}{\overset{充电}{\rightleftharpoons}} Li_xC_6$

电池总反应：$LiCoO_2 + C_6 \underset{放电}{\overset{充电}{\rightleftharpoons}} Li_{1-x}CoO_2 + Li_xC_6$

化学分析表明，在正极和负极中，锂都是以离子态形式存在，这就是“锂离子可充电电池”名称的由来。$LiCoO_2$是层状化合物，在 CoO_2组成的层间含有 Li^+，层间的 Li^+ 可以嵌入石墨层，也可以从石墨层间脱出。对于整个电池来讲，充电时，受外电场的驱动，电池内部形成 Li^+ 的浓度梯度，正极中 Li^+ 脱离 $LiCoO_2$晶格进入电解液，通过隔膜嵌入到负极石墨的晶格中，同时得到电子生成 Li_xC_6化合物，使锂离子电池的端电压上升，嵌入的锂离子越多，充电容量越高；放电时（即电池使用过程），在高自由能的驱动下，Li_xC_6 化合物中的 Li^+ 从石墨层间脱出，通过隔膜进入电解液，电子由外电路到达正极，与嵌入正极的 Li^+ 生成 $LiCoO_2$，这一过程中电压逐渐下降，回正极的 Li^+ 越多，放电容量越高。通常所说的电池容量指的就是放电容量。在充放电过程中，锂离子往返于正负极间的嵌入与脱出一般只引起层面间距变化，不破坏晶体结构，锂离子电池反应是一种理想的可逆反应，犹如锂离子在正负极间摇来摇去，因此，锂离子电池又被称为“摇椅电池”（Rocking Chair Battery）。

14.2.2 结构

锂离子电池主要由正极材料、负极材料、电解液、隔膜和外壳等五部分组成（表14-1），电极材料和电解液的成本占整个电池成本的近 80%。

表 14-1　锂离子电池主要组分常见材料

	常见材料	材料实例
正极材料	嵌锂过渡金属氧化物	钴酸锂、锰酸锂、镍钴锰三元材料、磷酸铁锂等
负极材料	电位接近锂电位的可嵌入锂的化合物	人造石墨、天然石墨、硬碳、软碳、中间相碳微球、金属氧化物、锂合金、钛酸锂、锡类合金、硅类合金等
电解液	$LiPF_6$的烷基碳酸酯	乙烯碳酸酯（EC）、丙烯碳酸酯（PC）和二乙基碳酸酯（DEC）
隔膜	聚烯微多孔膜	PE、PP或它们的复合膜、PP/PE/PP三层隔膜
外壳	金属	钢、铝

目前，商品化的锂离子电池按形状分类有圆柱形、纽扣形、方形和薄膜锂离子电池（图 14-2）。圆柱形锂离子电池的正负极之间由隔膜分开，卷绕成卷芯，装入外壳中，注入电解液，封口，并在电池上部附设有保险阀等安全装置；纽扣锂离子电池结构简单，通常用于科研测试；方形锂离子电池的卷绕结构和圆柱形锂离子电池的卷绕结构类似，主要区别是其卷芯为扁平形状而非圆柱形。锂离子电池的微型化发展主要得益于 Bellcore 公司采用聚合物凝胶作为电解质，生产出薄膜锂离子电池（固态锂离子电池），厚度可达微米甚至毫米级，常用于银行防盗跟踪系统、电子防盗保护、微传感器等微型电子设备中。

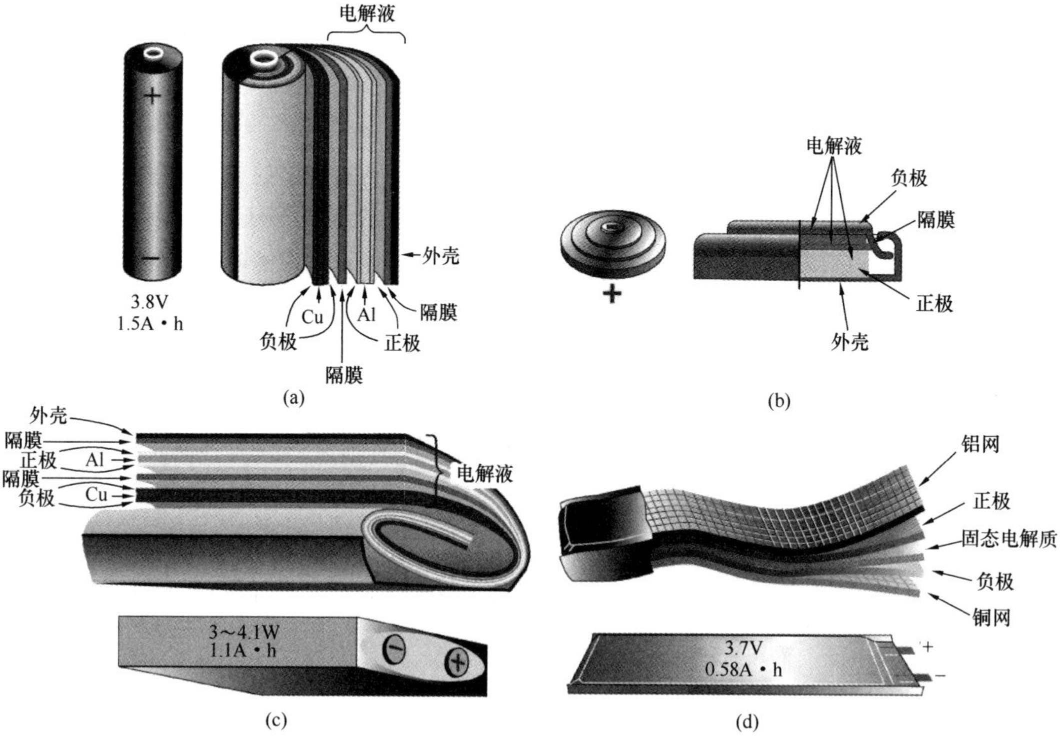

图 14-2　不同锂离子电池构造示意图

(a) 圆柱形电池；(b) 纽扣电池；(c) 方形电池；(d) 薄膜电池

14.2.3 性能

1. 电池的容量与比容量

电池容量是指电池在一定条件下（温度、终止电压等）放电释放出的电荷量，一般用安培·小时（A·h）或毫安时（mA·h）表示（1A·h=1000mA·h=3600C）。电池容量分为理论容量、实际容量与额定容量。

（1）理论容量（C_0）。活性物质的理论容量为：

$$C_0=\frac{xF}{nM} \tag{14-1}$$

式中，x 为反应中得失电子数；F 为法拉第常数，96485C/mol；n 为活性物质反应摩尔数；M 为活性物质摩尔质量（g/mol）。

当锂离子电池正极为钴酸锂，负极为石墨，则正、负极的理论质量比容量[(mA·h)/g]分别为：

$$C_{钴酸锂}=\frac{xF}{nM}=\frac{1\times 96485\text{C/mol}}{1\times 97.87\text{g/mol}\times 3600\text{C}}\times 1000\text{mA}\cdot\text{h}=273.8\ (\text{mA}\cdot\text{h})/\text{g}$$

$$C_{石墨}=\frac{xF}{nM}=\frac{1\times 96485\text{C/mol}}{6\times 12\text{g/mol}\times 3600\text{C}}\times 1000\text{mA}\cdot\text{h}=372.2\ (\text{mA}\cdot\text{h})/\text{g}$$

（2）实际容量（C）。实际容量是指在一定的放电条件下，电池实际放出的电量。

恒电流放电时

$$C=I\times t \tag{14-2}$$

式中，I 为放电电流；t 为放电至终止电压的时间。

恒电阻放电时

$$C=\int_0^t I\mathrm{d}t=\frac{1}{R}\int_0^t U\mathrm{d}t \tag{14-3}$$

近似计算为：

$$C=\frac{1}{R}U_{av}t \tag{14-4}$$

式中，R 为放电电阻；t 为放电至终止电压的时间；U_{av} 为电池平均放电电压。

（3）额定容量（C_r）。额定容量是指设计和制造电池时，规定或保证电池在一定放电条件下应该放出的最低限度的电量。

（4）比容量（C'）。比容量是指单位质量或单位体积电池的容量，分质量比容量（C'_m）和体积比容量（C'_v）。

$$C'_m=\frac{C}{m} \tag{14-5}$$

$$C'_v=\frac{C}{V} \tag{14-6}$$

式中，m 为电池质量；V 为电池体积。

电池的容量是指电极的容量。电池实际工作时，正极容量为整个电池的容量，负极容量大于正极容量。

2. 电池的能量和比能量

电池的能量是指电池在一定条件下所能输出的电能，一般用瓦时（W·h）表示。

当电池中的活性物质利用率为100%，放电过程处于平衡状态，放电电压保持在可逆电动势（E）数值，在此条件下电池输出的电能称为理论能量（$W_0 = C_0E$）。

（1）实际能量（W）。实际能量是指电池放电时实际输出的能量。

$$W = C \times U_{av} \tag{14-7}$$

式中，C 为实际容量；U_{av}为电池平均工作电压。

（2）比能量（W'）。比能量又称能量密度，即单位质量或单位体积的电池输出的电能，也称为质量比能量或体积比能量。

3. 电池的功率和比功率

电池的功率（P）是指在一定放电条件下，单位时间内电池输出的能量，一般用千瓦（kW）或瓦（W）表示。比功率（P'）是指单位质量或单位体积电池输出的功率，一般用 W/kg 或 W/L 表示。比功率的大小表示电池承受工作电流的大小。

$$P = \frac{W}{t} = IU \tag{14-8}$$

式中，W 为电池的实际能量；t 为放电时间；I 为放电电流；U 为放电电压。

除了正负极材料，锂离子电池的性能还取决于黏结剂、导电剂、电解液、隔膜、集流体以及电池管理系统（BMS）等因素，因此，电池的实际能量密度低于理论能量密度。锂离子电池通常装有安全装置，只要控制好充放电电压，锂离子电池还是非常安全的。锂离子电池循环寿命一般为500～1000次。

14.3 锂离子电池正极材料

锂离子电池的正极材料是唯一或主要的锂离子提供者，一般为嵌锂化合物。作为理想的正极材料应具有以下性能：①过渡金属离子或官能团具有较高或接近的氧化还原电位，以保证电池有较高的工作电压和能量转换效率；②嵌锂化合物 $Li_xM_yX_z$ 中大量的锂离子能够可逆嵌入和脱出，即 x 值尽可能大，以保证电池获得高容量；③嵌锂化合物应具有较好的电子电导率（σ_e）和离子电导率（σ_{Li^+}），这样可减少电池的极化，降低电池的内阻，以获得大电流充放电能力；④在锂离子脱嵌过程中，材料结构变化小，氧化还原电位随 x 的变化较小，电池的电压不发生显著变化，以保证电池良好的循环性能；⑤嵌锂化合物在工作的电化学窗口内稳定，不自发分解、不与电解质等与其接触的材料发生反应；⑥嵌锂化合物应低价易得，环境友好。

理论上，具有层状结构和尖晶石结构的材料都能作锂离子电池的正极材料，表14-2比较了18650电池4种正极材料的性能。锂离子电池的正极材料根据对锂电压可分为①2V正极材料，如二维层状结构的 TiS_2 和 MoS_2；②3V正极材料，如 MnO_2 和 V_2O_5；③4V正极材料，如二维层状结构的 $LiCoO_2$、$LiNiO_2$、三维尖晶石结构的 $LiMn_2O_4$ 和橄榄石结构的 $LiFePO_4$；④5V正极材料，如橄榄石结构的 $LiMnPO_4$、$LiCoPO_4$ 和三维尖晶石结构的 $Li_2M_xMn_{4-x}O_8$（M为Fe、Co）等。目前得到应用的正极材料主要是 $LiFePO_4$、$LiCoO_2$、$LiMn_2O_4$ 和三元材料。

表 14-2 18650 电池正极材料性能比较

性能	$LiFePO_4$	$LiCoO_2$	$LiMn_2O_4$	$LiAl_{0.005}Co_{0.15}Ni_{0.8}O_2$
平均电压(V)	3.22	3.84	3.86	3.65
理论容量[(mA·h)/g]	170	274	117	265
振实密度(g/cm^3)	3.60	5.05	4.15	4.73
质量能量密度[(W·h)/g]	162.9	193.3	154.3	219.8
体积能量密度[(W·h)/L]	415.0	557.8	418.6	598.9

14.3.1 磷酸铁锂($LiFePO_4$)

1. 磷酸铁锂的结构和性能

$LiFePO_4$在自然界中以磷酸铁锂矿的形式存在，呈橄榄石结构，属于单斜正交晶系。$LiFePO_4$空间群为 Pnma，单胞参数为 a=0.6008nm，b=1.0334nm，c=0.4693nm；$FePO_4$空间群为 Pnma，单胞参数为 a=0.5792nm，b=0.9821nm，c=0.4788nm，结构如图 14-3 所示。锂离子脱出后导致 a 和 b 参数减小，c 参数略微增加，体积减小，密度增大。氧原子以扭曲的方式紧密堆积排列，磷原子占据四面体位置，锂原子和铁原子分别占据八面体位置，FeO_6 八面体通过共角相互连接，LiO_6 八面体通过共边相互连接；3 个平面之间，FeO_6 八面体与 LiO_6 八面体有两个共边，与 PO_4 四面体有一个共边，LiO_6 八面体与 PO_4 四面体有两个共边。没有连续的 FeO_6 和 PO_4 网络，扩散通道是一维的，没有直接的 Fe—Fe 相互作用，因此磷酸铁锂的电子电导率较低（$10^{-10}\sim10^{-9}$S/cm），锂离子扩散系数较小（$10^{-14}\sim10^{-12}cm^2/S$）；结构中强的 P—O 键阻碍过充电时氧原子的释放，赋予材料强稳定性。磷酸铁锂电池工作范围宽（$-20\sim75$℃），理论比容量为 170mA·h/g，放电平台 3.4 V 左右，脱嵌锂过程对应着 $LiFePO_4$ 中 Fe^{2+}/Fe^{3+} 氧化还原反应。

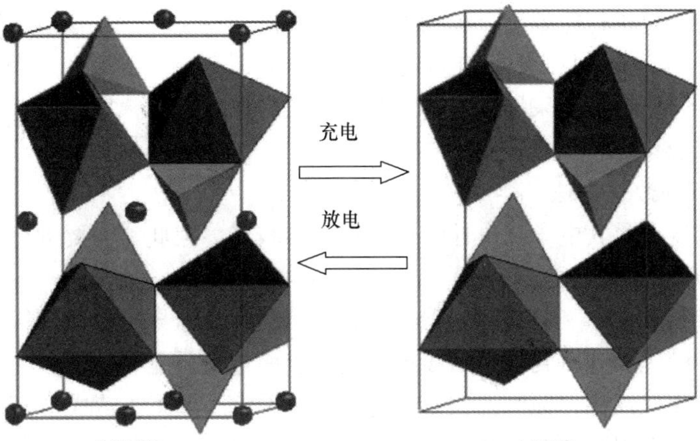

图 14-3 $LiFePO_4$和 $FePO_4$ 的晶体结构（脱嵌 Li^+ 过程中）

磷酸铁锂为半导体，带隙 0.27～0.3eV，充放电过程为两相反应机理，脱锂过程伴随着 $FePO_4$的形成。电化学反应式为：

充电 $LiFePO_4 - xLi^+ - xe^- \longrightarrow xFePO_4 + (1-x)LiFePO_4$

放电　$FePO_4 + xLi^+ + xe^- \longrightarrow xLiFePO_4 + (1-x)FePO_4$

磷酸铁锂电池的重量是铅酸电池重量的1/3，是镍氢电池重量的63%，体积是铅酸电池体积的2/3，比镍氢电池的体积略小。磷酸铁锂电池充放电平台稳定，无记忆效应，自放电小，质量能量密度较大，并且其材料安全可靠，价格便宜，已在动力电池和储能系统中得到了广泛的应用。

2. 磷酸铁锂的制备方法

(1) 高温固相法。以 Li_2CO_3、LiOH 等为锂源，FeC_2O_4 等为铁源，$(NH_4)_2HPO_4$ 为磷源，典型的工艺是将锂源、铁源和磷源粉料按一定的配比进行充分混合、粉碎，置于管式炉中焙烧一定时间（以惰性气氛或还原气氛保护），降温冷却，再经过粉碎制得磷酸铁锂粉体。高温固相法合成工艺简单，易产业化，但粒径分布不均匀、形貌不规则，易受到其他金属单质污染，耗能大，工艺成本高，产品一致性差。

(2) 碳热还原法。采用 Fe_2O_3 取代 FeC_2O_4 为铁源，选择碳粉、葡萄糖等为碳源，高温条件下，锂源、铁源、碳源和磷源粉料按一定比例混合，利用碳源将氧化铁还原，并同步完成高温固相反应和颗粒表面的碳包覆。典型的碳热还原法是将原料以一定的化学计量比进行混合，在管式炉中，以氩气保护，750℃左右的温度烧结获得磷酸铁锂。此种制备法仅需一次烧结，避免了反应过程中 Fe^{2+} 可能氧化为 Fe^{3+}。

(3) 共沉淀法。以 LiOH、$(NH_4)_2HPO_4$、$FeSO_4$ 等为原料配置成溶液，通过混合搅拌或调节 pH 值等方法共沉淀，达到前驱体的均匀混合，再经过烧结，可合成性能优良的纳米级的磷酸铁锂粉体。共沉淀法反应后需沉淀、过滤、洗涤等，工艺相对复杂。

(4) 水热法。以 $FeSO_4$、H_3PO_4 和 LiOH 为起始原料，分别配置成溶液，并按照一定比例混合，在高压釜中加热到220℃保温一定时间，得到磷酸铁锂纳米棒状晶体，产品纯度较高。水热法工艺过程简单，但需要高温高压设备，造价高。

(5) 溶胶凝胶法。采用溶胶凝胶法可以使反应物 LiOH、$Fe(NO_3)_3$、H_3PO_4 等充分混合，合成凝胶，再进行热处理，得到的 $LiFePO_4$ 形貌均一、粒径较小，但此法合成周期长，制备过程复杂，干燥收缩快，工业化生产难度大。

磷酸铁锂的合成还可以采用超声辅助合成法或微波合成法，以缩短合成时间，降低热处理温度，但工业化生产困难较大。

3. 磷酸铁锂的改性方法

磷酸铁锂的缺点是其电子导电性和离子迁移率较低，因此，需要进行相应的改性才能用于锂离子电池正极材料。

(1) 表面包覆改性。一般选择用碳包覆，也可采用其他导电物质进行包覆。碳包覆可以控制粒子晶体的生长，得到均一的颗粒，同时表面包覆后能够使得锂离子的传输更加容易，从而提高电化学性能。锂电池在充放电中可能会产生 HF，造成 $LiFePO_4$ 的分解，而表面包碳可以很好地阻碍 HF 的作用。表面包覆改性主要用于改变粒子与粒子间的导电性。另外，锂离子电池在充放电过程中可能会产生 HF，造成 $LiFePO_4$ 的分解，而表面包碳又可以很好地阻碍 HF，避免 $LiFePO_4$ 的分解。

(2) 离子掺杂改性。离子掺杂是通过制造材料晶格缺陷进而调节材料的导电性和导离子率。研究者通过掺入 Cl^-、Cu^{2+}、Cr^{2+}、Ni^{2+}、Ru^{3+} 等离子以提高 $LiFePO_4$ 的电化学性能。

14.3.2 钴酸锂

1. 钴酸锂的结构和性能

目前，锂离子电池正极材料应用最多的是层状结构的钴酸锂，空间群为 $R\bar{3}m$，单胞参数为 $a=0.2816\mathrm{nm}$，$c=1.4056\mathrm{nm}$，$c/a=4.899$，具备 α-$NaFeO_2$ 结构，氧原子采取畸变的立方密堆积，钴层和锂层交替分布于氧层两侧，占据八面体空隙。层状的 CoO_2 框架结构为 Li^+ 的迁移提供了二维隧道，层状钴酸锂的晶体结构如图 14-4 所示。钴酸锂的理论比容量达到 274（mA·h）/g，但当一半以上的 Li^+ 从 $LiCoO_2$ 中脱出后，$LiCoO_2$ 会发生晶型改变而不再具有嵌入和脱出 Li^+ 的功能，所以目前 $LiCoO_2$ 的实际比容量为 145（mA·h）/g。$LiCoO_2$ 因其能量密度高，主要被应用于移动电话的锂离子电池正极材料。电化学反应如下：

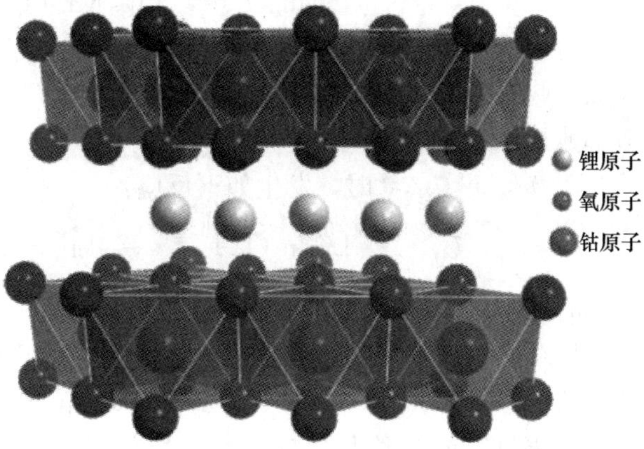

图 14-4 层状钴酸锂的晶体结构

充电 $LiCoO_2 \longrightarrow x\,Li^+ + Li_{1-x}CoO_2 + x\,e^-$

放电 $Li_{1-x}CoO_2 + y\,Li^+ + x\,e^- \longrightarrow Li_{1-x+y}CoO_2\,(0 < x \leqslant 1.0, 0 < y \leqslant x)$

2. 钴酸锂的制备方法

钴酸锂的制备方法与磷酸铁锂类似。钴酸锂的常用制备方法有高温固相合成法、低温固相合成法、溶胶凝胶法、水热合成法、沉淀冷冻法、喷雾干燥法、微波合成法等。目前，工业上仍以高温固相合成法最常见。传统的高温固相合成法一般以 $LiCO_3$（或 LiOH）和 $CoCO_3$（或 Co_3O_4）为原料，按照 Li/Co 摩尔比 1∶1 配比，在 700～1000℃空气氛下焙烧制成，反应温度和反应时间对钴酸锂的晶型以及晶粒表面结构有显著影响。

3. 钴酸锂的改性方法

钴酸锂容量衰减主要是由于相变和 Co 的溶解，因此改性手段主要包括元素掺杂、表面包覆、颗粒尺寸和微形貌调控。

14.3.3 锰酸锂

锂离子正极材料中，由 Li、Mn、O 三种元素组成的化合物非常多，包括尖晶石结构的 $LiMn_2O_4$、正交结构的 $LiMnO_2$、层状结构的 $LiMnO_2$ 等。在这些正极材料中，尖晶石结构的 $LiMn_2O_4$ 廉价低毒，有较高的能量密度，因此，尖晶石结构的 $LiMn_2O_4$ 作为高能锂离子电池的电极极具优势。

1. 锰酸锂的结构和性能

$LiMn_2O_4$ 为尖晶石结构，立方晶系。在立方晶格中，单位晶格有 32 个氧原子、8 个四面体位置和 16 个八面体位置，氧原子形成面心立方紧密堆积形式，锰原子和锂原子分别占据了八面体位置和四面体位置，三者形成立体三维 Li^+ 脱嵌通道。尖晶石锰酸锂的电

导率为 10^{-6}～10^{-5}S/cm，锂离子扩散系数为 $10^{-9}cm^2/s$。$LiMn_2O_4$ 的理论比容量为 148（mA·h）/g，而实际的放电比容量一般在 120（mA·h）/g 以下。

$LiMn_2O_4$ 中 Li^+ 的脱嵌范围是 $0<x\leqslant 2$，如图 14-5（a）所示。当 Li^+ 嵌入或脱出的范围为 $0<x\leqslant 1.0$ 时，发生如下反应：

$$LiMn_2O_4 \rightleftharpoons Li_{1-x}Mn_2O_4 + xe^- + xLi^+$$

此时形成 4.0V 和 4.1V 两个电势平台，锰离子的平均价态为 3.5～4.0，电极各向同性膨胀或收缩，尖晶石立方结构的 Mn_2O_4 稳定不变，充放电反应是可逆的，Jahn-Teller 效应不明显。

当 $1.0<x\leqslant 2.0$ 时，发生如下反应：

$$LiMn_2O_4 + ye^- + yLi^+ \rightleftharpoons Li_{1+y}Mn_2O_4$$

此时过度嵌锂，8*a* 位置全充满［图 14-5（b）］，电势平台迅速下降至 3.0V，锰离子的平均价态小于 3.5，容量衰减。由于发生 Jahn-Teller 效应，$Li_xMn_2O_4$ 转变为四方晶型，锂离子从四面体位置（8*a*）移到邻近的八面体位置（16*c*）［图 14-5（c）］，降低了尖晶石结构的对称性，晶胞各向异性变化，导致尖晶石粒子破裂。$LiMn_2O_4$ 尖晶石结构发生 Jahn-Teller 效应的临界点是 Mn^{3+} 的比例为 50%。

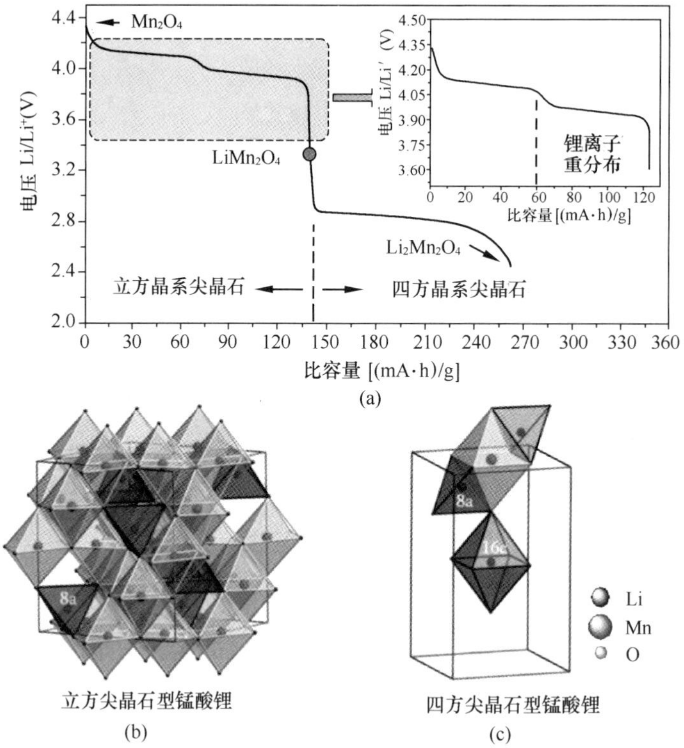

图 14-5　尖晶石锰酸锂的放电曲线晶系结构

（a）放电曲线；（b）立方晶系；（c）四方晶系

2. 锰酸锂的制备方法

（1）高温固相法。将 Li_2CO_3、LiOH（或 $LiNO_3$）和 MnO_2（或 Mn_2O_3）均匀混合，

在 600～850℃煅烧制备缺锂或富锂 $LiMn_2O_4$。

（2）Pechini 法。Pechini 法是利用某些酸能与阳离子反应形成螯合物，螯合物与多羟基醇聚合形成固体聚合物树脂。以 $LiNO_3$、$Mn(NO_3)_2$ 和柠檬酸（或乙二醇）为原料，经配位反应、真空干燥、煅烧和粉碎制备 $LiMn_2O_4$ 粉末。

Pechini 法可以在较低的温度下煅烧得到超细粉末状产物，克服了固相法在氧化物形成过程中远程扩散的缺点，有利于在相对较低的温度下生成均一、可控精确计量比的化合物，产物循环性能较好。

（3）溶胶凝胶法。溶胶凝胶法是将合成原料制成水溶液，通过调节 pH 值或加入螯合剂等方式来形成均匀溶胶，加热抽真空将溶胶分子间流动的水除去形成干凝胶，研磨后即可进行烧结制备。通常将 $LiMn_2O_4$ 前驱体的醋酸盐溶解在水中，然后用聚丙烯酸作为螯合剂来进行合成。

（4）共沉淀法。共沉淀法是将锂盐与含锰溶液混合，调节 pH 生成沉淀，经过过滤、洗涤和烘干得到前驱体，再经过煅烧得到 $LiMn_2O_4$ 粉末。此法操作简单，但工艺流程烦琐。

（5）模板法。模板法合成锂离子电池正极材料包括硬模板法和软模板法。硬模板通常包括氧化铝模板和硅模板，软模板包括有机表面活性剂、高分子聚合物和生物病毒，这些模板在形状上有很大的灵活性。这种方法可以合成不同尺寸、不同结构、不同维数的材料，一些模板法合成的锂离子电池正极材料具有很高的电池容量和可逆性。

（6）水热合成法。水热合成法是地质学家早期模拟自然条件下形成矿石而采用的方法。该法将原料制成溶液，混合后在低温高压下进行反应，反应后将所得到的浆料通过真空干燥，然后研磨即可得到需要的材料。

3. 锰酸锂的改性方法

对于尖晶石 $LiMn_2O_4$ 正极材料来说，由于其容量衰减很大原因是三价锰在电化学反应中发生歧化反应而生成四价锰和二价锰，二价锰溶解在电解液中，形成氧空缺，导致 Jahn-Teller 结构扭曲，从而使电池的容量出现很大的衰减。所以可以通过在 $LiMn_2O_4$ 正极材料的表面包覆一种耐电解液腐蚀的材料来阻止这种反应的进行，从而避免容量衰减。当然这种材料要能让锂离子通过，而不让水和其他物质透过，才能保证容量的提升。近些年来对 $LiMn_2O_4$ 电池的改性大致分为离子掺杂、表面包覆和一些纳米结构的制备。

14.3.4 三元材料

层状镍钴锰酸锂［Li（Ni，Co，Mn）O_2］被称作三元材料，是目前最有商用价值的正极材料之一。随着过渡金属离子相对含量的不同，材料的比容量和安全等诸多性能在一定程度上可实现调控，人们习惯于按照材料的比例命名，如 $LiNi_{1/3}Co_{1/3}Mn_{1/3}O_2$（111）、$LiNi_{0.4}Co_{0.2}Mn_{0.4}O_2$（424）、$LiNi_{0.5}Co_{0.2}Mn_{0.3}O_2$（523）等。目前，动力电池用三元材料以 111 和 424 为主，523 逐渐成为便携式电子产品的主流正极材料，其他高镍材料（如 622、721 和 811）仍处于研发阶段，实际应用较少。

1. 三元材料的结构和性能

层状镍钴锰氧化物属于 $R\bar{3}m$ 空间群，六方晶系，是 α-$NaFeO_2$ 型层状盐结构，其中过渡金属元素 Ni、Co、Mn 分别以＋2、＋3、＋4 价态存在。$LiNi_{1/3}Co_{1/3}Mn_{1/3}O_2$ 的晶体

结构如图 14-6 所示。

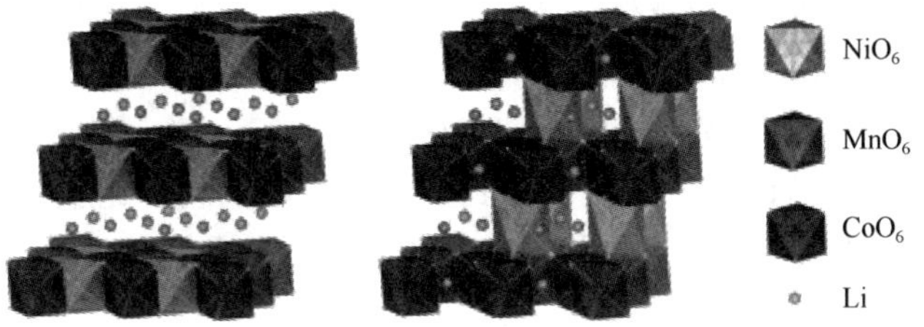

图 14-6　$LiNi_{1/3}Co_{1/3}Mn_{1/3}O_2$ 的晶体结构

Li（Ni，Co，Mn）O_2 中，各过渡金属离子作用各不相同。一般认为，Mn^{4+} 的作用在于降低材料成本、提高材料安全性和结构稳定性，但过高的 Mn 含量会破坏材料的层状结构，使材料的比容量降低；Co^{3+} 的作用在于稳定材料的层状结构，提高材料的循环和倍率性能；Ni^{2+} 的作用在于增加材料的体积能量密度，但高镍的三元材料会导致锂镍混排，从而造成锂的析出，进而造成电池产气。

三元材料充放电过程中结构稳定，Mn^{4+} 不参加反应，从而无 Jahn-Teller 效应；安全性能高，工作温度范围宽，比容量高。但其合成工艺相对复杂，振实密度低。

2. 三元材料的制备和改性方法

目前，商业化的三元正极材料制备主要采用共沉淀法合成所需配比的镍钴锰氧化物或碳酸盐前驱体，再加入锂盐后通过高温固相烧结得到三元材料。溶胶凝胶法、静电纺丝法、模板法等大多用于小规模研发制备。

Li（Ni，Co，Mn）O_2 的合成方法固然多样，但其电子电导率较低，尤其是随着 Co 含量的降低导电性能下降明显，电压平台较低，若要提高充电截止电压来获得高容量，又会造成循环性能的恶化。针对以上问题，可以通过离子掺杂、表面包覆及添加电解液添加剂的措施来改善三元材料的性能。

14.4　锂离子电池负极材料

理想的锂离子电池负极材料应满足以下几个特点：①大量 Li^+ 能够快速可逆地嵌入和脱出，以便得到高的容量密度；②锂离子嵌入、脱出的可逆性好，主体结构无变化或变化很小；③锂离子脱嵌过程中，电极电位变化小，保持电池电压的平稳；④电极材料具有良好的表面结构，固体电解质界面（Solid Electrolyte Interface Film，SEI 膜）致密稳定；⑤锂离子在电极材料中具有较大的扩散系数，变化小，便于快速充放电；⑥材料结构稳定，制作工艺简单，成本低。

锂离子电池负极材料经历了由金属锂到锂合金、碳素材料、氧化物，再到纳米合金的演变过程（表 14-3）。早期锂离子电池的负极材料是金属锂，质量比容量可达 3860 (mA·h)/g。然而，当采用液态电解质时，负极表面在充放电过程中，会形成树突状的锂枝晶，当积累到一定程度，会刺穿隔膜而造成电池的局部短路，使电池局部温度升高，融化隔膜，进一步造成电池的内短路，使得电池失效甚至起火爆炸。因此，锂金属电池一直未商品化。

表 14-3 锂离子电池负极材料性能比较

材料	Li	C	$Li_4Ti_5O_{12}$	Fe_3O_4	Al	Mg	Bi	Si	Sn
密度（g/cm^3）	0.53	2.25	3.5	5.18	2.7	1.3	9.78	2.33	7.29
嵌锂相	Li	LiC_6	$Li_7Ti_5O_{12}$	Li_2O	LiAl	Li_3Mg	Li_3Bi	$Li_{4.4}Si$	$Li_{4.4}Sn$
理论比容量（mA·h/g）	3862	372	175	926	993	3350	385	4200	994
体积变化（%）	100	12	1	200	96	100	215	320	260
脱锂电位（V）	0	0.05	1.6	1.2	0.3	0.1	0.8	0.4	0.6

14.4.1 碳材料

碳材料是人们最早开始研究并应用于锂离子电池负极的材料，至今仍受到广泛关注。与正极材料的多元化发展不同，碳材料凭借较高的工业成熟度和较低的成本，几乎独霸了整个负极材料市场。碳材料的充放电反应为：

$$Li_xC_n \underset{充电}{\overset{放电}{\rightleftharpoons}} xLi^+ + xe^- + C_n$$

目前，研究较多的碳负极材料有石墨、软碳、硬碳以及新型碳纳米管和石墨烯。

1. 石墨

石墨材料的理论比容量为 372(mA·h)/g，电导率高，离子扩散系数大，结晶度高，具有良好的层状结构，适合锂的嵌入和脱出，易形成锂-石墨层间化合物，石墨层状结构具有在嵌锂前后体积变化小、嵌锂容量高和嵌锂电位低等优点，成为目前主流的商业化锂离子电池负极材料。然而，石墨层间距($d_{002}\leqslant$0.34nm)小于石墨嵌锂化合物 Li_xC_6($0<x<1$)的晶面层间距(0.37nm)，致使充放电过程中，石墨层间距改变，易造成石墨层剥落、粉化，还会发生锂离子与有机溶剂分子共同嵌入石墨层及有机溶剂分解，进而影响电池循环性能。

由于石墨本身结构特性的制约，石墨负极材料的发展也遇到了瓶颈，如比容量已经达到极限，无法满足大型动力电池所要求的持续大电流放电的能力等。

2. 软碳

软碳材料经过 3000℃的高温热处理容易转换为石墨结构，软碳也被称为易石墨化碳材料。常见的软碳材料包括焦炭、碳纤维、中间相碳微球（MCMB）等。MCMB 直径为 5～40μm，通常在 2800℃左右石墨化得到的 MCMB 可逆比容量达到 300(mA·h)/g，不可逆容量小于 10%。用软碳作负极，大部分锂能被插入层间，但软碳层间距为 0.34～0.36nm，同样存在类似石墨负极的材料膨胀和基于 LiC_6 的容量限制问题。

3. 硬碳

硬碳材料具有层状结构，微量的结晶子无序排列，即使进行高温热处理也无法变为石墨结构，故被称作难石墨化碳材料。硬碳结晶子的层间距为 0.38nm，用硬碳作负极，锂离子的嵌入不会导致负极膨胀。因此，与石墨和软碳材料相比，硬碳材料具有优良的循环特性。锂离子的嵌入在硬碳材料的结晶子间的微小孔中也能进行，可突破 LiC_6 的容量限制。目前，硬碳材料的容量可达 600(mA·h)/g。然而，硬碳材料与电解液的相容性差，不可逆容量较大，首次库伦效率低，高倍率放电性能差，高温下容易出现安全隐患。

4. 碳纳米管

碳纳米管是由 sp^2 和 sp^3 混合杂化的碳原子卷绕成圆柱形的一维碳材料，其径向尺寸为纳米级，而轴向尺寸可达微米级，分为单壁碳纳米管和多壁碳纳米管。多壁碳纳米管层间距约为0.34nm。碳纳米管具有较大的比表面积和良好的导电性能。因此，可直接用作锂离子负极材料，甚至可免去Cu集流体，降低电池的成本。碳纳米管的容量可达600(mA·h)/g，但其作为负极材料的首次库仑效率较低，存在较大的不可逆容量。另外，碳纳米管的制备成本较高。

5. 石墨烯

石墨烯是由sp^2杂化的碳原子组成的六角形呈蜂巢状的平面结构组成的仅有一个碳原子厚度的二维碳材料。石墨烯的独特结构使其具有很多优异的性能，如超大的比表面积($2630m^2/g$)、超高的导热系数[5300W/(m·K)]、高载流子迁移率[$15000cm^2/(V·s)$]、高杨氏模量(1.0TPa)等。石墨烯优异的导离子、导电子能力，良好的机械性能和超大的比表面积，使其成为一种良好的储锂材料。单层石墨烯的理论容量可达石墨的2倍，然而，单层石墨烯难以制备，其不可逆比容量较高，限制了石墨烯的大规模应用。

14.4.2 硅

1. 硅基负极材料的反应机理及性能

迄今为止，在所有元素中，硅的理论比容量最高[高温时可达4200(mA·h)/g]。Li和Si形成合金$Li_xSi(0<x\leqslant4.4)$，主要有$Li_{12}Si_7$、$Li_{13}Si_4$、Li_7Si_3、$Li_{15}Si_4$、$Li_{22}Si_5$等形式；一般认为在常温下，硅负极与锂合金化产生的富锂产物主要是$Li_{15}Si_4$相，比容量高达3572(mA·h)/g，远大于石墨的理论比容量[372(mA·h)/g]。由此可见，硅作为负极材料，可以在相同质量下携带10倍于碳的容量，如此大的理论容量使硅作为锂离子电池负极材料极具吸引力。同时，硅具有低的嵌脱锂电压(<0.5V vs Li^+/Li)，促使电池正负极的电位差较大，电池从而可获得高功率，而且硅在地球上储量丰富，地壳中约含27.6%，成本较低。

然而，在充放电过程中，硅的脱嵌锂反应伴随着巨大的体积膨胀，高达320%；随着充放电次数的增加，电极材料的粒子间以及电极材料与集流体的结合力会变弱，导致电极容量的迅速衰减（图14-7）。为了提高硅负极材料的循环性能，可采用三种方法：①添加

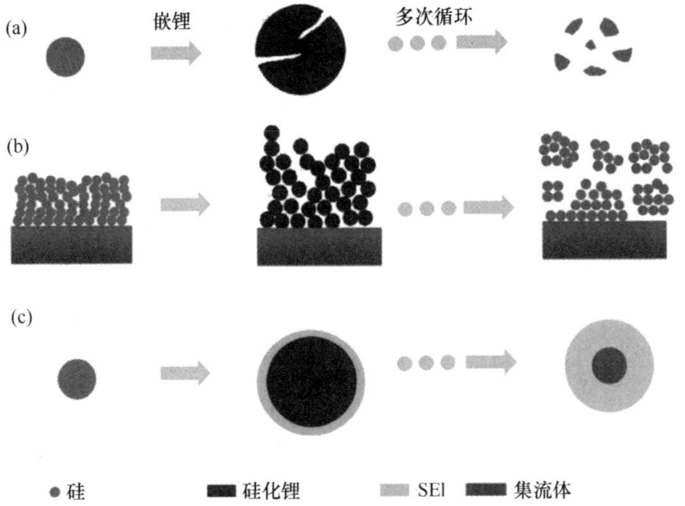

图14-7 硅电极失效机制

(a)材料粉化；(b)SEI持续形成；(c)Si的体积和形态变化

导电材料（如石墨或炭黑等），抑制硅的团聚和体积膨胀，提高锂离子脱嵌时负极材料颗粒间的导电能力；②缩小循环电压范围，抑制锂离子的深度嵌入，降低不可逆容量；③制备纳米级硅材料。

2. 硅碳复合材料的制备方法

（1）气相沉积。气相沉积包括化学气相沉积与物理气相沉积，其中化学气相沉积（CVD）较多地被用于制备硅碳负极材料。CVD 法制备的具有核壳结构的硅碳材料具有较好的循环性能（表 14-4），但 CVD 法的工艺过程难以控制，很难实现大规模工业化生产。

表 14-4 CVD 法制备的硅碳材料性能比较

	纯 Si	Si/C 复合材料	核壳结构 Si/C 复合材料
反应前驱物	SiH_4	$SiCl_4$、C_6H_6、CH_3Cl_2Si	Si 粉、C_6H_6
材料结构特点	无定形态纯 Si 薄膜	纳米硅微粒分布于碳层中	硅外裹碳层的核壳结构
首次嵌锂容量 (mA·h/g)	900	350～650	1000
循环性能	18 次循环后比容量降至 300mA·h/g	20 次循环后比容量保持在 400mA·h/g	20 次循环后比容量在 950mA·h/g 以上

（2）高温固相合成。高温固相反应是制备 Si/C 复合材料的常用方法，一般反应温度均控制在 1200℃以下，以防止惰性相 SiC 的生成。

（3）机械合金化。与高温固相反应相比，机械合金化反应所制备的材料粒度小，比表面积大，结构均匀。

（4）静电电纺（Electrospinning）。静电电纺技术是指聚合物溶液（或熔体）在高压静电电场的作用下形成纤维的过程，可以制得直径为几十到几百纳米、大比表面积的纤维。采用静电电纺技术将硅纳米颗粒嵌入到碳纳米纤维中，制备出硅/碳纳米纤维（Si@CNF）系列材料。

14.4.3 锡

1. 锡基负极材料的反应机理及性能

锡基负极材料主要包括单质锡材料、锡基氧化物（主要是 SnO_2 和 SnO）材料、锡基合金材料、锡基复合物、锡盐材料（如 SnS、Sn_2PO_4Cl、Zn_2SnO_4）五大类。

锡基负极材料的合金化机理可以通过以下两步反应来描述：

$$Li + SnO_2/SnO \longrightarrow Li_2O + Sn$$

$$xLi + Sn \rightleftharpoons Li_xSn(0 \leqslant x \leqslant 4.4)$$

第一步反应为置换反应，金属 Li 在首次放电过程中，与锡基氧化物（SnO_2/SnO）反应，置换出金属 Sn，并且形成非活性介质 Li_2O。该步反应是不可逆的，导致了锡基氧化物较大的首次不可逆容量，惰性介质 Li_2O 的存在，可以起到均匀分散金属 Sn 颗粒，阻止单质 Sn 在充放电过程中聚集，因此锡基氧化物具有较好的循环性能。第二步反应为 Li-Sn 合金化过程，此步反应是可逆的，在此合金化反应过程中，Li 与 Sn 可以形成不同类型的 Li_xSn 合金，如 Li_2Sn_5、LiSn、Li_7Sn_3、Li_5Sn_2、$Li_{13}Sn_5$、Li_7Sn_2 及 $Li_{22}Sn_5$，最终形成 $Li_{22}Sn_5$，通过计算可以得出不同锡基材料的理论比容量[SnO 为 875(mA·h)/g、

SnO_2 为 781(mA·h)/g、Sn 为 994(mA·h)/g]。

与锡基氧化物相比，单质锡作为电池负极材料具有较高的首次库仑效率，嵌锂平台大约为 0.4V。如果 Li_xSn_y 合金只进行低计量比 LiSn 充放电循环，单质 Sn 较少集聚在一起，电极也不会发生巨大的体积膨胀。但是超过一定计量比的 LiSn 合金经过充放电循环后，体积变化增大，特别是形成 $Li_{22}Sn_5$ 合金时，体积膨胀达到 359%，这导致纯锡电极在几十次循环后，体积急剧膨胀，从而造成极片粉化和活性物质脱落，电化学循环性能急剧下降。

锡基负极材料首次不可逆容量主要源于两个方面：一是 SEI 膜的生成；二是锡基氧化物首次不可逆反应。在提高首次库伦效率方面，主要采取以下方案：①添加富锂化合物，如 $Li_{2.6}Co_{0.4}N$，或者在材料中掺杂金属锂，通过外加锂源，补偿首次不可逆容量；②催化首次不可逆反应，通过分解生成的 Li_2O 提高其可逆容量，常见方法是添加过渡金属元素和金属氧化物，如金属镍、金属铜、WO_3、MoO_3，利用过渡金属或者金属氧化物的活性催化 Li_2O 分解，使首次反应变成可逆，可有效提高 SnO_2 的首次效率；③使用新型胶黏剂，如羧甲基纤维素钠、海藻酸钠、锂-聚丙烯酸酯（Li-PAA），可以有效提高 SEI 膜的稳定性，同时对改善材料循环性能也有很好的效果。

2. 锡碳复合材料的制备方法

(1) 机械球磨法。将锡基材料与碳材料按一定比例混合，通过简单的机械研磨，能够改善高性能电极材料的稳定性。

(2) 液相合成法。采用含锡的无机物作为锡源，通过在乙醇、丙醇、癸醇等非水溶液中用锌、硼氢化钾、硼氢化钠等作还原剂，或者在水溶液中用次磷酸钠等作还原剂将锡单质或氧化物沉积到碳材料上得到复合材料。

(3) 碳热还原法。利用碳材料具有较好的还原性，在高温条件下，容易将 SnO_2 或者锡盐还原得到 Sn 单质。

14.4.4 金属氧化物

根据储锂机理的不同，金属氧化物可分为两大类，其中一类采用脱嵌机理，常见的材料有 WO_2、MoO_2、TiO_2 等，这类嵌入型负极材料在电化学嵌锂过程中，锂离子通过固溶体或者一阶相转变的方式嵌入和脱出主体结构，导致主体结构离子和电子传导率的改变，但是材料主体结构和本身体积没有发生大改变。因此，该类型材料具有优异的倍率循环性能，唯一的缺点就是理论比容量不高，嵌锂平台较高。其电化学嵌锂过程可以用下面方程表示：

$$MO_x + yLi^+ + ye^- \rightleftharpoons Li_yMO_x \text{(其中 M 代表金属元素)}$$

另一类采用转换机理，一般为 M_xO_y 型（M 为 Fe、Ni、Co、Cu、Mn、Cr 等），此类氧化物具有较高的理论比容量（400～1000mA·h/g），本身具有良好的岩盐结构，嵌锂后形成惰性 Li_2O 和金属单质，发生了转换反应相结构的变化，具有较好的循环稳定性。但是此类型材料的缺点就是嵌锂电位较高，与锂反应的电位有些高达 2V 以上，同时在充放电过程中极化严重。其电化学过程可用下式表示：

$$M_xO_y + 2yLi^+ + 2ye^- \rightleftharpoons yLi_2O + xM$$

14.4.5 其他材料

尖晶石型 $Li_4Ti_5O_{12}$ 负极材料具有的理论比容量为 175(mA·h)/g，在充放电循环过程中，由于没有体积变化，因而用作锂离子电池负极材料展现出优异的可逆性，但是其缺点也比较突出，如导电性较差和较低的锂离子扩散系数会直接导致 $Li_4Ti_5O_{12}$ 负极材料表现不尽如人意的倍率性能。特别需要注意的是，在充放电以及存储过程中，$Li_4Ti_5O_{12}$ 负极材料会与电解质中的有机溶剂发生界面反应产生 H_2、CO 以及 CO_2，产生的气体会导致电池内部膨胀，影响电池使用的安全性能。针对 $Li_4Ti_5O_{12}$ 负极材料的上述缺点，近 10 年采用了许多改性方法来提高 $Li_4Ti_5O_{12}$ 负极材料的电化学性能，这些改性方法包括碳包覆、金属和非金属的掺杂、碳与金属粉末的杂化、活性粒子纳米化以及形成核壳结构等。目前，这些改性方法都不能完全解决 $Li_4Ti_5O_{12}$ 负极材料析气的问题，也很少有关于解决这个棘手问题的文献报道。因此 $Li_4Ti_5O_{12}$ 负极材料析气问题成为阻碍其作为锂离子动力电池负极材料的主要障碍。

14.5 锂离子电池的电解质

电解质在正负极之间起到输送离子、传导电流的作用。凡是能够成为离子导体的材料，如水溶液、有机溶液、聚合物、熔盐或固体材料等，均可作为电解质。锂离子电池电压为 3～4V，而水的分解电压为 1.23V，因此传统的水溶液体系不能满足锂离子电池的需要，必须采用非水电解质体系。

锂离子电池的电解质应满足以下条件：①离子电导率高；②电化学窗口范围宽（0～5V）；③热性能稳定，不易发生分解；④化学性能稳定，和电池体系的电极材料相容性好，与正负极、集流体、隔膜、黏结剂等不发生反应；⑤安全低毒；⑥促进电极可逆反应的进行；⑦成本低。

14.5.1 液体电解质

1. 液体电解质的组成

锂离子电池采用的液体电解质是在有机溶剂中溶有电解质锂盐的离子型导体。因此，在液体电介质中，锂盐和溶剂的性质及配比直接影响电池性能。

（1）锂盐。常用的锂盐主要是 $LiPF_6$、$LiClO_4$、$LiBF_4$、$LiAsF_6$、$LiCFSO_3$ 等无机锂盐和有机锂盐。$LiPF_6$ 具有良好的离子导电率和电化学稳定性，是最常用的锂盐，但其抗热性和抗水解性差，易水解生成 HF，甚至造成电池产气，因此要求电解质尽量不含水。

（2）有机溶剂。锂离子电池中电解质一般采用有机混合溶剂，其由一种挥发性小、介电常数高的有机溶剂［如乙烯碳酸酯（EC）、丙烯碳酸酯（PC）］和一种低黏度和易挥发的有机溶剂［如二甲基碳酸酯（DMC）、二乙基碳酸酯（DEC）］组成，混合电解质溶液有较低的黏度、挥发性和较高的介电常数。

2. 液体电解质的性能

液体电解质的离子电导率较高，一般可达到 1×10^{-3}～2×10^{-3}S/cm，因此，电解质与正负极材料的相容性直接影响了锂离子电池性能。

电解液与负极材料的作用主要表现为在负极表面形成钝化膜（SEI），它可以使 Li^+ 通过而阻止溶剂分子进入。在充放电过程中，电解液中的极性溶剂、盐的阴离子在负极表面发生还原反应生成锂盐化合物，然后沉积在负极表面形成 SEI。SEI 的化学组成和性质取决于负极材料及电解液的组成和性质，对电池的性能影响较大。一般使用含碳酸烷基酯（如 EC、PC）的电解质溶液，这些电解质溶液能在碳负极上形成稳定的 SEI，且不同的碳材料负极需要不同的电解液匹配。

电解质溶液对正极性能也有很大影响，主要是电解液会在正极表面被氧化分解。如电解液分解产物会增大或加速尖晶石结构 $LiMn_2O_4$ 正极材料 Mn 的溶解，从而导致电池容量损失。含碳酸烷基酯类的溶剂（如 EC、PC、DEC）和含有 $LiPF_6$、$LiBF_4$、$LiAsF_6$ 的电解质对 $LiMn_2O_4$ 正极较稳定。

另外，可以通过加入添加剂改善电解液的匹配性能。对正极和负极匹配适宜的电化学稳定性好的电解液，能保持正、负极的稳定，进而提高电池的容量和优化循环性能。

尽管液体电解质锂离子电池早已商品化，但使用中电解液易泄漏，产生安全问题。另外，液体电解液使锂离子电池能量密度较低，限制了高比能量锂离子电池的发展。

14.5.2 固体电解质

固态电解质分为聚合物电解质和无机固态电解质两类。聚合物电解质具备优异的延展性，可有效降低固态电解质与固体电极之间的接触阻力，减弱强还原性锂金属负极与电解质之间的反应，但其室温下锂离子电导率低；无机固态电解质普遍具有良好的锂离子电导率和优良的机械强度，但与电极界面接触较差、本体阻抗大等缺点阻碍了其实际应用。此外，各类无机固态电解质均存在一定的缺点，有待攻克，例如：氧化物型固态电解质存在晶界阻抗大、烧结温度高、柔韧性差等缺点；硫化物型固态电解质的环境稳定性差，加大了其生产难度；卤化物型固态电解质研究刚刚起步，对锂不稳定、稀土元素价格较高等缺点限制了其商业化发展。

1. 聚合物电解质

聚合物电解质有多种体系，有聚氧化乙烯（PEG/PEO）及其衍生聚合物为主的聚醚体系、聚硅氧烷、聚丙烯腈（PAN）、聚偏氟乙烯与六氟丙烯共聚物（PVDF-HFP）等。

聚醚体系中的聚氧化乙烯（PEG/PEO）是目前聚合物固态电解质中研究最多、综合性能最好的聚合物电解质。PEO 的聚醚重复单元-C-C-O-，能够使链段上多个醚氧原子的孤对电子同时对锂离子发生配位作用，有效解离锂盐；然后通过聚氧化乙烯链段的伸展运动，使得锂离子-聚合物的配位键断裂，锂离子在局部电场作用下进行扩散跃迁，实现锂离子的传导。聚氧化乙烯链段容易结晶，而锂离子的传导是在无定形区域，故单一的聚氧化乙烯固态电解质室温离子电导率低（$10^{-9}\sim10^{-6}\ S\cdot cm^{-1}$）。现有的研究中通常采用在聚氧化乙烯的-C-C-O-链段中加入其他结构单元制备嵌段共聚物来打乱聚氧化乙烯的长程有序结构，加入塑化剂或制备三维网络结构聚合物来改善聚氧化乙烯基固态电解质的性能。

2. 无机固态电解质

无机固态电解质主要包括氧化物型、硫化物型和卤化物型固态电解质。

（1）氧化物型固态电解质

氧化物型固态电解质主要有四种：LISICON 型、NASICON 型、石榴石型和钙钛矿型。

LISICON 型固态电解质与 γ-Li_3PO_4 结构相同，通式为 $Li_{3+x}X_xY_{1-x}O_4$，X 可为 Ge、

Ti 等元素，Y 可为 P、V 等元素。1978 年，Bruce 报道了室温锂离子电导率为 10^{-7} S • cm^{-1} 的 $Li_{14}ZnGe_4O_{16}$ 固态电解质。该电解质热稳定性好，但对锂和空气不稳定。

NASICON 型固态电解质的分子式为 $AM'M''(PO_4)_3$，其中 A 通常为一价传输阳离子，如 Na^+、K^+、Li^+ 等碱金属离子。M′和 M″既可以是二价、三价阳离子（如 Zn^{2+}、Mg^{2+}、Al^{3+}、Fe^{3+}、In^{3+} 和 Y^{3+} 等），也可以是四价或五价阳离子（如 Ti^{4+}、Zr^{4+}、Ge^{4+}、V^{5+}、Nb^{5+}、As^{5+} 等）。此外，P^{5+} 也可以被其他高价离子如 Si^{4+}、V^{5+}、Nb^{5+} 等掺杂或取代。NASICON 型固态电解质能够传导钠离子和锂离子，具有较高的离子电导率，但其从高温冷却至室温的过程中会发生相变，导致晶型坍塌，传导离子的能力变弱，迁移活化能升高。

石榴石型固态电解质通式为 $Li_{3+x}A_3B_2O_{12}$，可根据含 Li^+ 的浓度分为 Li_3 系（$Li_3Y_3Te_2O_{12}$、$Li_3Pr_3Te_2O_{12}$ 等）、Li_5 系（$Li_5La_3Ta_2O_{12}$、$Li_5La_3Nb_2O_{12}$ 等）、Li_7 系（$Li_7La_3Zr_2O_{12}$、$Li_7La_3Sn_2O_{12}$）。其中 $Li_5La_3Ta_2O_{12}$ 和 $Li_5La_3Nb_2O_{12}$ 是最先被报道的锂离子导体，室温下锂离子电导率达 10^{-6} S • cm^{-1}，虽然离子电导率不高，但在不同温度下均具有良好的稳定性。此外，石榴石型固态电解质的体相离子电导率主要与锂离子浓度有关，锂离子浓度越高，传输速率越快。

钙钛矿型固态电解质通式为 $LiABX_3$，结构稳定，离子电导率较高，电化学窗口宽且稳定，制备工艺简单。锂镧钛氧（LLTO）是一种典型的钙钛矿型电解质，具有六方相、正交相、四方相与立方相共四种晶型结构。LLTO 具有高的体相电导率和优异的机械强度，但在高温烧结过程中会存在锂损失，LLTO 与正负极接触差、界面处易被锂金属负极还原。

（2）硫化物型固态电解质

因为 S^{2-} 的离子半径比 O^{2-} 的大，所以当 S^{2-} 对氧化物固态电解质中的 O^{2-} 进行取代时，可以有效扩大 Li^+ 的传输通道；同时 S^{2-} 更容易极化，相应的阴离子骨架与 Li^+ 的作用力较弱，有利于 Li^+ 的迁移。因此，硫化物型固态电解质通常都有较高的离子电导率。然而，硫化物电解质环境稳定性差，对氧敏感，遇水还会产生有毒气体硫化氢，这限制了该类电解质的实际应用。

按照结晶形态可以将硫化物固态电解质分为玻璃态、玻璃陶瓷和晶态固态电解质，其中玻璃态电解质属于无定形材料，不存在晶粒，传导通路是各向同性，理论上应具有比晶态电解质更高的离子电导率，但制备难度大，实际制备出的玻璃态电解质离子电导率只能达到 10^{-4} S • cm^{-1}，与理论值有较大差距。对某些玻璃态电解质进行热处理，可形成部分亚稳态的高离子电导相（硫化物玻璃陶瓷电解质），从而增强其离子电导率。例如将 $Li_7P_3S_{11}$ 通过熔融后热处理的方式，可使其离子电导率达 1.7×10^{-2} S • cm^{-1}。与玻璃态和玻璃陶瓷的 200℃低温烧结不同，硫化物晶态固态电解质需要在 400℃以上的高温条件下进行烧结，进而形成特定结构的晶体，代表物质有 $Li_{10}GeP_2S_{12}$ 和 $Li_{9.54}Si_{1.74}P_{1.44}S_{11.7}Cl_{0.3}$，离子电导率分别为 1.2×10^{-2} S • cm^{-1} 和 2.5×10^{-2} S • cm^{-1}，被认为是最有希望能够取代电解液的固态电解质。目前研究大多集中在元素掺杂、取代以及工艺改进等途径上来提高离子电导率和化学稳定性。

（3）卤化物型固态电解质

卤化物型固态电解质简式为 Li_aMX_b，其中 X 为卤素元素，根据 M 元素的区别，可将卤化物固态电解质分为四类：第 3 族金属元素（Sc，Y，La-Lu），第 13 族金属元素（Al，Ga，In），其他金属元素（Ti，V，Cr，Mn，Fe，Co，Cu，Zn，Cd，Mg，Pb）以及非金属元素（N，O，S）的反钙钛矿型固态电解质。Li_3YBr_6 和 Li_3InCl_6 是目前离子电导率最高的卤化物型固态电解质，室温下锂离子电导率大于 $1mS \cdot cm^{-1}$。

卤化物型电解质具有良好的空气稳定性和优异的室温离子电导率，通过元素掺杂可以调控电解质的性能。目前的研究已实现室温离子电导率 $1\ mS \cdot cm^{-1}$ 以上的卤化物型电解质的批量合成，展现了卤化物型固态电解质的巨大应用潜力；但是其实际应用受制于稀土资源缺乏以及卤化物型电解质对锂不稳定。

14.6 锂离子电池的机遇与挑战

目前，商品化的动力电池组通常由多个锂离子电池单体通过串联或并联的方式组合配置而成模块，多个模块再集成电池组。例如，典型的 85kW · h 特斯拉汽车中的电池组包含了 7104 个单体电池。因此，锂离子电池的发展除了前述的电极材料、电解液的匹配外，还要关注模块和电池管理系统的集成技术。

锂离子电池因电压高、容量大、自放电小和循环寿命长等优点已征服了便携式电子市场，在动力电池市场也脱颖而出，其应用领域逐渐拓宽，在航天航空和军事领域也得到了广泛应用，为锂离子电池的发展提供了机遇。然而，未来储能对电池提出了更高安全性、更高能量密度和功率密度的要求，燃料电池和其他新型电池技术的发展无疑对锂离子电池的发展也提出了挑战。因此，开发固态电池成了锂离子电池未来发展的一个重要方向。

受益于电动汽车的爆发式发展，锂离子电池的生产呈现高速增长。锂离子电池正极材料的生产需消耗大量锂、钴、锰等金属材料。2016 年，全球锂电池正极材料产量达 23 万 t，以锂、钴为例，当年全球锂产量的 37%、钴产量的 54%被用于锂离子电池的生产，并呈逐年递增趋势。近几年，锂、钴等金属材料出现了严重的市场短缺，价格不断攀升，持续下去将阻碍锂电池行业的健康发展；同时，储能用锂离子电池正在进入大面积退役前期，如将废旧锂离子电池填埋、焚烧、堆肥等，其中的锂、钴、镍、锰等金属，尤其有机化合物必将对大气、水、土壤造成严重污染，对生态环境具有极大的危害性。因此，对废旧锂离子电池中的锂、镍、钴、铝、铜等金属资源进行合理回收、再生利用，实现从废旧电池到电池材料的循环，不仅可以解决新能源汽车快速发展遇到的资源不足困境，而且有利于环境保护和经济社会的可持续发展，是未来锂离子电池发展的另一个重要方向。

思考题

1. 简述锂离子电池的工作原理。
2. 简述锂离子电池的基本结构组成。
3. 简述锂离子电池的电化学性能的评价方法和参数。
4. 简述锂离子电池正极材料的特点。
5. 列举出常用的锂离子电池正极材料，并简述其结构、反应机理、性能、应用及制备方法。
6. 简述锂离子电池负极材料的特点。

7. 列举出常用的锂离子电池负极材料，并简述其反应机理、性能及优缺点。
8. 简述锂离子电池电解质的组成类型及各自的优缺点。

参考文献

[1] LI M，LU J，CHEN Z，et al. 30 Years of Lithium-Ion Batteries[J]. Advanced Materials，2018，30：1800561.

[2] WHITTINGHAM M S. Electrical energy storage and intercalation chemistry[J]. Journal of Solid State Chemistry，1976，192：1126.

[3] HARRIS W S. Electrochemical studies in cyclic Esters[D]. Berkeley：University of California，1958.

[4] MANTHIRAM A，YU X，WANG S. Lithium battery chemistries enabled by solid-state electrolytes[J]. Nature Reviews Materials，2017，2：16103.

[5] THACKERAY M M，DAVID W I F，BRUCE P G，et al. Lithium insertion into manganese spinels[J]. Materials Research Bulletin，1983，18：461.

[6] YOSHINO A，SANECHIKA K，NAKAJIMA T. Secondary battery：US，4668595[P]. 1987.

[7] WHITTINGHAM M S. Ultimate limits to intercalation reactions for lithium batteries [J]. Chemical Reviews，2014，114：11414.

[8] 陈军，陶占良，苟兴龙. 化学电源：原理、技术与应用[M]. 北京：化学工业出版社，2006.

[9] 吴宇平，万春荣，姜长印，等. 锂离子二次电池[M]. 北京：化学工业出版社，2002.

[10] 李泓. 全固态锂电池：梦想照进现实[J]. 储能科学与技术，2018，7：188.

15 锂硫二次电池

15.1 锂硫二次电池概述

进入 21 世纪，能源危机和环境污染问题日益凸显，发展可再生能源及培育新能源产业已成为全球发展必然趋势。可再生能源的不可控和不稳定性，需要配套使用可靠的储能电池。锂离子电池作为目前最成功的储能系统之一，受自身储存容量的限制，仍难以满足未来动力电池对能量密度的要求。作为一种新型储能系统，锂硫二次电池（简称锂硫电池）是由硫作为正极、金属锂作为负极的二次电池，其理论比容量和理论能量密度较高，分别为1675(mA·h)/g和 2600(W·h)/kg，被认为是目前最具研究价值和应用前景的高能量锂二次电池体系之一。同时，其正极材料硫作为石油精炼的副产品和硫矿中的直接提取物，具有资源丰富、价格低和环境友好的特点，有利于可持续发展。锂硫电池的研究始于 20 世纪 60 年代，经过几十年的发展，虽然锂硫电池仍存在循环过程中容量快速衰减等问题，但其高能量密度和高比容量的优势依然激励着科研工作者们不断探索。

15.2 锂硫二次电池的基本原理和特点

锂硫电池的内部结构与锂离子电池类似，主要由金属锂负极、隔膜、电解液、硫正极、集流体、外壳构成，如图 15-1 所示。由于硫单质的电子导电性较低，通常将硫单质与高导电性的材料复合，以提高正极中硫组分的利用率。电解液通常使用有机醚类电解液。不同于传统的可充电锂离子电池的脱/嵌原理，锂硫电池的充放电过程是一种氧化还原反应过程，其工作原理是基于硫的可逆氧化还原反应，简单来说，锂硫电池是依靠 S—S 键的断裂和生成转化电能与化学能，一般反应如下：

$$16Li + 8S \longleftrightarrow 8Li_2S$$

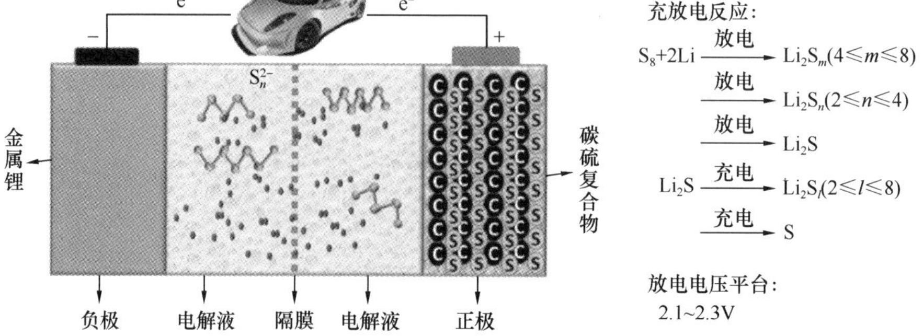

图 15-1 锂硫电池的基本结构原理示意图

实际上，锂硫电池的充放电过程包括多步骤氧化还原反应，伴随着硫化物的复杂相转变过程。在放电过程中，负极锂失去电子发生氧化反应，形成锂离子；而固相单质硫 S_8 首先溶解在醚类电解液中形成液相单质硫 S_8，然后得到电子发生还原反应形成易溶于电解液的长链多硫化物 S_m^{2-} （$4\leqslant m\leqslant 8$），并继续与锂离子结合生成短链多硫化锂，最终还原为不溶且导电性差的 Li_2S_2 和 Li_2S。同样在充电过程中，Li_2S_2 和 Li_2S 再逐步被氧化为原始的硫单质，在此过程中，经历了固相-液相-固相的复杂相转变过程，伴随着 S—S 键的断裂和生成。

基于上述完整的反应，锂硫电池正负极的理论比容量分别为 1675(mA·h)/g 和 3680(mA·h)/g，从而使锂硫电池在工作电压为 2.15V 时的理论能量密度达到 2600(W·h)/kg(按质量计算)或 2200(W·h)/L(按体积计算)。这些数值远远高于以 $LiCoO_2$ 为正极、石墨为负极的锂离子电池的理论能量密度[387(W·h)/kg 或 1015(W·h)/L]。表 15-1 给出了商业化锂离子电池正极材料与硫正极材料的部分指标值。

表 15-1　锂离子电池与硫正极材料主要指标对照表

技术指标	钴酸锂 ($LiCoO_2$)	锰酸锂 ($LiMn_2O_4$)	磷酸铁锂 ($LiFePO_4$)	三元材料 ($LiNi_xCo_yMn_zO_2$)	硫正极 (S)
晶体结构	层状	尖晶石	橄榄石	层状	分子晶体（单斜与斜方）
理论容量 [(mA·h)/g]	274	148	170	278	1675
实际容量 [(mA·h)/g]	140～170	90～120	110～160	145～200	800～1400
工作电压（V）	3.7	3.8	3.5	3.6	2.1
原料供应	贫乏	丰富	非常丰富	相对贫乏	非常丰富

由表 15-1 可见，传统的锂离子电池正极材料可利用容量不超过 200(mA·h)/g，而硫基正极材料则可达到 800～1400(mA·h)/g。同时，在锂硫电池中，由于正极材料硫和负极材料锂金属的相对分子质量小，该电池质量小、体积小、质量比能量高，成为电动汽车、航天器等高尖端领域的理想储能装置。

15.3　锂硫二次电池面临的问题

尽管锂硫电池被寄予厚望，但由于其存在的一些缺陷而阻碍了其大规模使用，其缺陷主要在于正极和负极。

1. 硫正极的特点与问题

（1）中间体多硫化物在电解质中的溶解。在循环过程中，长链多硫化物 Li_2S_m（$4\leqslant m\leqslant 8$）易溶于醚基电解质中，并穿过隔膜聚集到负极，与负极上的锂金属反应，导致容量损失和循环衰减，造成“穿梭效应”。“穿梭效应”导致锂硫电池在工作过程中活性物质硫不可逆的损失，库仑效率持续降低，该效应还会致使电池的电解液黏度变大，减小离子扩散的速度。

(2) 硫(导电率为 5×10^{-30}S/cm)及放电产物 Li_2S/Li_2S_2 的低电导率。在放电过程中，Li_2S_2 向 Li_2S 的固固反应动力学过程缓慢，反应不能完全进行。放电产物由于离子导电性较差而沉积在正极表面，造成活性物质表面钝化，利用率降低，导致放电比容量衰减和电池能量密度的降低。

(3) 正极材料硫锂化前后的体积变化效应。由于硫和硫化锂之间的密度差（分别为 $2.03g/cm^3$ 和 $1.66g/cm^3$），硫在完全锂化为硫化锂时有约 80%的体积膨胀率，这使得正极在充放电过程中不断地收缩和膨胀，可能导致电极的破裂和损坏，影响循环性能，造成电池损坏。

2. 锂负极的特点与问题

(1) 多硫化物“穿梭效应”。溶解到电解质中的长链多硫化锂可以到达锂负极，以化学方式还原，并形成低价态化合物，引发电池内部放电现象，进一步引发金属锂表面恶化，造成较低的库仑效率。

(2) 不均匀的固体电解质膜（SEI）。锂金属容易在与电解液接触的界面上与电解质发生反应并生成 SEI 层。大多数情况下，SEI 是不均匀的，不能充分钝化金属锂表面，从而导致金属锂与电解质之间发生副反应，消耗金属锂与电解质，导致电池的可逆性变差和库仑效率降低。

(3) 锂金属的枝晶生长。电极表面电流密度的不均匀分布造成锂枝晶生长，锂枝晶的持续生长破坏 SEI 膜的完整性，进一步消耗锂金属和电解质，导致电池电解质的不断耗尽。且生成的锂晶枝易刺穿隔膜而短路，存在安全隐患。

针对这些突出的问题，近些年来，国内外科学研究者对锂硫电池展开了大量的探究，主要包括以下几个方面：①开发特殊结构的正极材料，该正极材料不仅有效地提高了离子和电子传输能力，并且极大地抑制了多硫化物的“穿梭效应”；②优化或制备新型的胶黏剂或电解液；③对烯烃类商业隔膜进行改性或制备新型的电池隔膜；④对电池负极锂片进行修饰和改性。从目前的研究结果来看，它们均能在一定程度上有效改善锂硫电池的电化学性能。

15.4 锂硫二次电池的性能评价

在锂硫电池体系中，正极材料主要影响电池的比能量、比功率和能量转换效率，负极材料决定了锂硫电池的安全性能。随着对锂硫电池体系的研究，实验室条件下已经能够制备性能优异的锂硫电池样品，但将锂硫电池投入实际应用还有很多方面需要综合考虑。在锂硫电池中，正极主要由主体材料、碳添加剂和胶黏剂［其通常占电极（质量分数的40%）］组成，同样的重量下，正极总共能提供的比能量相对于锂离子电池并无太大优势。因此为了同锂离子电池进行竞争，增加硫电极中活性材料的百分比是关键。一般认为，活性物质在电极中的质量占比为 80%以上才会体现其实用性，因此，为了将锂硫电池投入实际生产，必须确保正极具有较高的有效硫含量，这可以通过在电极上进行辊压以改进它们的整体颗粒与颗粒的接触。

此外，电池性能的一致性对锂硫电池的实用化也至关重要。锂硫电池实现大规模量产，需要统一的标准。但是目前主流文献中评判锂硫电池好坏的标准是放电比容量以及循环寿命，对工艺参数、制备成功率等参数均未提及。实际使用中并不需要容量无限接近硫理论放电容量的锂硫电池，在达到一定性能的前提下，能够保证性能的一致性，材料合成过程的简单性和相容性等是锂硫电池商业化量产的必要条件。寻求更为合理的生产途径也是商业化的重要一环。

15.5 锂硫二次电池的硫正极

15.5.1 硫正极的工作原理

锂硫二次电池放电时是原电池装置，硫正极电势高，电池内部锂离子从负极脱出，穿过隔膜，在正极与硫发生反应，同时伴随电子从负极经外电路传递至正极，从而形成完整回路。放电过程可分为两个阶段：第一阶段表现为约 2.3V 处的放电平台，此时环状 S_8 分子断键与锂离子形成可溶性（溶于锂硫电池电解液）的长链多硫化物（Li_2S_m，$4\leqslant m\leqslant 8$），随着离子和电子的传递，此阶段 1mol 活性硫对应的理论比容量约为 418(mA·h)/g；随着进一步的放电反应进行，在放电平台约 2.1V 处更多的锂离子与第一阶段形成的长链硫化物结合形成不溶性的短链硫化物（Li_2S_m，$m=1$ 或 2）固体，从而使得此阶段容量为第一阶段的 3 倍，理论比容量贡献约为 1255(mA·h)/g。因此，整个放电过程是伴随着固态环状 S_8 分子—可溶性长链多硫化物—固态短链硫化物的“固—液—固”转变过程。充电时，在外加电压下，锂硫电池是电解池装置，外电路为阴极（电池正极）提供电子，充电电压平台约为 2.4V，此过程为短链硫化物脱掉锂离子转变为 S_8 分子的过程，锂离子由正极脱出，回到金属锂负极（图 15-2）。由此构成充放电过程中锂离子摇椅式的往复嵌入-脱出转化。

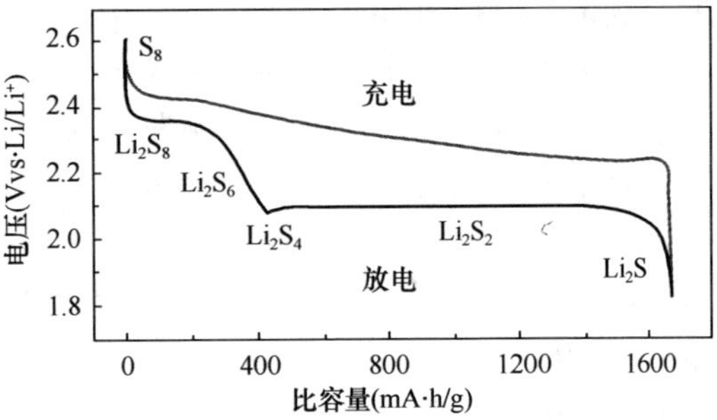

图 15-2 锂硫二次电池不同充放电平台处活性物质转化过程

15.5.2 硫正极的容量损失及衰减机理

锂硫电池虽然在比容量方面远胜于当前大部分电池体系，但在实际应用上，锂硫二次电池仍然无法同已经大规模产业化的磷酸铁锂、三元材料等正极相媲美。究其原因，容量的快速衰减是导致其无法大规模应用的主要因素。

硫正极容量的衰减，最直接的因素是硫自身较低的导电性和脱嵌锂过程中较大的体积膨胀。一方面，活性物质硫的导电性较差，导致体系中电子传递不充分，活性材料无法充分利用，从而表现为电极的实际容量较低；另一方面，由于反应产物（Li_2S 和 LiS_2）和初始反应物（硫或硫的复合物）之间密度差较大，反应过程中物质间的转换存在较大的体积变化，从而在多次循环后，电极在不断收缩/膨胀过程中产生的内应力可导致电极结构的破坏。如导电剂一般在胶黏剂作用下黏附在活性物质表面，电子可以通过集流体传递到导电剂，再向活性物质传递，从而缩短传递距离，有利于活性材料性能的发挥。而当发生体积变化时，导电剂会从活性物质表面脱落，因而不利于活性物质表面的电子传递，严重时可导致活性物质无法被利用，形成“死区”；通过胶黏剂黏附的电极材料从集流体表面脱落，会直接导致活性材料失去与电子的接触，从而表现为容量的衰减；首周放电过程中，电极表面与电解液接触可形成一层固态电解质薄膜（SEI 膜），循环过程较大的体积变化会导致活性材料表面的 SEI 膜稳定性不佳，发生破裂。由此导致新的活性物质界面的暴露会进一步消耗电解液等。

更为重要的是，锂硫电池由于硫电极在放电过程中特殊的“固—液—固”转化反应所导致硫的“穿梭效应”，即在放电过程中产生的多硫化物由于易溶于电解液，很容易导致硫以多硫化物的形式在浓度差的推动下从正极扩散流失。同时由于扩散至负极的多硫化物不仅在负极表面会发生副反应，导致多硫化物不可逆损失，还由于浓度差，溢出的多硫化物很难回到硫化物浓度较高的正极，因而使得“穿梭效应”对锂硫电池的容量损失影响极为严重。

15.5.3 硫正极的改性

目前，针对硫正极材料在充放电过程中体积变化大、导电性差及多硫化物的“穿梭效应”等问题，对硫正极的改性研究主要分为三个方面：硫载体材料的研究、硫化锂正极的研究以及富硫材料的研究。

1. 硫基复合物中载体的研究与改性

（1）碳基载体材料的研究与改性。近些年来，随着技术水平和研究方法的发展和完善，研究人员对锂硫电池的研究越来越深入。2009 年，加拿大滑铁卢大学的 Linda. F. Nazar 教授首次将具有微孔结构的 CMK-3 多孔碳作为载体，通过熔融渗入的方法成功将硫载入碳的孔隙之中并取得了显著的改性效果。这一研究对锂硫电池的复苏与发展起到极为重要的推动作用。一方面，首次提出了熔融法制备硫的复合材料；另一方面，首次提出利用导电性极佳的碳作为载体，通过构筑多孔结构载硫，不仅一定程度上解决了硫的导电性问题，也同时利用了孔的“限域作用”有效缓解了体积膨胀问题，更为重要的是，这一孔洞结构还能抑制可溶性多硫化物的溢出。

基于这一研究成果，研究人员大多集中于多孔碳的制备方法（模板法、刻蚀法、原位分解法等）、孔洞结构（微孔、介孔、大孔）、元素掺杂对多硫化物的抑制作用等方面的研究。在多孔碳的制备方面，人们逐渐发展出了一系列的微纳级多孔材料的制备方法，如以 SiO_2 等为硬模板通过后处理制备的空腔结构，以聚苯乙烯球（Polystyrene，PS 球）等为软模板制备的大孔-微孔丰富的多孔碳等。其后通过对孔洞结构的研究，研究人员发现小孔能抑制多硫化物的溢出，但同时也由于“毛细作用”，电解液无法很好渗透并接触电极材料，从而不利于材料的充分利用。因此，通过对研究结果的总结，一般认为多孔结构的设计应该合理分配微孔和大孔的比例，这样既保证了电解液的充分渗透，也能对多硫化物的溶解溢出有抑制作用。此外，元素掺杂由于能一定程度上改变材料的电子结构、造成晶格的缺陷等，进而改变材料的电化学环境，已经被证实对材料有着很好的改性效果。通过对基底材料进行元素（如 S、N、P、Co 等）掺杂改性，可进一步提高锂硫电池性能，抑制容量的快速衰减。

（2）非碳载体的研究与改性。长期的研究可发现，虽然碳材料本身具备了成本低、导电性好、原料丰富等优势，但由于非极性碳与极性硫之间表面能的差异，导致硫在溶解（沉积）过程中不能很好地与碳基底接触，从而随着循环的进行降低了硫与碳的有效比表面，不利于锂硫二次电池性能的发挥。因此，研究人员通过理论计算和实验验证的方法，提出了设计非碳载体与多硫化物间的强吸附作用以抑制“穿梭效应”的思路，这一思路对锂硫电池稳定性的提升有极大的促进作用。

（3）复合载体的研究与改性。非碳型基底材料主要包括金属、过渡金属氧化物、硫化物、磷化物以及碳氮化物等。然而，此类材料导电性相较碳材料还有较大的差距，为保证电化学反应过程中电子的快速传输，同时兼顾基底材料对多硫化物的吸附作用，研究人员主要致力于开发具有三维结构的碳基复合材料。常见的石墨烯基、碳纳米管基和碳纳米纤维基等复合材料，一方面这些碳基材料具有良好的导电性和柔韧性，构建了良好的导电网络，既能够保证电子的快速传递，也能够缓解体积膨胀，另一方面复合后的材料相较于纯碳载体也有效改善了多硫化物与载体间的表面能，有利于硫化物的溶解（再沉积）。需要注意的是，虽然理论上不同材料与多硫化物间的吸附能力有强弱之分，但在实际的设计、合成与应用中，匹配良好适应性的复合物需要兼顾结构、形貌和尺寸等影响因素，从而达到最佳的固硫效果。

当前，碳基复合材料的研究较为广泛，在导电性、体积膨胀和“穿梭效应”这三个问题中，锂硫电池所需解决的问题应主要集中在长链多硫化物的“穿梭效应”上。由于长链多硫化物是硫化物反应的中间反应产物，随着近些年单原子催化研究热潮的兴起，研究人员将单原子催化的理论成功引入锂硫电池体系。研究者指出，金属单原子能够催化多硫化物向短链硫化物的转化过程，因而减少了长链多硫化物的停留时间，间接地抑制了多硫化物的溢出量。由于单原子在微观尺度上较小，一般的研究工作主要将单原子负载到具有高表面、导电性较好的碳等材料中，进而作为基底材料负载硫。除了单原子的催化，其他金属硫化物、硒化物等也相继有工作指出其对多硫化物的催化作用。相关的研究工作推动了锂硫电池的进一步发展。

2. 阻隔层的研究与改性

除了对基底材料进行设计，2012 年，美国得克萨斯大学奥斯汀分校的 Arumugam Manthiram 教授首次提出了阻隔层的概念用于改良锂硫电池的电化学性能。简单来说，通过在正极表面覆盖一层具有吸附性的导电薄膜，可将正极溢出的多硫化物重新利用起来，达到抑制容量衰减的效果。此后几年大量的研究工作相继对此阻隔层的设计和研究进行了报道，对于阻隔层来说，导电性是首要条件，配合具有强吸附作用的基质，从而表现为附加“辅助电极”的效果。

3. 非 S_8 正极材料的研究与改进

（1）硫化锂的研究与改性。相比于单一的通过熔融法负载单质硫，硫化锂因为较高的熔点（938℃）更易加工和优化改性。如可以通过原位的方法，高温处理后在硫化锂颗粒外表面均匀包覆一层碳包覆层，由于在体积变化过程中硫化锂体积最大，因而这一原位生成的包覆壳层能够很好适应硫在反应过程的体积变化，相比于熔融法得到的碳和硫化物的复合材料，这一原位制备的核壳结构更加致密，负载的硫化物被包覆得更加完全，有利于抑制多硫化物的溢出。虽然以硫化锂作为硫正极的优势较为显著，但由于硫化锂对空气较为敏感，且反应第一阶段充电过程有能级势垒需要克服，利用硫化锂作为锂硫电池正极的初始反应物的研究还需要进一步的加强与完善。

(2) 小分子 S_2 及富硫有机物的研究与改性。长期以来,越来越多的研究者倾向从源头上避免长链多硫化物的出现,从而改善锂硫电池的容量衰减问题。目前,研究工作已经取得了一定的进展,如预先破坏 S_8 分子的 S—S 键得到 S_2 分子,与有机物共融制备硫的共聚物(S-DIB),化学法合成富硫化合物(P_4S_{10+n}),通过 P—S 键固定硫化物等。通过避开长链多硫化物的产生从而杜绝"穿梭效应"的研究思路不失为一个好的解决办法。

硫正极的改性是锂硫电池改性的重要研究方向。从以 S_8 分子为正极活性材料的碳基底结构设计,到引入吸附性复合基底,再到催化作用的提出,锂硫电池的研究与探索经历了一个又一个崭新阶段。当前的研究已经涵盖了 S_8 分子、S_2 分子、Li_2S 以及富硫化合物等诸多改性方向。为进一步推动锂硫电池向实用化道路发展,探索新的思路以及对现有的研究加深理解与认识都是重要的发展方向。

15.5.4 硫正极的胶黏剂

作为电极的重要组成部分,虽然黏结剂作为添加剂在整个电极中所占比重很小,但作用非常重要。黏结剂在电极片的制备过程中主要起到粘连导电剂和活性物质,以及将电极材料紧紧附着到集流体上,从而保证循环过程中电子快速传递,避免材料的脱落失活等作用。

目前,锂硫电池体系中比较常用的黏结剂为聚偏氟乙烯(Polyvinylidene Fluoride PVDF),一般采用 N,N-二甲基甲酰胺(NMP)作为溶剂制备浆料。PVDF 分子链简单,柔韧性好,较易制成均匀浆料。然而,由于其结合力主要为范德华力,在活性物质体积膨胀过程中容易发生电极结构的破坏,进而导致了循环性能变差。考虑到锂硫电池循环过程中较大的体积变化,研究人员开发了多种黏结剂成分,包括羧甲基纤维素(CMC)、羰基化β-环糊精[Carbonyl-β-cyclodextrin,C-β-CD]以及聚丙烯酸[Poly-(acrylic acid),PAA]等有机物质黏结剂。相比于 PVDF 的粘结作用,CMC 能够形成交联的结构,强化了导电剂和活性物质间的结合强度,维持了更好的结构稳定性;同样,羰基化β-环糊精能够确保更宽电压窗口下的稳定性和粘结强度,而聚丙烯酸通过共价键与活性物质结合,比传统的氢键或范德华力的结合能力更强。进一步的研究工作可以深入研究多硫化物的溢出机制,有针对地开发功能化黏结剂,优化电极成分和分散形式,提高电极的物理(化学)稳定性和结合强度,从而进一步提高硫正极的性能。

15.5.5 硫正极的发展趋势

当前对硫正极的研究从正极材料的选择方面主要可以分为三个部分:基于 S_8 分子正极的基底材料设计、基于 Li_2S 材料的开发与研究、基于富硫化合物的合成与改性。

长期以来,基于 S_8 分子的锂硫电池正极体系研究最为广泛,人们针对 S_8 分子反应过程中的穿梭问题、体积膨胀问题和自身的导电性差问题总结了一系列行之有效的改性举措,包括导电基底材料的构建、与多硫化物强吸附作用的吸附材料复合开发设计、具有催化效果的功能基底的探索研究等。这一系列的改性方法已经由最初的多孔基底限域作用研究逐步发展到综合了三维空间限域作用、吸附作用、催化作用以及优化基底材料与硫的相容性等多维度改性方法的改性思路上。对基于 S_8 分子正极的基底材料的设计还有较大的发展空间，未来随着研究方法和认知体系的发展与完善，优化基底材料结构、设计基底材料功能的协同作用是一个较为有潜力的发展方向。

针对硫正极自身的缺陷，发展新的复合材料合成方法是非常有必要的。使用熔沸点更高的 Li_2S 作为锂硫电池正极材料，一方面适用于已有研究思路、工艺和方法，另一方面在体积变化最大的情况下得到的基底材料载硫空腔不会因为空间不足而受应力破坏，确保了更加稳定的界面和优异的循环稳定性。因此，相比于硫正极复合材料，这一研究思路对研究者也具有吸引力，但由于硫化锂自身对空气较为敏感，如何更好设计硫化锂稳定的正极复合材料仍是一个很大的挑战。

由于硫正极在 S_8 分子断键后形成长链多硫化物导致的“穿梭效应”是锂硫二次电池容量快速衰减的直接因素，在正极原料的选择上如何避开使用 S_8 分子从而规避长链多硫化物的产生一直是硫正极研究的热点之一。制备短链的 S_2 分子以及直接合成富硫化合物已经被证实有着良好的稳定效果。然而，由于硫正极本身较难进一步加工处理，断键或形成其他富硫化合物后再进一步优化处理改性此类正极相对较为复杂，也不容易实现。因此，这一思路的设计、合成及优化还有很多的工作需要去做。

综合来说，对于基于硫基的正极材料，需要在已有研究的基础上优化设计，更好地抑制多硫化物溢出，而对于非 S_8 分子基的正极材料，更多的工作应首先探索如何提高材料稳定性及研究开发新的改性思路，为进一步地发展无“穿梭效应”的硫基正极材料探索新方向。

15.6 金属锂负极

锂金属负极材料具有极高的质量比容量[3860(mA·h)/g]、低密度(0.59g/cm^3)和低的还原电位(−3.04V，相比于氢标准电极)，被认为是一种理想的可充电电池负极材料。锂负极通过锂在负极上的溶解和沉积来完成电池的充放电过程，该过程不存在反应相变所导致的体积变化。然而，锂的枝晶生长、锂金属电池低的库仑效率和锂的无主体沉积引起的体积膨胀等一些关键问题长期以来制约着锂负极的商业应用。

另外，锂金属作为锂硫电池和锂空气电池这两种新一代储能体系中的关键组成部分，具有良好的发展前景。20 世纪 80 年代中期，研究人员已经制备出几种锂金属电池的原型，但是金属锂电极仍未能规模化应用于实际电池体系中，这是由于金属锂电极所存在的下列主要问题尚未解决：①在循环过程中，金属锂负极与电解液的反应使界面阻抗不断增加，并消耗电解液，导致在充放电循环过程中电极库仑效率不断降低；②锂电极表面大量锂枝晶以及“死锂”的产生也会降低锂电极的循环效率，若锂枝晶持续生长穿破隔膜，接触到正极，则可能导致短路甚至爆炸等一系列安全问题。如今，为了提高锂电池的能量密度，具有高能量密度的锂金属负极再次受到人们的高度关注。

15.6.1 锂负极与电解质界面

1. 金属锂负极与电解液界面

固体电解质中间相界面膜（SEI 膜）决定金属锂电极的电化学性能，因此 SEI 膜的形成机制、化学成分组成和结构以及在充放电过程中的变化显著影响着金属锂电极的性能。图 15-3 描述了烷基碳酸酯类电解液中金属锂电极上 SEI 膜的形成过程。由该图可知，SEI 膜是经过多步反应形成的多层膜。首先，金属锂表面覆盖一层主要由 Li_2O、LiOH 和 Li_2CO_3 组成的初始钝化膜，在有机电解液中这一层表面膜具有一定的稳定性。当金属锂溶出时，该膜发生分解，进而导致金属锂和电解液的剧烈反应。当金属锂接触电解液时，以极快的反应速度形成最贴近金属锂表面的第一层界面膜，主要成分为 Li_xC、Li_2O 和 LiF 等。然后，电解液发生进一步的还原反应，形成界面膜多孔外层，其主要成分为 LiOH、$ROCO_2Li$、Li_2CO_3 和 ROLi 等。更进一步界面膜的变化是电解液中的痕量水扩散到金属锂表面发生还原反应，这个过程是无法避免的，即使是最纯的无水溶剂也会含有少量水，而锂表面所生成的物质又是高度吸湿的，因此痕量水会从电解液中穿过界面膜与锂电极表面高度吸湿的物质水合，然后向金属锂扩散。

SEI 膜在首次充放电过程中形成，在接下来的循环过程中并不是不变的。SEI 膜的不均匀性会引起充放电过程中电极表面电流分布不均，导致 SEI 膜在充放电过程中不断变化，即 SEI 膜经历不断破坏和修复的过程。

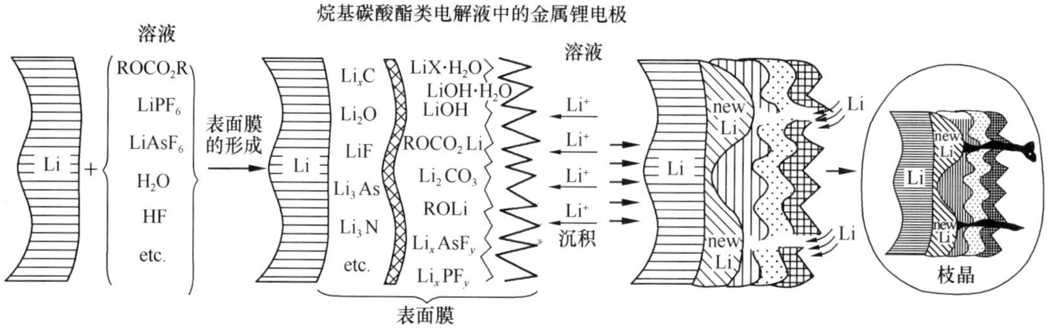

图 15-3 烷基碳酸酯类电解液中金属锂电极上界面膜的形成示意图

2. 金属锂负极与聚合物电解质的界面

金属锂电极/聚合物电解质界面和金属锂电极/液体电解液的界面不同，因为金属锂和聚合物电解质涉及的是固-固界面。除了钝化现象外，接触问题在聚合物电解质中较为突出，如果电解质和金属锂电极接触不好，界面阻抗会增加，造成电池极化严重。若在电池充放电过程中，电解质发生形变从电极上脱落，则会造成电池断路。几乎所有聚合物电解质体系与金属锂接触时都会产生界面钝化现象，形成一层钝化膜覆盖在金属锂电极表面，该钝化膜是锂离子导体而对电子绝缘，对锂电极性能至关重要：其一，钝化膜厚度会随时间不断增厚，造成锂电极/电解质之间界面阻抗不断增大、电池容量衰减、循环性能恶化；其二，由于锂电极和聚合物电解质不能完全充分接触，该钝化膜在组成、结构、形貌、均匀性、致密性和稳定性上与电解液体系中的 SEI 膜均有所差异，该钝化膜的不均匀性也会导致金属锂在沉积-溶出过程中电流分布不均，产生锂枝晶，带来安全隐患。

但是对于聚合物电解质和锂电极之间钝化膜的研究相当困难，主要原因是：锂/聚合物电解质界面稳定性较差，同一体系的界面重现性也较差；现场谱学的表征手段对锂电极/聚合物界面钝化膜的研究存在较大困难。

15.6.2 锂负极面临的问题

从化学和电化学角度来看，金属锂负极面临的问题主要包括以下两个方面。

1. 电化学溶解-沉积的不均匀性

金属锂负极的电极反应基于溶解-沉积机制，其中电池充电过程中，电解液中的锂离子在金属锂表面得到电子发生沉积，放电过程中金属锂被氧化成锂离子溶出到电解液中。对于金属电沉积来说，其电极反应至少包含两个连续的串联过程：一是溶液中的金属离子通过液相传质从本体电解液传输到电极表面液层，称为液相传质步骤；二是传输到电极表面的金属离子在电极表面得到电子发生沉积，称为电子交换步骤。其中，速度慢的步骤是电极过程的控制步骤（速控步骤），整个电极反应的进行速度由速控步骤所决定。对于金属锂来说，由于其电子交换步骤很快，液相传质为其速度控制步骤。然而，在实际电化学体系中，电极表面的液相传质方式事实上是一种对流扩散，也就是说，对流在一定程度上参与了电极表面的液相传质过程。而对流在静止电极表面的不同地方，其传质速度和流量并不相同，这就导致单位时间内传输到达电极表面不同部位的锂离子量不相同，锂电极表面不同区域的电流密度和反应速度也不相同。电流密度大的地方，锂的沉积速度快，出现突出生长；而一旦出现这种情况，到达突出点的离子传质流量就会进一步被加大（传输距离缩短，传质从二维转变为三维），出现更为严重的不均匀沉积，这是造成锂负极表面枝晶生长的本质原因。此外，在实际电池体系中，因正负极之间间距的不一致性，离极耳不同距离的地方极化电势不同，也会导致负极表面电流密度分布的不均匀，这些也是引起锂的不均匀沉积和枝晶生长的重要因素。当锂枝晶生长到一定程度的时候就可能穿透隔膜，引发电池短路和安全问题；此外，锂枝晶在溶出过程中断裂还会形成“死锂”，造成负极容量的下降。

2. 金属锂与电解液之间的高反应活性

锂作为电势最低的金属，其还原性极强，与常规电解液之间均存在热力学不稳定性，因此，锂负极表面总是覆盖有一层其与电解液反应生成的界面膜（SEI 膜）。正是这层界面膜的存在，分隔了锂与电解液的接触，保证了锂负极的化学稳定性。然而，金属锂负极在充放电过程中巨大的厚度和体积变化，造成 SEI 膜破裂和重复生长。这种情况一方面会导致锂负极的不可逆消耗，其行为表现为低库仑效率；另一方面，破裂失效的非电子导电性 SEI 膜包埋到金属锂体相中后，因其物理隔离作用还会造成锂的粉化，并加速“死锂”的形成。

15.6.3 锂负极的改性

针对锂负极面临的问题与挑战，目前主要的解决方法是设计人造 SEI 膜、电解液修饰、合成新型形貌锂电极这三大方面。对于金属锂负极，设计人造 SEI 膜是为了控制锂枝晶的生长；电解液的修饰主要是通过调节电解液成分，使用添加剂或调节电解质成分控制枝晶的生长和形成稳定的 SEI 膜；合成新型形貌锂电极是为了制备多孔电极，增大比表面积，使表面电流分布均匀，降低锂枝晶的产生率。

1. 设计人造 SEI 膜

锂金属与电解质在接触中会形成一层钝化层即 SEI 膜，其主要成分为 LiF、Li_2CO_3、LiOH、Li_2O 等，SEI 膜呈现疏松多孔状，此种结构能提高锂离子电导率，阻止金属锂与电解液进一步反应，但是其溶解修复机制也会产生“死锂”和锂枝晶。因此选择在金属锂和有机液态电解质之间设计一层人造 SEI 膜，这种人造界面可以成功地避免由本征 SEI 膜引起的电解质和锂金属的消耗，抑制锂枝晶的形成。人造 SEI 膜需要具备以下两个条件：①较好的化学稳定性和力学性能，能适应锂电极在充放电循环中的体积变化和阻止锂电极进一步腐蚀；②较高的离子电导率，以便 Li^+ 快速嵌入与脱出。

2. 电解液修饰

目前，商用电解液成分是 1mol/L $LiPF_6$/EC＋碳酸酯。电解液的成分、浓度以及添加剂对 SEI 膜的性质和锂离子沉积行为以及循环寿命有很大的影响。在相同电化学条件下，金属锂易与大多数气体、极性非质子电解质溶剂、盐阴离子等自发反应。电解液修饰因其成本低、易调节、适合商业化，成为抑制枝晶生长，提高循环性能最有效、最简便的途径之一。目前主要通过以下方法来修饰电解液：①加入特殊的金属离子（Cs^+、Rb^+、Na^+），这些离子积聚在尖端附近形成静电屏蔽，排斥 Li^+ 沉积在负极附近区域。②添加有机物、无机物、酸性气体（CO_2、SO_2、HF）或相应的酸、芳香烃杂环衍生物、冠醚、2-甲基呋喃、有机芳香族化合物以及各种表面活性剂、无机盐类（AlI_3、MgI_2、SnI_2）等。这些添加剂可以在锂金属表面分解、聚合或者吸附，修饰 SEI 膜的物理化学性能，调节锂沉积过程中的电流分布。③提高电解液的浓度，采用聚合物或固态电解质、离子液体、纳米化电解液以提高界面相容性。固态电解质可以有效阻止锂枝晶的生长和其与电解液的副反应。这是一种最直接地通过物理屏障阻止枝晶蔓延的方法。全固态电池在高能量密度和安全性方面具有显著的优势，近年来成为国内外的研究热点。固态电解质需要具备高离子电导率、宽电化学窗口、对锂稳定、力学性能优以及可抑制锂枝晶生长等特性。

3. 合成新型形貌锂电极

锂枝晶产生的原因之一是锂表面不平整，电流密度分布不均匀。目前商业的锂离子电池中，均使用片状金属锂箔作为电极。研究者们合成出多种新型结构的锂电极，如锂粉末、泡沫锂和表面改性的锂箔，其多孔结构增大了比表面积，使电流分布均匀，提供了更多的 Li^+ 沉积位置，降低了锂枝晶产生率。在相同电流密度充放电情况下，比表面积增大，单位面积的电流密度相应会降低，枝晶形成速率就会降低。

15.6.4 锂负极的发展趋势

随着人们环保意识的提升以及对电池性能要求日益增高，锂硫电池等一系列新能源电池体系成为大家关注的焦点。虽然锂硫电池的开发已经取得了显著的进展，但这些进展中的大多数集中在电池正极的研发上。目前，负极、电解质以及现有的多部件组件的研究也正在开展，尽管在过去几十年里取得了相当大的进步，但仍然会在较长一段时间不能用于实际生产和使用。实现高容量与长期周期稳定性并存，且保持高硫负载依旧面临着很多的挑战。

首先要解决的是锂负极的安全问题，在锂硫电池的实际应用中，锂负极枝晶刺穿隔膜会导致易燃的电解质燃烧，所以如何抑制锂负极的枝晶生长依旧是个需要长期关注的问题。在过去的许多研究中，研究者主要着眼于通过改善界面稳定性来达到目的。尽管近年来在锂负极保护的研究中取得了不错的进展，但在其实际应用之前还要深入进行探索。从目前存在的问题来看，今后的研究方向分为以下几种：①开发原位表征工具。目前 SEI 膜的形成机理、结构成分和作用机制尚不清楚。开发原位表征工具可使金属锂的电化学过程能够实现原位实时在线检测，对于理解锂枝晶的形成机理、结构特性将会有重要意义，也是将来实用化的关键。②其他界面工程。通过研究物质结构以及电子/离子性质之间的关系来设计新材料。③固态电解质。聚合物电解质作为目前的前沿科学，在抑制锂枝晶的生长和提高电池安全性上有很大潜力。

目前，这些研究策略大部分还存在于实验室理论验证阶段，应用于商业化电池还需要攻克大量的工艺难题。总体来说，通过单一的策略来解决锂负极中存在的问题是不可能的，需要结合各种方法的优势才能最终使锂负极成为一种可行的技术。纳米技术的发展为这些问题的解决提供了新的可能，而先进的测试技术为材料的设计提供了十分有用的信息。

15.7 锂硫二次电池的电解质

15.7.1 概述

电解质在电化学中扮演着极其重要的角色，作为正负极之间的桥梁，电极材料通过与电解质发生电化学反应来完成充电和放电。按形态分，锂硫电池的电解质主要分为有机液体电解质和固态电解质。其中，固态电解质主要包括聚合物电解质和无机固态电解质。聚合物电解质按是否添加增塑剂，又可分为全固态聚合物电解质（SPE）和凝胶聚合物电解质（GPE），后者添加了增塑剂；无机固态电解质也可分为陶瓷电解质（又称晶态电解质）和玻璃电解质（又称非晶态电解质）。锂硫电池的电解质对其电化学性能有着重大的影响，目前，有机液体电解质、聚合物电解质和无机固态电解质相关的研究越来越多。

15.7.2 有机液体电解质

有机液体电解质是目前锂硫电池研究过程中应用的最为普遍的电解质。

理想的锂硫电池的有机电解液应满足以下特征：

(1) 具有高的离子传导性及良好的化学稳定性。优良的锂离子传输能力、优异的电子绝缘特性，且在工作电压范围内化学性质稳定，不发生化学反应，不腐蚀集流体等电池其他部件。

(2) 具有一定量 Li_2S_m（$4 \leqslant m \leqslant 8$）溶解度，且能够抑制多硫化物的扩散来抑制“穿梭效应”。

(3) 与电极相容性好，避免大的界面电阻导致高的电池内阻。

(4) 使用温度范围大，具有良好的高温/低温性能。

(5) 低价，环境友好。

有机液体电解质主要由有机溶剂、锂盐和添加剂三部分组成。

1. 有机溶剂

目前，碳酸酯和醚是锂硫电池有机液体电解质最常用的两大类有机溶剂。酯类溶剂主要是碳酸酯［主要是沿用传统锂离子电池中常用的有机溶剂，如碳酸乙烯酯（EC）、碳酸二甲酯（DMC）、碳酸甲乙酯（EMC）和碳酸丙烯酯（PC）等］，按其分子结构分，酯类溶剂可分为链状酯和环状酯（EC 即一种环状酯）；醚类溶剂也可分为链状醚和环状醚，其中常见的乙二醇二甲醚（DME）为链状醚，1,3-二氧戊环（DOL）是环状醚。除此之外，一些砜类溶剂和含氟溶剂等其他溶剂也应用于锂硫电池作为有机液体电解质的溶剂。溶剂的种类和配比会影响电解质的黏度，进而影响锂离子的迁移。另外，溶剂的种类和配比会影响 SEI 膜的形成。现阶段使用得最为广泛的溶剂为醚类溶剂，使用醚类溶剂的电解质，电池阴极的硫利用率高，不过循环性能不是特别理想。目前，单一的有机液体作为溶剂的电解质在电化学性能上不能很好地满足锂硫电池电解质的需求，锂硫电池中使用的有机液体电解质基本上采用含有多种有机液体的混合溶剂。现阶段最常用的锂硫电池有机液体电解质体系大多采用 DME 与 DOL 的混合溶剂。

2. 锂盐

目前锂硫电池有机液体电解质中应用的锂盐与传统锂离子（二次）电池中采用的锂盐基本一致，典型的有六氟磷酸锂（$LiPF_6$）、三氟甲磺酸锂（$LiSO_3CF_3$，简写 LiTf）、高氯酸锂（$LiClO_4$）及双三氟甲基磺酰亚胺锂［$LiN(SO_2CF_3)_2$，简称 LiTFSI］等。其中 LiTFSI 是目前锂硫电池有机液体电解质中最常用的锂盐。锂盐的物质的量浓度一般为 1mol/L 左右。由于其黏度大及阴离子效应，能有效地抑制多硫化锂的溶解及锂枝晶的形成。另外，其能在锂金属表面形成较稳定的电极/电解质界面膜，这些对电池的循环性能都是有利的。

3. 添加剂

为了改善锂硫电池的电化学性能，通常会在有机液体电解质中加入一定量的添加剂。目前，$LiNO_3$ 是锂硫电池有机液体电解质中应用得最多的添加剂。关于添加剂的具体情况将在 15.7.4 节中进行讨论。

15.7.3 固态电解质

除了有机液体电解质，固态电解质在锂硫电池中也有应用。采用固态电解质可以很好地解决金属锂的安全性以及多硫化锂的溶解性问题，可以有效地避免多硫化锂的溶解。固态电解质是多功能的，一方面作为电解质连接着正负极的电极的电化学反应，另一方面承担着电池隔膜的作用。

1. 聚合物电解质

聚合物电解质是由聚合物膜和盐组成的、能传输离子的离子导体。与传统液态有机溶剂电解质相比，聚合物电解质的优点如下：

（1）良好的化学和电化学稳定性。

（2）没有电解液泄漏的问题。

（3）易产生形变，与电极的接触良好。

（4）聚合物的物理隔绝可抑制 Li_2S_x 的扩散。

聚合物电解质可以分为以下两类。

（1）全固态聚合物电解质（SPE）

SPE 通常是将锂盐溶解在高分子聚合物基体材料中获得的。这是由锂盐与高分子聚合物经配位作用形成的一类复合物。在 SPE 中，随着聚合物基体非晶区中有机聚合物链段的运动，Li^+ 与聚合物基体单元上的给电子基团（配位原子）不断地发生“配位—解配位”，从而实现 Li^+ 的迁移，如图 15-4 所示。SPE 的离子电导率与聚合物基体链段的局部运动能力及其能起配位作用的给电子基团的数目密切相关。单一的聚合物基体在室温条件下具有高结晶性，而晶体区域会严格限制链段的运动，造成 Li^+ 迁移困难，从而导致体系的离子电导率很低。SPE 的室温离子电导率偏低，一般为 10^{-8}～10^{-7}S/cm。

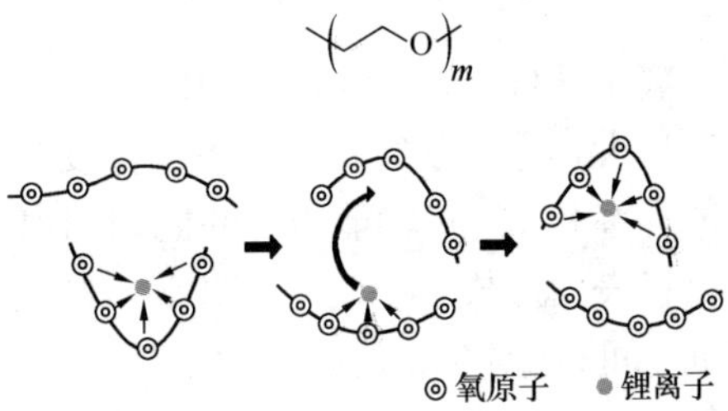

图 15-4　全固态聚合物电解质导电机理示意图

制备 SPE 常用的高分子聚合物有聚环氧乙烷（也叫聚氧化乙烯，简称 PEO）、聚甲基丙烯酸甲酯（PMMA）、聚丙烯腈（PAN）、聚偏氟乙烯-六氟丙烯共聚物（PVdF-HFP）及聚氧化丙烯（PPO）等。$LiClO_4$、$LiPF_6$、$LiCF_3SO_3$ 和 $LiN(CF_3SO_2)_2$ 等有机液体电解质中常用的锂盐均可被用来制作 SPE。SPE 的离子电导是通过离子在聚合物基体中的迁移实现的。但其低的室温离子电导率严重限制了其在锂硫电池中的应用。受限于 SPE 的室温电导率，这些电池普遍需要在较高的温度下才能正常工作。相比于阴阳离子共同迁移的电解质体系，聚合物锂单离子导体是一种新型全固态聚合物电解质，其只发生阳离子迁移，意味着电解质中锂离子的迁移贡献了电荷传导全部，有利于抑制多硫离子向负极的迁移。

（2）凝胶聚合物电解质（GPE）

GPE 主要由聚合物基体、增塑剂与锂盐通过互溶的方式形成具有合适微结构的聚合物网络。常用的凝胶聚合物电解质的聚合物基体 SPE 基本上是相同的。增塑剂对离子的溶剂化作用在 GPE 中离子的迁移行为中占主导地位，离子主要利用固定在微结构中的增塑剂实现离子的传导，这与液体中离子的传导机理是相类似的，因此 GPE 室温离子电导率比 SPE 要高得多，一般为 10^{-4}～10^{-3}S/cm。

2. 无机固态电解质

无机固态电解质又称快离子导体，其按结晶状态可分为晶态电解质（又称陶瓷电解质）和非晶态电解质（又称玻璃电解质）。

陶瓷电解质由于室温电导率较低、对金属锂的稳定性差且价格高，在锂硫电池中的应用很少。常见的陶瓷电解质按晶体结构可分为层状 Li_3N、钠超离子导体（NASICON）、锂超离子导体（LISICON）、钙钛矿型及石榴石型等。

非晶态电解质具有室温离子电导率良好（通常可以达到 10^{-3}S/cm 以上）、电导活化能低、制备工艺相对简单等优点，目前在锂硫电池电解质体系中的应用得相对比较多，具有很好的应用前景。玻璃电解质按组成物质类型大体可分为三大体系，即硫化物型（Li_2S-SiS_2、Li_2S-B_2S_3 和 Li_2S-P_2S_5）、氧化物型（Li_2O-B_2O_3-P_2O_5、Li_2O-SeO_2-B_2O_3 和 Li_2O-B_2O_3-SiO_2）及硫化物与氧化物混合型（Li_3PO_4-Li_2S-SiS_2）。

无机固态电解质具有制备工艺复杂、力学性能不佳及界面接触差（导致阻抗大）等缺点，这些缺点限制着它的实用性。单一种类电解质很多时候不能很好地满足使用要求，因此有时会在电池中同时使用两种或两种以上不同类型的电解质形成杂化电解质，形成优势互补，如玻璃-陶瓷固态电解质、有机液体电解质-陶瓷电解质杂化电解质等。

15.7.4 离子液体和添加剂

离子液体（Ion Liquid，IL）是指全部由离子组成的液体。离子液体热稳定性高，温度窗口大，电化学窗口大，不易挥发。离子液体与低黏度的醚类有机溶剂混合，有利于提高电导率和 Li^+ 传输能力，并能利用离子液体抑制 Li_2S_x 溶解。添加离子液体的电解液在锂负极表面形成了稳定的 SEI 膜，减弱了“穿梭效应”；离子液体中的有机阳离子在混合溶剂中可以稳定 Li_2S_x。除此之外，添加合适的离子液体有利于提高电池的库仑效率，并降低电池的自放电。

在电解液中加入添加剂，主要是用来抑制锂硫电池中的副反应以及在金属锂阳极表面形成钝化层，从而改善锂硫电池的循环性能。目前，在锂硫电池有机液体电解质中通常会加入一定量的硝酸锂（$LiNO_3$）添加剂，该添加剂能够在锂片表面形成一层致密且稳定的 SEI 膜，从而有效阻挡溶解于电解液中的多硫离子进一步与锂片反应，其中 $LiNO_3$ 作为电解液添加剂对提高锂硫电池库仑效率效果尤为明显。以 $LiNO_3$ 添加剂为例，在充、放电过程中多硫离子被氧化成 Li_xSO_y 等产物，$LiNO_3$ 被还原成 LiN_xO_y，这些反应产物在金属锂阳极表面形成 SEI 膜，均能起到钝化金属锂阳极作用。其他锂盐或无机盐等也被用作有机液体电解质的添加剂。添加剂不同，在金属锂阳极表面形成 SEI 膜成分也不尽相同，对电池性能改善效果也不同。有机液体电解质中除了添加这些无机盐，还可能会加入含磷化合物（如 P_2S_5），以及氧化还原介质来促进电化学反应的进行，从而提高硫的利用率。

除了在有机液体电解质加入添加剂，固态电解质中也会加入添加剂。SPE 中通常会加入无机填料，如 SiO_2、TiO_2、ZrO_2 及 $LiAlO_2$ 等。这些无机填料的添加主要是基于以下考虑：①降低结晶度，增大非晶相区，提高电解质的离子导电率；②填料颗粒附近可以形成快速 Li^+ 通道；③增加聚合物基质的力学性能，使其易于成膜；④无机填料可化学吸附多硫化锂，抑制“穿梭效应”。GPE 中也有使用添加剂的，如在 GPE 中加入路易斯酸可以提高锂离子迁移数，从而抑制多硫离子的迁移，抑制“穿梭效应”，以达到改善电池循环性能的目的。

15.8 锂硫二次电池隔膜

15.8.1 概述

锂硫二次电池用传统的隔膜材料主要分为微孔膜和纳米纤维多孔膜两大类。常用的基体材料有聚烯烃类、PEO 基、PVDF 基、共混聚合物等。传统的隔膜主要由聚丙烯（PP）、聚乙烯（PE）或它们的复合材料（PP/PE/PP）制成，这些膜是沿袭传统的锂离子电池的隔膜，其成本低、柔韧性高，但亲液性差、离子电导率低，且不能抑制多硫化物在电解液中溶解扩散。在传统锂离子电池中，隔膜主要是用来防止电池内部短路，隔膜的优化主要是改善力学性能（防止锂枝晶刺穿隔膜导致短路），优化孔隙分布（改善其离子传导性能）、亲液性能以及安全性能（如当电池短路时，放热使隔膜中部分层发生融化并封闭隔膜中的孔隙使电池不再工作，从而避免火灾的发生）。针对锂硫电池的特殊情况，特别是“穿梭效应”，赋予隔膜拦阻多硫化物的功能，将活性物质有效地拦截在正极一侧以促进其被利用，减少不溶短链硫化物在锂负极的沉积，从而改善锂硫电池的性能。

15.8.2 功能性隔膜

基于锂硫电池相对于传统锂离子电池的特殊性，一些功能性隔膜被开发出来，如碳基涂层改性隔膜、无机化合物涂层改性隔膜、新型材料隔膜、固态电解质等。

1. 碳基涂层

在传统的隔膜表面设置碳基涂层，涂层使用的碳材料可以是碳纳米管、炭黑、石墨烯及异质原子掺杂的碳材料或这些材料的复合物等。这些碳材料表面的基团或者异质原子可有效拦截溶解在电解质中的多硫化锂，并使之在碳层上发生氧化还原反应，一方面抑制了“穿梭效应”，另一方面提高了阴极硫的利用率。另外，碳基涂层往往可以改善隔膜的亲液性能。

2. 无机化合物涂层

除了在传统隔膜表层涂敷碳层以外，金属硫化物、氧化物等无机化合物涂层也被用来改性隔膜。这些涂层可以化学吸附电解质溶液中溶解的多硫化锂，并能催化多硫化锂的分解。另外，部分无机化合物能改善隔膜的力学性能及热化学稳定性。

3. 新型材料隔膜

玻璃纤维等新型材料也可被用来制作锂硫电池的隔膜，使隔膜的热稳定性、亲液性及循环稳定性都有了较大的提高。

4. 固态电解质

固态电解质兼具着电解质和隔膜的双重功能。固态电解质可理解为由绝缘的薄膜及可迁移的离子组成。在锂硫电池中，固态电解质可以作为物理屏蔽层以保护锂负极，可有效阻止聚硫离子的扩散。提高固态电解质的锂离子迁移数对阻断多硫离子的迁移非常有效，能使之更好地起到隔膜的作用。

研究者采用多种手段同时对隔膜进行改性，达到协同作用的目的。另外，共混聚物隔膜、纳米纤维隔膜等新型隔膜也将在锂硫电池中大放异彩。

15.8.3 锂硫二次电池隔膜的发展趋势

鉴于锂硫电池中的特殊情况，一方面，锂硫电池的隔膜将会朝着多功能化、复合化方向发展，碳基涂层改性隔膜、无机化合物涂层改性隔膜以及新型材料隔膜等其他特殊的多功能复合隔膜将成为锂硫电池隔膜的一个发展方向；另一方面，在全固态电池的发展趋势下，兼具电解质功能和隔膜功能的全固态电解质也会是锂硫电池的一个发展方向。

15.9 新型锂硫二次电池

15.9.1 全固态锂硫二次电池

多硫化物的“穿梭”问题一直得不到有效解决，这主要是由于高离子电导率的液态电解液的使用，直到高离子电导率的固态电解质不断问世，锂硫电池才迎来了新的转机。基于固态电解质组装的全固态锂硫电池是在解决“穿梭效应”和锂枝晶问题的基础上发展而来的，且经过多年的深入研究，逐渐发展成为一种具有很大的应用前景的储能装置。由于固态电解质的应用，使得全固态锂硫电池解决了传统液态锂硫电池的安全问题。当然也带来一些新的问题，如正极和电解质界面，由于正极材料和电解质材料都是固态存在，在压制成型时仍会存在一定的界面阻抗，且硫的体积变化不能得到有效控制。在界面阻抗现象无法有效避免的时候，可以使用高离子电导率的固态电解质，在一定程度上可以有效地降低电池整体阻抗，为此，开发高离子电导率的固态电解质显得尤为重要。

固态电解质在全固态锂硫电池方面起着非常关键的作用，不仅在抑制“穿梭效应”方面表现突出，在其他固态电池中也有着优异的表现。聚合物固态电解质由聚合物基体（如聚酯、聚醚和聚胺等）和锂盐（如 $LiClO_4$、$LiAsF_6$、$LiPF_6$、$LiBF_4$ 等）构成，虽然其柔韧性好便于加工，但室温下离子电导率较低。相较而言，无机固态电解质具有真正意义上的安全性，且离子电导率更高。无机固态电解质包括晶态固态电解质、非晶态（玻璃态）固态电解质以及两者的混合态（玻璃-陶瓷固态电解质）。

15.9.2 柔性锂硫二次电池

为了满足人们对电子产品小型化、多样性和可变形的需求，柔性可穿戴的便携式电子产品成为未来发展的趋势。近年来，可卷绕式显示屏的问世及电子衬衫和卷屏手机等柔性电子产品概念的提出，引发了科研工作者对柔性电子技术的研究热潮。柔性电子技术将带来新一轮电子技术革命，并对社会生活方式及习惯产生革命性影响。目前为电子产品提供动力的电化学装置，包括电池和电化学电容器等很难实现灵活弯折而难以满足未来柔性电子技术发展的需求。因此，发展柔性电子技术必须要发展与之适应的轻薄且柔性的新型电化学储能器件。

柔性电池一般是指在一定程度的弹性变形范围内可正常工作，在外力消失后，能完全恢复原来状态的电池，并且保持性能不发生变化，也就是具有可逆变形能力同时可正常工作的电池。在众多新型电池体系中，锂硫电池具有极高的质量/体积能量密度[2600(W·h)/kg 或 2200(W·h)/L]和相对较低的成本，是很有应用前景的新一代二次电池。如能实现锂硫电池的柔性化，将减轻器件的重量而极大促进柔性电子技术的发展。锂硫电池实现柔性化，首先需克服其自身的缺点，如循环性能差等问题。另外，柔性锂硫电池急需解决的科学和技术问题，主要包括：①硫正极为弹性应变值极低的无机脆性材料，很难实现较大变形，特别是拉伸变形；②使用液态电解质，在变形过程中存在漏液等安全性风险；③采用金属作为集流体，单位面积质量大，采用涂覆工艺附着在集流体上的电极材料在变形过程中容易脱落而无法完全恢复。因此，需开发新型载体材料为硫正极提供更好的柔性支撑，也需要发展新型柔性固态电解质和负极材料。

针对柔性锂硫电池存在的主要挑战，未来的发展方向将集中在以下三个方面：

①多功能化柔性正极。与柔性锂电池类似，提高现有复合柔性硫正极的拉伸强度和抗弯折性能，仍是需要重点解决的问题之一。但锂硫电池是典型的多电子转移反应，副反应更加复杂，因此也需要兼顾循环性能、大电流放电特性及能量密度等电化学特性，最终制备同时具有高硫负载量和优异力学特性的柔性正极材料。

②柔性锂负极与柔性硫正极相比，锂金属负极的柔性化更加困难和具有挑战性。柔性锂金属负极的研究将集中在两个方面：一是解决锂金属负极本身存在的问题，如抑制枝晶的生长，提高库仑效率和循环寿命等；二是实现锂金属负极的柔性化，如研究新型锂金属负极的柔性载体或者将预锂化的高容量合金负极与柔性基体相复合。

③柔性电解质。发展具有足够力学性能和离子迁移率的聚合物固体电解质，并重点解决柔性正负极与电解质的界面接触问题。

15.10 锂硫二次电池的发展现状、挑战及未来

锂硫电池仅需约30%的理论比能量，就可以实现750(W・h)/kg的实际比能量。而对于锂离子电池来说，即使负极使用金属锂，在电芯制备工艺达到极限的情况下，其实际比能量也仅能达到600(W・h)/kg。在锂硫电池中，由于正极材料硫和负极材料金属锂的相对分子质量小，该电池质量小、体积小、质量比能量高，成为电动汽车、航天器等高尖端领域的理想储能装置。目前，锂硫电池技术受到世界各主要经济体的高度重视，以德国为代表的欧盟国家希望能在2020年前后推出比能量达到500(W・h)/kg的商业化锂硫电池产品，美国和日本也都将锂硫电池列为新能源汽车动力电池技术研究方向之一。日本新能源产业技术综合开发机构(NEDO)自2009年起每年投入300亿日元的研发预算，目标是在2020年使锂硫电池的比能量达到500(W・h)/kg。美国能源部投入大量的人力、物力支持锂硫电池的开发，2010年，美国Sion Power公司将锂硫电池与太阳能电池一起应用在无人机上，创造了连续飞行14天的纪录。我国通过科技部“863计划”“973计划”、自然科学基金计划、中国科学院纳米先导专项等对锂硫电池进行了立项研究，推动其关键材料和技术的进步。

从世界范围来看，限制锂硫电池发展的关键科学问题尚未彻底解决。以电动汽车用动力电池为例，其不仅需要较高的比能量和较低的成本，也要求出色的安全性、功率密度、快充性能、搁置寿命和循环稳定性等，而锂硫电池存在的一些固有缺陷也阻碍了其大规模使用。首先，硫正极材料的导电性较差，单质硫在常温下为电子和离子的绝缘体，导致电池在大电流下放电十分困难。其次，在充放电过程中正极会生成多硫化物，多硫化物能溶解在电解液中，并穿过隔膜聚集到负极，与负极上的金属锂反应导致容量损失和循环衰减，造成“穿梭效应”。此外，以金属锂作为负极容易生成锂晶枝，易刺穿隔膜而短路，存在安全隐患。

为了解决上述问题，研究者做了大量工作，改善方案主要集中在提高硫基正极材料的导电性和稳定性、抑制活性组分硫的损失、阻止多硫化物在电解液中的溶解、防止负极锂枝晶的生长等几个方面，包括合成许多新型的含硫正极材料、隔膜材料和电解质等，为锂硫电池商业化奠定了坚实的基础。此外，研究者对锂硫电池内部反应机理的探索也在不断深入，在保持该电池的高比能量、低成本和环保优势的前提下，继续突破限制循环寿命、安全性和倍率性能的技术瓶颈，特别是如何解决金属锂负极枝晶与粉化问题、电解液分解消耗问题。随着各种新思想和新技术在硫正极材料的应用，相信不久的将来，锂硫电池能实现商业化应用和大规模生产。为实现该目标，一方面需要通过产学研合作，推进锂硫电池在特殊领域实现应用；另一方面需要进行持续的技术创新，通过新材料和新理论来突破

锂硫电池的发展瓶颈。

思考题

1. 锂硫电池的商业化应用面临哪些挑战？其实用化后将给人类生活带来哪些影响？

2. 在二次储能电池体系中，锂硫电池所处的位置如何？与其他二次电池体系相比，有何异同点？

3. 简述锂硫电池充放电过程的转化反应过程，并说明为何“穿梭效应”对 S_8 正极而言不可避免。

4. “穿梭效应”问题是 S_8 正极面临的主要问题，针对这一问题已有的解决思路有哪些？并简述其原理。

5. 碳材料在锂硫电池中应用较为广泛，试总结碳材料应用的优缺点，并指出何种应用最具应用潜力，应如何优化。

6. 试比较 S_8 和 Li_2S 作为锂硫电池的活性材料充放电过程有何异同？并总结出各自优缺点

7. 试设计一种锂硫电池正极结构，并说明设计思路。

8. 试解释锂枝晶的形成机理，并说明哪些措施可以抑制锂枝晶的形成。

9. SEI 膜的形成对电极材料的性能产生至关重要的影响，请分析其正面和负面影响。

10. 简述锂硫电池电解液中添加剂 $LiNO_3$ 的作用机理。

11. 固态电解质有哪些优缺点？试比较固体电解质与功能隔膜改善锂硫电池性能的异同点。

12. 如何通过优化电解质来抑制“穿梭效应”？

13. 简述全固态电池的特点及应用前景。

14. 简述柔性电池的技术要求，并思考发展柔性锂硫电池还需要克服哪些困难。

15. 对比中外锂硫电池的发展现状，并提出对我国发展此类新型二次电池的一些建议。

参考文献

[1] ZHOU S, SHI J, LIU S, et al. Visualizing interfacial collective reaction behavior of Li-S batteries[J]. Nature, 2023, 621: 75.

[2] CHEN Y, WANG T, TIAN H, et al. Advances in lithium-sulfur batteries: from academic research to commercial viability[J]. Advanced Materials, 2021, 33: 2003666.

[3] CAO G, DUAN R, LI X. Controllable catalysis behavior for high performance lithium sulfur batteries: From kinetics to strategies[J]. Energy Chem, 2023, 5: 100096.

[4] JI X, LEE K T, NAZAR L F. A highly ordered nanostructured carbon-sulphur cathode for lithium-sulphur batteries[J]. Nature Materials, 2009, 8: 500.

[5] WANG W, XI K, LI B, et al. A sustainable multipurpose separator directed against the shuttle effect of polysulfides for high-performance lithium-sulfur batteries[J]. Advanced Energy Materials, 2022, 12: 2200160.

[6] GUAN Z, CHEN X, CHU F, et al. Low concentration electrolyte enabling anti-

clustering of lithium polysulfides and 3D-growth of Li_2S for low temperature Li-S conversion chemistry[J]. Advanced Energy Materials, 2023, 13: 2302850.
[7] CHEN C, ZHANG J, HU B, et al. Dynamic gel as artificial interphase layer for ultrahigh-rate and large-capacity lithium metal anode[J]. Nature Communications, 2023, 14: 4018.
[8] HENKE J W, KUAI D, GERASIMOV M, et al. Knowledge-driven design of solid-electrolyte interphases on lithium metal via multiscale modelling[J]. Nature Communications, 2023, 14: 6823.
[9] KIM J T, RAO A, NIE H Y, et al. Manipulating Li_2S_2/Li_2S mixed discharge products of all-solid-state lithium sulfur batteries for improved cycle life[J]. Nature Communications, 2023, 14, 6404.
[10] OHNO S, ZEIER W G. Toward practical solid-state lithium-sulfur batteries: challenges and perspectives[J]. Accounts of Materials Research, 2021, 2: 869.
[11] 王晶晶，曹贵强，段瑞贤，等．金属单原子催化剂增强硫正极动力学的研究进展[J]. 物理化学学报，2023，39：2212005.

16 金属空气电池

16.1 金属空气电池概述

金属空气电池由金属负极、电解液和空气电极组成，通常以轻质金属为负极活性物质，空气中的氧气为正极活性物质。电池工作时，金属负极与氧气发生氧化还原反应产生电能，由于氧气不需要储存于电池内部，因此具有很高的理论比能量和比容量。表 16-1 列出了几种常见的金属空气电池的理论电压和比能量密度。相比于商业化的锂离子电池，金属空气电池（如锂空气电池、锌空气电池、铝空气电池和镁空气电池等）的理论比能量密度提高了 2～30 倍。此外，它还具有对环境友好、储存寿命长、价格相对较低、工艺技术要求较低等优点，因此有很好的应用前景。

表 16-1 几种电池的理论电压和比能量密度对比

电池类型	理论电压(V)	理论比能量密度[(kW·h)/kg]
锂离子($0.5C_6Li+Li_{0.5}CO_2 \rightleftharpoons 3C+LiCO_2$)	3.8	0.4
锂空气($2Li+O_2 \rightleftharpoons Li_2O_2$)	3.4	13.0
锌空气[$2Zn+O_2+2H_2O \rightleftharpoons 2Zn(OH)_2$]	1.6	1.3
铝空气[$4Al+3O_2+6H_2O \rightleftharpoons 4Al(OH)_3$]	2.7	8.1
镁空气[$Mg+0.5O_2+H_2O \rightleftharpoons Mg(OH)_2$]	3.1	6.8

现有的金属空气电池按类型可分为一次电池和二次电池，如原电池和储备电池一般为一次电池，而可充电电池和机械再充式电池是二次电池。其中，机械再充式电池本质上相当于原电池，它在放电结束后通过更换金属负极的方式实现电池的再次使用，而它的空气电极的构造和功能并没有特殊的设计，但是对于常规的可充电金属空气电池来说，则通常需要一个第三电极来维持充电时放出氧气，或者一个既可以进行氧还原反应又可以进行氧析出反应的双功能电极来保证电极的可逆反应。

16.2 金属空气电池的基本原理

金属空气电池主要由正极、负极、电解液三大部分组成，如图 16-1 所示。

1. 正极

正极为空气电极，是电池反应发生的重要场所，由三层组成：集流体、气体扩散层和催化层。集流体是金属材质的导流网，能提高电极的机械强度；气体扩散层是具有防水透气功能的多孔结构，起到传输反应物质的作用；催化层一般由具有电催化活性的催化剂构成，它能够加快电极的反应动力学，关系到整个空气电极性能的优劣。空气中的氧气在正极参加反应时，首先通过气体扩散层而溶入电解液，然后进一步在液相中扩散，在电极表面进行化学吸附后，在电催化剂的作用下进行电化学还原反应。此反应是在固、液、气三相界面上进行的，因此需要在空气电极中尽可能地构造有效的三相界面以提高电极反应效率，从而提升电池的性能。如果以碱性溶液或中性盐溶液为电解液，正极中的放电反应为氧还原反应：

$$O_2 + 2H_2O + 4e^- \longrightarrow 4OH^- (E^\theta = +0.401V)$$

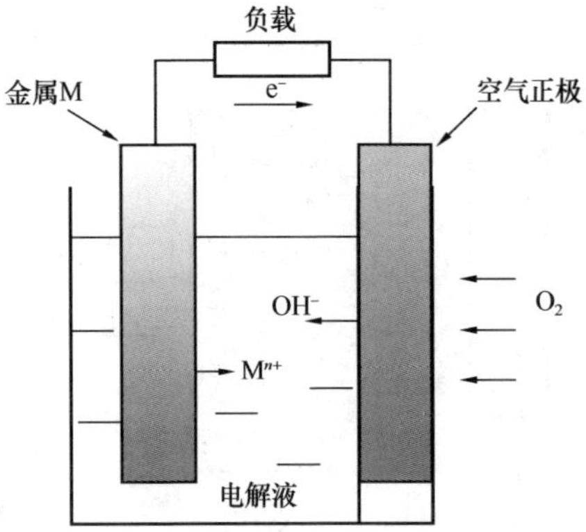

图 16-1　碱性或中性电解液金属空气电池结构示意图

2. 负极

负极通常为轻质金属，如锂、锌、铝和镁等，金属空气电池的理论能量密度只取决于负极材料，因为它是电池中传输的唯一活性物质，氧气在放电过程中从电池外部引入。金属负极要根据其性质进行金属成分或形态的加工处理，以满足电池的要求。负极上的放电反应的一般通式为：

$$M \longrightarrow M^{n+} + ne^-$$

反应式中，M 是金属；n 是金属氧化过程中的价态变化值。值得注意的是，大多数金属在电解质溶液中是不稳定的，会发生腐蚀或析氢反应。这种副反应的发生会降低电池的库仑效率，所以必须通过一定的手段加以控制，以减小电池的容量损失。

3. 电解液

绝大多数金属空气电池所使用的是无机电解液，如酸性、碱性或中性盐溶液电解液，电池的总反应式为：

$$4M + nO_2 + 2nH_2O \longrightarrow 4M(OH)_n$$

在空气电极反应过程中产生的氢氧根离子的电势可以由溶液中的氢氧根离子的浓度决定，但是如果氢氧根离子在局部大量增加，那么此过程所引起的过快的电势变化会导致非常严重的极化，因此使用酸性或碱性溶液能够有效缓冲此过程，从而使电池能够更好地在大电流密度下工作。但是，使用酸性或碱性电解液也存在一些问题，如酸性电解液会与某些金属或金属氧化物电催化剂作用而使之腐蚀，从而影响空气正极的氧还原反应，再者它对金属集流体也有腐蚀作用，影响电池的结构稳定性，而碱性电解液则由于电池的开放体系会被空气中的二氧化碳污染，产生碳酸化现象，导致电池停止运行。目前，针对金属空气电池也开发了有机体系电解液、离子液体电解液和固态电解质，能够进一步提高电池的工作电压、能量密度和安全性等。

16.3　锂空气电池

锂空气电池结构如图 16-2 所示，负极为金属锂，而空气正极多为多孔碳基材料，放电过程中，金属锂失去电子成为锂离子，空气正极中则发生氧还原反应，电子通过外电路到达多孔正极，与锂离子及氧负离子等氧还原产物结合生成放电产物，随着这一过程的进

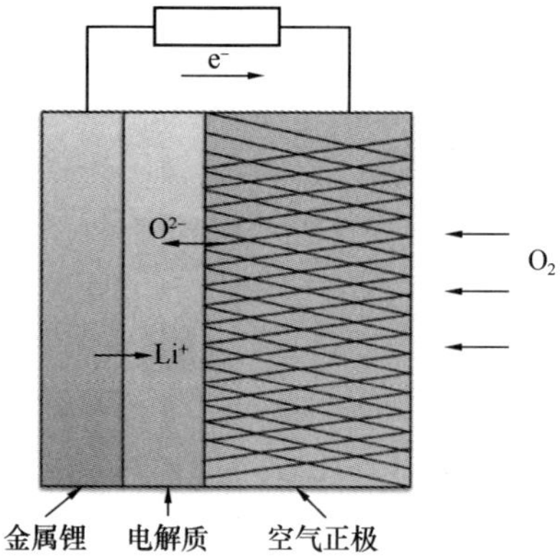

图 16-2　有机电解液锂空气电池结构示意图

行，锂空气电池可以持续向负载提供能量。充电过程则正好相反，给电池施加合适的充电电压，在此作用下，放电产物在空气电极中被氧化，伴随着氧气的释放，锂离子则在负极被还原成金属锂。锂空气电池具有超高的理论比能量密度[可高达 13 (kW・h)/kg]，这一能量密度和汽油相当，从而被认为是最有希望完全替代汽油的动力源，真正用于纯电动汽车。

16.3.1　化学原理

锂空气电池的概念早在 1976 年就被 Littauer 和 Tsai 共同提出，但当时的电池使用碱性水溶液作为电解液。因此放电时的电池反应为：

正极　　$O_2+2H_2O+4e^- \longrightarrow 4OH^-$

负极　　$Li \longrightarrow Li^+ + e^-$

电池总反应　　$4Li+O_2+2H_2O \longrightarrow 4LiOH$

当时研究发现这种电池的锂负极容易与水性电解液发生反应，从而产生安全问题。Abrahamh 和 Jiang 在 1996 年提出了基于有机电解液体系的锂空气电池。

正极　　$2Li^+ + O_2 + 2e^- \longrightarrow Li_2O_2$

负极　　$Li \longrightarrow Li^+ + e^-$

电池总反应　　$2Li+O_2 \longrightarrow Li_2O_2$

有机电解液体系锂空气电池的反应产物Li_2O_2 不溶于电解液，随着放电反应的进行，会在电极表面沉积，逐步堵塞电极的孔隙，减少反应界面，而且会阻碍传质，导致电池的循环性能急剧下降。直到 2006 年，Bruce 的研究小组证明通过加入合适的电催化剂能够明显改善电池的循环性能（可充电性），此类电池才引起了广泛的注意。

16.3.2　电池组成及材料

锂空气电池目前的发展还处在初始阶段，由于各方面条件的制约，它实际获得的比能量密度远低于其理论值，此外，其倍率性能和循环寿命均较差，难以满足现实的需求。锂空气电池的核心部分为空气正极、电解质和锂金属负极，而这三部分都存在大量的问题需要解决，需要从材料的选择、设计、制备和组装等方面进行优化。

1. 正极材料

如前所述，在电池放电过程中，放电产物会沉积在多孔碳基空气电极的孔隙中，堵塞空气和电解质的传输，此外，由于Li_2O_2 的电导率很低，还会造成电极电阻急剧增加，使放电无法继续进行。更需要指出的是，氧气的电化学还原和产物的氧化分解过程在空气电极中非常缓慢，为了加快反应，降低电极的极化，必须加入高效的电催化剂。因此，合理设计空气电极的孔隙结构和选择适合的电催化剂是锂空气电池性能提高的关键。

(1) 空气电极的孔隙结构。空气电极的多孔结构一方面为氧气向反应界面提供气体传输通道，另一方面可以为放电产物Li_2O_2 提供储存空间，因此有机电解质体系的锂空气电池的放电容量与空气电极的孔的容积和孔隙结构有关。图 16-3 所示的是放电产物沉积量与孔纵深之间的关系，由图可知，大部分放电产物沉积在不超过 20%孔纵深的孔口周围，这是因为随着放电产物的增加，碳载体的孔道被逐步堵塞，O_2 和 Li^+ 无法再通过孔道传递，放电过程被迫终止。由此可知，但是并非所有空气电极的孔容而是仅部分孔容被填满，放电过程就已经终止。

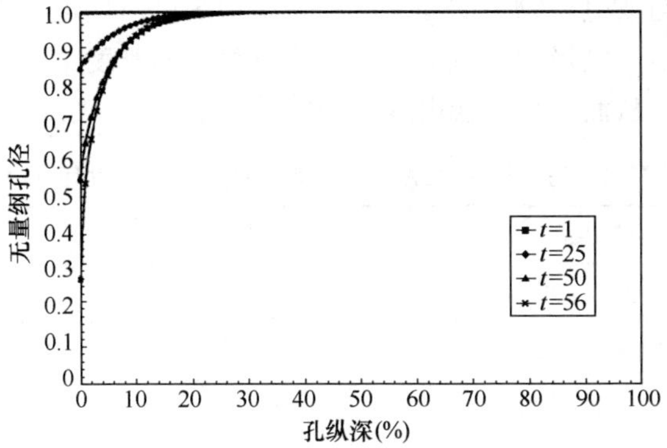

图 16-3　放电产物沉积量与孔纵深之间的关系

（2）电催化剂。空气电极中使用的电催化剂种类较多，主要分为以下四类：①多孔碳材料；②金属氧化物材料；③贵金属及其合金材料；④非贵金属催化剂。

多孔碳材料因为具有良好的导电性及可调控的孔隙结构而得到广泛的应用，但是它的催化活性一般较差，而通过对碳材料进行异质元素（如硼、氮、磷或硫）掺杂，则能够提高其对电极反应的催化性能；金属氧化物材料的来源广泛，价格适中，许多单元素金属氧化物（氧化锰、氧化钴等）和双元素金属氧化物（如钴酸铁等）都表现出良好的催化活性，但金属氧化物材料一般导电性不高，经常与具有高比表面积的碳材料载体复合得到复合电催化剂，碳载体的使用为电催化剂的颗粒提供了更多的分散空间，因而使其具有了更多的电化学反应活性位点；贵金属纳米颗粒（金、铂、钌和铂金合金等）作为电催化剂，可有效降低电极反应过电压，从而提高电池的能量效率；非贵金属催化剂具有催化活性高、稳定性好和价格低等优点，但它的制备过程一般较复杂。所以，对空气电极的电催化剂的选择一方面要考虑其催化性能是否能够满足对电池的功率及能量的要求，另一方面要考虑其价格是否能够满足大规模商业化应用。

2. 电解质材料

电解质在锂空气电池中起着非常重要的作用，如稳定负极、传导锂离子、溶解氧气及提供反应界面等。由于电池为开放体系，其工作在敞开环境中，随着电解质的挥发或受到空气中杂质的影响而引起其离子电导率、氧溶解性及黏度的变化，以致影响电池的充放电容量、使用寿命及安全性。

（1）有机液体电解质。有机液体电解质是目前锂空气电池中研究最多的非水溶性电解质体系，但对它的选择有着许多要求。首先，有机溶剂分子要在 O_2 或 O_2^- 存在的条件下有较强的稳定性，即不与任何 O_2 的还原态物质反应；其次，溶剂应具有较宽的电化学窗口，能够承受较高的充电电压；最后，溶剂还应具有挥发性低、氧溶解度高和黏度低等特点。常用的溶剂有碳酸酯类、醚类和砜类。研究证明，碳酸酯类溶剂会与氧还原的中间产物反应，并伴有多种导电性差的副产物产生，严重影响电池的可逆性；醚类和砜类溶剂具有很好的稳定性和快速放电能力，但它们在充放电过程中会与中间产物发生反应，也伴随着一些有机锂盐的产生和分解。电解质盐对电池性能也有较大影响，这与它们的极化性质，以及在溶剂中溶解后对电导率、氧气的溶解度和黏度的改变有关。表 16-2 是有机体系锂空气电池常用的电解质盐和有机溶剂。在电解质中加入添加剂能够很大程度地改善电解液的性能，如通过与放电产物中的离子配位，添加剂可以促进其部分溶解，提高放电容量。除此之外，增加空气电极中的氧分压和降低电解质的黏度可分别提高氧气在电解质中的溶解度和传输速率，从而显著改善电池的放电性能。

表 16-2　有机体系锂空气电池常用的电解质盐和有机溶剂

电解质盐	有机溶剂
硝酸锂（$LiNO_3$）	碳酸丙烯酯（PC）
六氟磷酸锂（$LiPF_6$）	碳酸乙烯酯（EC）
四氟硼酸锂（$LiBF_4$）	碳酸二乙酯（DEC）
二草酸硼酸锂（LiBOB）	碳酸二甲酯（DMC）
双三氟甲烷黄酰亚胺锂（LiTFSI）	二甲醚（DME）
高氯酸锂（$LiClO_4$）	乙二醇二乙醚（DEE）
三氟甲基磺酸锂（LiOTF）	二甲基亚砜（DMSO）

(2) 水溶性电解质。水溶性电解质的溶剂为水，所以放电产物是可溶的 LiOH，因此，一般不存在堵塞空气正极孔隙的问题。而且氧在水溶性电解质中的溶解度和扩散速率较高，这也有利于电池的大倍率性能。但是，锂负极会与水溶性电解质发生一系列的副反应，另外，电池无论在开路状态下还是在低功率状态下，金属锂的自放电情况非常严重，也伴随着锂的腐蚀反应，不但降低了电池负极的库仑效率，而且也带来了安全上的问题。

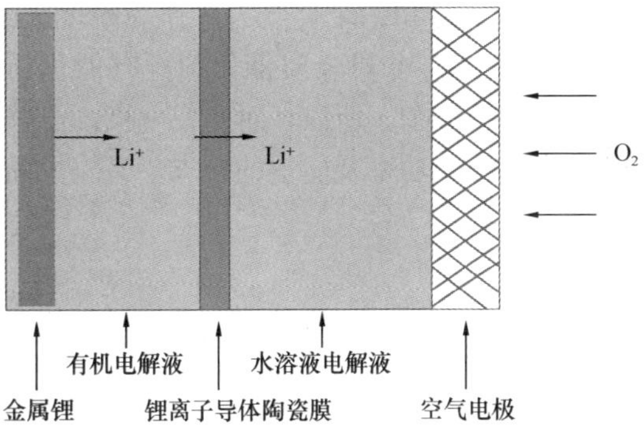

图 16-4　混合电解液体系锂空气电池示意图

如图 16-4 所示，有水/无水双电解液体系的锂空气电池的金属锂负极使用有机液体电解质，而空气电极则使用水溶液电解液，两者通过一个锂离子导体陶瓷膜连接，常用的如磷酸钛铝锂(LATP)。这种结构设计不仅能够保证空气电极不会被放电产物所堵塞，而且陶瓷膜能够有效阻碍水和氧气进入有机电解液，因此避免了金属锂与之反应，极大地改善了安全性问题。但是由于锂离子导体隔膜的离子电导率远小于有机或水溶液电解质，因此电池的功率密度较低。此外，LATP 陶瓷膜在碱性环境中不稳定，也会发生一定的腐蚀现象，而且如果电池在长时间的深度放电情况下会导致 LiOH 固体析出[LiOH 在水中的溶解度为 12.8g/(100g H_2O)]，影响空气电极的性能。

水溶性电解质的应用在一定程度上解决了锂空气电池正极的问题，为获得高能量转换效率提供了保证，但水溶性电解质锂空气电池的电化学可充性较差，放电时消耗电解质，使得电解质的含量难以控制，实际的总放电容量低于非水溶性电解质体系。

(3) 离子液体电解质。离子液体电解质具有良好的导电性，稳定的电化学窗口、不可燃性和热稳定性，因此在锂空气电池中也有潜在的应用价值。此外，通过阴/阳离子的设计，人们可获得憎水型的离子液体，以缓解来自空气中的水分与金属锂的反应，起到保护锂负极的作用，而且与通常的有机液体电解质不同的是离子液体电解质的蒸气压非常低，所以能够在敞开环境中使用。但离子液体的黏度一般较大，从而导致电极表面无法被完全浸润，产生较大的传质阻力。其电导率偏低也是一个问题，虽然加入锂盐有助于提高离子液体电解质的锂离子导电性，但是由此带来了较高的吸水性，这一矛盾还有待解决。

(4) 固体电解质。与其他类型的电解质相比，固体电解质具有稳定性高、工作温度宽、使用寿命长以及安全性好等特点。它的使用能够从根本上解决锂空气电池的实用性问题，即实现其直接在空气中运行，从目前的锂氧电池发展到锂空气电池；还可以有效解决安全性问题，也就是避免金属锂在反复充放电过程中产生枝晶，刺穿隔膜后引起有机电解液的燃烧及电池爆炸的问题。这都归功于固体电解质的致密结构可以将空气正极和金属锂负极完全分开，能够防止大气中的成分和锂反应，使电池具备了直接在空气环境中运行的能力；而电解质所具有的高机械强度能够阻止锂枝晶的穿透。此外，固体电解质对电池充放电过程中的产物表现出优良的化学和电化学稳定性，使电池的稳定性和循环寿命得到了很大提高。但固体电解质的突出问题是锂离子电导率低、电池内阻大，对固体电解质进行掺杂改性能够提高其离子的电导率，如在玻璃陶瓷（GC）和聚合物陶瓷（PC）复合膜固体电解质中掺杂 Li_2O 和 BN 颗粒，可加快电荷传递，提高锂离子导电能力，其放电容量与未进行掺杂的电解质所组装电池相比，具有较大的提高。但是，固体电解质的使用不可避免地会引入新的固-固界面，界面的接触特性和应力及热的匹配又成为这一体系独有的问题。

3. 负极材料

锂空气电池的负极材料为金属锂，它所存在的问题主要包括两方面，一是在充放电过程中会产生锂枝晶，随着枝晶的生长，它会穿透中间隔膜而与正极接触，从而引起短路，带来安全性问题；二是锂空气电池在实际工作时所使用的是空气，其中的水和二氧化碳通过空气电极进入电池后，会与锂反应而使负极活性物质减少，从而影响电池的容量，而且生成的碳酸锂等物质不具有电化学可逆性，会导致电池循环性能的下降。采用合金的方式制备出的 Li-Al 合金、Li-Na 合金、Li-Mg 合金及 Li-Ga 合金在抑制枝晶生长方面能起到一定的作用，但这又会带来活性成分锂减少的问题。

所以，目前对锂空气电池负极的锂电极的保护成为一个重要方向，一般来说，可通过在金属锂表面覆盖一层能够传导锂离子的保护性隔膜，来隔绝金属锂和水、二氧化碳的反应。目前常用的共有两种隔膜：无机陶瓷隔膜和聚合物-陶瓷复合隔膜。

(1) 无机陶瓷隔膜。无机陶瓷隔膜一般是一些超离子导电陶瓷（超离子导体），如锗酸锌锂（LISICON）和锂磷氧氮（LIPON）等，它们具有良好的导电性，锂离子可以快速传导，其优异的致密结构使杂质物（水、二氧化碳）难以通过，但这些材料的可加工性较差，容易碎裂，特别是它较高的成本限制了其广泛的使用。

锂铝钛磷（LATP）和锂铝锗磷（LAGP）系列锂离子导电陶瓷也是常用的隔膜，但这类材料与金属锂直接接触会发生反应而生成绝缘相，使界面阻抗急剧增加。为缓解这种情况，常在两者之间加入一些锂离子导体作为缓冲层，但这又会引入新的界面阻抗，所以缓冲层材料的成分和厚度的选择是减小新阻抗的关键。

（2）聚合物-陶瓷复合隔膜。聚合物-陶瓷复合隔膜能够显著提高单一电解质的力学性能、锂离子电导率、化学和电化学稳定性等。图 15-5 所示的是一种三层结构的陶瓷层（LAGP）-聚合物层（PE）-陶瓷层（LAGP）固体电解质隔膜，这种复合隔膜和锂金属接触后界面阻抗较低，室温下在 1.3 mA/cm^{2}的电流密度下对锂金属进行充放电循环，表现出非常小的极化效应。

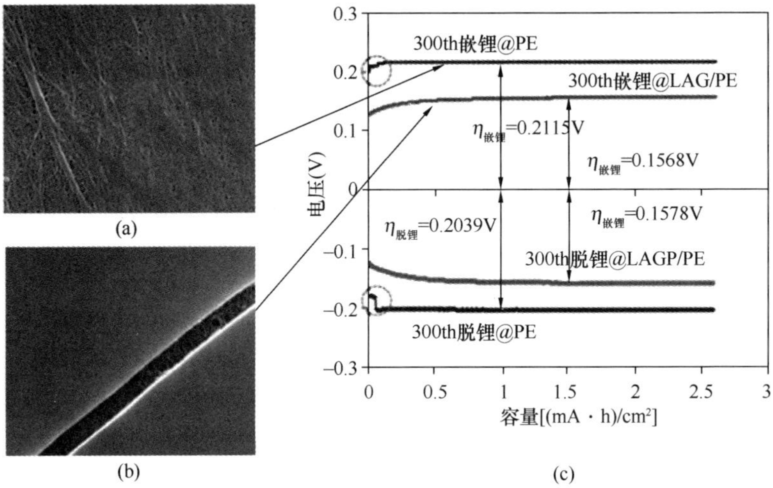

图 16-5　陶瓷-聚合物-陶瓷型电解质隔膜结构及其充放电曲线

（a）PE 膜扫描电镜图；（b）包覆 LAGP 后的 PE 扫描电镜图；

（c）锂-复合电解质隔膜-锂对称电池的充放电曲线，电流密度 1.3mA/cm^2

16.3.3　电池设计及性能

锂空气电池有多种结构形式，如 Swagelok 装配型、纽扣型、塑料壳型和软包装型等。

Swagelok 装配型和纽扣型电池因为有易组装、拆解且电极材料用量较少等优点而经常被用作研究此类型电池的模型。图 16-6 是 Swagelok 装配型锂空气电池的结构及成品，一般来说，先将负极集流体和弹簧与中间部分相连接，接着把放置有锂片的垫片放入中间部分，再依次放入隔膜、空气电极和正极集流体，最后把电池旋紧就完成了电池的组装。使用这种类型的电池还有一个优点就是如果要研究电池运行后的电极材料性质，可以很容易实现电池的拆解及所需材料的获得。

图 16-7 是使用 Swagelok 装配型锂空气电池得到的电池放电性能，空气正极涂覆在泡沫镍集流网上，它含有 60%（质量分数）科琴碳黑（Ketjen Black）和 40%（质量分数）PVDF 黏结剂。电解质是由 8%（质量分数）$LiPF_6$ 电解质盐、12%聚丙烯腈（PAN）、40%碳酸乙烯酯和 40%碳酸丙烯酯组成的厚度为 100μm 的膜。在电流密度为 0.1mA/cm^2

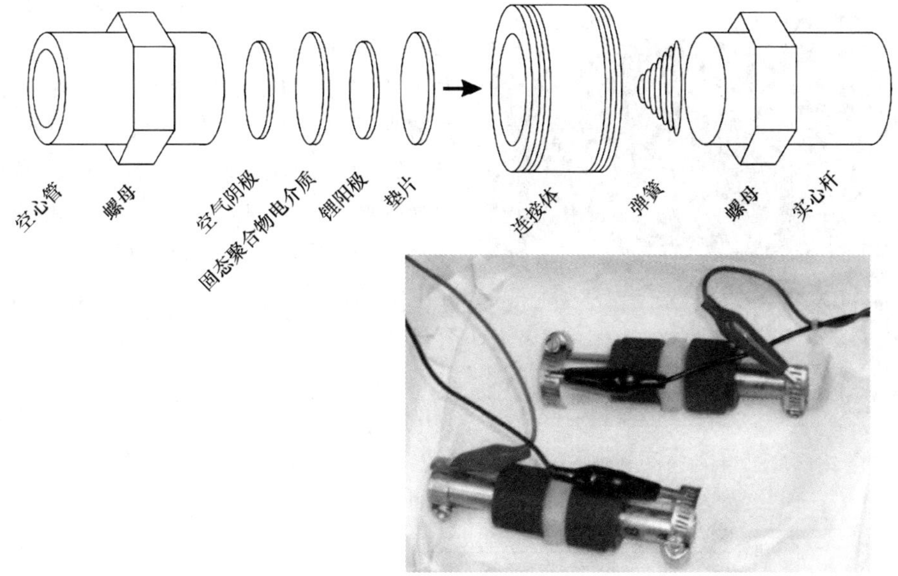

图 16-6 Swagelok 装配型锂空气电池的结构及成品

下，电池的放电比容量约为 5813(mA・h)/g，平均电压为 2.33V。

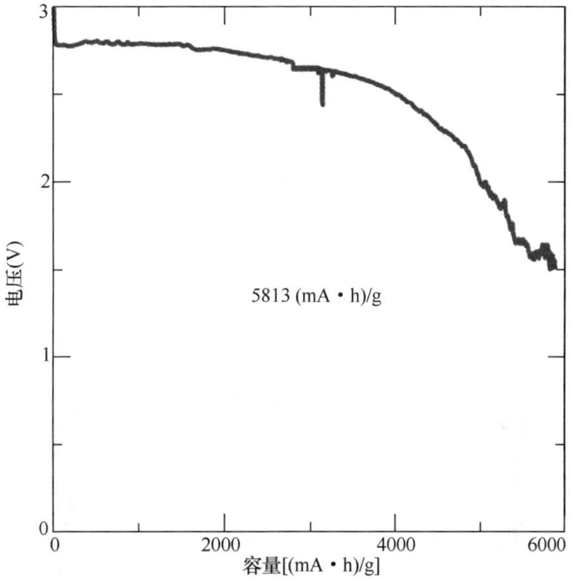

图 16-7 聚合物基电解质锂空气电池在室温、干燥空气中以电流密度为 0.1mA/cm² 的放电曲线

软包装型结构是锂空气电池向商业化迈进的一个重要发展方向，因为它具有设计灵活、易于制备且外部包装材料相比于不锈钢壳的质量小，因此此类结构的电池有更高的实际能量密度（以整个电池所有部件的质量计算）。图 16-8 是 Yardney Technical Products 公司开发的软包装型锂空气电池，电池的所有部件，如空气电极、隔膜、电解质和金属锂电极都层叠且密封在金属塑料复合包装壳内。

图 16-8 软包装型锂空气电池照片

图 16-9 是软包装型锂空气电池得到的电池放电性能，空气正极涂覆在金属镍集流网上，它含有导电碳黑、黏结剂以及电催化剂。电解质是 $1mol/dm^3$ $LiPF_6$ 的 EC/DEC/DMC（1：1：1）溶液，隔膜为 Setela 的有机聚合物膜（厚度约为 20μm）。空气电极的面积约 $10cm^2$，以保证电池有足够的反应活性物质，在电流密度为 $0.1mA/cm^2$ 下，电池的放电比容量约为 3471(mA·h)/g，平均电压为 2.47V，而当电流密度为 $0.2mA/cm^2$ 时，其放电比容量为 1850(mA·h)/g，平均电压为 2.27V，此放电比容量为在当时报道的最高值。

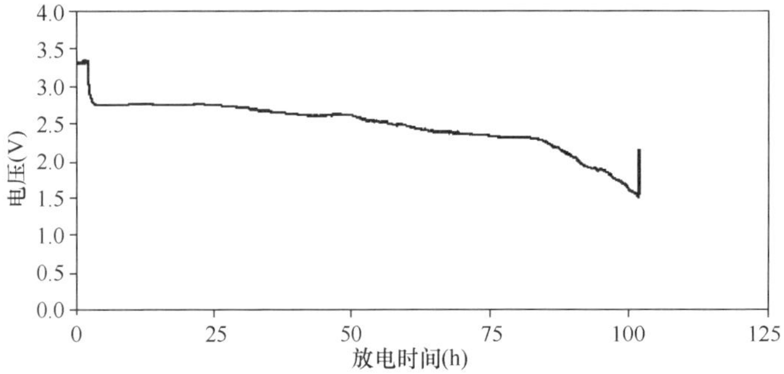

图 16-9 软包装型锂空气电池在室温、干燥氧气中以电流密度为 $0.1mA/cm^2$ 的放电曲线

Yardney Technical Products 公司还开发了塑料型锂空气电池，如图 16-10 所示，它在结构上与软包装型电池相似，但外壳为硬质塑料。该电池的机械强度较高，能够适应某些极端环境，而且还能够将其集成以形成电堆，在航空航天领域表现出一定的应用潜力。

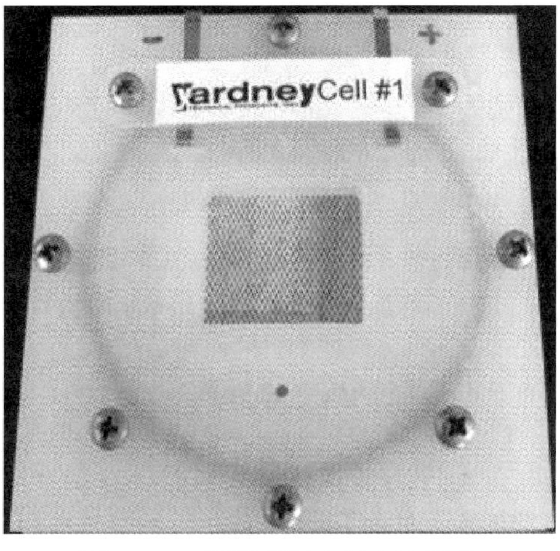

图 16-10 塑料型锂空气电池照片

16.4 锌空气电池

锌空气电池已有上百年的研究发展历史，具有安全性好、比能量高和成本低等优势。锌电极在碱性水溶液电解液中表现出良好的耐腐蚀性能以及较好的反应动力学特性，因此受到了广泛的关注。对于二次锌空气电池来说，其循环寿命还不能满足实际应用的需要，所以目前的研究重点在于提高其循环性能。锌空气电池的主要优点可以归纳为以下几点。

1. 电池容量大

由于空气电极的活性物质为氧气，并不储存在电池内部，因此与传统电池相比，它具有更高的容量，为同型号碱性锌锰电池的2.5倍以上，是普通干电池的5～7倍。

2. 比能量高

锌空气电池的理论比能量约是1350(W·h)/kg，实际比能量也可达到220～300(W·h)/kg，约为商业化锂电池2倍。

3. 放电曲线平稳

放电时正极发生氧还原反应，而负极发生氧化反应。锌电极电压平稳，所以电池电压变化小，在1.3V左右出现一个较长的放电平台。

4. 自放电少，储存寿命长

储存时电池的入气孔是密封的，空气电极与外界隔绝，由于空气无法进入锌空气电池，所以电池不会发生电化学反应，因此电池容量损失小，每年损失小于2%。

5. 价格低

负极活性物质锌来源丰富、价格低，而正极活性物质是空气中的氧气，无须购买且取之不尽。

6. 环保无污染

锌空气电池不使用传统电池中常用的铅、汞、镉等有毒物质，对环境的污染非常小，此外，电池使用后的主要反应产物是氧化锌，可以非常方便地回收利用。

16.4.1 化学原理

锌空气电池在运行过程中，金属电极发生溶解或沉积，放电产物溶解在碱性电解液中；利用空气中的氧气在双功能空气电极上进行氧还原（ORR）或氧析出（OER）电化学反应，完成电能与化学能的相互转换。

负极反应：$Zn \longrightarrow Zn^{2+} + 2e^-$

$$Zn + 2OH^- + 2e^- = Zn(OH)_2 \qquad E^\theta = 1.25V$$

$$Zn(OH)_2 \longrightarrow ZnO + H_2O$$

正极反应：$O_2 + 2H_2O + 4e^- = 4OH^- \qquad E^\theta = 0.40V$

电池总反应：$Zn + \frac{1}{2}O_2 = ZnO \qquad E^\theta = 1.65V$

该电池的标准电动势为1.65V，实际操作条件下的充电电压要高于此值，放电电压低于此值，具体充放电电压主要取决于电流密度和电催化剂性能。

16.4.2 电池结构与材料

从图 16-11 可以看出，锌空气电池的空气正极所占的体积非常小，这是因为此电极中只发生氧还原和析出反应，只要反应动力学能够满足需要，那么电池中绝大部分空间能够留给决定电池容量的负极活性物质金属锌。空气正极通常由扩散层、集流体和催化层构成，其中关键是要使用电催化剂以减少电极的极化，目前常用的有铂、银等贵金属，金属螯合物和金属氧化物等，但综合其性能和成本等因素考虑，目前普遍选择二氧化锰作为电催化剂。锌负极通常采用锌粉、锌板或者泡沫锌等材料，由于负极反应的产物为氧化锌，因此必须预留空间来容纳放电过程中负极材料的体积膨胀，除此之外，这个空间也需能够容纳反应产生的水，此空间占负极总体积的 15%～20%；电解液通常采用 6mol/dm^{3}的 KOH 溶液，室温下该浓度的电解液电导率高，且电解液中能够溶解一定量的锌离子。

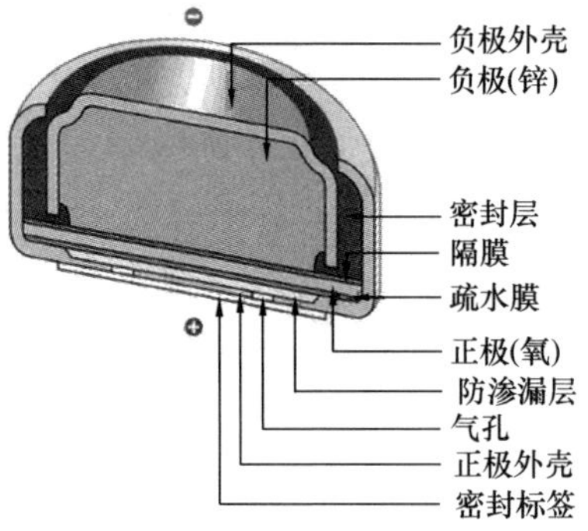

图 16-11　纽扣式锌空气电池结构示意图

16.4.3 电池工作特性

1. 电压

锌空气电池的额定开路电压是 1.45V，20℃时的工作电压范围为 1.1～1.4V，其具体数值取决于放电负载的大小，一般放电电压比较平稳，典型的终止电压为 0.9V。

锌空气电池典型放电曲线如图 16-12 所示。

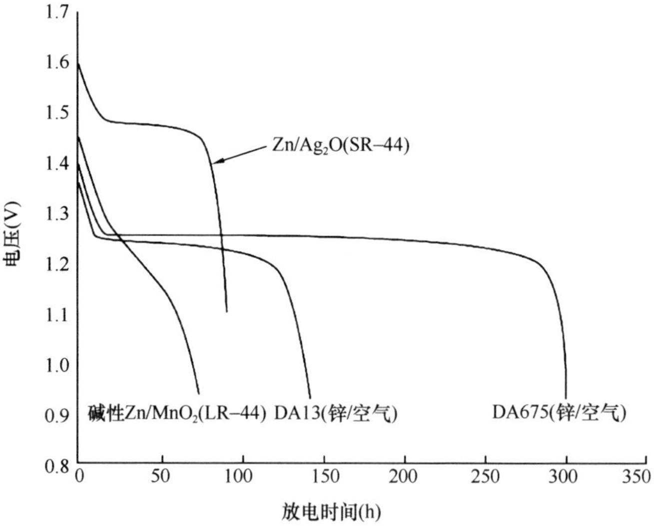

图 16-12　锌空气电池典型放电曲线

2. 氧气进入量的影响

进入正极的氧气量以及它是否能被电催化剂有效地催化决定了锌空气电池的放电特

性，因此，一方面可以通过增加电池壳上的气孔来增加电池的输出功率，另一方面可以优化电催化剂来加快电极的反应动力学，降低极化，提高能量效率。但是增加气孔会加速电池内电解液的蒸发，从而引起电池内阻的增加，当液体被蒸发完后，电池就会停止工作，所以必须要达到一个平衡点。

3. 温度的影响

图 16-13 是不同温度下锌空气电池的性能对比，可以看到在以不同的倍率放电时，随着温度的降低，其放电平台电压有所下降，而放电容量在 0℃时有较大的减少，这种性能的下降主要是由离子在电解质中的扩散能力降低所引起的。在低温时，电池更适合在低放电倍率下工作。

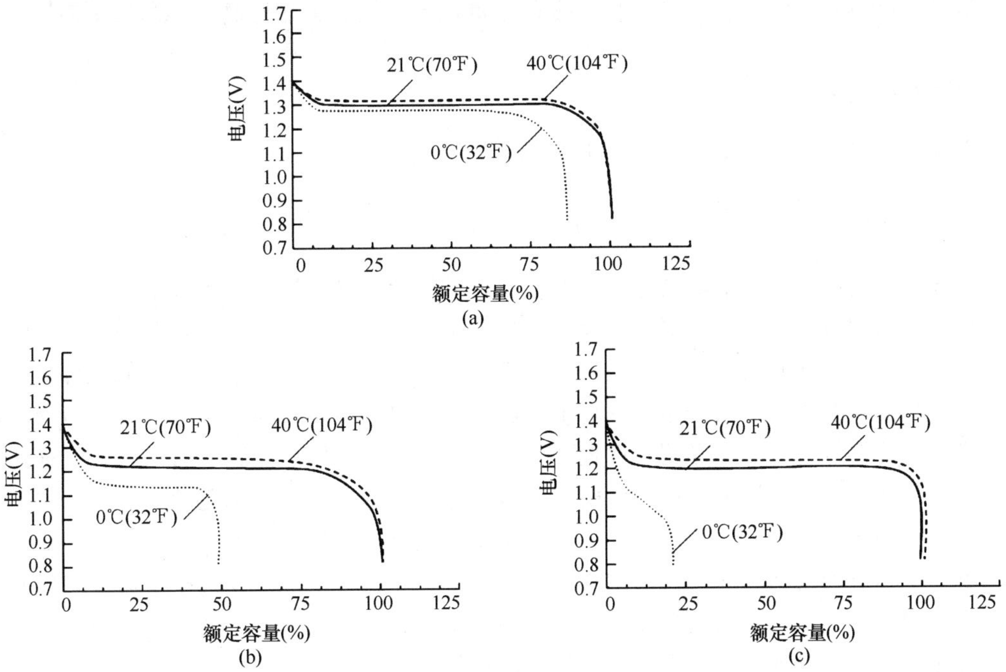

图 16-13　不同温度下锌空气电池的性能对比

(a) 以 300h 倍率放电；(b) 以 75h 倍率放电；(c) 以 50h 倍率放电

4. 影响寿命的因素

(1) 电解质的碳酸化作用。空气中二氧化碳会与碱性电解质反应形成碳酸盐和碳酸氢盐。虽然锌空气电池在部分碳酸化的电解质中依然能够正常地放电，但是过度碳酸化会带来两个问题：一是电解质的蒸气压升高，使水蒸气在低温时被损耗；二是碳酸盐会阻塞空气正极中的孔隙，影响传质，从而使正极的性能下降。

(2) 直接氧化作用。氧气进入锌空气电池后会溶于电解质，并扩散到负极，从而导致锌负极被氧气直接氧化，影响负极的库仑效率。

(3) 水蒸气迁移作用。当电解质蒸气压和周围环境之间存在分压差时，就产生水蒸气迁移。水分过少会使电解质的浓度增大，而且会使供电池反应的电解质逐渐不足，从而令电池失效；反之，会使电解质稀释，导致其电导率降低。在极端情况下，如果水分多到淹没催化层，则会降低阴极电化学反应的三相界面的面积，从而使电化学反应的活性降低，影响电池性能。

16.5 其他金属空气电池

16.5.1 铝空气电池

铝空气电池是以铝合金为负极，空气电极为正极，中性或碱性水溶液为电解质的一种新型化学电源。铝空气电池的负极在电池放电时被不断消耗，并生成 $Al(OH)_3$；正极是多孔性电极，电池放电时，从外界进入电极的氧发生电化学还原反应，生成OH^-；电解液可分为两种，其一为中性溶液（NaCl 或 NH_4Cl 水溶液或海水），另一种是碱性溶液。该电池具有能量密度大、质量小、材料来源丰富、无污染、可靠性高、寿命长、使用安全等优点。

电池总的放电反应为：

中性溶液电解质 $2Al+\frac{3}{2}O_2+3H_2O = 2Al(OH)_3$

碱性溶液电解质 $2Al+\frac{3}{2}O_2+2OH^-+3H_2O = 2Al(OH)_4^-$

与锌空气电池相似，铝空气电池的空气正极的性质对其性能有决定性的影响，而催化层是空气正极的最关键部分，对其电化学性能起决定性的作用，因此制备与使用合适的电催化剂是铝空气电池研究的一个重点。与锌空气电池不同的是，电解质溶液的成分对铝空气电池的性能影响较大，当使用中性溶液电解质时，电池负极的自腐蚀小，但铝负极表面钝化严重，使得电池功率和电流难以提高。此外，铝负极溶解后产物水解产生的氢氧化铝溶胶会留存在电解质溶液中，使得电解质溶液的电导率降低，电池内阻增加，输出功率下降；如果使用强碱性溶液电解质，铝的钝化减少，但又会发生强烈的析氢反应，降低电池的输出功率和负极的利用率。目前主要采取定期更换电解质溶液、循环电解质或向电解质中添加能够活化铝负极表面的添加剂和抑制铝的析氢腐蚀的缓蚀剂的方法，相应的电池必须有沉淀和过滤装置等，这不可避免地使系统更加复杂。

16.5.2 镁空气电池

镁空气电池的理论电压高（3.09V）、理论比容量高[2205(mA・h)/g]、比能量高[3910(W・h)/kg]，因而其在金属空气电池中表现出较大的应用潜力。此外，我国镁资源非常丰富，储量居世界首位，因此具有开发镁电池的优势。镁空气电池的结构如图 16-14 所示。

目前镁空气电池的主要应用包括三方面：一是作为紧急情况下使用的备用电源；二是为海下设备提供电能；三是在军事上的应用。图 16-15 所示为 1000W・h 镁空气电池样机。

但镁空气电池也存在一些需要克服的缺陷：

（1）镁的电极电势较低，化学活性较高，容易发生溶解现象而产生大量的氢气，导致负极的利用率降低。

（2）镁空气电池的放电反应产生较致密的 $Mg(OH)_2$钝化膜，影响镁负极的溶解，导

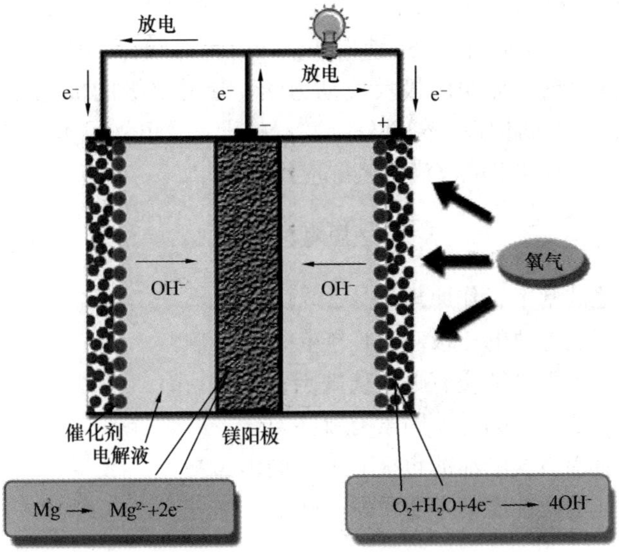

图 16-14 镁空气电池结构示意图

图 16-15 1000W·h镁空气电池样机

致电压滞后。

(3) 由于负极的自放电和电池的不可逆性会产生大量的热，这也会影响电池的性能。

16.6 金属空气电池的发展现状及展望

金属空气电池以活泼的金属作为阳极，具有安全、环保、能量密度高等诸多优点，有良好的发展和应用前景。目前已经取得良好研究进展的金属空气电池主要有锂空气电池、锌空气电池、铝空气电池和镁空气电池等，这几种类型的金属空气电池有的已经具备大规模量产的条件，有的还停留在实验室研发阶段，这与每种电池的性质和工作机制有关。

但总体来说，目前大多数的金属空气电池都存在电极的腐蚀、自放电、电解质性质改变、氧电极反应动力学缓慢等问题，直接影响电池的性能。解决的办法应该从几个方面着手：①选用合理的电极材料和制造工艺（如合金化负极等）；②电解液的优化（可降低金属电极钝化和腐蚀的可能，此外，还能加快离子的传导，提高电极的反应活性）；③使用高效的空气电极电催化剂，加快阴极反应动力学，降低电极的极化，提高电池的能量效率。此外，需在电池结构的构造、外部辅助装置的设置及电池成本的降低方面进行进一步的优化，使金属空气电池真正能够满足实际应用的需求。

思考题

1. 金属空气电池的基本工作原理是什么？
2. 为什么说锂空气电池的正极对其性能有很大影响？
3. 锂空气电池的各类电解质有哪些优缺点？
4. 影响锌空气电池寿命的主要因素有哪些？
5. 电解质溶液对铝空气电池的负极有怎样的影响？
6. 改善金属空气电池性能的主要手段有哪些？

参考文献

[1] CHEN X, ZHOU Z, KARAHAN H E, et al. Recent advances in materials and design of electrochemically rechargeable zinc-air batteries [J]. Small, 2018, 14: 1801929.

[2] LIM H D, LEE B, BAE Y, et al. Reaction chemistry in rechargeable Li-O_2 batteries[J]. Chemical Society Reviews, 2017, 46: 2873.

[3] LU J, LI Y, KONG Y. Research progress of all solid-state Li-O_2(air) batteries[J]. New Chemical Materials, 2017, 45: 43.

[4] MA X, GAO S, ZHOU Y. Development of anode materials for magnesium air battery[J]. Chinese Journal of Power Sources, 2017, 41: 331.

[5] MAINAR A R, IRUIN E, COLMENARES L C, et al. An overview of progress in electrolytes for secondary zinc-air batteries and other storage systems based on zinc [J]. Journal of Energy Storage, 2018, 15: 304.

[6] PARK J B, LEE S H, JUNG H G, et al. Redox mediators for Li-O_2 batteries: status and perspectives[J]. Advanced Materials, 2018, 30: 1704162.

[7] VEGGE T, GARCIA-LASTRA J M, SIEGEL D J. Lithium-oxygen batteries: at a crossroads? [J]. Current Opinion in Electrochemistry, 2017, 6: 100.

[8] WANG C, QIU P, CAI K, et al. Research progress of the key technologies for aluminum air battery [J]. Chemical Industry and Engineering Progress, 2016, 35: 1396.

[9] YANG C S, GAO K N, ZHANG X P, et al. Rechargeable solid-state Li-air batteries: a status report[J]. Rare Metals, 2018, 37: 459.

[10] ZHANG Y T, LIU Z J, WANG J W, et al. Recent advances in Li anode for aprotic Li-O_2 batteries[J]. Acta Physico-Chimica Sinica, 2017, 33: 486.

17 碳基超级电容器

17.1 超级电容器简介

17.1.1 超级电容器概述

随着化石燃料的不断消耗和有毒污染物的过度排放，能源短缺和环境恶化问题已引起当今社会的高度关注。而寻找长寿命、低排放的新型储能装置已是世界各国共同关注的问题。科技的迅速发展和社会的不断进步，促使人们对于环境友好、低成本、长寿命的各种储能器件的需求不断增加。因此，发展高能量、高功率密度储能器件及相关技术已成为当今社会发展的迫切需求。

超级电容器，也叫作电化学电容器，是介于常规电容器与化学电源之间的一种新型储能装置。1957 年，美国通用电气公司申请了第一个双电层电容器的专利，并提出利用高比表面积的多孔碳材料为电极组装超级电容器。1962 年，标准石油公司（SOHIO）使用活性炭为电极，以硫酸水溶液为电解质，生产了一种 6V 的超级电容器，并于 1969 年实现了基于碳电极的电化学电容器商业化生产。1979 年，NEC 公司开始了超级电容器的大规模商业化应用。20 世纪 90 年代初，随着混合电动汽车的兴起以及材料科学与工艺制备技术的不断突破，超级电容器开始受到国内外学术界和企业的关注，并在近年来迅速发展起来。

超级电容器结合了传统电介质电容器和电池的优点，具有比传统电介质电容器更高的能量密度和比电池更高的功率密度，因而是一种具有广阔应用前景的化学电源。超级电容器具有以下优点：①功率密度高。超级电容器的功率密度是普通电池的 10～100 倍，可达 10kW/kg，能够在短时间内释放几百安到几千安的电流，使电容器瞬间释放出高的能量。②充放电速度快。超级电容器能够在几分钟甚至几十秒内完成充放电过程，而锂离子电池、铅酸电池等则需要数小时才能完成充电。③循环寿命长。超级电容器充放电可逆性很好，可反复充放电，如碳基电容器的循环寿命可达 10 万次以上，是电池的 10～100 倍。④安全环保，使用温度范围宽，耐低温性能优越。超级电容器能够在－50～50℃内使用，而且低温下容量随温度的衰减非常小。超级电容器充放电速度快、功率密度高以及循环使用寿命长的优点使其在未来储能器件领域占有绝对优势，在军事、混合动力汽车、智能仪表等诸多领域具有广阔的应用前景。

17.1.2 超级电容器的组成

传统的超级电容器主要由四部分构成，分别是电极材料、电解液、隔膜和集流体，其结构如图 17-1 所示。

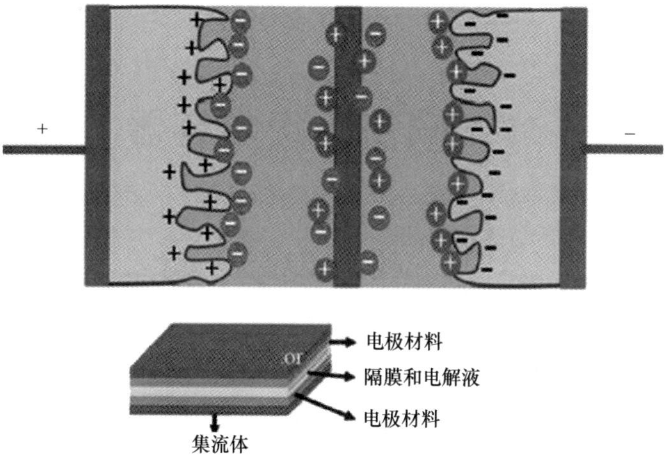

图 17-1　超级电容器结构示意图

1. 电极材料

电极材料是超级电容器的核心部分。根据超级电容器储能机理的不同，电极材料一般分为碳电极和赝电容电极。碳电极主要依靠电解质离子在碳电极表面的快速吸附/脱附来实现储能。通常可用于超级电容器电极的碳材料包括零维的碳量子点、一维的碳纳米管、二维的石墨烯以及由各类碳组装的三维碳材料。作为超级电容器的碳材料主要有以下优点：良好的电子传导性能，可满足超级电容器快速充放电的要求；较好的化学稳定性，可耐酸碱腐蚀，并能在中性电解质中稳定工作；孔结构易于调控，可通过化学活化、模板合成以及调控合成温度、模板剂用量等参数精确控制。另外，通过使用不同的碳前驱体，还可在碳电极表面植入不同的官能团，改善碳电极对电解质的润湿性能，促进电解质离子进入碳电极的纳米孔道，提高储能效率。但由于碳电极主要依靠电解质离子吸附储能，因此电极的比容量较低，电容器的能量密度一般仅为 5～10(W・h)/kg。

赝电容电极材料主要包括过渡金属氧化物（如 RuO_2、Fe_2O_3、MnO_2 等）、过渡金属氢氧化物［如 $Ni(OH)_2$ 等］以及部分导电聚合物（如聚苯胺、聚吡咯等）。赝电容电极材料主要依靠电极表面与电解质离子之间存在的法拉第氧化还原反应储存电能。因此该类电极具有较高的比电容，可储存更高的能量。但是大多数过渡金属氧化物电极的导电性较差，且充放电过程中易发生体积膨胀或收缩，导致电极的循环稳定性下降。为了提高赝电容电极材料的导电性，同时缓解体积变化引起的稳定性问题，人们通常将低导电、高容量的赝电容电极材料与高导电、低容量的碳材料进行复合，以克服两者不足，实现高容量、长寿命电极材料的理想设计。

2. 电解液

电解液是影响超级电容器性能的另一个重要组成部分。电解液一般可分为水系电解液、有机电解液、离子液体电解液和固体电解液等。常用的水系电解液包括酸性电解液，如 H_2SO_4 或 H_3PO_4 的水溶液；中性电解液，如 Na_2SO_4、Li_2SO_4 等；碱性电解液，主要是 KOH 水溶液。水系电解液具有高的离子导电性，如 30%质量分数的 H_2SO_4 的电导率可达 730mS/cm，而 29%质量分数的 KOH 水溶液的电导率为 540mS/cm。但水系电解液稳定工作的电压窗口为 0～1.0V，因此电容器的能量密度较低，很大程度上限制了其商业应用。超级电容器常用的有机电解液包括四氟硼酸四乙基铵（$TEABF_4$）的乙腈（AN）溶液，以及六氟磷酸锂（$LiPF_6$）的碳酸丙烯酯（PC）溶液。相对于水系电解液，有机电解液的工作电压窗口可扩展到2.5V，但是离子导电性较低，如$TEABF_4$/AN的导电性为50～60mS/cm。离子液体电解液是由室温下完全液态的阴、阳离子构成的有机熔融盐，不挥发，稳定性好，工作温区宽，电压窗口可进一步拓宽到4.0V，选择离子液体电解液，可显著提高超级电容器的能量密度。但离子电解液的导电性更低，仅为1～20mS/cm，并且离子液体中阴阳离子的半径相对较大，难以进入碳电极的微孔内；固体电解液由高分子主体物和金属盐两部分复合而成，聚合物电解质具有质轻、成膜性好、黏弹性和稳定性均较好等优点，近年来在科学研究方面受到较多关注。目前使用较多的固态电解液主要包括聚乙烯醇-KOH、聚乙烯醇-H_2SO_4、聚乙烯醇-H_3PO_4等。以此类电解液组装的超级电容器，可以实现弯曲、折叠、拉伸，而不会引起电容的显著衰减和电解质泄漏问题，安全性能高。但固态电解液的离子导电性低，且电极与电解质之间界面接触阻力较大，电容器的内阻较大。由此可见，电解液可以影响电容器的能量密度、功率密度、比电容、循环稳定性、充放电速率以及工作温度区间等。

3. 隔膜

隔膜的主要作用是允许电解质离子在超级电容器的两个电极中自由穿梭，阻止电子发生自由移动，从而防止短路现象的发生，起到保护电极的作用。目前，可用作电容器隔膜的材料主要有聚丙烯膜、纤维素膜、无纺布等。隔膜的厚度、表面疏/亲水性能会直接影响电容器的内阻，进而影响电容器的倍率性能和功率密度，通常选择超薄、高孔隙率、高强度、具有良好浸润性能及对电解液化学惰性的材料作为隔膜。

4. 集流体

集流体是承载电极材料活性物质的载体，是电极和超级电容器外部间的主要连接点。其作用是将电极活性物质产生的电流汇集、输出到外部电路。集流体一般要求要与活性物质有较大的接触面积，密度小且不与电解液发生化学反应的良好导体。根据使用电解液的不同，目前商业超级电容器使用的集流体包括泡沫镍、铝片和不锈钢网。也可以使用碳布、石墨烯纸、石墨烯泡沫作为集流体，集流体的导电性以及对电解液的稳定性是需要考虑的关键。

17.1.3 超级电容器的分类

1. 双电层电容器

双电层电容器是通过电极/电解液界面所形成的双电层来储存电荷的。在静电作用下，电极与电解液界面会出现稳定的正负电荷，由于界面上位垒的存在，正负电荷不能越过边界，不能发生电荷中和，从而形成了紧密的双电层，也称为界面双层。1887年，Helmholtz提出了第一个双电层电容的理论模型，如图17-2（a）所示，并给出了计算公式：

$$C = (\varepsilon_r \varepsilon_0 A)\ /d \tag{17-1}$$

式中，ε_r是电解液的介电常数；ε_0是真空介电常数；A是电解液与电极的接触面积；d是双电层的有效厚度，也就是电荷间距。但是，Helmholtz模型有其自身的局限性，因为这种模型并未考虑电解液中的离子扩散作用以及溶剂分子与电极偶极矩之间的作用。为改善

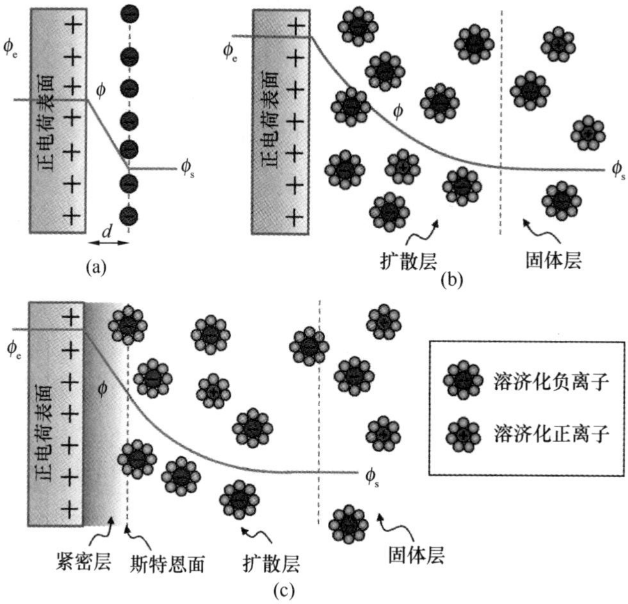

图 17-2 双电层电容器的模型

(a) Helmholtz 模型；(b) Gouy-Chapman 模型；(c) Stern 模型

这一模型，Gouy 和 Chapman 提出了如图 17-2（b）所示的双电层（EDL）模型，即在电极表面由于阴阳离子的聚集而形成了扩散层。但是当双电层电荷密度较高时，这一模式也有局限性。后来 Stern 综合了两种模型的特点，提出了 Stern 双电层模型，如图 17-2（c）所示。这种模型包含紧密层（Stern Model）和扩散层（Diffuse Layer）。因此，电极材料的双电层电容（C_{dl}）包括紧密层电容（C_H）和扩散层电容（C_{diff}），其公式为：

$$\frac{1}{C_{dl}} = \frac{1}{C_H} + \frac{1}{C_{diff}} \tag{17-2}$$

在电容器中，由于每一单元的电容器有两个电极，可以视为两个串联的电容器。因此双电层电容器储存的电能（Q）与电极间电压（V）的关系为：

$$Q = CV \tag{17-3}$$

则电容器储存的能量密度为：

$$E = \frac{1}{2} \times QV = \frac{1}{2} \times CV^2 \tag{17-4}$$

由超级电容器能量密度的计算公式可知，为了提升电容器的能量密度，可以从提高电极材料的比电容和拓宽电容器的工作电压两方面来解决。提高电极材料的比电容，需要考虑电极与电解质的接触面积、电极的导电性、电极的孔尺寸等多方面因素。另一方面，为了拓宽电容器的工作电压，可以选用有机电解液或离子液体电解液。另外在水系电解液中构建不对称电容器，也是提高能量密度的有效方法，究竟采取何种策略提高能量密度，需要综合考虑电极性质、电解液的优缺点等因素。

2. 赝电容器

赝电容器，又叫法拉第准电容器，其主要依靠电解液离子在活性电极材料表面发生快速可逆的氧化还原反应而储存电能。对于过渡金属氧化物来说，储能机理的一般过程表示为：

$$MO_x + yH^+(OH)^- + y(^-)e^- \longrightarrow MO_{x-y}(OH)_y$$

电极在外加电场的作用下，充电时电解质离子由溶液中扩散到电极/溶液界面，然后通过界面的电化学反应，进入电极表面的氧化物层中，从而使电化学反应发生，产生的电荷就被存储在电极中；放电时，电解质离子会从电极表面氧化物中离开并回到电解液中，而所储存的电荷就会通过外电路释放出来。

从赝电容器的工作原理可知，它与电池的工作原理类似，都是将电能转变为化学能存储，但是其充放电过程与电容器相似，而不单是二次电池。其不同之处在于，电容器中电极的电压与电量之间几乎呈线性关系；而当电容器的电压与时间呈线性关系时，会伴有恒定电流的产生，这个过程是一个动力学可逆的过程，在这个过程中会有电荷发生转移，从而实现电荷的存储。赝电容器充放电不仅能发生在电极材料的表面，还能够深入到电极浅表层，从而获得比双电层电容器更高的比容量。但是赝电容器的电极材料在充放电过程中容易发生体积膨胀或收缩，导致电容器的循环稳定性差，极大地限制了它的应用范围。

3. 混合电容器

混合电容器，即一个电极采用活性炭电极材料，而另一个电极采用赝电容电极材料或电池电极材料。通过提高电容器的工作电压，从而提高电容器的能量密度。在混合电容器的充放电过程中，正负极的储能机理不同，因此其具有双电层电容器和赝电容器的双重特征。混合超级电容器的充放电速度、内阻、循环寿命、功率密度等性能主要由赝电容电极的性能决定。

17.1.4 超级电容器的性能指标

超级电容器的性能指标主要有电极的比电容、能量密度、功率密度以及循环寿命等。

比电容是指电容器单位体积或单位质量所储存的电荷量，电容的单位为法拉，用符号“F”表示。超级电容器的比电容可用质量比电容和体积比电容来表示。如 F/g 和 F/cm^3 分别表明单位质量和单位体积电容器储存电荷能力的大小。一般来说，纯碳电极的比容量小于 300F/g，而赝电容如 RuO_2 和 NiO 的比电容可以大于 1000F/g，电容大小受电极的形貌、结构、比表面积及导电性等诸多因素影响。

能量密度是指超级电容器单位质量或单位体积所能提供的能量，可以用质量能量密度或体积能量密度表示，其单位分别为(W·h)/kg 和(W·h)/cm^3。能量密度反映了电容器存储电能的大小，主要由超级电容器的工作电压、电极的比电容等所决定。

功率密度可表示为体积功率密度（W/cm^3）或质量功率密度（W/kg），表示超级电容器所能承受电流的大小。

循环寿命是衡量超级电容器性能的另一个重要参数。超级电容器经过一次恒电流充放电称为一次循环，由于碳基超级电容器本质上是电解液离子在碳电极表面的吸脱附过程，因此循环寿命很长，而赝电容器由于电极浅表层与电解液离子之间存在氧化还原反应，因此寿命相对较短。

超级电容器的倍率性能反映了电容器在大电流密度下的电容保持率，是衡量超级电容器快速充放电性能的重要指标。一般情况下，可通过测试不同电流密度，得到电容器的比电容。倍率性能与电解液离子在电极内部的传输速率、电极的导电性、电解液的离子导电性等因素有关，这些因素共同构成了超级电容器的内阻，是决定倍率性能的关键因素。

超级电容器的性能分析方法主要有循环伏安测试法、恒电流充放电测试法、交流阻抗测试法、循环稳定性测试法等。

1. 循环伏安测试法

循环伏安测试是将线性扫描电压加到要被测试的电极上面，从起始电压开始以一定的扫描速度进行扫描，扫描沿着某一方向达到设定的电势值后，然后按相反的方向进行扫描，在扫描过程中会记录不同电势下的响应电流，从而获得响应电流随扫描电势变化的曲线。一般碳电极的循环伏安曲线呈矩形，这主要是因为电流信号在数值上等于电容与扫描速率的乘积。赝电容器因为电极与电解液离子之间存在氧化还原反应，所以其循环伏安曲线出现明显的氧化还原峰，根据氧化还原峰对的数目及其电位可推测电极在电化学过程中发生的氧化还原机理。

2. 恒电流充放电测试法

恒电流充放电测试法，也称为计时电位分析法，其基本原理是在恒定电流条件下对被测电极进行充放电操作，考察其电位随时间变化的情况，进而研究电极的充放电性能，计算其实际的比容量。碳材料为双电层电荷储能机制，其容量大小不随电位的变化而变化，因此充放电曲线为等腰三角形；赝电容电极材料的氧化还原反应在一定电压范围内才发生，当氧化还原反应发生时，反应会消耗大量电荷，使电位随时间的变化有明显的滞留现象，即曲线出现充放电平台，滞留次数与循环伏安曲线中氧化还原峰对的数目一致。无论是碳材料还是赝电容材料，均可通过充放电曲线计算不同电流密度下电容器的电容大小、倍率性能及循环稳定性。碳基电容器中单个电极的比电容C_s可通过以下公式计算得到：

$$C_{total} = I \times \frac{t}{A \times \Delta V} \tag{17-5}$$

$$C_s = 4 \times C_{total} \tag{17-6}$$

式中，I为恒电流充放电的电流（A）；ΔV为放电过程中的电位变化（V）；t为对应于电位变化的放电时间（s）；A为活性电极的总质量（g）、面积（cm^2）或体积（cm^3）。

电容器的能量密度E[(W·h)/kg或(mW·h)/cm^3]的计算公式为：

$$E = \frac{1}{2} C_{total} \times \frac{V^2}{3.6} \tag{17-7}$$

对应的电容器的功率密度P（W/kg或mW/cm^3）的计算公式为：

$$P = 3600 \times \frac{E}{t} \tag{17-8}$$

3. 交流阻抗测试法

交流阻抗测试法是研究电极过程动力学和界面反应的有效手段，利用交流阻抗测试可获得电极的双电层电容、电容器的溶液电阻（R_s）、电荷转移电阻（R_{ct}）以及电解液在电极内部的扩散动力学等信息。其工作原理就是以不同频率的小幅值正弦波扰动信号作用于电极系统，由电极系统的响应与扰动信号之间的关系得到电极阻抗，从而分析电极系统所包含的动力学过程及机理。根据电化学阻抗测试结果，可以绘制电极的 Nyquist 曲线，如图 17-3 所示。Nyquist 曲线由高频区域的半圆结构、中频区域的 45°斜线和低频区域的直线构成。其中高频区与实轴相交，产生两个截距，数值较小的截距为溶液电阻（R_s），包括电解液的电阻、集流体的电阻、电极材料与集流体界面接触电阻等。与实轴相交的较大截距为电荷转移电阻（R_{ct}），R_{ct} 的大小主要取决于电极材料的导电性，导电性能良好的电极，其 R_{ct} 越小。中频区的 45°斜线称为瓦尔堡阻抗（Warburg Resistance），主要来自电解液离子在多孔碳电极内部的扩散阻力，瓦尔堡阻抗越长，离子在电极内部的扩散阻力越大，电容器的内阻越大，功率和倍率性能越低。低频区直线的斜率大小与电容性质有关，直线的斜率越大，代表超级电容器越接近理想电容。

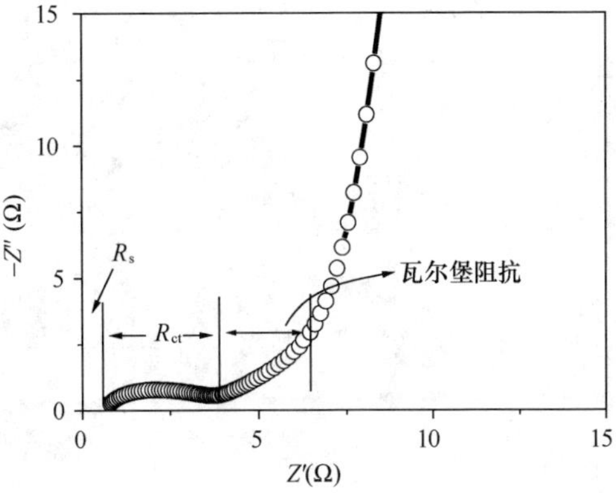

图 17-3 基于香菇碳化的活性炭电极在 1.0 M $TEABF_4$/AN 电解液中的 Nyquist 曲线

4. 循环稳定性测试法

良好的循环稳定性是超级电容器的优点之一。超级电容器的循环稳定性一般可通过三种方法测试。第一种方法是循环伏安法，该方法是采用固定的扫描速度在电容器的工作电压范围内循环扫描，记录一定周期后电容的数据，绘制循环次数与电容的曲线，可判断电容器的循环稳定性能。第二种方法是恒电流充放电测试，可根据电极质量、体积或面积设定相应的电流密度，电容器在稳定工作电压区间内进行反复的充放电测试，记录电容随充放电次数的变化，该方法是目前普遍使用的测试电容器循环寿命的方法。第三种方法是浮点电压测试法，由 Kötz 等人于 2010 年提出。该方法认为，电容器的稳定性主要取决于其最高工作电压，电容器能够承受最大电压的时间越长，电容器稳定性越好。通常的充放电和循环伏安法是在电容器的工作电压区间内循环，因此每一个循环过程经过最大电压的时间非常有限，不能准确获得电容器对最大电压的承受能力。浮点电压测试法是评估电容器在额定电压下的承受时间，经过最大电压测试一段时间后，通过循环伏安或恒电流充放电计算电容器的比电容，然后绘制比电容与最大电压持续时间曲线。

17.1.5 超级电容器的应用

超级电容器区别于电池的最大优点在于，其功率密度高、充放电速度快，因此能在瞬间提供能量。基于这样的储能特点，超级电容器已在诸多领域展示良好的应用前景。例如，在纯电动汽车领域，开发了超级电容器电动汽车，仅需数分钟就能完成充电过程；在工程领域，超级电容器可应用于大型起重机设备，满足起重机在瞬时需要的大电流；在电子设备中，超级电容器能驱动仪器仪表等设备正常工作。此外，超级电容器还可作为备用电源，与电池耦合成供电系统，广泛应用于航空航天、轨道交通、军工以及各类设备的不间断电源等。图 17-4 给出了超级电容器的应用领域。

图 17-4　超级电容器的应用领域

17.2　碳基超级电容器电极材料

影响超级电容器性能的关键因素是电极材料，碳电极材料是人们研究最多的电容器电极材料。按照碳材料的结构，从维度上将碳材料分为以碳纳米洋葱为代表的零维碳，以碳纳米管为代表的一维碳，以石墨烯为代表的二维碳以及以活性炭为主的三维碳。其中碳材料的离子可接触表面积及电子导电性是影响材料电容性能的关键。前者决定了电容器的比电容大小，后者决定了电容器的倍率性能，即能否实现快速充放电行为。表 17-1 对比了不同结构碳材料组装的超级电容器的基本性能。

表 17-1　不同结构碳材料组装的超级电容器性能比较

电极材料	碳纳米洋葱	碳纳米管	石墨烯	活性炭	碳化物骨架碳	模板碳
维度	零维	一维	二维	三维	三维	三维
导电性	高	高	高	低	中等	低
体积电容	低	低	中等	高	高	低
成本	高	高	中等	低	中等	高
结构	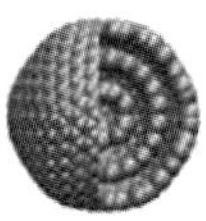	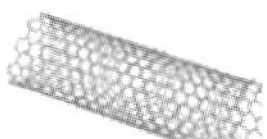	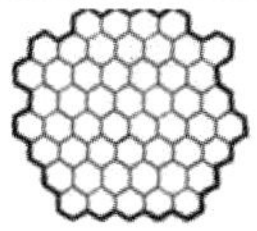	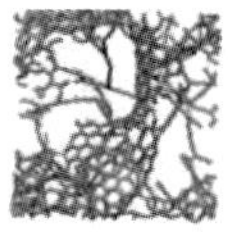	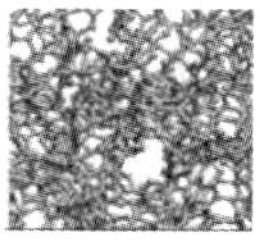	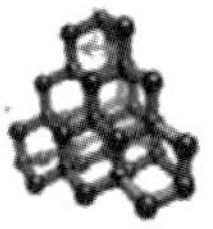

17.2.1　碳纳米洋葱

碳纳米洋葱是一种新型的零维碳纳米材料，最初由日本饭岛澄男于 1980 年发现。同富勒烯、碳纳米管、石墨烯一样，碳纳米洋葱为碳的同素异形体，由多层碳按照类似洋葱结构的同心圆形成的一种新型碳纳米材料，如图 17-5 所示。碳纳米洋葱一般为无孔结构，尺寸约几个纳米，通过在氩气或真空状态下热解纳米金刚石获得，表面积为 500～600 m^2/g，导电性较好，因此组装的超级电容器功率密度较高，但比电容较低，仅为 30F/g 左右。最近 Brunet 等人通过电泳沉积法在 Si/SiO_2 基板上表面沉积了约 10μm 的碳纳米洋葱，碳纳米洋葱直径为 6～7nm，表面积约 500m^2/g。碳纳米洋葱的最大特点在于颗粒内部无纳米孔结构，因此外表面可被电解液离子完全接触，从而有利于形成双电层结构，加之粉末碳纳米洋葱的导电性为 4S/cm，可最大限度地满足快速离子和电子传输的要求。因此用碳纳米洋葱组装的超级电容器表现出超高的倍率性能。如在 1.0mol/L $TEABF_4/PC$ 电解液中，当扫描速度高达 200V/s 时，依然保持了理想的电容行为，在 0～3V 的电压窗口循环充放电 10000 次后，电容未见明显衰减。

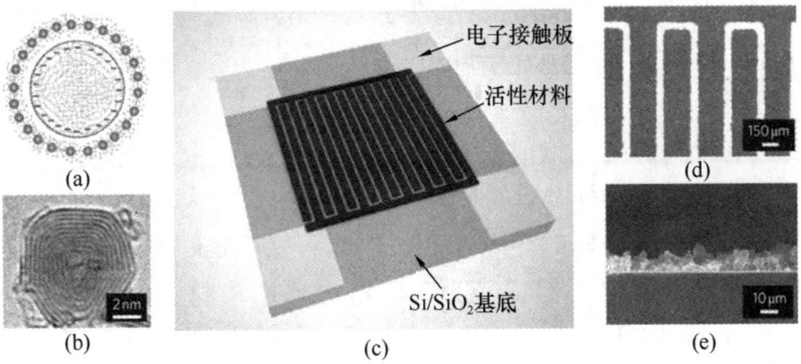

图 17-5　碳纳米洋葱的结构

（a）碳纳米洋葱微型超级电容器截面示意图；（b）洋葱碳的透射电子显微镜照片；
（c）平面交叉指型洋葱碳微型超级电容器示意图；（d）微电极的光学照片；
（e）洋葱碳电极横截面的扫描电子显微镜照片

17.2.2　碳纳米管

碳纳米管（CNTs）是通过碳氢化合物高温催化分解得到的，分为单壁（SWCNT）和多壁（MWCNT）碳纳米管，在导电性、机械性能方面表现优异，1997 年，Niu 等人将 CNTs 应用于超级电容器电极。由于 CNTs 优异的导电性，电容器内阻非常低，在 38% 质量分数的 H_2SO_4 电解液中获得了 8kW/kg 的功率密度。但 CNTs 的表面积通常小于 $200m^2/g$，因此电极的比电容仅为 100F/g。另外，由于 CNTs 良好的导电性，常作为添加剂用于电极制备方面。目前如何开发出致密的、纳米有序的、与集流体垂直定向的碳纳米管阵列成为了研究重点。

17.2.3　石墨烯

石墨烯（Graphene）是由 sp^2 杂化的碳原子在二维空间按照六方紧密排列而成的单层碳原子结构，具有离域大 π 键，厚度仅为 0.335nm。石墨烯的概念很早就被提出来，但直到 2004 年，英国曼彻斯特大学 Andre Geim 和 Kostya Novoselov 才首次将石墨烯从天然石墨中分离出来。由于石墨烯由单层碳原子组成，因此其理论比表面积高达 $2630m^2/g$。而在晶体中自由移动的 π 电子，使其具有超高的载流子迁移率[$2\times10^5cm^2/(V\cdot s)$]。此外，碳原子相互交联形成的 sp^2 结构，使石墨烯具有极高的柔韧性和优异的热稳定性。目前石墨烯的合成方法较多，由最初的机械剥离法，发展到外延生长法、化学气相沉积法以及氧化石墨还原法等。其中氧化石墨还原法是目前获得大量石墨烯最为常用的方法之一。其基本原理是通过化学氧化，将羟基、羧基、羰基等含氧官能团插入石墨层间。由于插入的含氧官能团具有亲水性，降低了石墨层的表面能，同时使石墨的层间距变大，削弱了石墨层之间的范德华力。在水溶液或有机溶液中借助外力，如超声震荡等可获得单层的石墨烯氧化物（Graphene Oxide，GO）分散液。随后经化学还原、微波还原、热还原等，可得到还原的石墨烯氧化物（Reduced GO，rGO），相对于机械剥离的石墨烯，化学法得到的 rGO 表面保留了一定数量的含氧官能团，这些表面含氧官能团对 rGO 性能的影响是多重的。首先，表面官能团的存在会破坏石墨烯 sp^2 结构，在石墨烯面内产生缺陷，导致 rGO 的导电性变差。其次，官能团的亲水性引起 rGO 易于团聚，导致表面积显著降低。另外，表面官能团的存在有利于 rGO 分散在多种溶剂中，为液相制备或加工石墨烯及其复合材料提供了可能。

电解液离子在电极内部的传输时间可用公式 $\tau = l^2/d$ 来描述，其中 l 为离子传输路径，d 为离子传输系数。因为石墨烯的单原子超薄结构，大大缩短了电解液离子的传输路径。另外，石墨烯本身具有良好的导电性能，因此石墨烯是一种理想的超级电容器电极材料。2008 年，Rao 等人首次将石墨烯作为超级电容器电极材料。制备的石墨烯比表面积为 $925m^2/g$，在 1.0mol/L H_2SO_4 中，其比容量为 117F/g，当以电压窗口较宽的离子液体 N-甲基丁基吡咯烷二（三氟甲基磺酰）亚胺盐（PYR_{14}TFS）为电解液时，其比容量和能量密度分别为 71F/g 和 31.9(W·h)/kg。

此后，以石墨烯为核心的储能材料在超级电容器中的研究迅速发展起来。Stoller 等人以水合肼作为还原剂，在 100℃的油浴中把氧化石墨烯还原成石墨烯，虽然具有一定程度的团聚，但其比表面可达 $705m^2/g$，在 6.0moL KOH 电解液中的比容量为 135F/g，在 $TEABF_4$/AN 电解质中为 99F/g。由于水合肼毒性较大，Chen 等人以氢溴酸为还原剂，获得可重新分散在水中的 2～3 层的石墨烯，以离子液体 $BMIPF_6$ 为电解质，当电流密度为 0.2A/g 时，比容量为 158F/g，在 1.0mol/L H_2SO_4 电解质中，其比容量高达 348F/g。假定石墨烯的表面积 $2630m^2/g$ 能全部用来形成双电层，则石墨烯的理论比电容约为 550F/g，而实际上，由于化学还原石墨烯片层之间存在着较强的范德华力以及 π-π 堆积作用，使得 rGO 片层之间团聚现象十分严重，不但降低了其实际的比表面积，而且阻碍了电解质离子在石墨烯片层间的传输，限制了其电容性能的发挥。

为了提高石墨烯电极的比表面积，增强其电容性能，可以从三方面来解决团聚问题：一是在石墨烯片层间引入间隔物，如碳纳米管、中孔碳等，通过增大其片层距离促进电解质离子在片层间的快速传输。二是通过构筑石墨烯三维结构来避免石墨烯的严重堆叠，如石墨烯气凝胶、石墨烯泡沫等。在石墨烯三维网络结构中，石墨烯片层相互交联，有足够的空间存储电解质离子，同时也能够作为电解质离子的传输通道，加快其充放电速度。三是通过在石墨烯片层上制造纳米孔来增大其表面积，促进电解质离子沿石墨烯片层垂直方向传输。目前在石墨烯片层上制造纳米孔的方法主要有等离子体刻蚀法、模板法、化学活化法等。

17.2.4 活性炭

活性炭（Activated Carbons，ACs）是在惰性气氛下对含碳的前驱体进行高温碳化处理，再经物理或化学活化来增大其表面积。活性炭属于典型的三维结构材料，具有成本低、导电性适中、孔道发达可控等优点，已被广泛应用于超级电容器电极材料中。目前作为起始原料应用到超级电容器的生物质有很多，如蚕丝、棉花、木耳、茄子、柳絮、香菇等。例如，Fan 课题组使用小麦粉作为碳源，利用 KOH 作为活化剂，制备出了三维蜂窝状结构的多孔碳材料，如图 17-6（a）（b）所示。所制备的三维多孔碳具有 $1313m^2/g$ 的高比表面积，在 0.5A/g 电流密度下，电容值高达 473F/g，且电极的倍率性能、稳定性能非常好。

生物质前驱体种类繁多且结构各异，除了可以制备三维多孔碳材料，还可以通过选择合适的前驱体来制备二维多孔碳材料。如图 17-6（c）（d）所示，Cao 等人利用天然丝绸，以 $ZnCl_2$ 和 $FeCl_3$ 为活化剂，制备了二维多孔碳纳米片。该二维纳米片比表面积大，活性位点多，当用作超级电容器电极材料时，展现出来优异的电化学性质。尤其是当使用离子液体为电解液时，电压窗口可以扩宽到 3.5V，且保持电化学性质的稳定，输出的能量密度高达 102（W·h）/kg。离子液体中离子尺寸较大，在三维微孔碳中电化学性质并不理想，而二维碳材料的开放性孔道和大量的活性位点，使其在离子液体中仍然发挥出优异的电化学性能。

图 17-6　三维碳材料和二维碳材料

（a）、（b）以面料为碳源；（c）、（d）以蚕丝为碳源

活化炭材料的方法有很多，其中 KOH 活化是目前获得高表面积活性炭比较成熟的方法。在活化过程中，KOH 与碳原子发生如下化学反应：

$$6KOH + C \longrightarrow 2K + 3H_2\uparrow + 2K_2CO_3$$

由于碳原子参与了反应，所以会在材料上产生孔缺陷，增加碳材料的比表面积。但材料的性能与活化剂 KOH 的用量有关。一方面 KOH 可以提高材料的比表面积和孔隙率，另一方面还可以保持材料的原始形貌。例如，Li 课题组以微观结构为片层状的坚果壳作碳源，通过碳化及 KOH 活化的方法，制备出了二维多孔纳米片。该材料保留了原始材料的片层结构，但具有非常高的比表面积，作为超级电容器电极材料时，显示出良好的倍率性和稳定性。

活性炭的结构在很大程度上依赖于前驱体的结构。通常得到的活性炭为粉末，具有大量的孔径小于 2nm 的微孔，电解液在弯曲微孔内部的传输阻力较大，因此电容器的倍率性能较低，通过选择不同结构的碳前驱体，可以改善炭电极的电容性能。如马里兰大学 Hu 等人，选择碳化和化学活化天然木材，得到的活性碳材料不但保持了天然木材的独特组织结构，而且具有一定的机械强度，可满足对木材碳的储能器件加工需要。另外，通过在木材碳表面生长赝电容 FeOOH 活性材料以及进一步的导电高分子聚 3,4-乙烯二氧噻吩(PEDOT)包覆，可使木材碳的体积电容由 29F/cm 提高到 126F/cm，且复合电极表现出良好的电化学循环稳定，如图 17-7 所示。

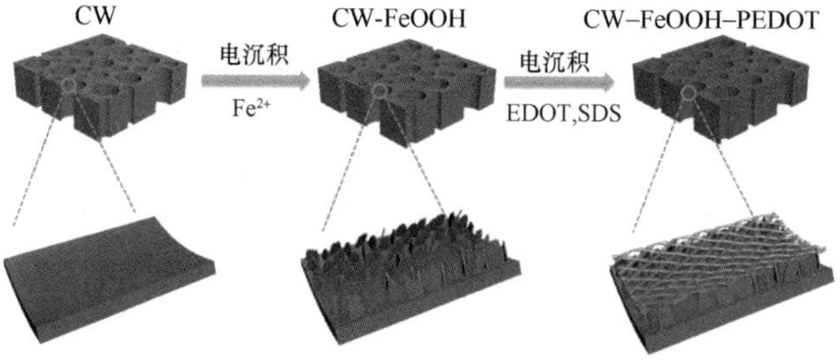

图 17-7 木材碳上生长电化学活性 FeOOH 纳米片及 PEDOT 包覆示意图

17.3 碳基柔性超级电容器

随着便携式、可穿戴、微型化电子器件的迅速发展，能量存储设备不但需要高的能量密度，而且应满足柔性、密度小、安全环保等储能特点。目前商业上的超级电容器普遍使用刚性集流体，且活性炭电极不能弯曲，加之使用有毒、易挥发的有机电解液，因此已无法满足柔性电子器件快速发展的市场需求。因此发展尺寸小、密度小、寿命长、工作温区宽的柔性超级电容器已成为近年来研究的重点。

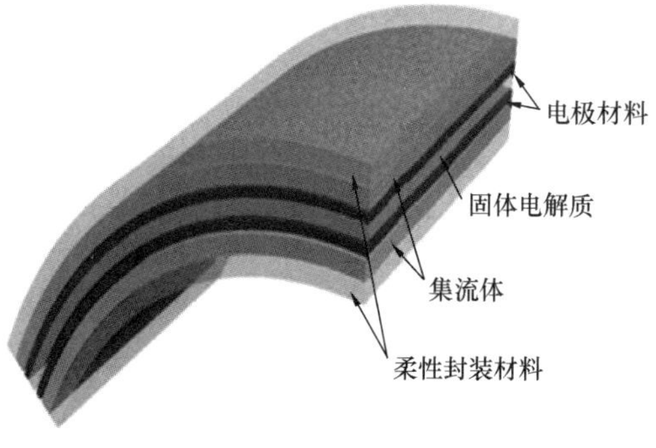

图 17-8 柔性固态电容器的结构示意图

图 17-8 给出了柔性超级电容器的结构示意图。与传统超级电容器的结构类似，柔性超级电容器由电极材料、固体电解质、隔膜和柔性封装材料组成。在某些特殊情况下，电极和电解质也可分别充当集流体和隔膜的作用。因此柔性电极和固态电解质是实现柔性超级电容器的关键。为了满足柔性固态电容器在弯折、扭曲等状态下保持稳定电容性能的需要，选择电极材料时，不仅要考虑电极的比容量和循环使用寿命，还要考虑其柔韧性、机械加工性及动态下的电化学稳定性。在制备柔性电容器时，通常将电极材料直接生长或涂覆到柔性基底上（如聚对苯二甲酸乙二酯、金属铂片、碳布等），或者将电极材料设计成自支撑的柔性结构。除电极需具备柔性外，电解质也需具备柔性。目前在柔性电容器研究中，常使用聚合物凝胶电解质。目前的凝胶电解质可分为三类：第一类是锂离子凝胶电解质，如 PVA/LiCl、PVA/$LiClO_4$ 等；第二类是质子凝胶电解质，或者叫氢离子凝胶电解质，如 PVA/H_2SO_4、PVA/H_3PO_4 等；第三类是碱性凝胶电解质，如 PVA/KOH、PEO/KOH。凝胶电解质不仅能够允许电解质离子的自由移动，还可起到隔绝电子传导的作用，从而保护电极，防止短路。

柔性固态超级电容器的集流体往往就是材料本身（如石墨烯膜、碳纳米管薄膜、碳纤维等）或者是柔性基底（碳布、碳化海绵等）；因此几乎不需要额外的集流体。不同于传统的电容器高成本的封装，柔性固态电容器只需要进行简单的封装便可。常用的封装材料有聚对苯二甲酸乙二酯（PET）、聚二甲基硅氧烷（PDMS）、醋酸乙烯共聚物（EVA）等。柔性固态电容器的隔膜和传统液态电容器的选用标准类似，都选择内阻较小的多孔材料或者将凝胶既充当电解质又充当为隔膜。目前常用的隔膜材料有纤维素纸、无纺布、高分子聚合物等。

17.3.1 柔性超级电容器的结构类型

随着对柔性超级电容器研究的不断深入，"柔性"的概念也得到进一步扩展，根据柔性超级电容器器件的结构特点，人们将柔性电容器分为六大类，即三明治结构、微型、可拉伸、可压缩、透明以及纤维型电容器，如图 17-9 所示。

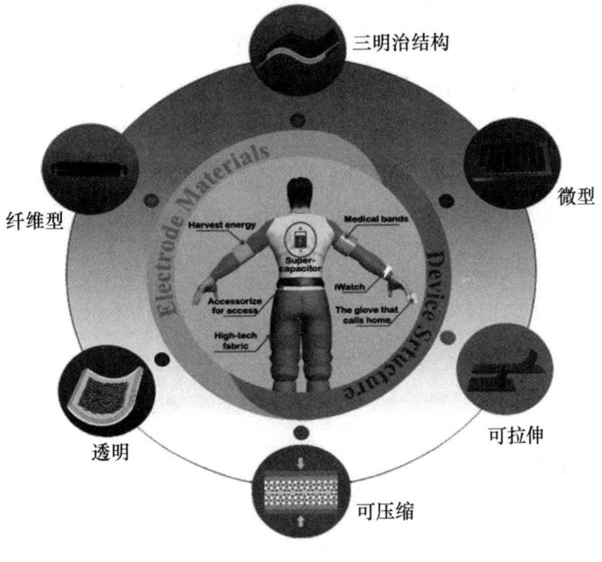

图 17-9 柔性超级电容器的六种构型

1. 三明治结构超级电容器

三明治结构超级电容器是指将柔性电极材料、凝胶电解质和隔膜层层组装起来，然后用柔性封装材料将其组装为三明治结构。在制备柔性电极时，主要有自支撑薄膜电极和基底支撑电极。其中自支撑薄膜电极，如碳纳米管薄膜电极，这种电极比表面积大，自身有很好的弯曲和折叠性能，同时由于碳纳米管薄膜的导电性能优异，在组装柔性电容器时，不需要金属集流体来提高导电性。而基底支撑电极，是当活性材料为粉末碳材料或金属氧化物时，由于这些活性组分本身不具有柔性，因此需要选择柔性基底，如纤维素纸、碳布等。也可将电极材料涂覆或直接生长在柔性基底上，再经过封装制备成柔性超级电容器。

2. 微型超级电容器

微型超级电容器（MSC）是一类小体积、大功率的电化学能量存储装置，主要由正极、负极及电解液组成，其中正、负电极处在同一个平面上，其组成结构类似叉指型电容器。制备流程为：首先采用光刻技术在柔性基底上制备需要的电极图案，然后通过原位电化学沉积技术在图案上生长活性电极材料，最后引入凝胶电解质，即完成微型超级电容器的组装。近年来，微纳制造技术的快速发展，催生了平面叉指型微型超级电容器的广泛研究。区别于传统的堆叠型电容器，微型超级电容器具有比电池高出数个量级的功率密度，可为众多领域提供充足的峰值功率。此外，微型电容器还具有优异的倍率性能和超长的使用寿命（高达百万次）。目前，大多数研究主要致力于通过改善材料性能与器件结构来提高能量密度，促进微型超级电容器储能的实际应用。

随着微纳加工技术的进步，研究人员提出了许多新的器件制备方法，如等离子体刻蚀、激光刻绘、直接打印技术等，极大地扩展了 MSC 的应用范围。常用的柔性基底除织物布和纸张之外，聚对苯二甲酸乙二醇酯（PET）、聚酰亚胺（PI）、聚萘二甲酸乙二醇酯（PEN）等聚合物薄膜由于具有良好的机械强度、化学稳定性及透光率高的特点，因而广泛用作柔性透明基底。Kaner 课题组利用光盘刻录机对负载于光盘上的氧化石墨烯薄膜直接进行激光刻绘，获得 rGO 并形成叉指型微电极图案。随后用导电铜胶带引出并注入电解液，即可制得激光刻绘的石墨烯微型超级电容器，如图 17-10 所示。该方法 30min 内即可在一块光盘上制备出 100 多个微型器件。值得注意的是，器件尺寸的小型化能大大增强电荷存储能力和倍率性能，其时间常数仅为 19ms，同时功率密度高达 200W/cm^3，远大于传统的堆叠型及目前的商用超级电容器。Liu 等人将电化学剥离的石墨烯（EG）墨水利用喷射沉积方式，直接打印在硅片、纸张和 PET 等多种基底上。其中打印在纸张上的微型电容器比电容为 5.4mF/cm^2，打印在超薄 PET 基底上的器件，其厚度比头发更薄，可贴合在手上并随手指任意弯曲，即使弯曲 1000 次以上仍可保持较好的电荷存储能力。

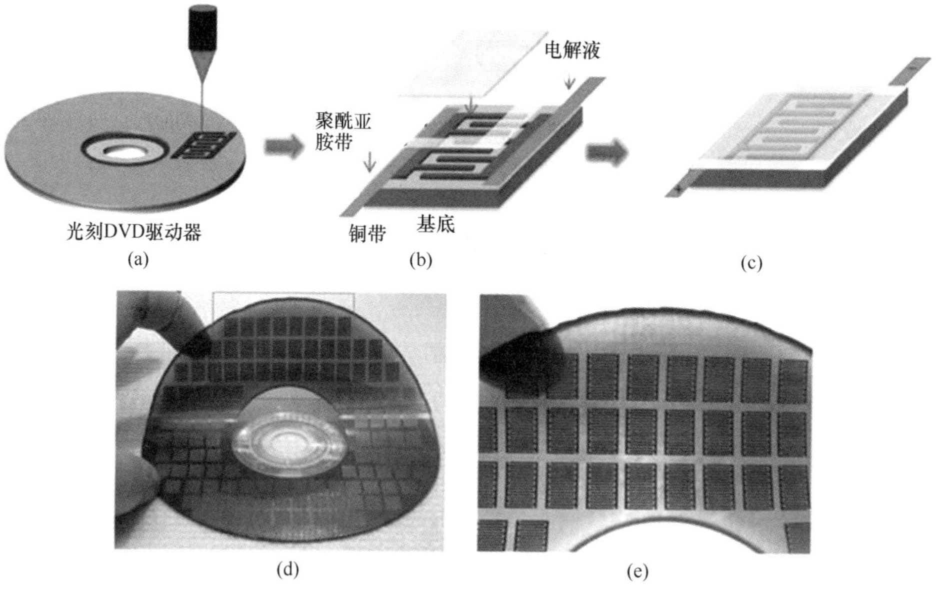

图 17-10　激光刻绘制备石墨烯微型超级电容器的工艺流程图

（a）～（c）在光盘上直接制备出 100 个微型超级电容器；

（d）、（e）刻绘在光盘上的 100 个微型石墨烯柔性电容器

3. 可拉伸超级电容器

可拉伸超级电容器是柔性超级电容器的进一步发展，与可弯曲电容器相比，可拉伸电容器的制备更具有挑战性。拉伸意味着对电容器结构的改变，这种改变往往会造成电容器结构的破坏，但在可穿戴器件中，拉伸是必须具备的基本条件，因此，研究可拉伸超级电容器对发展可穿戴电子器件具有重要意义。可拉伸超级电容器的关键在于制备可拉伸电极材料。目前，比较常用的可拉伸电极包括单壁碳纳米管（SWCNT）薄膜电极、导电聚合物电极等。

4. 可压缩超级电容器

可压缩超级电容器是指电容器在一定外压作用下，体积被压缩，当压力释放后，其又可以恢复到原始状态，且其电容性能未显著改变。可压缩电容的关键是设计可压缩电极。2003 年，北京理工大学曲良体教授在石墨烯水溶胶内引入聚吡咯高分子材料，在外力 200 次循环压缩至 50%体积后，几乎可完全恢复至原来的体积，且在压缩过程中石墨烯的三维网络结构未遭到破坏。在未受压力和 50%外压下，超级电容器的体积电容分别为 $14F/cm^3$ 和 $28F/cm^3$。2005 年，Niu 等人利用浸渍法对商业海绵进行了单壁碳纳米管修饰，随后通过氧化聚合在碳海绵上生长了聚苯胺赝电容材料。如图 17-11 所示，在复合电极中，商业海绵提供可压缩骨架，单壁碳纳米管提高电极的导电性，聚苯胺提供赝电容。以此电极构成的全固态电容器，与无外压相比，电容器压缩至 60%体积后的电容性能几乎保持不变，表明海绵是一种理想的压缩电容器基底材料。此外，碳纳米管海绵、碳海绵也是可压缩超级电容器的理想电极。

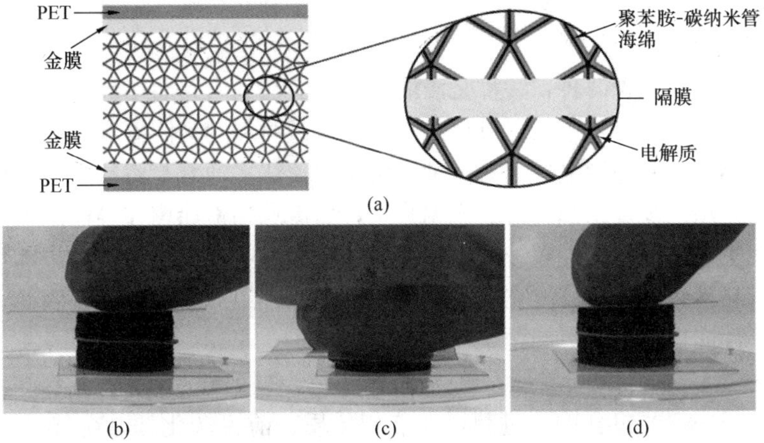

图 17-11 聚苯胺及单壁碳纳米管修饰商业海绵

（a）可压缩电极结构；（b）～（d）超级电容的可压缩性能光学照片

5. 透明超级电容器

透明超级电容器是发展透明电子器件的关键。在组装透明超级电容器时，要求超级电容器的电解质、隔膜、封装材料都必须是光学透明的，而发展超薄片层结构电容器的电极材料是制备透明超级电容器的关键。目前，人们常用化学气相沉积（CVD）法制备高质量且透明的单层或少层石墨烯来制备透明超级电容器。

6. 纤维型超级电容器

纤维型超级电容器处于一维尺度内，具有尺寸小、密度小等特点。由于其独特的线状结构，纤维型超级电容器可以被编织成各种形状，在可穿戴电容器中具有较好的应用前景。目前纤维型超级电容器可分为三种结构，即平行结构、缠绕结构和同轴结构，如图17-12所示。平行结构是指两根纤维电极平行相连，中间以凝胶电解质填充；缠绕结构是指两根浸渍有凝胶电解质的纤维电极相互缠绕；同轴结构按照纤维电极-凝胶电解质-纤维电极层层相连形成纤维电容器。

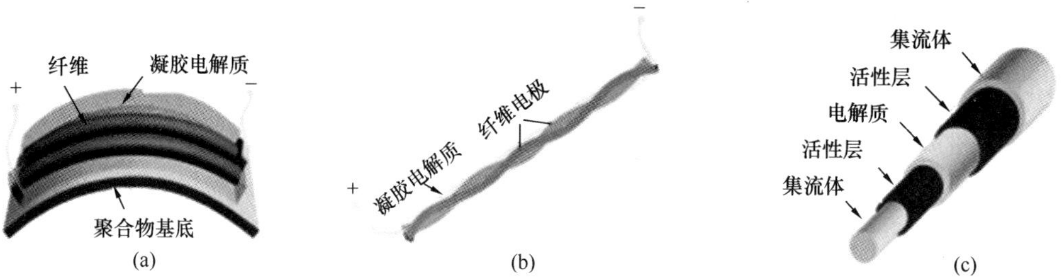

图 17-12　纤维型超级电容器结构示意图

(a) 平行式；(b) 缠绕式；(c) 同轴式

17.3.2　柔性电极的制备方法

根据电极材料的不同，目前制备柔性超级电容器电极的方法主要有直接涂覆法、电化学沉积法、水热合成法、化学浴沉积法、原位聚合法和纺丝法。

1. 直接涂覆法

直接涂覆法主要包含两种：一种是浸渍法。该方法通常是将不导电的柔性基底浸渍在具有高导电性的碳材料溶液中，通过反复浸渍，使碳材料均匀附着在柔性基底表面，此过程可有效改善柔性基底的导电性。另一种方法是涂覆法。通常是将粉末电极材料与导电剂和黏结剂混合，加入少量乙醇，研磨成泥浆状，然后均匀地涂覆在导电的柔性基底上，依靠导电基底的柔性来制备柔性超级电容器。但在涂覆法中，电极材料与柔性基底的结合力一般较弱，容易导致电极在反复充放电过程中出现活性组分脱落现象，因而可能会造成容量衰减或循环性能快速下降等问题。

2. 电化学沉积法

电化学沉积法主要包含四个过程，即液相传质、前置转化、电荷传递和置后转化过程。根据电流方式和沉积电压的不同，常见的电化学沉积主要有恒电流沉积和恒电位沉积。恒电流沉积法制备纳米材料通常采用较大的电流密度，并加入一些添加剂来增大阴极的极化程度，从而提高成核速率，阻碍晶体生长以细化晶粒而获得纳米晶。恒电位沉积是指通过控制电压，改变沉积时间来制备一定形貌结构和组成的纳米材料。与恒电流沉积法相比，恒电位沉积方法简单，可控性强且重复性好。随着电沉积反应的不断进行，沉积物的厚度会不断增加，导致电极的电阻增大，沉积电流会不断减小，而电沉积产物会越来越致密和均匀，并且电沉积产物与基底的结合力也会增强。影响电化学沉积的因素主要有溶液组分、pH 值、温度、阴极电位、电解液浓度和沉积时间。

3. 水热合成法

水热合成法是指在高温高压的密闭体系中，反应物处于临界状态，反应活性大大提高，能够替代难以进行的合成反应，有利于生长缺陷少、取向好、完美的晶体，另外，产物的结晶度也易于控制。但是由于反应在高温高压下进行，柔性基底也可能伴随有副反应，导致基底局部断裂，脆性增强。

4. 化学浴沉积法

化学浴沉积法是指将经过表面活化处理后的反应基底浸在沉积液中，在没有外加电场或其他作用下，常压、低温下（一般为 30～100℃）通过控制反应物之间的化学反应来制备沉积物。由于反应是在低温下进行的，避免了反应基底发生氧化或腐蚀。同时，由于溶液中的反应物是以离子形式存在的，容易制备形貌均匀的产物。此方法步骤简单，有利于控制生成物的形貌及结构组成。

5. 原位聚合法

原位聚合法通常是指苯胺、吡咯和噻吩等单体在酸或水体系中，通过加入氧化剂来引发单体聚合生成聚苯胺、聚吡咯、聚噻吩等高分子导电聚合物。采用这种方法可定量地获得氧化度高、导电性优良的聚合物。但是，导电聚合物自身的电化学稳定性较差，在电化学测试中，电容衰减较快，因此，通常选择将导电聚合物与碳材料（CNT、石墨烯等）复合来提高电极材料的倍率性能。

6. 纺丝法

纺丝法是用来制备线型超级电容器的主要方法，主要分为湿法纺丝、干法纺丝和静电纺丝。湿法纺丝主要过程是：先将反应物前驱体溶解在一定溶剂中，得到一定浓度和组成的溶液，也叫纺丝原液，然后将原液从喷丝孔压出，形成细流，并在凝固液中发生凝固，形成纤维。干法纺丝与湿法纺丝类似，都是先制备纺丝原液，从喷丝孔压出，但是不进入凝固液，而是进入纺丝通道，在热蒸发的作用下，溶液挥发，纺丝原液发生固化，形成纤维。静电纺丝是将纺丝原液置于强电场，在强电场作用下进行喷射纺丝，纺丝时，针头处的液滴会从球形变成圆锥形，并从尖端延展得到纤维，这种方法能够得到纳米级的纤维。

17.3.3 石墨烯柔性超级电容器

石墨烯薄膜也叫石墨烯纸，具有密度小、厚度薄、柔性好等优点而被广泛地应用于柔性超级电容器中。目前，人们发展了很多方法来制备石墨烯薄膜，如真空抽滤法、旋涂法、层层沉积法以及界面自组装法等。Wallace 等人利用真空抽滤法制备了石墨烯薄膜。但是研究发现，由于石墨烯片层之间强的 π-π 作用和范德华力的存在，这种方法制备出的石墨烯薄膜发生了严重的堆叠和团聚，导致石墨烯薄膜比表面积大幅度下降，制约了电解质离子在石墨烯薄膜内部的传输，降低了薄膜电极的电化学性能。

为增大石墨烯薄膜的比表面积，减少石墨烯片层的团聚现象，Park 等人利用超分子组装的方法，并采用全氟磺酸树脂对石墨烯片层进行功能化，然后组装成石墨烯薄膜。全氟磺酸树脂是一种亲水分子，不仅能够阻止石墨烯片层的团聚，同时能够加强电极与电解液的界面接触。因此，功能化的石墨烯片在自组装时发生交联，形成相互交联的石墨烯网络，构筑了电解质离子快速传输的通道，增强了石墨烯电容性能。图 17-13 (a) 是利用功能化石墨烯膜组装的柔性超级电容器示意图，功能化石墨烯膜作为电极材料，全氟磺酸膜作为隔膜，透明的 PET 薄膜作为柔性封装材料。图 17-13（b）、(c）是功能化石墨烯膜的微观形貌，由图中可以看出，石墨烯片层组装形成的膜上有丰富的孔道，说明在使用全氟磺酸树脂对石墨烯片层进行功能化后，确实能够在石墨烯组装过程中形成孔道结构，促进离子传输。这种功能化石墨烯柔性电容器电容值为 118.5F/g，当电流密度增大到 30A/g 时，电容保持率为 90%。为进一步证明功能化石墨烯膜的柔性，对其进行弯曲性能测试，如图 17-13（d）、(e）所示。弯曲后功能化石墨烯膜电容器的 CV 与其初始状态下的 CV 图相比，几乎无变化，表明其弯曲性能优异。

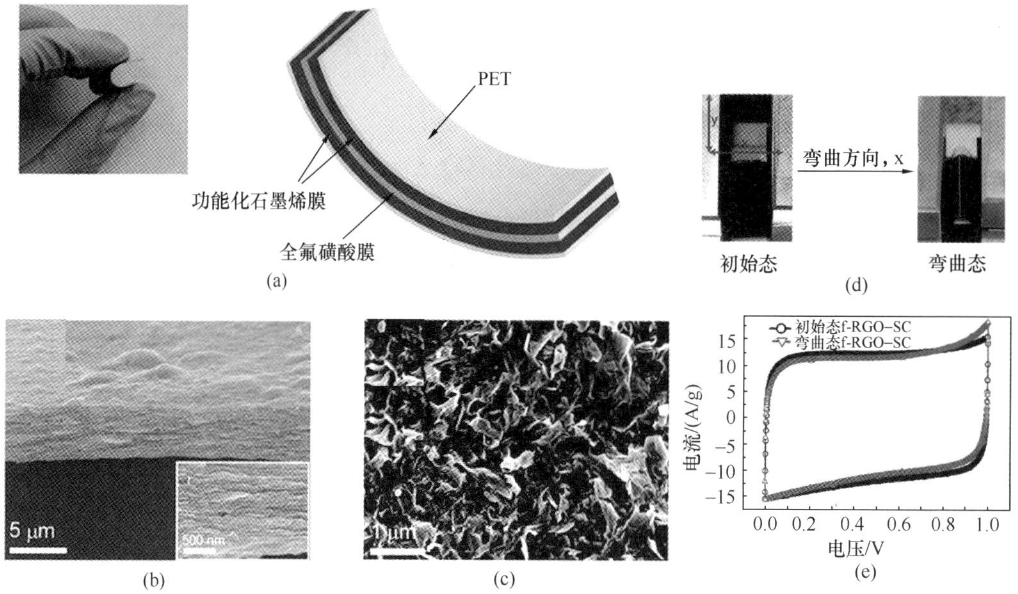

图 17-13　石墨烯柔性超级电容器的结构特点

（a）全固态柔性电容器示意图；(b）、(c）功能化石墨烯膜扫描电镜照片；

（d）柔性电容器弯曲性能测试；(e）柔性电容器弯曲前后 CV 图

超级电容器的电容性能与电解质离子和电子的传输速度有关，传输速度越快，则电荷存储越快，电容性能越好，而电极材料的微观结构和导电性对电解质离子和电子的传输速度起着决定性作用。为提高并优化电极材料的导电性和孔结构，通过构筑三维结构的柔性石墨烯电极材料（如气凝胶、海绵、泡沫等）来增强柔性超级电容器的电容性能。这些三维结构的石墨烯材料具有微孔、介孔和大孔结构，这些孔结构增大了石墨烯的比表面积，并提供了快速的离子传输通道。Choi 等人利用聚苯乙烯小球作模板，制备了三维大孔结构的化学修饰石墨烯薄膜，如图 17-14（a）所示。在除去聚苯乙烯小球模板后，发现石墨烯薄膜的孔结构没有发生塌陷，很好地保持了相互交联的大孔结构。通过测试石墨烯薄膜的电导率可知，电导率高达 1204S/m，确保了电子在石墨烯膜中的快速运动。图 17-14（c）是多孔石墨烯膜的透射电镜图片，从图中可知，多孔石墨烯膜完美地复制了 PS 小球的形貌，石墨烯片层之间相互交联，大孔结构明显，为电解质离子的快速传输提供了通道。为增强石墨烯膜的电容性能，在石墨烯膜上沉积具有高容量的 MnO_2 电极材料。从图 17-14（d）～图 17-14（g）的元素分布图

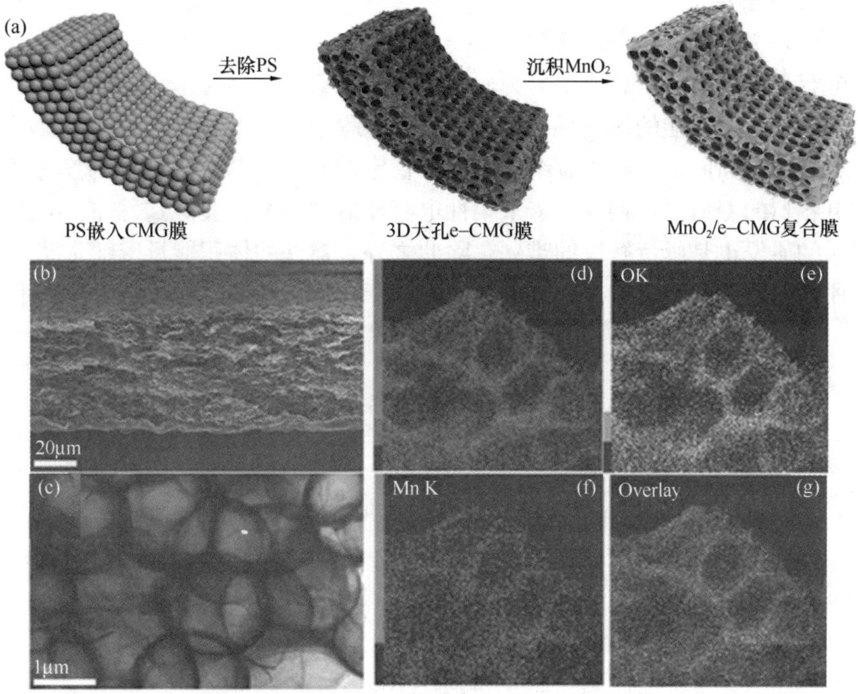

图 17-14 石墨烯/MnO_2 复合材料的结构示意图

(a) 制备三维大孔石墨烯/MnO_2膜示意图；(b) 石墨烯膜的横截面扫描电镜图；(c) 透射电镜图片；(d) ～ (g) 石墨烯/MnO_2膜的元素分布图

可知，MnO_2均匀地沉积在多孔石墨烯膜上。电化学测试结果表明，在沉积 MnO_2后，当电流密度为 1A/g 时，电容值为 389F/g，当电流密度增大到 35A/g 时，电容值仍有初始值的 97.7%，表明石墨烯/MnO_2复合材料具有优异的倍率性能。为进一步提高柔性电容器的能量密度，研究人员以石墨烯/MnO_2为正极，石墨烯膜为负极，组装成柔性不对称电容器。测试结果表明，组装的柔性不对称电容器电压窗口可扩大至 2.0V，其最大能量密度为 44(W·h)/kg，最大功率密度为 25kW/kg。

17.4 超级电容器的发展现状及展望

超级电容器具有高功率、长寿命的储能特点，因此在过去 10 多年发展十分迅速。人们围绕超级电容能量密度提升进行了大量的研究探索，主要表现在两个方面：其一是电极材料的设计。通过构筑表面积大、离子传输快、导电性优异的活性炭、石墨烯、碳纳米管及其复合材料，减小电极内阻，实现高能量密度储能。其二是器件构建。选用工作电压宽的电解液，如离子液体电解液、有机电解液来组装对称的超级电容器，或者在水系电解液中构建不对称电容器以获得高能量密度。尽管人们在碳基电容器能量密度的提升方面进行了大量的研究工作，但电容器的能量密度依然较低，无法满足人们对高能量密度储能器件的发展需求。同时，电极材料的制备成本较高，难以实现规模化生产。因此在保证电容器高功率特性的同时，进一步提高其能量密度，依然是今后该领域需要解决的关键问题。

发展柔性超级电容器是今后该领域重要的发展方向之一。由于双电层储能机理，目前碳基柔性电容器能量密度十分有限。为此，可在柔性碳基底上生长高容量的赝电容材料，实现双电层和赝电容性能的协同耦合。在此研究过程中，赝电容材料的利用效率、赝电容与碳基底之间的界面问题、赝电容组分的循环稳定性问题、电极材料与固态电解质界面工程、柔性电容器的寿命等，构成了未来柔性电容器器件研究的关键，另外，高离子导电性固体电解质的研发也是亟待解决的难题。除此之外，器件的体积能量密度、面积能量密度也是需要评估的重要参数。这些问题的解决有赖于化学、物理、材料及工程技术等多学科的交叉。

思考题

1. 传统的超级电容器主要由哪几个部分构成？各部分在储能中分别起到什么作用？
2. 试阐述碳纳米洋葱、碳纳米管、石墨烯、活性炭等超级电容器电极各自的结构及储能特点。
3. 石墨烯有哪些结构特点？试阐述石墨烯作为超级电容器电极的优缺点。
4. 柔性超级电容器由哪几部分组成？制备柔性电极常采用的方法有哪些？

参考文献

[1] LI T, YU H, ZHI L, et al. Facile electrochemical fabrication of porous Fe_2O_3 nanosheets for flexible asymmetric supercapacitors[J]. Journal of Physical Chemistry C, 2017, 121: 18982-18991.

[2] CHENG P, GAO S Y, ZANG P Y, et al. Hierarchically porous carbon by activation of shiitake mushroom for capacitive energy storage[J]. Carbon, 2015, 93: 315-324.

[3] SIMON P, GOGOTSI Y. Capacitive energy storage in nanostructured carbon-electrolyte systems[J]. Accounts of Chemical Research, 2013, 46: 1094-1103.

[4] NOVOSELOV K S, GEIM A K, MOROZOV S V, et al. Electric field effect in atomically thin carbon films[J]. Science, 2004, 306: 666-669.

[5] LEI Z, ZHANG J, ZHANG L L, et al. Functionalization of chemically derived graphene for improving its electrocapacitive energy storage properties[J]. Energy & Environmental Science, 2016, 9: 1891-1930.

[6] CONG H P, CHEN J F, YU S H. Graphene-based macroscopic assemblies and architectures: an emerging material system[J]. Chemical Society Reviews, 2014, 43: 7295-7325.

[7] ZHI L, LI T, YU H, et al. Hierarchical graphene network sandwiched by a thin carbon layer for capacitive energy storage[J]. Carbon, 2017, 113: 100-107.

[8] ZHU Y W, MURALI S, STOLLER, M D, et al. Carbon-based supercapacitors produced by activation of graphene[J]. Science, 2011, 332: 1537-1541.

[9] XIN F, JIA Y, SUN J, et al. Enhancing the capacitive performance of carbonized

wood by growing feooh nanosheets and poly(3, 4-ethylenedioxythiophene) coating [J]. ACS Applied Materials & Interfaces, 2018, 10: 32192-32200.

[10] ZHI L, ZHANG W, DANG L, et al. Holey nickel-cobalt layered double hydroxide thin sheets with ultrahigh areal capacitance[J]. Journal of Power Sources, 2018, 387: 108-116.

[11] LIU L, NIU Z, CHEN J. Unconventional supercapacitors from nanocarbon-based electrode materials to device configurations[J]. Chemical Society Reviews, 2016, 45: 4340-4363.

[12] ELKADY M F, STRONG V, DUBIN S, et al. Laser scribing of high-performance and flexible graphene-based electrochemical capacitors[J]. Science, 2012, 335: 1326-1330.

[13] EL-KADY M F, KANER R B. Scalable fabrication of high-power graphene micro-supercapacitors for flexible and on-chip energy storage[J]. Nature Communications, 2013, 4: 1475.

[14] LIU Z, WU Z S, YANG S, et al. Ultraflexible in-plane micro-supercapacitors by direct printing of solution-processable electrochemically exfoliated graphene[J]. Advanced Materials, 2016, 28: 2217-2222.

[15] NIU Z, ZHOU W, CHEN X, et al. Highly compressible and all-solid-state supercapacitors based on nanostructured composite sponge[J]. Advanced Materials, 2015, 27: 6002-6008.

[16] LIANG X, NIE K, DING X, et al. Highly compressible carbon sponge supercapacitor electrode with enhanced performance by growing nickel-cobalt sulfide nanosheets[J]. ACS Applied Materials & Interfaces, 2018, 10: 10087-10095.

18 金属氧化物超级电容器

18.1 氧化物超级电容器概述

由于在充放电过程中没有缓慢的化学过程和剧烈的相变发生，超级电容器（电化学电容器）可以在几秒内迅速地完成高度可逆接收和释放电荷，从而产生极高的功率密度，具有优异的循环稳定性且制作成本相对较低。其作为应用潜力巨大的储能技术日益引起了人们的广泛关注。基于储能模型和构型，超级电容器划分为三种类型：一是双电层电容器（EDLC），此类电容器的电极材料（如碳材料）原则上没有电化学活性，充放电时没有电化学反应发生，只是单纯的物理过程；二是氧化还原电化学电容器（也称赝电容器），此类电容器的电极材料（如金属氧化物和导电聚合物）具有电化学活性，可以直接在充电和放电过程中存储电荷；三是双电层电容器和赝电容的混合体系，此类超级电容器可以把双电层电容和赝电容在同一个电容器中发挥出来，电极既可以是同时添加碳、金属氧化物或导电聚合物的复合电极材料，也可以是正负极分别为氧化还原型电极和双电层电极。这种混合电容器可以大幅度提高整个电容器的工作电压窗口，具有能提高组装器件的能量密度，同时拥有长的寿命和高功率密度等特点。

在影响超级电容器性能的因素中，电极材料是其中最主要的。由于碳基类电极材料及导电聚合物类电极材料在本书另外章节中做了详细描述，本章将重点围绕过渡金属氧化物电极材料及其超级电容器进行论述。金属氧化物特别是过渡金属氧化物是极具影响力的超级电容器电极材料。与碳基电极材料组装的双电层电容相比，过渡金属氧化物在电极表面产生完全不同于双电层电容的赝电容电荷存储机制。由于赝电容并不起源于静电，而是发生在电化学电荷的迁移过程中，因而其大小一定程度上受限于活性材料的数量和有效面积。过渡金属通常具有多个氧化态，因此可以利用金属离子在电极表面的氧化还原反应来提供赝电容，使得材料具有好的可逆性及快速充放电等优点，从而导致过渡金属氧化物组成的赝电容器具有更大的比电容和能量密度。目前，常用的过渡金属氧化物电极材料主要包括 RuO_2、MnO_2、Co_3O_4、NiO 和 V_2O_5 等。

18.2 法拉第赝电容原理

赝电容主要由金属或金属氧化物和导电聚合物作电极材料。赝电容器是一种以赝电容为主的超级电容器，也称为法拉第准电容器，是电活性物质在电极表面或体相中二维或准二维空间上进行欠电位沉积，发生高度可逆的化学吸附/脱附或氧化/还原反应，从而进行能量存储的电容器。法拉第准电容储存电荷的过程不仅包括双电层上的存储，而且包括电解液离子与电极活性物质发生的氧化还原反应。当电解液中的离子（如 H^+、OH^-、K^+ 或 Li^+）在外加电场的作用下由溶液中扩散到电极/溶液界面时，会通过界面上的氧化还原反应而进入电极表面活性氧化物的体相，从而使得大量的电荷被存储在电极中。放电时，这些进入氧化物中的离子又会通过以上氧化还原反应的逆反应重新进入电解液，同时通过外电路将所存储的电荷释放出来，实现法拉第准电容充放电过程。因此，赝电容通常可以分为吸附赝电容和氧化还原赝电容。

18.2.1 吸附赝电容

吸附赝电容是指在二维电化学反应过程中，电化学活性物质单分子层或类单分子层随着电荷转移，在基体上发生电吸附或电脱附，表现为电容器特性。吸附赝电容的典型例子是 H^+ 在 Pt 电极表面的吸附反应：

$$Pt + H_3O^+ + e^- = Pt \cdot H_{ads} + H_2O$$

吸附在电极表面的法拉第电荷与电极电位存在函数关系，从而产生对应吸附电容。如果定义 θ_H 为 Pt 电极吸附的 H 份额，则 $1-\theta_H$ 为 Pt 电极未吸附的份额，设 c 为 H_3O^+ 的浓度，v 为电压，则任意电势下的平衡方程式为：

$$\frac{\theta_H}{1-\theta_H} = \frac{k_1 c}{k_{-1}} \exp(-VF/RT) \tag{18-1}$$

由方程式（18-2）可以求算出吸附份额为：

$$\theta_H = \frac{KC\ \exp(-VF/RT)}{1+KC\ \exp(-VF/RT)} \tag{18-2}$$

式中，$K = k_1/k_{-1}$。

电容量的大小为：

$$C_\varphi = Q(\mathrm{d}\theta/\mathrm{d}V) \tag{18-3}$$

式中，Q 为吸附在 Pt 电极表面单 H 分子层的法拉第电量（$Q=210\mu C/cm^2$）。

将式（18-2）微分后代入式（18-3），即可得到吸附赝电容的数学表示式如下：

$$C_\varphi = \frac{QF}{RT} \frac{KC\exp(-VF/RT)}{[1+KC\exp(-VF/RT)]^2} \tag{18-4}$$

但是，由于 H^+ 吸附反应点位范围很窄（0.3～0.4V），而且 Pt 电极的价格很高，导致吸附赝电容的实用价值不大。

18.2.2 氧化还原赝电容

氧化还原赝电容是指在准二维电化学反应过程中，某些电化学活性物质发生氧化还原反应，形成氧化态或还原态而表现出的电容特性。氧化还原赝电容材料主要包括金属氧化物和导电聚合物。任意的氧化还原反应可以用下式表示：

$$OX + ne^- = RED \tag{18-5}$$

根据 Nernst 方程：

$$E = E^0 + (RT/F)\ln[OX]/[RED] \tag{18-6}$$

根据 $[OX] + [RED] = Q$

则

$$E = E^0 + (RT/F)\ln[Ox/Q]/\{1-[Ox/Q]\} \tag{18-7}$$

通过变化整理则有

$$[OX/Q]/(1-[OX/Q]) = \exp(\Delta EF/RT) \quad (18\text{-}8)$$

将式（18-8）进行微分处理，则得到：

$$C/Q = \mathrm{d}[OX]/\mathrm{d}E = F/RT\ \exp(\Delta EF/RT)/[1+\exp(\Delta EF/RT)]^2 \quad (18\text{-}9)$$

$$C = QF/RT\ \exp(\Delta EF/RT)/[1+\exp(\Delta EF/RT)]^2 \quad (18\text{-}10)$$

式（18-10）即为氧化还原赝电容的表达式，即氧化还原电容与吸附赝电容表达式相似。

对于实际的法拉第赝电容器，其储存电荷的过程不仅包括电解液中离子与电极活性物质发生氧化还原反应将电荷储存于电极中，而且包括在电极材料表面与电解质之间的双电层上的存储。化学电池原理与此类似，但电池反应是体相反应，反应速度一般较慢，功率特性较差，而基于快速电化学反应的电化学电容器，其反应速度近于电容器。电解液中的离子在外加电场作用下由溶液中扩散到电极/溶液界面，而后通过电极表面的电化学反应而进入电极表面活性氧化物的体相。其放电过程就是进入氧化物中的离子又会重新返回到电解液，同时所存储的电荷通过外电路而释放出来。

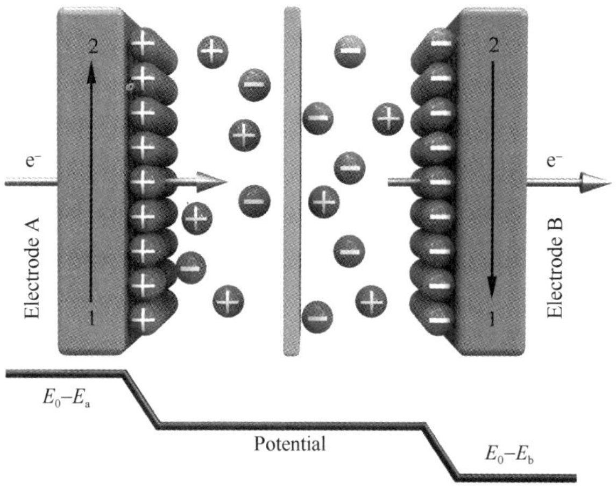

图 18-1　法拉第赝电容器充电状态电位分布图

E_0-E_a：充电状态正极电位　E_0-E_b：充电状态负极电位

图 18-1 是法拉第赝电容器充电状态电位分布图。此过程为动力学可逆过程，与静电类似，但与二次电池不同。赝电容的储能机制是一个法拉第过程，但又不像常规法拉第过程那样产生持续的法拉第电流，即它的充放电过程具有电容器的特征。主要特征为当电容器的电压随时间线性变化时，当对电极加一个随时间线性变化的外电压 $\mathrm{d}V/\mathrm{d}t=Vt$ （V/S），可以观察到一个近乎常量的充放电电流或电容 $I=C\cdot \mathrm{d}V/\mathrm{d}t=C\cdot Vt$。相比碳基材料电极构成的双电层电容，相同电极面积下金属氧化物在电极溶液界面反应所产生的赝电容（法拉第准电容），为碳基材料电极的 10～100 倍。同时，电极在整个充放电过程中没有发生决定反应速度与限制电极寿命的电活性物质相变化，使得该类电容器循环寿命长（超过 10 万次）。因此，在超级电容器器件小型化和组装高能量密度器件过程中，作为电容器电极活性物质的金属氧化物和聚合物正成为赝电容器电极材料发展方向。目前，关于过渡金属氧化物电极材料及其器件的研究工作主要围绕在以下五个方面：①高比表面积贵金属氧化物电极活性物质的设计制备；②廉价金属氧化物代替贵金属氧化物电极活性物质；③金属氧化物与碳材料、金属氢氧化物和导电聚合物等复合电极材料制备新技术；④可穿戴柔性金属氧化物超级电容器开发；⑤宽电势窗口、高能量密度不对称金属氧化物超级电容器新技术。本章将根据过渡金属氧化物电极材料及其器件以上五个关注方向，以贵金属氧化物超级电容器、贱金属氧化物超级电容器、柔性氧化物超级电容器以及不对称氧化物超级电容器分类论述。

18.3　贵金属氧化物超级电容器电极材料

通常，金属氧化物电容器在不同pH水相中所发生的反应不同，导致其储存电荷机制和容量存在差距。如在酸性体系条件下，主要反应为$MO_x + H^+ + e \longrightarrow MO_{x-1}(OH)$；而在碱性条件下，主要反应为$MO_x + OH^- - e \longrightarrow MO_x(OH)$。一般电极材料采用具有较大比表面积的金属氧化物，这样就会导致相当多的电化学反应发生，从而在电极中存储大量电荷。而在放电时，进入氧化物中的离子又会重新返回到电解液，同时将所存储的电荷通过外电路而释放出来。理想的金属氧化物超级电容器用电极材料必须具备的特点有好的导电性，氧化物中的金属离子必须有两个或两个以上的氧化态共存，但又不至于引起相变，质子能够通过还原反应自由地出入氧化物晶格。相比于碳基电极材料，贵金属氧化物或水合氧化物电极材料及其组装的器件具有比能量高、循环性能和充放电性能优异及对环境无污染等特点，是最早受到研究者关注的电极材料。特别是二氧化钌（RuO_2），其循环伏安曲线类似碳基材料，具有高度的电化学可逆性、极高的比电容以及良好的导电性等优点，是研究较为广泛、应用较早的金属氧化物电极材料，在航空航天和军工领域应用突出。RuO_2作为电极材料，双电层电容的贡献约为10%，而大部分的电容来自赝电容贡献。因此，高比表面积、高活性、高比容量RuO_2贵金属电极材料是研究的热点。

18.3.1　钌基超级电容器电极材料

1971年，Trasatti和Buzzanca在研究中发现，RuO_2有类似碳基超级电容器“矩形”循环伏安图。1975年，Conway等人开始了以二氧化钌为电极材料的法拉第准电容器储能原理研究，由此开始了将二氧化钌等金属氧化物作为超级电容器电极材料的研究。二氧化钌作为电极材料，其理论比电容可高达2000F/g，导电性优异，化学稳定性好，电位窗口宽（1.4V），是理想的超级电容器用赝电容电极材料。

1. RuO_2电极材料的结构与制备方法

二氧化钌属四方晶系，其晶体结构示意图如图18-2所示。化学性质主要表现在不溶于水及酸，易溶于熔融碱液，在空气中稳定，加热到1400℃分解。二氧化钌制备方法主要有三种，即热分解氧化法、电化学沉积法和溶胶凝胶法。热分解氧化法通常在高温下反

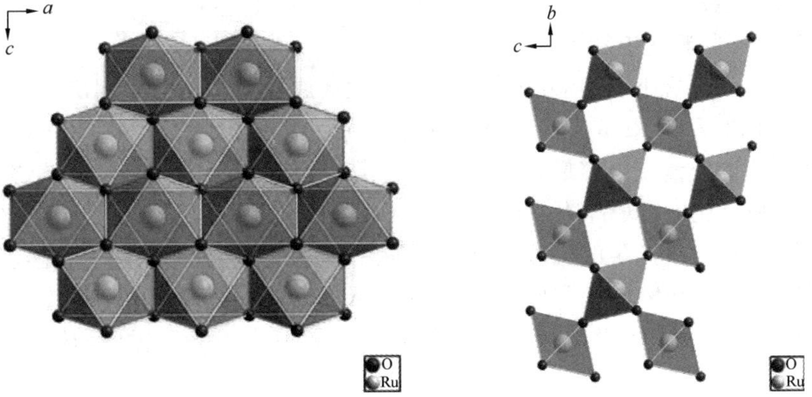

图18-2　二氧化钌晶体结构示意图

应，因此制得的二氧化钌不含有结晶水，属于晶体结构，其比容量相对较低。如将 $RuCl_3 \cdot xH_2O$ 水溶液或者乙醇溶液涂于钛基材料上，然后在温度 300～800℃进行氧化烧结，可以制得纳米二氧化钌；用热分解氧化法制备的电极活性材料不含结晶水，属于晶体结构，仅颗粒外层 Ru^{4+} 和 H^+ 作用，不利于质子扩散到体相中发生氧化还原反应。因此，电极的比表面积大小对电容的影响较大，所得电极的比容量比理论值小很多。电化学沉积法是制备功能薄膜的普通方法，应用该方法可以得到二氧化钌薄膜电极。在电场作用下，伴随着电子得失，二氧化钌在电极表面从其化合物水溶液、非水溶液或熔盐中沉积析出。电化学沉积法是制备二氧化钌薄膜电极的有效方法，该方法一般选择金箔、碳材料或者镀金物质等为沉积基体，电解液形式随沉积基体及反应前驱体而不同，通过调节沉积反应参数可以有效调控制备薄膜电极的厚度。如 Fugare 等人通过电解 $RuCl_3 \cdot xH_2O$，在不锈钢基板上制备得到二氧化钌薄膜，电化学沉积过程具体的化学反应为：

$$RuCl_3 \cdot xH_2O \longrightarrow Ru(OH)_2 + 2Cl_2$$

$$3Ru(OH)_2 + 2OH^- \longrightarrow RuO_2 + 2H_2O$$

电化学沉积法具有许多优点，如可在复杂异型结构基体上均匀沉积，经济实惠、工艺简单，且通常在室温或稍高于室温下进行，适合制备纳米结构等。但是，电化学沉积法沉积时对溶液成分、组成及组成比例比较敏感，使得该方法在制备多重组分薄膜材料时较为困难，也无法控制晶体在基体上的成核及生长速率。溶胶凝胶法是一种低温合成方法，因此制备的钌氧化物通常为含水的无定形氧化物。同时，该方法制备过程中各种物质化学剂量比可控，适用于制备成分均匀、化学纯度高及多组分复合电极材料。按照使用前驱体原料构成情况不同，溶胶凝胶法还可分为胶体法和聚合法。胶体法使用的前驱体为金属盐，而聚合法使用的前驱体为金属醇盐，但两种方法最终均可获得三维网状凝胶，再经热处理便可制得微小粉体。同时，由于溶胶凝胶制备过程反应物达到分子级别混合及凝胶反应速率可控，因而制备材料各组分均匀且分散性好。溶胶凝胶法制备的二氧化钌通常为无定形水合物，将水合三氯化钌溶于甲醇或乙醇溶液中，再向该溶液中加入氢氧化钠或碳酸氢钠等碱性水溶液经搅拌、过滤或离心分离制得前驱体，在一定温度下热处理该前驱体可得到二氧化钌。另外，三氯化钌在酸性介质中强制水解可以得到二氧化钌溶液。通常，三种制备方法所制备的二氧化钌电极材料，一般水合二氧化钌比容量高，热分解法和电沉积法制备的二氧化钌比电容约为 380F/g，溶胶凝胶法制备的 RuO_2 比容量较高，是超级电容器最具潜力的贵金属电极材料。

2. RuO_2 电极材料的电容行为

在酸性和碱性环境下，RuO_2 发生不同的氧化还原反应，因而表现出不同 pH 条件下的比电容，且比电容随 RuO_2 结晶性不同而有差别。如无定形 RuO_2 在 150℃焙烧后，在 H_2SO_4 电解质中的质量比电容最高为 720F/g，若将无定形 RuO_2 在 200℃焙烧，其在电解质 KOH 中的质量比电容最高为 710F/g。在不同 pH 条件下，RuO_2 比电容产生较大变化的根本原因是电极电容产生的机理不同。在酸性介质中，电极上发生的氧化还原反应主要是通过在 RuO_2 微孔中发生的可逆电化学离子注入实现。快速可逆的电子传递伴随着质子在 RuO_2 电极表面吸附，同时电极材料中的 Ru 由二价变为四价，电极反应按照下式进行：

$$RuO_2 + xH^+ + xe^- = RuO_{2-x}(OH)_x$$

在这一过程中电位由以下 Nerst 方程决定：

$$E = E^0 + RT/F \ln[(ox/red)/(1-ox/red)] \quad (18\text{-}11)$$

然而在碱性介质中，RuO_2价态的变化截然不同，导致电极反应方式不同。根据文献报道，在碳/RuO_2复合物中，RuO_2可以被氧化成RuO_4^{2-}、RuO_4^-、RuO_4；而在放电时，这些化合物又可以被还原为RuO_2。

3. 影响 RuO_2电极材料比电容的因素

研究结果表明，无论是在酸性电解质还是在碱性电解质中，影响RuO_2电极材料比电容的因素很多，主要影响因素如下：

（1）比表面积。RuO_2电极材料的赝电容主要来自表面电化学反应贡献，因此RuO_2材料的比表面积越大，就会提供更多的氧化还原反应活性位点，有利于增加提高RuO_2电极材料的比电容。研究工作者采用了很多方法来增加RuO_2材料的比表面积，如在表面粗糙的载体表面或在比表面积较大的材料表面沉积RuO_2薄膜。

（2）结晶水。RuO_2材料的氧化还原反应依赖于质子/阳离子的交换以及电子的跃迁。由于RuO_2材料具有类似金属的高导电性，电子可以在块体的表面和体相之间快速地移动，而存在于RuO_2材料中的结合水非常有利于在电极内层的阳离子扩散。实际上$RuO_2 \cdot xH_2O$是一类优良的导体（H^+的扩散系数可以达到$10^{-12} \sim 10^{-8}\ m^2/s$）。根据文献报道，$RuO_2 \cdot 0.5H_2O$的质量比电容高达900F/g，当此材料中的结晶水含量下降时（$RuO_2 \cdot 0.3H_2O$），其质量比电容降至29 F/g，RuO_2相对于总电容的贡献仅为0.5F/g。$RuO_2 \cdot xH_2O$中结晶水含量与材料的制备过程和环境有很大关系。一般化学方法制备的RuO_2材料中只有表面部分Ru原子会参与氧化还原反应，而通过电解方法制备的RuO_2材料中含有很多的羟基，因此会提供更多的反应位点。

（3）结晶度。$RuO_2 \cdot xH_2O$材料的法拉第赝电容也会受到材料结晶性的影响。结晶性较好的材料骨架难以扩张和收缩，因而会阻碍质子从块体到界面的扩散，进而使得快速、连续、可逆的氧化还原反应受到阻碍。相反，在无定形材料中，氧化还原反应不仅发生在电极表面上，还可以发生在体相中，这也是为什么无定形法拉第电极材料会表现出比结晶性材料更高的质量比电容。因此，无序的结构也是提高$RuO_2 \cdot xH_2O$材料电容的一个有用的方法。通常，$RuO_2 \cdot xH_2O$材料的结晶性受制备过程的影响，利用气相沉积法制备的$RuO_2 \cdot xH_2O$材料与利用液相法制备的$RuO_2 \cdot xH_2O$材料相比，具有更高的结晶性和较差的电容性质。另外，温度也是影响$RuO_2 \cdot xH_2O$材料结晶性和结晶水含量的因素。尽管在较低的温度下制备材料具有更多的活性位点，但是由于较低的导电性，导致材料反应活性仍然很低。

（4）颗粒的尺寸。对于电极材料而言，较小的颗粒尺寸不仅可以缩短质子的移动距离，并且有利于质子在块体内部移动。因此对于RuO_2材料，颗粒尺寸越小，其质量比电容就会越高，并且其利用率也会提高。假设电极材料为球形（氧化还原反应只会发生在接近表面2nm的厚度），当颗粒直径为10nm时，只有49%体积对于质量比电容有贡献，而当颗粒的尺寸降为3nm时，该材料的体积利用率可高达96%。因此，尽可能地降低RuO_2材料尺寸并且保持较高的导电率，是提高其比电容的一个较好的思路。

（5）电解质。对于RuO_2材料而言，其质量比电容会随着所选用电解质的不同而不同。在一些电解质中，RuO_2材料的行为类似双电层电极材料，且与电极材料中RuO_2的含量无关；而在另外一些电解质中，RuO_2材料会表现出非常明显的法拉第电容行为，且与

电极中 RuO_2 的含量密切相关。另外，电解液的浓度同样会影响 RuO_2 材料的电容，如选用 KOH 水溶液作为电解质，当其浓度大于 0.5mol/L 时，若再增加 KOH 溶液的浓度，其比电容会随之增加。但当 KOH 的浓度低于 0.5mol/L 时，RuO_2 材料的比电容会随着电解质浓度的下降而急速下降。因此，若要充分发挥 RuO_2 材料的电容性能，电解液的浓度应该与双电层电极反应和法拉第电极反应相匹配。

4. RuO_2 电极材料的优缺点及应用

与其他过渡金属氧化物电极材料相比，RuO_2 是迄今为止比容量性能优异的金属氧化物电极材料。但是，RuO_2 价格高，且对环境污染严重，从而限制了其大规模商品化，目前一般主要应用于军事和航空航天领域。为了充分利用 RuO_2 的电容特性，降低电容器成本，就必须有效利用二氧化钌。有效利用二氧化钌的主要方法就是将二氧化钌与其他材料（如碳材料和导电聚合物材料）相结合组成复合电极材料。陕西师范大学 Liu 等人以二氧化钌纳米片和石墨烯纳米层为组装基本单元，采用液相纳米层组装技术制备了 RuO_2/GR 纳米电极材料，开发出高利用率、低成本 RuO_2 基超级电容器电极材料的制作新方法。

18.3.2 其他贵金属基超级电容器电极材料

除二氧化钌由于在酸性介质中电容性能优异之外，二氧化铱（IrO_2）和铑氧化物（RhO_x）贵金属氧化物具有与 RuO_2 电极类似的法拉第准电容特性，都有良好的电导率，可以获得较高的比容量和更高的比能量，显示了作为超级电容器电极材料的独特优势。但是价格问题及环境污染限制了该类贵金属氧化物电极材料的开发，导致研究相对较少。二氧化铱具有 TiO_2 晶型，由六配位的铱及三配位的氧组成。但是由于价格的原因，IrO_2 超级电容器的研究多集中在复合电极材料方面。相对二氧化钌电极材料，RhO_x 电极材料研究虽有报道，但研究不多。Rh 氧化物有 RhO_2 和 Rh_2O_3。RhO_2 属于四方晶系，类似晶红石结构，难溶于王水。同 RuO_2 和 IrO_2 电极材料类似，Rh 氧化物价格因素严重限制了其在超级电容器电极材料方面的应用。复合化降低成本是发展 Rh 氧化物电极材料的有效手段。

18.4 贱金属氧化物超级电容器电极材料

虽然贵金属 RuO_2 是优秀的超级电容器电极材料，但是其高成本及对环境不友好弊端明显。为此，研究者一直努力探索能够使用低价的其他电极活性材料代替 RuO_2。尽管这方面的探索工作取得了很大进展，但是至今尚未发现可以完全代替 RuO_2 的其他贱金属氧化物电极新材料。到目前为止，研究的贱金属氧化物电极材料主要包括氧化锰、氧化钴、氧化镍、氧化钒等金属不同价态氧化物。研究人员对这些不同价态贱金属氧化物从材料结晶性、价态、形貌及制备技术等诸多方面开展研究工作，得到了一系列有望代替 RuO_2 的贱金属氧化物及其复合物电极材料，为超级电容器低成本、高性能、高安定性、绿色环保提供了多选电极材料。

18.4.1 氧化锰超级电容器电极材料

1999 年，Lee 和 Goodenough 首次报道了无定形氧化锰电极在 KCl 电解液中的电化学行为，为后续研究者探索高性能电活性氧化锰电极材料以及氧化锰材料电荷存储机制奠定了基础。氧化锰电极材料得到重视研究的主要原因有以下两点：一是从电化学性能的角度考虑，氧化锰材料具有高的理论比电容（1370F/g，由 Mn 原子的单电子氧化还原反应计算得到）、宽的电化学工作电压（0.9～1.0V）以及在中性电解液中使用可以减缓对集流体或外包装的化学腐蚀（其他一些金属氧化物在强酸或强碱中使用）；二是氧化锰资源丰富、成本低、环境友好。这些特点使得氧化锰材料可作为高性能、安全、低成本电极，替代碳基双电层电容器电极及价格高的贵金属二氧化钌基赝电容器电极。二氧化锰用作超级电容器的电极材料可以分为两类：一类是二氧化锰粉末电极材料；另一类为二氧化锰薄膜电极材料。不同的制备方法可获得不同形貌和结构的二氧化锰，而不同形貌和结构的二氧化锰在超级电容器中所表现出的电化学性能差别也很大。为了提高该类材料的导电性和循环稳定性等性能，制备不同晶型、形貌和微观结构的 MnO_2 并对其进行改性是锰基超级电容器的一大方向。因此，研究人员致力于制备各种不同晶型、形貌、组成的纳米结构氧化锰材料。制备方法多种多样，如水热法、溶胶凝胶法、电化学沉积法、氧化还原沉淀法等。

1. 氧化锰电极材料的结构与制备

氧化锰类材料晶体结构多样、氧化态多变。构成氧化锰晶体的基本结构单元是 MnO_6 八面体，此八面体由顶点的 6 个氧原子和八面体中心的 1 个锰原子配位形成，其结构如图 18-3 所示。相邻的 MnO_6 八面体之间以共棱或共角的方式连接形成多种结构的氧化锰晶体。在氧化锰晶体中，锰元素主要以 Mn（Ⅳ）离子的形式存在，同时还可能存在少量的 Mn（Ⅲ）和 Mn（Ⅱ）离子，因而锰的平均氧化态介于 3 和 4 之间。氧化锰属于非化学计量比化合物，在其结构中存在外来阳离子和结晶水。此外，氧化锰晶体中通常还存在结构缺陷。根据 MnO_6 八面体基本单元连接方式不同，氧化锰可分为隧道状氧化锰、层状氧化锰和网络状氧化锰。其中最常见的结构分别为 2 × 2 构型 α-MnO_2、1 × 1 构型 β-MnO_2、1 × 2 构型 γ-MnO_2、$n\times\infty$构型 δ-MnO_2 和网络状 λ-MnO_2。同时，由于锰具有多种可变价态，可有多种稳定氧化物，如 MnO、Mn_3O_4、Mn_2O_3、MnO_2 形式存在，构成了丰富的氧化锰超级电容器电极材料。

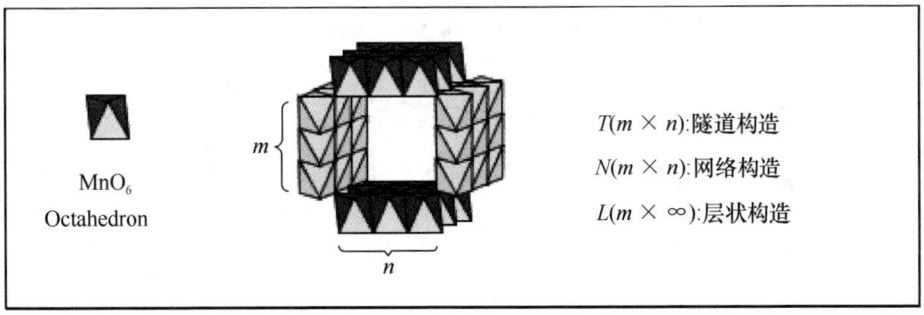

图 18-3　氧化锰结构基本单元

氧化锰电极材料的制备一般以 Mn（Ⅱ）的氧化或 Mn（Ⅶ）反应物的还原来实现。常用的氧化剂有 $KMnO_4$、$K_2Cr_2O_7$、$KBrO_3$、$K_2S_2O_8$、$NaClO_3$、H_2O_2、O_2、NaClO、Cl_2 等，常用的还原剂有 MnX_2（X = Ac^-、NO_3^-、Cl^-）、$MnSO_4$ 等。具有不同形貌氧化锰电极材料已通过多种物理和化学手段得以制备，主要制备方法包括溶胶凝胶法、水热法、微波法、熔盐法、电化学沉积法等。一维结构氧化锰材料形貌有纳米线、纳米棒、纳米管、纳米带等，二维结构形貌有纳米片、纳米薄膜、纳米盘，三维结构形貌有微/纳米花球、微米球、微/纳米核壳自组装结构，以及各种空心结构，如空心立方体、空心八面体等。

2. 氧化锰电极材料的储能机理

氧化锰是一种赝电容电极材料，其理论比电容高达 1370F/g，被认为是最有前景替代二氧化钌的赝电容电极材料，但在使用过程中的实际比容量远远小于理论值。即使是氧化锰薄膜材料（<100nm）和低质量负载（<100μg）电极，实际比容量也很难超过 1000F/g。产生该现象的原因与氧化锰材料本质的半导体特性，即该类材料导电性差有关。另外，Toupin 认为氧化锰赝电容的发挥受表面层厚度的限制，其赝电容发挥的表面层限制厚度为 420nm。这使得电解质离子在氧化锰体相中迁移受到一定程度阻碍，导致只有部分氧化锰被充分利用。目前研究结论表明，电荷在氧化锰中的储存包含两种机理：一种是电解液中的金属阳离子或质子在氧化锰材料表面发生吸附/脱附过程；另一种是电解液中的阳离子在氧化锰材料近表面及体相区域进行嵌入/脱嵌，发生快速可逆的氧化还原反应，锰氧化态在Ⅲ与Ⅳ之间改变。其储能机理表示如下：

$$(MnO_2)_{surface}+M^{n+}+ne^- \rightleftharpoons (MnO_2^{n-}M^{n+})_{surface}$$

$$MnO_2+C^++e^- \rightleftharpoons MnOOC$$

其中 M^+ 代表电解液中的碱金属阳离子（Li^+、Na^+、K^+）和质子。

氧化锰电极材料在一价金属阳离子电解液中的电容存储为单一电子转移过程，而关于多价态金属离子电解液的使用几乎没有文献报道。研究者假定多价态金属离子在氧化锰体相中的嵌入/脱嵌会使电子并发地转移到活性物质中，如一个二价阳离子可以还原两个 Mn^{4+} 为两个 Mn^{3+}，产生一个高的电荷容量储存。由于电解液中的离子直接参与电荷存储过程，所以电解液的本质特性对赝电容性能的发挥有重要影响，如电解液的种类、酸碱度、浓度、添加剂及温度等。

虽然氧化锰属于法拉第赝电容材料，但其循环伏安曲线并不一定呈现明显的氧化还原峰。相反，大多数循环伏安曲线呈现类似双电层的矩形特征。图 18-4 为氧化锰电极在浓

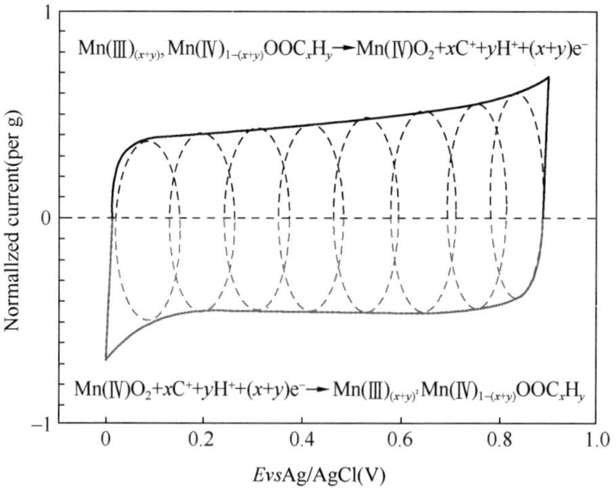

图 18-4 氧化锰电极在 0.1mol/L K_2SO_4 电解液中的循环伏安曲线示意图

度为 0.1mol/LK_2SO_4电解液中的循环伏安曲线示意图，曲线显示明显的矩形形状，且相对零电流基线呈对称状。零电流基线上与 Mn（Ⅲ）到 Mn（Ⅳ）的氧化有关，零电流基线下与 Mn（Ⅳ）到 Mn（Ⅲ）的还原有关，整个循环由多个连续的氧化还原反应构成。这与氧化锰材料的结晶度、晶体结构、形貌、材料电导率、比表面积、Mn 氧化态、活性材料负载量及电解液等因素有关。

3. 影响 MnO_2 电极材料比电容的因素

氧化锰电化学电容器电极材料电容性质的发挥主要受到其晶体结构、材料形貌、材料电导率、电极负载量、电解液和材料的孔结构六个方面因素的影响。

（1）晶体结构。MnO_2具有多种晶体结构，不同晶相氧化锰材料的孔道结构尺寸有所不同。α-MnO_2和β-MnO_2分别为 2×2 和 1×1 的一维隧道结构，γ-MnO_2为 1×2 和 1×1 两种结构交互共存，δ-MnO_2为层间距约 7Å 的二维层状结构，λ-MnO_2为三维尖晶石结构。氧化锰材料电容量的存储主要依附于电解液中阳离子在电极材料表面及近体相范围内发生的快速可逆嵌入/脱嵌过程。因此，氧化锰材料中容纳电解质离子的空间结构非常重要，决定了材料的电化学性质。Brousse 首次系统地研究了五种不同晶相氧化锰的电容性质。研究结果表明，氧化锰的电容性质很大程度上取决于氧化锰的晶体结构，隧道状 α-MnO_2（4.6Å）和二维层状 δ-MnO_2（7Å）具有合适的尺寸，适合水合 K^+（3Å）在充放电过程中的快速嵌入/脱嵌。而隧道状 β-MnO_2和尖晶石结构 λ-MnO_2由于狭小的孔道尺寸，限制了水合 K^+的扩散过程，仅仅提供了一个很小的表面赝电容。三维 λ-MnO_2具有三维开孔结构，可以局部发生离子的嵌入/脱嵌过程。电容性能介于二维层状结构和一维隧道结构之间，大的隧道空间可以使电解质离子发生快速的嵌入/脱嵌过程来存储能量。2008 年，Munichandraiah 也报道了相似的研究结果，氧化锰材料的比电容强烈地依赖于其晶体结构，比电容减小的顺序为 $\alpha\approx\delta>\gamma>\lambda>\beta$。因此，氧化锰的电荷存储过程不仅仅受限于晶体结构，还与其他因素，如氧化锰材料形貌、材料电导率、电极质量负载和测试电解液等有关。

（2）材料形貌。氧化锰材料的比容量与形貌紧密相关，但是对于氧化锰形貌与比容量之间关系的系统研究较少。不同形貌氧化锰材料具有不同的比表面积、面积/体积比率和孔含量。在电化学反应中暴露的电活性位点不同，因而会产生不同大小的比容量。目前，氧化锰材料的比表面积范围主要为 20～200m^2/g，形貌主要分为以下几种：一是大尺寸块体形貌，这类形貌一般具有小的比表面积，在电化学充放电过程中参与反应的活性位点少，即只有很少的表面参与电解质离子的吸附/脱附和嵌入/脱嵌过程，主要表现为不参与电化学反应的死体积。因此，比电容一般很低。二是微纳米尺寸三维多孔形貌，这类材料一般具有大的比表面积及疏松的孔道结构，缩短了电解质离子的扩散路径及电子传输路径，不仅表现为高的比容量，还显示出优异的倍率性能。同时，这种多孔道结构不仅有利于电解质离子的传输，而且有效地降低了电极表面的电化学极化，减缓了充放电过程中氧化锰的溶解，从而改善了氧化锰循环稳定性差的问题。因此，可以通过改变氧化锰材料的形貌，间接地调控材料的比表面积及孔径分布，从而对材料的电化学性质进行调控。

（3）材料电导率。电极材料的电导率是影响材料电化学性质的一个很重要的因素。在充电过程中，电极/电解液界面通过平衡电解液中的抗衡离子来储存能量。因此，为了获得高容量和高倍率性能氧化锰材料电极，控制氧化锰材料电极的电导率至关重要。由于氧化锰材料宽的能带间隙、低的离子扩散常数［约 $10^{-13}cm^2/(V \cdot s)$］和差的结构稳定性，导致材料低的电导率（$10^{-6} \sim 10^{-5}S/cm$）。因此，要提高氧化锰材料的比容量，需要向氧化锰材料中引入其他金属元素（如 Cu、Ni、Co、Fe、Al、Zn、Mo、Sn），达到提高材料电导率和电荷存储性能。除掺杂之外，向氧化锰材料中引入炭黑、导电聚合物等导电剂来制备氧化锰基复合材料，或将氧化锰材料负载在高导电性基底上，都是改善氧化锰导电性差的有效方法。

（4）电极负载量。通常，随着电极上氧化锰负载量的增加，比电容呈减小趋势。这主要是由于高的质量负载不仅导致低的电导率，还在一定程度上限制了氧化锰材料与电解液的充分接触。此外，由于长的离子传输路径也会产生大的内部阻力，即产生高的串联电阻。目前，多数关于高性能氧化锰电极的报道都涉及电极上氧化锰材料低的质量负载（$<1mg/cm^2$）。然而，高的质量负载可以获得高的能量密度和功率密度，有利于器件的实际应用。因此，选用具有高导电性、大比表面积基底，实现高质量负载是提高氧化锰材料使用率的潜在途径之一。

（5）电解液。用于氧化锰电极材料的电解液主要有三种，分别为水系电解液、有机系电解液和离子液体。水系电解液由于高的离子浓度和小的溶剂离子，可以提供高的电导率及功率输出，因此使用最为广泛。但不足之处为工作电压窗口窄，一般小于 1.2V。当工作电压高时，溶剂水发生分解。由于能量密度的计算与工作电压的平方成正比，所以水系电解液中能量密度较低。为了解决水系电解液的缺陷，使用了具有高工作电压（1.5～2.0V）的有机电解液，能量密度较水系可以提高 6～9 倍。然而与水系电解液相比，有机电解液电导率低，因而功率输出较低，除此之外，安全性差，且容易带来环境污染问题。进一步增加工作电压的方法是使用离子液体，其工作电压可以达到 3.0V，能量密度高于 163(W·h)/kg。然而，离子液体的诸多弊端使其实际应用还面临许多挑战，如毒性以及与电活性组分浸润性差等问题。

（6）材料的孔结构。孔结构是影响氧化锰电极材料电化学性质的重要因素，制备多孔结构氧化锰替代致密的块体结构是最有效的方法之一。首先，多孔结构具有更高的比表面积，有利于电解液在电极材料内部的扩散。同时，在电化学反应中能提供更多的法拉第反应活性位点，能显著提高电极材料和电化学电容器的比容量；其次，多孔结构不仅为电解质离子和电子的存储提供有效的空间，缩短了电子及离子的传输路径，提高了电极材料和组装器件在大电流密度下的快速充放电能力。另外，多孔结构可以有效地抑制电极材料在充放电过程中引起的体积变化，减小材料的极化，提高材料的循环稳定性。因此，优化设计氧化锰材料结构，增加氧化锰材料的比表面积和尽量获得有效的开放式多孔结构，使材料在电化学反应中，材料表面部分及内部体积同时参与电化学反应，致使参与电极氧化还原反应的电化学活性位点最大化，达到进一步提高氧化锰材料的储能效率。氧化锰电极材料中的多孔分为结构孔和构造孔。构造孔主要是纳米片和纳米颗粒等纳米单元自堆积或团聚等原因形成的孔结构，结构孔是为了区别于纳米片和纳米颗粒等纳米单元自堆积或团聚等原因形成的孔结构。纳米片层等纳米单元上形成的孔洞结构称为结构孔，目前，制备结构孔氧化锰的研究较少。Liu 等人采用图 18-5 所示的原位氧化还原技术路线制备了多孔氧化锰纳米电极材料。得到多孔氧化锰纳米电极材料。

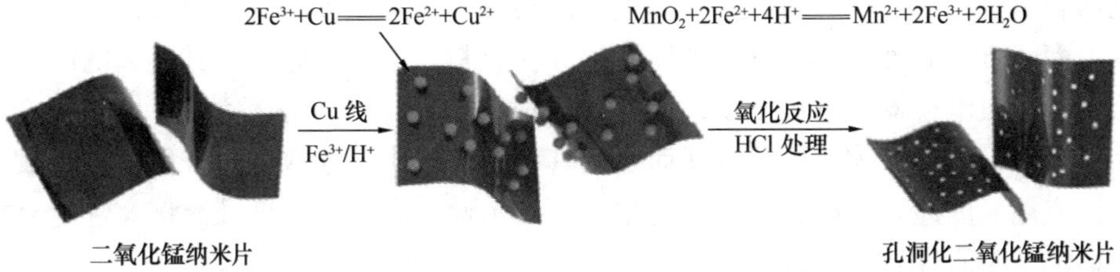

图 18-5　原位氧化还原制备多孔氧化锰纳米电极材料形成示意图

4. 氧化锰电极材料的发展趋势

氧化锰电极材料的理论比容量较高（1370F/g），但其实际比电容仅为100～300F/g。为了将氧化锰材料的实际比容量最大化，制备新颖形貌氧化锰纳米结构电极材料和氧化锰基纳米复合电极材料是氧化锰电极材料的主要发展方向。

（1）氧化锰纳米结构电极材料。氧化锰材料自身导电性较差，不利于充放电过程中的电荷传递。除了与高导电性材料复合外，制备氧化锰纳米结构电极材料可以提高材料的电化学性质。这种设计策略不仅可以缩短电解质的扩散路径，还可以增加与电解液的有效接触面积。在电化学反应中暴露出更多的电化学反应活性位点，表现出更好的电化学性质。氧化锰薄膜电极材料和氧化锰粉末电极材料是主要表现形式。在氧化锰薄膜电极材料方面，通过将纳米结构氧化锰材料沉积在高导电性、有序微纳米结构金属基底上，不仅可以提高氧化锰材料电极的电导率，而且使电极材料的使用率提高。

（2）氧化锰基纳米复合电极材料。氧化锰基纳米复合材料种类很多，主要有氧化锰/碳纳米复合电极材料、氧化锰/导电聚合物复合电极材料、氧化锰/金属（氢）氧化物复合电极材料。通过向氧化锰材料中引入其他物质，可以改善制备材料的导电性，提高氧化锰材料的利用率。针对氧化锰材料差的导电性导致其比容量、循环寿命及倍率性能发挥不理想的实际，研究者将氧化锰材料与高导电性碳材料及导电聚合物复合，显著改善了氧化锰电极材料的电化学性质。氧化锰与碳材料有效复合，充分利用了氧化锰材料的本征高比电容性及碳材料的高导电性，优异机械/电化学稳定性和大比表面积等优点，复合赋予氧化锰/碳纳米复合电极材料优异的电化学性能。常见的碳材料包括碳纳米管、石墨烯、多孔碳、碳纳米纤维、碳球、碳纳米泡沫、碳气凝胶等。到目前为止，制备了大量各种氧化锰/碳纳米复合电极材料，如碳纳米管/氧化锰、碳/氧化锰复合微球、三维多孔碳/氧化锰和石墨烯纳米带/氧化锰等。氧化锰材料与导电聚合物复合，充分发挥了导电聚合物高电导率、容易可控合成、柔韧性良好及赝电容等特性，使制备的复合材料优势明显。聚苯胺（PANI）、聚吡咯（PPy）、聚噻吩的衍生物聚乙撑二氧噻吩（PEDOT）等是常用的聚合物复合材料。同时，将金属（氢）氧化物与氧化锰复合，制备氧化锰基复合材料也是提高材料电化学性能的有效途径。通过优化实验参数达到最大化复合材料中各组分的协同效应，从而可增大材料的比表面积、缩短电子离子的传输路径和增加活性位点。目前，各种不同形貌及结构的金属（氢）氧化物/氧化锰复合材料被大量制备，既有单一组分的金属（氢）氧化物又有二元金属氧化物，也可以是两种不同的金属氧化物，如$Co_3O_4/SnO_2/MnO_2$。

虽然氧化锰电极材料具有资源储备丰富、价格低和无毒无公害等自然优势以及理论比电容高、晶体结构和氧化价态多样等结构优势，但是由于其法拉第氧化还原反应主要发生在氧化锰赝电容材料与电解质的接触面上，电解质不易扩散到赝电容材料体相内部，导致材料利用率降低。此外，氧化锰材料属于半导体材料，电导率差，由其组装的纯赝电容器件内阻大，导致电容器功率密度低。同时，充放电过程中存在体积膨胀/收缩现象，使得电活性组分容易从集流体上脱落，从而引起其稳定性下降，这些缺点严重限制了氧化锰材料的广泛应用。因此，发展具有高比容量、高安定性、高能量密度及高倍率性能氧化锰基电极材料仍然是研究者追求的目标。

18.4.2 钴基超级电容器电极材料

1. 氧化钴电极材料的结构与制备

钴的氧化物主要有 CoO、Co_2O_3 和 Co_3O_4，而用作超级电容器电极材料多为与 Fe_3O_4 具有类似结构的 Co_3O_4（四氧化三钴）。作为活性材料，Co_3O_4 具有丰富的氧化还原活性、大的比表面积、高的电导率、高的理论比电容（3560F/g）、高寿命以及很强的稳定性，是一种很理想的超电容材料。Co_3O_4 的晶体结构如图 18-6 所示，它属于典型的 AB_2O_4 型尖晶石结构。同时，Co_3O_4 是一种典型的 P 型半导体材料，禁带宽度为 1.5eV。作为一种过渡族金属氧化物，Co_3O_4 的化学性能稳定，存储量丰富，价格较低。Co_3O_4 不易溶于弱酸和弱碱，露置于空气中易吸收水分，但不生成水合物。

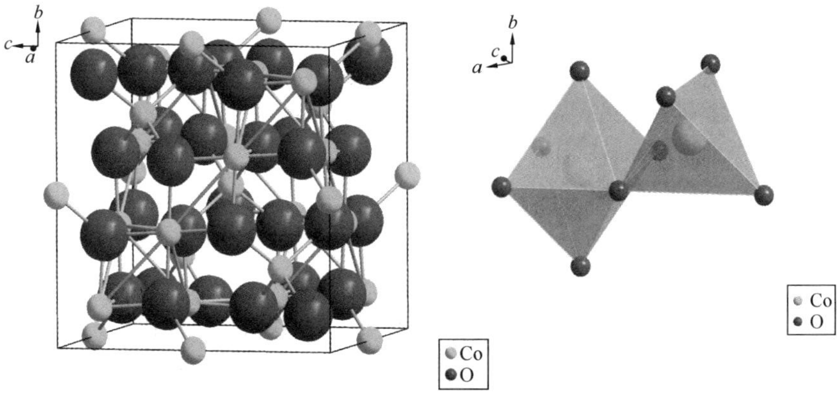

图 18-6　Co_3O_4 晶体结构示意图

Co_3O_4 电极材料的制备方法主要有固相反应法、液相反应法和其他制备方法。固相反应法是制备 Co_3O_4 的传统方法，主要是按一定的比例将金属盐和金属氢氧化物均匀混合，发生复分解反应后生成前驱物，随后将所得前驱物高温煅烧即得固体产物，研磨后可得超细纳米粉末。固相反应法成本低、操作简单、产率较高，但产物具有易团聚及粒度不均匀等缺点。液相反应法是指采用液相反应体系制备 Co_3O_4，该方法主要有液相沉淀法、电化学沉积法、水热/溶剂热法和溶胶-凝胶法等。液相沉淀法是一种利用物质在溶液中反应形成钴盐沉淀，然后热处理将其转变为目标粉体产物的方法。该方法具有操作简单、成本低和产量高，但反应液相体系中温度、pH 和沉淀剂等条件会影响产物的形貌、组成和性能。电化学沉积法是指金属、合金或金属化合物在电场作用下，在电极表面从化合物水溶液、非水溶液或熔盐中沉积产物的过程。该方法可以通过调节电沉积参数、电解液组成、电解液温度和电沉积电位等参数，实现对产物的形貌和粒径大小可控合成。水热法是以水溶液为反应溶剂，在高温高压条件下进行化学反应。水热法制备的产物粒子纯度高、分散性好、结晶性好且形貌可控。同时，用水热/溶剂热法制备的粉体一般无须烧结，可避免烧结过程中晶粒长大且杂质容易混入等缺点。溶胶-凝胶法是将金属醇盐或无机盐溶于有机溶剂中首先形成溶胶，在一定温度下反应形成凝胶，最后可制成薄膜或干燥处理得到粉末样品。该方法反应温度低，可以从分子水平上设计和控制产物的粒径及均匀性，从而得到颗粒纯度高、分布较均匀的金属氧化物。

除固相反应法和液相反应法外，其他方法也用于 Co_3O_4 电极材料制备。近些年来，为了制备形貌规则和性能优越的 Co_3O_4 材料，人们不局限于用一种制备方法制备 Co_3O_4 电极材料，更趋向于采用多种方法相结合来制备 Co_3O_4 电极材料，如水热-热分解法、溶剂热-热分解法和沉淀-溶剂热-热分解法等制备方法。这些组合方法具有单一制备方法的优点，不仅有效地控制了前驱体颗粒的生长、团聚及尺寸大小，而且降低了热分解所需的温度，使制备产物具有更好的结构、形貌和性质。

2. Co_3O_4 电极材料的储能机理

Co_3O_4 由于具有价格低、理论比电容高等特点，是极具开发潜力的超级电容器电极材料。Co_3O_4 作为超级电容器电极材料的反应机理，主要是其与电解液中的氢氧根离子发生氧化还原反应，导致钴离子在二价、三价、四价之间发生转变，形成的电容以赝电容为主，其在 KOH 电解液中发挥出最优的电容性质。具体的储能机理为：

$$Co_3O_4 + OH^- + H_2O = 3CoOOH + e^-$$

$$CoOOH + OH^- = CoO_2 + H_2O + e^-$$

在充电过程中，Co_3O_4 与溶液中的 OH^- 反应生成 CoOOH，同时放出一个电子，生成的 CoOOH 继续与溶液中的 OH^- 反应生成 CoO_2。放电时，CoO_2 在水溶液中接受一个电子生成 CoOOH，然后 CoOOH 接受一个电子生成 Co_3O_4。

Co_3O_4 在碱性和有机电解质中表现出优异的电化学性能，这些特性能够使其与电解质离子在材料表面以及材料的内部发生反应。2011 年，Meher 和 Rao 等通过优化材料的显微组织和受控形态，提高了特定材料的表面积和孔径分布，从而促进了材料中电解质离子的输送。

3. 影响 Co_3O_4 电极材料比电容的因素

通过调节反应温度、反应时间、基质溶液浓度、络合剂等参数，可以很容易地控制 Co_3O_4 电极材料的形貌、结构、尺寸等特性，得到各种如纳米片、纳米线、空心球、海胆状、纳米管等纳米结构，达到提高 Co_3O_4 电容性能的目的。由于制备 Co_3O_4 所采用的反应体系、制备方法都不同，因此所制备的具有不同形貌 Co_3O_4 作为超级电容器电极材料时，会表现出不同的电化学性质。因此，采用新的合成方法、表面改性剂、络合剂和结构导向剂，能够实现高比电容电极材料的制备。

Co_3O_4 电化学性能强烈依赖于其形貌、表面积和孔隙大小分布。如 Lou 课题组通过调节 $Co(CH_3COO)_2 \cdot 4H_2O$ 的浓度、PEG400 和 H_2O 的体积比，采用水热-热处理法制备了一维针状纳米棒、二维叶状纳米片和三维椭圆状微米颗粒。制备的多孔 Co_3O_4 结构呈现高的比电容和好的容量保持率。

4. Co_3O_4 电极材料的发展趋势

Co_3O_4 作为电化学电容器电极材料，表现出了比电容较高的赝电容性质。但是，

Co_3O_4 作为超级电容器电极材料时存在以下几点缺陷：①在充放电过程中，金属离子大量嵌入脱出使 Co_3O_4 材料体积发生变化，长时间充放电容易导致层板坍塌，使 Co_3O_4 的循环寿命降低；②虽然已有大量的研究工作制备了 Co_3O_4 基复合材料，但这些复合材料中 Co_3O_4 一般为纳米颗粒状，严重的颗粒堆积减小了电解液和电极之间的有效电化学接触面积，不利于赝电容性能的发挥；③Co_3O_4 本征低电导率限制了其作为电极材料功率密度的提高和循环寿命的稳定性，阻碍了 Co_3O_4 在电化学电容器中的应用。因此，为了有效地利用 Co_3O_4，将其与大的比表面积、良好的导电性和循环寿命长的材料（如石墨烯、碳纳米管、活化炭等）进行复合，是 Co_3O_4 基复合电极材料的发展趋势。

综上所述，就目前来看，国内外专家学者对 Co_3O_4 电极材料的研究主要集中在制备出具有高比表面积新型形貌的 Co_3O_4 以及对其进行掺杂改性上。同时为了进一步提高电极材料的倍率性能，与高电导率材料（石墨烯、碳纳米管、导电高分子等）构成复合电极材料也是目前 Co_3O_4 超级电容器材料的研究热点。虽然 Co_3O_4 的赝电容特征明显，理论比电容高，目前的研究结果也取得了很好的成绩，但是，不可忽视的是目前得到的各种 Co_3O_4 电极材料的比电容和倍率性能并不是很高，低于理论比电容。因此，制备高性能的 Co_3O_4 电极材料具有十分重要的意义。

18.4.3 镍基超级电容器电极材料

1. 氧化镍电极材料的结构与制备

1995 年，Conway 等指出 NiO 等低价金属氧化物也具有一定的电容性能，是赝电容潜在的候选材料。对比其他过渡金属氧化物，它更容易获得，成本更低，制备方法简单。但是，由于 NiO 晶体缺陷等因素，导致其为非整比化合物，即氧化镍中镍和氧的比例不是严格计量比，而在一定比范围波动。其结构示意图如图 18-7 所示。

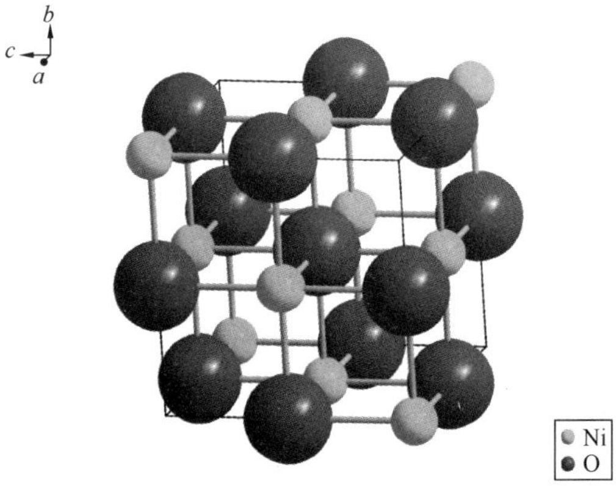

图 18-7　NiO 晶体结构示意图

NiO 的制备方法主要有水热法、凝胶法、溶剂热法、电弧等离子法等。水热法可以分为水热沉淀反应、水热合成反应、水热氧反应、水热电化学反应、微波水热反应和水热分解反应等。如 Zhang 等人将 $NiCl_2 \cdot 6H_2O$ 添加到聚苯烯酰胺中，80℃磁力搅拌，氨水调节反应体系 pH＝7，获得的胶体溶液经过滤、洗涤后于 100℃下干燥 10h，前驱体$Ni(OH)_2$粉末于 300℃下煅烧，制备了高比电容 NiO 电极材料。

2. NiO 电极的电化学反应机理

由于过渡元素镍具有多种阳离子价态，即 Ni^{2+}、Ni^{3+} 和 Ni^{4+}，镍氧化物和氢氧化物常是非化学计量比，表现出镍的价态近乎连续变化，反应过程复杂导致对氧化镍电极反应机理研究进展缓慢，有关氧化镍电极工作原理解释也比较少。一般认为，氧化镍电极活性物质是具有一定结构的氧化物即 NiOOH，放电产物为 $Ni(OH)_2$。氧化镍电极与金属电极不同，它是一种 P 型氧化物电极，具有半导体电极特性，通过电子及电子缺陷（空穴）

进行导电。

氧化镍作为超大容量电容器活性电极材料，其自身以及在电极反应中氧化态的变化为：

$$NiO+OH^- \rightleftharpoons NiOOH+e^-$$

将这一反应与镍电池中的电极反应联系起来：

$$Ni(OH)_2+OH^- \rightleftharpoons NiOOH+H_2O+e^-$$

上述公式只是 $Ni(OH)_2/NiOOH$ 充放电反应的简化表达，且充放电过程 H^+、H_2O、碱金属离子在 NiO 层间隙中的嵌入与脱出会根据 $Ni(OH)_2$ 和 NiOOH 实际结构形态的差别而有所变化。

3. 影响 NiO 电极材料比电容的因素

通常，在碱性电解液中 NiO 是一种很好的超级电容器电极材料，且主要是在电极电解液界面上发生电化学反应，Srinivasan 等认为电荷存储主要是通过电极表面的吸附/脱附 OH^-：

$$NiO(i) + OH^-(i) = (Ni^{3+}O^{2-}OH^-)(i) + e^-$$

式中，i 是界面活性反应位点。同时，因为 NiO 没有游离的羟基，所以不能形成氢键，从而使得 OH^- 迁移到电极材料内部受限，电化学反应只能发生于电极材料表面，其反应机理主要是表面反应机理：

$$NiO+zOH^- = zNiOOH+(1-z)NiO+ze^-$$

反应中 z 很小，一般只有晶粒表面的 Ni^{2+} 才能转化为 Ni^{3+}，所以大比表面积、小粒径 NiO 电极材料中镍离子参与反应也就多，导致电极材料的比电容变大。另外，NiO 电极材料形貌与其电化学性能也有直接的关系。

4. NiO 电极材料的发展趋势

氧化镍电极材料虽然有高容量和易于合成等优点，但 NiO 导电性能差、工作窗口窄、功率和能量密度低是其作为电极材料的主要弊端。因此，通过金属离子掺杂和与导电性好的碳材料原位包覆是提高 NiO 电极材料电导率的有效方法。目前对氧化镍材料的关注点主要集中在其纳米化，尽可能减少其尺寸，达到提高其比表面积的目的。同时，与导电性能好的材料复合，得到了高性能复合的氧化镍电极材料。

针对 NiO 纳米电极材料实际充放电过程中电化学反应主要集中在电极材料表面以及近表面的少量原子层的实际，通过调控 NiO 生长工艺参数，能够制备不同微观形貌、结构、尺寸纳米 NiO 电极材料，通过形貌、结构的优化达到增加电化学活性物质 NiO 与电解质溶液的接触面积，减小电解质离子、电子传输距离，降低电化学过程中动力学势垒，从而提高 NiO 电极材料的电化学性能。针对 NiO 电极材料导电率低的弊端，通过与导电性能优异碳材料复合可达到有效改善制备电极材料的电导率，从而有利于电化学过程中电子输运和提高 NiO 电极性能，有望获得性能优异的复合电极材料。

尽管 NiO 电极材料研究取得了一系列进展，但是需要解决的问题点很多。在电极材料制备方面，随着纳米材料制备手段的不断丰富与完善，能否通过简单、容易实现的制备工艺流程，实现 NiO 纳米电极材料微观形貌结构的调控，获得性能优异的 NiO 电极材料；在基于 NiO 纳米电极材料微观形貌结构影响其电化学性能机制解释方面，对晶粒尺寸、比表面积、孔径分布等因素影响其电化学性能需要进一步探索。同时，对于随着纳米材料尺寸与维度降低而引起材料表面化学状况改变对材料电化学反应产生的影响需要进一步分析。

18.4.4 其他贱金属超级电容器

除 MnO_2、NiO、Co_3O_4贱金属氧化物外，氧化钒、氧化钼、氧化铁等其他过渡金属氧化物也具有赝电容特性，是潜在的超级电容电极候选材料。

钒具有丰富的价态，是一种多价态（V^{5+}、V^{4+}、V^{3+}、V^{2+}）金属元素。相对应的主要化合物有 V_2O_5、VO_2、V_2O_3，混合价态有 V_6O_{13}等。钒氧化物由于良好的电容特性及宽的电位窗口，可作为超级电容器电极候选材料，其中研究较多的有 V_2O_5、VO_2以及一系列非整比钒氧化合物等。由于钒存在多种价态，且其氧化物形貌、缺陷和孔结构等各不相同，因而作为电极材料而表现出的电化学性能各不相同。

钒氧化物的制备方法主要包括水热法、溶胶-凝胶法、微乳液法及物理方法等。反应体系溶液的 pH、反应温度，溶液中的离子对产物的形貌和组成都有十分重要的影响。Liu 等人将不同浓度的氧化石墨 GO 分散液与偏钒酸铵混合后，加入硫脲作为结构导向剂和还原剂，制备了石墨烯/钒氧化物（$GR/VO_x \cdot nH_2O$）纳米复合材料。制备的 $GR/VO_x \cdot nH_2O$ 纳米电极材料在－0.2～0.8V 的电压范围内，当扫速为 5mV/s 时的比电容为 384F/g，1000 次循环充放电后的比电容保持率为 60%，表明石墨烯的加入能有效地改善钒氧化物的电化学稳定性。

与其他贱金属氧化物超级电容器电极材料相似，钒氧化物作为电极材料也存在电荷传输阻力大，从而影响电极材料的利用率而使得材料的比电容较低。因此，为了改善钒氧化物的电导率，提高钒氧化物电极材料的比电容和使用寿命，将其与导电性较好的碳材料、金属氧化物和导电聚合物进行有效复合，达到缩短钒氧化物离子与电子的传输路径，提高钒氧化物的电导率，提高材料的电容性能和改善其循环使用寿命，仍然是钒氧化物电极材料研究关注的重点。

三氧化钼（MoO_3）既保持了电化学电容电压高、功率密度大的特点，又能发挥相对高的能量密度，从而在超级电容器的应用中受到越来越多的关注。MoO_3 的缺点是其电子导电性能较差，因此其改性主要是通过金属氧化物或碳包覆、晶格掺杂、机械球磨、碳或石墨复合和有机化合物复合等以提高其电子导电性以及电子和质子的跃迁能力，使电极反应深入电极内部。

Fe_3O_4 是最近发现的另一种价格低的电极材料，它在碱性亚硫酸盐和硫酸盐电解液中呈现赝电容性质，但是这种材料对阴离子的种类和氧化物微晶的分散很敏感。

18.5 柔性氧化物超级电容器电极材料

随着微型电子器件和可穿戴电子设备的快速发展，人们对电子设备的要求越来越高，因此柔性器件的开发成为超级电容器发展的重要方向。与传统超级电容器不同，柔性超级电容器最大的优点在于具有良好的柔韧性、质轻、可弯曲和压缩，可代替传统超级电容器应用于柔性电子器件。根据电极结构的不同，柔性超级电容器可分为纤维状柔性超级电容器和平面型柔性超级电容器。目前，柔性超级电容器面临的挑战主要包括无电容性能柔性衬底的引入增大了柔性超级电容器的体积和质量，使它不适用于便携式和可穿戴；如果将所有组成材料都考虑进去，柔性超级电容器显示了低的比电容值和能量密度；柔性与比容量之间的平衡匹配问题没有得到很好的解决。基于赝电容的氧化物电极材料超级电容器由于具有高的比容量，因而展现出广泛的应用前景。但是，由于金属氧化物电极材料的刚性本征属性，使得在柔性超级电容器应用方面显示了不足。而与传统超级电容器［图 18-8（a)］相比，柔性氧化物超级电容器［图 18-8（b)］在兼具高比容量的同时，展现出柔韧、易弯曲的特性，可被应用于柔性手机、电子皮肤、智能衣服及可伸缩显示器等诸多领域。针对实际应用的需要，柔性氧化物超级电容器的发展方向是质量小、能量密度高、循环寿命长、柔韧性好、可弯曲和压缩等。

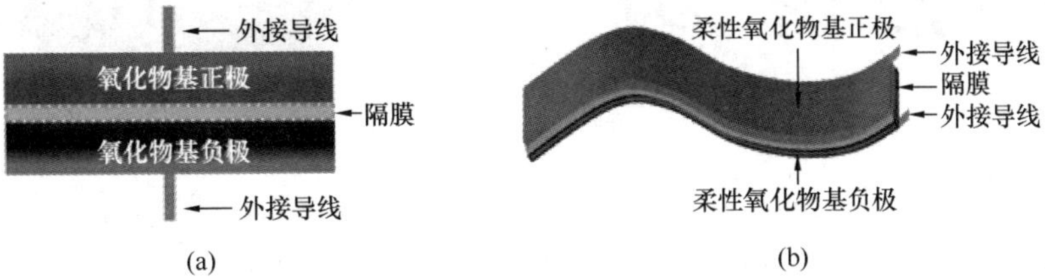

图 18-8　传统超级电容器与柔性氧化物超级电容器结构

（a）传统超级电容器；（b）柔性氧化物超级电容器

柔性电极材料的研发是柔性电容器设计的重中之重，同样适用于柔性氧化物超级电容器。常见的柔性电极材料制备主要有两种思路：一种是将活性物质直接涂覆或沉积在柔性基底上，但由于柔性基底大多不提供能量储存，以及很难实现活性材料和基底之间的紧密接触，因而工艺上有一定难度；另一种是自支撑柔性电极，即赋予活性物质本身具有柔性特点，可以加工成柔性薄膜或者纤维结构。由于传统氧化物电极材料自身导电性较低、循环性能及柔韧性差，因此通常是将氧化物与导电性及柔韧性好的其他材料复合制备氧化物基柔性电极。

常见的氧化物基柔性电极结构包括线形结构、二维平面结构和三维结构。

1. 线形结构电极

该类电极结构是一种新型柔性电极结构，又分为线形同轴结构［图 18-9（a)］和线形缠绕结构［图 18-9（b)］。其由于在柔性、可拉伸和可编织电子器件中应用具有优势，已成为柔性电容器的一个重要发展方向。氧化物柔性电极常由氧化物与柔性线形材料复合制备所得，主要制备方法包括水热溶剂热法、静电纺丝技术、电化学沉积法和化学氧化还原法等。Chen 等联合应用湿法纺丝技术和肼蒸气还原技术，制备了石墨烯（RGO）/Mn_3O_4复合纤维电极材料，应用制备的复合纤维组装了柔性全固态超级电容器。该电容器从 0°弯曲至 180°［图 18-9（c)、图 18-9（d)］时体积电容几乎保持不变，且连续重复弯曲 1000 次后容量保持率仍达 97%，器件的最大体积能量密度和功率密度分别达到 4.05(mW·h)/cm^3 和 268mW/cm^3。

2. 二维平面结构电极

该类电极材料是以柔性二维导电材料为基底，将氧化物活性材料负载在该基底上所制备的一种柔性电极。已报道的具有柔性二维平面结构氧化物基电极有薄膜电极（图 18-10）、纸电极和织物电极等。该类复合电极的制备方法有简单的涂布法和真空抽滤法、复杂

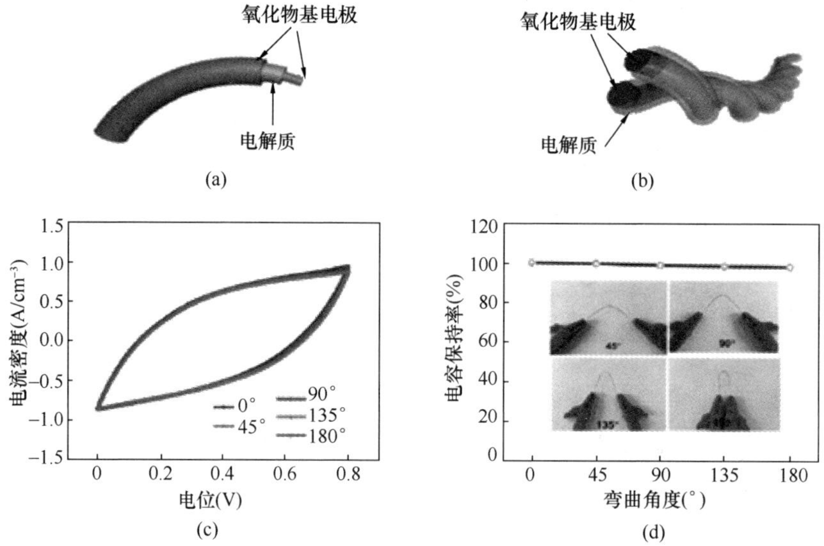

图 18-9　常见线形结构电极及石墨烯/Mn_3O_4 复合纤维超级电容器的电化学性能

（a）线形同轴结构示意图；（b）线形缠绕结构示意图；（c）不同弯曲状态下石墨烯/Mn_3O_4 复合纤维全固态超级电容器的 *C-V* 曲线；（d）比电容保持率

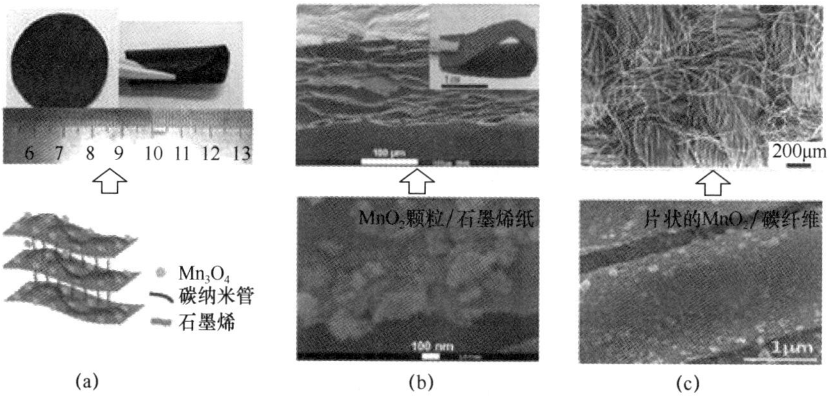

图 18-10　具有二维平面结构的柔性氧化物基电极

（a）薄膜电极；（b）纸电极；（c）织物电极

CVD、电化学沉积法及原位水热沉积等。He 等采用真空抽滤法制备了 Mn_3O_4/石墨烯/碳纳米管复合薄膜电极，由该电极组装的全固态超级电容器，在功率密度为 $0.392mW/cm^2$ 时的能量密度达到 $32(\mu W \cdot h)/cm^2$。器件连续 120°弯曲 300 次，比容量仍然保持 98%。尽管碳纳米管的加入使该类柔性电极的电化学性能得到很大改善，但高分散碳纳米管的成本高及薄膜制备过程复杂，是该类柔性电极需要进一步解决的问题。氧化物柔性“纸电极”常以碳纸、碳纳米管（CNT）纸、石墨烯纸等为基底。常见的氧化物织物电极基底包括塑料、金属、碳纳米管基石墨烯纤维/纱布等。该类电极不仅具有好的柔韧性，而且自身可作为集流体，在取代传统金属集流体的同时减少了胶黏剂的使用。Dong 等以活化的碳纤维布为基底，设计制备了碳纤维布/MnO_2/碳纳米管复合电极，该电极的面积容量可达 2542mF/cm^2，能量密度和功率密度分别为 56.9(μW・h)/cm^2 和 16287(μW・h)/cm^2。

3. 三维结构电极

超级电容器的电化学性能与离子在电极和电解液界面的吸附行为关系密切，因此柔性三维结构电极材料使电极具有柔性和高比表面积特征的同时获得大的比容量。此外，三维结构可优化柔性氧化物基电极的电子/离子传输路径，实现充放电倍率性能的显著提高。对于三维网络、海绵及凝胶结构电极材料，氧化物可填充在三维基底的孔/缝隙，达到氧化物既不容易脱落而又能解决充放电过程中活性材料的膨胀问题。Zhou 等采用水热及后续煅烧法制备了 CoO/聚吡咯/Ni 三维泡沫电极材料，其在三电极体系中展现了高的比容量（2223F/g）和突出的倍率性能。由于该电极材料与活性炭组装的不对称电容器，所得器件的能量密度和功率密度分别为 43.5(W・h)/kg 和 5500W/kg。

另外，电解液的选择也是氧化物柔性超级电容器的一个重要选择部分。传统的液态电解液所组装的超级电容器质量大、携带不方便且不具备拉伸性能。因此，柔性氧化物基超级电容器中采用固态电解液，可呈现质轻、便携和柔性好等优点。常见的用于柔性超级电容器的固态及准固态凝胶电解液有聚乙烯醇/氯化锂（PVA/LiCl）及聚乙烯醇/磷酸（PVA/H_3PO_4）等。使用固态凝胶电解液不仅可省去胶黏剂和导电剂，并且凝胶电解质可有效代替隔膜，是构建柔性器件必不可少的组分。

18.6 不对称氧化物超级电容器电极材料

金属氧化物如 RuO_2、MnO_2、Co_3O_4、NiO、V_2O_5、Fe_3O_4 及 PbO_2 等超级电容器电极材料，均能呈现出强的赝电容行为及高的理论比容量。但是，由于该类金属氧化物电极组装的对称器件的电位窗口窄，造成器件的能量密度提高比较困难。同时，金属氧化物在长时间充放电过程中存在结构不稳定及溶解等问题，造成器件的循环寿命有限。为了提高金属氧化物电极材料组装器件的能量密度和循环稳定性，组装该类金属氧化物不对称超级电容器成为有效策略之一。通常，这类不对称超级电容器常利用具有高比表面积、双电层电容行为的碳电极材料为负极，具有赝电容行为的金属氧化物为正极，通过离子渗透隔膜实现了正负极的隔离。组装器件的结构示意图及充电行为如图 18-11 所示。充放电过程中，负极主要通过双电层电极材料对离子可逆地吸附/脱附来实现电荷存储及转化，而氧化物正极材料（MO_X）主要发生离子的可逆还原/氧化（$MO_X \rightleftharpoons MO_Y^+ + e^-$）。不对称氧化物超级电容器器件由于将双电层和赝电容贡献都利用起来，可以在产生高的比容量及大的电位窗口的同时，实现器件能量密度的提高及循环性能的改善。

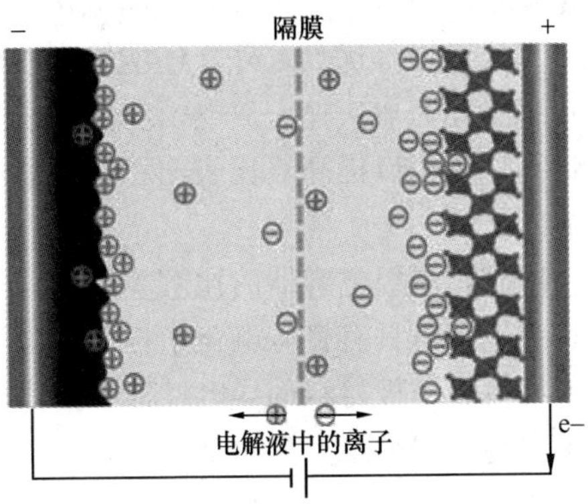

图 18-11 不对称氧化物超级电容器结构示意图及其充电过程

不对称氧化物超级电容器的比容量计算公式与传统的电容器一样，依据如下式计算：

$$C_{cell} = (C_- \times C_+)/(C_- + C_+) \quad (17\text{-}12)$$

式中，C_{cell}为整个超级电容器的比容量，C_- 和 C_+ 分别为负极和正极的比容量。通常，由于氧化物正极展现出的比容量远高于双电层电容电极材料的比容量（$C_+ \gg C_-$）（碳负极），因而氧化物不对称超级电容器整个电容也可估算为 $C_{cell}=C_-$。Pell 等对氧化物不对称超级电容器的设计及优化过程中需要注意的问题进行了总结，一些关键要求（如应选择具有较大充放电倍率性能的正负极电极材料，负极材料的选择应当具有尽可能高的孔隙率、比表面和电导率，选择正负电极时应当让它们的电位要么接近电压窗口的最低电压，要么接近最高电压），可使整个不对称超级电容器的能量密度和工作电压最大化，由于氧化物正极材料具有远高于碳负极材料的比容量，因此这种不匹配的现象可通过平衡正负极活性物质的重量来有效弥补。

通常，选用更负电位的窗口材料作负极，以金属氧化物电极材料为正极，组装不对称超级电容器是改善器件性能的有效策略之一。Yan 等以活化后的碳纳米管为负极，RuO_2@C/RGO 复合物为正极，离子液体作电解液，使得器件电位窗口拓宽到 3.8V，能量密度达到 103(W·h)/kg，10000 圈后容量保持率为 98.5%。

18.7　氧化物超级电容器的发展现状及展望

电极材料作为超级电容器非常重要的组成部分，是决定其性能优劣最主要的影响因素。过渡金属氧化物基超级电容器电极材料既能表现出比碳材料较高的容量和能量密度，又能表现出比导电聚合物较好的电化学稳定性，所以对该类电极材料的研究一直受到人们广泛关注。一般而言，用于超级电容器电极材料的金属氧化物要求：一是好的导电性；二是在一个无相变的连续相中，具有两个或两个以上的氧化态；三是在氧化还原过程中，电子能够自由进入或迁出氧化物晶格，并完成 $O^{2-} \rightleftharpoons OH^-$ 转化过程。

目前，金属氧化物电极材料电容性能的提高仍然是研究关注的重点。它主要通过以下几个方面来实现：一是用双金属氧化物替代对应的单金属氧化物。双金属氧化物是两种金属在晶格层面上混合在一个氧化物中，常常可表现出与单纯将两种金属氧化物混合不同的结构和性能。与单金属氧化物相比，双金属氧化物由于存在更多的化合价和更高的导电性，所以更加有助于发生氧化还原反应，从而表现出更好的电容性能。二是制备过渡金属氧化物复合材料。因为过渡金属硫化物除了具有与金属氧化物相同的高理论比电容值、低成本和低毒性等优点之外，还能够表现出比对应的氧化物更高的导电性，这有助于增加电荷转移路径完成快速充放电。三是控制金属氧化物的形貌。合成一些具有特殊形貌的金属氧化物往往可以提高其比表面积，增加电解质与电极材料的接触机会，从而有助于其电容性能的提高。

同时，超级电容器的比容量、能量密度以及功率密度与电极材料的导电性能密切相关。为了获得具有良好电化学性能的电容器，提高电极导电性能至关重要，可以通过提高正极材料、负极材料的导电性能来提高器件的导电性能。针对氧化物电极材料导电性低等突出问题，研究重点是对金属氧化物电极材料改性以及改善电极材料的团聚和致密堆积问题，优化纳米结构的多孔性、导电性以及循环稳定性等。

在提高电极材料导电性能研究方面，根据不同电极材料的特点，主要前沿研究方向是制备不同元素不同价态金属化合物、与无机导电材料复合、与有机导电高分子材料复合、减少或不使用胶黏剂，与碳系列材料的掺杂引入缺陷。

思考题

1. 法拉第赝电容（准电容）储存电荷的过程包括哪几个方面？
2. 简述制备二氧化钌电极材料的几种方法。
3. 影响 RuO_2 电极材料比电容因素有哪些？
4. 氧化锰电极材料的优缺点是什么？
5. 氧化锰的构型可以分为哪几类？其结构特点是什么？
6. 四氧化三钴在碱性溶液中的储能机理是什么？
7. 什么是柔性超级电容器？其面临的挑战有哪些？
8. 氧化物基柔性电极结构包括哪些？
9. 为什么要发展不对称氧化物超级电容器？

参考文献

[1] LIU Y，ZHZNG Y，WU X W，et al. 2-features of design and fabrication of metal oxide-based supercapacitors[M]. Dubal D P，Gomez-Romero P. In Metal Oxides in Supercapacitors. Amsterdam：Elsevier，2017：25-47.

[2] RAISTRICK I D. Electrochemistry of semiconductors and electronics[M]. William Andrew，1992.

[3] LI M，HE H. Nickel-foam-supported ruthenium oxide/graphene sandwich composite constructed via one-step electrodeposition route for high-performance aqueous supercapacitors[J]. Applied Surface Science，2018，439：612-622.

[4] FUGARE B Y，LOKHANDE B J. Study on structural，morphological，electrochemical and corrosion properties of mesoporous RuO_2 thin films prepared by ultrasonic spray pyrolysis for supercapacitor electrode application[J]. Materials Science in Semiconductor Processing，2017，71：121-127.

[5] YU Z，TETARD L，ZHAI L，et al. Supercapacitor electrode materials：nanostructures from 0 to 3 dimensions[J]. Energy & Enviromnental Science，2015，8 (3)：702-730.

[6] JOSEPH A，THOMAS T. Recent advances and prospects of metal oxynitrides for supercapacitor [J]. Progress in Solid State Chemistry，2022，68，100381.

[7] XIE X，ZHANG C，WU M B，et al. Porous MnO_2 for use in a high performance supercapacitor：replication of a 3D graphene network as a reactive template[J]. Chemical Communications，2013，49 (94)：11092-11094.

[8] WU G，MA Z，WU X，et al. Interfacial Polymetallic Oxides and Hierarchical Porous Core-Shell Fibres for High Energy-Density Electrochemical Supercapacitors[J]. Angewandte Chemie，2022，61(27)：e202203765.

[9] LIAO Q，LI N，JIN S，et al. All-solid-state symmetric supercapacitor based on Co_3O_4 nanoparticles on vertically aligned graphene [J]. ACS Nano，2015，9 (5)：

5310-5317.

[10] NANDAGUDI A, NAGARAJARAO S H, Santosh M S, et al. Hydrothermal synthesis of transition metal oxides, transition metal oxide/carbon-aceous material nanocomposites for supercapacitor applications[J]. Materials Today Sustainability, 2022, 19, 100214.

19 导电聚合物超级电容器

19.1 导电聚合物超级电容器概述

20 世纪 70 年代末，Shirakawa、Heeger 和 MacDiarmid 等人研究发现，聚乙炔（Polyacetylene，PA）具有类似金属的导电特性，开启了导电聚合物（Electrically Conducting Polymer，ECP）研究的先河。随后，聚苯胺（Polyaniline，PANi）、聚吡咯（Polypyrrole，PPy）和聚噻吩（Polythiophene，PTh）等一系列导电聚合物被相继报道，并获得了持续、深入研究。

导电聚合物是由具有共轭 π 键的聚合物经化学或电化学掺杂（或复合）后，由绝缘体变成半导体或者导体的一类高分子材料。这类芳香族化合物具有大的 π 共轭轨道，因而产生电子导电性，并可以通过失去和得到电子而分别被氧化和还原。通常采用“p 型掺杂”和“n 型掺杂”分别描述氧化和还原的结果。掺杂后，聚合物的带隙变窄，电子更加容易从 HOMO（最高被占有分子轨道）跃迁到 LUMO（最低未被占据分子轨道）上，从而提高其电导率。大部分导电聚合物通过化学或电化学氧化在聚合物链上引入正电荷，即形成 p 型掺杂导电，还原过程使聚合物返回到近乎不导电状态。某些聚合物（如聚乙炔和聚噻吩等），也能够通过还原过程即 n 型掺杂实现导电。

电化学氧化还原反应在共轭导电聚合物链上引入了正电荷和负电荷中心，不仅能够产生少量的双电层电容，更重要的是，可以产生大量的法拉第氧化还原赝电容，显示出很高的比容量，引起了人们的广泛研究兴趣。导电聚合物的电荷存储过程类似第 18 章 RuO_2 等氧化物超级电容器，通过法拉第氧化还原反应储存电荷和能量，累积电荷（q）和电极电势（φ）的导数比 $dq/d\varphi$ 相当于（赝）电容。虽然导电聚合物的容量有一小部分也来自双电层，且从聚合物导电状态来讲，电子电荷的注入和聚集类似金属双电层，但是，其电荷存储过程更多包含具有法拉第性质的氧化还原化学（电子）变化，即基团阳离子或基团阴离子中心的形成或消除，所产生的电容在本质上是赝电容性的，因而通常将导电聚合物超级电容器划归为氧化还原赝电容。

导电聚合物具有结构多样、轻便、柔韧、制备简单、易于加工、成本低和环境友好等特点。与碳基超级电容器和氧化物超级电容器相比，导电聚合物超级电容器还兼具理论比容量高、导电性好、充放电速率快、自放电小、使用温域宽、便于集成和易于规模生产等优点，显示出广阔的发展潜力和前景。

19.2 导电聚合物的制备

导电聚合物被发现后，迅速掀起了其在电子、机械、能源等领域特别是化学电池和超级电容器中的应用研究热潮。各种合成方法与技术（如化学法、电化学法、光化学法、复分解法、等离子体法等）被广泛报道用于制备多种导电聚合物，不同的仪器分析技术（如紫外可见光谱、傅立叶变换红外光谱、椭圆光度法等）和电化学方法（如循环伏安法、交流阻抗法、电化学石英晶体微天平法等）也被广泛用来研究导电聚合物的物理化学原理，特别是聚合生长机制及其对机、电、力学等性能的影响。

最常见的导电聚合物制备方法主要分为化学聚合法和电化学聚合法。化学聚合一般是在反应体系中加入聚合物单体，使用氧化剂使单体氧化聚合。常用的介质体系有盐酸、硫酸、高氯酸，氧化剂通常采用过硫酸铵、双氧水、氯化铁、重铬酸钾等。在氧化剂的作用下，聚合物单体先发生氧化偶联生成二聚体，二聚体再反应生成三聚体，最终形成长链导电聚合物。反应体系的单体浓度、反应温度、反应时间、氧化剂的种类与用量以及掺杂剂的种类与用量等合成条件均对导电聚合物产物的结构和性能具有重要影响。主要的化学合成方法如模板法、乳液法、界面法和快速混合法等，均可直接制备聚苯胺、聚吡咯、聚噻吩等多种聚合物粉末及其复合材料，工艺简单，成本较低，易于批量生产。

电化学聚合是在溶剂中加入聚合物单体和电解质，在电场作用下发生反应，从而在电极表面沉积生成导电聚合物薄膜。电化学法采用电场作为聚合反应的引发力和驱动力，无须引入氧化剂，清洁环保，反应条件易于控制，产物纯度较高，可有效控制聚合材料的微观结构、形貌、尺寸和性能，同时还可使聚合与掺杂同步进行。电化学体系、单体浓度、聚合电位、聚合电流、反应时间、反应温度等是影响导电聚合物电化学合成的主要因素。许多杂环导电聚合物（如聚吡咯、聚噻吩等）均可采用电化学法制备。电化学原位电聚合可以非常方便地将聚合物膜稳定、高效、可控地黏附在金属等基材基体上，直接用作超级电容器电极。Rudge 等人采用电化学法将聚吡咯、聚苯胺等材料在导电碳材料上制成了质量小、比表面积大、电导率高的导电聚合物超级电容器。他们在多孔碳纸支撑体上，将 0.1mol/L 的吡咯单体在 1mol/L $Me_4N^+ \cdot CF_3SO_3^-$ 的乙腈溶液中进行电聚合，所制备的 PPy 膜可存储 $10C/cm^2$ 的电量。在镀有铂黑的铂电极上可电化学合成高性能聚合物膜，循环 100000 次之后，性能衰减依然非常小。

19.3 导电聚合物赝电容

导电聚合物超级电容器的电容来自两个方面。一部分电容来自电极与电解质界面的双电层。在充放电过程中，电解质中的正负离子嵌入聚合物阵列，平衡聚合物本身电荷而实现电荷存储。另一部分电容来自电极充放电过程中的氧化还原法拉第赝电容。如图 19-1 所示，当发生氧化反应时，电解质中的离子进入聚合物骨架，当发生还原反应时，这些离子又从聚合物中脱嵌出来进入电解质，从而产生电流。这种氧化还原反应不仅发生在聚合物表面，更贯穿聚合物整个结构。这种充放电反应不涉及任何聚合物结构的变化，具有高度的可逆性。在此过程中，导电聚合物电极进行可逆的 p 型或 n 型掺杂或去掺杂，产生大量的法拉第赝电容，使得这类材料用作超级电容器电极具有广阔的潜力。

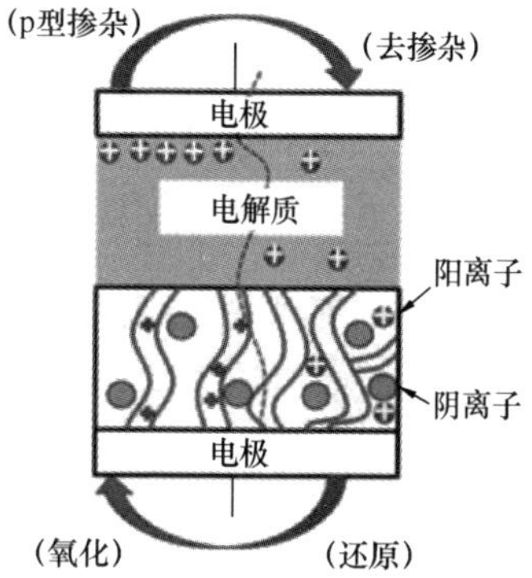

图 19-1 导电聚合物赝电容工作原理示意图

导电聚合物的 p 型掺杂是指聚合物失去电子而在其分子链上产生正电荷，电解质中的阴离子就会聚集在聚合物附近以保持电荷平衡，如图 19-2（a）所示。常见的 p 型掺杂聚合物有聚苯胺、聚吡咯及其衍生物。而 n 型掺杂是指聚合物得到大量电子分布到其分子链上，产生负电荷富集，从而使电解质中的阳离子聚集在聚合物骨架附近以保持电荷平衡，如图 19-2（b）所示。常见的 n 型掺杂聚合物如聚乙炔、聚噻吩以及它们的衍生物。这两种充电过程分别如下：

$$Cp \longrightarrow Cp^{n+}\ (A^-)_n + ne^-\ \text{（p 型掺杂）}$$

$$Cp + ne^- \longrightarrow (C^+)_n Cp^{n-}\ \text{（n 型掺杂）}$$

其中，Cp 代表导电聚合物，A^- 代表阴离子，e^- 代表电子，C^+ 代表阳离子，n 为反应得失电子数。它们的逆反应对应放电过程。

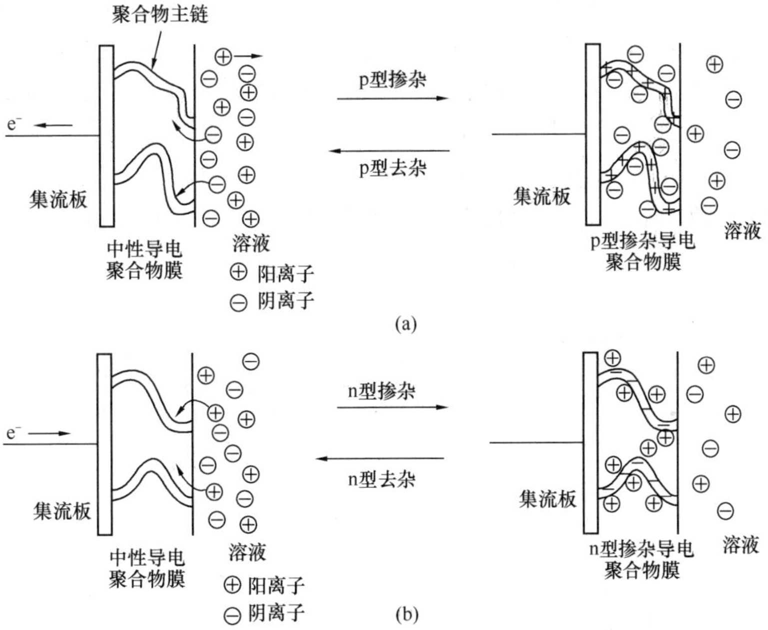

图 19-2　导电聚合物链上的掺杂及去掺杂过程

（a）p 型掺杂；（b）n 型掺杂

导电聚合物超级电容器具有典型的镜像型循环伏安曲线，在每一个扫描电势下，都有一个确定的、可逆的电子迁移即氧化还原过程。如图 19-3 所示，聚苯胺（PANi）的循环伏安曲线显示出三对清晰的电流响应峰，而邻甲氧基苯胺仅有一个主峰，它们均表现出良好的充放电可逆性。Aprano 等人对比了聚 2-甲基苯胺（PMA）、聚 2-甲氧基苯胺（PMOA）、聚 2-甲氧基-5-甲基苯胺（PMOMA）和聚 2,5-二甲氧苯胺（PDMOA）在 1mol/L HCl 溶液中的循环伏安曲线及其电导率。他们研究发现，PANi 和 PMA 的电导率最大值位于 0.42V（vs. SCE），PMOA 和 PMOMA 位于 0.35V（vs. SCE），PDMOA 位于 0.28V，而 PANi 在充分氧化或者还原状态下并没有导电性。他们据此提出，PANi 循环伏安曲线中的多重峰可能产生于电化学聚合和边缘缔合时形成的某些裂解产物。Jiang 等认为，PANi 在 0.13V 和－0.04V（vs. SCE）处的峰可能与质子化和去质子化有关，而 0.42V 和 0.35V 的峰可能与伴随阴离

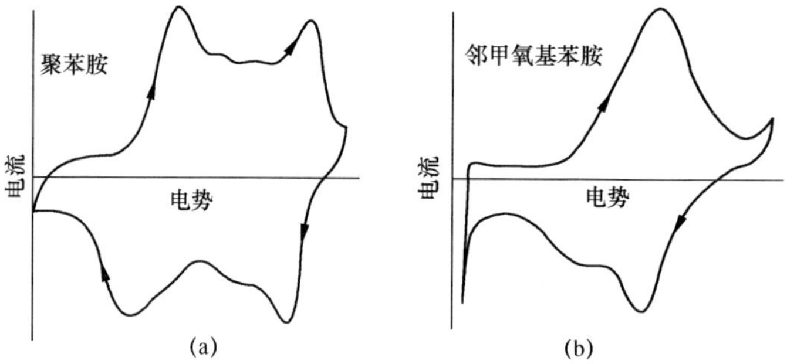

图 19-3　H_2SO_4溶液中 Au 电极上的循环伏安曲线

(a) 聚苯胺；(b) 邻甲氧基苯胺

子与充电链耦合的电子迁移有关。

与聚苯胺的电化学行为不同，聚 3-(4-氟苯基) 噻吩 (PFPT) 的循环伏安曲线表现出两个分开的可逆活性区域，如图 19-4 所示。两个区域相距约 2.6V，每个区域电压范围约为 0.4V。这是由于 PFPT 同时具有氧化能力和还原能力，也就是既可以 p 型掺杂又可以 n 型掺杂，表现出两个电活性范围。在双电极体系超级电容器中，当充满电时，分别向正、负极注入了最多的正电荷和负电荷，器件最高可以获得约 3.0V 的电压。与此对应，补偿阴离子和补偿阳离子注入聚合物界面，保持了局部电荷平衡。当放电至每个极板上的剩余电荷为零时，极板间依然保持约 2.0V 的电压。当电容器在 2.0～3.0V 的电压区间放电时，所有的电荷容量均可被有效利用。

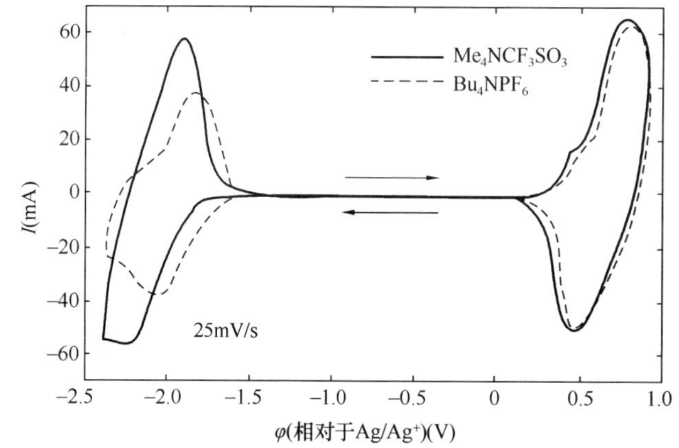

图 19-4　聚 3-(4-氟苯基) 噻吩 (PFPT) 在两种电解质中的循环伏安曲线

导电聚合物通过氧化还原反应储存能量。当发生氧化反应时，电解质离子转移到聚合物骨架，当发生还原反应时，离子又从聚合物骨架释放到电解质中。这些氧化还原反应不仅发生在材料的表面，而且涉及整个材料，高度可逆。因此，在离子嵌入和脱嵌过程中，聚合物的体积会发生一定的膨胀和收缩，随着长期循环的进行，引起电化学性能下降、结构稳定性和热稳定性变差、循环寿命减少。对此，目前的解决方法主要有：

(1) 通过纳米结构调控导电聚合物的结构形貌，如形成纳米线、纳米棒、纳米管、纳米片等微纳结构，从而减小循环过程中的体积变化。

(2) 将导电聚合物与碳材料和金属氧化物等活性材料进行复合，以改善聚合物的链条结构、导电能力和机械性能，从而提高其电化学循环稳定性。

（3）通过制备导电聚合物与碳材料或者金属氧化物非对称超级电容器，利用导电高分子 p 型掺杂态的高稳定性与其他稳定电极材料组合，有效提升器件的整体循环稳定性。

19.4 导电聚合物超级电容器的分类

由于聚合物的种类及其掺杂形式不同，在制作导电聚合物超级电容器时会产生多种不同的组合方式。根据充放电过程中氧化还原反应机理的不同，导电聚合物超级电容器可分为三类。

1. Ⅰ型导电聚合物超级电容器

两个电极均使用相同的 p 型掺杂导电聚合物，电极结构相同，属于一种对称超级电容器，也被称为 p-p 型超级电容器。聚合物链在氧化时正向充电，当达到完全充电态时，阳极处于完全 p 型掺杂态，而阴极则处于未充电非掺杂态，如图 19-5（a）所示。放电时，处于掺杂态的阳极被去掺杂还原，而处于非掺杂态的阴极发生氧化掺杂反应。当放电至两极间电势差的一半时，发生电荷重新排布，两极压差为零。因此，Ⅰ型导电聚合物超级电容器两极电位差较小，工作电压较低（一般低于 1.0V），而且放电时所释放的电荷数量仅为满掺杂电荷的一半，双重作用导致其能量密度较低。然而，由于大多数导电聚合物都可以进行 p 型掺杂，且电极组装较为简单，因此Ⅰ型导电聚合物超级电容器仍得到广泛研究开发。

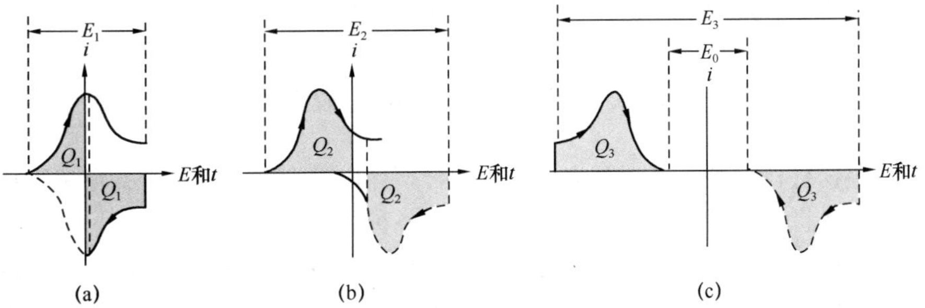

图 19-5 三类导电聚合物超级电容器的充放电半循环示意图

（a）Ⅰ型；（b）Ⅱ型；（c）Ⅲ型

2. Ⅱ型导电聚合物超级电容器

两个电极分别使用两种不同的可 p 型掺杂的导电聚合物，它们具有不同的氧化和再还原电势范围，其充电和放电半循环示意图如图 19-5（b）所示，组成一种非对称超级电容器，也被称为 p-p′型超级电容器。由于两种导电聚合物发生掺杂的电位范围不同，因此，电容器在完全充电状态下具有更高的电位差，一般约为 1.5V。放电时阳极聚合物的去掺杂率可以超过 50%，因而具有更高的放电容量。与Ⅰ型导电聚合物超级电容器相比，Ⅱ型导电聚合物超级电容器显然具有更高的能量密度。

3. Ⅲ型导电聚合物超级电容器

两个电极使用聚 3-(4-氟苯基）噻吩等既能 p 型掺杂也能 n 型掺杂的同种聚合物，电极结构相同，也属于一种对称超级电容器，被称为 n-p 型超级电容器。p 型掺杂电极的放电半循环可相对 n 型掺杂电极的放电半循环工作，相同聚合物分子的两个过程之间存在电压差 E_0，如图 19-5（c）所示。在充电状态下，阴极处于完全 n 型掺杂态，阳极处于完全 p 型掺杂态，两极间的电位差可达 3～3.2V，掺杂电荷可在放电过程中全部释放，大大提高了电容器的电容量。Ⅲ型导电聚合物超级电容器的电荷储存量大、利用率高、电导率高，非常具有发展潜力。与Ⅲ型导电聚合物超级电容器结构类似，还可以利用不同 p 型掺杂和 n 型掺杂的导电聚合物作为电极制作非对称的Ⅲ型导电聚合物超级电容器，形成与Ⅱ型导电聚合物超级电容器类似的具有极性的超级电容器，从而获得更大的储存容量。

表 19-1 比较了三类导电聚合物超级电容器的部分性能。由表可见，Ⅲ型导电聚合物超级电容器相比其他两类电容器可以提供更宽的工作电压范围，在非水溶液体系中电压甚至可以超过 3.0V，因而具有更高的能量密度，展示出良好的技术和发展潜力。

表 19-1 三类导电聚合物超级电容器的部分性能比较

电容器类型	电压 (V)	电荷密度		能量密度		
		C/cm²	C/g	J/cm²	J/g	(W·h)/kg
Ⅰ	1.0	1.2	86	0.56	41	11
Ⅱ	1.5	2.2	120	1.9	100	27
Ⅲ	3.1	1.3	52	3.5	140	39

注：计算质量电荷密度和能量密度时，不包括集流体等支撑材料。

此外，可以利用导电聚合物作为正极与碳材料或者金属氧化物等负极组成非对称超级电容器，也被称为混合超级电容器，将在后续 19.6 节进行专门介绍。

19.5 导电聚合物电极材料

导电聚合物材料种类繁多，整体可分为复合型导电聚合物和结构型导电聚合物。复合型导电聚合物是将导电性较差的聚合物高分子与各种导电填料如碳、金属和金属氧化物等通过填充、共混、分散、层积等方式进行复合，从而获得导电性更好且具有优良机械性能的聚合物基复合材料。这类材料主要依靠填料提供载流子实现导电。结构型导电聚合物也叫本征导电聚合物，是指聚合物本身可以提供载流子或者经过掺杂之后具有导电功能的一类聚合物。如前所述，这类导电聚合物多为共轭型高聚物，通过减少价带中的电子（p 型掺杂）或向空能带区注入电子（n 型掺杂）都可以实现导电。

根据导电机理的不同，结构型导电聚合物可进一步分为离子型导电聚合物、电子型导电聚合物和氧化还原型导电聚合物。离子型导电聚合物以阴、阳离子为主要载流子，如聚合物固体电解质及高分子离子导体等，主要包括聚酯与金属盐形成的复合物以及聚醚与碱金属形成的络合物等。电子型导电聚合物又称共轭导电高分子，其载流子为电子或空穴，其分子内包含较大的线性共轭 π 结构，π 价电子具有较大的离域性，可在聚合物中进行迁移。在外加电场作用下，π 价电子定向流动产生电流。电子型导电聚合物包括聚乙炔（PA）、聚氧乙烯（PEO）等脂肪族聚合物，聚苯胺（PANi）、聚咔唑（PCA）等芳香族聚合物，以及聚吡咯（PPy）、聚噻吩（PTh）等芳杂环聚合物。氧化还原型导电聚合物通过氧化还原反应进行电子转移，使电子借助氧化还原反应在分子间定向迁移进行导电，如聚乙烯二茂铁（PVF）等。

导电聚合物用作超级电容器电极材料时，在微观结构上应满足：①链条结构引发持续的氧化还原过程，所接受或释放的电荷量是电极电势的函数；②沿氧化态分子线性排列的电子共轭双键结构具有良好的半金属导电性。因而，其电化学行为的基本特征应包括：①随着电极电势的增大，出现连续的氧化态范围；②电化学氧化还原法拉第过程具有高度的可逆性。由此产生的循环伏安曲线具有典型的电容器充放电行为，电流随扫描速率的增加而增加。

电子型导电聚合物不仅可满足这些要求，而且具有可逆的法拉第氧化还原性质、高电荷密度和低成本等优点，特别是纳米结构导电聚合物还展示出高比表面积和高孔隙率的特点，被广泛用作超级电容器的电极材料。随着便携式、小型化、轻量化电子设备的快速发展，导电聚合物因其高灵活性、高柔韧性和易制造性，被认为是柔性超级电容器最有应用前景的电极材料之一。目前，常见的导电聚合物超级电容器材料主要有聚苯胺、聚吡咯、聚噻吩等以及它们的衍生物和复合材料。表 19-2 列出了几种具有代表性的导电聚合物的单体分子量、掺杂级别以及它们的电位范围和理论比容量。

表 19-2　不同导电聚合物的电学性能比较

导电聚合物	单体分子量 (g/mol)	导电率 (S/cm)	掺杂级别	电位范围 (V)	理论比容量 (F/g)
PANi	93	0.1～5	0.5	0.7	750
PPy	67	10～50	0.33	0.8	620
PTh	84	300～500	0.33	0.8	485
PEDOT	142	300～400	0.33	1.2	210

19.5.1　聚苯胺

聚苯胺结构多样，掺杂机制独特，具有良好的热稳定性、化学稳定性和环境稳定性，导电性能、电致变色性能和电磁微波吸收性能优良，可进行溶液和熔融加工，原料易得、合成简便，是一种被广泛研究和应用的导电聚合物超级电容器电极材料。

聚苯胺可以在全还原态（Pernigraniline，PNA）、全氧化态（Leucoemeraldine，LM）和本征态（Emeraldine，EM）三种形态间自由转换，具有良好的电化学可逆性。其本征态没有导电性，只有经过质子酸掺杂后才能导电。掺杂时，聚苯胺分子链上没有发生电子数目的变化，而是在亚胺 N 原子上发生质子化，生成极化子而发生 p 型掺杂，通过空穴进行导电。如表 19-2 所示，聚苯胺的理论比容量高达 750F/g，然而不同方法制备的纯聚苯胺的实际比容量大都低于该值，主要归因于只有少量的聚苯胺对容量做出了贡献，有效的聚苯胺比例与其导电性能和对阴离子的扩散能力有关。

聚苯胺的合成方法很多，如软模板法、硬模板法、乳液法等化学方法及恒电位法、恒电流法、脉冲法等电化学方法。在化学氧化聚合过程中，聚苯胺在水溶液中偏向于形成纳米纤维结构。模板法有助于在合成聚苯胺的过程中构造不同形貌的纳米结构。Zhou 等人采用 V_2O_5 作为氧化剂和自牺牲模板原位聚合了超薄聚苯胺纳米纤维水凝胶，获得了高达 636F/g 的比容量，10000 周循环后的容量保持率约为 83%。通过电化学方法制备的聚苯胺通常比化学方法制备的材料具有更高的比容量。容量的差异跟聚合物的形貌、电极厚度和胶黏剂等多种因素有关。由于聚苯胺在充放电过程中需要质子的参与，因此，其在质子溶剂或者质子离子液体中显示出更好的电化学活性。此外，聚苯胺易受氧化降解，即使稍微过充，也会导致性能不佳。通过表面修饰形成聚甲基苯胺可使聚苯胺具有更高的稳定性和抗氧化能力，用甲基替代 NH_2^- 中的一个质子在 N 上产生正电荷，提升了聚苯胺的稳定性，从而可防止电化学降解。

在充放电过程中，聚苯胺电极在离子掺杂和去掺杂时伴随着反复的体积膨胀和收缩，致使聚苯胺在循环过程中发生机械破坏、容量衰减和寿命减短等现象，无法满足实际使用要求。因此，研究人员将其与碳材料或金属氧化物混合制成多种聚苯胺基复合材料，以改善聚苯胺的超级电容性能尤其是电化学特性。利用碳系材料（如活性炭、石墨、碳纳米管、石墨烯等）比表面积大的特点，可以增大聚苯胺的电活性区域并提高其导电率和结构稳定性，获得一系列性能优良的碳基聚苯胺复合电极材料。Lin 等人通过电化学法制备了具有良好弹性的聚苯胺与多壁碳纳米管（MWNTs）复合膜。柔性复合电极不仅具有高比容量，并展示出高达 180°的弯曲稳定性。与碳材料相比，金属氧化物复合聚苯胺可显著提升聚苯胺超级电容器的比容量。进一步将聚苯胺同时与碳材料和金属氧化物复合有利于多种组分优势互补，获得比容量高、充放电快、循环稳定的导电聚合物超级电容器。Shen 等人在钛线上沉积了垂直石墨烯（VG），而后在其上电化学循环伏安聚合生长聚苯胺，并将所获得的三元复合 PANi/VG/Ti 多层电极制备成水系对称超级电容器，在 40A/g 的电流密度和 50mV/s 的扫描速率下分别具有 535.7F/g 和 461.2F/g 的比容量，当功率密度为 383W/kg 时，能量密度可达 26.1(W·h)/kg，当能量密度为 6.95(W·h)/kg 时，功率密度可达 4.2kW/kg，10000 周循环后的容量保持率约为 86% 。这些复合电极材料具有高比容量的原因包括界面吸附双电层、碳材料或氧化物的贡献容量及不同组分之间的协同作用。

19.5.2 聚吡咯

聚吡咯是目前研究和使用较多的一种杂环共轭型导电聚合物，具有空气稳定性好、易于电化学聚合成膜、无毒环保等优点。通过化学或电化学掺杂可使聚吡咯从绝缘态转变为金属态，获得高电导率。Miller 等人通过测定吸附量获得了聚吡咯的真实面积，得到了聚吡咯膜的微粗糙度，并研究了其界面电荷存储、载流子密度、迁移率及成键结构等微观机制。他们通过 Hall 效应测量确定了载流子的密度约为 $3\times10^{20}/cm^3$，载流子的迁移率约为 0.9 cm/(V·s)。载流子密度明显依赖甲苯磺酸盐、ClO_4^- 和 BF_4^- 等掺杂离子的性质。当掺杂离子为甲苯磺酸盐阴离子时，电导率最大，约为 60S/cm。掺杂离子对载流子密度的影响可能与聚合物正电荷对吸附补偿离子的牵制有关。聚吡咯高度导电的电势范围为 0.44～0.84V (RHE)，空间电荷容量在 0.54～0.74V 的电势范围内为常数。当电势向氧化还原电势 0.34V 减小时，界面结构开始从混合金属半导体向半导体结构转变。

常见的聚吡咯聚合方法也可分为化学法和电化学法。Li 等人将甲基橙-$FeCl_3$ 作为一种反应自分解模板，通过化学氧化法合成了本征聚吡咯膜。他们发现，当 $FeCl_3$ 与吡咯单体的摩尔比例为 0.5 时，所制备的聚吡咯膜由直径 50～60nm、长度 5～6μm 的纳米管组成，显示出优异的电化学性能。Lee 等人通过改变电流阻抗谱的频率和振幅，采用一步电化学法制备了聚吡咯微纳球薄膜，获得了高达 568F/g 的比容量，经过 10000 周循环后的容量保持率为77%。

不同于聚苯胺，聚吡咯在非质子、水系和非水系电解液中均表现出良好的电化学活性，但是其比容量通常比聚苯胺稍低（100～500F/g）。聚吡咯容量较低的原因在于其形貌相对较为致密，不利于电解液浸润。因此，微观结构与电极形貌对聚吡咯的电化学性能具有很重要的影响。通过改变聚合方法、基底材质、掺杂形态、制备模板等不同合成条件可以调控聚吡咯的微观结构与形貌，从而提升聚吡咯超级电容器的综合电化学性能。同时，改进电极涂敷方法、制备薄膜电极也可以使聚吡咯超级电容器获得更好的电学性能。此外，聚吡咯在水系电解液中释放的比容量比在非水电解液中更高，这是因为聚吡咯在水系电解液中具有更高的离子电导率。

与聚苯胺类似，在掺杂或去掺杂过程中，聚吡咯分子链容易发生膨胀或者收缩，导致分子链结构被破坏、稳定性变差。为了改善聚吡咯超级电容器的电化学性能，通常采用调控聚合物微观结构形貌和多元多效异质复合等方法对聚吡咯进行修饰改性。Wang等人联合水热法和原位聚合技术将聚吡咯纳米片垂直镶嵌在$MnCo_2O_4$纳米带上形成自组装三维纳米结构，所得比容量高达2364F/g，该复合正极与石墨氧化物负极组成非对称超级电容器，最高比能量和比功率分别可达25.7(W·h)/kg和16.1kW/kg。Sarmah等人采用层层自组装技术制备了MoS_2、还原氧化石墨烯rGO与聚吡咯纳米管的三元复合电极MoS_2-rGO@PPyNTs，在1A/g的电流密度下获得了高达1561.25F/g的比容量，能量密度和功率密度分别为555(W·h)/kg和800W/kg，在10倍电流密度下循环10000周后仍然可以保持72%的初始容量。

Wang等人系统研究了恒电流法、恒电位法、循环伏安法、脉冲电流法以及脉冲电压法等电化学合成方法所制备的聚吡咯膜的微观结构与电化学性能，通过调控聚合浓度、温度、pH、电流、电位、时间等参数合成了一系列具有椰菜花状和羊角形状等不同微纳结构的开放聚吡咯膜，揭示了聚吡咯的电化学制备机理和调节机制，研究了不同电解液特别是掺杂离子对聚吡咯膜电化学循环稳定性的影响规律，提出了聚吡咯的半导体补偿掺杂机制。在此基础上，利用碳纳米管（包括单壁和多壁）、石墨烯（含GO和rGO）以及过渡金属氧化物等功能材料对聚吡咯进行复合改性，探讨了复合电极材料的协同作用原理与物理化学本质，制备了一批性能优异的聚吡咯基超级电容器电极材料。

19.5.3 聚噻吩及其衍生物

聚噻吩在中性和掺杂状态下具有优异的环境和热稳定性，掺杂后还具有优良的光学性质和高达600S/cm的电导率。1980年，Yamamoto等人利用金属镍化合物作为催化剂首次制备了无取代的聚噻吩。随后，人们进一步合成了甲基、乙基、辛基和十二烷基取代的聚噻吩。聚噻吩及其衍生物具有较高的导电率、较好的结构稳定性和较长的吸收波长，也是一类被广泛研究的导电聚合物超级电容器材料。

不同于聚苯胺和聚吡咯，聚噻吩既可以被p型掺杂，又可以被n型掺杂。但是，n型掺杂的电位非常低，接近一般电解质溶液中溶剂的分解电位。因而，导电率较小，在n型掺杂下的比容量相较p型掺杂也更低。当用于超级电容器时，自放电速率较高且循环寿命较短。因此，可设计制备一系列低带隙的聚噻吩衍生物，使得n型掺杂发生在更负的电位，同时通过在噻吩环3-位上用苯基、乙基、烷氧基或其他吸电子基团进行取代，进一步改善聚噻吩衍生物的稳定性。常见的聚噻吩衍生物有聚 3-甲基噻吩（PMT）、聚 3-(4-氟苯基）噻吩（PFPT）和聚 3,4-乙烯二氧噻吩（PEDOT）等。

在各类聚噻吩衍生物中，PEDOT 在 p 型掺杂态下具有较高的电导率（300～500S/cm)、较宽的电压窗口（1.2～1.5V)、较高的电荷移动性、较高的比容量、良好的热稳定性和化学稳定性，是一种研究较多的用于超级电容器的聚噻吩衍生物。Bai 等人将刚果红作为掺杂剂和表面剂，通过化学氧化聚合法合成了带有部分沟道的稀松粒状 PEDOT。他们发现，当刚果红与 EDOT 单体的摩尔比为 0.08∶1 时，获得了最大的比容量 206F/g，比纯 PEDOT 高出 58%。

人们尝试了很多合成方法来制备高性能的聚噻吩基超级电容器材料。Nejati 等人采用氧化化学气相沉积法制备了聚噻吩超薄膜，并将其包覆在不同的基底上。他们研究发现，相比单纯活性炭电极，包有聚噻吩薄膜的活性炭电极的比容量提高了 50%，且经过 5000 圈循环后仍可保持初始容量的 90%。Ambade 等人在 TiO_2 基底上电化学聚合了聚噻吩电极并制成对称超级电容器，比容量为 1357.31mF/g，循环 3000 周后的容量保持率为 97%，展示出优良的循环稳定性。该小组还通过在电化学聚合过程中有效调控聚噻吩的形核与生长，在中空 TiO_2 纳米管阵列中成功合成了一维聚噻吩纳米纤维，比容量可达 1052F/g。

当用于超级电容器电极活性材料时，聚噻吩及其衍生物的制备方法、基底材质、结构形貌等因素都会明显影响其电化学性能。通过对聚噻吩及其衍生物进行一定的修饰改性制备成超级电容器电极，可获得更好的电化学性能尤其是高比容量和稳定的循环性能。多壁碳纳米管是一种共轭多烯结构，π 电子具有很强的离域性，与聚噻吩主链上的 π 电子可产生 π-π 共轭作用，形成更大的共轭体系，使得电子具有更大的离域空间。Zhang 等人制备的 PTh/MWNTs 复合电极在 1A/g 电流密度下具有 216F/g 的比容量，500 周循环后的比容量保持率约为 75%。此外，Thakur 等人将 TiO_2 颗粒融入聚噻吩与聚苯胺的共混网络中，通过原位氧化聚合制备了三元复合电极材料 PTh/PANi/TiO_2，在 1A/g 电流密度下的比容量可达 265F/g，能量密度为 9.09(W·h)/kg，10A/g 电流密度下的功率密度为 3770W/kg。

19.5.4 导电聚合物复合材料

虽然聚苯胺、聚吡咯、聚噻吩等上述导电聚合物分别具有各自的结构与性能特点，非常有希望用作超级电容器的电极活性材料，但是，单种导电聚合物很难获得优异的容量、倍率和循环等综合电化学性能。因此，为了改善导电聚合物超级电容器的电化学性能和器件稳定性，通常将活性炭、碳纳米管、石墨烯和金属氧化物等其他功能材料与导电聚合物进行复合，形成二元、三元甚至多元复合材料，以改善导电聚合物超级电容器的实际电化学性能。

复合材料中的碳有利于提高电极的导电性，特别是当聚合物处于导电性较差的未掺杂中性状态时，可显著改善导电聚合物超级电容器的容量和功率特性。在导电聚合物与碳纳米管的复合材料中，聚合物和碳管分别具有电子供给和接受的属性，相互之间可以存在电荷转移，能够有效改善导电聚合物的循环寿命。将碳纳米管或者其他导电碳添加剂复合在导电聚合物中，可明显提高材料的电导率，增强电解液的浸润性，提高聚合物的利用率和材料机械强度，还可以提供额外的双电层电容，显著改善导电聚合物超级电容器性能。但是，碳材料的比容量一般不是很高，因此，对导电聚合物基复合电极的容量提升作用有限。

导电聚合物与金属氧化物复合可进一步提高聚合物的比容量。金属氧化物尤其是过渡金属氧化物因其突出的稳定性和电荷储存特性，被广泛研究用于超级电容器和可充电池。但是，它们的带隙较宽，使得电导率普遍较低，限制了这类材料的实际应用。将导电聚合物与金属氧化物复合，可以达到优势互补，充分利用导电聚合物的导电网络与金属氧化物的高容量，获得电学性能和机械性能均比较好的超级电容器复合电极材料。

如前所述，常见的导电聚合物复合电极材料主要包括二元复合材料和三元复合材料。二元复合导电聚合物电极主要由两种材料复合而成，目前大多为导电聚合物与某种功能碳材料［如活性炭、多孔碳、碳颗粒、碳布、石墨片、碳纳米纤维、碳纳米管、碳纳米片、碳纳米球、石墨烯、氧化石墨烯（GO）、还原氧化石墨烯（rGO）］或者金属氧化物（如 CoO_x、MnO_x、NiO_x、FeO_x、VO_x、CuO_x等）相结合，借助多种材料间的协同效应提升导电聚合物超级电容器的容量、倍率、循环等性能。近期报道的新型二元复合型导电聚合物超级电容器材料主要有不同聚合物与硫化物（如 MoS_2）、氢氧化物［如 $Ni(OH)_2$］、二维材料（如 Ti_3C_2）以及两种不同聚合物之间相互复合（如 PPy/PVA、PANi/PEDOT 等）。三元复合导电聚合物电极由三种不同材料复合而成。除了将不同种类、结构、形貌的导电聚合物、碳材料和金属氧化物进行多种三元复合外，将金属颗粒如 Au、Ag 等修饰到导电聚合物和纳米碳材料的表面是近年来发展很快的一类导电聚合物基三元复合电极，可有效改善电极材料的电导率、热导率、机械强度、快速充放性能和循环稳定性。复合材料的组分与微观结构对其性能起着关键作用，因此，当前大量研究工作集中在科学调控复合物的组分组成、微纳结构和特殊形貌，最大限度地发挥每种组分的突出优势和相互协同作用，从而全面综合改善导电聚合物超级电容器的容量、倍率、循环甚至高低温特性，促进其工业化生产与应用。关于导电聚合物基复合电极材料已有多篇系统性综述文献可供参考。

19.6 导电聚合物非对称超级电容器

非对称超级电容器由两个不同的电极组成，如图 19-6 所示，正极采用能量型电容材料，负极则采用功率型电容材料。非对称超级电容器可以获得较宽的工作电位窗口，根据 $E=1/2CV^2$（E 为能量密度，C 为比容量，V 为工作电压），可以大大提高超级电容器的能量密度。相比水系电解质溶液，使用有机电解液或者离子液体电解质还可获得更高的工作电压和能量密度。同时，与化学电池和对称超级电容器相比，非对称超级电容器具有更高的功率密度，因此在下一代电子设备和能源存储领域展示出广阔的应用前景。

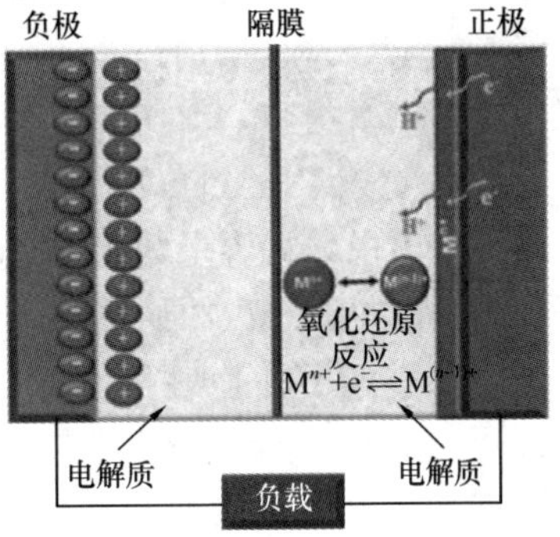

图 19-6　非对称超级电容器的组成与工作原理示意图

导电聚合物非对称超级电容器一般采用 p 型掺杂的导电聚合物作为正极、活性炭（AC）等材料作为负极。PMT、PFPT、PEDOT 等导电聚合物均已被成功开发了聚合物/活性炭非对称超级电容器，使用非水电解液，工作电压约为3V。由于正负极的比容量和电压范围不同，因此科学设计正极与负极的材料比例对于发挥非对称超级电容器的最佳性能具有重要意义。一般通过容量（而非质量）计算对正负极材料进行配比。当负极（活性炭）容量受限时，整个非对称超级电容器具有类似双电层的充放电曲线。相反，当活性炭电极的容量逐步增大时，可逐渐观察到类似赝电容的充放电曲线，对应导电聚合物的氧化还原行为。Mastragostino 等人制作了 PMT/AC 非对称超级电容器，性能优于商业双电层超级电容器。值得注意的是，阻抗分析发现，PMT 电极的等效串联电阻（$2\Omega/cm^2$）明显小于活性炭电极（$12\Omega/cm^2$）。

由于氧化还原赝电容的作用，导电聚合物的比容量要比碳基双电层超级电容器高很多，但是，聚合物电极在充放电过程中严重的体积收缩和膨胀导致其循环寿命大大缩短。一方面，利用纳米纤维、纳米线、纳米棒、纳米片和纳米管等微纳结构可以减少离子扩散路径和增加电解质溶液浸润，从而改善导电聚合物的储能特性与循环稳定性。另一方面，如前通过与碳材料或过渡金属氧化物等功能材料形成复合电极也可提升导电聚合物电极的电导率、循环稳定性和机械强度。合理设计调整非对称超级电容器的正负极容量比例，选配合适的电解质溶液并研究开发新型电解质体系，将超级电容器的电压控制在一定的电位窗口进行工作，可获得循环较为稳定的非对称超级电容器。Wu 等人利用 Co_3O_4@PPy 核壳纳米棒阵列复合正极和活性炭纤维负极制备了柔性非对称纤维结构超级电容器，可将 KOH 水溶液的电压窗口提高到 1.5V，所得面积比容量为 $1.02F/cm^2$，在 $50mA/cm^2$ 的电流密度下循环 10000 周后容量几乎没有衰减。更重要的是，该柔性非对称超级电容器展示出良好的弹塑性，可以承受严苛的弯曲测试。

19.7 导电聚合物柔性超级电容器

材料科学与技术的快速进步，加上便携式、轻薄化柔性器件的巨大市场需求，促使卷曲显示、触摸屏幕、智慧电子、智能纺织、可穿戴传感器等柔性电子设备迅猛发展。为了满足未来便携式柔性前沿电子设备的使用要求，急需发展下一代廉价、灵活、轻量、可持续的高能量、高功率柔性能源存储系统。

柔性超级电容器的基本原理与普通超级电容器一样，但是其电活性材料具有更高的灵活性、更快的充放能力和更小的阻抗，因而显示出更好的超级电容特性。在柔性超级电容器中，高性能柔性电极材料的设计和制备至关重要。导电聚合物由于其高氧化还原活性比容量、高电导率，特别是高的固有本征柔性而成为最有潜力和前景的高性能便携式柔性超级电容器电极材料，促使能源存储器件不断向未来先进柔性电子应用方向迈进。

D'Arcy 等人通过气相聚合法制备了高比表面积、高电导率、高效率的柔性 PEDOT 纳米纤维电极，比容量为 175F/g。相比聚苯胺和聚噻吩，聚吡咯的导电率更高，柔性更好，因而近年来被广泛研究用于开发柔性超级电容器电极。Yuan 等人发明了简单的“浸入聚合法”，在纸上制备了聚吡咯柔性电极，比容量为 $0.42F/cm^2$。当功率密度为 $0.27W/cm^3$ 时，能量密度依然高达 $1(mW \cdot h)/cm^3$。他们还在 0.5V 电位检测了不同弯曲状态下该柔性电极的导通电流，发现即使经过 100 次弯曲后，电极电导率几乎保持不变。

导电聚合物因其本征柔性、高电荷密度、低成本、良好稳定性和制备简便等优点被认为是柔性超级电容器非常具有潜力和前景的一类电极活性材料。然而，导电聚合物的循环稳定性较差，严重制约了其在柔性超级电容器中的实际开发应用。将导电聚合物与碳材料或金属氧化物复合形成多组分复合材料可以有效克服这一缺点。研究人员已经设计、开发、制备了一系列导电聚合物与碳纳米管、石墨烯、碳布、金属氧化物及异种聚合物的多种复合物，展示出优良的超级电容器性能。这主要归因于导电聚合物与其他组分所形成的复合材料具有更高的导电性和更好的氧化还原行为。这些复合电极不仅可以改善导电聚合物柔性超级电容器的导电性能和循环性能，而且可以根据材料组分及其相互作用设计产生其他优良的物理化学性能，进一步提升整个柔性器件的综合实用性能。相比氧化物复合材料，实用型导电聚合物柔性超级电容器的研发重点主要集中在导电聚合物与功能碳材料的复合电极材料。这是因为碳材料兼具机械强度高、电导率高和稳定性高等优点，而且很容易获得不同形貌和形态的纳米碳材料，非常方便与导电聚合物进行有效复合。Qi 等人将石墨烯纳米片（GNF）包覆在聚吡咯纳米管（PNT）上，制备了 GNF/PNT 核壳管复合物，用作柔性全固态对称超级电容器。在 1.8mA/cm^2 的电流密度下，面积比容量为 128mF/cm^2。当功率密度为 720μW/cm^2 时，能量密度为 11.4(μW·h)/cm^2。经过 5000 周循环后，容量保持率超过 80%。

与碳材料和金属氧化物等其他超级电容器材料相比，导电聚合物的本征柔性聚合体属性使其非常适用于柔性超级电容器。然而，利用传统浆料式湿法化学聚合工艺制作聚合物柔性超级电容器在实际器件制作和性能表现方面均遇到很大挑战。传统浆料式化学聚合将胶黏剂、添加剂等原料一起混合制作导电聚合物电极，胶黏剂等原料的本征阻抗以及各种界面阻抗都比较大，使充放电氧化还原反应的离子输运速率变慢，超级电容器的器件性能也因而变差。为了克服这一缺点和提升器件性能，在集流体上直接生长导电聚合物被广泛研究开发用于制作柔性超级电容器。如图 19-7 所示，这种直接生长方法可在任何柔性基底上非常便捷高效地制备无胶黏剂的导电聚合物及其复合电极，在集流体上直接得到不含胶黏剂的活性电极材料，获得高比容量、低界面阻抗和良好的电子传输性能，显著提升电容器的功率密度，在发展柔性超级电容器方面具有非常广阔的技术和市场前景。

不同于传统超级电容器，柔性超级电容器需要开发一系列柔性部件，不仅要求活性电极材料具有柔性，还要求集流体也应具有良好的机械特性。常见的柔性支撑基底有铜、

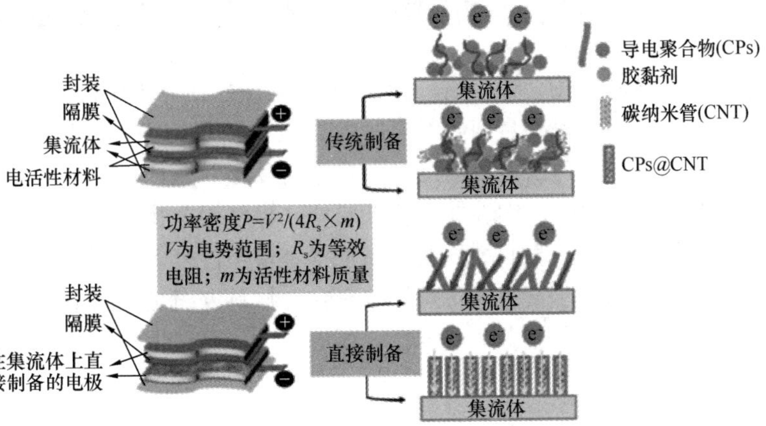

图 19-7 导电聚合物柔性电极的传统制备方法与直接生长方法示意图

镍、钛等金属，碳纸、碳布等碳材料，棉布、聚酯、丙烯腈等织物，纱线状、轴缆状等纤维，以及聚对苯二甲酸乙二醇酯（PET）、聚二甲基硅氧烷（PDMS）、乙烯/醋酸乙烯酯共聚膜、聚萘二甲酸乙二醇酯等有机聚合物。特别是聚合物基底柔性高且有利于离子获取，是一类非常有前景的柔性、便携式、可穿戴超级电容器的集流体支撑材料。在此基础上，近年来涌现出一系列导电聚合物自支撑柔性超级电容器。这类自支撑电极不再使用额外的集流体、导电添加剂和胶黏剂，可显著降低器件的总重量并提升材料利用率，大大提高了超级电容器的比容量和能量密度。Li 等人制备了高电导厚膜 PEDOT/PSS 复合电极，导电率高达 1400S/cm，面电阻低至 0.59Ω/sq。得益于这种自支撑电极的高电导率，他们所制作的柔性超级电容器在 0.1A/cm^3 电流密度下的体积比容量可达 50.1F/cm^3，在 100A/cm^3 的超高电流密度下，比容量依然高达 32.9F/cm^3。当功率密度分别为 100mW/cm^3、12815mW/cm^3、16160mW/cm^3 时，能量密度分别高达 6.80(mW・h)/cm^3、3.54(mW・h)/cm^3、3.15(mW・h)/cm^3。

基于导电聚合物的氧化还原材料因其成本低、质量小和弹性好为柔性赝电容应用带来了革命性的希望。虽然已报道的柔性导电聚合物超级电容器具有非常高的比容量，但是这些器件的功率密度、能量密度和循环稳定性都与实际工业应用还有较大距离。大量研究仍然集中在开发高性能的电极材料，却很少探讨器件制造与优化及其对柔性超级电容器综合性能的影响。因此，全面研究整个柔性器件的功率密度与能量密度，深入细致表征分析界面阻抗等器件工作机制，对于设计、开发和制造高性能实用化的柔性导电聚合物超级电容器具有重要的指导意义。目前正在努力解决的挑战主要有：①利用高度柔性集流体和新型电解质不断改善器件的机械稳定性，特别是导电聚合物柔性超级电容器在弯曲、扭曲、压缩、拉伸和极端温度、湿度等条件下的机械稳定性与电化学稳定性；②将导电聚合物与碳纳米材料或自恢复离子聚合物相复合提高导电聚合物柔性超级电容器的循环稳定性；③将高功率纳米活性材料与固态/凝胶、离子、有机电解质系统进行适配应用，提升器件的安全性和功率密度；④通过在集流体上直接聚合活性材料，省去使用胶黏剂，从而改善电荷与离子传输，减小器件界面和内部阻抗；⑤开发基于 p 型和 n 型导电聚合物的非对称混合型聚合物柔性超级电容器。

19.8　导电聚合物超级电容器的发展现状及展望

导电聚合物尤其是聚苯胺、聚吡咯、聚噻吩及其衍生物，具有制备简单、柔韧性好、比容量高等显著优点，对于解决目前超级电容器发展所遇到的一系列挑战具有重要意义。但是，单种聚合物电极也表现出能量密度低、功率密度小、循环稳定性差等问题。为了提升导电聚合物超级电容器的电化学性能，首先要增强导电聚合物的结晶性，通过调控合成方法、掺杂浓度、氧化程度、表面剂种类及用量等制备条件有效控制导电聚合物的微观结构和表面形貌。同时，设计开发制备新型导电聚合物材料以满足超级电容器越来越高的储能要求。此外，必须综合考虑热力学稳定性、可加工性与机械力学等重要性能，方可满足导电聚合物超级电容器的实际应用要求。

微纳结构对导电聚合物超级电容器的电化学性能具有重要影响，目前大量研究工作正不断努力开发高性能的微纳结构导电聚合物电极。合成制备与加工方法是调控聚合物微观结构的关键，因此，新型合成技术、制备工艺与改性方法越来越受到关注，成为提升导电聚合物超级电容器性能的一种直接有效手段。

近年来，通过材料复合协同效应，将导电聚合物与碳材料和金属氧化物等其他活性材料相结合，进而制备聚合物基复合电极，成为改善导电聚合物超级电容器综合性能的另外一种重要途径，并取得了广泛的研究进展。不同的活性材料具有各自独特的结构性能，人们据此开发了很多二元、三元、多元导电聚合物复合电极，在容量、倍率和循环性能等方面展示出优良的电化学性能，成为聚合物超级电容器未来发展的一种重要现实路径。

为了获得良好的界面连接进而优化导电聚合物复合超级电容器的性能，将碳材料或者金属氧化物结构均匀地分散到聚合物基质网络中非常关键。原位界面聚合有助于将无机材料均匀地分散在聚合物网络中，同时可以提升聚合物链的规整度，改善不同物相之间包括活性材料与集电体之间的接触，降低超级电容器的整体阻抗。为了获得最佳的电学和机械性能，必须针对不同复合组分优化改进无机微纳结构与聚合物在复合电极中的含量与比例。计算机模拟仿真对此具有得天独厚的优势，近年来取得了大量研究成果，对于新型高性能导电聚合物复合电极的设计开发起到了重要的指导作用。

导电聚合物非对称超级电容器将双电层电容与法拉第赝电容有效结合，具有工作电位窗口宽、比能量高、比功率大、循环稳定性好等优点，有望较好地满足负载对电源功率密度和能量密度的整体需求。通过结构调控、微纳复合、表面修饰等方法可以进一步增加导电聚合物的活性位点、电导率、比容量和循环寿命，改善导电聚合物非对称超级电容器的整体性能。

随着便携式电子设备与卷曲屏幕等新型电子器件的迅速发展，柔性超级电容器的研究开发日益紧迫。导电聚合物具有柔性好、质量轻、电导率大、容量高等优势，非常适合制造先进、轻质、高性能柔性超级电容器。导电聚合物柔性超级电容器可直接应用或集成在伸缩式、卷绕式电能存储系统中，具有广阔的应用前景。

除了电极材料，电解质溶液是制约导电聚合物超级电容器性能的另一个重要因素。水系电解液的工作电位窗口较窄，有机电解液的成本较高、离子扩散速率较小，且存在一定安全隐患。离子液体具有电导率大、蒸汽压低、电化学窗口宽、热力学稳定性高且不易燃烧等特点，是一类新型高性能电解质溶液。通过选择合适的电解质溶液与导电聚合物电极进行匹配，优化电解质与添加剂配方，可有效改善导电聚合物超级电容器的电压、容量、倍率、循环和高低温性能。

最后，导电聚合物超级电容器的发展亟需从实验室研究走向工业生产应用。制造成本是其商业化是否具有市场竞争力的重要因素。因此，要大力发展低成本、高性能、无污染的导电聚合物超级电容器材料与器件技术，建立电极结构、尺寸参数、性能指标等通用工业标准，加强器件系统设计集成与制造，促进导电聚合物超级电容器的工业化生产与商业化应用。

思考题

1．导电聚合物的导电机理是什么？什么是聚合物的 p 型掺杂和 n 型掺杂？

2．导电聚合物的化学制备方法和电化学制备方法各有什么特点？分别列举几种化学制备方法和电化学制备方法。

3. 导电聚合物的电容是怎么产生的？其容量主要来自哪些方面？

4. 导电聚合物超级电容器的种类有哪些？各有什么特点？

5. 常见的导电聚合物超级电容器电极材料有哪些？它们可以形成哪些复合电极材料？为什么要制作复合电极材料？

6. 电解质溶液在超级电容器中的作用是什么？主要的电解质溶液分为哪些种类？它们的主要特点分别是什么？

7. 什么是非对称导电聚合物超级电容器？它们具有怎样的特点？又可分为哪些种类？

8. 导电聚合物为什么适合制作柔性超级电容器？当前制约导电聚合物柔性超级电容器发展的因素有哪些？

参考文献

[1] MACDIARMID A G, KANER R B, MAMMONE R J, et al. Lightweight rechargeable storage batteries using polyacetylene, $(CH)_x$ as the cathode-active material[J]. Journal of the Electrochemical Society, 1981, 128: 1651.

[2] NOVAK P, MULLER K, SANTHANAM. K S V, et al. Electrochemically active polymers for rechargeable batteries[J]. Chemical Reviews, 1997, 97: 207.

[3] CONWAY B E. Electrochemical supercapacitor-scientific fundamentals and technological applications kluwer academic[M]. New York: Plenum Publishers, 1999.

[4] 袁国辉. 电化学电容器[M]. 北京. 化学工业出版社, 2006.

[5] MENG Q, CAI K, CHEN Y, et al. Research progress on conducting polymer based supercapacitor electrode materials[M]. Nano Energy, 2017, 36: 268.

[6] 魏颖. 超级电容器关键材料制备及应用[M]. 北京: 化学工业出版社, 2018.

[7] APRANO G D', LECLERC M. Steric and electronic effects in methyl and methoxy substituted polyanilines [J]. Journal of Electroanalytical Chemistry, 1993, 351: 145.

[8] JIANG Z, ZHANG X, XIANG Y. Electrochemical-behavior of polyaniline-an insitu photothermal spectroscopy study[J]. Journal of Electroanalytical Chemistry, 1993, 351: 321.

[9] RUDEG A, DAVEY J, RAISTRICK J, et al. Conducting polymers as active materials in electrochemical capacitors[J]. Journal of Power Sources, 1994, 47: 89.

[10] LOTA K, KHOMENKO V, FRACKOWIAK E. Capacitance properties of poly (3,4-ethylenedioxythiophene)/carbon nanotubes composites[J]. Journal of Physics and Chemistry of Solids, 2004, 65: 295.

[11] ZHOU K, HE Y, XU Q, et al. A hydrogel of ultrathin pure polyaniline nanofibers: oxidant-templating preparation and supercapacitor application [J]. ACS Nano, 2018, 12: 5888.

[12] LIN H, LI L, REN J. Conducting polymer composite film incorporated with aligned carbon nanotubes for transparent, flexible and efficient supercapacitor[J]. Scientific Reports, 2013, 3.

[13] SHEN H, LI H, LI M, et al. High-performance aqueous symmetric supercapacitor based on polyaniline/vertical graphene/Ti multilayer electrodes[J]. Electrochimica Acta, 2018, 283: 410.

[14] MILLER D L, BOCKRIS J O' M. Structure of the polypyrrole/solution interphase [J]. Journal of the Electrochemical Society, 1992, 139: 967.

[15] LI M, YANG L L. Intrinsic flexible polypyrrole film with excellent electrochemical performance[J]. Journal of Materials Science: Materials in Electronics, 2015, 26: 4875.

[16] LEE J K, JEONG H, LAVALL R L, et al. Lee H Y. CTAB-assisted microemulsion synthesis of unique 3D network nanostructured polypyrrole presenting significantly diverse capacitance performances in different electrolytes[J]. ACS Applied Materi als & Interfaces, 2017, 9: 33203.

[17] WANG F, LV X, ZHANG L, et al. Construction of vertically aligned PPy nanosheets networks anchored on $MnCo_2O_4$ nanobelts for high-performance asymmetric supercapacitor[J]. Journal of Power Sources, 2018, 393: 169.

[18] SARMAH D, KUMAR A. Layer-by-layer self-assembly of ternary MoS_2-rGO@PPyNTs nanocomposites for high performance supercapacitor electrode[J]. Synthetic Metals, 2018, 243: 75.

[19] WANG J, XU Y, YAN F, et al. Template-free prepared micro/nanostructured polypyrrole with ultrafast charging/discharging rate and long cycle life[J]. Journal of Power Sources, 2011, 196: 2373.

[20] ZHANG B, ZHOU P, XU Y, et al. Gravity-assisted synthesis of micro/nanostructured polypyrrole for supercapacitors [J]. Chemical Engineering Journal, 2017, 330: 1060.

[21] SUN X, XU Y W. Electropolymerized composite film of polypyrrole and functionalized multi-walled carbon nanotubes: effect of functionalization time on capacitive performance[J]. Journal of Solid State Electrochemistry, 2012, 16: 1781.

[22] YAMAMOTO T, SANECHIKA K, YAMAMOTO A. Preparation of thermostable and electric-conducting poly(2,5-thienylene)[J]. Journal of Polymer Science Polymer Letters Edition, 1980, 18: 9.

[23] BAI M, WANG X, LI B. Capacitive behavior and material characteristics of congo red doped poly (3,4-ethylene dioxythiophene)[J]. Electrochimica Acta, 2018, 283: 590.

[24] NEJATI S, MINFORD T E, SMOLIN Y Y, et al. Enhanced charge storage of ultrathin polythiophene films within porous nanostructures[J]. ACS Nano, 2014, 8: 5413.

[25] AMBADE R B, AMBADE S B, SHRESTHA N K, et al. Controlled growth of polythiophene nanofibers in TiO_2 nanotube arrays for supercapacitor applications [J]. Journal of Materials Chemistry A, 2017, 5: 172.

[26] ZHANG H, HU Z, LI M, et al. A high-performance supercapacitor based on a polythiophene/multiwalled carbon nanotube composite by electropolymerization in an ionic liquid microemulsion [J]. Journal of Materials Chemistry A, 2014, 2: 17024.

[27] THAKUR A K, CHOUDHARY R B, MAJUMDER M, et al. Fairly improved pseudocapacitance of PTP/PANI/TiO_2 nanohybrid composite electrode material for supercapacitor applications[J]. Ionics, 2018, 24: 257.

[28] DUBAL D P, CHODANKAR N R, KIM D H, et al. Towards flexible solid-state supercapacitors for smart and wearable electronics[J]. Chemical Society Reviews, 2018, 47: 2065.

[29] CHOUDHARY N, LI C, MOORE J, et al. Asymmetric supercapacitor electrodes and devices[J]. Advanced Material, 2017, 29: 1605336.

[30] MASTRAGOSTINO M, ARBIZZANI C, SOAVI F. Hybrid supercapacitors based on activated carbons and conducting polymers [J]. Solid State Ionics, 2002, 148: 493.

[31] WU X, MENG L, WANG Q, et al. A flexible asymmetric fibered-supercapacitor based on unique Co_3O_4@PPy core-shell nanorod arrays electrode[J]. Chemical Engineering Journal, 2017, 327: 193.

[32] SHOWN I, GANGULY A, CHEN L C, et al. Conducting polymer-based flexible supercapacitor[J]. Energy Science & Engineering, 2015, 3: 2.

[33] D'ARCY J M, El-KADY M F, Khine P P, et al. Vapor-phase polymerization of nanofibrillar poly (3, 4-ethylenedioxythiophene) for supercapacitors [J]. ACS Nano, 2014, 8: 1500.

[34] YUAN L, YAO B, HU B, et al. Polypyrrole-coated paper for flexible solid-state energy storage[J]. Energy & Environmental Science, 2013, 6: 470.

[35] QI K, HOU R, ZAMAN S, et al. A core/shell structured tubular graphene nanoflake-coated polypyrrole hybrid for all-solid-state flexible supercapacitors[J]. Journal of Materials Chemistry A, 2018, 6: 3913.

[36] PENG X, LIU H, YIN Q, et al. A zwitterionic gel electrolyte for efficient solid-state supercapacitors[J]. Nature Communications, 2016, 7: 11782.

[37] LI Z, MA G, GE R, et al. Free-standing conducting polymer films for high-performance energy devices[J]. Angewandte Chemie International Edition, 2016, 55: 979.

[38] SIMON P, GOGOTSI Y. Materials for electrochemical capacitors[J]. Nature Materials, 2008, 7: 845.